D+PLUS

더플러스

더 쉽게 더 빠르게 합격 플러스

핵심 소방원론

공학박사 현성호 지음

BM (주)도서출판 성안당

도서 A/S 안내

성안당에서 발행하는 모든 도서는 저자와 출판사, 그리고 독자가 함께 만들어 나갑니다.

좋은 책을 펴내기 위해 많은 노력을 기울이고 있습니다. 혹시라도 내용상의 오류나 오탈자 등이 발견되면 **"좋은 책은 나라의 보배"**로서 우리 모두가 함께 만들어 간다는 마음으로 연락주시기 바랍니다. 수정 보완하여 더 나은 책이 되도록 최선을 다하겠습니다.

성안당은 늘 독자 여러분들의 소중한 의견을 기다리고 있습니다. 좋은 의견을 보내주시는 분께는 성안당 쇼핑몰의 포인트(3,000포인트)를 적립해 드립니다.

잘못 만들어진 책이나 부록 등이 파손된 경우에는 교환해 드립니다.

저자 문의 : shhyun063@hanmail.net(현성호)
본서 기획자 e-mail : coh@cyber.co.kr(최옥현)
홈페이지 : http://www.cyber.co.kr 전화 : 031) 950-6300

머리말

도시가 발전하고 사회가 복잡해짐에 따라 최근 나날이 증가하는 여러 재난 재해에 대비하기 위해 현대사회에서 소방의 역할은 화재의 예방뿐만 아니라 구조, 구급에 이르기까지 중요해지고 있다. 이에 따라 소방분야의 전문기술인의 활동이 두드러지고 그의 활동범위도 넓어져서 소방기술인들의 역할이 매우 중요시 되고 있는 실정이다. 하지만 오늘날에 있어 소방관련 자격증 수험서 중 건축, 기계, 전기, 화공 등 여러 분야의 기초학문인 소방원론에 대한 교재가 다소 미흡한 실정이다. 이에 저자는 소방학부 개설 이후 오랜 강의 경험과 Know-How를 바탕으로 소방학문의 길잡이가 될 소방원론을 출판하게 되었다.

본 교재는 소방분야에 대한 기초지식(특히 소방인들이 까다롭게 여길 뿐만 아니라 기존 소방원론 교재에서 다루지 않은 일반화학 및 위험물화학 분야까지 포함)을 체계적으로 간단·명료하게 요점식으로 습득할 수 있을 뿐만 아니라 위험물안전관리법 및 시행령 일부 개정안을 반영하였으며, 또한 새롭게 개편된 한국산업인력공단의 출제기준에 따라 소방관련 자격증 취득에도 직접적 도움이 되고자 최근 10년간 기출문제 및 출제경향을 분석·연구하여 현재 출제기준에 맞게 재구성하였다.

본 교재로 소방설비 기사 및 산업기사를 준비하는 수험생들에게 한국산업인력공단의 출제기준에 근거하여 최근에 출제되었던 문제들을 중심으로 5년간 출제경향을 교재 목차대로 살펴보면 매회 편차가 있긴 하지만, 전체적으로 제1장 연소이론 중 연소의 원리와 성상, 제4장 위험물안전관리 중 기초화학 분야, 제6장 소화론 중 소화기본이론과 분말소화약제에서 집중 출제되고 있는 것을 살펴볼 수 있다. 이들 분야는 전체 출제문항 중 소방설비기사의 경우 약 30%, 소방설비산업기사의 경우 약 40% 정도 분포되고 있다. 그 밖에 슈테판-볼츠만의 법칙을 이용한 열방출 계산, 화재의 종류 등은 반복적으로 출제되고 있다. 기초화학 분야의 경우 열량 계산, 샤를의 법칙 이용 관련 계산문제, 이상기체상태방정식을 이용한 부피 구하는 문제 등이 자주 출제되고 있다. 반면, 교재 구성상 제5장 소방안전관리 분야에 대해서는 거의 출제되고 있지 않으며, 출제된 경우도 소방대상물의 안전관리와 방염분야에서만 출제되었을 뿐이다. 따라서, 수험생들은 제1장, 제4장, 제6장을 전략적으로 학습하는 것이 중요하다.

본 교재를 통하여 소방학문에 대해 바로 알고 관련 자격증 취득과 함께 독자 여러분 삶의 질을 향상시킬 수 있었으면 하는 것이 저자의 바람이다. 향후 본 교재 내용의 오류부분에 대해서는 언제든지 제언해 주시길 바라며, 오류사항은 shhyun063@hanmail.net으로 의견 주시면 보다 정확성 있는 교재로 거듭날 것을 약속드린다.

지난 2017년 정부조직법이 바뀌면서 소방청이 단독으로 개청하면서 국민의 안전을 위협하는 부분에 대한 규제를 강화할 움직임이 보이고 있다. 본 교재가 이와 같은 시기에 소방안전을 이해하는 데 기본지침서가 되기를 바라며, 끝으로 본 서가 출간되는 데 많은 지원을 아끼지 않은 사이버출판사 임직원 여러분께 감사의 말씀을 드립니다.

저자 현성호

수험정보

1 소방설비(산업)기사 합격전략

1. 반드시 기사 합격을 목표로 한다.

반드시 합격을 통해 자신의 가치와 효용성을 높여라!!!

2. 기사시험은 준비하면 합격한다.

지극히 당연한 말이지만, 시험에는 열심히 준비해도 떨어지는 시험이 있고 성실하게 준비하면 합격하는 시험이 있다. 기사시험은 준비하면 합격한다.

3. 합격의 전략이 필요하다. 틀리는 것도 전략이다.

기사시험은 나오는 문제의 내용이 약 80%는 정해져 있다. 단, 20% 정도는 뜻밖의 문제가 나올 수 있다. 기출문제와 예상문제를 통해 90% 대비가 가능한데 예상밖의 생소한 문제는 과감히 틀려라.

시험에 나오는 것을 공부하라!!!

4. 내용을 이해하라. 소방원론은 암기과목이 아니다.

소방원론은 암기과목이 아니다. 소방관련 이론을 이해하고 나서 최소한의 내용을 암기한다.

5. 그리고 반드시 합격(合格)한다.

＊ 동영상 강의

① 시험에 나오는 강의
② 이해가 쉬운 강의, 그리고 재미있는 강의
③ 단번에 합격 인생의 효율을 높이는 강의, 그리고 +α(실무내용)

2 직무내용

소방설비의 설계, 공사, 감리 및 점검업체 등에서 설계도서류를 작성하거나, 소방설비 도서류를 바탕으로 공사 관련 업무를 수행하고, 완공된 소방설비의 점검 및 유지관리 업무와 소방계획수립을 통해 소화, 화재통보 및 피난 등의 훈련을 실시하는 소방안전관리자로서의 주요사항을 수행하는 직무

3 소방설비(산업)기사 시험과목

종 목	소방설비(산업)기사 전기분야	소방설비(산업)기사 기계분야
1차	• 소방원론 • 소방전기일반 • 소방관계법규 • 소방전기시설의 구조 및 원리	• 소방원론 • 소방유체역학 • 소방관계법규 • 소방기계시설의 구조 및 원리
2차	• 소방전기시설의 설계 및 시공실무	• 소방기계시설의 설계 및 시공실무

4 시험내용 및 합격기준

1. 1차 필기시험

- 출제문제 : 과목당 20문제(총 80문제)
- 합격기준 : 과목당 40점 이상 평균 60점 이상
- 시험시간 : 1시간 20분(**산업기사는 2020년 4회부터, 기사는 2022년 4회부터 CBT로 시행됨**)
  ※ 2025년부터 기사/산업기사 필기시험 시간이 "문항당 1.5분 → 1분"으로 조정될 예정이니 시험준비에 참고하시길 바랍니다.
- 문제유형 : 객관식 4지선다형

2. 2차 실기시험

- 출제문제 : 9~17문제
- 합격기준 : 60점 이상
- 시험시간 : 기사 3시간/산업기사 2시간 30분
- 문제유형 : 필답형

5 출제경향

최신 출제기준에 따라 최근 5년 동안 출제된 시험문제를 세부항목 기준으로 분석하였다. 소방원론은 소방설비(산업)기사 전기 및 기계 분야 필기시험의 공통과목에 해당하며, 많은 수험생들이 필기시험의 평균점수를 높이고자 소방원론 과목을 전략적으로 대비하는 경우가 많다. 또한, 소방원론 과목의 출제기준에 있는 소방시설 등은 타 과목에서 독립된 분야로 출제되기 때문에 소방원론 교과에서의 출제비중을 보면 연소이론, 위험물 안전관리, 소화론에서 약 70~80%가 출제되는 경향을 보이고 있다. 다음은 최근 5년간 시험에 출제된 문제를 분석한 내용으로 수험준비를 하는 데 도움이 될 것으로 사료된다.

1. 최근 5년간 소방설비기사 출제경향 분석 (※ 2022년 4회부터는 CBT 시행)

목차	연도별 출제 문항 수															합계
	2018			2019			2020			2021			2022			
소방원론	1회	2회	4회	1회	2회	4회	1·2회	3회	4회	1회	2회	4회	1회	2회	4회	
1. 연소 및 연소현상																
① 연소의 원리와 성상	3	2	1	3		2	3	4	4	3	1		2	4		32
② 연소생성물과 특성	1		1		1	1	1	1	1		1					8
③ 열 및 연기의 유동 특성	1	1			1					1	1	1		1		7
④ 열 에너지원과 특성							1				1		2	3		7
⑤ LPG, LNG 등 가연성 가스 성상과 특성		1	1							2	1	1				6
2. 화재 및 화재현상													1			1
① 화재의 정의, 화재의 원인과 영향				1	1					1	1		1			5
② 화재의 종류, 유형 및 특성				1	1	1	1	1				1				6
③ 폭발		1	2	1	1	1	1			1		1	1	1		11
3. 건축물의 화재현상																
① 건축물의 화재현상	1				2	1	1		1			1		3		10
② 건축물의 내화성상			1	1	1	1		2			1					7
③ 건축구조 및 건축내장재				1						1						2
④ 건축물의 방화상 유효한 구획 및 방화설비	1	1	2	2	1	1							1			9
⑤ 피난공간계획 및 피난동선	1	2	1			1	1		4	1		2				13
⑥ 연기확산과 대책		1	1		1								2			5
4. 위험물안전관리	1			1											CBT 시행	2
① 기초화학 (물질의 분류~유기화합물)	2		3	1	2		2	2	2	1	1			1		17
② 위험물시설관리											1					1
③ 제1류 위험물		1	1													2
④ 제2류 위험물		1		2					1	1	1	1				7
② 제3류 위험물	3	2		1			2	3	1	1	2	4				19
③ 제4류 위험물		2	1		2	1	1			2			2	1		12
④ 제5류 위험물~제6류 위험물									1		1	1	2	1		6
5. 소방안전관리(건축물의 방화계획)																
① 소방대상물의 안전관리						1										1
② 소화설비								2				1				3
③ 경보설비						1					1					2
④ 소화용수설비/소화활동상 필요한 설비			1			1										2
⑤ 방염																
6. 소화론																
① 소화	1	1	2		1	1	2	1	3	1	1	1	1	2		18
② 물 및 강화액소화약제	1	1		1	2	2				1		1	1	1		11
③ 포소화약제	2	1				1							1			5
④ 이산화탄소 소화약제	1			2	2	1	2	1		1	1	2	3			16
⑤ 할론소화약제	1	1	1			1	1	1		1	1	1		1		10
⑥ 할로젠화합물 및 불활성가스 소화약제						1		1		1	1					4
⑦ 분말소화약제		1	1	2	1		1	1	2		2	1		1		13
합 계	20	20	20	20	20	20	20	20	20	20	20	20	20	20		280

2. 최근 5년간 소방설비산업기사 출제경향 분석 (※ 2020년 4회부터는 CBT 시행)

목차	연도별 출제 문항 수															합계
	2016			2017			2018			2019			2020			
소방원론	1회	2회	4회	1회	2회	4회	1회	2회	4회	1회	2회	4회	1·2회	3회	4회	
1. 연소 및 연소현상															CBT 시행	
① 연소의 원리와 성상	4	4	2	4	3	4	1	2	2	2	4	1	2	4		39
② 연소생성물과 특성			1			2		1	1	1	1		2			9
③ 열 및 연기의 유동 특성				1	1					1			1			4
④ 열 에너지원과 특성	1	1	1		2		1	2						1		9
⑤ LPG, LNG 등 가연성 가스 성상과 특성		1		1												2
2. 화재 및 화재현상																
① 화재의 정의, 화재의 원인과 영향	1								1			1				3
② 화재의 종류, 유형 및 특성	1	2	1		1			2		2			2	1		12
③ 폭발	1		1	1			1	2				1	1			8
3. 건축물의 화재현상																
① 건축물의 화재현상		1		1			2	1	1	1	1	1				9
② 건축물의 내화성상	1				1		1		1							4
③ 건축구조 및 건축내장재		1	1	1										1		4
④ 건축물의 방화상 유효한 구획 및 방화설비							1									1
⑤ 피난공간계획 및 피난동선	1			1	1	1					1		1			6
⑥ 연기확산과 대책			2	1					3	1		1		1		9
4. 위험물안전관리				1					1							2
① 기초화학 (물질의 분류~유기화합물)	2	3	3	3	3	1	3	1	1	1	2	4	2	3		32
② 위험물시설관리	1															1
③ 제1류 위험물					1				1			2	1			5
④ 제2류 위험물							2					1				3
② 제3류 위험물					1	2		1	1		3		1	5		14
③ 제4류 위험물			1	2		2		1	1		1	2	2	1		13
④ 제5류 위험물~제6류 위험물			1							3						4
5. 소방안전관리(건축물의 방화계획)	1											1				2
① 소방대상물의 안전관리										1	1					2
② 소화설비	1						1		1							3
③ 경보설비																
④ 소화용수설비/소화활동상 필요한 설비																
⑤ 방염																
6. 소화론																
① 소화	1	1	1			1	3		1	3	3	1	1			16
② 물 및 강화액소화약제	1	1			2	1		3		1		1	1	1		12
③ 포소화약제	1				1	1		2		1		2	1			9
④ 이산화탄소 소화약제			1			1			1		1		1	1		6
⑤ 할론소화약제	1		1	1	1	1		2	1			1	1	1		11
⑥ 할로젠화합물 및 불활성가스 소화약제		3	3		1		1		1							9
⑦ 분말소화약제	1	2		2	1	3	3		1	2	2					17
합 계	20	20	20	20	20	20	20	20	20	20	20	20	20	20		280

6 소방원론 출제기준(2023.1.1.~2025.12.31.)

※ 적용내용

주요항목	세부항목	세세항목
연소이론	1. 연소 및 연소현상	① 연소의 원리와 성상 ② 연소생성물과 특성 ③ 열 및 연기의 유동의 특성 ④ 열에너지원과 특성 ⑤ 연소물질의 성상 ⑥ LPG, LNG의 성상과 특성
화재현상	1. 화재 및 화재현상	① 화재의 정의, 화재의 원인과 영향 ② 화재의 종류, 유형 및 특성 ③ 화재 진행의 제요소와 과정
	2. 건축물의 화재현상	① 건축물의 종류 및 화재현상 ② 건축물의 내화성상 ③ 건축구조와 건축내장재 및 연소특성 ④ 방화구획 ⑤ 피난공간 및 동선 계획 ⑥ 연기확산과 대책
위험물	1. 위험물 안전관리	① 위험물의 종류 및 성상 ② 위험물의 연소특성 ③ 위험물의 방호계획
소방안전	1. 소방안전관리	① 가연물·위험물의 안전관리 ② 화재 시 소방 및 피난 계획 ③ 소방시설물의 관리유지 ④ 소방안전관리계획 ⑤ 소방시설물 관리
	2. 소화론	① 소화 원리 및 방식 ② 소화부산물의 특성과 영향 ③ 소화설비의 작동원리 및 점검
	3. 소화약제	① 소화약제 이론 ② 소화약제 종류와 특성 및 적응성 ③ 약제 유지관리

✿ 출처 : 한국산업인력공단 출제기준 참조

수험정보

원자번호 1번~20번 암기방법

원자가	+1	+2	+3	+4	+5 / −3	−2	−1	0
족	1	2	13	14	15	16	17	18
족명 / 주기	알칼리금속족	알칼리토금속족	붕소족	탄소족	질소족	산소족	할로젠	비활성기체
1	$^{1}_{1}H$ 수소							$^{4}_{2}He$ 헬륨
2	$^{7}_{3}Li$ 리튬	$^{9}_{4}Be$ 베릴륨	$^{11}_{5}B$ 붕소	$^{12}_{6}C$ 탄소	$^{14}_{7}N$ 질소	$^{16}_{8}O$ 산소	$^{19}_{9}F$ 플루오르	$^{20}_{10}Ne$ 네온
3	$^{23}_{11}Na$ 나트륨	$^{24}_{12}Mg$ 마그네슘	$^{27}_{13}Al$ 알루미늄	$^{28}_{14}Si$ 규소	$^{31}_{15}P$ 인	$^{32}_{16}S$ 황	$^{35.5}_{17}Cl$ 염소	$^{40}_{18}Ar$ 아르곤
4	$^{39}_{19}K$ 칼륨	$^{40}_{20}Ca$ 칼슘						

+2, +8, +8 (H → Li → Na → K; He → Ne → Ar)

비금속 (전자를 받으려는 성질)

금속 (전자를 내놓으려는 성질)

비금속성 →

← 금속성

$\left(^{원자량}_{원자번호}X\right)$ 원자번호=양성자수=전자수

원자번호 암기법 : 수헬리베붕탄질산프네/나마알규인황염알/칼카

※ 원자량 암기법 : 홀수번호×2+1

짝수번호×2

예외, $^{1}_{1}H$, $^{9}_{4}Be$, $^{14}_{7}N$, $^{35.5}_{17}Cl$, $^{40}_{18}Ar$

수 베 질 염 아

※ 화학식 만들기

$A^{|+a|}$ + $B^{|-b|}$ → A_bB_a

금속 + 비금속

B(소)화A (생략)

예 $Na^{|+1|}$ $Cl^{|-1|}$ → NaCl(염화나트륨)

$Al^{|+3|}$ $P^{|-3|}$ → Al_3P_3 → AlP(인화알루미늄)

CONTENTS

제1장 연소 이론

학습 Check ☑

제2장 화재

학습 Check ☑

제3장 건축물의 화재현상

학습 Check ☑

CONTENTS

제4장 위험물 안전관리

학습 Check

제5장 건축물의 소방안전계획

학습 Check

제6장 소화론

학습 Check ☑

부 록 과년도 출제문제

※ 소방설비산업기사 필기는 2020년 제4회부터, 소방설비기사 필기는 2022년 제4회부터 CBT(Computer Based Test)로 시행되고 있습니다. CBT는 문제은행에서 무작위로 추출되어 치러지므로 개인별 문제가 상이하여 기출문제 복원이 불가하며, 대부분의 문제는 이전의 기출문제에서 그대로 또는 조금 변형되어 출제됩니다.

FIRE FIGHTING FACILITIES Engineer · Industrial engineer

제1장

연소 이론

제 1 장 연소 이론

1.1 연소의 원리와 성상

(1) 연소의 정의

① 물질이 산화(酸化)하는 과정에서 생기는 온도 상승으로 인하여 열과 빛(光)을 육안으로 감지할 수 있을 만큼 발생시키는 현상

② **열과 빛을 동반하는 급격한 산화반응**

(2) 연소의 3요소

- 가연성 물질(가연물 또는 연료)
- 산소공급원(=조연성 물질 : 공기 또는 산화제, Cl_2, F_2 등)
- 점화원(열원=에너지원)

이상과 같은 구비조건을 연소의 3요소라고 하며 최근에 불꽃 연소의 형태에서는 연쇄반응을 추가하여 연소의 4요소라고 한다. 한편 연소가 잘 이루어지려면, 첫째, 산화는 발열반응이어야 하며, 둘째, 연소되는 물질과 그 생성물은 열로 인하여 온도가 상승되어야 한다. 셋째, 발생되는 열복사선의 파장과 강도가 가시범위에 달하면 빛을 발생할 수가 있어야 한다(열복사선을 방출하는 물질의 온도가 높을수록 열복사선의 파장은 짧아지고 그 강도는 커진다). 즉, 화재 차원에서 의미할 연소가 성립되려면 가연물, 산화제(조연성 물질) 그리고 열 등이 동시에 갖추어져야 한다.
온도에 따른 불꽃의 색상을 다음 표에 간략히 나타내었다.

불꽃의 온도	불꽃의 색깔	불꽃의 온도	불꽃의 색깔
500℃	적열상태	1,100℃	황적색
700℃	암적색	1,300℃	백적색
850℃	적색	1,500℃	휘백색
950℃	휘적색	–	–

연소(燃燒 : combustion)는 물질이 공기(산소) 중에서 산화되어 빛과 열을 발하는 화학 변화현상을 말한다. 연소는 또한 F_2, Cl_2, CO_2, NO_2 그리고 복잡한 산소의 존재가 없는 몇몇 다른 가스(기체) 중에서 일어날 수도 있다. 예를 들면, 알루미늄(Al), 지르코늄(Zr)가루는 CO_2 중에서도 점화될 수 있다.

① **가연성 물질**(연료) : 불에 탈 수 있는 물질로서 가연성 물질은 산화되기 쉬운 것이어야 한다(즉, 산화작용이 가능한 물질을 말함). 산소와의 화합물을 만들 수 없는 원소들은 가연성 물질이 될 수 없다. 원소 주기율표상의 0(zero)족 원소들인 헬륨(He), 네온(Ne), 아르곤(Ar), 크립톤(Kr), 크세논(Xe), 라돈(Rn)은 이미 완전한 전자 배치를 가지고 있어 다른 어떠한 원소와도 거의 화합하지 않는다. 또한 산화반응은 일어나지만 발열반응이 아닌 것은 가연성 물질이 될 수 없다. 예를 들어 질소(N_2)는 산소와 결합하여 N_2O, NO, NO_2 등 질소산화물(NO_x 화합물, 녹스)을 생성하지만 발열반응은 일어나지 않고 흡열반응을 일으키므로 가연성 물질이 될 수 없다. CO_2는 탄소의 완전연소에 의한 포화산화물로 더 이상 O_2와 화합하지 않는 불연성 물질이므로 소화약제로 폭넓게 이용되고 있다.

이러한 **가연성 물질이 되기 위한 조건**은 다음과 같다.

㉠ 산소와 화합될 때 생기는 **연소열이 많아야 한다**.

㉡ 고체, 액체에서는 분자구조가 복잡해질수록 **열전도율이 작아야 한다**. 기체의 경우 분자구조가 단순할수록 가볍기 때문에 확산속도가 빠르고 열분해가 쉽다. 따라서 열전도율이 클수록 연소폭발의 위험이 있다.

㉢ 화학반응을 일으킬 때 **활성화에너지가 작아야 한다**(발열반응을 일으키는 물질이어야 한다).

㉣ 비표면적이 크면 산소와의 접촉면적이 넓어지므로 쉽게 연소한다.

참고

❶ 일반적으로 수험생이 틀리기 쉬운 부분이다.
❷ 종이는 성냥불로 쉽게 연소하나, 책상은 Torch 정도의 큰 에너지로 연소될 수 있다.
즉, 작은 에너지에도 쉽게 연소할 수 있는 것이 가연성 물질에 가깝다.

② **산소공급원**(조연성 물질) : 가연성 물질이 열과 빛을 발생하려면 산화작용을 하여야 한다. 보통은 공기 중의 산소(21% 포함)로 인하여 연소하며, 그 밖에 제1류 위험물(산화성 고체) 및 제6류 위험물(산화성 액체)과 같이 산소를 함유함으로써 연소시 외부의 산소 공급없이 가연물에 산소를 제공하지 않아도 되는 물질이 있다.

조연성 물질(산소의 공급원)은 다음과 같이 구분된다.

㉠ 산소 : 공기 중에 약 1/5 정도(체적비는 약 21%, 중량비는 약 23%)로 존재하고 있다.

㉡ 산화제 : 자기 자신은 불연성 물질이지만 내부에 산소를 포함하고 있어 다른 가연성 물질을 연소(산화)시키는 경우(제1류, 제6류 위험물)가 있다.

㉢ 자기반응성 물질 : 분자 자체에 산소를 가지고 있는 가연성 물질(제5류 위험물)로서 일단 분해가 일어난 후 분자 내에 포함된 산소를 유리하여 산화, 발화하기 쉬우므로 이런 물질들은 모두 산소의 공급원이 되고 있다.

㉣ 조연성 기체 : O_3, F_2, Cl_2, N_2O, NO, NO_2 등

③ **점화원**(source of heat) : 어떤 물질의 발화에 필요한 최소 에너지를 제공할 수 있는 것으로 이와 같은 최소 발화에너지는 각 물질에 따라 그 값에 차이가 있으나, 모든 가연물에 대한 점화원 또는 착화원은 화기, 전기, 정전기, 마찰, 충격, 산화열, 화염, 고열물, 용접 화염, 가스의 단열압축에 의한 고열 등으로 대부분 유사하다.

④ **연쇄반응**(chain reaction) : 가연물이 열을 발생하는 경우 발생된 열은 가연물의 형태를 연소가 용이한 중간체(화학에서 자유라디칼이라 함)를 형성하여 연소를 촉진시킨다. 이와 같이 에너지에 의해 연소가 용이한 라디칼의 형성은 연쇄적으로 이루어지며, 점화원이 제거되어도 생성된 라디칼이 완전하게 소실되는 시점까지 연소를 지속시킬 수 있다. 이러한 현상을 연쇄반응이라고 말하며, 이것을 연소의 3요소에 추가하여 연소의 4요소라고도 한다. 연쇄반응이 존재한다는 것은 불꽃이 존재하는 연소를 말한다.

(3) 인화점, 연소점, 발화점, 자연발화 등

① **인화점** : 가연성 증기를 발생하는 액체 또는 고체와 공기의 계에 있어서, **기체상 부분에 다른 불꽃이 닿았을 때 연소가 일어나는데 필요한 액체 또는 고체의 최저온도**(휘발유 −43℃, 아세톤 −18.5℃, 벤젠 −11℃, 톨루엔 4℃, 등유 39℃ 이상, 나프탈렌 80℃, 다이에틸에터 −40℃)

② **연소점** : 액체의 온도가 인화점을 넘어 상승하면, 온도는 **액체가 점화될 때 연소를 계속하는 데에 충분한 양의 증기를 발생하는 온도로서 연소점**이라 부르며 통상적으로 인화점보다 5℃ 내지 20℃ 가량 높다.

③ **발화점** : 가연성 물질 또는 혼합물은 공기 중에서 일정한 온도 이상으로 가열하게 되면 가연성 가스가 발생되어 계속적인 가열에 의하여 화염이 존재하지 않는 조건에서 점화한다. 이와같이 화염이 존재하지 않는 상태에서 **가열만으로 연소를 시작하는 최저온도**를 발화점 또는 발화온도라 한다.

④ **자연발화** : 산화하기 쉬운 물질이 공기 중에서 산화하여 축적된 열에 의해 자연적으로 발화하는 현상을 말한다. 즉, **가연성 물질 또는 혼합물이 외부에서의 가열 없이 내부의 반응열의 축적만으로 발화점에 도달하여 연소를 일으키는 현상**으로 자연연소(spontaneous combustion) 또는 자발적 연소라고도 한다.

㉠ 자연발화의 형태(분류)
- 분해열에 의한 자연발화 : 셀룰로이드, 나이트로셀룰로오스
- 산화열에 의한 자연발화 : 건성유, 고무분말, 원면, 석탄 등
- 흡착열에 의한 자연발화 : 활성탄, 목탄분말 등
- 미생물의 발열에 의한 자연발화 : 퇴비(퇴적물), 먼지 등
- 기타 물질의 발열에 의한 자연발화 : 테레핀유의 발화점은 240℃로 자연발화하기 쉽다(아마인유의 발화점은 343℃).

㉡ 자연발화에 영향을 주는 요소 : 열의 축적, 열의 전도율, 퇴적 방법, 공기의 유동, 발열량, 수분(습도), 촉매 물질 등은 자연발화에 직접적인 영향을 끼치는 요소이다.

㉢ 자연발화 방지대책
- 자연발화성 물질의 보관장소의 **통풍**이 잘 되게 한다.
- 저장실의 온도를 **저온으로 유지**한다.
- **습도를 낮게** 유지한다(일반적으로 여름날 해만 뜨겁게 내리쪼이는 날보다 비가 오는날 더 땀이 잘 배출되며, 더위를 느끼는 원리와 같다. 즉 습한 경우 그만큼 축적된 열은 잘 방산되지 않기 때문이다).

(4) 연소범위(폭발범위)

연소가 일어나는 데 필요한 공기 중의 가연성 가스의 농도[vol%]를 말한다. 가스 또는 증기가 공기 중에서 점화되어도 연소하지 않는 그 물질의 최저 농도를 폭발하한계라 하며, 공기 중에서 그것 이상에서는 착화가 일어나지 않는 최고의 농도를 폭발상한계라 부른다. 다음은 가연성 및 독성 가스(증기)의 연소범위이다.

가 스	하한계	상한계	위험도	가 스	하한계	상한계	위험도
수소	4.0	75.0	17.75	**벤젠**	**1.4**	**8.0**	**4.71**
일산화탄소	**12.5**	**74.0**	**4.92**	톨루엔	1.27	7.0	4.5
사이안화수소	5.6	40	6.14	메틸알코올	6.0	36.0	5.0
메탄	**5.0**	**15.0**	**2.00**	에틸알코올	4.3	19.0	3.42
에탄	3.0	12.4	3.13	아세트알데하이드	4.1	57.0	12.90
프로판	**2.1**	**9.5**	**3.31**	에터	1.9	48.0	24.26
부탄	1.8	8.4	3.67	아세톤	2.5	12.8	4.12
에틸렌	3.1	32.0	9.32	산화에틸렌	3.0	100	32.33
프로필렌	2.0	11.1	4.55	산화프로필렌	2.8	37	12.21
아세틸렌	**2.5**	**81.0**	**31.4**	염화비닐	4.0	22.0	4.5
암모니아	15.0	25.0	0.6	**이황화탄소**	**1.0**	**50**	**49**
황화수소	4.0	44.0	10	**가솔린**	**1.2**	**7.6**	**5.33**

연소범위에 영향을 주는 인자는 다음과 같다.

① **온도의 영향** : 온도가 올라가면 기체 분자의 운동이 증가하여 반응성이 활발해져 연소하한은 낮아지고 연소상한은 높아지는 경향에 의해 연소범위는 넓어진다.

② **압력의 영향** : 일반적으로 압력이 증가할수록 연소하한은 변하지 않으나 연소상한이 증가하여 연소범위는 넓어진다.

③ **농도의 영향** : 산소 농도가 증가할수록 연소상한이 증가하므로 연소범위는 넓어진다.

④ 불활성 기체를 첨가하면 연소범위는 좁아진다.

⑤ 일산화탄소나 수소는 압력이 상승하게 되면 연소범위는 좁아진다.

⑥ 르 샤틀리에(Le Chatelier)의 혼합 가스 폭발 범위를 구하는 식

$$\frac{100}{L} = \frac{V_1}{L_1} + \frac{V_2}{L_2} + \frac{V_3}{L_3} + \cdots$$

$$L = \frac{100}{\left(\frac{V_1}{L_1} + \frac{V_2}{L_2} + \frac{V_3}{L_3} + \cdots\right)}$$

여기서, L : 혼합 가스의 폭발 한계치

L_1, L_2, L_3 : 각 성분의 단독 폭발 한계치〔vol%〕

V_1, V_2, V_3 : 각 성분의 체적〔vol%〕

EXERCISE

01 프로판 50vol%, 부탄 40vol%, 프로필렌 10vol%로 된 혼합가스의 폭발하한계는 약 몇 vol%인가? (단, 각 가스의 폭발하한계는 프로판은 2.2vol%, 부탄은 1.9vol%, 프로필렌은 2.4vol%이다.)

풀이

$$\frac{100}{L} = \frac{V_1}{L_1} + \frac{V_2}{L_2} + \frac{V_3}{L_3}$$

$$= \frac{50}{2.2} + \frac{40}{1.9} + \frac{10}{2.4} ≒ 47.95$$

$$\therefore L = \frac{100}{47.95} ≒ 2.09$$

⑦ 위험도(H)

가연성 혼합 가스의 연소 범위에 의해 결정되는 값이다.

$$H = \frac{U - L}{L}$$

여기서, H : 위험도

U : 연소 상한치(UEL)

L : 연소 하한치(LEL)

EXERCISE

02 수소가스의 위험도?

위험도$(H)=\dfrac{U-L}{L}$

여기서, U : 연소 상한치(UEL)

L : 연소 하한치(LEL)

연소범위는 4~75vol%이므로

$\therefore\ H=\dfrac{75-4}{4}=17.75$

(5) 연소의 형태

정상연소란 열의 발생과 방산하는 열이 균형을 유지하면서 정상적으로 연소하는 것(즉, 일반적인 연소)을 말하며 비정상연소는 가연성 기체와 공기의 혼합 기체가 밀폐된 상태에서 점화되었을 때 연소속도가 급격히 증가하여 폭발적으로 연소하는 것(즉, 폭발) 등을 말한다.

① **기체연료의 연소**(예혼합연소와 확산연소) : 가스화 과정이 필요 없이 바로 연소가 되고 완전연소시는 CO_2와 H_2O(수증기) 등이 생성된다. 가연성 기체의 연소시에 주의해야 할 사항은 역화 및 폭발과 일산화탄소의 중독에 유의하여야 한다.

㉠ 확산연소 : 가연성 가스를 대기 중에 분출 및 확산시켜 연소하는 방식으로 불꽃은 있으나 불티가 없는 연소이다.(㉮ 메탄, 암모니아, 수소 등)

㉡ (예)혼합연소 : 가연성 가스와 공기가 적당히 잘 혼합되어 있는 방식으로 반응이 빠르고 온도도 높아 폭발적인 연소가 일어나기도 한다.

② **액체연료의 연소** : 액체연료는 휘발성 연료와 비휘발성 연료로 구분되며, 이 가연성 액체가 연소할 때는 액체 자체가 연소되는 것이 아니라 액체 표면의 액체가 증기가 되어 연소한다.

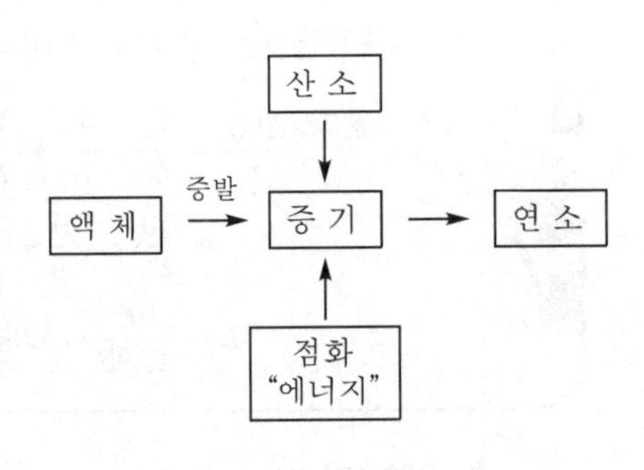

액체연료의 연소는 액체의 표면적과 밀접한 관계가 있다. 즉, 액 표면적이 클수록 증발량이 많아지고 연소속도도 그만큼 빨라진다. 휘발성이건 비휘발성이건 간에 모두 주위의 공기에 의해 연소된다.

㉠ 증발연소 : 가연성 액체를 외부에서 가열하거나 연소열이 미치면 그 액 표면에 가연가스(증기)가 증발하여 연소되는 현상을 말한다. 예를 들어, 등유에 점화하면, 등유의 상층 액면과 화염 사이에는 어느 정도의 간격이 생기는데 이 간격은 바로 등유에서 발생한 증기의 층이다.(㉮ 휘발유, 알코올, 등유, 경유)

㉡ 분해연소 : 비휘발성이거나 끓는점이 높은 가연성 액체가 연소할 때는 먼저 열분해하여 탄소가 석출되면서 연소되는데 이와 같은 연소를 말한다.(㉮ 중유, 타르 등의 연소)

㉢ 액적연소 : 점도가 높고 비휘발성인 액체를 점도(粘度)를 낮추어 분무기(버너)를 사용하여 액체의 입자를 안개상으로 분출하여 연소되게 하는 방법(액체의 표면적을 넓게 하여 공기와의 접촉면을 많게 하는 방법)

③ **고체연료의 연소** : 고체의 연소는 표면연소, 분해연소, 증발연소 및 자기연소로 나눌 수 있다.

㉠ 표면연소(surface combustion) : 열분해에 의하여 가연성 가스를 발생치 않고 그 자체가 연소하는 형태(연소반응이 고체의 표면에서 이루어지는 형태) 즉, 가연성 고체가 열분해하여 증발하지 않고 그 고체의 표면에서 산소와 반응하여 연소되는 현상으로서 직접연소라고도 부른다. 예를 들면, 목탄·코크스·금속분 등의 연소형태가 여기에 속한다.

㉡ 분해연소(decomposition combustion) : 목재나 석탄과 같이 고체인 유기물질을 가열하면 분해하여 여러 종류의 분해 "가스"가 발생되는데 이것을 열분해라고 하며 이 가연성 "가스"가 공기 중에서 산소와 혼합되어 타는 현상이다.(㉨ 종이, 플라스틱 등)

㉢ 증발연소(evaporation combustion) : 양초 또는 황이나 나프탈렌 같은 고체 위험물을 가열하면 열분해를 일으키지 않고 증발하여 그 증기가 연소하거나 열에 의한 상태 변화를 일으켜 액체가 된 후 어떤 일정한 온도에서 발생된 가연성 증기가 연소하는 형태이다.

㉣ 자기연소(self combustion) : 나이트로화합물류, 하이드라진 유도체류 등과 같이 물질 자체의 분자(分子) 안에 산소를 함유(含有)하고 있는 물질은 연소시 외부에서의 산소 공급을 필요로 하지 않고 물질 자체가 갖고 있는 산소를 소비하여 연소하는 형태로 "로켓"의 연료에 이러한 연료(燃料)가 사용되고 있다.

참고

목재의 연소에 영향을 주는 요인

❶ 비중
❷ 비열
❸ 열전도율 : 열전도율이 작을수록 착화되기 쉽다.
❹ 수분 함량 : 수분 함량이 15%를 넘으면 착화하기 어렵다.
❺ 온도
❻ 공급상태
❼ 목재의 비표면적

(6) 연소(燃燒)의 종류

연소의 종류는 정상연소, 접염연소, 대류연소, 복사연소, 비화연소로 구분된다.

① **정상연소** : 가열물이 서서히 연소하는 현상이다. 가연물의 성질에 따라서 그 연소속도는 일정하지 않으며 난연성(難燃性), 이연성(易燃性), 속연성(涑燃性) 등의 말로 표현되나 어떠한 경우에 있어서도 연소의 경우는 열의 전도이다. 작게는 성냥개비와 담배가 타는 경우에서부터 크게는 보일러 등에서 연료가 타는 경우 등이다. 즉, 화원으로부터 끊임없이 타는 것이 연소의 특징이다.

② **접염연소** : 불꽃이 물체와 접촉함으로써 착화되어 연소되는 현상이다. 불꽃의 온도가 높을수록 타기 쉽다.

③ **대류연소** : 열기가 흘러 그 기류가 가연물을 가열케 함으로써 끝내는 그 물질을 착화케 하여 연소로 유도하는 현상을 말한다. 대류연소는 기류의 온도가 그다지 높지 않은 때는 문제될 것이 없으나 불꽃이 연소되는 고열이나 또는 고열상태에 있을 때에는 대단히 위험하다.

④ **복사연소** : 연소체로부터 발산하는 열에 의하여 주위의 가연물에 인화하여 연소를 전개하는 현상이다.

⑤ **비화연소** : 불티가 바람에 날리거나 혹은 튀어서 발화점에서 떨어진 곳에 있는 대상물에 착화하여 연소되는 현상이다.

(7) 산소지수

재료의 난연성을 표시하는 지수로서 물질이 연소를 계속해서 이어나가는데 필요한 최저의 산소 농도

- **최저 산소 농도** : 연소를 지속하는데 필요한 최저 산소의 양

$$\text{산소지수(OI)} = \frac{[O_2]}{([O_2]+[N_2])} \times 100$$

▶ 산소지수에 의한 난연성 구분

구 분	산소지수[%]	구 분	산소지수[%]
난연 1급	30 이상인 것	난연 3급	24~27인 것
난연 2급	27~30인 것	난연 4급	21~24인 것

▶ 고분자 물질의 산소지수

물 질	산소지수[%]	물 질	산소지수[%]
폴리에틸렌	17.4	폴리염화비닐	45
폴리프로필렌	19	폴리스티렌	18.1

(8) CO_2의 최소소화농도(wt%) $= \dfrac{21 - \text{한계산소농도}}{21} \times 100$

1.2 연소생성물과 특성

화재시 발생되는 연소생성물은 연소가스(fire gas), 연기(smoke), 화염(flame) 및 열(heat)로 대별된다. 그러나 화재발생시 연소가스와 연기는 혼합되어 이동하므로 통상적으로 구분 없이 연기로 통칭하여 사용되기도 한다.

(1) 화재시의 인간 행동

① 불안감으로 인한 행동　② 공포(panic)로 인한 행동

(2) 연소생성물의 유해성

① 시각적 유해성　② 심리적 유해성　③ 생리적 유해성

고분자 물질 등 유기물의 구성원소는 일반적으로 탄소, 수소를 중심으로 산소, 질소를 함유하는 경우가 있고, 여기에 황, 인, 할로젠(염소, 불소, 취소 등) 등을 포함하는 경우가 있다. 완전연소의 경우 생성물의 수는 적으며, 탄소는 탄산가스, 수소는 물, 산소는 탄산가스 및 물 등의 산화물, 질소는 질소가스, 황은 아황산가스, 인은 오산화인으로 또한 할로겐은 염화수소 등의 할로젠화수소로 된다. 그러나 불완전연소의 경우 상기 생성물 외에 다수의 산화물이나 분해생성물이 발생한다. 발생 가능성이 있는 화합물에는 다음과 같은 것들이 있다.

(3) 연소가스(fire gas)

연소생성물 중 기체로 발생되는 것을 총칭하여 연소가스 또는 화재가스라고 한다. 건축재료 및 일반 건축물 내에서 사용하고 있는 각종 재료의 연소생성 가스 중에서 일산화탄소(CO) 및 이산화탄소(CO_2) 이외의 유해성분으로서 Cyan계 물질, 염화수소계 물질 및 기타 합성수지류 등에서 발생되는 사이안화수소(HCN), 염화수소(HCl) 및 포스겐($COCl_2$) 등 여러 가지 유독가스를 들 수 있으며, 이들은 그 독성이 상당히 강하여 극히 미량으로도 인체에 위험한 영향을 끼치는 것으로 밝혀졌다. 연소 물질에 따라 다음과 같은 생성 가스가 발생한다.

연소생성 가스	연소 물질
일산화탄소 및 탄산가스	탄화수소류 등
질소산화물	셀룰로이드, 폴리우레탄 등
사이안화수소	질소성분을 갖고 있는 모사, 비단, 피혁 등
아크롤레인	합성수지, 레이온 등
아황산가스	나무, 종이 등
수소의 할로젠화물 (HF, HCl, HBr, 포스겐 등)	나무, 치오콜 등
	PVC, 방염수지, 불소수지류 등의 할로젠화물
암모니아	멜라민, 나일론, 요소수지 등
알데하이드류(RCHO)	페놀수지, 나무, 나일론, 폴리에스터수지 등
벤젠	폴리스티렌(스티로폼) 등

특히 일산화탄소, 이산화탄소, 황화수소, 아황산가스, 암모니아, 사이안화수소, 염화수소, 이산화질소, 아크롤레인 및 포스겐 등이 인체에 가장 치명적인 연소가스로 알려진 대표적인 예에 속한다.

연소가스	장시간 노출에서의 최대허용농도〔ppm〕	단시간 노출에서의 위험농도〔ppm〕
이산화탄소(CO_2)	5,000	100,000
암모니아(NH_3)	100	4,000
일산화탄소(CO)	100	4,000
벤젠(C_6H_6)	25	12,000
황화수소(H_2S)	20	600
사이안화수소(HCN)	10	300
염화수소(HCl)	5	1,500
아황산가스(SO_2)	5	500
이산화질소(NO_2)	5	120
불화수소(HF)	3	100
염소(Cl_2)	1	50
포스겐($COCl_2$)	1	25
삼염화인(PCl_3)	0.5	70
아크롤레인(CH_2CHCHO)	0.5	20

① **일산화탄소**(CO : carbon monoxide) : 일산화탄소는 가장 유독한 연소가스는 아니지만 양에 있어서는 가장 큰 독성가스 성분이다. 무색, 무취, 무미의 환원성을 가진 가연성 기체이다. 비중은 0.97로 공기보다 가벼우며(분자량=28), 폭발범위는 12.5~74%이고, 물에 녹기는 어렵고 공기 속에서 점화하면 청색 불꽃을 내면서 타서 이산화탄소가 된다. 일산화탄소는 혈액 중의 산소운반 물질인 헤모글로빈과 결합하여 카르복시헤모글로빈을 만듦으로써 산소의 혈중 농도를 저하시키고 질식을 일으키게 된다. **헤모글로빈의 산소와의 결합력보다 일산화탄소와의 결합력이 약 250~300배 높다.** 다음 표는 일산화탄소의 공기 중 농도에 대한 증상이다.

공기 중 농도〔ppm〕	증 상
100(0.01%)	8시간 흡입으로 거의 무증상
500(0.05%)	1시간 흡입으로 무증상 또는 경도의 증상(두통, 현기증, 악심, 주의력, 사고력의 둔화, 마비 등)
700(0.07%)	두통, 악심이 심하고 때로는 구토, 호흡곤란과 동시에 시각 · 청각장애, 심한 보행장해
0.1~0.2%	1~2시간 중에 의식이 몽롱한 상태로부터 호흡곤란, 혼수, 의식상실, 때로는 경련, 2~3시간으로 사망
0.3~0.5%	전기 증상이 나타나 20~30분 내에 급사

② **사이안화수소**(청산가스, HCN) : 목재와 종이류의 연소시에도 발생하지만 주로 양모, 명주, 우레탄, 폴리아미드 및 아크릴 등

③ **염화수소가스**(HCl) : 염화수소가스의 흡입만큼 인체에 장애가 심한 것은 없다. 이 가스는 전신을 부식시키고 인간의 기도를 상하게 한다. 잠깐 동안 HCl 50ppm에 노출되면 **피난능력을 상실**하게 된다. 또한 이 가스는 사람의 축축한 눈에 닿아 염산이 되며, 이로 인해 눈의 통증과 눈물이 심해져 시야를 가릴 만큼 자욱하지는 않더라도 볼 수가 없게 된다.

④ **질소산화물**(NO_x) : 인체에 영향이 문제가 되는 것은 많은 질소산화물 중 NO_2와 NO이고 양자를 총칭하여 NO_x(녹스)라 부르고 있다. 특히 NO_2는 대단히 위험도가 높아서 수분이 있으면 질산을 생성하여 강철도 부식시킬 정도이며 고농도의 경우 눈, 코, 목을 강하게 자극하여 기침, 인후통을 일으키고 현기증, 두통, 악심 등의 증상을 나타내면 흡입량이 많으면 5~10시간 후 입술이 파랗게 되고 지아노제 증상을 일으켜 폐수종을 초래한다. 중상의 경우 의식불명, 사망에 이른다.

⑤ **이산화탄소**(CO_2 : carbon dioxide) : 화재시 대량으로 발생하고 호흡속도를 매우 빠르게 하여 함께 존재하는 독성가스의 흡입속도를 증대시킨다. 기체인 것은 탄산가스, 고체인 것은 드라이아이스(dry ice)라고도 하며 공기 중에 약 0.03% 정도가 들어 있고 천연가스나 광천가스 등에도 섞여 있는 경우가 많다. 순수한 이산화탄소는 무색, 무취, 불연성, 비조연성 가스이다. 1~2%의 공기 중에서는 수 시간, 3~4%에서는 1시간 동안 안전하지만 5~7%에서는 30분~1시간으로 위험하고, 20%에서는 단시간 내에 사망한다.

⑥ **암모니아**(NH_3) : 암모니아는 눈, 코, 인후 및 폐에 매우 자극성이 큰 유독성 가스로서 사람들이 그 분위기로부터 본능적으로 피하고자 할 정도로 역한 냄새가 난다. 대체로 0.25~0.65%의 농도를 가진 암모니아의 분위기 속에 30분 정도 노출되면 사망하기 쉬우며, 또한 그렇지 않게 될 경우라도 생체의 내부조직에 심한 손상을 입어 매우 위험하게 된다.

⑦ **황화수소**(H_2S : hydrogen sulfide) : 고무, 동물의 털과 가죽 및 고기 등과 같은 물질에는 황성분이 포함되어 있어, 화재시에 이들의 불완전연소로 인해 황화수소가 발생한다. 황화수소는 유화수소라고도 하며 **달걀 썩는 냄새**와 같은 특유한 냄새가 있어 쉽게 감지할 수가 있으나, 0.02% 이상의 농도에서는 후각이 바로 마비되기 때문에 불과 몇 회만 호흡하면 전혀 냄새를 맡을 수 없게 되며, 환원성이 있고 발화온도는 260℃로 비교적 낮아 착화되기 쉬운 가연성 가스로서 폭발범위는 4.0~44%이다.

⑧ **아황산가스**(SO_2 : sulfur dioxide) : 공기보다 훨씬 무겁고 무색이며 자극성이 있는 냄새를 가진 기체로서 이산화황이라고도 한다. 아황산가스는 자극성이 있어 눈 및 호흡기 등의 점막을 상하게 하기 때문에 약 0.05%의 농도에 단시간 노출되어도 위험하다.

⑨ **아크롤레인**(CH_2CHCHO : acrylolein) : 자극성 냄새를 가진 무색의 기체(또는 액체)로서 아크릴알데하이드라고도 하는데 이는 점막을 침해한다. 아크롤레인은 석유제품 및 유지류 등이 탈 때 생성되는데, 너무도 자극성이 크고 맹독성이어서 1ppm 정도의 농도만 되도 견딜 수 없을 뿐만 아니라, 10ppm 이상의 농도에서는 거의 즉사한다. 다만 일상적인 화재에서는 발생되는 경우가 극히 드물기 때문에 그다지 큰 문제가 되지 않는다.

⑩ **포스겐**($COCl_2$) : 2차 세계대전 당시 독일군이 유태인의 대량 학살에 이 가스를 사용한 것으로 알려짐으로써, 전시에 사용하는 **인명살상용 독가스**라면 이를 연상할 정도로 알려져 있다.

1.3 열 및 연기의 유동 특성

열(heat)

계 내부에 온도구배가 발생하거나 온도가 서로 다른 두 계가 서로 접촉하고 있을 경우 온도가 높은 곳에서 낮은 곳으로 열이 흐르게 된다. 즉 에너지가 높은 곳에서 낮은 곳으로 전달된다. 이러한 열이 흐르는 과정을 열전달이라고 한다. 열전달의 형태는 전도(conduction), 대류(convection) 및 복사(radiation)의 3가지 형태로 구별되며, 고체나 정지하고 있는 유체 내에 온도구배가 존재할 경우 그 매질을 통하여 이루어지는 열전달의 형태를 전도라고 한다. 대류는 표면과 이와 다른 온도를 가진 유체 사이에서 발생하는 열전달을 말한다. 또한 복사는 서로 다른 온도의 두 표면 사이에서 전자기파의 방식으로 에너지를 방출하면서 일어난다. 일반적으로 3가지 형태의 열전달이 복합적으로 발생한다.

(1) 전도(conduction)

물질의 열전도는 다음과 같은 2가지 경우의 현상으로 인해 일어난다.

① 물질의 구성분자들이 온도의 상승에 따라 진동이 심해져서 점차로 인접분자들과 충돌하여 그 운동에너지(열에너지는 분자들의 운동에너지로 보존된다)의 일부를 인접 분자에게 전달함으로써 열의 이동이 일어나는 경우로, 일반적으로 비결정체와 비금속 고체에서의 열전달이 이에 따른다.

② 분자들 사이의 공간에 자유전자가 존재하는 물질에서 분자 상호간의 충돌(진동에 의한)에 의한 열전달은 물론, 온도의 상승과 더불어 자유전자의 흐름이 일어나면서 이 흐름이 열 이동에 동시에 기여하는 경우인데, 일반적으로 결정체 및 고체 금속의 열전도는 이 현상에 의한 것이다. 어느 경우에 의한 전도이든 그 물질 내의 분자들은 원위치에서 진동한다.

물질의 어느 구간을 통하여 어느 시간동안 전도에 의해 전달되는 열에너지의 양 즉, 전도열은 그 구간의 온도차, 그 구간에 있어서의 열전달 경로의 단면적 및 경로의 길이, 열전달 시간, 그리고 그 경로가 갖는 고유한 열전달 능력, 즉 열전도율과 함수관계가 있다.

열전달 경로를 구성하는 물질이 균질성(homogeneous)의 것이면서 그 경로를 통해 정상열류(steady-state flow of heat)가 일어날 경우, 이 물리적인 양들 간에는 다음과 같은 비교적 간단한 관계식이 성립되는데 이것을 '푸리에(Fourier)의 방정식'이라고 한다.

$$\frac{dQ}{dt} = -kA\frac{dT}{dx}$$

여기서, Q : 전도열[cal]
t : 전도시간[sec]
k : 열전도율[cal/sec · cm · ℃]
A : 열전달 경로의 단면적[cm^2]
T : 경로 양단 간의 온도차[℃]
x : 경로의 길이[cm]
dT/dx : 열전달 경로의 온도구배[℃/cm]

어떤 물질의 특성 가운데에 열전도와 가장 밀접한 관계가 있는 것은 그 물질의 열전도율, 밀도 및 비열이다. 이들을 각각 K, ρ 및 C라고 할 때 ρC는 열전도에서 특히 흥미 있는 물리적 양이 된다. ρC는 어떤 물질의 단위체적을 단위온도로 상승시키는 데 필요한 열량이 된다. 즉 단위체적당의 열용량이 된다.
열전도가 교량 역할을 한 화재는 화재 발생시까지 상당히 장시간이 경과되는 경우도 흔해서 사전에 발생 위험성을 알아차리지 못하는 경우가 잦다.

(2) 대류(convection)

증기를 포함한 기체류, 안개와 같이 공간에 분산되어 농무상태를 형성하고 있는 액체상태의 미세 입자들, 그리고 액체류에 있어서 고온의 분자(또는 응축입자)들이 한 장소에서 다른 장소로 움직임으로써 열을 이동시키는 것을 대류라고 한다.

① **자연대류** : 물질의 밀도차로 인해 고온의 이동성 분자들(또는 응축입자들)이 별도의 기계적 도움 없이도 중력에 의하여 위치를 변화함으로써 일어난 경우이다.

② **강제대류** : 송풍기나 펌프를 써서 고온의 물질을 강제로 이동시켜 대류가 일어나게 하는 것이다.

대규모 건물의 공조설비들은 대부분 강제대류에 의한 열전달 방식을 활용하고 있다. 반면에 난로에 의하여 방안의 공기가 더워지는 현상은 자연대류의 일례로, 난로에 가까운 공기가 전도에 의하여 더워져서 팽창하여 상승하기 때문에 열을 받는 물질이 이동, 순환하는 이른바 자연대류에 의해 열이 실내의 공간에 전달되는 것이다.

(3) 복사(radiation)

전도와 대류에 의한 열전달에 있어서는 반드시 물질이 열전달매체로 작용하기 때문에 물질의 존재 없이는 전도와 대류는 일어나지 않는다. 다시 말하여 절대진공에서는 전도와 대류에 의한 열전달은 이루어지지 않는다. 그럼에도 불구하고 열에너지는 절대진공상태의 공간을 가로질러 이동할 수 있을 뿐 아니라 때로는 물질을 통하여 전달될 수 있는데 그것은 열에너지가 전자파의 한 형태로 이동되기 때문이다. 이러한 에너지전달의 유형을 복사라고 부른다. 태양으로부터 오는 복사열은 진공상태의 공간을 아무런 손실 없이 진행한다. 그러므로 지상의 물체에 닿아 흡수된다. 복사열은 분자구조가 대칭인 기체, 예를 들면 수소, 산소, 질소 등의 기체 속을 통과할 때는 손실이 없다. 그러므로 공기 중을 통과할 때는 수증기, 탄산가스, 아황산가스, 탄화수소와 같은 비대칭성구조의 분자들, 그리고 기타 오염 물질(연기 등)에 의한 것 외에는 손실 없이 진행한다. 그러나 이들 오염 물질들이 공기 중에서 차지하는 농도는 매우 낮으므로 이것에 의해 흡수되는 열은 무시할 수 있을 정도이다. 그러나 대기 중에서 수증기와 탄산가스의 농도가 매우 커지면 복사열의 흡수량은 무시 못할 정도로 현저히 증가한다. 습도가 높은 날의 삼림화재(森林火災)나 대형의 액화천연가스(LNG) 화재가 습도가 낮은 날에 비하여 상대적으로 위험성이 보다 덜한 것은 이런 이유 때문이다.

분무상태의 미세한 물방울들은 복사열을 거의 대부분 흡수할 수 있기 때문에 물분무를 사용한 복사열의 차단은 매우 효과적인 방법이 될 수 있다. 대형 화재에서 대량의 복사열이 발산되면 호스를 사용하여 방수함으로써 열을 제거하지 않으면 주위의 가연물로 불이 급속히 확대될 것인데, 이때 분무 노즐을 사용하여 방수하면 열복사를 차단하는데 탁월한 효과를 얻을 수 있다. 물분무는 복사열의 차단 및 흡수뿐 아니라 표면에서 반사하는 효과도 있어 복사열을 주위의 공간으로 분산시켜 열에너지를 희석시켜 주기도 한다.

복사체로부터 방사되는 복사열은 복사체의 단위표면적당 방사열로 정의하여 정량적으로 파악하게 되는데, 그 양은 복사표면의 절대온도의 4승에 비례한다. 이것을 **슈테판-볼츠만(Stefan-Boltzman)의 법칙**이라고 하며, 다음과 같은 식으로 나타낸다.

$q = \varepsilon\sigma T^4 = \sigma AF(T_1^4 - T_2^4)$

여기서, q : 복사체의 단위표면적으로부터 단위시간당 방사되는 복사에너지 〔Watts/cm^2〕

ε : 보정계수(적외선 파장범위에서 비금속 물질의 경우에는 거의 1에 가까운 값이므로 무시할 수 있다)

σ : 슈테판-볼츠만 상수(≒5.67×10^{-8} Watts/$cm^2\cdot K^4$)

T : 절대온도〔K〕

A : 단면적

F : 기하학적 factor

(4) 화상

1도 화상(홍반성)	최외각의 피부가 손상되어 분홍색이 되어 심한 통증을 느끼는 상태
2도 화상(수포성)	화상 부위가 분홍색을 띄고 분비액이 많이 분비되는 화상의 정도
3도 화상(괴사성)	화상 부위가 벗겨지고 열이 깊숙이 침투되어 검게 되는 현상
4도 화상(탄화성)	피부의 전층과 함께 근육, 힘줄, 신경 또는 골조직까지 탄화되는 정도

(5) 공기온도와 생존 한계시간

공기온도〔℃〕	생존 한계시간〔분〕	공기온도〔℃〕	생존 한계시간〔분〕
143	5 이하	100	25 이하
120	15 이하	65	60 이하

(6) 연기(smoke)

연기란 연소시 연소 물질로부터 발생되는 고체 또는 액체 미립자를 포함하는 연소기체 혼합물로 정의하고 있다. 이들 연소기체 성분 중에서 인명에 가장 치명적인 것은 일산화탄소(CO)이며 그 밖에 플라스틱 제품의 종류에 따라 청산(HCN), 염화수소(HCl), 황산화물(SO_x) 및 질소산화물(NO_x) 등이 발생하게 된다.

넓은 의미에서 본 연기는 일반적으로 다음과 같은 구성 요소들이 집합되어 있다.

① 연소 중인 물질로부터 방출되는 뜨거운 증기 및 가스류(연소가스)

② 아직 타지 아니한 분해생성물 및 응축 물질(엷은 색깔에서부터 검고 진한 색깔에 이르기까지 다양하다.)

③ 위의 구성 요소들에 혼합되어 있는 공기, 연소가스와 혼입 공기를 제외하고 협의적으로 볼 때, 연기는 매우 작은 고체입자(탄소 및 잿가루 등)와 입자상태의 응축물로 구성되어 있다. 화재 전문가들 사이에는 연소가스 속에 포함되어 있는 연기성분이 화재

시 인명피해의 가장 큰 원흉으로 화재 사망자의 약 50~75% 정도가 이 때문인 것으로 추정하는 사람들이 많다. 기타 연기 농도, 투시거리, 연기 중의 보행속도 연기의 확대현상 등에 관한 것은 건축물의 안전대책에서 다루기로 하겠다.

④ 연기의 이동속도★★★

㉠ 수평방향으로의 연기의 진행속도 : 평균 약 0.5~1.0m/sec

㉡ 수직방향으로의 연기의 진행속도 : 평균 약 2~3.0m/sec

㉢ 계단방향으로의 연기의 진행속도 : 평균 약 3~5.0m/sec

⑤ 화재시의 연기제어

㉠ 굴뚝효과(연돌효과) : 빌딩 내부의 온도가 외기보다 더 따뜻하고 밀도가 낮을 때 빌딩 내의 공기는 부력을 받아 계단, 벽, 승강기 등 건물의 수직통로를 통해서 상향으로 이동하는데 이를 굴뚝효과라 한다. 외기가 빌딩 내의 공기보다 따뜻할 때는 건물 내에서 하향으로 공기가 이동하며 이러한 하향 공기 흐름을 역굴뚝효과라 한다. 굴뚝효과나 역굴뚝효과는 밀도나 온도 차이에 의한 압력차에 기인한다. 일반적으로 굴뚝효과는 항상 빌딩과 외부 사이에 존재하는 것으로 생각된다. 따라서 건물 내에 누출 통로가 존재하게 된다면 화재가 발생한 층으로부터 다른 층으로의 연기 이동이 가능하게 된다.

㉡ 부력 : 화재에 의한 높은 온도의 연기는 밀도의 감소에 따른 부력을 가지고 있다. 화재구역과 그 주위 지역 사이의 압력차에 의한 부력에 의해 연기가 이동하게 된다. 화재구역의 천장에 누출 통로가 있는 경우 이 압력차에 의한 부력은 연기를 화재가 발생한 층으로부터 그 위층까지 이동시킬 수 있다.

㉢ 팽창 : 부력과 더불어 화재에 의해 방출되는 에너지는 팽창에 의한 공기 이동을 유발시킨다. 단지 1개의 개구부가 존재하더라도 화재구역에 있어서 빌딩 내 찬 공기는 화재구역 안으로, 뜨거운 연기는 화재구역 밖으로 배출된다.

㉣ 바람 : 많은 경우 바람은 빌딩 내에서 연기를 이동시키는 주요인자이다. 바람의 영향은 기밀하게 건설되지 못한 빌딩, 창이나 문이 많은 건물에 있어서 더욱 중요하다. 만일 창문이 화재구역에서 바람 부는 반대쪽에 위치한다면 바람에 의한 부압에 의해 연기는 화재구역으로부터 배출된다. 이것은 빌딩 내의 연기 이동을 크게 감소시킬 수 있다. 그러나 만약 깨어진 창문이 바람 부는 방향에 있다면 바람은 연기를 화재가 발생한 층으로부터 다른 층으로 빠르게 확산시킨다. 이 경우 빌딩 내 근무자나 화재 진압요원 모두를 위험하게 만든다. 바람에 의한 압력은 상대적으로 커서 빌딩 내의 공기흐름을 쉽게 주도할 수 있다. 따라서 화재가 진행 중인 곳에서 창을 부수는 것은 큰 피해를 낼 수 있게 된다.

㉤ HVAC(Heating Ventilation Air Conditioning) 시스템 : 종종 HVAC 시스템은 빌딩 화재시 연기를 전달하게 된다. 화재 초기단계에서 HVAC 시스템은 화재 검출에 도움을 줄 수 있다. HVAC 시스템은 사람들이 있는 공간으로 연기를 전달

함으로써 사람들이 화재에 기민하게 대처할 수 없게 하기도 한다. 그러나 화재가 진행되면 HVAC 시스템은 화재구역으로 공기를 제공하여 연소를 돕게 되고 이 연기를 다른 지역으로 전달, 빌딩 내 모든 사람을 위험하게 한다.

⑥ 연기의 농도

화재시 연기는 광선을 흡수하기 때문에 시야를 차단하고, 고온이며 유동확산이 빨라 화재전파의 원인이 된다.

㉠ 중량 농도법 : 단위체적당의 연기 입자의 중량[mg/m^3]

㉡ 입자 농도법 : 단위체적당의 연기 입자의 개수[개/m^3]

㉢ 투과율법 : 연기 속을 투과한 빛의 양으로 구하는 광학적 표시로 일반적으로 감광계수[m^{-1}]로 나타낸다.

$$C_s = (1/L)\ln(I_o/I)$$

여기서, C_s : 감광계수[1/m]

L : 가시거리[m]

I_o : 연기가 없을 때 빛의 세기[lux]

I : 연기가 있을 때 빛의 세기[lux]

감광계수[m^{-1}]	가시거리[m]	상 황
0.1	20~30	연기감지기가 작동할 때의 농도
0.3	5	건물 내부에 익숙한 사람이 피난할 정도의 농도
0.5	3	어두운 것을 느낄 정도의 농도
1	1~2	앞이 거의 보이지 않을 정도의 농도
10	0.2~0.5	화재 최성기때의 농도
30	–	출화실에서 연기가 분출할 때의 농도

1.4 열에너지원과 특성

열원(source of heat)

① 어떤 물질의 발화에 필요한 최소에너지를 제공할 수 있는 것이다.

② 가연성 가스와 공기의 혼합물 등에는 외부에서 발화에 필요한 에너지가 주어지지 아니하면 화염은 발생하지 않는다. 이때에 점화원이 필요하고 점화원이란 반응에 필요한 활성화에너지를 제공하여 주는 것이다.

2 화학적 에너지

(1) 연소열

어떤 물질 1mol이 완전연소 과정(=완전산화 과정)에서 발생되는 열

$C+O_2 \rightarrow CO_2+94.1kcal$
$CH_4+2O_2 \rightarrow CO_2+2H_2O+212.8kcal$

탄소(C)와 메탄(CH_4) 1mol의 연소열은 각각 94.1kcal, 212.8kcal임을 알 수 있다.

(2) 자연발화

어떤 물질이 외부로부터 열을 공급받지 않고 내부 반응열의 축적만으로 온도가 상승하여 발화점에 도달하여 연소를 일으키는 현상

(3) 분해열

어떤 화합물 1몰이 상온에서 가장 안정한 상태의 성분원소로 분해할 때 발생하는 열

$$C_2H_2 \rightarrow 2C+H_2=54.2kcal$$

아세틸렌의 경우, 화합물상태에서는 불안정하여 충격, 마찰 등에 의해 쉽게 가연물인 탄소와 수소로 분해되고 이때 54.2kcal/mol의 열을 발생시켜 가연물인 C, H_2를 연소시키는 것이다. 분해열이 쉽게 발생하는 물질에는 나이트로셀룰로오스, 셀룰로이드류, 산화에틸렌 등이 있다.

(4) 용해열

어떤 물질이 액체에 용해될 때 발생되는 열(예 진한 황산이 물로 희석되는 과정에서 발생되는 열)

3 전기에너지

(1) 저항열

물체에 전류를 흘려 보내면 각 물질이 갖는 전기저항 때문에 전기에너지의 일부가 열로 변하게 된다.

백열전구에서 전구 내의 필라멘트의 저항에 의해 열 발생

저항체 R에 과전류 I가 흐르면 열이 발생하는데 이것을 전류의 발열작용이라 한다.

$H=0.24I^2Rt=Cm\theta$

여기서, H : 발생되는 열에너지〔cal〕, I : 전류〔A〕
R : 저항〔Ω〕, t : 시간〔sec〕
C : 비열〔cal/g·℃〕, m : 질량〔g〕
θ : 온도차

(2) 유도열

유도된 전류가 흐르는 도체에 그 유도전류의 크기에 적당한 전류용량을 갖지 못하는 경우 저항 때문에 열이 발생

(3) 유전열

절연 물질로 사용되는 물질도 완전한 절연능력을 갖고 있지는 못한데, 절연 물질에 누설전류가 흐르고 이 누설전류에 의해 발생되는 열

(4) 아크열

보통 전류가 흐르는 회로나 나이프스위치에 의하여 또는 우발적인 접촉 또는 접점이 느슨하여 전류가 단락될 때 발생하며, 아크의 온도는 매우 높다.

(5) 정전기열

정전기 또는 마찰전기는 서로 다른 두 물질이 접촉하였다가 떨어질 때 한쪽 표면에는 양의 전하가 다른 한쪽에는 음의 전하가 모이게 된다. 두 물체가 접지되지 않으면 그 물체에는 충분한 양의 전하량이 축전되어 스파크 방전이 일어난다. 이러한 정전기 방전에 의해 가연성 증기나 기체 또는 분진을 점화시킬 수 있다.

$$E=\frac{1}{2}CV^2=\frac{1}{2}QV$$

여기서, E : 정전기에너지〔J〕
C : 정전용량〔F〕
V : 전압〔V〕
Q : 전기량〔C〕
$Q=CV$

참고

❶ 정전기의 발생원인

- 유류 등의 비전도성 유체의 유속이 클 때
- 비전도성의 부유 물질이 많을 때
- 필터 등을 통하여 비전도성 유체를 여과시킬 때
- 와류가 생성되어 비전도성 유체의 마찰이 클 때 등

❷ 정전기 발생방지 방법(출제빈도 높음)

- 적당한 접지 시설을 하는 방법
- 공기를 이온화시키는 방법
- 상대습도를 70% 이상으로 하는 방법
- 전기도체의 물질을 사용하는 방법
- 제진기를 설치하는 방법

(6) 낙뢰에 의한 열

번개는 구름에 축적된 전하가 다른 구름이나 반대 전하를 가진 지면으로의 방전현상이다.

4 기계적 에너지

(1) 마찰열

두 물체를 마찰시키면 운동에 대한 저항현상으로 열이 발생

(2) 마찰 스파크

두 물체가 충돌에 의해 발생되는 것으로 주로 금속 물체에서 잘 발생

(3) 압축열

기체를 급격히 압축하면 열이 발생

5 원자력 에너지

원자핵에 중성자 입자를 충돌시키면 막대한 에너지가 방출되는데 열, 압력, 방사선 등의 형태로 방출된다.

1.5 LNG, LPG 등 가연성 가스의 성상과 특성

① 가스의 정의

액체상태에서의 증기압이 37.8℃에서 2.7kg/cm^2(40psi) 이상인 물질 또는 혼합물(NFPA), 연료로 쓰이는 기체로 통상 기체를 통틀어 이르는 말이다.

② 가스의 분류

가스는 통상적으로 취급하는 상태, 즉 물리적인 상태에 따라서 압축가스, 액화가스, 용해가스의 3가지 종류로 분류되기도 하고, 가스의 성질에 따라서 가연성 가스, 조연성 가스, 불연성 가스로 분류되기도 하며, 인체에 유해한 위험성 여부에 따른 독성, 비독성 가스로 분류되기도 한다.

가스의 분류		가스의 종류
상태에 의한 분류	압축가스	산소, 수소, 메탄, 질소, 아르곤 등
	액화가스	프로판, 부탄, 암모니아, 이산화탄소, 액화산소, 액화질소 등
	용해가스	아세틸렌
연소성에 의한 분류	가연성 가스	수소, 암모니아, 프로판, 부탄, 아세틸렌 등
	조연성 가스	산소, 공기 등
	불연성 가스	질소, 이산화탄소, 아르곤, 헬륨 등
독성에 의한 분류	독성 가스	염소, 일산화탄소, 아황산가스, 암모니아, 산화에틸렌 등
	비독성 가스	질소, 산소, 부탄, 메탄 등

(1) 압축가스

수소, 질소, 메탄 등과 같이 임계온도(기체가 액체로 되기 위한 최고온도)가 상온(14.5~15.5℃)보다 낮아 상온에서 압축시켜도 액화되지 않고, 단지 기체상태로 압축된 가스를 말한다.

(2) 액화가스

프로판, 부탄, 탄산가스 등과 같이 임계온도가 상온보다 높아 상온에서 압축시키면 비교적 쉽게 액화되는 가스로 액체상태로 용기에 충전하는 가스이다. 액화가스 중 액화산소, 액화질소 등은 초저온에서 액화한 후에 단열조치를 하여 초저온상태로 저장한다.

(3) 용해가스

아세틸렌과 같이 압축하거나 액화시키면 스스로 분해폭발을 일으키는 가스이기 때문에 용기에 다공성 물질(스펀지나 숯과 같이 고체 내부에 많은 빈 공간을 가진 물질)과 가스를 녹이는 용제(아세톤, 다이메틸포름아미드 등)를 넣어 용해시켜 충전하는 가스이다.

(4) 가연성 가스

공기 또는 산소 등과 혼합하여 점화시에 급격한 산화반응으로 열과 빛을 수반하여 연소(폭발)를 일으키는 가스이다. 그러나 가연성 가스가 연소하려면 공기와 점화원, 즉 불씨가 있어야 하며, 또한 공기와 혼합시에도 어느 농도의 범위가 되어야만 연소하는데, 연소할 수 있는 농도(연소범위 또는 폭발범위)는 가스마다 다르다. 아세틸렌, 암모니아, 수소, 황화수소, 사이안화수소, 일산화탄소, 메탄, 염화메탄, 에탄, 에틸렌, 프로판, 부탄 등이 있다.

(5) 조연성 가스

가연성 가스가 연소하는데 없어서는 안 되는 가스로 산소와 같이 가연성 가스의 연소를 도와주는 가스를 말한다(염소, 불소 등).

(6) 불연성 가스

질소, 탄산가스, 헬륨, 네온, 아르곤, 크립톤 등과 같이 스스로 연소하지 못하며 다른 물질을 연소시키는 성질도 갖고 있지 않은 비교적 화학적으로 안정된 가스를 말한다.

(7) 독성 가스

적은 양으로도 인체에 해독을 미치는 가스로, 허용 농도(공기 중에 노출되더라도 통상적인 사람에게 건강상 나쁜 영향을 미치지 아니하는 정도의 공기 중의 농도를 말함)가 100만분의 200 이하(200ppm−0.02%)인 가스를 말한다. 아황산가스, 암모니아, 일산화탄소, 불소, 염소, 사이안화수소, 황화수소, 벤젠, 포스겐, 염화수소, 불화수소, 포스핀, 반도체 가스(알진, 모노실란, 디실란, 디보레인) 등이 있다.

3 가스의 특성

(1) 액화석유가스(LPG)

액화석유가스(LPG ; Liquefied Petroleum Gas)는 유전에서 원유를 채취하거나 원유 정제시에 나오는 탄화수소를 비교적 낮은 압력(6~7kg/cm^2)을 가하여 냉각, 액화시킨 것이다. 기체가 액체로 되면 그 부피가 약 1/250로 줄어들어 저장과 운송에 편리하다. LPG의 주성분은 프로판 및 부탄이고, 소량의 프로필렌, 뷰틸렌 등이 포함되어 있다.

LPG에는 아황산가스와 같은 유독성분도 거의 없으며, 발열량이 20,000~30,000kcal/cm^2로 다른 연료에 비해 열량이 높다. 순수한 LPG는 아무런 냄새나 색깔이 없으나, 공업용을 제외한 가정이나 영업소에서 사용하는 LPG에는 누설될 때 누구나 쉽게 감지해 사고를 예방할 수 있도록 불쾌한 냄새가 나는 메르캅탄류의 화학 물질을 섞어서 공급한다. LPG는 공기보다 무거워서 누설되면 낮은 곳에 머물게 되고, 연소범위도 낮아 조금만 누설되어도 화재폭발 위험이 있으므로 누설되지 않도록 주의하여야 한다.

① **성질**

㉠ 물리적 성질

- LPG는 상온·상압에서 기체이나, 냉각하거나 압력을 가하면 쉽게 액화되므로 액체상태로 취급된다. 무색, 투명하고 물에 잘 녹지 않으며, 알코올과 에터에 잘 용해되고, 석유류, 동식물류 또는 천연고무를 잘 용해시킨다.
- 기체의 비중은 공기의 약 1.5~2배로서 누설시 낮은 곳에 체류하기 쉽다. 액체인 경우는 물보다 가벼워 물을 1로 했을 때 0.5~0.58배이다.
- 순수한 LPG는 색깔이나 냄새가 전혀 없는 탄화수소이나 불순물이 일부 들어 있어 냄새가 난다. 그러나 공업용을 제외한 LPG는 공기 중 혼합비율의 용량이 1,000분의 1의 상태에서 감지할 수 있도록 냄새가 나는 물질을 섞어서 사용자에게 공급한다. LPG는 거의 무독성이나 다량으로 계속 흡입하면 졸음이 오거나 가벼운 마취성이 있다.
- LPG가 끓는 온도는 아주 낮아 프로판의 경우는 −42.1℃, 부탄의 경우는 −0.5℃에서 끓으며, 20℃에서 프로판의 압력은 약 7kg/cm^2, 부탄은 1kg/cm^2 정도가 된다.
- LPG의 비점에서의 기화열은 프로판이 102kcal/kg, 부탄이 92kcal/kg으로 기화열이 커서 액체가 누설되어 피부에 닿으면 동상에 걸리므로 주의하여야 한다.

㉡ 화학적 성질 : LPG는 가연성으로 적당히 연소시키면 이산화탄소와 수증기로 되며, 이 경우 LPG는 상당한 발열량을 내면서 연소한다. 프로판의 발열량은 12,200kcal/kg, 부탄은 11,820kcal/kg이다. 또 프로판의 폭발범위는 2.2~9.5%, 부탄은 1.8~8.4%이다.

② **용도** : 프로판은 가정용·공업용 연료로 많이 쓰이며, 내연기관 연료로도 많이 쓰인다. 또한 옥탄가가 높기 때문에 자동차 연료로도 사용되나, 자동차 연료의 경우는 부탄을 주로 쓴다. 부탄은 상온에서 약 2기압으로 액화하기 때문에 고압을 발생할 우려가 없으므로, 폴리카보네이트 등 강도가 높은 플라스틱 용기에 넣어서 라이터 연료로도 사용하고 있다.

③ 폭발성 및 인화성

㉠ LPG는 공기나 산소와 혼합하여 폭발성 혼합 가스가 되며 인화점이 낮아 소량 누설시에도 인화하여 화재 및 폭발의 위험성이 크므로 취급에 주의해야 한다.

㉡ LPG는 전기절연성이 높고 유동・여과・분무시 정전기를 발생하는 성질이 있어, 이러한 정전기가 축적될 수 있는 조건에서는 방전 스파크에 의해 인화의 위험이 있으므로 주의해야 한다.

(2) 액화천연가스(LNG)

액화천연가스(LNG ; Liquefied Natural Gas)는 가스전에서 채취한 천연가스를 액화시킨 것으로 메탄(CH_4)이 주성분이다. LNG는 무색 투명한 액체로 LPG와 같이 공해물질이 거의 없고, 열량이 높아 대단히 우수한 연료이며, 주로 도시가스로 사용된다. LNG는 압력을 가해 액화시키면 부피가 1/600로 줄어들지만, 비점이 −162℃로 낮아 운송, 저장시에는 특수하게 단열된 탱크나 용기에 충전하여 온도를 비점 이하로 유지시켜 주어야 한다.

천연가스의 주성분인 메탄은 공기보다 가벼워서, 누설되면 높은 곳에 체류하고, 공기와 혼합되면 폭발성 가스가 되므로 이것 역시 LPG와 마찬가지로 누설되지 않도록 주의해야 한다.

(3) 도시가스

도시가스는 파이프라인을 통하여 수요자에게 공급하는 연료가스로 석유정제시에 나오는 납사를 분해시킨 것이나 LPG, LNG를 원료로 사용한다.

우리나라의 경우, 현재는 천연가스 공급망을 전국적으로 확대 보급하기 위해 배관공사를 추진 중에 있다.

(4) 아세틸렌(Acetylene)

3중 결합을 가진 불포화 탄화수소이며 반응성이 대단히 강하여 유기합성화학의 중요한 원료였으나, 최근 석유화학공업의 발전에 따라 대부분의 제품 원료가 아세틸렌보다 저가인 에틸렌, 프로필렌 등으로 바뀌게 되어 그 공업적인 중요성이 현저히 저하되었다. 그러나 용접 및 절단용으로는 아직도 널리 사용되고 있으므로 취급에 주의하여야 한다.

① **성질** : 무색의 기체이고, 고체 아세틸렌은 융해하지 않고 승화한다. 액체 아세틸렌은 불안정하나 고체 아세틸렌은 비교적 안정하다. 물 1몰에 1.1몰, 아세톤 1몰에 25몰이 녹는다.

아세틸렌을 산소와 함께 연소시키면 3,000℃를 넘는 불꽃을 만들 수 있으므로 용접용으로 중요하지만, 이것을 압축하면 분해폭발을 일으킬 수 있다.

$C_2H_2 \rightarrow 2C+H_2$

따라서, 아세틸렌은 압축하여 용기에 충전할 수 없으므로 석면·목탄 그 밖의 다공성 물질을 고압 용기에 주입하고, 이것에 아세톤 등의 용제를 스며들게 한 다음, 아세틸렌을 용해충전하여 운반·사용한다.

용해 아세틸렌이라고 하는 것은 바로 이 때문이다. 더욱 근래에는 액화 아세틸렌을 용기에 충전하는 방법도 개발되고 있다.

구리, 은, 수은 등에 아세틸렌을 접촉시키면 폭발성의 금속 아세틸라이드를 생성하므로 아세틸렌설비에 사용하는 금속은 매우 제한적이며, 구리 또는 구리 함유량이 62%를 초과하는 동합금을 아세틸렌설비에 사용해서는 안 된다.

고압가스안전관리법에서는 아세틸렌 제조를 위한 설비 중 아세틸렌에 접촉하는 부분에는 동 또는 동 함유량이 62%를 초과하는 동합금을 사용하지 못하도록 하고 있다.

아세틸렌은 통상적인 상태에서 가압하면, 위험하므로 질소·메탄·일산화탄소 또는 에틸렌 등의 희석제를 첨가하여 압축한다. 특수 촉매를 써서 고압하에 일산화탄소 등과 반응시킬 수가 있는데 이와 같은 방법을 레페의 합성법이라고 부른다.

② **용도** : 산소-아세틸렌 염으로 금속의 용접 및 절단에 많이 사용되고 있으며, 아세틸렌·에틸렌의 혼합 가스를 직접 고온으로 가열하면 쉽게 분해하면서 발열하여 탄소와 수소가 생긴다. 이 탄소를 아세틸렌 블랙이라 하며 전지용 전극 등에 사용한다.

유기합성 화학원료로서 아세톤, 초산, 초산비닐, 트리그랜, 아크릴로니트릴, 폴리비닐, 에터 등의 제조용으로 널리 사용되어 왔으나, 석유화학공업의 발전에 따라 저렴한 원료인 에틸렌·프로필렌으로 대체되어 가고 있는 추세이며, 최근에는 의약·향료 등의 합성에 사용하게 될 것이다.

③ **폭발성과 인화성** : 매우 연소하기 쉬운 기체로서 공기 또는 산소와 혼합하여 넓은 범위의 폭발성 혼합가스를 형성하므로 폭발범위가 넓다. 공기 중에서 발화점은 비교적 낮아 305℃이다. 압력을 받으면 불안정하여 $1kg/cm^2$ 이상에서는 불꽃·가열·마찰 등에 의하여 보다 폭발적으로 자기분해를 일으키고 수소와 탄소로 분해하여 위험하다. 다만, 다공성 물질에 아세톤, 다이메틸포름아미드를 침윤한 것에 아세틸렌을 용해시키면 압력을 가하여도 안정하다.

④ **인체에 미치는 영향** : 순수한 아세틸렌은 독성이 없다. 즉, 단순한 질식성 물질로서 농도가 높은 경우에는 흡입 공기 중 산소량의 부족에 의한 질식의 위험을 일으킨다. 20% 이상의 아세틸렌이 흡입 기체 중에 존재하면, 상대적으로 산소 농도가 감소하므로 호흡곤란, 가벼운 정도의 두통을 일으키고, 40% 이상의 농도에서는 허탈감이 있으나, 국소작용은 없다. 아세틸렌 중에 불순물이 많은 경우는 불순물에 의한 중독이 빠르고 또한 증상이 변한다.

(5) 수소(H_2)

무색, 무미, 무취의 기체로 기체 중에서 확산속도가 가장 빠르고, 최소의 밀도를 가지며, 열전도도가 대단히 크며, 환원성이 강하다. 또한 할로젠원소와 격렬히 반응하여 폭발반응이 일어난다.

(6) 일산화탄소(CO)

무색, 무취의 기체로 독성이 강하며(허용 농도 50ppm), 환원성이 강하고 금속산화물을 환원시킨다. 철이나 니켈과 금속카보닐을 생성하며, 물에 잘 녹지 않고 산, 염기와 반응하지 않는다. 상온에서 염소와 반응하여 포스겐을 생성한다.

(7) 염소(Cl_2)

상온에서 심한 자극성이 있는 황록색의 무거운 기체로서, 독성(허용 농도 1ppm)과 조연성 가스이다. 수분 존재하에서 발생기 산소를 발생시켜 살균, 표백, 소독작용을 한다. 염소와 수소의 염소 폭염기로 가열, 일광의 직사, 자외선 등에 의해 폭발하여 염화수소가 된다.

(8) 암모니아(NH_3)

상온에서 무색의 기체이나 강하고 특유한 냄새를 가진 가연성과 독성 가스이며, 가압에 의해 쉽게 액화되며, 물에 잘 녹는다. 암모니아용 장치나 계기에는 직접 구리나 황동, 알루미늄합금을 현저하게 부식시키며 수분이 있으면 그 작용이 더욱 격렬해진다.

출제예상문제

01 다음 중 자연발화의 형태가 다른 것은?

㉮ 건성유 ㉯ 고무분말 ㉰ 활성탄 ㉱ 석탄

해설 자연발화의 형태(분류)
① 분해열에 의한 자연발화 : 셀룰로이드, 나이트로셀룰로오스
② 산화열에 의한 자연발화 : 건성유, 고무분말, 원면, 석탄 등
③ 흡착열에 의한 자연발화 : 활성탄, 목탄분말 등
④ 미생물의 발열에 의한 자연발화 : 퇴비(퇴적물), 먼지 등

02 촛불의 연소형태는?

㉮ 확산연소 ㉯ 분해연소 ㉰ 증발연소 ㉱ 자기연소

03 식용유의 인화점은?

㉮ 200℃ 내외 ㉯ 300℃ 내외 ㉰ 400℃ 내외 ㉱ 500℃ 내외

해설 식용유의 인화점은 300℃ 내외이며, 발화점은 400℃ 내외이다.

04 다음 중 연소의 4요소 중 조연성 물질로 틀린 것은?

㉮ 공기 ㉯ 오존 ㉰ 불소 ㉱ 환원제

해설 조연성 물질 : 산소, 산화제, 자기반응성 물질, 조연성 기체(O_3, F_2, Cl_2, N_2O, NO, NO_2 등)

05 다음 중 자연발화의 조건으로 틀린 것은?

㉮ 열전도율이 낮아야 한다. ㉯ 주위온도가 높아야 한다.
㉰ 발열량이 커야 한다. ㉱ 비표면적이 작아야 한다.

해설 자연발화가 되기 위해서는 비표면적이 커야 한다.

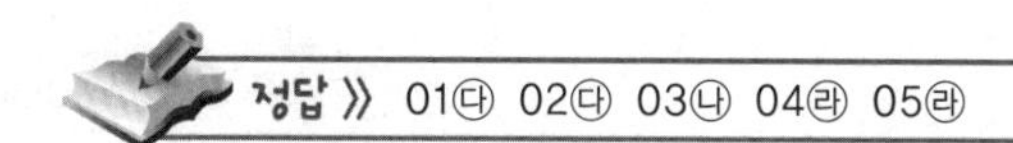

06 다음 중 자연발화의 형태가 다른 것은?

㉮ 기름종이　　㉯ 고무분말　　㉰ 석탄　　㉱ 퇴비

자연발화의 형태(분류)
① 분해열에 의한 자연발화 : 셀룰로이드, 나이트로셀룰로오스
② 산화열에 의한 자연발화 : 건성유, 고무분말, 원면, 석탄 등
③ 흡착열에 의한 자연발화 : 활성탄, 목탄분말 등
④ 미생물의 발열에 의한 자연발화 : 퇴비(퇴적물), 먼지 등

07 다음 중 잘못된 설명은?

㉮ 대형의 폴리에틸렌 통에 가온된 튀김 찌꺼기가 1~2kg 정도 쌓이면 때에 따라서는 4~5시간 후에 자연발화할 수도 있다.
㉯ 위와 같이 튀김 기름에 함유된 불포화지방산이 튀길 때 받은 고온에 의해 산화반응을 일으키게 된다.
㉰ 산화반응으로 인해 자연가열이 방산되는 열보다 많을 때 온도상승으로 발화하게 된다.
㉱ 자연발화란 산화하기 어려운 물질이 공기 중에서 산화하여 축적된 열에 의해 자연적으로 발화하는 현상이다.

해설 ㉱ 자연발화란 산화하기 쉬운 물질이 공기 중에서 산화하여 축적된 열에 의해 자연적으로 발화하는 현상이다.

08 다음 중 인화점이 잘못 연결된 것은?

㉮ 아세톤(−18.5℃)　　㉯ 에틸알코올(12℃)
㉰ 벤젠(40℃)　　㉱ 가솔린(−43℃)

해설 벤젠의 인화점은 −11℃이다.

09 가스레인지의 연소형태는?

㉮ 확산연소　　㉯ 예혼합연소　　㉰ 분해연소　　㉱ 자기연소

10 식용유의 발화점은?

㉮ 300℃ 내외　　㉯ 400℃ 내외　　㉰ 500℃ 내외　　㉱ 600℃ 내외

해설 식용유의 인화점은 300℃ 내외이며, 발화점은 400℃ 내외이다.

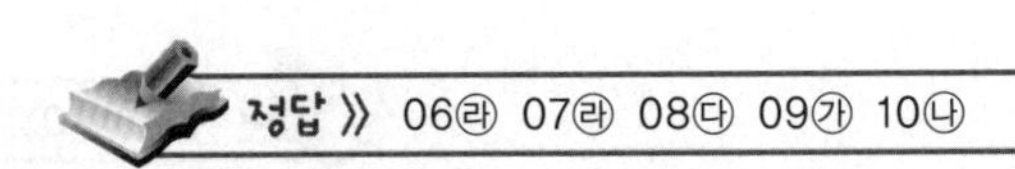
정답 ≫ 06㉱ 07㉱ 08㉰ 09㉮ 10㉯

11 불꽃의 온도가 1,500℃일 때 색깔은?

㉮ 황색 ㉯ 황적색

㉰ 백적색 ㉱ 휘백색

해설 700℃-암적색, 850℃-적색, 950℃-휘적색, 1,100℃-황적색, 1,300℃-백적색, 1,500℃-휘백색

12 금속이 덩어리상태일 때보다 가루상태일 때 연소위험성이 증가하는 이유 중 잘못된 것은?

㉮ 표면적의 증가 ㉯ 체적의 증가

㉰ 비열의 증가 ㉱ 대전성의 증가

해설 ㉰ 비열의 감소와 적은 열로 고온을 형성한다.

13 다음 중 불이 붙는 경우는?

㉮ 가솔린이 담긴 비커에 성냥불씨를 빠른 속도로 넣었다.

㉯ 가솔린이 담긴 비커에 담뱃불씨를 넣었다.

㉰ 등유가 담긴 비커 증기상 부분에 불을 붙였다.

㉱ 등유가 담긴 비커에 성냥불씨를 넣었다.

해설 가솔린은 인화점이 -43℃이며, 불씨에 인화된다.

14 다음 중 틀린 설명은?

㉮ 연소는 2개 또는 그 이상의 물질이 화학적으로 결합해서 통상 열과 빛의 발생을 동반하는 것을 의미한다.

㉯ 염소, 황, 질소 및 그 밖의 원소는 어느 원소의 연소를 지지하는 능력을 가지고 있다.

㉰ 이산화탄소는 금속 마그네슘과 금속 알루미늄의 연소를 지지할 수 없다.

㉱ 메탄이 탈 때 그 성분의 탄소원자는 일산화탄소 또는 이산화탄소 어느 쪽인가로 변화하며, 수소원자는 물로 전환된다.

해설 이산화탄소는 금속 마그네슘과 금속 알루미늄의 연소를 지지할 수 있다.

15 원유, 가솔린, 등유 등의 위험물에 대한 인화점을 측정코자 할 때 적절한 시험장치는?

㉮ 태그 밀폐식 ㉯ 펜스키마텐스 밀폐식

㉰ 클리블랜드 개방식 ㉱ 세타 밀폐식

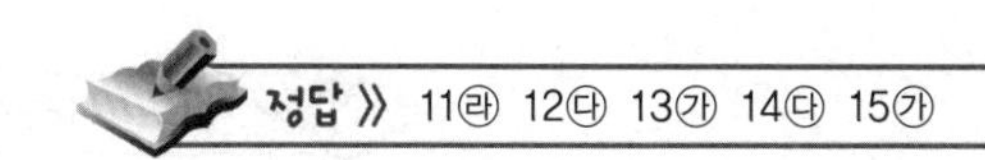

정답 》 11㉱ 12㉰ 13㉮ 14㉰ 15㉮

해설

태그 밀폐식	원유, 가솔린, 등유 등	인화점 90℃ 미만
펜스키마텐스 밀폐식	원유, 경유, 등유, 방청유 등	태그 밀폐식 방법 적용 안 되는 시료
클리블랜드 개방식	석유아스팔트, 유동파라핀, 각종 윤활유 등	인화점 80℃ 이하

16 황이나 나프탈렌과 같은 고체 위험물의 연소형태는?

㉮ 표면연소 ㉯ 분해연소 ㉰ 자기연소 ㉱ 증발연소

해설 황이나 나프탈렌과 같은 고체 위험물을 가열하면 열분해를 일으키지 않고 증발하여 그 증기가 연소하거나 열에 의한 상태변화를 일으켜 액체가 된 후 어떤 일정한 온도에서 발생된 가연성 증기가 연소된다.

17 다음 중 연소범위가 틀린 것은?

㉮ 가솔린 : 1.2~7.6 ㉯ 수소 : 4.0~75
㉰ 프로판 : 2.1~19.5 ㉱ 일산화탄소 : 12.5~74

해설 프로판의 연소범위는 2.1~9.5이다.

18 다음 중 가연성 물질로서 적절치 못한 것은?

㉮ 열전도율이 낮아야 한다.
㉯ 비표면적이 커야 한다.
㉰ 활성화에너지가 커야 한다.
㉱ 산소와 화합될 때 생기는 연소열이 많아야 한다.

해설 가연성 물질은 활성화에너지가 작아야 한다. 즉 종이는 성냥불로 연소가 되지만, 책상은 성냥불보다는 토치 정도의 큰 에너지를 주어야 한다. 따라서 작은 에너지에 불이 잘 붙는 경우가 가연성 물질에 가깝다.

19 자연발화를 예방하고자 한다. 잘못된 것은?

㉮ 통풍이 잘 되게 할 것 ㉯ 열의 축적이 용이하지 않게 할 것
㉰ 저장실의 온도를 낮게 할 것 ㉱ 습도를 높게 할 것

해설 습도가 높은 경우 열의 축적이 용이해진다(예를 들어, 찜질방에서도 건식보다는 습식에서 열의 축적이 용이하며, 여름에도 건조해서 햇빛만 내리쬐는 경우보다는 비가 와서 주변이 습한 경우 더욱 더위를 느끼며, 땀도 많이 발생한다).

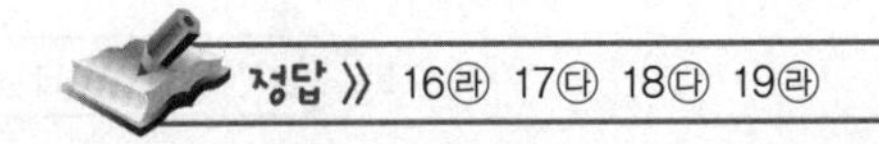
정답 》 16㉱ 17㉰ 18㉰ 19㉱

20 산화열에 의한 자연발화와 관련이 없는 것은?

㉮ 건성유 ㉯ 고무분말
㉰ 활성탄 ㉱ 석탄

해설 자연발화의 형태(분류)
① 분해열에 의한 자연발화 : 셀룰로이드, 나이트로셀룰로오스
② 산화열에 의한 자연발화 : 건성유, 고무분말, 원면, 석탄 등
③ 흡착열에 의한 자연발화 : 활성탄, 목탄분말 등
④ 미생물의 발열에 의한 자연발화 : 퇴비(퇴적물), 먼지 등

21 다음 설명 중 맞는 것은?

㉮ 액체연료의 경우 액표면적이 클수록 증발량이 많아지고 연소속도도 그만큼 빨라진다.
㉯ 양초의 경우 분해하여 공기 중의 산소와 혼합되어 타므로 분해연소에 속한다.
㉰ 탄소의 연소는 무염연소로서 표면연소 외에는 존재하지 않는다.
㉱ 자연발화를 예방하기 위해서는 습도를 높여주어야 한다.

해설 양초의 경우 증발연소에 해당되며, 자연발화를 예방하기 위해서는 습도를 낮춰야 한다.

22 다음 중 고체 연료의 연소형태로서 잘못된 것은?

㉮ 표면연소 ㉯ 증발연소
㉰ 분해연소 ㉱ 확산연소

해설 확산연소는 기체연료의 연소형태이다.

23 가연물에 대한 개념이 옳게 설명된 것은?

㉮ 활성화에너지가 클수록 가연물이 되기 쉽다.
㉯ 산소와의 친화력이 작을수록 가연물이 되기 쉽다.
㉰ 산화반응이지만 발열반응이 아닌 것은 가연물이 될 수 없다.
㉱ 구성원소가 산소로 되어 있는 유기물은 가연물이 될 수 없다.

24 다음 중 연소속도와 직접 관계되는 것은?

㉮ 착화속도 ㉯ 환원속도
㉰ 산화속도 ㉱ 열의 발생속도

해설 연소란 열과 빛을 동반한 산화반응이다. 즉, 연소속도=산화속도이다.

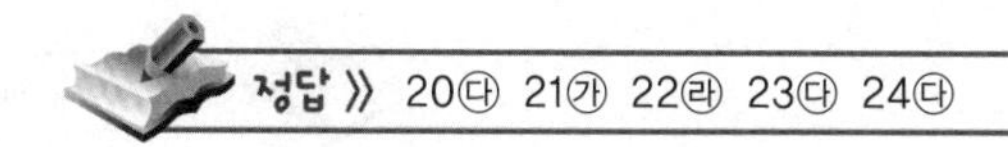
정답 》 20㉰ 21㉮ 22㉱ 23㉰ 24㉰

25 다음은 연소의 형태 중 어떤 연소에 대한 설명인가?

> 화재 초기에 고체 가연물에서 많이 발생하며 연소에 필요한 산소 공급이 불충분하거나 가연성 분해 가스의 농도가 적당하지 않아 불꽃(화염)이 발생하지 못하고 분해생성물만 발생시키는 연소

㉮ 표면연소 ㉯ 분해연소 ㉰ 훈소연소 ㉱ 자기연소

해설 ㉰ 훈소연소에 관한 설명이다.

26 다음 중 틀린 설명은?

㉮ 연소는 2개 또는 그 이상의 물질이 화학적으로 결합해서 통상 열과 빛의 발생을 동반하는 것을 의미한다.
㉯ 염소, 황 및 그 밖의 원소는 어느 원소의 연소를 지지하는 능력을 가지고 있다.
㉰ 메탄이 탈 때 그 성분의 탄소원자는 일산화탄소 또는 이산화탄소 어느 쪽인가로 변화하며, 수소원자는 물로 전환된다.
㉱ 황이나 나프탈렌과 같은 고체 위험물의 연소형태는 표면연소이다.

해설 황이나 나프탈렌은 증발연소에 해당된다.

27 자연발화에 대한 설명으로 잘못된 것은?

㉮ 자연발화란 산화하기 쉬운 물질이 공기 중에서 산화하여 축적된 열에 의해 자연적으로 발화하는 현상이다.
㉯ 건성유, 석탄 등과 같은 산화열에 의한 자연발화가 가능하다.
㉰ 퇴비, 먼지 등과 같은 미생물 발열에 의한 자연발화가 가능하다.
㉱ 자연발화를 예방하기 위해서는 습도를 높게 유지해야 한다.

해설 자연발화를 예방하기 위해서는 습도를 낮게 유지해야 한다.

28 연소한계에 관한 설명으로 틀린 것은?

㉮ 가연성 혼합 기체라도 적당한 혼합 비율로 연료와 산소가 혼합되지 않으면 점화원이 있더라도 발화하지 않는다.
㉯ 연소한계에는 하한계와 상한계가 있다.
㉰ 연소한계를 일명 폭발한계라고도 해석할 수 있다.
㉱ 가연성 기체라면 점화원의 존재하에 그 농도와 관계없이 발화한다.

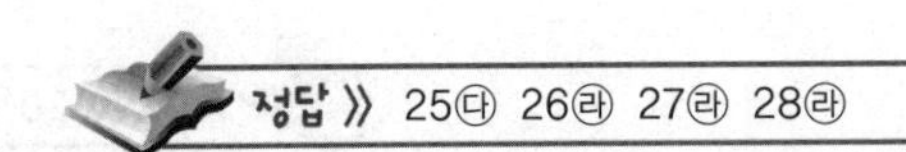
정답 » 25㉰ 26㉱ 27㉱ 28㉱

29 다음 물질의 증기가 공기와 혼합 기체를 형성하였을 때 연소범위가 가장 넓은 혼합비를 형성하는 물질은?

㉮ 수소 ㉯ 이황화탄소
㉰ 아세틸렌 ㉱ 에터

30 자연발화를 방지하는 방법으로 옳지 않은 것은?

㉮ 물질의 퇴적시 통풍이 잘 되게 한다. ㉯ 물질을 건조하게 유지한다.
㉰ 물질의 표면적을 넓게 한다. ㉱ 저장실의 온도를 낮춘다.

31 다음은 식용유의 연소 특성에 관한 설명이다. 잘못된 것은?

㉮ 식용유의 발연점은 230~245℃, 인화점은 300℃ 내외이다.
㉯ 식용유의 발화점은 340~360℃ 내외이다.
㉰ 식용유를 계속 가열하면 유면으로부터 백연이 발생하기 시작하는데, 이때의 유온이 발연점이다.
㉱ 유면상의 화염을 제거하여도 유온이 발화점 이상이면 곧 재발화한다.

해설 식용유의 발화점은 400℃ 내외이다.

32 다음 연소가스 중 가장 인체에 유해한 가스는?

㉮ 이산화탄소 ㉯ 일산화탄소
㉰ 황화수소 ㉱ 포스겐

33 혈액 중의 산소운반 물질인 헤모글로빈과 결합하여 카르복시헤모글로빈을 만듦으로써 산소의 혈중 농도를 저하시키고 질식을 일으키게 만드는 연소생성물은?

㉮ 암모니아 ㉯ 벤젠
㉰ 일산화탄소 ㉱ 불화수소

34 공기의 온도가 120℃일 때 인간의 생존 한계시간은?

㉮ 5분 이하 ㉯ 15분 이하
㉰ 25분 이하 ㉱ 60분 이하

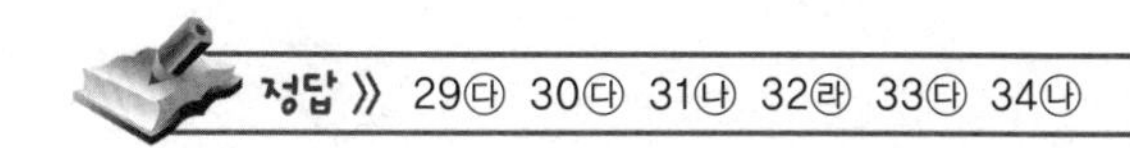
정답 》 29㉰ 30㉰ 31㉯ 32㉱ 33㉰ 34㉯

35 셀룰로이드, 폴리우레탄 등이 연소할 때 생성되는 가스는?

㉮ 사이안화수소　　㉯ 아크롤레인
㉰ 질소산화물　　㉱ 암모니아

36 다음에서 설명하는 연소생성물은 무엇인가?

> 이 가스는 일부 난연처리 재료의 연소, PVC 제품 등의 연소시 발생하는 이 가스는 전신을 부식시키고 인간의 기도를 상하게 하며, 50ppm에 잠깐만 노출되어도 피난능력을 상실하게 되며, 또한 이 가스는 축축한 눈에 닿아 이로 인해 눈의 통증과 눈물이 심해져 시야를 가릴 만큼 자욱하지는 않더라도 볼 수 없게 된다.

㉮ 일산화탄소　　㉯ 청산가스
㉰ 염화수소가스　　㉱ 암모니아

37 일산화탄소는 혈액에 의해 산소가 정상으로 운반되는 것을 방해하기 때문에 혈액독으로 중독작용을 일으키는 물질로서, 그 독작용은 비교적 안정된 카르복시헤모글로빈 또는 일산화탄소헤모글로빈이라 불리는 물질을 생성하는 것에 의해 일어나는데, 일산화탄소의 헤모글로빈에 대한 화학적 결합력은 산소결합력보다 몇 배에 해당하는가?

㉮ 30배　　㉯ 300배
㉰ 60배　　㉱ 600배

38 등유가 연소하는 경우 가장 많이 발생하는 물질은?

㉮ 아크릴로레인　　㉯ 포름알데하이드
㉰ 아세트알데하이드　　㉱ 뷰틸알데하이드

39 질소성분을 갖고 있는 모사, 비단, 피혁 등이 연소할 때 생성되는 가스로 옳은 것은?

㉮ 벤젠　　㉯ 사이안화수소
㉰ 아크롤레인　　㉱ 아황산가스

해설 ㉮ 벤젠 : 폴리스티렌(스티로폼 등)
㉰ 아크롤레인 : 합성수지, 레이온 등
㉱ 아황산가스 : 나무, 종이 등

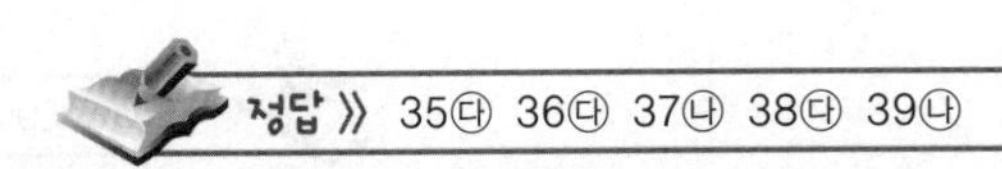

40 연소생성물 중 아황산가스(SO_2)에 대해 맞게 설명한 것은?

㉮ 이황화탄소의 연소시 발생한다.
㉯ 인체에 무해하다.
㉰ 혈중에 헤모글로빈과 결합하여 산소결핍현상이 발생한다.
㉱ 할론 104(CCl_4)에 의해 발생한다.

해설 ㉮ 이황화탄소의 연소시 발생한다.

41 가연성 물질의 연소 및 분해 생성가스 중 독성이 가장 큰 것은?

㉮ 일산화탄소(CO)
㉯ 염화수소(HCl)
㉰ 아황산가스(SO_2)
㉱ 포스겐가스($COCl_2$)

42 계단의 공정부분 내에서의 수직방향의 연기 상승속도는 최대 얼마에 달하는가?

㉮ 1~2m/sec　㉯ 2~3m/sec
㉰ 3~5m/sec　㉱ 5~7m/sec

43 풍속의 증감에 따라 연소속도는 매우 달라지는데, 풍속이 1m/sec 정도에서 최대연소속도를 나타낸다. 이것은 무풍시에 비해 약 몇 〔%〕 정도 빠른가?

㉮ 10%　㉯ 20%
㉰ 30%　㉱ 40%

44 화재시 연기의 특성으로 올바른 것은?

㉮ 연기는 공기보다 고온이나 여러 물질의 혼합체이므로 복도 등의 하류를 따라 이동한다.
㉯ 연소면적에 비해서 환기구의 면적이 작을 때는 연기의 농도가 낮다.
㉰ 화재 초기의 연기량은 화재 성숙기의 발연량보다 많다.
㉱ 화재시 연기의 이동현상은 열의 전도현상 때문이다.

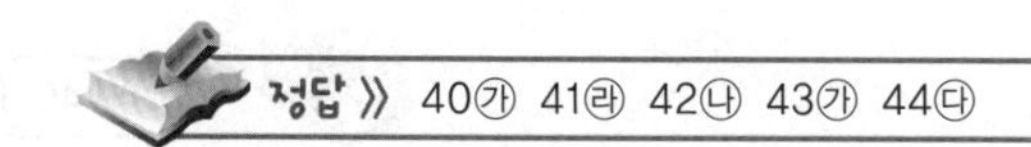

정답 》 40㉮ 41㉱ 42㉯ 43㉮ 44㉰

45 화재시 발생하는 연기에 관한 설명으로 옳은 것은?

㉮ 연소생성물이 눈에 보이는 것을 연기라고 한다.
㉯ 수직으로 연기가 이동하는 속도는 수평으로 이동하는 속도와 거의 같다.
㉰ 모든 연기는 유독성 기체이다.
㉱ 연기는 복사에 의하여 전파된다.

46 실내에서 연기의 이동속도는?

㉮ 수직으로 1m/sec, 수평으로 5m/sec
㉯ 수직으로 3m/sec, 수평으로 1m/sec
㉰ 수직으로 5m/sec, 수평으로 7m/sec
㉱ 수직으로 7m/sec, 수평으로 9m/sec

47 건물 화재시 패닉의 발생원인과 직접적인 관계가 없는 것은?

㉮ 연기에 의해 시계 제한
㉯ 유독가스에 의해 호흡장애
㉰ 외부와 단절되어 고립
㉱ 건물의 가연 내장재

48 화재시 연기가 인체에 영향을 미치는 가장 중요한 요인은?

㉮ 연기 중의 미립자
㉯ 일산화탄소의 증가와 산소의 감소
㉰ 탄산가스의 증가로 인한 산소의 희석
㉱ 연기 속에 포함된 수분의 양

49 고체나 정지하고 있는 유체 내에 온도구배가 존재할 경우 그 매질을 통하여 이루어지는 열전달의 형태를 무엇이라 하는가?

㉮ 응집
㉯ 전도
㉰ 대류
㉱ 복사

50 다음 중 화학적 열에너지와 관련이 없는 것은?

㉮ 연소열 ㉯ 자연발화 ㉰ 저항열 ㉱ 용해열

해설 ① 화학적 에너지 : 연소열, 분해열, 자연발화, 용해열
② 전기적 에너지 : 저항열, 유도열, 유전열, 아크열, 정전기열
③ 기계적 에너지 : 마찰열, 마찰 스파크, 압축열, 단열압축 등

정답 》 45㉮ 46㉯ 47㉱ 48㉯ 49㉯ 50㉰

51 기계적 에너지와 관련이 없는 것은?

㉮ 마찰열 ㉯ 낙뢰에 의한 열
㉰ 마찰 스파크 ㉱ 압축열

해설 ① 화학적 에너지 : 연소열, 분해열, 자연발화, 용해열
② 전기적 에너지 : 저항열, 유도열, 유전열, 아크열, 정전기열
③ 기계적 에너지 : 마찰열, 마찰 스파크, 압축열, 단열압축 등

52 열전달의 슈테판-볼츠만의 법칙은 복사체에서 발산되는 복사열은 복사체의 절대온도의 ( )에 비례한다. ( )에 적당한 것은?

㉮ 2제곱 ㉯ 3제곱
㉰ 4제곱 ㉱ 5제곱

53 LNG의 주성분은 무엇인가?

㉮ 메탄가스 ㉯ 에탄가스 ㉰ 프로판가스 ㉱ 부탄가스

54 LPG의 주요성분 가스로 틀린 것은?

㉮ 메탄가스 ㉯ 에탄가스 ㉰ 프로판가스 ㉱ 부탄가스

55 LPG의 특성으로 옳지 않은 것은?

㉮ 무색, 무취한 가스이다.
㉯ 액화하면 물보다 무겁고, 기화하면 공기보다 가볍다.
㉰ 발열량이 크고 연소속도가 빠르다.
㉱ 휘발유 등의 유기용매에 잘 용해되며 천연고무를 잘 용해시킨다.

56 가연성 가스가 누출되었으나 아직 인화되지 않은 경우의 방호대책으로 틀린 것은?

㉮ 밸브의 폐쇄 등으로 가스의 흐름을 차단시킨다.
㉯ 누출지역에 물을 분사시켜 누출 가스를 분사시킨다.
㉰ 배기팬을 작동시켜 누출 가스를 방출시킨다.
㉱ 충분한 냉각수를 뿌려 탱크와 배관을 냉각시켜 폭발위험을 제거한다.

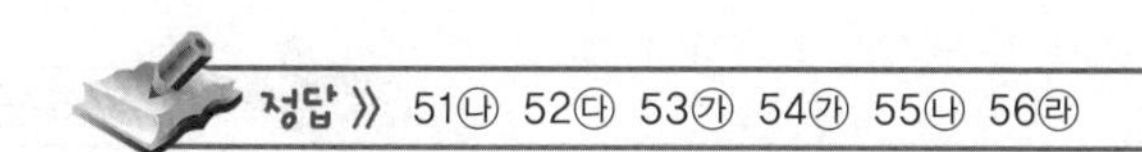

정답 ≫ 51㉯ 52㉰ 53㉮ 54㉮ 55㉯ 56㉱

57 건축물의 화재 발생시 열전달 방법과 관계가 먼 것은?

㉮ 전도　　㉯ 대류　　㉰ 복사　　㉱ 환류

58 보통 화재에서 황색의 불꽃온도는 몇 〔℃〕 정도인가?

㉮ 525　　㉯ 750　　㉰ 925　　㉱ 1,075

59 다음 항목 중 화학열이라고 할 수 없는 것은?

㉮ 연소열　　㉯ 분해열　　㉰ 압축열　　㉱ 용해열

해설 ① 화학적 에너지 : 연소열, 분해열, 자연발화, 용해열
② 전기적 에너지 : 저항열, 유도열, 유전열, 아크열, 정전기열
③ 기계적 에너지 : 마찰열, 마찰 스파크, 압축열, 단열압축 등

60 슈테판-볼츠만 법칙으로 온도차이가 있는 두 물체(흑체)에서 저온(T_2)의 물체가 고온(T_1)의 물체로부터 흡수하는 복사열 Q에 대한 식으로 옳은 것은?

- σ : 슈테판-볼츠만 상수
- A : 단면적
- F : 기하학적 factor
- T_1, T_2 : 물체의 절대온도

㉮ $Q=\sigma AF(T_1{}^4-T_2{}^4)$　　㉯ $Q=\sigma AF(T_2{}^4-T_1{}^4)$

㉰ $Q=\sigma A/F(T_1{}^4-T_2{}^4)$　　㉱ $Q=\sigma A/F(T_2{}^4-T_1{}^4)$

61 아세틸렌의 취급·관리시의 주의사항으로 적합하지 않은 것은?

㉮ 고압가스이나 고압으로 충전하면 폭발할 위험이 있다.
㉯ Cu, Mg와 접촉하면 폭발성 물질을 생성한다.
㉰ 전도하거나 낙하 또는 함부로 방치하면 위험하다.
㉱ 화학적으로 안전하므로 산소용접에 사용하여도 좋다.

62 연소의 4요소란 연소의 3요소 외에 무엇을 말하는가?

㉮ 산소공급원　　㉯ 가연물질

㉰ 점화원　　㉱ 순조로운 연쇄반응

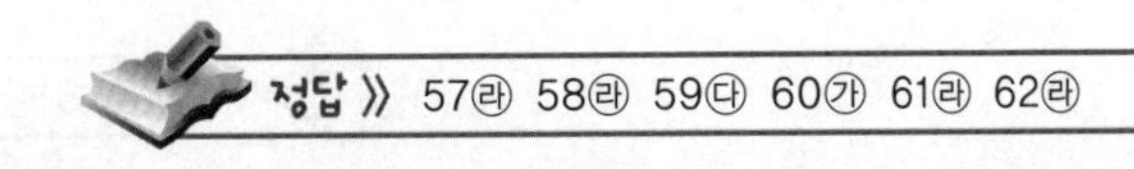
정답 ≫ 57㉱ 58㉱ 59㉰ 60㉮ 61㉱ 62㉱

63 공기 중에서 물질이 불꽃을 내면서 연소하는 현상과 관계 없는 것은?

㉮ 분해연소 ㉯ 증발연소 ㉰ 확산연소 ㉱ 표면연소

64 전기절연 불량에 의한 발열은 무엇 때문인가?

㉮ 저항열 ㉯ 아크열 ㉰ 유전열 ㉱ 유도열

65 가연물질이 재로 덮힌 숯불모양으로 불꽃없이 착화하는 것을 나타내고 있는 것은?

㉮ 무염착화 ㉯ 발염착화 ㉰ 맹화 ㉱ 진화

66 다음 물질 중 매연을 발생하지 않고 연소할 수 있는 것은?

㉮ 벤젠 ㉯ 메틸알코올 ㉰ 등유 ㉱ 식용유

67 다음은 연소현상에 대한 설명이다. 가장 적합하게 설명된 것은?

㉮ 산소와 열을 수반하는 반응이다.
㉯ 산소와 반응하는 것이다.
㉰ 빛과 열을 수반하면서 산소와 반응하는 것이다.
㉱ 가연성 가스를 발생시키기 위한 반응이다.

68 휘발성 물질에 불꽃을 접하여 발화될 수 있는 최저온도를 무엇이라고 하는가?

㉮ 인화점 ㉯ 발화점
㉰ 자연발화점 ㉱ 연소점

69 어떤 인화성 액체가 공기 중에서 열을 받아 점화원의 존재하에 지속적인 연소를 일으킬 수 있는 온도를 무엇이라고 하는가?

㉮ 발화점(ignition point)
㉯ 인화점(flash point)
㉰ 연소점(fire point)
㉱ 산화점(oxidation point)

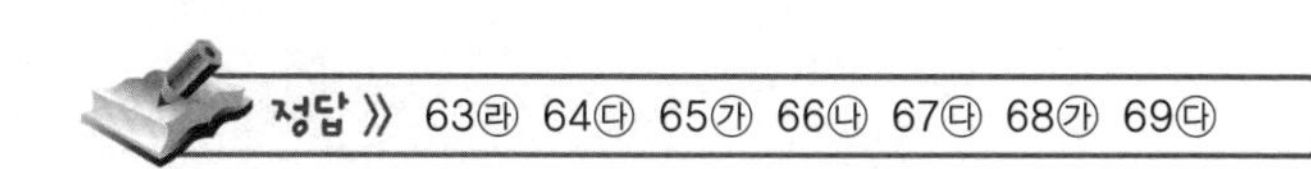
정답 》 63㉱ 64㉰ 65㉮ 66㉯ 67㉰ 68㉮ 69㉰

70 다음 중 열에너지원(heat energy sources)이 아닌 것은?

㉮ 화학열　　㉯ 화염열

㉰ 전기열　　㉱ 기계열

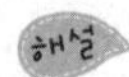
① 화학적 에너지 : 연소열, 분해열, 자연발화, 용해열
② 전기적 에너지 : 저항열, 유도열, 유전열, 아크열, 정전기열
③ 기계적 에너지 : 마찰열, 마찰 스파크, 압축열, 단열압축 등

71 목재상태에 따른 발화와 연소상태에 관한 설명으로 옳은 것은?

㉮ 수분이 많은 것이 빠르다.

㉯ 굵은 것이 빠르다.

㉰ 둥근 것보다 사각형이 빠르다.

㉱ 거친 것보다 매끈한 것이 빠르다.

72 분해연소를 하는 물질은?

㉮ 가솔린

㉯ 종이

㉰ 목탄

㉱ 프로판가스

73 분해열에 대한 설명이다. 맞는 것은?

㉮ 화합물이 분해될 때 발생하는 열을 말한다.

㉯ 고체가 승화할 때 발생하는 열을 말한다.

㉰ 액체가 기화될 때 발생하는 열을 말한다.

㉱ 어떤 물질이 물에 용해될 때 흡수되는 열을 말한다.

74 프로판가스의 특성 중 옳은 것은?

㉮ 액화프로판이 기화하면 용적은 약 500배가 된다.

㉯ 가스 비중은 약 0.5이다.

㉰ 연소범위는 2.2~9.5이다.

㉱ 용기 내에서는 액화프로판의 양이 감소함에 따라 압력도 감소한다.

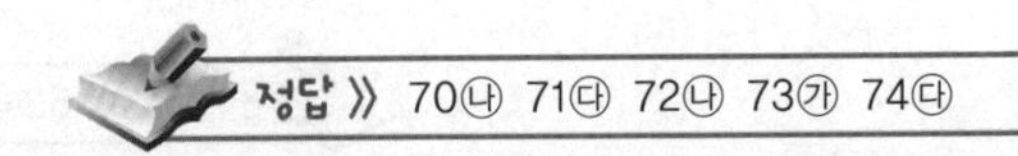
정답 》 70㉯ 71㉰ 72㉯ 73㉮ 74㉰

75 열에너지원 중 전기에너지에는 여러 가지 발생원인이 있다. 다음 중 전기에너지원의 발생원인에 속하지 않는 것은?

㉮ 저항가열　　　　㉯ 마찰 스파크

㉰ 유도가열　　　　㉱ 유전가열

① 화학적 에너지 : 연소열, 분해열, 자연발화, 용해열
② 전기적 에너지 : 저항열, 유도열, 유전열, 아크열, 정전기열
③ 기계적 에너지 : 마찰열, 마찰 스파크, 압축열, 단열압축 등

76 아세틸렌(C_2H_2)에 대한 설명으로 틀린 것은?

㉮ 인화되기 쉬운 기체이다.

㉯ 아세톤에 용해하기 쉽다.

㉰ 할로젠원소와 화합하여 폭발성이 강한 물질이 된다.

㉱ 압력을 가하면 불안정하여 분해하기 쉽다.

77 어떤 물질이 완전히 산화되는 과정에서 발생하는 열은?

㉮ 승화열　　　　㉯ 연소열

㉰ 용해열　　　　㉱ 자연발화

78 다음 물질의 증기가 공기와 혼합 기체를 형성하였을 때 연소범위가 가장 넓은 혼합비를 형성하는 물질은?

㉮ 수소(H_2)　　　　㉯ 이황화탄소(CS_2)

㉰ 아세틸렌(C_2H_2)　　　　㉱ 에터($(C_2H_5)_2O$)

연소범위가 넓은 순서 : $C_2H_2 > H_2 > (C_2H_2)_2O > CS_2$

증기의 연소 범위〔vol%〕

가 스	분자식	연소범위	가 스	분자식	연소범위
수소	H_2	4~75	메탄	CH_4	5~15
이황화탄소	CS_2	1.0~50	프로판	C_3H_8	2.1~9.5
아세틸렌	C_2H_2	2.5~81	아세톤	$(CH_3)_2CO$	2.5~12.8
에터	$(C_2H_5)_2$	1.9~48	벤젠	C_6H_6	1.4~8.0
일산화탄소	CO	12.5~74	LPG	–	2~21
암모니아	NH_3	15~25	가솔린	–	1.2~7.6

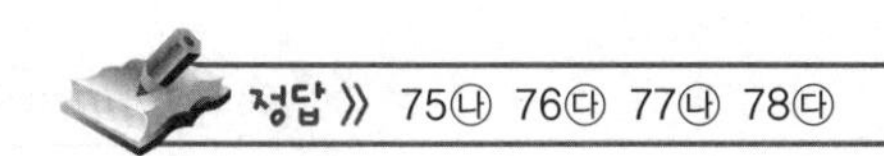

79 보통 화재에서 백색의 불꽃온도는 몇 〔℃〕 정도인가?

㉮ 750℃　　㉯ 925℃
㉰ 1,075℃　　㉱ 1,200℃

해설 고온체의 색깔과 온도

색	온 도〔℃〕	색	온 도〔℃〕
암적색	700	황적색	1,100
적색	850	백적색	1,300
휘적색	950	휘백색	1,500

80 수소 등의 가연성 가스가 공기 중에서 산소와 혼합하면서 발염연소하는 연소형태를 무엇이라고 하는가?

㉮ 분해연소　　㉯ 확산연소
㉰ 자기연소　　㉱ 증발연소

해설 연소의 형태
㉮ 분해연소 : 고체 가연물이 열분해를 일으켜 그 결과로 생성된 물질(가연성 가스+공기)이 연소하는 것
예 목재, 석탄, 종이, 플라스틱
㉯ 확산연소 : 가스와 산소의 공급이 확산에 의하여 이루어지는 형태
예 메탄, 암모니아, 수소, 아세틸렌, …
㉰ 자기연소 : 물질 자체에 산소를 포함하고 있어 산소공급을 필요로 하지 않는다.
예 질산에스터류, 나이트로화합물
㉱ 증발연소 : 액체 표면의 액체가 증기가 되어 그 가스가 공기 중의 산소와의 혼합 조성비가 연소범위에 있을 때 발화에너지가 주어지면 연소하는 현상
예 알코올, 등유, 경유, 가솔린, 아세톤 등

81 연소범위의 온도와 압력에 따른 변화를 설명한 것으로 옳은 것은?

㉮ 온도가 낮아지면 넓어진다.
㉯ 압력이 상승하면 좁아진다.
㉰ 불활성 기체를 첨가하면 좁아진다.
㉱ 일산화탄소는 압력이 상승하면 넓어진다.

해설 연소범위에서 온도와 압력의 영향
① 온도가 낮아지면 좁아진다.
② 압력이 상승하면 넓어진다.
③ 불활성 기체를 첨가하면 좁아진다.
④ 일산화탄소(CO)나 수소(H_2)는 압력이 상승하게 되면 좁아진다.

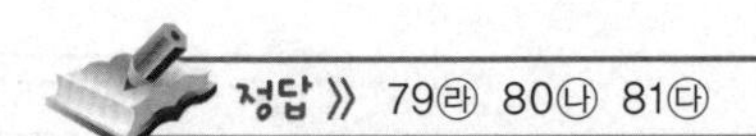
정답 》 79㉱ 80㉯ 81㉰

82 보통 화재에서 암적색 불꽃의 온도는 몇 〔℃〕 정도인가?

㉮ 525℃ ㉯ 750℃
㉰ 925℃ ㉱ 1,075℃

해설 연소의 색과 온도

색	온 도〔℃〕	색	온 도〔℃〕
암적색	700	황적색	1,100
적색	850	백적색	1,300
휘적색	950	휘백색	1,500

83 분해연소를 하는 물질은?

㉮ 가솔린 ㉯ 알코올
㉰ 종이 ㉱ 도시가스

해설 연소의 형태
① 분해연소 : 고체 가연물이 열분해를 일으켜 생성된 물질(가연성 가스+공기)에 의한 연소
예 목재, 석탄, 종이, 플라스틱, …
② 증발연소 : 액체 표면의 액체가 증기가 되어 그 가스가 공기 중의 산소와의 혼합 조성비가 연소 범위에 있을 때 발화에너지가 주어지면 연소하는 현상
예 등유, 가솔린, 알코올, 경유, …

84 그림에 표현된 불꽃연소의 기본 요소 중 ( )에 해당되는 것은?

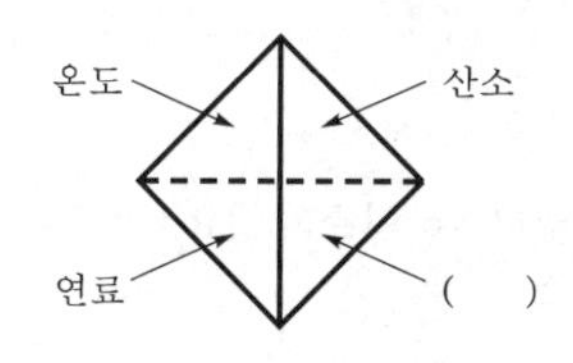

㉮ 열분해 증발 고체 ㉯ 기체
㉰ 순조로운 연쇄반응 ㉱ 풍속

해설 연소의 4요소
① 가연물(연료)
② 조연성 물질
③ 점화원(온도)
④ 연쇄반응
※ 불꽃연소 : 작열연소에 비해 대체로 발열량이 크고, 불꽃이 존재한다는 것은 연쇄반응이 존재한다는 것이다.

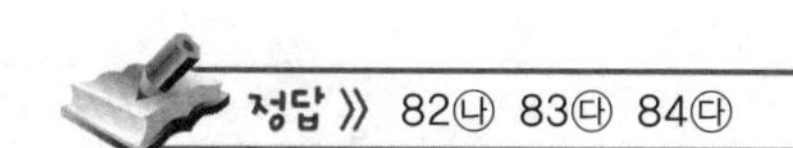
정답 》 82㉯ 83㉰ 84㉰

85 다음 설명 중 적합한 것은?

㉮ 연소는 응고상태 또는 기체상태의 연료가 관계된 자발적인 발열반응 과정이다.
㉯ 폭발은 연소과정이 개방상태에서 진행됨으로써 압력이 상승하는 현상이다.
㉰ 발화점은 물질이 공기 중에서 산소를 공급받아 산화를 일으키는 현상이다.
㉱ 연소점은 가연성 액체가 개방된 용기에서 증기를 계속 발생하며 연소가 지속될 수 있는 최고온도를 말한다.

㉮ 연소 : 응고상태 또는 기체상태의 연료가 관계된 자발적인 발열반응 과정
㉯ 폭발 : 연소과정이 밀폐상태에서 진행됨으로써 압력이 상승하는 현상
㉰ 발화점 : 화원(점화원)이 존재하지 않는 조건에서 발화할 수 있는 최저온도
㉱ 연소점 : 가연성 액체가 개방된 용기에서 증기를 계속 발생하며 지속적인 연소를 일으킬 수 있는 최저온도

86 작열연소에 관련된 설명으로 옳지 않은 것은?

㉮ 솜뭉치가 서서히 타는 것은 작열연소에 속한다.
㉯ 작열연소에는 연쇄반응이 존재하지 않는다.
㉰ 순수한 숯이 타는 것은 작열연소이다.
㉱ 작열연소는 불꽃연소에 비하여 발열량이 크지 않다.

해설 솜뭉치가 서서히 타는 것은 불꽃연소에 속한다.

참고 불꽃연소와 작열연소
(1) 불꽃연소 : 연쇄반응 존재 ⇒ 연소의 4요소
① 증발연소
② 분해연소
③ 확산연소
④ 예혼합연소
(2) 작열연소 : 연쇄반응 없다 ⇒ 연소의 3요소
① 표면연소=무염연소

87 다음 위험물 중 연소시 아황산가스를 발생시키는 것은?

㉮ 적린　　㉯ 황
㉰ 황화인　　㉱ 황린

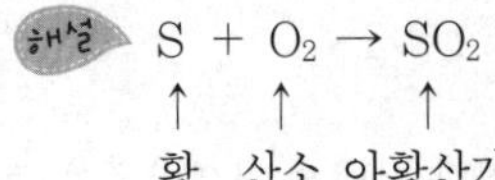

∴ 황의 완전연소시 아황산가스(SO_2) 발생

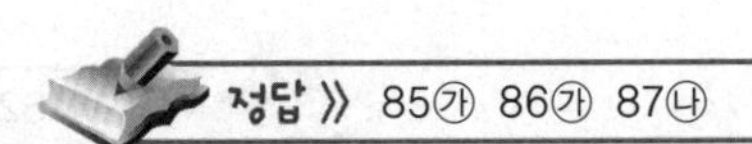
정답 》 85㉮ 86㉮ 87㉯

88 가연물질이 열분해되어 생성된 가스 중 독성이 가장 큰 것은?

㉮ 일산화탄소 ㉯ 염화수소
㉰ 이산화탄소 ㉱ 포스겐가스

해설 ① 포스겐($COCl_2$) : 매우 독성이 강한 가스로서 소화약제인 사염화탄소(CCl_4)를 사용시 발생한다.
② 일산화탄소(CO) : 혈액 중의 헤모글로빈과 결합하여 혈중 산소 농도를 저하시켜 질식사 한다.
③ 염화수소(HCl) : 일부 난연처리 재료의 연소, PVC 제품 등의 연소시 발생하며 자극성이 강한 강산성 가스이다(가스가 사람의 눈에 닿으면 염산이 되어 눈에 통증을 유발하고 심하면 실명하게 된다).
④ 이산화탄소(CO_2) : 자체로 유독성은 없으나 호흡속도를 증가시켜 주변의 독성가스의 흡입속도를 증가시킨다.

89 다음 기체 중 인체의 폐에 가장 큰 자극을 주는 것은?

㉮ CO_2 ㉯ H_2 ㉰ CO ㉱ N_2

해설 ㉮ 이산화탄소(CO_2) : 호흡속도를 증가시켜 주변의 독성 가스의 흡입속도를 증가시킨다.
㉰ 일산화탄소(CO) : 화재시 불완전연소하면 다량으로 발생하여 화학적 작용에 의해 헤모글로빈(Hb)이 혈액의 산소운반작용을 저하시켜 사람에게 질식을 일으킨다.

90 약 700℃에서 폴리염화비닐(PVC)의 연소시에 생성되는 가스 중 그 영향이 가장 적은 것은?

㉮ HCl ㉯ CO_2 ㉰ CO ㉱ NH_3

해설 PVC 연소시 생성가스
① HCl(염화수소) : 부식성 가스
② CO_2(이산화탄소)
③ CO(일산화탄소)
※ PVC : 염소(Cl)을 포함하는 고분자 탄소화합물

91 화상의 부위가 분홍색으로 되고 분비액이 많이 분비되는 화상의 정도는?

㉮ 1도 화상 ㉯ 2도 화상
㉰ 3도 화상 ㉱ 4도 화상

해설 열에 의한 화상
① 1도 화상 : 최외각의 피부가 손상되어 분홍색이 되어 심한 통증을 느끼는 상태
② 2도 화상 : 화상 부위가 분홍색을 띄고 분비액이 많이 분비되는 화상의 정도
③ 3도 화상 : 화상 부위가 벗겨지고 열이 깊숙이 침투되어 검게되는 현상
④ 4도 화상 : 피부의 전층과 함께 근육, 힘줄, 신경 또는 골조직까지 손상되는 정도

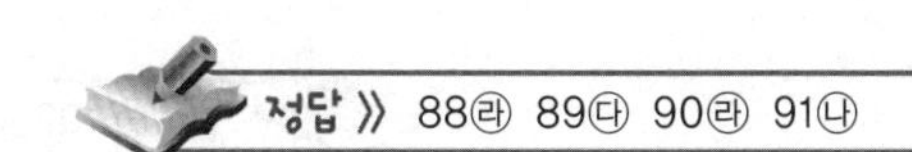
정답 》 88㉱ 89㉰ 90㉱ 91㉯

92 목재류의 연소가 주종이 되는 화재시 발생되는 유독성 가스 중 인명피해를 가장 많이 주는 것은?

㉮ 이산화탄소(CO_2) ㉯ 일산화탄소(CO)

㉰ 사이안화수소(HCN) ㉱ 포스겐($COCl_2$)

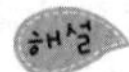
㉮ 이산화탄소(CO_2) : 호흡속도를 증가시켜 주변의 독성 가스의 흡입속도를 증가시킨다.
㉯ 일산화탄소(CO) : 화재시 불완전연소하면 다량으로 발생하여 화학적 작용에 의해 헤모글로빈(Hb)이 혈액의 산소운반작용을 저하시켜 사람에게 질식을 일으킨다.
㉰ 사이안화수소(HCN) : 질소 함유물(아크릴, 폴리아미드, 양모 등)의 불완전연소시 비교적 많은 양이 발생한다.
㉱ 포스겐($COCl_2$) : 소화약제인 사염화탄소(CCl_4) 사용시 발생한다.

93 화재시 탄산가스의 농도로 인한 중독작용의 설명으로 적합하지 않은 것은?

㉮ 농도가 1%인 경우 : 공중위생상의 상한선이다.

㉯ 농도가 3%인 경우 : 호흡수가 증가되기 시작한다.

㉰ 농도가 4%인 경우 : 두부에 압박감이 느껴진다.

㉱ 농도가 6%인 경우 : 의식불명 또는 생명을 잃게 된다.

해설 이산화탄소의 영향

농 도	영 향	농 도	영 향
1%	공중위생상의 상한선이다.	6%	호흡수가 현저하게 증가한다.
2%	수 시간의 흡입으로는 증상이 없다.	8%	호흡이 곤란해진다.
3%	호흡수가 증가되기 시작한다.	10%	2~3분 동안에 의식을 상실한다.
4%	두부에 압박감이 느껴진다.	20%	사망한다.

※ 이산화탄소=탄산가스
① 일산화탄소(CO) : 화재시 불완전연소하면 다량으로 발생하여 혈액 중 헤모글로빈과 결합하여 혈중 산소농도를 저하시켜 질식을 일으킨다.
② 이산화황(SO_2) : 황의 완전연소시 발생
③ 암모니아(NH_3) : 눈, 코, 인후 및 폐에 매우 자극성이 큰 유독성 가스
④ 이산화탄소(CO_2) : 화재시 대량으로 발생하고 자체에 유독성은 없으나 호흡속도를 증가시켜 주변의 독성 가스의 흡입속도를 증가시킨다.

94 가연성 가스이면서도 독성 가스인 것으로만 된 것은?

㉮ 메탄, 에틸렌 ㉯ 불소, 벤젠

㉰ 이황화탄소, 염소 ㉱ 황화수소, 암모니아

가연성 가스+독성 가스
① 황화수소(H_2S), ② 암모니아(NH_3)

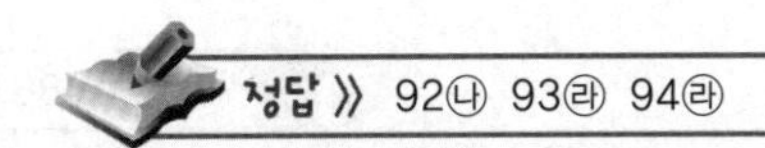
정답 ≫ 92㉯ 93㉱ 94㉱

95 건물 내부에 화재가 발생하여 연기로 인한 의식불명 또는 질식을 가져오는 유해성분은 어느 것인가?

㉮ CO　　㉯ CO_2
㉰ H_2　　㉱ H_2O

해설 일산화탄소(CO) : 화재시 불완전연소하면 다량으로 발생하여 화학적 작용에 의해 헤모글로빈(Hb)이 혈액의 산소운반작용을 저하시켜 사람에게 질식을 일으킨다.
※ 일산화탄소(CO) : 목재류의 화재시 연기로 인한 의식불명 또는 질식을 일으켜 인명피해를 가장 많이 준다.

96 연소가스 중 가장 많은 양을 차지하고 있으며 가스 그 자체의 독성은 거의 없으나 다량이 존재할 경우, 사람의 호흡속도를 증가시키고, 이로 인하여 화재가스에 혼합된 유해가스의 흡입을 증가시켜 위험을 가중시키는 가스는?

㉮ CO　　㉯ CO_2
㉰ SO_2　　㉱ NH_3

97 목재류의 연소가 주종이 되는 화재시 발생되는 유독성 가스 중 인명피해를 가장 많이 주는 것은?

㉮ 이산화탄소　　㉯ 일산화탄소
㉰ 사이안화수소　　㉱ 포스겐

해설 일산화탄소(CO) : 유독성 가스로서 목재류의 연소가 주종이 되는 화재에서 인명피해를 가장 많이 준다.

98 페놀수지, 멜라민수지 등이 연소될 때 발생되며 눈, 코, 인후 및 폐에 매우 자극성이 큰 유독성 가스는?

㉮ CO_2　　㉯ SO_2
㉰ HBr　　㉱ NH_3

해설 연소가스
① 이산화탄소(CO_2) : 화재시 대량으로 발생하고 자체에 유독성은 없으나 호흡속도를 증가시켜 주변의 독성 가스의 흡입속도를 증가시킨다.
② 이산화황(SO_2) : 황의 완전연소시 발생
③ 암모니아(NH_3) : 눈, 코, 인후 및 폐에 매우 자극성이 큰 유독성 가스

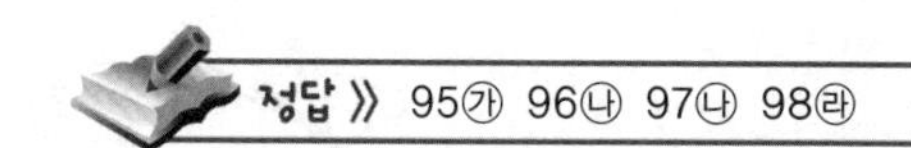
정답 》 95㉮ 96㉯ 97㉯ 98㉱

99 화재시 건물 내 연기의 유동에 관한 설명으로 틀린 것은?

㉮ 연기의 유동은 건물 내외의 온도차에 영향을 받는다.
㉯ 연기는 공기보다 고온이기 때문에 기류를 교반하지 않는다면 천장의 하면을 따라 이동한다.
㉰ 수평방향 이동의 경우 진행방향 하부에 역방향으로 흐르는 신선한 공기의 2류를 형성한다.
㉱ 수직공간에서 확산속도가 빠르고 그 흐름에 따라 화재 직상층부터 차례로 충만해간다.

해설 ㉱ 수직공간에서 확산속도가 빠르고 그 흐름에 따라 화재 최상층부터 차례로 충만해간다.

100 연기가 자기 자신의 열에너지에 의해서 유동할 때 수직방향에서의 유동속도는 몇 〔m/sec〕 정도 되는가?

㉮ 2~3　　㉯ 5~6
㉰ 8~9　　㉱ 11~12

해설 연기의 이동속도
① 수평방향 : 0.5~1.0m/sec
② 수직방향 : 2~3m/sec
③ 계단 등에서의 수직방향 : 3~5m/sec

101 연기의 이동과 관계가 먼 것은?

㉮ 굴뚝효과　　㉯ 비중차
㉰ 공조설비　　㉱ 적설량

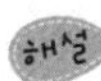
해설 연기의 유동에 영향을 주는 요인
① 굴뚝효과 : 실내외 공기 사이의 온도 및 밀도의 차이에 의해 공기가 건물의 수직방향으로 이동하는 현상
② 바람효과 : 바람은 건물 외부에서 압력분포에 변화를 일으키고 건물 내의 연기유동에 영향을 끼칠 수 있다.
③ 부력과 팽창
④ 공조설비(HVAC) : 화재가 진행되면 화재구역으로 공기를 제공하여 연소를 돕게 되어 위험을 초래

102 화재시 연기의 유동에 관한 현상으로 옳게 설명된 것은?

㉮ 연기는 수직방향보다 수평방향의 전파속도가 더 빠르다.
㉯ 연기층의 두께는 연도의 강하에 관계없이 대체로 일정하다.
㉰ 연소에 필요한 신선한 공기는 연기의 유동방향과 같은 방향으로 유동한다.
㉱ 화재실로부터 분출한 연기는 공기보다 무거우므로 통로의 하부를 따라 유동한다.

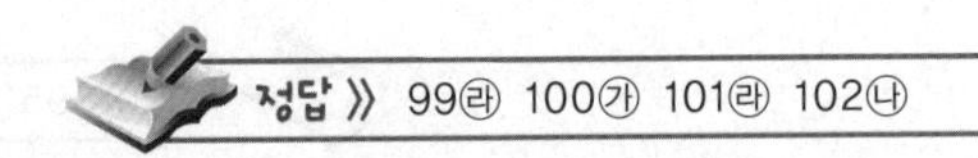
정답 》 99㉱ 100㉮ 101㉱ 102㉯

해설 ㉮ 연기는 수평방향보다 수직방향의 전파속도가 더 빠르다.
㉯ 연기층의 두께는 연도의 강하에 관계없이 대체로 일정하다.
㉰ 연소에 필요한 신선한 공기는 연기의 유동방향과 역방향(반대방향)으로 유동한다.
㉱ 화재실로부터 분출한 연기는 공기보다 밀도가 작아 가벼우므로 통로의 상부를 따라 유동한다.
※ 연도 : 연기가 빠져나가는 통로

103 분해열(分解熱)에 대한 설명이다. 맞는 것은?

㉮ 화합물이 분해될 때 발생하는 열을 말한다.
㉯ 고체가 승화할 때 발생하는 열을 말한다.
㉰ 액체가 기화될 때 발생하는 열을 말한다.
㉱ 어떤 물질이 물에 용해될 때 흡수되는 열을 말한다.

해설 화학열
① 분해열 : 어떤 화합물 1몰이 상온에서 가장 안정한 상태의 성분원소로 분해할 때 발생하는 열
② 용해열 : 어떤 물질이 액체에 용해될 때 발생하는 열

104 열에너지원 중 전기에너지에는 여러 가지 발생원인이 있다. 다음 중 전기에너지원의 발생원인에 속하지 않는 것은?

㉮ 저항가열
㉯ 마찰 스파크
㉰ 유도가열
㉱ 유전가열

해설 열에너지원의 종류
① 화학열 : 연소열, 자연발화열, 분해열, 용해열, 승화열
② 전기열 : 저항열, 유도열, 유전열, 아크열, 정전기열, 낙뢰에 의한 열
③ 기계열 : 마찰열, 마찰 스파크, 압축열

105 백열전구에서 발열하는 것은 무엇 때문인가?

㉮ 아크열
㉯ 정전기열
㉰ 저항열
㉱ 유도열

해설 전기에너지
㉮ 아크열 : 보통 전류가 흐르는 회로나 나이프스위치에 의하여 또는 우발적인 접촉이나 접점이 느슨하여 전류가 단락될 때 발생
㉰ 저항열 : 물체에 전류를 흘려보내면 각 물질이 갖는 전기저항 때문에 전기에너지의 일부가 열로 변하게 된다.
㉱ 유도열 : 유도된 전류가 흐르는 도체에 그 유도전류의 크기에 적당한 전류용량을 갖지 못하는 경우 저항 때문에 열이 발생

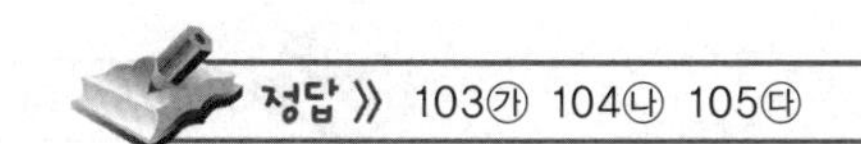

정답 》 103㉮ 104㉯ 105㉰

106 연소의 3요소 중 점화원(발화원)의 분류로서 기계적 착화원으로만 되어 있는 것은?

㉮ 충격, 마찰, 기화열
㉯ 고온 표면, 열방사선
㉰ 단열압축, 충격, 마찰
㉱ 나화, 자연발열, 단열압축

열에너지원의 종류
① 기계열 : 압축열, 마찰열, 마찰 스파크
② 전기열 : 유도열, 유전열, 저항열, 아크열, 정전기열, 낙뢰에 의한 열
③ 화학열 : 연소열, 용해열, 분해열, 자연발화열
※ 단열압축 = 압축열

107 점화에너지에 관한 설명으로 틀린 것은?

㉮ 반응계에 활성화에너지를 부여하기 위해서 반드시 필요한 에너지이다.
㉯ 발화는 반응계의 활성화에너지를 외부로부터 받아서 성립된다.
㉰ 연소를 일으키기 위해서는 가연물과 산소의 혼합계가 접촉하여 발화해야 한다.
㉱ 연소가 생성되어 연소를 계속하기 위해서는 어느 정도 이상의 반응열이 필요하게 된다.

발화는 반응계의 활성화에너지를 외부로부터 받아서 성립되기도 하지만 자연발화처럼 외부로부터 받지 않고도 성립되는 것이 있다.
※ 자연발화 : 산화하기 쉬운 물질이 공기 중에서 산화하여 축적된 열에 의해 자연적으로 발화하는 현상

108 플라스틱 재료와 그 특성에 관한 대비로 옳은 것은?

㉮ PVC 수지－열가소성
㉯ 페놀수지－열가소성
㉰ 폴리에틸렌수지－열경화성
㉱ 멜라민수지－열가소성

합성수지의 화재 성상
① 열가소성 수지 : PVC 수지, 폴리에틸렌수지, 폴리스티렌수지
② 열경화성 수지 : 페놀수지, 요소수지, 멜라민수지

109 자기연소를 일으키는 가연물질로만 짝지어진 것은?

㉮ 나이트로셀룰로오스, 황, 등유
㉯ 질산에스터류, 셀룰로이드, 나이트로화합물
㉰ 셀룰로이드, 발연황산, 목탄
㉱ 질산에스터류, 황린, 염소산칼륨

해설
가연물의 연소형태
※ 자기연소 : 물질 자체의 분자 안에 산소를 함유하고 있어 연소시 외부에서의 산소공급을 필요로 하지 않고 물질 자체에 들어 있는 산소를 소비
예 질산에스터류, 나이트로화합물, 셀룰로이드, TNT, 피크린산 가연물＝가연물질

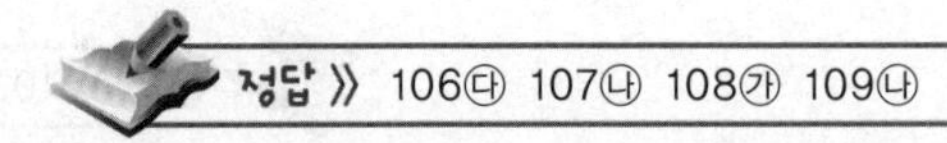
정답 ≫ 106㉰ 107㉯ 108㉮ 109㉯

110 목재가 고온에 장기간 접촉해도 착화하기 어려운 수분 함유량은 최소 몇 〔%〕 이상일 경우인가?

㉮ 10 ㉯ 15 ㉰ 20 ㉱ 25

해설 목재의 수분 함량이 15% 이상이면 고온에 장시간 접촉하여 착화하기 어렵다.

111 연료로 사용하는 가스에 관한 설명 중 옳지 않은 것은?

㉮ 도시가스 · LNG · LPG는 모두 공기보다 무겁다.
㉯ $1m^3$의 도시가스를 완전연소시키는데 실제 필요한 공기량은 $4 \sim 5m^3$ 정도이다.
㉰ 메탄의 폭발범위는 공기 중에서의 농도가 5~15% 정도이다.
㉱ 부탄의 폭발범위는 공기 중에서의 농도가 1.8~8.4% 정도이다.

해설 ㉮ LNG의 비중은 0.55로 공기보다 가볍고, LPG의 주성분인 프로판의 비중은 1.5, 부탄의 비중이 2이므로 공기보다 무겁다.
㉰ 메탄의 폭발범위 : 5~15%
㉱ 부탄의 폭발범위 : 1.8~8.4%

112 다음 중 나프타 분해방식에 의한 도시가스의 주성분은?

㉮ LNG ㉯ LPG ㉰ 메탄 ㉱ 가솔린

해설 가스의 주성분
① LNG : 메탄(CH_4)
② LPG : 프로판(C_3H_8)과 부탄(C_4H_{10})

113 순수한 프로판가스의 화학적 성질로 틀린 것은?

㉮ 휘발유 등 유기용매에 잘 녹는다.
㉯ 액화하면 물보다 가볍다.
㉰ 독성이 없는 가스이다.
㉱ 무색으로 독특한 냄새가 있다.

해설 LPG의 특성
① 무색 투명하고 냄새가 거의 없다.
② 액화하면 물보다 가볍고, 기화하면 공기보다 무겁다.
③ 휘발유 등의 유기용매에 잘 용해되며, 천연고무를 잘 용해시킨다.
④ 주성분은 프로판(C_3H_8)과 부탄(C_4H_{10})이다.
⑤ 프로판의 비중은 1.5, 부탄의 비중은 2이므로 공기보다 무거워 바닥에 가라앉는다.
⑥ 발열량이 크고, 연소속도가 빠르다.

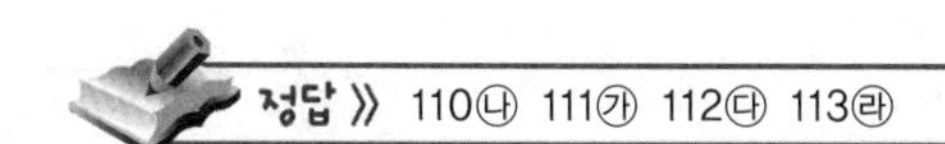

114 자연발화가 일어나기 쉬운 것은?

㉮ 장뇌유 ㉯ 송근유 ㉰ 아마인유 ㉱ 테레빈유

 테레빈유의 발화점은 240℃로 자연발화하기 쉽다(아마인유의 발화점은 343℃).

115 표면온도가 300℃에서 안전하게 작동하도록 설계된 히터의 표면온도가 360℃로 상승하면 얼마나 더 많은 열을 방출할 수 있는가?

㉮ 1.1배 ㉯ 1.5배 ㉰ 2배 ㉱ 2.5배

 슈테판-볼츠만의 법칙

$q = \varepsilon\sigma T^4$

표면온도 300℃일 때 복사에너지 = q_1

표면온도 360℃일 때 복사에너지 = q_2

$$\frac{q_2}{q_1} = \frac{\varepsilon\sigma(273.15+360)^4}{\varepsilon\sigma(273.15+300)^4} = \frac{(273.15+360)^4}{(273.15+300)^4} = 1.489 \fallingdotseq 1.5\text{배}$$

116 정전기의 발생이 가장 적은 것은?

㉮ 자동차가 장시간 주행하는 경우 ㉯ 위험물 옥외 탱크에 석유류를 주입하는 경우

㉰ 공기 중 습도가 높은 경우 ㉱ 부도체를 마찰시키는 경우

 정전기 방지대책

① 제전기를 설치한다.
② 공기를 이온화한다.
③ 공기 중의 상대습도를 70% 이상으로 한다.
④ 접지를 한다.

117 다음 중 휘발유의 인화점은?

㉮ −18℃ ㉯ −43℃ ㉰ 11℃ ㉱ 70℃

해설 각 물질의 인화점

종 류	인화점	종 류	인화점
휘발유	−43℃	나프탈렌	80℃
아세톤	−18.5℃	프로필렌	−107℃
벤젠	−11℃	에탄올	13℃
톨루엔	4℃	다이에틸에터	−40℃
등유	39℃ 이상	−	−

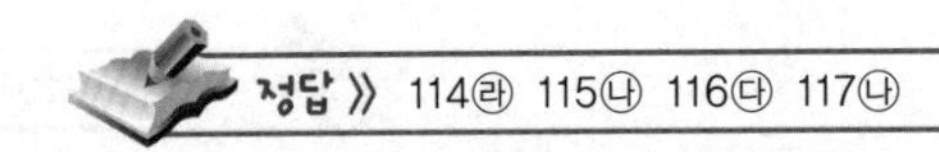
정답 》 114㉱ 115㉯ 116㉰ 117㉯

118 다음 설명 중 옳은 것은?

㉮ 화재시 연기는 발화층의 직상층부터 차례로 위층으로 퍼져나간다.

㉯ 연기 농도를 나타내는 감광계수는 재료의 단위중량당의 발열량이다.

㉰ 연기의 발생속도는 연소속도×감광계수로 나타낸다.

㉱ 건물 내 연기의 수평방향 유동속도는 0.5~1m/sec 정도이다.

㉮ 화재시 연기는 발화층부터 차례로 위층으로 퍼져나간다.

㉯ 연기 농도를 나타내는 감광계수는 $\frac{1}{\text{가시거리}}$ 이다.

$$C_s = \frac{1}{L}\ln\frac{I_o}{I}$$

여기서, L : 가시거리〔m〕

I_o : 연기가 없을 때 빛의 세기〔lx〕

I : 연기가 있을 때 빛의 세기〔lx〕

㉰ 연기의 발생속도는 $\frac{\text{감광계수}}{\text{연소속도}}$ 로 나타낸다.

㉱ 건물 내 연기의 수평방향 이동속도는 0.5~1m/sec 정도이다.

119 공기 중의 산소는 필요하지 않고 분자 중에 함유하고 있는 산소가 열분해에 의하여 산소를 발생하여 연소하는 형태를 무슨 연소라고 하는가?

㉮ 증발연소 ㉯ 자기연소

㉰ 분해연소 ㉱ 표면연소

해설

㉮ 증발연소 : 액체 표면의 액체가 증기가 되어 그 가스가 공기 중의 산소와의 혼합 조성비가 연소범위에 있을 때 발화에너지가 주어지면 연소하는 현상

예 등유, 경유, 가솔린, 알코올

㉯ 자기연소 : 물질 자체의 분자 안에 산소를 함유하고 있어 연소시 외부에서의 산소공급을 필요로 하지 않고 물질 자체에 들어 있는 산소를 소비

예 질산에스터류, 나이트로화합물

㉰ 분해연소 : 고체 가연물이 열분해를 일으켜 생성된 물질(가연성 가스+공기)의 혼합에 의한 연소

예 목재, 석탄, 종이, 플라스틱

㉱ 표면연소 : 가연성 고체가 열분해하여 증발하지 않고 그 자체의 표면에서 산소와 반응하여 연소되는 현상

예 목탄, 코크스, 금속분

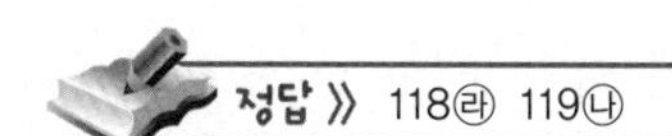

정답 》 118㉱ 119㉯

길을 가다가 돌이 나타나면

약자는 그것을 걸림돌이라고 말하고,

강자는 그것을 디딤돌이라고 말한다.

-토마스 칼라일(Thomas Carlyle)-

☆

같은 돌이지만 바라보는 시각에 따라 그리고 마음가짐에 따라
걸림돌이 되기도 하고 디딤돌이 되기도 합니다.
자기에게 주어진 상황을 활용할 줄 아는 자만이
성공의 문에 도달할 수 있습니다. ^^

FIRE FIGHTING FACILITIES Engineer · Industrial engineer

제2장

화 재

제 2 장 화 재

2.1 화재의 정의 및 국내 화재 통계

1 화재의 정의

화재란 "사람의 의도에 반하거나 고의에 의해 발생하는 연소현상으로서 소화시설 등을 사용하여 소화할 필요가 있거나 또는 화학적인 폭발현상"을 말하며, 일반적인 특성으로는 확대성, 우발성, 불안정성을 들 수 있다.

2 국내 화재 통계

2008~2022년 총 638,213건의 화재가 발생하였는데 발화요인별 화재현황은 다음의 그림과 같다. 그 중 가장 많은 비중을 차지하고 있는 부주의로 인한 화재는 311,549건으로 48.82%로 집계되었다. 다음으로 전기 및 기계요인을 제외하면 방화와 방화의심으로 분류되는 화재가 24,252건으로 3.80%를 차지하면서 적지 않은 비중을 차지하고 있음을 볼 수 있다.

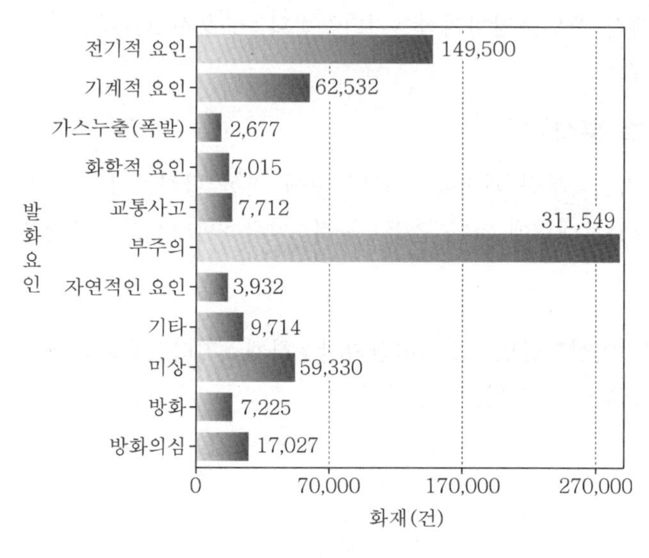

발화요인	화재건수	비 율
전기적 요인	149,500	23.42
기계적 요인	62,532	9.80
가스누출(폭발)	2,677	0.42
화학적 요인	7,015	1.10
교통사고	7,712	1.21
부주의	311,549	48.82
자연적인 요인	3,932	0.62
기타	9,714	1.52
미상	59,330	9.29
방화	7,225	1.13
방화의심	17,027	2.67
합계	638,213	100

▌국가화재정보시스템, 2008~2022년 발화요인별 화재현황 통계▐

화재를 실화와 방화의 2가지 유형으로 구분할 때, 실화의 경우는 소방방재 기술의 전문화, 국민의 안전의식 향상 등으로 감소하는 추세이고, 이에 반하여 방화로 인한 화재는 2000년대 초반 증가하다가 최근 10년간 조사에서는 오히려 감소하고 있는 것으로 나타났다. 물론, 방화로 인한 화재가 감소추세에 있는 것은 다행스러운 일이지만, 그래도 지속적으로 발생하고 있는 것은 심각한 사회적 문제가 아닐 수 없다.

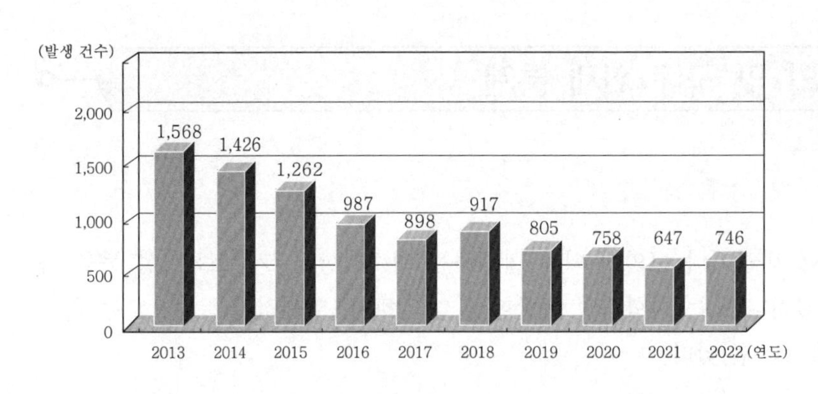

구 분	방화	방화 의심	합 계
2013	497	1,071	1,568
2014	478	948	1,426
2015	467	795	1,262
2016	403	584	987
2017	383	515	898
2018	447	470	917
2019	370	435	805
2020	377	381	758
2021	339	308	647
2022	369	327	746

▎2013~2022년 방화건수 현황▎

3 화재 원인별 분석

(1) 화재 발생원인별 순서

부주의>전기적 요인>미상>기계적 요인>방화의심>기타>방화>교통사고>자연적인 요인>화학적 요인>가스누출(폭발)

(2) 전기적 요인에 의한 화재 원인별 분석

미확인단락>절연절화에 의한 단락>과부하/과전류>접촉불량에 의한 단락>기타(전기적 요인)>압착, 손상에 의한 단락>트래킹에 의한 단락>누전, 지락>반단선>층간단락

(3) 방화동기

미상>가정불화>단순우발적>정신이상>불만해소>비관자살>화재>기타>범죄은폐>보복(손해목적)>사회적 반감>채권채무>시위>보험사기

(4) 화재 발생장소별 순서

주택>차량>기타

2.2 화재의 종류, 유형 및 특성

1 화재의 분류

화재 분류	명 칭	비 고	소 화
A급 화재	일반 화재	연소 후 재를 남기는 화재	냉각소화
B급 화재	유류 화재	연소 후 재를 남기지 않는 화재	질식소화
C급 화재	전기 화재	전기에 의한 발열체가 발화원이 되는 화재	질식소화
D급 화재	금속 화재	금속 및 금속의 분, 박, 리본 등에 의해서 발생되는 화재	피복소화
E급 화재	가스 화재	국내에서는 B급(유류 화재)에 포함시킴	
K급 화재 (또는 F급 화재)	주방 화재	가연성 튀김 기름을 포함한 조리로 인한 화재	냉각·질식소화

※ 국내 화재안전기준에 따르면 D급(금속 화재)과 E급(가스 화재)에 대한 분류기준은 없으며, 각 화재에 대한 색상기준도 없다.

(1) 일반 화재

① **일반(보통) 화재의 개요** : A급 화재는 일반적으로 다량의 물 또는 수용액으로 화재를 소화할 때 냉각효과가 가장 큰 소화 역할을 할 수 있는 것으로서 연소 후 재를 남기는 화재를 일반 화재라 한다. 우리 생활주변에 가장 많이 존재하는 가연물인 관계로 인하여 자주 볼 수 있는 화재 중의 하나이다.

② **일반 화재의 발생원인** : 일반 화재를 일으키는 원인을 나열하면 다음과 같다.
㉠ 흡연장소가 아닌 곳에서의 담뱃불 취급 부주의
㉡ 화기 또는 열원을 취급·사용하는 곳에서의 담뱃불 취급 부주의
㉢ 어린이들의 불장난
㉣ 타다 남은 불티의 취급 부주의
㉤ 발화원인 성냥·양초 사용시의 취급 부주의
㉥ 고온의 화기 또는 열원을 사용하는 공장·작업장 등에서의 취급 부주의
㉦ 감정에 의한 방화

③ **일반 화재의 예방대책** : 일반 화재를 일으키는 가연성 물질의 종류와 수는 다양하므로 화기 또는 열원을 취급·사용할 때에는 화재를 일으킬 우려가 있는 가연물질과의 접촉을 멀리하고, 가연성 물질은 항상 지정된 장소에 저장 또는 보관하여야 한다.

(2) 유류 화재

① **유류 화재의 개요** : 연소 후 재를 남기지 않는 화재로서 유류(가연성 액체 포함) 및 가스 화재를 황색 화재라고도 한다. 유류 화재는 액체 가연물의 취급 부주의로 발생하고 일반 화재보다는 화재의 위험성이 크고 연소성이 좋기 때문에 매우 위험하다.

② **유류 화재의 발생원인**

㉠ 유류 표면으로부터 발생된 증기가 공기와 적당히 혼합되어 연소범위 내에 있는 상태에서 점화원인 열 또는 화기가 접촉되었을 때

㉡ 유류를 취급 · 사용하는 기기 · 기구 등에 주유하던 중 조작하는 사람의 부주의로 인하여 흘러나온 유류나 난방 기기 · 기구에서 새어나온 유류에 점화원인 화기나 열이 접촉되었을 때

㉢ 석유난로 · 보일러 등의 유류 기기 · 기구를 장시간 과열시켜 놓고 자리를 비우거나 관리가 소홀하여 부근의 가연물질에 인화하였을 때

㉣ 연소기구 · 난방기구의 전도, 가연물질의 낙하 등에 의해 발화될 때

③ **유류 화재의 예방대책** : 열기구 주변이나 가까운 장소에 가연성 물질을 비치하여서는 안 되며, 한 방향으로 열기가 나가도록 되어 있는 열기구의 경우에는 가연물을 그 방향으로부터 1m 이상의 이격거리를 유지한다. 특히, 가솔린 등 인화성이 높은 물질은 적당한 용도에 맞게 사용하여야 한다. 액체 가연물질로부터 발생되는 증기의 양을 억제시켜야 하며, 공기 중에서 연소범위의 농도를 형성하지 않도록 환기시설을 하거나 통풍을 양호하게 하여야 한다.

(3) 전기 화재

① **전기 화재의 개요** : 전기 화재란 전기에 의한 발열체가 발화원이 되는 화재의 총칭이다.

② **전기 화재의 발생원인** : 전기 화재의 발생원인은 전기 기기 · 기구의 합선(단락)에 의한 화재가 가장 많으며, 그 다음이 누전 · 과전류 · 절연불량 · 스파크 등으로 나타나고 있다. 그 외에 지락 · 접속부 과열 · 낙뢰 · 열적 경과 · 정전기 스파크 등이 있다. 주요 발화원인은 배선불량, 전기 기기 · 기구의 과열, 전기기구의 불량 · 전기장판 · 난로 · 담요 · 다리미 등의 이동식 전열기, 건조기 · 전기로 등의 고정식 전열기에 의한다.

㉠ 단락(합선) : 전기 화재를 일으키는 원인 중 가장 많은 비중을 차지하고 있는 단락은 보통 합선이라고 부른다.

- 적열된 전선이 주위에 있는 인화성 물질 또는 가연성의 물질에 접촉되어 발화한다.
- 단락점에서 발생한 스파크로 주위의 인화성 가스 또는 물질을 발화한다.
- 단락지점 이외의 전선피복이 연소하여 발화하는 경우 등이 있다.

㉡ 과전류 : 전선에 전류가 흐르게 되면 줄의 법칙($W = I^2Rt$)에 의한 열이 발생하는데 이 열은 평상시에 발열과 방열이 평형을 이루게 된다. 그러나 일정용량 이상의 전류가 전선에 흐르게 되면 전선에서의 발열이 커져서 피복의 변형, 변질, 발화 또는 전선의 적열과 용해 단절에까지 이르게 된다. 그러므로 전선은 그 종류에 따라 안전기준에 의해 허용전류가 정하여져 있으며, 이러한 허용전류를 초과한 전류를 과전류라고 한다.

㉢ 지락 : 전기 화재를 일으키는 원인 중 지락(地落)은 전류가 대지를 통하는 점이 단락과 다르다.

㉣ 누전 : 지락사고 외에 전류가 대지로 흐르는 사고로서 누전사고가 있는데 누전은 전선이나 전기 기기 · 기구 등에서 절연이 파괴되어 누설전류가 주위의 물질을 따라 대지로 흐르는 현상이다.

㉤ 절연불량 : 옥내 배선 및 배선기구의 절연체는 대부분이 유기물질로 되어 있는데 일반적으로 유기물질은 시간이 많이 경과하게 되면 그 절연성이 점차 떨어지게 된다. 이러한 전선의 탄화현상은 처음에는 일부분에서 시작되는데 탄화에 의하여 이 부분의 절연저항이 소멸되면 미소(작은) 전류가 흘러 국부 가열현상이 일어나게 된다. 전선이 현저하게 굽혀진 지점이나 스위치 등의 개폐에 의해 발생하는 스파크(spark)의 영향을 받는 지점 등이 절연불량이 되어 전기 화재를 일으킨다.

㉥ 전기 스파크(spark) : 전기 스파크(spark)는 전기 기기 · 기구를 사용하기 위해서 스위치를 작동하거나 콘센트에 플러그를 꽂거나 뽑을 때, 전기회로가 단락될 때, 전기 기기 · 기구의 접속부분의 접촉이 불량할 때 등 여러 가지 경우에 발생하는데 이때 전기 스파크 가까이에 인화성의 가스 · 증기 또는 고체가 존재하고 있을 때에 그 물질에 발화되어 화재가 발생된다.

㉦ 접속부 과열 : 전선과 전선 · 전선과 단자 또는 접촉면 등에서 도체의 접촉상태가 불완전하면 특별한 접촉저항을 나타내어 발열 · 발화하게 된다.

㉧ 낙뢰 : 낙뢰는 벼락을 말하는 것으로 정전기를 띤 구름과 대지 사이의 방산현상을 말한다.

㉨ 열적 경과 : 전등 · 전열기 등의 발열체를 열의 방산이 잘 되는 곳에 사용하면 열의 축적이 일어나 주위의 가연물을 발화시킨다.

㉩ 정전기 스파크(spark) : 정전기는 물질의 마찰에 의하여 발생하는 것으로 전위(전압)가 높아질 경우 방전을 일으켜 스파크가 발생하기도 한다. 이러한 스파크의 에너지가 가연성 물질의 점화에너지(활성화에너지)보다 높게 되면 그 물질을 발화시켜 화재를 일으킨다.

③ **전기 화재의 예방대책** : 전열기용 전선은 비닐전선을 사용하지 말고, 열에 견디는 내열 고무절연전선을 사용한다. 플러그와 콘센트는 견고하게 제조되어 있으며, 서로 접촉하는 부분의 연결이 잘 될 수 있는 것을 선택하여 사용한다. 한 개의 콘센트와 소켓에 여러 가지 선을 연결하거나 다량의 전기기구를 사용하지 않도록 한다. 플러그를 제거할 때는 전선을 잡아당기지 말고, 반드시 플러그 몸체를 잡고 제거한다.

(4) 금속 화재

① **금속 화재의 개요** : 금속 화재는 D급 화재로 철분 · 마그네슘 · 금속분류 등의 가연성 고체, 칼륨 · 나트륨, 알킬알루미늄 · 알킬리튬 · 알칼리금속(칼륨 및 나트륨 제외)류, 알칼리토금속류, 알킬알루미늄 및 알킬리튬을 제외한 유기금속화합물류, 금속수소화합물류, 금속인화합물류, 칼슘 또는 알루미늄의 탄화물류 등의 금속(자연발화성 물질 및 금수성 물질)에 의해서 발생된다.

위의 철분 · 마그네슘 · 금속분류에 대한 정의는 다음과 같다.

㉠ 철분 : 철분이란 50마이크로미터의 표준체를 통과하는 것이 50중량퍼센트 이상인 것을 말한다.

㉡ 마그네슘 : 마그네슘이란 마그네슘 또는 마그네슘을 함유한 것 중 2밀리미터의 체를 통과하지 아니하는 덩어리를 제외한 것을 말한다.

㉢ 금속분류 : 금속분류란 알칼리금속 · 알칼리토류금속 · 철 및 마그네슘 이외의 금속분을 말하며, 구리 · 니켈분과 150마이크로미터의 체를 통과하는 것이 50중량퍼센트 미만인 것을 제외한다.

② **금속 화재의 발생원인** : 금속 및 금속의 분 · 박 · 리본 등에 의해서 발생되는 금속 화재(D급 화재)로 인한 재산 및 인명피해는 일반 화재 · 유류 화재 등에 비하여 적은 편이나 앞으로 금속을 이용하는 제련 · 가공 · 연마 · 세공 분야의 공업이 발달함과 동시에 금속 화재로 인한 피해는 급격하게 증가하리라 본다.

대부분의 금속은 연소시 많은 열을 발생하며, 나트륨(Na), 칼륨(K), 알루미늄(Al) 등은 발화점이 낮아 화재를 발생시킬 위험성이 다른 금속에 비하여 높으므로 이들을 이용한 가공 · 연마 · 세공 작업시 열의 축적 및 분진의 발생방지에 최선을 다하여야 한다.

③ **금속 화재의 예방대책** : 자연발화성의 금속은 보호액 또는 저장 용기에 넣어 밀전하여야 한다. 금수성의 금속 및 금속의 분말, 리본 등은 물 또는 습기와 접촉되지 않도록 하여야 한다.

(5) 가스 화재

① **가스 화재의 개요** : 가스 화재는 국내의 경우 특별한 분류 없이 B급 유류 화재에 포함시키고 있으나, 외국에서는 E급 화재로 분류되고 있다. 이러한 가스 화재는 에너지의

원천이 되는 연료용 가스에 의해서 주로 발생되고 있으며, 이를 취급·사용하는 사람의 부주의나 불안정한 상태에 기인되고 있다.
가스 화재를 일으키는 가연성 가스는 압축·액화·용해 가스로 존재하며, 도시가스, 천연가스, 수소가스, 아세틸렌, LP 가스 등의 가연성 가스가 배관이나 기타 설비에서 누설되었을 경우 착화하여 연소되는 화재이다.

② **가스 화재의 예방대책** : 가스 사용 시설에서의 통풍을 양호하게 하고, 가스 사용 기기·기구에 적합한 연료만을 사용한다. 가스 사용 시설의 밸브, 콕(cock) 부분에 가스의 누설 유무를 비누 거품을 발라 확인한다. 가스 화재를 예방하기 위해서는 가스 시설로부터 가스가 누설되었을 때는 창문을 열어 환기시킨 후 실내에 누설된 가스를 밖으로 내보낸다.

(6) 주방 화재

주방 화재는 유면상의 화염을 제거하여도 유온이 발화점 이상이기 때문에 곧 다시 발화한다. 따라서 끓는 기름 속으로 불이 들어간 경우, 유온이 발화점 이하로 20~50℃ 이상 기름의 온도를 낮추어야만 소화할 수 있다. 따라서, 주방 화재는 일반 유류 화재와 연소현상이 틀려 미국방화협회에서는 K급 화재로, 국제표준화기구(ISO)에서는 F급 화재로 별도로 분류한다.

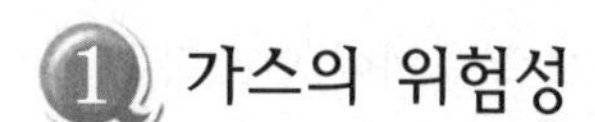 2.3 폭 발

1 가스의 위험성

화재, 폭발 또는 중독 등을 일으킬 우려가 있는 물질로서 폭발성, 높은 반응성 등의 화학적 위험성, 온도·압력 등의 물리적 상태에 따른 위험성 및 인체의 생리 기능과의 관계에서 오는 생리적 위험성이 있다.

2 가스의 폭발(연소) 특성

(1) 폭발

화학반응이나 상변화에 따라 발생하는 열에 의해 급격한 기체 부피의 팽창이 일어나고, 그 결과 급격한 압력의 증가로 파괴작용을 일으켜 폭음을 내거나 높은 온도의 폭발생성물을 내고 때로는 화재를 수반하는 현상이다.

(2) 연소 · 폭발

기체가 연소하는 형식은 예혼합연소와 확산연소로 대별된다. 예혼합연소는 가연성 가스와 지연성 가스(산화제)를 미리 일정 범위의 농도로 혼합한 가스 중에서의 연소이며 발화원에 의해 발생한 화염이 혼합가스 중을 전파하여 진행해 가는 '화염전파'라고 하는 현상이 일어난다. 이 경우 화염은 이미 연소한 가스와 미연소가스의 경계면에서 발생하며 그 곳에서는 복잡한 화학반응이 일어나고 고온으로 되어 강한 빛을 내게 된다. 이때 미연소된 혼합가스에 대한 화염의 진행속도를 '연소속도'라고 한다. 그러나 연소한 후의 가스는 높은 온도 때문에 외부에서 보면 화염의 속도는 가속된다. 따라서 미연소가스의 유동속도를 연소속도에 더한 것을 '화염속도'라고 한다. 연소속도에 대한 일정 조건하에서 가연성 가스 고유 정수로서 일반적으로 상온 대기압에서 40~50cm/s 정도이지만 수소, 아세틸렌은 연소속도가 빠르다. 화염속도는 미연소가스의 유속에 따라 변화하기 때문에 물질 고유의 값은 없고 파이프라인이나 덕트 내에서 연소할 때는 아주 커서 수 m/s에서 수백 m/s에까지 이른다.

개방된 대기 중에서 예혼합가스가 발화한 때는 연소가스가 자유롭게 팽창할 수 있기 때문에 화염속도가 늦을 때는 거의 압력이나 폭발음이 생기지 않지만 화염전파속도가 빠르면 압력파가 생기고 폭발음이 발생하게 된다. 이러한 경우를 폭연(deflagration)이라고 하며, 밀폐용기 중에서 발생한 경우에 비하여 압력이 낮다. 밀폐용기 내에서 예혼합가스가 발화하며 화염이 전체로 전파하여 용기 전체가 고온가스로 되기 때문에 내부압력은 단시간 내에 상승한다.

압력 상승에 의한 최고압력은 폭연단계에서는 초기압력의 약 10배 이하가 된다.

확산연소는 가연성 가스가 공기 중에 유출되어 가연성 가스와 지연성 가스의 접촉면에서 연소하는 경우이다 고압가스 장치나 용기에서 가연성 가스가 누설 분출하여 연소하는 경우가 이에 속한다. 연소는 가연성 가스와 공기 또는 산소의 확산혼합속도에 따라 지배된다. 가연성 가스의 확산계수가 클수록 가스흐름에 난류가 많을수록 연소속도는 빠르다.

(3) 연소범위(폭발범위)

가스를 공기로 차차 희석해 가면, 처음에는 연소하지 않으나, 어느 혼합 비율에 도달하면 연소되고 보다 더 이것을 희석해 간다면 다시 연소하지 않게 된다. 즉, 공기와 가스의 혼합 비율이 어느 한도를 넘으면 연소가 되지 않는다. 이와 같이 연소가 일어날 수 있는 가스와 공기의 혼합 비율의 한계를 연소한계라 하는데, 이 한계는 일반적으로 공기 중의 가스 퍼센트(%)로 표시되며, 가스의 최고 농도를 상한, 최저 농도를 하한이라고 한다. 따라서 가스의 경우, 공기 중에 어느 정도 혼합하였을 때 연소하는가를 표시한 수치를 연소범위라 한다. 이 연소범위는 보통 공기와 가연성 가스의 혼

합물 중의 가연성 가스의 용량(%)으로 표시되며, 연소할 수 있는 최고 농도를 상한, 최저 농도를 하한이라 부르고 있다. LPG는 이 범위가 도시가스에 비해 좁고 특히 하한이 낮기 때문에 공사 종료 후 설비 내의 공기를 제거하는데 주의하지 않으면 안 된다.

(4) 가스의 비중

어떤 부피의 기체의 질량과 이와 같은 부피의 0℃, 1기압의 공기의 질량의 비를 그 기체의 비중이라고 한다.

3 가스폭발 과정

(1) 가연성 혼합기의 형성

폐쇄공간 내에 가연성 기체의 유입, 가연성 액체의 증발 또는 가연성 고체의 승화에 의해 가연성 기체가 발생하여 가연성 혼합기를 형성한다.

(2) 착화

가연성 혼합기에 착화되어 가스폭발을 개시한다.

(3) 화염전파와 압력상승

가연성 혼합기 중을 화염이 전파하여 압력이 상승한다. 폐쇄공간을 구성하고 있는 경계벽(벽, 창문, 문 등)의 내압성이 나쁜 부분이 파괴되어 개구부가 생긴다. 이어서 개구부로부터 가연성 혼합기 및 연소가스가 유출한다.

(4) 화재로의 진행

폐쇄공간 내에서 가연성 기체가 잔류하고 있으면 그것이 연소하여 폐쇄공간 내 또는 그 부근에 있는 가연성 고체나 가연성 액체에 착화하여 계속 연소하게 되고 화재로 이어진다. 가스폭발시 및 그 후의 화재에서 유독가스가 발생한다.

4 폭발의 종류

(1) 가스폭발

폭발범위에 있을 것, 발화원(불씨, 정전기 불꽃 등)이 존재할 것

(2) **분무폭발**

고압의 유압설비의 일부가 파손되어 내부의 가연성 액체가 공기 중에 분출되어 이것이 미세한 액적이 무상(霧狀)으로 되고 공기 중에 현탁하여 존재할 때에 착화에너지가 주어지면 발생한다.

(3) **분진폭발**

가연성 고체의 미분이 공기 중에 부유하고 있을 때에 어떤 착화원에 의해 폭발하는 현상 (예를 들어, 밀가루, 석탄가루, 먼지, 전분, 금속분 등)

참고

분진폭발의 조건(출제빈도 높음)

❶ 가연성 분진
❷ 지연성 가스(공기)
❸ 점화원의 존재
❹ 밀폐된 공간

(4) **분해폭발**

분해할 때 발열하는 가스에서 상당히 큰 발열이 동반되어 분해에 의해 생성된 가스가 열팽창되고 이때 생기는 압력상승과 방출에 의해 폭발이 일어난다.

(5) **폭굉(detonation)**

폭발 중에서도 격렬한 폭발로서 화염의 전파속도가 음속보다 빠른 경우로 파면선단에 충격파(압력파)가 진행되는 현상으로 연소속도는 1,000~3,500m/sec, 연소속도가 음속 이상 충격파를 갖고 있다.(cf 폭연(deflagration) : 연소속도가 음속 이하로 충격파가 없다.)

5 유류 탱크 및 가스 탱크에서 발생하는 폭발현상

석유류 즉 탄화수소 계열의 액체위험물의 화재위험성과 관련하여 나타나는 특기할 만한 현상으로 보일오버(boil-over), 슬롭오버(slop-over) 및 프로스오버(froth-over)가 있는데, 이들 현상은 상부가 개방된(처음부터 개방되어 있든, 화재로 인하여 상부가 파열되어 개방되었든 간에) 탱크의 화재에서 나타난다.

(1) **보일오버(boil-over)**

① 중질유의 탱크에서 장시간 조용히 연소하다가 탱크 내의 잔존 기름이 갑자기 분출하는 현상

② 유류 탱크에서 탱크 바닥에 물과 기름의 에멀션이 섞여 있을 때 이로 인하여 화재가 발생하는 현상

③ 연소유면으로부터 100℃ 이상의 열파가 탱크 저부에 고여 있는 물을 비등하게 하면서 연소유를 탱크 밖으로 비산시키며 연소하는 현상

보일오버는 표면연소시 생긴 잔류물의 밀도가 아직 연소되지 않은 유류보다 커져서 표면 아래로 가라앉아 고온층을 형성할 때 발생하는데, 이 고온층은 액체표면의 역행보다 더 빨리 아래로 이동한다. "열파(heat wave)"라 불리는 이 고온층이 탱크 바닥에 있는 물이나 유화된 물과 접촉하게 되면, 1차적으로 물이 과열되고 이어서 거의 폭발적으로 끓으면서 탱크가 넘치게 된다.

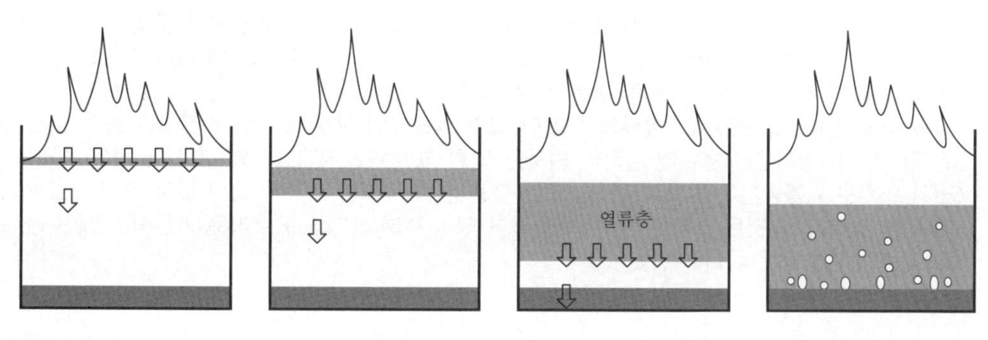

참고

보일오버(boil-over)는 슬롭오버(slop-over) 또는 프로스오버(froth-over)와는 전적으로 상이한 현상이다. 슬롭오버는 연소하고 있는 유류의 고온 표면에 물이 분무될 때 작은 거품이 발생하는 현상이다. 프로스오버는 불과 상관없이, 고온의 점성 유류가 담긴 탱크에 물이 존재하거나 들어가는 경우 발생한다. 혼합되면 물이 갑작스럽게 수증기로 변화되면서 탱크 내용물 일부가 넘치게 된다. 원유나 중질유와 같이 끓는점이 다른 성분을 가진 제품의 지하 저장 탱크에 화재가 장기간 진행되면 유류 중 가벼운 성분이 먼저 유류 표면층에서 증발하여 연소되고 무거운 성분은 계속 축적되어 화염의 온도에 의하여 가열되어 상부에 층을 이루게 되는데 이를 열류층(heat layer)이라 한다. 열류층은 화재의 진행과 더불어 점차 탱크 바닥으로 도달하게 되는데 이때 탱크의 저부에 물 또는 물-기름 에멀션이 존재하면 뜨거운 열류층의 온도에 의하여 물이 수증기로 변하면서 급작스러운 부피 팽창(1,700배 이상)에 의하여 유류가 탱크 외부로 분출되는데 이를 보일오버현상이라 한다. 보일오버가 일어나는 근본적인 배경은, 대부분이 탄화수소물로 된 원유가 단일 분자의 가연성분이 아니고, 경질성분에서 지극히 중질성의 성분까지 여러 종류의 가연성분이 섞인 혼합물이라는 데에 있다. 그 뿐만 아니라, 원유 속에는 상당량의 수분도 함유되어 있어 이것 역시 보일오버를 일으키는 주된 매체의 하나가 된다. 이와 같은 원유 화재로 인한 보일오버는 다음과 같은 현상의 진행에 의해 일어난다. 즉 상부 기름의 표면에서 연소가 진행될 때에는 기름 표면의 성분 중 경질성의 성분부터 신속히 증발하여 타버림에 따라 지극히 중질성의 뜨거운 잔유물(이 속에는 불완전연소로 인하여 생성되는 뜨거운 탄화물도 일부 포함된다)이 남게 되는데, 이 잔유물은 원유보다 밀도가 크기 때문에 밑으로 가라앉으면서 아래의 원유가 기름 표면으로 올라온다. 그러나 가라앉은 잔유물은 아래의 원유와 뒤범벅이 되면서 일부의 원유가 표면으로 나오게 되므로, 점점 아래쪽으로 향하는 잔유물 깊이의 증가율이 원유의 표면 노출률보다 빠르게 된다. 이와 같은 보일오버현상은 지하 저장 탱크에서 흔히 볼 수 있듯이 기름 속에 함유된 수분이 서서히 가라앉아 바닥쪽에 물의 층이나, 물과 기름의 에멀션(기름이 물속에 분산되어 있는 상태)이 형성되어 있을 때도 열파에 의해 이것이 증발하면서 일어나기도 한다. 또한 원유의 산지에 따라 구성 성분과 혼합 비율이 같지 않지만, 중질성분의 함유율이 클수록 보일오버현상은 더 쉽게 일어나게 되는바, 보일오버의 발생원리에 입각해 볼 때 쉽게 이해할 수 있다.

(2) 슬롭오버(slop – over)

① 물이 연소유의 뜨거운 표면에 들어갈 때, 기름 표면에서 화재가 발생하는 현상

② 유화제로 소화하기 위한 물이 수분의 급격한 증발에 의하여 액면이 거품을 일으키면서 열유층 밑의 냉유가 급히 열팽창하여 기름의 일부가 불이 붙은 채 탱크벽을 넘어서 일출하는 현상

참고

고온층이 형성되어 있는 상태에서 표면으로부터 소화작업으로 물이 주입되면 물의 급격한 증발에 의하여 유면에 거품이 일어나거나, 열류의 교란에 의하여 고온층 아래의 찬 기름이 급히 열팽창하여 유면을 밀어 올려 유류는 불이 붙은 채로 탱크벽을 넘어서 나오게 되는데 이를 슬롭오버(slop over)라고 한다. 슬롭오버는 유류의 점성이 크고 액표면의 온도가 물의 비점보다 높은 온도에서 잘 일어난다. 뜨거운 식용유에 밀가루 반죽을 입힌 고기류로 튀김요리를 만들 때 끓는 소리를 내면서 뜨거운 기름방울이 밖으로 튀어나오는 것을 흔히 목격할 수 있는데 이것이 곧 슬롭오버현상에 의한 것이다. 그것은 밀가루 반죽 속에 들어 있는 수분의 일부가 뜨거운 기름에 의해 순간적으로 격렬히 증발하는데 기인한다.

(3) 블레비(Boiling Liquid Expanding Vapor Explosion ; BLEVE) 현상

가연성 액체 저장 탱크 주위에서 화재 등이 발생하여 기상부의 탱크 강판이 국부적으로 가열되면 그 부분의 강도가 약해져 그로 인해 탱크가 파열된다. 이때 내부에서 가열된 액화가스가 급격히 유출 팽창되어 화구(fire ball)를 형성하며 폭발하는 형태를 말한다. 가스 저장 탱크지역의 화재 발생시 저장 탱크가 가열되어 탱크 내 액체가 급격히 증발하여 탱크 내 압력이 저장 탱크의 설계압력을 초과하여 탱크가 폭발하는 형태도 있다.
인화성 액체 탱크는 BLEVE와 동시에 Fire Ball이 형성되므로 그 위험성은 증대된다. UVCE로 인한 심한 위험성은 폭발압이고, BLEVE는 복사열이 피해를 가중시키는 중요 요소이다. 인화성 액체 탱크 화재시 BLEVE 억제를 위한 탱크의 냉각조치(물분무장치)를 취하지 않으면 화재 발생 10여 분 경과 후 통상 BLEVE가 발생한다.

참고

BLEVE의 발생단계

❶ 주위에서 화재 발생
❷ 열에 의한 탱크벽의 가열
❸ 액의 온도 증가 및 탱크 내의 압력 증가
❹ 금속의 온도는 상승 및 구조적 강도의 상실
❺ 탱크의 파열 및 폭발

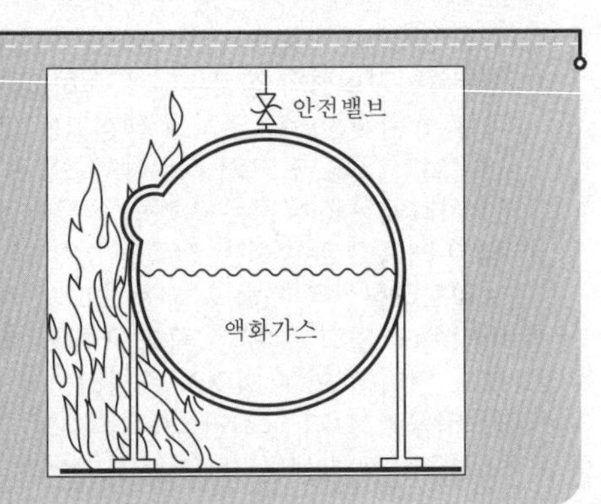

(4) 증기운 폭발(Unconfined Vapor Cloud Explosion ; UVCE)

개방된 대기 중에서 발생하기 때문에 자유공간 중의 증기운 폭발(Unconfined Vapor Cloud Explosion)이라고 부르며, UVCE라 한다. 대기 중에 대량의 가연성 가스나 인화성 액체가 유출되어 그것으로부터 발생되는 증기가 대기 중의 공기와 혼합하여 폭발성인 증기운(vapor cloud)을 형성하고 이때 착화원에 의해 화구(fire ball)형태로 착화폭발하는 형태로 저장 탱크에 화재가 발생하면 화재로 인한 복사열이 주위로 전달된다. 화재 탱크 인근에 다른 저장 탱크가 있을 경우 이 저장 탱크가 복사열을 받아 저장 액체의 온도가 증가하게 되고 이로 인하여 증기의 방출이 많아져 다량의 증기가 탱크 외부로 누출된다. 이렇게 누출된 증기는 바로 확산되지 않고 구름과 같이 뭉쳐져 있게 되는 경우도 있는데 이를 Vapor Cloud라 하며 Vapor Cloud가 화재 탱크의 화염과 연결되면 화염이 Vapor Cloud를 타고 인접 탱크로 전파되어 화재가 확대된다.

(5) 프로스오버(froth－over)

탱크 속의 물이 점성을 가진 뜨거운 기름의 표면 아래에서 끓을 때 기름이 넘쳐 흐르는 현상으로 이는 화재 이외의 경우에도 물이 고점도 유류 아래에서 비등할 때 탱크 밖으로 물과 기름이 거품과 같은 상태로 넘치는 현상이다. 전형적인 예는 뜨거운 아스팔트가 물이 약간 채워진 무게 탱크차에 옮겨질 때 일어난다. 고온의 아스팔트에 의해서 탱크차 속의 물이 가열되고 끓기 시작하면 아스팔트는 탱크차 밖으로 넘치게 된다. 비슷한 경우가 유류 탱크의 아래쪽에 물이나 물－기름 혼합물이 있을 때 폐유 등이 물의 비점 이상의 온도로 상당량 주입될 때도 Froth Over가 일어난다.

(6) 오일오버(oil－over)

저장 탱크 내에 저장된 유류 저장량이 내용적의 50% 이하로 충전되어 있을 때 화재로 인하여 탱크가 폭발하는 현상

(7) 파이어 볼(fire ball)

증기가 공기와 혼합하여 연소범위가 형성되어서 공모양의 대형화염이 상승하는 현상

(8) 액면화재(pool fire)

개방된 용기에 탄화수소계 위험물이 저장된 상태에서 증발되는 연료에 착화되어 난류 확산화염을 발생하는 화재로서 화재초기에 진화하지 않으면 진화가 어려워 보일오버 또는 슬롭오버등의 탱크화재 이상현상이 발생한다.

(9) 분출화재(jet fire)

탄화수소계 위험물의 이송배관이나 용기로부터 위험물이 고속으로 누출될 때 점화되어 발생하는 난류 확산형 화재. 복사열에 의한 막대한 피해를 발생하는 화재의 유형임.

6 방폭구조(폭발을 방지하는 구조)

(1) 압력방폭구조(p)

용기 내부에 질소 등의 보호용 가스를 충전하여 외부에서 폭발성 가스가 침입하지 못하도록 한 구조

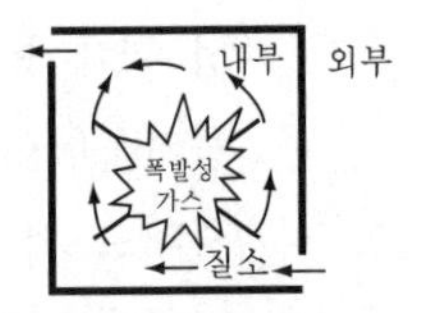

(2) 유입방폭구조(o)

전기불꽃, 아크 또는 고온이 발생하는 부분을 기름 속에 넣어 폭발성 가스에 의해 인화가 되지 않도록 한 구조

(3) 안전증방폭구조(e)

기기의 정상 운전 중에 폭발성 가스에 의해 점화원이 될 수 있는 전기불꽃 또는 고온이 되어서는 안 될 부분에 기계적, 전기적으로 특히 안전도를 증가시킨 구조

(4) 본질안전방폭구조(i)

폭발성 가스가 단선, 단락, 지락 등에 의해 발생하는 전기불꽃, 아크 또는 고온에 의하여 점화되지 않는 것이 확인된 구조

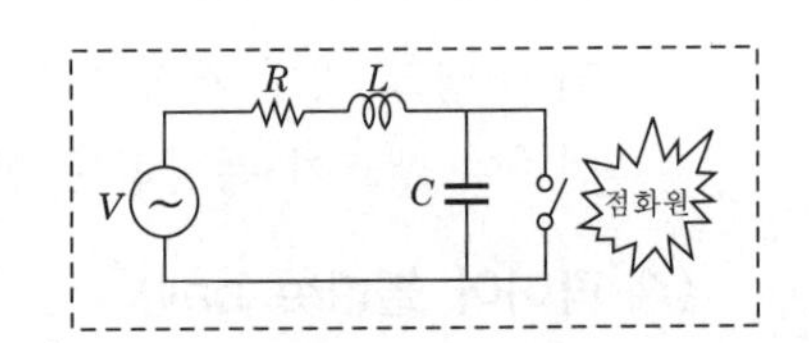

(5) 내압방폭구조

대상폭발가스에 대해서 점화능력을 가진 전기불꽃 또는 고온 부위에 있어서도 기기 내부에 폭발성 가스의 폭발이 발생하여도 기기가 그 폭발압력에 견디고 또한 기기 주위의 폭발성 가스에 인화 파급하지 않도록 되어 있는 구조

출제예상문제

01 화재의 개념으로 옳지 않은 것은?

㉮ 실화, 방화로 발생하는 연소현상
㉯ 연소의 3요소를 전부 또는 일부 제거함으로써 화재를 제어한다.
㉰ 불에 의해 물체를 연소시키고 인명과 재산의 손해를 주는 현상
㉱ 인간에게 해로운 불을 의미한다.

02 화재의 정의로 적당하지 않은 것은?

㉮ 화재는 사람의 의도에 반하여 출화 또는 방화에 의하여 발생하고 확대하는 현상이다.
㉯ 화재란 불이 그 사용목적을 넘어 다른 것으로 연소하여 예기치 않은 경제상의 손해를 발생하는 현상이다.
㉰ 화재란 자연 또는 인위적인 원인에 의하여 불이 물체를 연소시키고 인명과 재산의 손해를 주는 상태이다.
㉱ 화재란 자연 또는 인위적인 원인에 의하여 물체가 공기 중의 산소와 결합하여 열과 빛을 수반하면서 연소하는 현상이다.

03 가연성 액체 저장 탱크 주위에서 화재 등이 발생하여 기상부의 탱크 강판이 국부적으로 가열되면 그 부분의 강도가 약해져 그로 인해 탱크가 파열되고 이때 내부에서 가열된 액화가스가 급격히 유출 팽창되어 Fire Ball을 형성하여 폭발하는 형태에 대한 설명은 어느 것인가?

㉮ 보일오버 ㉯ 슬롭오버 ㉰ 블레비 ㉱ 프로스오버

해설 ㉮ 보일오버 : 중질유의 탱크에서 장시간 조용히 연소하다가 탱크 내의 잔존 기름이 갑자기 분출하는 현상
㉯ 슬롭오버 : 물이 연소유의 뜨거운 표면에 들어갈 때, 기름 표면에서 화재가 발생하는 현상
㉰ 블레비 : 연성 액체 저장 탱크 주위에서 화재 등이 발생하여 기상부의 탱크 강판이 국부적으로 가열되면 그 부분의 강도가 약해져 그로 인해 탱크가 파열된다. 이때 내부에서 가열된 액화가스가 급격히 유출 팽창되어 화구(fire ball)을 형성하여 폭발하는 형태
㉱ 프로스오버 : 탱크 속의 물이 점성을 가진 뜨거운 기름의 표면 아래에서 끓을 때 기름이 넘쳐 흐르는 현상

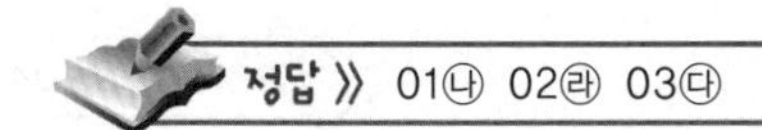
정답 ⟫ 01㉯ 02㉱ 03㉰

04 화재의 일반적 특성이 아닌 것은?

㉮ 확대성 ㉯ 불안정성 ㉰ 우발적 ㉱ 정형성

05 화재에 대한 설명으로 옳지 않은 것은?

㉮ 인간이 이를 제어하여 인류의 문화 · 문명의 발달을 가져오게 한 근본적인 존재
㉯ 불을 사용하는 사람의 부주의한 불안정한 상태에서 발생되는 것
㉰ 불로 인하여 사람의 신체, 생명 및 재산상의 손실을 가져다 주는 재앙
㉱ 실화, 방화로 발생하는 연소현상을 말하며 사람에게 유익하지 못한 해로운 불

06 우리나라의 화재원인 중 가장 많은 원인으로 나타나고 있는 것은?

㉮ 전기 ㉯ 부주의 ㉰ 담배 ㉱ 방화

해설 부주의>전기>담뱃불>방화>불티>불장난>가스

07 방화의 동기 유형으로 가장 큰 비중을 차지하는 것은?

㉮ 가정불화 ㉯ 보험금 사취 ㉰ 비관자살 ㉱ 정신이상

해설 가정불화>보험>불량배>정신이상자

08 전기 화재를 일으키는 원인 중 가장 많은 비중을 차지하고 있는 것은?

㉮ 단락 ㉯ 과전류 ㉰ 지락 ㉱ 누전

해설 합선>과전류>누전>스파크

09 화재시 연기가 인체에 영향을 미치는 요인 중 가장 중요한 요인은?

㉮ 연기 중의 미립자
㉯ 일산화탄소의 증가와 산소의 감소
㉰ 탄산가스의 증가로 인한 산소의 희석
㉱ 연기 속에 포함된 수분의 양

10 건물 화재에서의 사망원인 중 가장 큰 비중을 차지하는 것은?

㉮ 연소가스에 의한 질식
㉯ 화상
㉰ 열충격
㉱ 기계적 상해

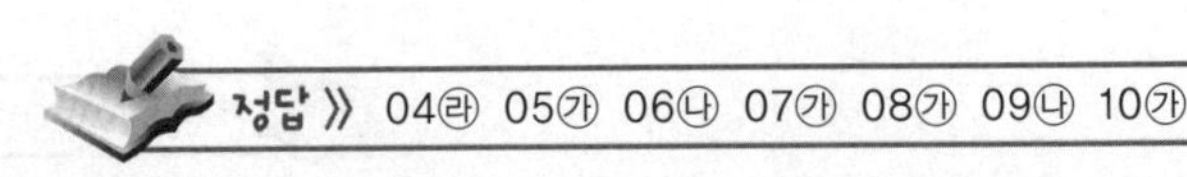
정답 》 04㉱ 05㉮ 06㉯ 07㉮ 08㉮ 09㉯ 10㉮

11 화재의 원인 중 인위적 발생요인이 아닌 것은?

㉮ 화기 취급 부주의로 인한 발화
㉯ 개발을 하기 위한 발화
㉰ 가연물 취급 부주의로 인한 발화
㉱ 기계·기구의 마찰로 인한 발화

12 화재의 원인이 되는 발화원으로 볼 수 없는 것은?

㉮ 화학적인 열 ㉯ 전기적인 열 ㉰ 기화열 ㉱ 기계적인 열

13 탱크 내 유류 저부에서 발생하며 수증기에 의해 기름이 비산 증발하는 현상은?

㉮ 플래시오버 ㉯ 보일오버 ㉰ 슬롭오버 ㉱ 프로스오버

해설 ① 보일오버 : 중질유의 탱크에서 장시간 조용히 연소하다가 탱크 내의 잔존 기름이 갑자기 분출하는 현상
② 슬롭오버 : 물이 연소유의 뜨거운 표면에 들어갈 때, 기름 표면에서 화재가 발생하는 현상
③ 블레비 : 연성 액체 저장 탱크 주위에서 화재 등이 발생하여 기상부의 탱크 강판이 국부적으로 가열되면 그 부분의 강도가 약해져 그로 인해 탱크가 파열된다. 이때 내부에서 가열된 액화가스가 급격히 유출 팽창되어 화구(fire ball)을 형성하여 폭발하는 형태
④ 프로스오버 : 탱크 속의 물이 점성을 가진 뜨거운 기름의 표면 아래에서 끓을 때 기름이 넘쳐 흐르는 현상

14 대기 중에 대량의 가연성 가스가 유출하거나 대량의 가연성 액체가 유출하여 그것으로부터 발생하는 증기가 공기와 혼합해서 가연성 혼합 기체를 형성하고 발화원에 의하여 발생하는 폭발을 무엇이라 하는가?

㉮ BLEVE ㉯ Slop Over ㉰ Fire Ball ㉱ UVCE

해설 ㉮ 블레비 : 연성 액체 저장 탱크 주위에서 화재 등이 발생하여 기상부의 탱크 강판이 국부적으로 가열되면 그 부분의 강도가 약해져 그로 인해 탱크가 파열된다. 이때 내부에서 가열된 액화가스가 급격히 유출 팽창되어 화구(fire ball)을 형성하여 폭발하는 형태
㉯ 슬롭오버 : 물이 연소유의 뜨거운 표면에 들어갈 때, 기름 표면에서 화재가 발생하는 현상
㉰ 프로스오버 : 탱크 속의 물이 점성을 가진 뜨거운 기름의 표면 아래에서 끓을 때 기름이 넘쳐 흐르는 현상
㉱ UVCE : 대기 중에 대량의 가연성 가스나 인화성 액체가 유출되어 그것으로부터 발생되는 증기가 대기 중의 공기와 혼합하여 폭발성인 증기운(vapor cloud)을 형성하고 이때 착화원에 의해 화구(fire ball) 형태로 착화 폭발하는 형태

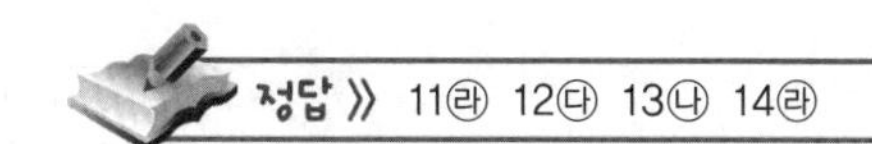
정답 》 11㉱ 12㉰ 13㉯ 14㉱

15 다음 설명은 어떤 화재현상에 대한 설명인가?

> 화재가 발생하여 가연성 물질에서 발생된 가연성 증기가 천장 부근에 축적되고 이 축적된 가연성 증기가 인화점에 도달하여 전체가 연소하기 시작하면 불덩어리가 천장을 굴러다니는 것처럼 뿜어져 나오는 현상

㉮ 플래시백(flash back) ㉯ 플래시오버(flash over)

㉰ 백드래프트(back draft) ㉱ 롤오버(role over)

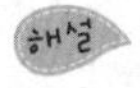 ㉮ 플래시백 : 환기가 잘 되지 않는 곳에서 화재가 발생하여 산소 농도 저하로 불꽃을 내지 못하고 가연성 물질의 열분해로 인하여 발생한 가연성 가스가 축적되게 된다. 이때 진화를 위해 출입문 등이 개방되어 개구부가 생겨 신선한 공기의 유입으로 폭발적인 연소가 다시 시작되는 현상

㉯ 플래시오버 : 화재로 인하여 실내의 온도가 급격히 상승하여 가연물이 일시에 폭발적으로 착화현상을 일으켜 화재가 순간적으로 실내 전체에 확산되는 현상(=순발연소, 순간연소)

※ 실내온도 : 약 400~500℃

㉰ 백드래프트 : 밀폐된 공간에서 화재가 발생하여 산소 농도 저하로 불꽃을 내지 못하고 가연성 물질의 열분해로 인하여 발생한 가연성 가스가 축적된다. 이때 진화를 위해 출입문 등이 개방되어 개구부가 생겨 신선한 공기의 유입으로 폭발적인 연소가 다시 시작되는 현상

㉱ 롤오버 : 연소의 과정에서 천장 부근에서 산발적으로 연소가 확대되는 것을 말하며, 불덩이가 천장을 굴러다니는 것처럼 뿜어져 나오는 현상

16 화재의 종류에 따른 가연물로 틀린 것은?

㉮ 일반 화재－목재, 고무, 섬유, 종이

㉯ 유류 화재－등유, 가솔린, 에틸알코올, 폴리에틸렌

㉰ 금속 화재－칼륨, 철, 마그네슘, 나트륨

㉱ 가스 화재－LNG, LPG, 도시가스, 메탄

17 다음 금속 화재 특성에 대한 설명 중 옳지 않은 것은?

㉮ 칼슘, 칼륨, 나트륨, 리튬 등의 알칼리금속은 산소와 친화력이 강하므로 공기 중에서 원만하게 가열하더라도 발화한다.

㉯ 알칼리금속 화재시 주수하게 되면 수소가스를 발생하게 되므로 주의하여야 한다.

㉰ 알루미늄, 아연 등은 괴상에서 연소하기 어렵지만 열전도에 의한 발열이 느린상태인 분말로 하였을 때는 연소하기 쉬우며 자연발화하는 위험성도 있다.

㉱ 금속나트륨, 금속칼륨 등은 석유 속에서 불안정하다.

해설 금속나트륨과 금속칼륨은 석유 속에 안정하게 저장하는 물질이다.

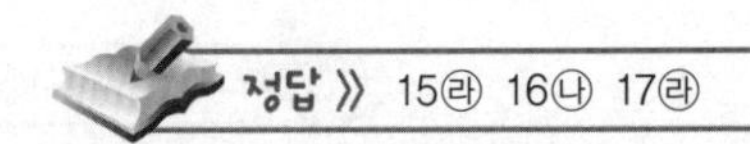
정답 》 15㉱ 16㉯ 17㉱

18 소화제의 적응 대상에 따라 분류한 화재 종류 중 식용유 화재에 대한 내용으로 옳은 것은?

㉮ 식용유 화재는 국내에서 K급 화재로 인정받고 있다.
㉯ 식용유 화재시 주수소화가 가능하다.
㉰ 식용유는 인화점과 발화점의 온도차가 적다.
㉱ 식용유 화재에 적당한 소화 방법은 없다.

해설 식용유 화재의 경우 NFPA에서 K급, 국제표준화기구에서는 F급으로 규정하고 있으나 국내에서는 아직 분류되지 않은 상태이다. 식용유의 발연점은 230~245℃, 인화점은 300℃ 내외, 연소점은 340~360℃, 발화점은 400℃ 내외이다.

19 다음 중 중합폭발에 해당되는 것은?

㉮ 아세틸렌　　㉯ 아세트알데하이드
㉰ 산화프로필렌　　㉱ 산화에틸렌

20 가연물이 고체일 때 덩어리보다 가루가 불타기 쉬운 이유는?

㉮ 착화온도가 낮기 때문에
㉯ 발열량이 크기 때문에
㉰ 공기와의 접촉면적이 크기 때문에
㉱ 열전도율이 크기 때문에

21 금속이 덩어리상태일 때보다 가루상태일 때 연소위험성이 증가하는 이유로 볼 수 없는 것은?

㉮ 표면적의 증가
㉯ 겉보기 체적의 증가
㉰ 비열의 증가
㉱ 대전성의 증가

22 관내 혼합 가스의 한 점에서 착화하였을 때 연소파가 어떤 거리를 진행한 다음 갑자기 연소 전파속도가 증가하고 마침내 그 속도가 1,000~3,500m/s에 도달하는 현상은?

㉮ 폭굉현상　　㉯ 연소현상
㉰ 충격파　　㉱ 폭발현상

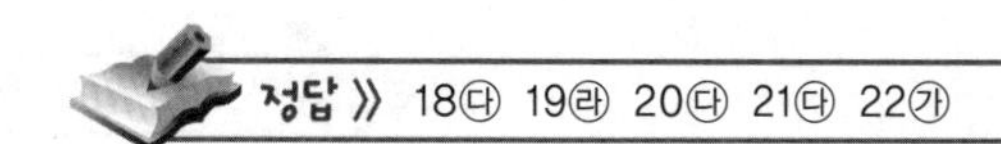
정답 》 18㉰ 19㉱ 20㉰ 21㉰ 22㉮

23 다음 중 분진폭발의 위험이 없는 것은?

㉮ 알루미늄분 ㉯ 황 ㉰ 생석회 ㉱ 마그네슘

해설 농산물로는 밀가루, 전분, 솜, 담뱃가루, 커피가루 등, 광물질로는 마그네슘, 알루미늄, 아연, 티탄, 철분 등을 예로 들 수 있다.

24 연소반응의 폭굉(detonation) 현상에서의 열에너지 공급원은?

㉮ 대류 ㉯ 압축열
㉰ 분해열 ㉱ 충격파

해설 폭굉 : 폭발범위 내의 어떤 특정 농도 범위에서는 연소의 속도가 폭발에 비해 수백 내지 수천 배에 달하는 현상으로 폭발 중에서도 격렬한 폭발이다. 화염의 전파속도가 1,000~3,500m/sec로 음속보다 빨라 파면선단에 충격파(압력파)가 진행된다.

25 폭발 발생원인 중 물리적 또는 기계적 원인인 것은?

㉮ 증기운 폭발 ㉯ 압력방출에 의한 폭발
㉰ 분해폭발 ㉱ 석탄분진의 폭발

26 분진폭발에 대한 설명이다. 옳은 것은?

㉮ 분진입자의 습기는 점화온도를 높여준다.
㉯ 비활성 가스는 분진폭발을 대체로 촉진시킨다.
㉰ 분진입자 표면의 온도 상승요인은 복사전열이 주이며 열전도는 무시할 만하다.
㉱ 점화에 필요한 에너지는 분진입도의 증가와 역관계이다.

27 다음 중 폭굉에 대한 설명으로 옳은 것은?

㉮ 음속보다 폭발속도가 빠른 현상
㉯ 정상 연소속도보다 폭발속도가 빠른 현상
㉰ 폭발속도가 음속에 못 미치는 현상
㉱ 파장이 긴 단일압축파를 갖는 현상

해설 폭굉 : 폭발범위 내의 어떤 특정 농도 범위에서는 연소의 속도가 폭발에 비해 수백 내지 수천 배에 달하는 현상으로 폭발 중에서도 격렬한 폭발이다. 화염의 전파속도가 1,000~3,500m/sec로 음속보다 빨라 파면 선단에 충격파(압력파)가 진행된다.

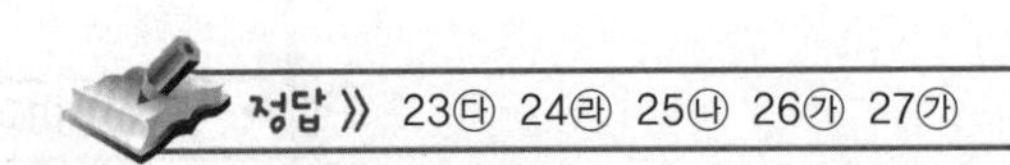
정답 》 23㉰ 24㉱ 25㉯ 26㉮ 27㉮

28 가연성 가스가 누출되었으나 아직 인화되지 않은 경우의 방호대책으로 틀린 것은?

㉮ 밸브의 폐쇄 등으로 가스의 흐름을 차단시킨다.
㉯ 누출지역에 물을 분사시켜 누출가스를 분사시킨다.
㉰ 배기팬에 작동시켜 누출가스를 방출시킨다.
㉱ 충분한 냉각수를 뿌려 탱크와 배관을 냉각시켜 폭발위험을 제거시킨다.

29 소화제의 적응대상에 따라 분류한 화재 종류 중 금속분 화재에 해당되는 것은?

㉮ A급 ㉯ B급 ㉰ E급 ㉱ D급

해설 A급(일반 화재) : 냉각주수소화, B급(유류 화재) : 이산화탄소, 폼소화, C급(전기 화재) : 탄산가스소화, D급(금속 화재) : 팽창질석 또는 팽창진주암, 건조사 등

30 전기 화재의 발화요인으로 크게 차지하지 않는 것은?

㉮ 정전기 ㉯ 합선 ㉰ 누전 ㉱ 과전류

해설 합선>과전류>누전>스파크

31 전기 화재의 원인으로 볼 수 없는 것은?

㉮ 승압에 의한 발화 ㉯ 과전류에 의한 발화
㉰ 누전에 의한 발화 ㉱ 단락에 의한 발화

32 연소물에 의한 분류에서 A급 화재에 속하는 것은?

㉮ 유류 ㉯ 목재
㉰ 전기 ㉱ 가스

해설 A급(일반 화재) : 냉각주수소화, B급(유류 화재) : 이산화탄소, 폼소화, C급(전기 화재) : 탄산가스소화, D급(금속 화재) : 팽창질석 또는 팽창진주암, 건조사 등

33 전기 화재의 주요원인이라고 볼 수 없는 것은?

㉮ 과전류 ㉯ 절연열화
㉰ 정전기 ㉱ 고압전

해설 합선>과전류>누전>스파크

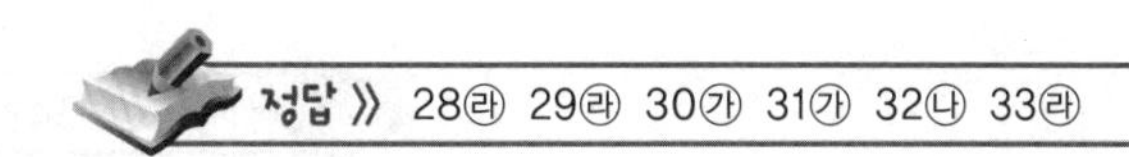

정답 》 28㉱ 29㉱ 30㉮ 31㉮ 32㉯ 33㉱

34 전기 화재의 발생 가능성이 가장 낮은 부분은?

㉮ 코드 접촉부　　㉯ 전기장판
㉰ 전열기　　㉱ 배선용 차단기

35 전기 화재의 발생원인으로 볼 수 없는 것은?

㉮ 과부하에 의한 발화
㉯ 단락에 의한 발화
㉰ 절연저항의 감소로 인한 발화
㉱ 대지로 흐르는 전류에 의한 발화

36 낙뢰에 의한 화재의 경우 화재 분류상 어디에 속하는가?

㉮ A급 화재　　㉯ B급 화재
㉰ C급 화재　　㉱ D급 화재

해설 C급 화재(전기 화재)의 원인 : 단락(합선), 과전류, 지락, 누전, 절연불량, 전기 스파크, 접속부 과열, 낙뢰, 열적 경과, 정전기 스파크

37 다음은 무엇에 관한 설명인가?

> 탱크 속의 물이 점성을 가진 뜨거운 기름의 표면 아래에서 끓을 때 기름이 넘쳐 흐르는 현상으로 이는 화재 이외의 경우에도 물이 고점도 유류 아래에서 비등할 때 탱크 밖으로 물과 기름이 거품과 같은 상태로 넘치는 현상이다.

㉮ 보일오버　　㉯ 슬롭오버
㉰ 블레비　　㉱ 프로스오버

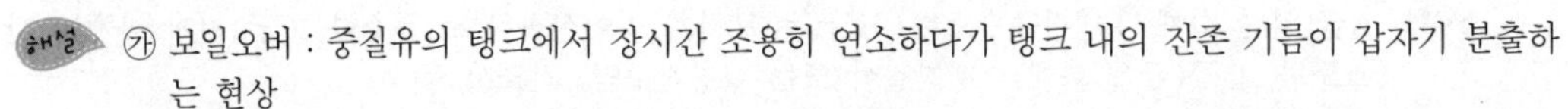

해설 ㉮ 보일오버 : 중질유의 탱크에서 장시간 조용히 연소하다가 탱크 내의 잔존 기름이 갑자기 분출하는 현상
㉯ 슬롭오버 : 물이 연소유의 뜨거운 표면에 들어갈 때, 기름 표면에서 화재가 발생하는 현상
㉰ 블레비 : 연성 액체 저장 탱크 주위에서 화재 등이 발생하여 기상부의 탱크 강판이 국부적으로 가열되면 그 부분의 강도가 약해져 그로 인해 탱크가 파열된다. 이때 내부에서 가열된 액화가스가 급격히 유출 팽창되어 화구(fire ball)을 형성하여 폭발하는 형태
㉱ 프로스오버 : 탱크 속의 물이 점성을 가진 뜨거운 기름의 표면 아래에서 끓을 때 기름이 넘쳐 흐르는 현상

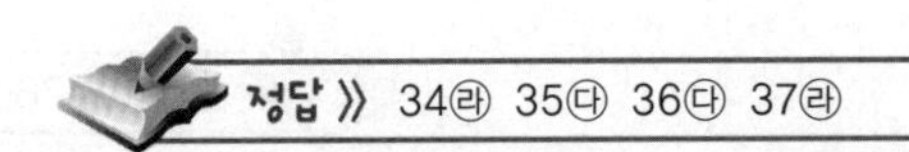

정답 》 34㉱ 35㉰ 36㉰ 37㉱

38 화재의 정의라고 할 수 없는 것은?

㉮ 사람의 의도에 반(反)하여 출화(出火) 또는 방화에 의하여 불이 발생하고 확대하는 현상
㉯ 불이 그 사용목적을 넘어 다른 곳으로 연소하여 사람들에게 예기치 않은 경제상의 손해를 발생시키는 현상
㉰ 자연 또는 인위적인 원인에 의하여 불이 물체를 연소시키고 인명과 재산의 손해를 주는 현상
㉱ 사람 또는 자연에 의하여 불이 물건, 가옥 등을 연소시키는 현상

해설 화재의 정의 : 화재란 "사람의 의도에 반하거나 고의에 의해 발생하는 연소현상으로 소화시설 등을 사용하여 소화할 필요가 있는 것"을 말한다.

39 다음 설명 중 옳은 것은?

㉮ 화재시 연기는 발화층의 직상층부터 차례로 위층으로 퍼져나간다.
㉯ 연기 농도를 나타내는 감광계수는 재료의 단위중량당의 발연량이다.
㉰ 연기의 발생속도는 연소속도×감광계수로 나타낸다.
㉱ 건물 내 연기의 수평방향 유동속도는 0.8~1m/sec 정도이다.

해설 ① 화재시 연기는 발화층부터 차례로 위층으로 퍼져나간다.
② 연기 농도를 나타내는 감광계수는 $\frac{1}{\text{가시거리}}$이다.
③ 연기의 발생속도는 $\frac{\text{감광계수}}{\text{연소속도}}$로 나타낸다.
④ 건물 내 연기의 수평방향 유동속도는 0.8~1m/sec(0.5~1m/sec) 정도이다.

40 전기 화재의 발생 가능성이 가장 낮은 부분은?

㉮ 코드 접촉부　㉯ 전기장판　㉰ 전열기　㉱ 배선용 차단기

해설 배선차단기(배선용 차단기)는 전기 화재의 발생가능성이 가장 낮다.
※ 배선용 차단기 : 저압배선용 과부하차단기, MCCB라고 부른다.

41 화재의 일반적 특성이 아닌 것은?

㉮ 확대성　㉯ 불안정성　㉰ 우발성　㉱ 정형성

해설 화재의 특성
① 확대성
② 불안정성 : 화재에는 일정하게 정해진 형식은 없다.
③ 우발성 : 화재가 예기치 않게 발생한다.

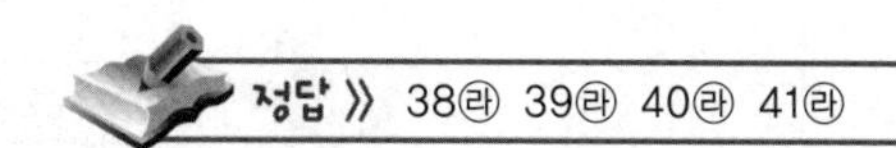
정답 » 38㉱ 39㉱ 40㉱ 41㉱

42

유류 저장 탱크의 화재 중 열류층을 형성하는 화재의 진행과 더불어 열류층이 점차 탱크 바닥으로 도달해 탱크 저부에 물 또는 물-기름 에멀션이 수증기로 변해 부피 팽창에 의해 유류의 갑작스런 탱크 외부로의 분출을 발생시키면서 화재를 확대시키는 현상은?

㉮ 보일오버(boil over)
㉯ 슬롭오버(slop over)
㉰ 프로스오버(froth over)
㉱ 플래시오버(flash over)

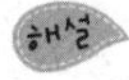 ① 보일오버 : 중질유의 탱크에서 장시간 조용히 연소하다가 탱크 내의 잔존 기름이 갑자기 분출하는 현상
② 슬롭오버 : 물이 연소유의 뜨거운 표면에 들어갈 때, 기름 표면에서 화재가 발생하는 현상
③ 블레비 : 가연성 액체 저장 탱크 주위에서 화재 등이 발생하여 기상부의 탱크 강판이 국부적으로 가열되면 그 부분의 강도가 약해져 그로 인해 탱크가 파열된다. 이때 내부에서 가열된 액화가스가 급격히 유출 팽창되어 화구(fire ball)을 형성하여 폭발하는 형태
④ 프로스오버 : 탱크 속의 물이 점성을 가진 뜨거운 기름의 표면 아래에서 끓을 때 기름이 넘쳐 흐르는 현상
※ 에멀션 : 물의 미립자가 기름과 섞여서 기름의 증발능력을 떨어뜨려 연소를 억제하는 것

43

화재 발생시 짙은 연기가 생성되는 원인으로 적합한 것은?

㉮ 공기의 양이 부족할 경우
㉯ 공기의 양이 많을 경우
㉰ 수분의 양이 부족할 경우
㉱ 수분의 양이 많을 경우

해설 공기의 양이 부족할 경우 짙은 연기가 많이 발생한다.

44

유류를 저장한 상부 개방 탱크의 화재에서 일어날 수 있는 특수한 현상들에 속하지 않는 것은?

㉮ 플래시오버(flash over)
㉯ 보일오버(boil over)
㉰ 슬롭오버(slop over)
㉱ 프로스오버(froth over)

 유류 탱크에서 발생하는 현상
① 보일오버(boil over) : 중질유의 탱크에서 장시간 조용히 연소하다가 탱크 내의 잔존 기름이 갑자기 분출하는 현상
② 오일오버(oil over) : 저장 탱크 내에서 저장된 유류 저장량이 내용적의 50% 이하로 충전되었을 때 화재로 인하여 탱크가 폭발하는 현상
③ 프로스오버(froth over) : 탱크 속의 물이 점성을 가진 뜨거운 기름의 표면 아래에서 끓을 때 기름이 넘쳐 흐르는 현상
④ 슬롭오버(slop over) : 물이 연소유의 뜨거운 표면에 들어갈 때, 기름 표면에서 화재가 발생하는 현상
※ 플래시오버(flash over) : 화재로 인하여 실내의 온도가 급격히 상승하여 화재가 순간적으로 실내 전체에 확산되어 연소되는 현상

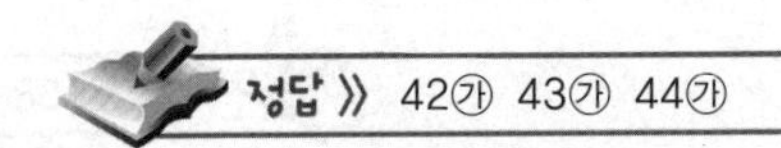
정답 » 42㉮ 43㉮ 44㉮

45 액화가스 저장 탱크의 누설로 부유 또는 확산된 액화가스가 착화원과 접촉하여 액화가스가 공기 중으로 확산, 폭발하는 현상은?

㉮ SLOP-OVER
㉯ FROTH-OVER
㉰ BOIL-OVER
㉱ BLEVE

해설 블레비(BLEVE) : 가연성 액체 저장 탱크 주위에서 화재 등이 발생하여 기상부의 탱크 강판이 국부적으로 가열되면 그 부분의 강도가 약해져 그로 인해 탱크가 파열된다. 이때 내부에서 가열된 액화가스가 급격히 유출 팽창되어 화구(fire ball)을 형성하여 폭발하는 형태

46 폭발 발생원인 중 물리적 또는 기계적 원인인 것은?

㉮ 증기운(vapor cloud) 폭발
㉯ 압력방출에 의한 폭발
㉰ 분해폭발
㉱ 석탄분진의 폭발

해설 ① 물리적 또는 기계적 원인 : 압력방출에 의한 폭발
② ㉮, ㉰, ㉱ 화학적 원인
③ 증기운(vapor cloud) 폭발 : 증기가 대기 중에 확산하여 구름모양을 형성한 후 폭발하는 현상

47 인화점이 40℃ 이하인 위험물을 저장, 취급하는 장소에 설치하는 전기설비는 방폭구조로 설치하는데, 용기의 내부에 기체를 압입하여 압력을 유지하도록 함으로써 폭발성 가스가 침입하는 것을 방지한 구조는?

㉮ 내압방폭구조　　㉯ 유입방폭구조
㉰ 안전증방폭구조　　㉱ 본질안전방폭구조

해설 방폭구조의 종류
① 내압(內壓)방폭구조(p) : 용기 내부에 질소 등의 보호용 가스를 충전하여 외부에서 폭발성 가스가 침입하지 못하도록 한 구조
② 유입방폭구조(o) : 전기불꽃, 아크 또는 고온이 발생하는 부분을 기름 속에 넣어 폭발성 가스에 의해 인화가 되지 않도록 한 구조
③ 안전증방폭구조(e) : 기기의 정상운전 중에 폭발성 가스에 의해 점화원이 될 수 있는 전기불꽃 또는 고온이 되어서는 안 될 부분에 기계적, 전기적으로 특히 안전도를 증가시킨 구조
④ 본질안전방폭구조(i) : 폭발성 가스가 단선, 단락, 지락 등에 의해 발생하는 전기불꽃, 아크 또는 고온에 의하여 점화되지 않는 것이 확인된 구조

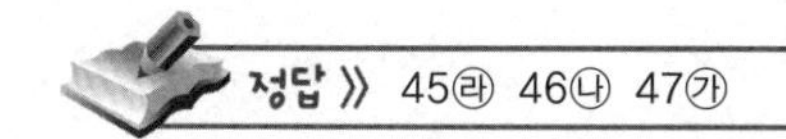

정답 ≫ 45㉱ 46㉯ 47㉮

성공하려면

당신이 무슨 일을 하고 있는지를 알아야 하며,

하고 있는 그 일을 좋아해야 하며,

하는 그 일을 믿어야 한다.

-윌 로저스(Will Rogers)-

☆

때론 지치고 힘들지만 언제나 가슴에 큰 꿈을 안고 삽시다.

노력은 배반하지 않습니다. ^^

제3장

FIRE FIGHTING FACILITIES Engineer · Industrial engineer

건축물의 화재현상

제 3 장 건축물의 화재현상

3.1 건축물의 화재현상

1 건축물의 화재성상

건축물 내에서의 화재는 발화원의 불씨가 가연물에 착화하여 서서히 진행되다 세워져 있는 가연물에 착화가 되면서 천장으로 옮겨 붙어 본격적인 화재가 진행되며, 건축물 화재성상의 변화요인은 다음과 같다.

(1) 화원의 위치와 크기

(2) 실 내부의 가연물질의 양과 그 성질

(3) 실의 개구부 위치 및 크기

(4) 실내에 있는 가연물의 배치

(5) 실의 넓이와 모양

(6) 화재시 기상 상태

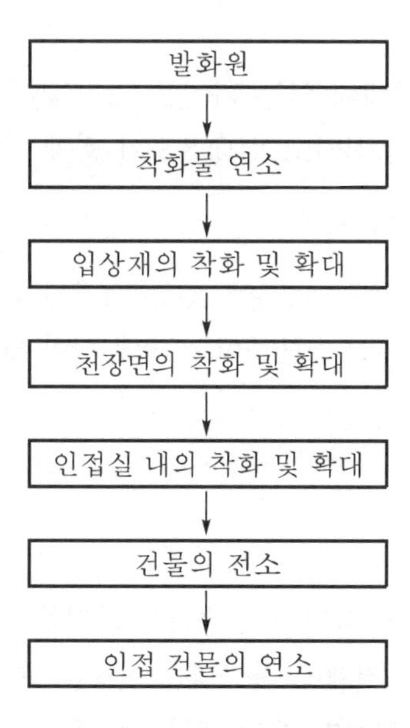

▌건축물 화재의 확대과정▌

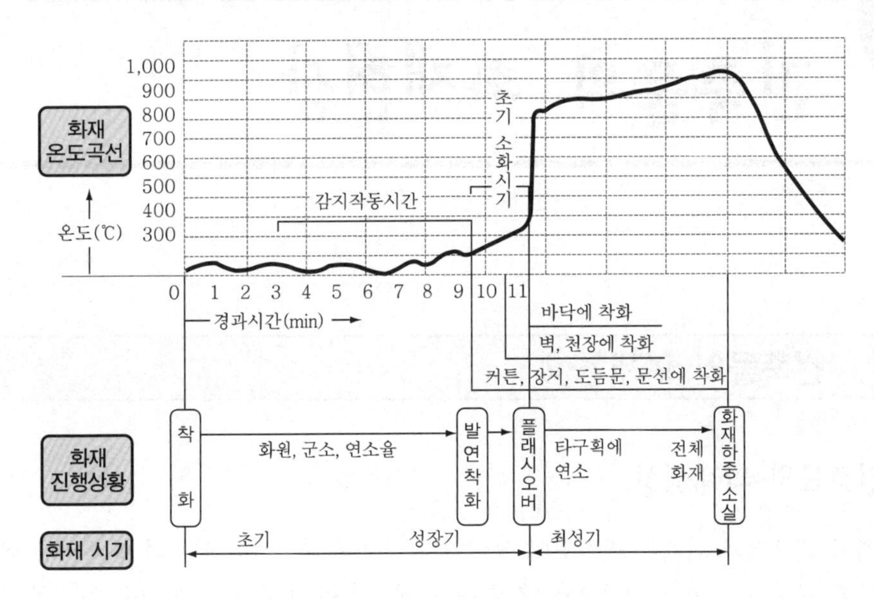

❙ 건축물 화재의 진행과정(내부 공간 화재) ❙

(1) 성장기(초기~성장기)

내부 공간 화재에서의 성장기는 제1 성장기(초기단계)와 제2 성장기(성장기단계)로 나눌 수 있다. 초기단계에서는 가연물이 열분해하여 가연성 가스를 발생하는 시기이며 실내온도가 아직 크게 상승되지 않은 발화단계로서 화원이나 착화물의 종류에 따라 달라지기 때문에 조건에 따라 일정하지 않은 단계이고 제2 성장기(성장기단계)는 실내에 있는 내장재에 착화하여 Flash Over에 이르는 단계이다.

(2) 최성기

Flash Over현상 이후 실내에 있는 가연물 또는 내장재가 격렬하게 연소되는 단계로서 화염이 개구부를 통하여 출화하고 실내온도가 화재 중 최고온도에 이르는 시기이다.

(3) 감쇠기

쇠퇴기, 종기, 말기라고도 하며 실내에 있는 내장재가 대부분 소실되어 화재가 약해지는 시기이며 완전히 타지 않은 연소물들이 실내에 남아 있을 경우 실내온도 200~300℃ 정도를 나타내기도 한다.

② Flash Over현상

화재로 인하여 실내의 온도가 급격히 상승하여 가연물이 일시에 폭발적으로 착화현상을 일으켜 화재가 순간적으로 실내 전체에 확산되는 현상(=순발연소, 순간연소)으로 **성장기에서 최성기로 넘어가는 시기(즉, 최성기 직전)**에서 발생한다.

(1) 발생 시점

일반적으로 성장기에서 최성기로 넘어가는 분기점에 발생하지만 가연물, 산소공급(개구율), 내장재료 등의 조건으로 인해 발생 가능성이 정해진다.

(2) Flash Over까지의 시간에 영향을 주는 요인(피난 허용시간을 정하는 척도가 됨)

① 내장재료의 성상

㉠ 내장재는 잘 타지 않는 재료일 것

㉡ 두께는 두꺼울 것

㉢ 열전도율이 큰 재료일 것

※ 화재실 상부의 온도가 높기 때문에 (천장 → 벽 → 바닥) 순으로 우선할 것

② **개구율** : 벽면적에 대한 개구부의 면적을 작게 할 것

③ **발화원** : 발화원의 크기가 클수록 Flash Over까지의 시간이 짧아지므로, 가연성 가구 등은 되도록 소형으로 할 것

③ 목조건축물의 화재

목조건축물에서는 내장재 및 골조, 문 등이 불타기 쉬운 가연물이기 때문에 내화건축물에 비해 F.O(Flash Over) 도달시간이 빠르며 건축물 자체에 개구부가 많아 공기의 유통이 원활하여 격심한 연소현상을 나타내어 벽체 상부와 지붕이 불타 떨어지게 되고, 연소는 최성기에 달하게 된다.

(1) 목조건축물의 화재 진행과정

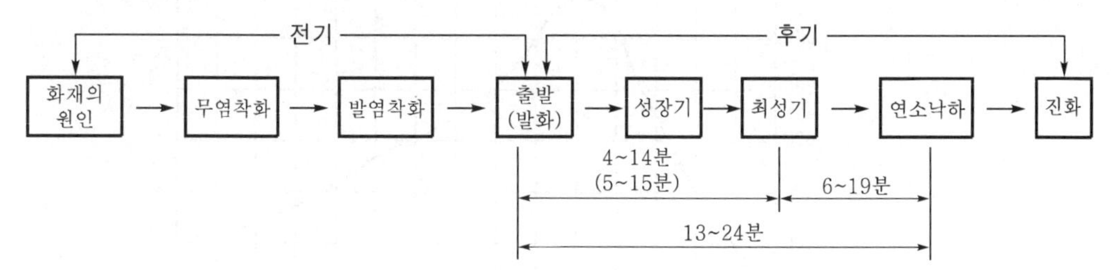

① 화재원인~무염착화

㉠ 이 단계는 화재의 원인들이 종류와 발생장소에 따라 차이가 있으며, 자연발화의 경우에는 오랜 시간을 필요로 한다.

㉡ 무염착화란 가연물질이 연소할 경우 재로 덮인 숯불모양으로 불꽃 없이 착화하는 현상으로 바람 및 공기가 주어질 때 언제든지 불꽃이 발하는 단계이다.

② 무염착화~발염착화

㉠ 이 단계는 화재 발생장소, 가연물의 종류, 바람의 상태와 연소속도, 연소시간, 연소방향 등이 화재 진행을 결정한다.

㉡ 발염착화란 무염상태의 가연물질에 바람 및 공기 등을 불어넣어 주면 불꽃이 발하여 착화(발화)하는 현상이다.

③ 발염착화~발화

㉠ 이 단계는 착화가 발생한 위치와 가옥의 구조에 따라 달라진다.

㉡ 발화란 가옥의 실내 가연물의 일부가 발화한 상태가 아니라 천장에까지 불이 번져 가옥 전체에 불기가 도는 시기이다.

④ 발화~최성기

㉠ 이 단계에서는 화재의 진행이 빨라지는 단계이다.

㉡ 연기의 색깔이 백색에서 흑색으로 변하며, 개구부가 파괴되어 공기가 공급되면서 급격한 연소가 이루어지며 연기는 개구부로 분출하게 된다.

㉢ 이 시기에 Flash Over가 발생하며, 이때의 실내온도는 약 800~900℃ 정도가 된다.

㉣ 이후 최성기로 넘어가면 천장 및 대들보가 내려앉고 화염, 검은 연기, 강한 불꽃 및 불가루를 유동시키는 복사열이 발생하며 실내온도는 약 1,300℃ 정도가 된다.

⑤ 최성기~연소낙하 : 최성기를 넘어서면 화세가 급격히 약해져 지붕이나 벽이 무너지고 기둥 등이 허물어져 내리는 시기이다.

(2) 목조건축물의 표준 화재 온도곡선

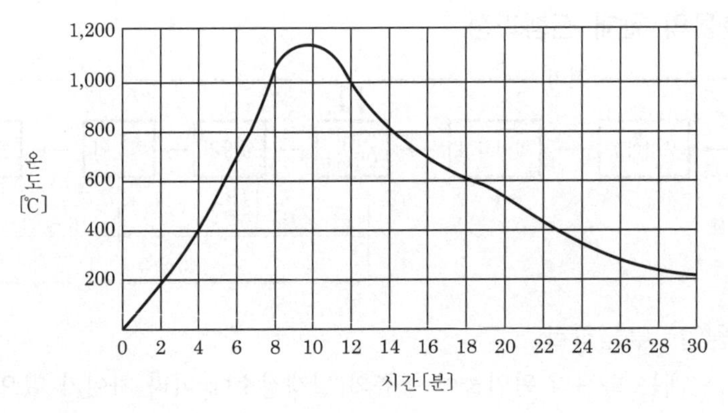

① 화재성상 : 고온단기형

② 최고온도 : 약 1,300℃

(3) 목조건축물의 화재원인

① 접염 : 화염 또는 열의 접촉으로 발생한다.

② 비화

㉠ 화재로 인해 불꽃 등이 먼 거리에 있는 지역에까지 날아가 발화하는 현상으로 바람이 강하고 온도가 낮은 조건에서 비화에 의한 연소가 일어나기 쉽다.

㉡ 일반적으로 화점으로부터 풍화방향이 10~25°범위에서 가장 위험하고, 800m 전후의 지역에서 발생하기 쉽다.

③ 복사열 : 화염에서 발생하는 복사열로 인해 인화점에 달하는 현상으로 온도가 높을수록, 화염의 크기가 클수록 복사열의 전파되는 거리가 길어진다.

(4) 비화경계의 범위

① 풍속 4m/sec 이내 : 발화장소 근처

② 풍속 5m/sec 이내 : 약 500m 이내

③ 풍속 10m/sec 이내 : 약 1,200m 이내

(5) 출화

① 옥내 출화

㉠ 가옥구조에서 천장면에 발염착화한 경우

㉡ 천장 속, 벽 속 등에서 발염착화한 경우

㉢ 불연천장이나 불연벽체인 경우 실내의 그 뒷면에 발염착화한 경우

② 옥외 출화

㉠ 창, 출입구 등에 발염착화한 경우

㉡ 외부의 벽, 지붕 밑에서 발염착화한 경우

4 내화건축물의 화재

내화건축물이란 화재시 쉽게 연소하지 않고 건축물 내부에서 화재가 발생하더라도 대부분 방화구획 내에서 진화되며 건축물의 내장재가 전소하더라도 수리하여 재사용할 수 있는 구조로 된 건축물을 의미한다.

※ 목조건축물의 화재에 비해 공기 유통조건이 일정하며 화재 진행시간도 길다.

(1) 내화건축물의 화재 진행과정

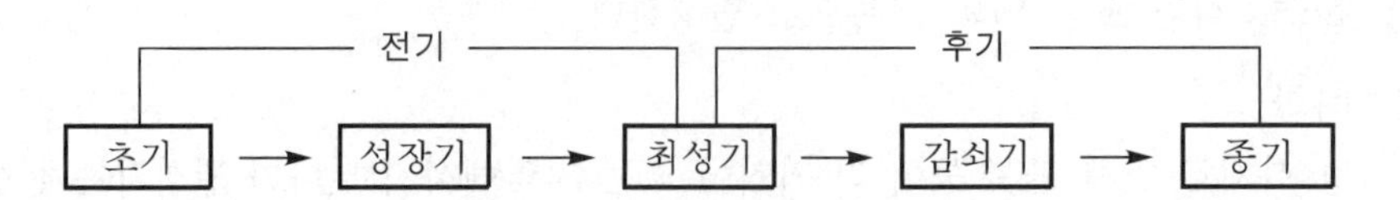

① **초기** : 목조건축물에 비하여 밀도가 높기 때문에 연소는 완만하며, 산소가 감소되므로 연소가 약해지거나 불완전연소가 일어나기도 한다. 따라서 소화를 시키기 위하여 문 등을 열어서 많은 양의 공기가 일시에 유입되면 오히려 폭발적인 연소를 초래할 수 있다.

② **성장기** : 화재에 의해 실내 공기가 팽창하게 되어 유리창 등이 파괴되어 외부 공기가 유입되면 연소는 급격히 진행되어 개구부에는 검은 연기와 화염이 분출하게 되며 실내는 순간적으로 화염으로 가득 찬 듯한 현상이 된다.(F.O 발생)

③ **최성기** : 화재가 가장 왕성한 시기이며, 목조건축물에 비하여 장시간이며, 천장의 장식물이나 콘크리트가 터져 떨어지는 폭렬현상이 발생하기도 한다.

④ **종기** : 화기가 점차 약해지고 가연성 물질이 거의 소진되는 시기이며 실내온도는 점차적으로 낮아지는 시기이다.

(2) 내화건축물의 표준 화재 온도곡선

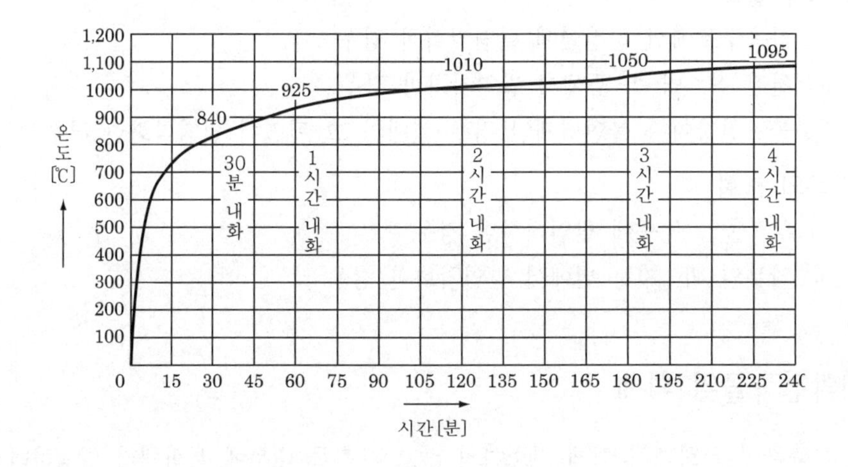

① **화재성상** : 저온장기형

② **최고온도** : 약 900~1,000℃

⑶ 목조건축물, 내화건축물의 표준 화재 온도곡선의 비교

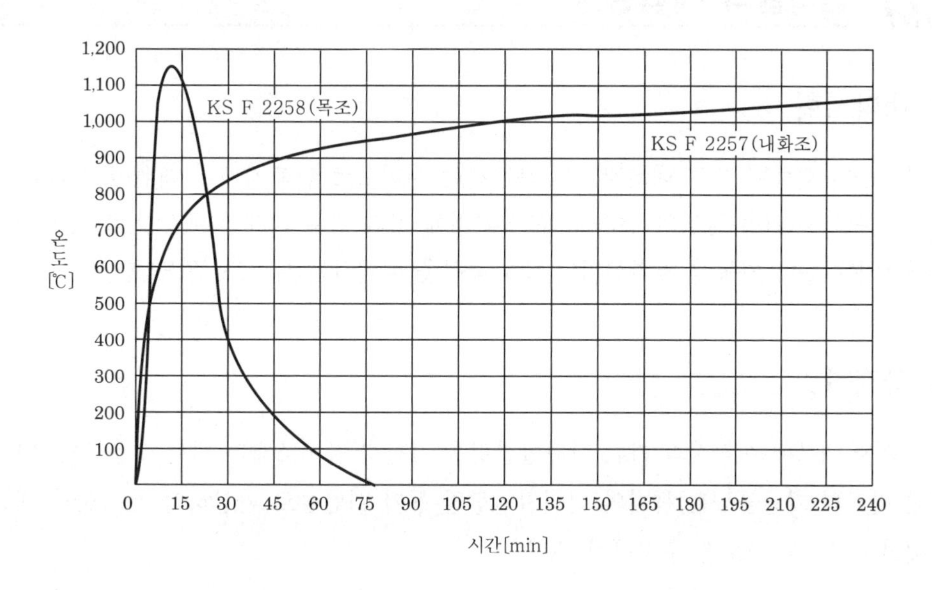

① 목조건축물 : 고온단기형

② 내화건축물 : 저온장기형

5 건축물의 화재

⑴ 플래시오버(flash over)

화재로 인하여 실내의 온도가 급격히 상승하여 가연물이 일시에 폭발적으로 착화현상을 일으켜 화재가 순간적으로 실내 전체에 확산되는 현상(=순발연소, 순간연소)

※ 실내온도 : 약 400~500℃

⑵ 백드래프트(back draft)

밀폐된 공간에서 화재가 발생하여 산소 농도 저하로 불꽃을 내지 못하고 가연성 물질의 열분해로 인하여 발생한 가연성 가스가 축적되게 된다. 이때 진화를 위해 출입문 등이 개방되어 개구부가 생겨 신선한 공기의 유입으로 폭발적인 연소가 다시 시작되는 현상

⑶ 롤오버(roll over)

연소의 과정에서 천장 부근에서 산발적으로 연소가 확대되는 것을 말하며, 불덩이가 천장을 굴러다니는 것처럼 뿜어져 나오는 현상

3.2 건축물의 내화성상

① 내화시험

건축물의 화재에 대한 내화강도를 측정하는 시험으로 건축자재에 대한 표준내화시험이 이루어진다면, 가연성 물질의 양과 분포된 위치에 따라 화재 피해를 예상할 수 있으며, 스프링클러(S.P) 등의 자동식 소화설비의 소화능력을 설계하는 데에도 큰 역할을 한다.

② 화재하중

건축물 내부에는 각각의 다른 단위발열량을 가진 건물구조재와 내부 수용물의 가연물이 있으며 각각의 가연물들은 목재의 단위발열량인 등가 가연물로 환산하여 건축물의 내화설계시 화재의 성상 및 규모를 추정하게 된다.

화재하중이란 일정 구역 내에 있는 예상 최대가연물질의 양을 뜻하며 등가 가연물량을 화재구획에서 단위면적당으로 나타낸다.

$$Q = \frac{\Sigma(G_t \cdot H_t)}{H_o A} = \frac{\Sigma G_t}{4{,}500A}$$

여기서, Q : 화재하중〔m^2〕

G_t : 가연물량〔kg〕

H_t : 가연물 단위발열량〔kcal/kg〕

H_o : 목재 단위발열량〔kcal/kg〕

A : 화재실, 화재구획의 바닥면적〔m^2〕

ΣG_t : 화재실, 화재구획의 가연물 전체발열량〔kcal〕

참고

화재구획의 바닥면적에 대한 가연물 발열량으로도 다음과 같이 나타낼 수 있다.

$$q = \frac{\Sigma Q_i}{A_t}$$

여기서, q : 화재하중〔kcal/m^2〕

A_t : 화재구획의 내표면적〔m^2〕

ΣQ_i : 화재구획 내 가연물의 전체발열량〔kcal〕

(1) 각종 재료의 단위발열량

재 료	발열량〔Mcal/kg〕	재 료	발열량〔Mcal/kg〕
목재	4.5	벤젠	10.5
종이	4.0	석유	10.5
연질보드	4.0	염화비닐	4.1
경질보드	4.5	페놀	6.7
WOOL 섬유	5.0	폴리에스터	7.5
리놀륨	4.0~5.0	폴리아미드	8.0
아스팔트	9.5	폴리스티렌	9.5
고무	9.0	폴리에틸렌	10.4
휘발유	10.0		

(2) 건축물 용도에 따른 화재하중의 값

건축물의 용도	화재하중〔kg/m^2〕	건축물의 용도	화재하중〔kg/m^2〕
호텔	5~15	점포(백화점)	100~200
병원	10~15	도서관	250
사무실	10~20	창고	200~1,000
주택 · 아파트	30~60		

㈜ 건축물 내장재의 불연화시 화재하중은 감소한다.

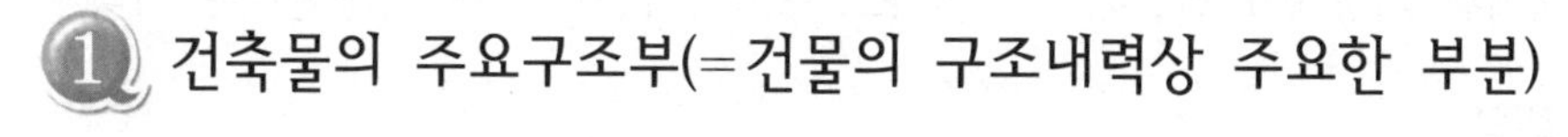

① 건축물의 주요구조부(=건물의 구조내력상 주요한 부분)

(1) 내력벽

(2) 기둥

(3) 바닥

(4) 보

(5) 지붕틀 및 주계단

※ 사잇기둥, 최하층바닥, 작은보, 차양, 옥외계단, 그 밖에 이와 유사한 것으로 건축물의 구조상 중요하지 아니한 부분은 제외한다.

2 지하층

건축물의 바닥이 지표면 아래에 있는 층으로, 그 바닥으로부터 지표면까지의 평균높이가 해당층 높이의 1/2 이상인 것

① 지하층은 건축법상 설치가 의무화되거나 권장되는 대상물이다.

② 민방위상 대피시설 등을 이용하기 위한 대상물이다.

3 거실

건축물 안에서 거주, 집무, 작업, 오락, 집회, 기타 이와 유사한 용도로 사용되는 방을 말하며 사람이 장시간 지속적으로 머무르게 되는 용도의 실로서 위생, 방화 및 피난 등의 관련법의 규제가 강화된다.

참고

"거실"에 해당되지 않는 것

❶ 복도 ❷ 현관 ❸ 계단
❹ 화장실 ❺ 욕실 ❻ 창고

4 건축물의 내화구조

내화구조란 화재시 일정 시간 동안 건물의 강도 및 그 성능을 유지할 수 있는 구조로서 화재시 쉽게 연소하지 않고 건물 내에서 화재가 발생하더라도 보통은 방화구획 내에서 진화되며, 최종적인 단계에서 내장재가 전소된다 하더라도 수리하여 재사용이 가능한 구조이다.

(1) 내화구조의 종류

① 철근콘크리트조

② 연와조 : 건축물의 벽체를 구운 벽돌로 쌓아올린 조적식구조(組積式構造)

③ 석조 : 돌로 만든 조각물

(2) 내화구조의 기준

구조 부분		내화구조의 기준
벽	모든 벽	• 철근콘크리트조 또는 철골콘크리트조로 두께가 10cm 이상인 것 • 골구를 철골조로 하고 그 양면을 두께 4cm 이상의 철망모르타르(그 바름바탕을 불연재료로 하지 아니한 것을 제외한다. 이하 이 표에서 같다.) 또는 두께 5cm 이상의 콘크리트 블록·벽돌 또는 석재로 덮은 것 • 철재로 보강된 콘크리트블록조, 벽돌조 또는 석조로서 철재에 덮은 두께가 5cm 이상인 것 • 벽돌조에서 두께가 19cm 이상인 것 • 고온·고압의 증기로 양생된 콘크리트 패널 또는 경량 기포 콘크리트블록조로서 두께가 10cm 이상인 것
	외벽 중 비내력벽	• 철근콘크리트조 또는 철골·철근콘크리트조로서 두께가 7cm 이상인 것 • 골조를 철골조로 하고 그 양면을 두께 3cm 이상의 철망 모르타르 또는 두께가 4cm 이상의 콘크리트 블록·벽돌 또는 석재로 덮을 것 • 무근콘크리트조·콘크리트블록조 ·벽돌조 또는 석조로서 두께가 7cm 이상인 것 • 철재로 보강된 콘크리트블록조·벽돌조 또는 석조로서 철재에 덮은 콘크리트블록 등의 두께가 4cm 이상인 것
지붕		• 철근콘크리트조 또는 철골 ·철근콘크리트조 • 철재로 보강된 콘크리트블록조 ·벽돌조 또는 석조 • 철재로 보강된 유리블록 또는 망입유리로 된 것
계단		• 철근콘크리트조 또는 철골·철근콘크리트조 • 무근콘크리트조·콘크리트블록조·벽돌조 또는 석조 • 철재로 보강된 콘크리트블록조 ·벽돌조 또는 석조 • 철골조
기둥 (작은 지름이 25cm 이상이어야 함)		• 철골을 두께 5cm 이상의 콘크리트로 덮은 것 • 철근콘크리트조 또는 철골·철근콘크리트조 • 철골을 두께 6cm(경량골재를 사용한 경우에는 5cm) 이상의 철망모르타르 또는 두께 7cm 이상의 콘크리트블록·벽돌 또는 석재로 덮은 것
바닥		• 철근콘크리트조 또는 철골·철근콘크리트조로서 두께가 10cm 이상인 것 • 철재로 보강된 콘크리트블록조·벽돌조 또는 석조로서 철재에 덮은 콘크리트블록 등의 두께가 5cm 이상인 것 • 철재의 양면을 두께 5cm 이상의 철망모르타르 또는 콘크리트로 덮은 것
보		• 철근콘크리트조 또는 철골·철근콘크리트조 • 철골을 두께 6cm(경량골재를 사용한 경우에는 5cm) 이상의 철망모르타르 또는 두께 6cm 이상의 콘크리트로 덮은 것 • 철골조의 지붕틀(바닥으로부터 그 아랫부분까지의 높이가 4m 이상인 것에 한함)로, 그 바로 아래에 반자가 없거나 불연재료로 된 반자가 있는 것

5 건축물의 방화구조

방화구조란 화재시 건축물의 인접부분으로의 연소방지와 건물 내에 있어서는 불이 붙는 것을 방지할 목적으로 한 구조이다.

(1) 방화구조의 종류

① 철망모르타르 바르기

② 회반죽 바르기

(2) 방화구조의 기준

① 철망모르타르 바르기로 바름두께가 2cm 이상인 것

② 석면시멘트판 또는 석고판 위에 시멘트모르타르 또는 회반죽을 바른 것으로 두께의 합계가 2.5cm 이상인 것

③ 시멘트모르타르 위에 타일을 붙인 것으로서 그 두께의 합계가 2.5cm 이상인 것

④ 심벽에 흙으로 맞벽치기 한 것

6 건축재료의 분류

(1) 불연재료(난연 1급)

① 콘크리트, 벽돌, 석재, 기와, 철강, 알루미늄, 유리, 시멘트모르타르 및 회 등의 불연성 재료

② 심한 화재에도 타지 않으며 유독가스가 나지 않는 무기질계의 재료

③ 화재시 불에 녹거나 적열은 되더라도 연소현상을 일으키지 않아 화염과 연기를 발생시키지 않으며 건축물의 방화 및 피난상 중요한 부분에는 사용이 의무화됨

④ 전체 용융이 없고 두께 1/10 이상의 균열이 없으며, 30초 이상의 잔재가 없는 건축재료

(2) 준불연재료(난연 2급)

① 석고보드, 목모시멘트판, 펄프시멘트판, 미네랄텍스 등의 불연재료에 준하는 방화성능을 가진 건축재료

② 약간의 연기는 발생하나 유독가스는 발생하지 않는 건축재료

③ 심한 화재시 약간은 타는 부분이 있는 건축재료

④ 두께 1/10 이상의 균열이 없으며, 30초 이상의 잔재가 없는 건축재료

(3) 난연재료(난연 3급)

① 난연 플라스틱판, 난연 합판 등 불에 잘 타지 아니하는 성능을 가진 건축재료

② 연소를 하는 유기질 재료를 약품가공하여 연소하기 어렵게 만든 건축재료

(4) 내수재료

건축법 시행령 제2조 제1항 제7호에서 "국토교통부령이 정하는 재료"라 함은 벽돌, 자연석, 인조석, 콘크리트, 아스팔트, 도자기 재료, 유리 기타 이와 유사한 내수성 건축재료이다.

3.4 건축물의 방화상 유효한 구획 및 방화설비

① 방화상 유효한 구획의 종류

방화상 유효한 구획은 건축물을 일정면적 단위별, 층별, 용도별 또는 구조별 등으로 구획함으로써 화재시 일정범위 이외로의 연소를 방지하여 피해를 국부적으로 한정시키기 위한 것으로 건축법상 방화에 관한 규정 중 가장 중요한 것이다. 방화상 유효한 구획의 종류는 방화구획, 방화벽, 경계벽, 칸막이벽 등으로 구분하고 있으며, 구획의 종류에 따른 설치대상 건축물은 다음과 같다.

구획의 종류	대상 건축물	비 고
방화구획	1. 주요 구조부가 내화구조 또는 불연재료로서 연면적 1,000m^2 이상의 건축물	건축법 시행령 제46조
	2. 건축물의 일부를 내화구조로 하여야 할 건축물	
방화벽	연면적 1,000m^2 이상의 목조건축물 등	건축법 시행령 제57조
경계벽	공동주택의 각 세대간 경계벽	건축법 시행령 제53조
칸막이벽	학교의 교실, 의료시설의 병실, 숙박시설의 객실, 기숙사의 침실	

(1) 방화구획

방화상 유효한 구획 중 대부분의 건축물에 적용되고 또한 가장 방화효과가 큰 것이 방화구획이다. 구획기준은 면적단위, 층단위, 용도단위, 내장재의 종류에 따라 다음과 같이 구분한다.

① 방화구획의 기준

대상 건축물	구획 종류	구획 단위	구획부분의 구조
주요 구조부가 내화구조 또는 불연재료로서 연면적 1,000m^2 이상인 건축물	면적단위	(10층 이하 층) 바닥면적 1,000m^2 이내마다	내화구조의 바닥, 벽 및 60분+방화문·60분 방화문 또는 자동방화셔터
	층단위	3층 이상 또는 지하층 부분에서는 층마다	
	층·면적 단위	11층 이상의 모든 층에서 바닥면적 200m^2 이내마다(내장재가 불연재료이면 500m^2 이내마다)	
건축물의 일부를 내화구조로 하여야 할 건축물	용도단위	그 부분과 기타 부분의 경계	

㈜ 면적 적용시 S.P 등 자동식 소화설비를 한 것은 그 면적의 3배로 적용한다.

또한, 건축설비가 방화구획을 관통하는 경우에는 다음에 의하여야 한다.

㉠ 급수관, 배전관 그 밖의 관이 방화구획을 관통하는 경우에는 그 관과 방화구획의 틈을 내화채움성능을 인정한 구조로 메울 것

㉡ 환기, 난방 또는 냉방 사용의 풍도가 방화구획을 관통하는 경우에는 그 관통부분 또는 이에 근접한 부분에는 방화댐퍼를 설치할 것
단, 반도체 공장 건축물로 방화구획을 관통하는 풍도의 주위에 스프링클러헤드를 설치하는 경우에는 그러하지 아니한다.

㉢ 방화구획으로 사용하는 60분+방화문 또는 60분 방화문은 언제나 닫힌상태를 유지하거나, 화재시 연기의 발생 또는 온도의 상승에 의하여 자동적으로 닫히는 구조로 하여야 한다.

② 방화구획

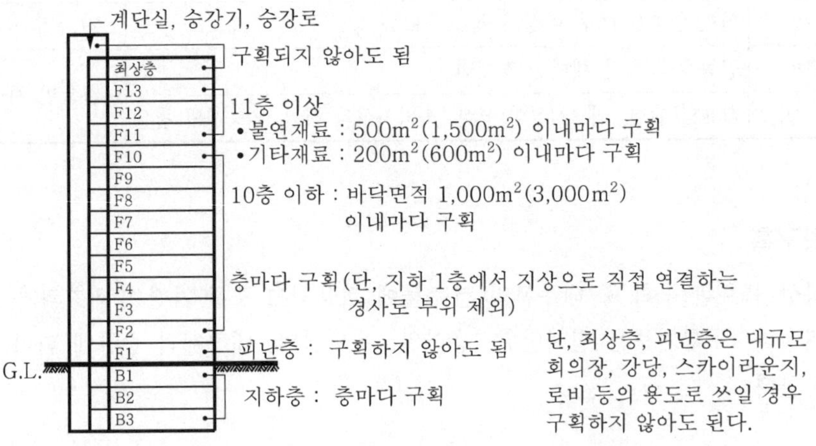

※ 피난층이란 건축법상 층수와 상관없이 지상으로 곧바로 나갈 수 있는 출입구가 있는 층을 의미한다. 따라서 하나의 건축물에 2개 이상의 피난층이 올 수 있다.

(2) 방화벽

화재의 연소(延燒)를 방지하기 위하여 시가지 또는 건축물 내에 설치하는 내화구조의 자립벽을 말하며, 주로 목조의 건축물에 설치하는 것으로 그 설치기준은 다음과 같다.

① 방화벽 설치기준

대상 건축물	구획 단위	구획부분의 구조	설치기준
목조건축물 등 (주요 구조부가 내화구조 또는 불연재료가 아닌 것)	연면적 1,000m² 이내 마다	• 자립할 수 있는 내화구조 • 개구부의 폭 및 높이는 2.5m×2.5m 이하로 하고, 60분+방화문 또는 60분 방화문 설치	① 방화벽의 양단 및 상단은 외벽면이나 지붕면으로부터 50cm 이상 돌출시킬 것 ② 급수관, 배전관 기타 관의 관통부에는 시멘트모르타르, 불연재료로 충전할 것 ③ 환기, 난방, 냉방 시설의 풍도에는 방화댐퍼 설치 ④ 개구부에 설치하는 60분+방화문 또는 60분 방화문은 항상 닫힌상태를 유지하거나, 화재시 자동으로 닫히는 구조로 할 것

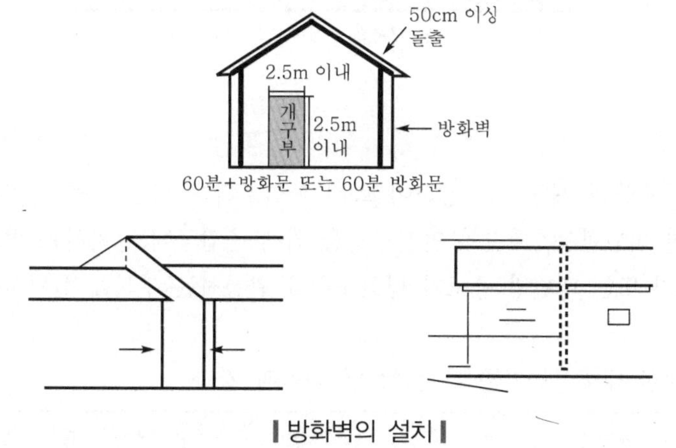

▌방화벽의 설치▌

※ 연면적이 1,000m² 이상인 목조건축물은 그 외벽 및 처마 밑의 연소할 우려가 있는 부분을 방화구조로 하고 그 지붕을 불연재료로 하여야 한다.

② 방화벽 설치 제외 대상 건축물

단독주택, 축사, 식물 관련시설, 공관, 교정시설, 군사시설 및 묘지 관련시설의 용도에 쓰이는 건축물 또는 내부설비의 구조상 방화구획 할 수 없는 창고시설인 경우에는 방화벽을 설치하지 않을 수 있다.

(3) 경계벽 및 칸막이벽

사람이 항시 거주하는 방 또는 세대간의 구획벽 등에 있어 화재위험이 높은 장소와 타 부분의 칸막이벽을 내화구조로 밀실하게 함으로써 화재가 다른 부분으로 연소(延燒) 확대되지 않도록 하기 위한 것으로 그 설치기준은 다음과 같다.

① 경계벽·칸막이벽의 설치기준

구 분	대상 건축물	구획단위	구획부분의 구조	설치 방법
경계벽	공동주택	각 세대 간의 경계벽	내화구조	지붕 또는 바로 위층 바닥판까지 닿도록 할 것
칸막이벽	• 학교의 교실 • 의료시설의 병실 • 숙박시설의 객실 • 기숙사의 침실	각 실 간의 칸막이벽		

② 경계벽 및 칸막이벽 구획

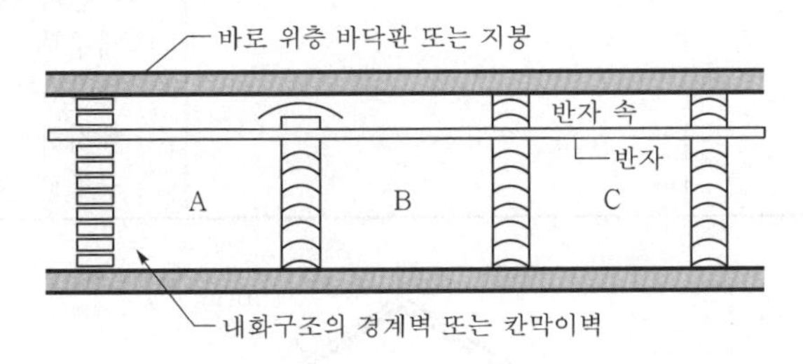

2 방화설비

방화설비란 건축물의 개구부를 통하여 화재가 연소확대 되는 것을 방지하며 인명피난 및 구조활동을 위한 피난활동, 계단의 안전구획을 위해 출입구에 설치하는 방화문 및 방화셔터를 포함하며 환기 또는 냉난방 풍도가 방화구획을 관통하는 부분에 설치하는 방화댐퍼 등의 설비를 말한다.

방화설비에 대한 내화성능기준을 살펴보면 다음과 같다.

설비명	관련기준
방화문	건축법 시행령 제64조(2023.4.27.)
자동방화셔터	
방화댐퍼	KS F 2822(방화댐퍼의 방연시험방법)

③ 방화문

건축법에서는 방화문을 국토교통부 장관이 정하여 고시하는 바에 따라 성능기준에 충족하여야 사용할 수 있도록 국토교통부령인 "건축물의 피난·방화구조 등의 기준에 관한 규칙 제26조"에 다음과 같이 규정하고 있다.

구 분	내 용
60분+방화문	연기 및 불꽃을 차단할 수 있는 시간이 60분 이상이고, 열을 차단할 수 있는 시간이 30분 이상인 방화문
60분 방화문	연기 및 불꽃을 차단할 수 있는 시간이 60분 이상인 방화문
30분 방화문	연기 및 불꽃을 차단할 수 있는 시간이 30분 이상 60분 미만인 방화문

① 방화문은 항상 닫힌상태를 유지하여야 하고 언제나 개방할 수 있어야 하며, 기계장치 등에 의하여 스스로 닫혀야 한다.

② 방화문이 문틀 또는 다른 방화문과 접하는 부분은 그 방화문을 닫은 경우에 방화에 지장이 있는 틈이 생기지 아니하는 구조로 하여야 하며, 방화문을 설치하기 위한 철문은 그 방화문을 닫은 경우에 노출되지 아니하도록 하여야 한다.

④ 방화댐퍼

방화댐퍼는 설정된 방화구획의 벽을 덕트가 관통할 경우에 천장 속의 덕트와 연결설치되어 화재 발생시 연돌효과에 의해 다른 방화구획으로 급속하게 확산되는 화염이나 연기의 흐름을 자동으로 차단시키는 기구이다. 방화댐퍼의 구조기준(피난방화 규칙 제14조 ②항 3호)은 다음과 같다.

① 화재로 인한 연기 또는 불꽃을 감지하여 자동적으로 닫히는 구조로 할 것. 다만, 주방 등 연기가 항상 발생하는 부분에는 온도를 감지하여 자동적으로 닫히는 구조로 할 수 있다.

② 국토교통부 장관이 정하여 고시하는 비차열(非遮熱) 성능 및 방연 성능 등의 기준에 적합할 것

참고

방화·방연 댐퍼의 구조

❶ 방화댐퍼(fire damper) : 방화댐퍼는 화재 발생시 덕트를 통하여 다른 실로 연소되는 것을 방지하기 위해 쓰이는 것이며 덕트 내의 공기 온도가 72℃ 정도 이상이면 댐퍼 날개를 지지하고 있던 가용편이 녹아서 자동적으로 댐퍼가 닫히도록 되어 있다.

❷ 방연댐퍼(smoke damper) : 연기감지기로 연기를 탐지하여 방연댐퍼로 덕트를 폐쇄하여 다른 구역으로의 연기침투를 방지한다.

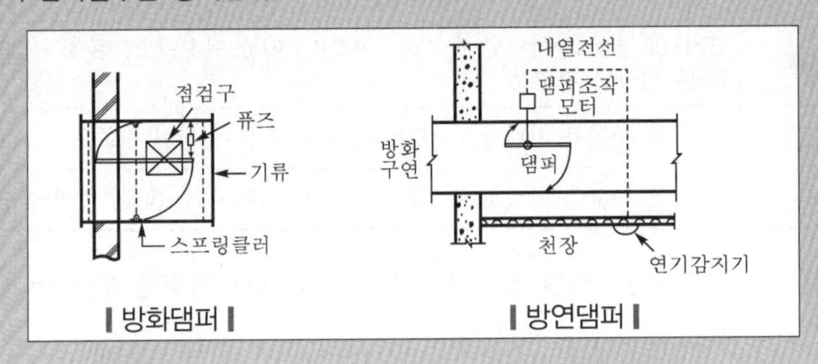

┃방화댐퍼┃ ┃방연댐퍼┃

5 피뢰설비

낙뢰의 우려가 있는 건축물 또는 높이 20m 이상의 건축물에는 피뢰설비를 설치하여야 한다.

① 피뢰설비는 한국산업표준이 정하는 피뢰레벨 등급에 적합한 피뢰설비일 것. 다만, 위험물저장 및 처리시설에 설치하는 피뢰설비는 한국산업표준이 정하는 피뢰시스템레벨 Ⅱ 이상이어야 한다.

② 돌침은 건축물의 맨 윗부분으로부터 25cm 이상 돌출시켜 설치하되, 건축물 구조기준에 따른 설계하중에 견딜 수 있는 구조일 것

③ 피뢰설비의 재료는 최소 단면적이 피복이 없는 동선을 기준으로 수뢰부, 인하도선 및 접지극은 50mm 이상이거나 이와 동등 이상의 성능을 갖출 것

④ 피뢰설비의 인하도선을 대신하여 철골조의 철골구조물과 철근콘크리트조의 철근구조체 등을 사용하는 경우에는 전기적 연속성이 보장될 것. 이 경우 전기적 연속성이 있다고 판단되기 위하여는 건축물 금속 구조체의 최상단부와 지표레벨 사이의 전기저항이 0.2Ω 이하이어야 한다.

⑤ 측면 낙뢰를 방지하기 위하여 높이가 60m를 초과하는 건축물 등에는 지면에서 건축물 높이의 5분의 4가 되는 지점부터 최상단부분까지의 측면에 수뢰부를 설치하여야 하며, 지표레벨에서 최상단부의 높이가 150m를 초과하는 건축물은 120m 지점부터 최상단부분까지의 측면에 수뢰부를 설치할 것. 다만, 건축물의 외벽이 금속

부재(部材)로 마감되고, 금속부재 상호간에 제4호 후단에 적합한 전기적 연속성이 보장되며 피뢰시스템레벨 등급에 적합하게 설치하여 인하도선에 연결한 경우에는 측면 수뢰부가 설치된 것으로 본다.

⑥ 접지(接地)는 환경오염을 일으킬 수 있는 시공방법이나 화학 첨가물 등을 사용하지 아니할 것

3.5 피난공간계획 및 피난동선

① 인간의 본능적 피난행동

피난계획은 인간의 본능을 고려하여 혼란을 최소한으로 하기 위하여 수립되어야 하며 피난계획에 고려해야 할 인간의 본능적 행동은 다음과 같다.

(1) 피난시 인간의 본능적 행동 특성

귀소 본능	피난시 인간은 평소에 사용하는 문, 길, 통로를 사용한다든가, 자신이 왔던 길로 되돌아가려는 경향이 있다.
퇴피 본능	화재초기에는 주변상황의 확인을 위하여 서로서로 모이지만 화재의 급격한 확대로 각자의 공포감이 증가되면 발화지점의 반대방향으로 이동한다. 즉, 반사적으로 위험으로부터 멀어지려는 경향이 있다.
지광 본능	화재시 발생되는 연기와 정전 등으로 가시거리가 짧아져 시야가 흐려진다. 이때 인간은 어두운 곳에서 개구부, 조명부 등의 불빛을 따라 행동하는 경향이 있다.
추종 본능	화재가 발생하면 판단력의 약화로 한 사람의 지도자에 의해 최초로 행동을 함으로써 전체가 이끌려지는 습성이다. 때로는 인명피해가 확대되는 경우가 있다.
좌회 본능	사람의 신체는 대부분 오른손이나 오른발을 사용하여 발달했으므로 피난 시 'T'자형과 같은 형태의 통로를 만났을 때는 주로 오른손이나 오른발을 이용해 왼쪽으로 좌회전하려는 경향이 있다.

(2) 재해 발생시의 피난행동 특성

① **평상상태에서의 행동** : 화재의 초기 또는 적절한 방재 조치에 의해 화재의 발생을 감지하여 피난자가 비교적 평상심을 유지하고 행동할 수 있는 상태

② **긴장상태에서의 행동** : 화염 또는 연기를 보았던가 주변 사람들의 비명에 의하여 심리적으로 긴장된 상태로 이때는 비상식적인 강한 힘을 발휘하거나 자기 스스로 판단할 수 없을 정도의 상태가 되기 때문에 강력한 피난 지시가 필요하다.

③ **패닉상태에서의 행동** : 상상을 초월한 행동, 즉 비정상적인 행동을 취하는 상태를 말한다. 화재시 고층건물에서 뛰어내리는 행동이 현실적으로 나타나게 된다.

참고

❶ **패닉(panic) 상태** : 인간이 극도로 긴장되어 돌출 행동을 할 수 있는 상태로서 연기에 의한 시계 제한, 유독가스에 의한 호흡장애가 생길 수 있다. 외부와 단절되어 고립될 때 발생한다.
❷ **군집보행** : 군집보행이란 뒤에 있는 보행자가 빠져나가기가 어려워 앞의 보행자의 보행속도에 동조하는 상태를 말하며 자유보행은 아무런 제약을 받지 않고 걷는 것을 말한다.

㉠ 자유보행속도 : 0.5~2m/sec(보통의 경우 1.3m/sec, 빠른 경우 2m/sec)
㉡ 군집보행속도 : 1m/sec(느린 보행자의 보행속도 정도이다.)

2 피난경로와 시설계획

평면계획시 피난 또는 소방활동상의 안전구획은 화재 발생 장소로부터 제1차, 제2차, 제3차 등 고차적인 안전구획을 하여 화염 및 연기로부터 피할 수 있도록 하며 피난계단 등은 최고차의 안전도를 부여하여 화재에 잘 대응하거나 패닉상태에서도 충분히 피난행동을 할 수 있게 동선의 확보와 다방향 동선으로 피난경로를 확보해야 한다.

(1) 일반적인 피난경로(거실에서 화재 발생시)

제1차 안전구획 (복도) → 제2차 안전구획 (부실, 계단전실) → 제3차 안전구획 (계단) → 피난층 → 지상

(2) 피난대책(시설계획)의 일반적인 원칙

① 피난경로는 간단명료하게 한다.
② 피난설비는 고정적인 시설에 의한 것을 원칙으로 해야 하며 가구식의 기구나 장치 등은 피난이 늦어진 소수의 사람들에 대한 극히 예외적인 보조수단으로 생각해야 한다.
③ 피난의 수단은 원시적 방법에 의하는 것을 원칙으로 한다.
④ 2방향의 피난통로를 확보한다.
⑤ 피난통로는 완전불연화를 해야 하며 항시 사용할 수 있도록 하고 관리상의 이유로 자물쇠 등으로 잠가두는 것은 피해야 한다.
⑥ 피난경로에 따라서 일정한 구획을 한정하여 피난 Zone을 설정하고 최종적으로 안전성을 높이는 것이 합리적이다.
⑦ 피난로에는 정전시에도 피난방향을 명백히 할 수 있는 표시를 한다.
⑧ 피난대책은 Fool-Proof와 Fail-Safe의 원칙을 중시해야 한다.

Fool-Proof와 Fail-Safe의 원칙

❶ Fool-Proof : 바보라도 틀리지 않고 할 수 있도록 한다는 말. 비상사태 대비책을 의미하는 것으로서 화재 발생시 사람의 심리상태는 긴장상태가 되므로 인간의 행동 특성에 따라 피난설비는 원시적이고 간단명료하게 설치하며 피난대책은 누구나 알기 쉬운 방법을 선택하는 것을 의미한다. 피난 및 유도표지는 문자보다는 색과 형태를 사용하고 피난방향으로 문을 열 수 있도록 하는 것이 이에 해당된다.

❷ Fail-Safe : 이중 안전장치를 의미하는 것으로서 피난시 하나의 수단이 고장 등으로 사용이 불가능하더라도 다른 수단 및 방법을 통해서 피난할 수 있도록 하는 것을 뜻한다. 2방향 이상의 피난통로를 확보하는 피난대책이 이에 해당된다.

③ 피난방향의 종류 및 피난로의 방향

구 분	피난방향의 종류	피난로의 방향	
X형			가장 확실한 피난로가 보장된다.
Y형			
T형			방향을 확실하게 분간하기 쉽다.
I형			
Z형			중앙복도형으로 코어식 중 양호하다.
ZZ형			
H형			중앙코어식으로 피난자들의 집중으로 Panic 현상이 일어날 우려가 있다.
CO형			

4 직통계단

직통계단이란 한 곳에서 연속되는 계단을 의미하며 계단의 구조가 일방통행으로 상승 또는 하강만이 되는 계단은 직통계단이라 할 수 없다. 즉, 피난층 이외의 층에 있어서 피난층 또는 지상에 통하는 계단으로 어떤 층에서라도 실내를 통하지 않고 계단실(계단과 계단참)만을 통하여 상·하층으로 연결되는 계단을 말한다.

(1) 계단의 종류

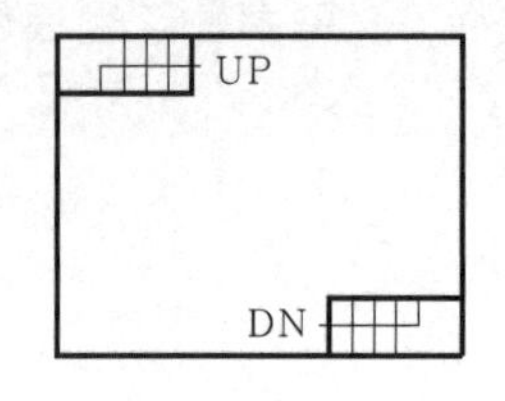

┃직통계단이 아닌 것┃

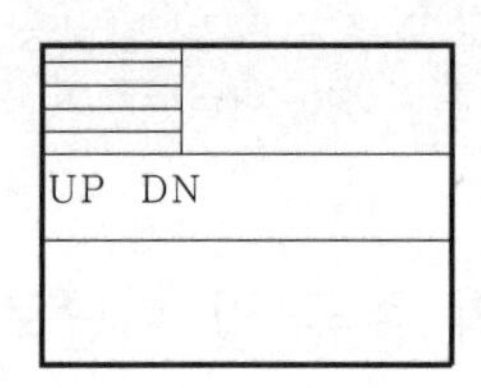

┃직통계단┃

(2) 직통계단의 설치기준

① 건축물의 피난층(직접 지상으로 통하는 출입구가 있는 층을 말함) 외의 층에서는 피난층 또는 지상으로 통하는 직통계단(경사로를 포함)을 거실의 각 부분으로부터 계단(거실로부터 가장 가까운 거리에 있는 1개소의 계단을 말함)에 이르는 보행거리가 30m 이하가 되도록 설치하여야 한다. 다만, 주요 구조부가 내화구조 또는 불연재료로 된 건축물에 있어서는 그 보행거리가 50m(층수가 16층 이상인 공동주택의 경우 16층 이상인 층에 대해서는 40m) 이하가 되도록 설치할 수 있다.

② 건축물의 피난층 외의 층이 다음에 해당하는 경우에는 그 층으로부터 피난층 또는 지상으로 통하는 직통계단을 2개소 이상 설치하여야 한다. 이 경우에 각 직통계단의 출입구는 서로 10m 이상 떨어지도록 설치하여야 한다.

㉠ 문화 및 집회 시설(전시장 및 동·식물원을 제외), 의료시설 중 장례식장 또는 위락시설 중 주점영업의 용도에 쓰이는 층으로서 그 층의 관람실 또는 집회실의 바닥면적의 합계가 $200m^2$ 이상인 것

㉡ 단독주택 중 다중주택, 제2종 근린시설 중 학원·독서실, 판매시설, 의료시설, 교육연구 및 복지 시설 중 학원·아동 관련시설·노인복지시설 및 유스호스텔 또는 숙박시설의 용도에 쓰이는 3층 이상의 층으로서 그 층의 당해 용도에 쓰이는 거실의 바닥면적의 합계가 $200m^2$ 이상인 것

㉢ 공동주택(층당 4세대 이하인 것을 제외) 또는 업무시설 중 오피스텔의 용도에 쓰이는 층으로서 그 층의 당해 용도에 쓰이는 거실의 바닥면적의 합계가 $300m^2$ 이상인 것

㉣ "㉠ 내지 ㉢"에 해당하지 아니하는 3층 이상의 층으로서 그 층의 거실의 바닥면적의 합계가 400m^2 이상인 것

㉤ 지하층으로서 그 층의 거실의 바닥면적의 합계가 200m^2 이상인 것

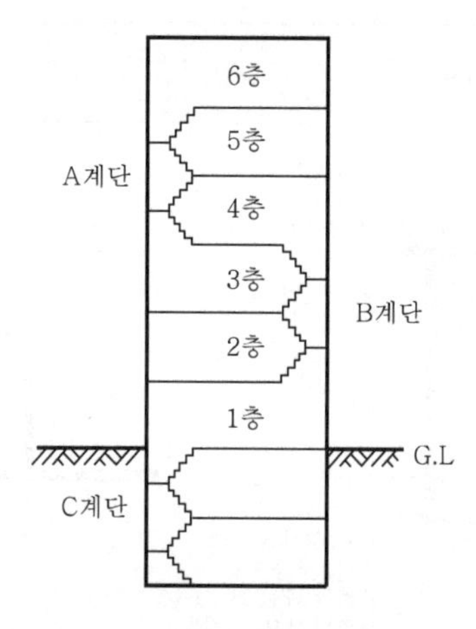

❙ 피난층 및 직통계단 ❙

피난계단

(1) 피난계단의 설치기준

① 건축물의 5층 이상 또는 지하 2층 이하의 층으로부터 피난층 또는 지상으로 통하는 직통계단(5층 이상의 층으로부터 피난층 또는 지상으로 통하는 직통계단과 직접 연결된 지하 1층의 계단을 포함)은 피난계단 또는 특별피난계단으로 설치하여야 한다. 다만, 주요 구조부가 내화구조 또는 불연재료로 된 건축물로서 5층 이상의 층의 바닥면적의 합계가 200m^2 이하이거나 그 이상이더라도 매 200m^2 이내마다 방화구획이 되어 있는 경우는 그러하지 아니하다.

② 건축물(갓복도식 공동주택은 제외)의 11층(공동주택의 경우에는 16층) 이상 또는 지하 3층 이하의 층(바닥면적이 400m^2 미만인 층은 제외)으로부터 피난층 또는 지상으로 통하는 직통계단은 "①"의 규정에 불구하고 특별피난계단으로 설치하여야 한다.

③ "①"의 경우에 판매 및 영업 시설 중 도매시장·소매시장 및 상점의 용도에 쓰이는 층으로부터의 직통계단은 그 중 1개소 이상을 특별피난계단으로 설치하여야 한다.

④ 건축물의 5층 이상의 층으로서 문화 및 집회 시설 중 전시장 및 동·식물원, 판매 및 영업 시설, 운동시설, 위락시설, 관광휴게시설(다중이 이용하는 시설에 한함) 또는 교육연구 및 복지 시설 중 생활권 수련시설의 용도에 쓰이는 층에는 직통계단 외에 그 층의 당해 용도에 쓰이는 바닥면적의 합계가 2,000m^2를 넘는 경우에는 그 넘는 매

2,000m^2 이내마다 1개소의 피난계단 또는 특별피난계단(4층 이하의 층에 쓰이지 아니하는 피난계단 또는 특별피난계단에 한함)을 설치하여야 한다.

참고

옥내 및 옥외 피난계단의 구조

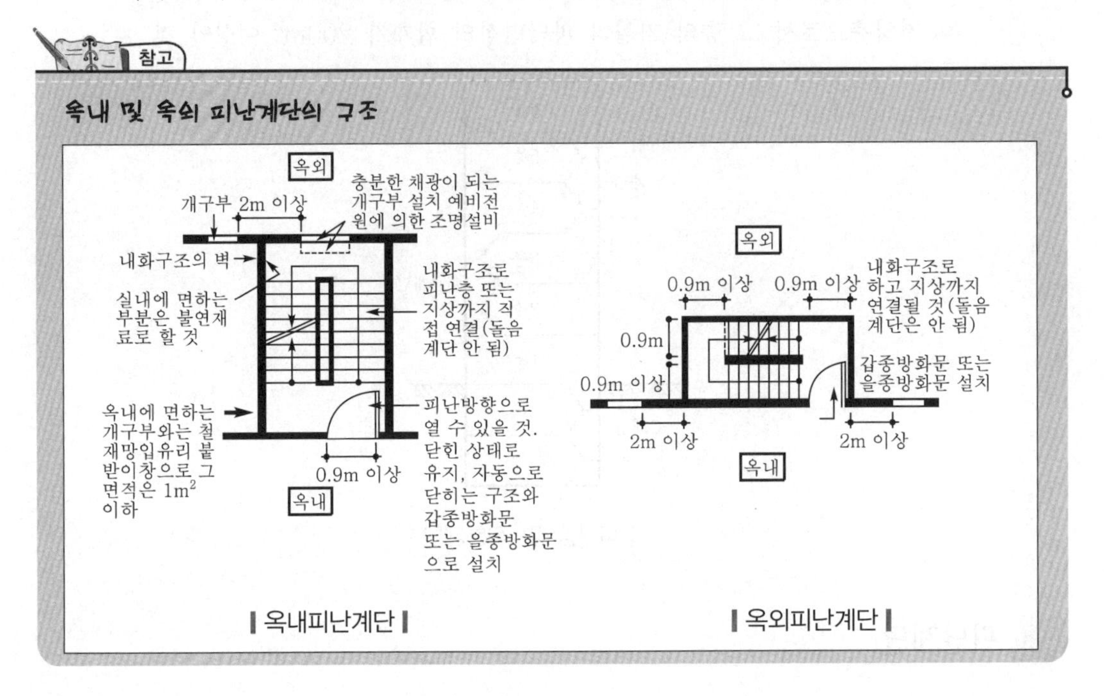

❙ 옥내피난계단 ❙　　❙ 옥외피난계단 ❙

6 특별피난계단

(1) 특별피난계단의 구조

① 건축물의 내부와 계단실은 노대(露臺 ; 발코니 개념, 외부와 노출되어 있는 전실)를 통하여 연결하거나 외부를 향하여 열 수 있는 면적 1m^2 이상인 창문(바닥으로부터 1m 이상의 높이에 설치한 것에 한함) 또는 제연설비가 있는 부속실을 통하여 연결할 것

② 계단실 · 노대 및 부속실은 창문 등을 제외하고는 내화구조의 벽으로 각각 구획할 것

③ 계단실 · 부속실의 벽 및 반자로서 실내에 접하는 부분의 마감(마감을 위한 바탕을 포함)은 불연재료로 할 것

④ 계단실 및 부속실에는 채광이 될 수 있는 창문 등을 설치하거나 예비전원에 의한 조명설비를 할 것

⑤ 계단실 · 노대 또는 부속실에 설치하는 건축물의 바깥쪽에 접하는 창문 등(망이 들어 있는 유리의 붙박이창으로서 그 면적이 각각 1m^2 이하인 것을 제외)은 계단실 · 노대 또는 부속실 외의 당해 건축물의 다른 부분에 설치하는 창문 등으로부터 2m 이상의 거리를 두고 설치할 것

⑥ 계단실에는 노대 또는 부속실에 접하는 부분 외에는 건축물의 내부와 접하는 창문 등을 설치하지 아니할 것

⑦ 계단실의 노대 또는 부속실에 접하는 창문 등(출입구를 제외)을 설치하지 아니할 것

⑧ 노대 및 부속실에는 계단실 외의 건축물의 내부와 접하는 창문 등(출입구를 제외)을 설치하지 아니할 것

⑨ 건축물의 내부에서 노대 또는 부속실로 통하는 출입구에는 60분+방화문 또는 60분 방화문을 설치하고, 노대 또는 부속실로부터 계단실로 통하는 출입구에는 60분+방화문·60분 방화문 또는 30분 방화문을 설치할 것

⑩ 계단은 내화구조로 하되, 피난층 또는 지상까지 직접 연결되도록 할 것

⑪ 출입구의 유효너비는 0.9m 이상으로 하고, 피난방향으로 열 수 있을 것

피난계단 및 특별피난계단의 구조

구 분		옥내피난계단	옥외피난계단	특별피난계단
구조	계단	• 내화구조의 직통계단 • 다른 부분과 내화구조의 벽으로 구획	내화구조의 직통계단	내화구조의 직통계단
	실내마감	① 불연재료	–	'①'과 동일
채광		② 채광이 되는 창문 등 또는 예비전원에 의한 조명설비	–	'①'과 동일
개구부			–	
출입구		가. 건축물 내부에서 계단실로 통하는 출입구는 60분+방화문·60분 방화문 또는 30분 방화문으로 할 것 나. 출입구의 유효너비는 0.9m 이상으로 할 것 다. 피난방향으로 열릴 것 라. 항상 닫힌상태 유지 또는 자동폐쇄장치의 구조일 것	옥내피난계단과 동일	• 옥내로부터 노대·부속실의 출입구는 60분+방화문 또는 60분 방화문 • 노대·부속실로부터 계단실의 출입구는 60분+방화문·60분 방화문 또는 30분 방화문 • 옥내피난계단의 '나, 다'와 동일
설치기준		• 피난층 또는 지상에 직통시킬 것 • 창문 등으로부터 2m 이상 떨어져 설치	옥내피난계단과 동일	
옥내와 계단실 연결		직접	직접	노대 또는 부속실로 연결
기타		③ 돌음계단은 불가	'③'과 동일	'③'과 동일

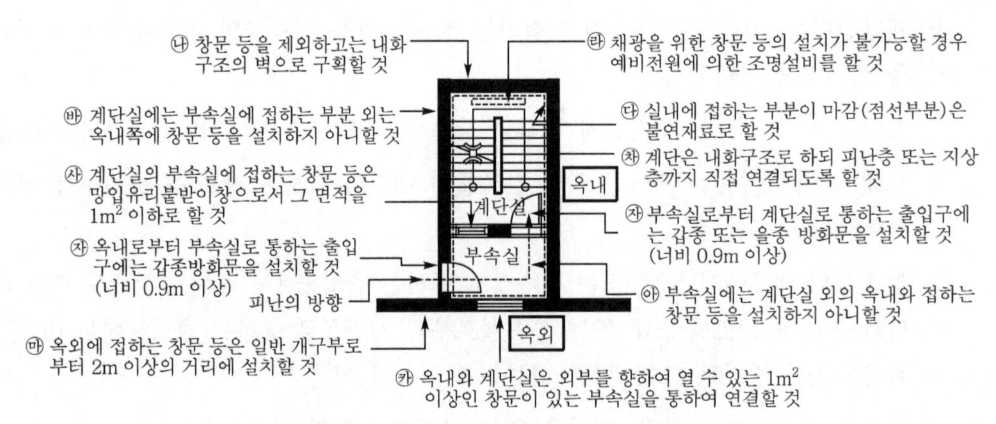

▎부속실이 있는 특별피난계단의 구조▕

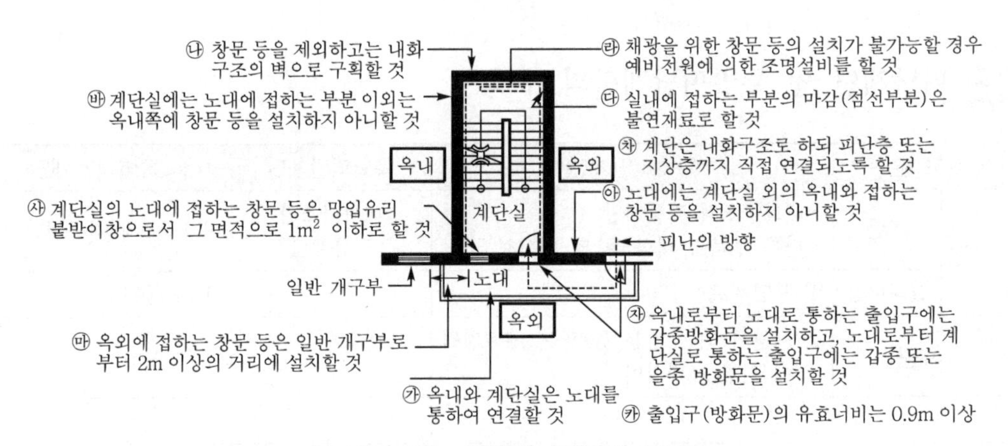

▎노대가 있는 특별피난계단의 구조▕

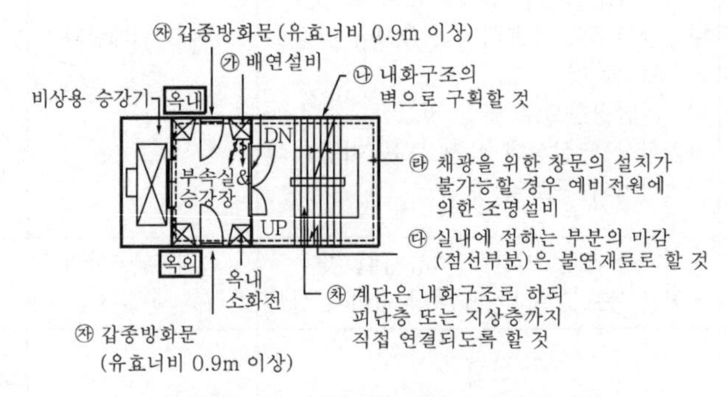

▎제연설비가 있는 특별피난계단의 구조▕

(1) 보행거리

거실의 각 부분으로부터 피난층으로 통하는 직통계단의 하나에 이르는 통과거리로서 실제로 보행하게 되는 동선의 길이를 말한다.

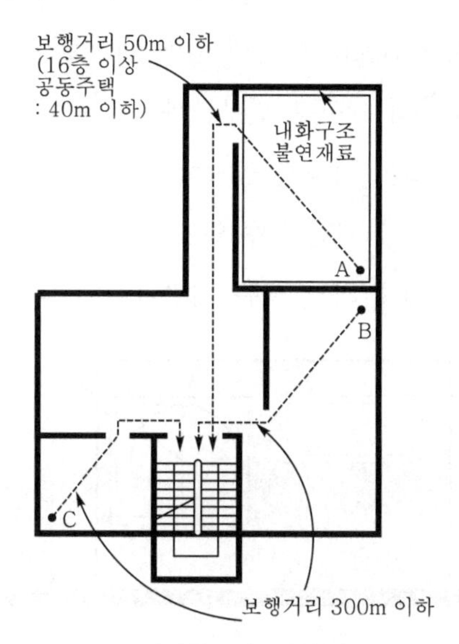

❙ 피난층 및 직통계단 ❙

(2) 피난로

화재시 안전하게 대피하기 위한 피난로의 온도는 사람의 어깨높이를 기준으로 일정한 온도를 넘지 않도록 설계해야 하며 복도 및 거실이 피난로에 해당된다.

(3) 피난동선

복도, 통로, 계단과 같은 피난 전용의 통행구조

(4) 피난통로

건축물의 각 실로부터 피난 및 직통계단, 특별피난계단으로 통하는 통로를 말한다. 피난통로의 말단에는 피난시 장애가 없도록 충분한 공간이 확보되어야 한다.

(5) 피난층

직접 지상으로 통하는 출입구가 있는 층으로서 보통의 경우 지상 1층이 피난층이 되겠으나 지형 등에 따라 하나의 건축물에도 몇 개의 피난층이 있을 수 있다.

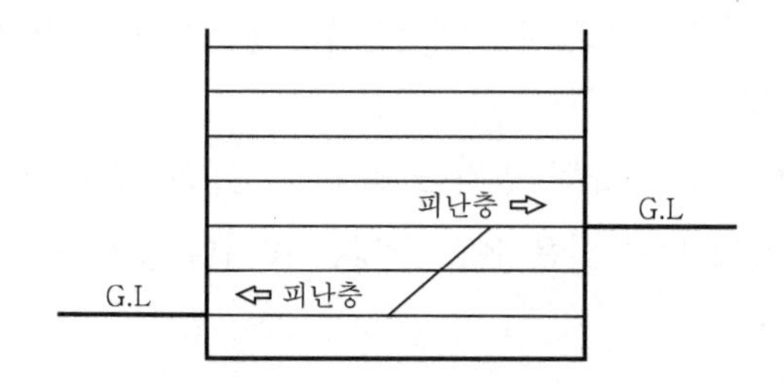

(6) 무창층

지상층 중 다음에 해당하는 개구부의 면적의 합계가 그 층의 바닥면적의 1/30 이하가 되는 층을 말한다.

① 개구부의 크기가 지름 50cm 이상의 원에 내접할 수 있을 것

② 그 층의 바닥면으로부터 개구부 밑부분까지의 높이가 1.2m 이내일 것

③ 도로 또는 차량의 진입이 가능한 공지에 면할 것

④ 화재시 건축물로부터 쉽게 피난할 수 있도록 창살 그 밖의 장애물이 설치되지 아니할 것

⑤ 내부 또는 외부에서 쉽게 파괴 또는 개방이 가능할 것

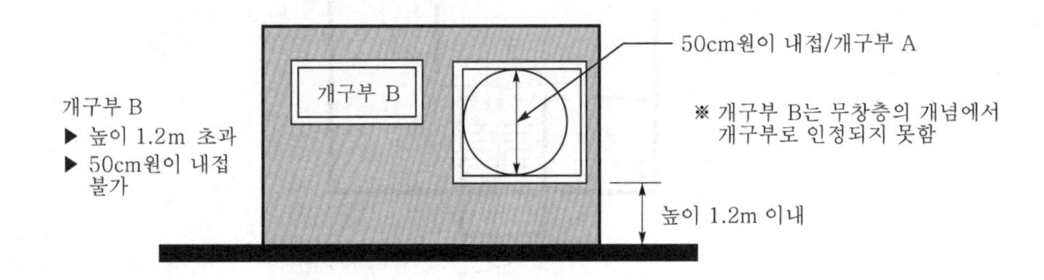

3.6 연기확산과 대책

1 연 기

연기는 연소시 산소의 공급이 충분치 못하여 불완전연소를 함으로써 발생하게 되며 연기로 인해 화재를 일찍 감지하게 되지만 연기로 인한 피난통로의 차단 및 폐포의 자극과 눈의 점막의 심한 자극으로 패닉(panic) 현상을 유발하게 되며 이러한 현상들이 결국 피난행동 및 소화활동에도 지장을 준다.

(1) 연기의 성질

① 연기란 연소가스에 부가하여 미세하게 이루어진 미립자와 에어로졸(aerosol)성의 불안정한 액체입자로 구성되어 있다.

② 연기는 혼합 기체 속의 탄소입자나 액적입자의 정유이며, 그 입자의 크기는 0.01~10μm에 이르는 정도이다.

③ 탄소입자가 다량으로 함유된 연기는 농도가 짙으며 검게 보인다.

④ 연기의 농도가 짙게 되는 것은 온도가 낮은 곳이나 공기가 희박한 곳에서 연소하는 경우이다.

(2) 연기의 이동현상

출화점에서 발생한 화재실의 연기는 부력을 얻어 천장면에 도달하게 되며 바닥면의 열기류에 의하여 사방으로 확산하여 두터운 층을 형성하면서 실내에 가득 차게 되고 창문 및 기타 개구부 등을 통해 빠져나가게 된다.

2 건물 내의 연기유동

(1) 연기유동의 원인

① **저층건물** : 열, 대류이동, 화재압력 등의 화재의 영향

② **고층건물**

㉠ 온도에 의한 가스의 팽창

㉡ 외부 풍압의 영향

㉢ 건물 내에서의 강제적인 공기유동 등

㉣ 굴뚝효과

참고

❶ **굴뚝효과**

건물 내의 화재시 연기는 주위 공기의 온도보다 높기 때문에 밀도차에 의해 부력이 발생하여 위로 상승하게 된다. 특히 고층건축물의 엘리베이터실, 계단실과 같은 수직 공간의 경우 내부 온도와 외부의 온도가 서로 차이가 나게 되면 부력에 의한 압력차가 발생하여 연기가 수직 공간을 따라 상승 또는 하강하게 되는 현상이며, 이를 연돌(연통)효과라고도 한다.

❷ **굴뚝효과(연돌효과)에 영향을 주는 요인**

- 건물의 높이
- 화재실의 온도
- 건물 내·외의 온도차
- 외벽의 기밀도
- 각 층간의 공기 누설

3 연기의 유해성

(1) 연기가 미치는 영향

① **시계의 저하** : 화재시 발생한 연기로 인해 시계가 저하되므로 건물 내부의 인원이 피난하는데 지장을 줄 뿐만 아니라 소화활동에도 지장을 주게 된다. 참고로 시계의 저하는 연기의 농도가 짙을수록 더욱 저하되며 연기의 농도를 표시하는 방법으로는 감광계수에 의한 농도 표현법을 주로 사용한다.

② **연기에 의한 행동** : 연기가 예상하지 못한 곳에서 갑자기 발생하게 되면 인간은 당황하며 평소에는 하지 않는 행동 또는 아무것도 하지 못하고 굳어 버리는 패닉현상이 나타나므로 2차적인 재해의 발생원인이 된다. 이를테면 화재시 높은 건물에서 뛰어내리는 행동 등이 이에 해당된다.

③ **연기에 의한 연소** : 화재시 발생한 고온의 연기 안에는 가연성 성분이 포함되어 있기 때문에 연기폭발 등이 일어나게 된다.

④ **연기의 유독성** : 최근 건축물에서는 플라스틱계의 재료가 많이 사용되며 난연처리를 한 재료일지라도 연소 자체는 억제되지만 다량의 연기입자 및 유독성 가스를 발생시킨다.

4 연기의 제어

화재시 발생하는 연기 및 연소가스는 인명피해의 주요원인이 될 뿐만 아니라 소방진화활동에 지장을 주게 되므로 피난계획에 있어서는 연기의 발생억제 및 안전구획으로의 연기유동확산의 제어가 중요하다. 연기제어의 일반적인 방법으로는 연기의 차단, 희석, 배기 등이 있다.

(1) 연기의 차단

연기가 일정한 장소 내로 들어오지 못하도록 하는 것으로서 크게 2가지 방법이 있다.

① 차단물(출입문, 벽, 댐퍼)을 설치함으로써 개구부의 크기를 적게 하여 배기 유입을 최소한으로 한다.

② 방호 장소와 연기가 있는 장소 사이의 압력차를 이용한다.

(2) 연기의 희석

외부로부터 신선한 공기를 대량 불어 넣어 연기의 양을 일정 농도 이하로 낮추는 것이다.

(3) 연기의 배기

건물 내의 압력차에 의하여 연기를 외부로 배출시키는 것으로 건물에서 배기를 효과적으로 하려면 연기의 유동로와 유동력을 필요로 하는데 유동력은 압력차를 이용한다.

출제예상문제

01 건물 밀집지역에서 강풍시의 구조면에서 볼 때 목조와 방화조 및 내화조의 연소속도 비율은?

㉮ 3 : 2 : 1
㉯ 6 : 3 : 1
㉰ 12 : 6 : 1
㉱ 2 : 2 : 1

해설 연소속도 비율
목조(6) : 방화조(3) : 내화조(1)

02 목재의 형태에 따라 연소상태는 달라진다. 다음 목재의 형태 중 연소속도가 느린 것은?

㉮ 작고 얇은 것
㉯ 각이 있는 것
㉰ 매끄러운 것
㉱ 흑색

해설 매끄러운 것보다는 거친 것이 연소속도가 더 빠르다.

03 다음 중 화재하중이 가장 높은 것은?

㉮ 사무실
㉯ 주택
㉰ 점포
㉱ 창고

해설 창고 200~1000kg/m^2 > 도서관 250kg/m^2 > 점포 100~200kg/m^2 > 주택 30~60kg/m^2 > 사무실 10~20kg/m^2 > 병원 10~15kg/m^2 > 호텔 5~15kg/m^2

04 실내 화재의 진행과 특징 중 화재초기에 해당하지 않는 것은?

㉮ 연기의 발생량은 약간 감소하지만 화염의 분출은 많아진다.
㉯ 창 등의 개구부로부터 흰색의 연기가 분출하고 있다.
㉰ 연소확대 위험성은 적다.
㉱ 실내의 일부가 독립연소하고 있다.

해설 ㉮는 화재 최성기에 발생하는 현상이다.

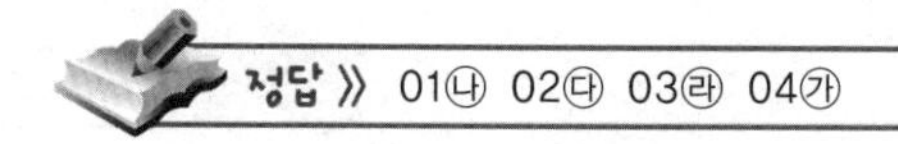
정답 》 01㉯ 02㉰ 03㉱ 04㉮

05 다음 중 화재의 안전측면에서 건축물의 주요 구조부에 해당되지 않는 것은?

㉮ 기둥, 바닥

㉯ 지붕틀, 주계단

㉰ 내력벽, 기둥

㉱ 기초, 최하층 바닥

해설 건축물의 주요 구조부(=건물의 구조내력상 주요한 부분)
① 내력벽
② 기둥
③ 바닥
④ 보
⑤ 지붕틀
⑥ 주계단

06 다음 중 화재시 건축물의 피난동선의 조건으로 가장 적합한 것은?

㉮ 피난동선은 한쪽이 막다른 통로로 연결되어야 연기로부터 피해가 적다.

㉯ 어느 장소에서도 2개 이상의 피난동선이 확보되도록 한다.

㉰ 가능한 한 모든 피난동선이 한 곳으로 집중되도록 한다.

㉱ 통로의 폭보다 출구의 폭을 좁게 하여 패닉(panic) 현상을 최소화한다.

해설 피난동선의 조건
① 어느 곳에서도 2개 이상의 방향으로 피난할 수 있으며, 그 말단은 화재로부터 안전한 장소이어야 한다.
② 피난의 수단은 원시적 방법에 의하는 것을 원칙으로 한다.
③ 피난동선은 간단 명료하게 한다.
④ 피난동선은 가급적 상호 반대방향으로 다수의 출구와 연결되는 것이 좋다.
⑤ 피난통로를 완전불연화한다.
⑥ 피난설비는 고정식 설비를 위주로 설치한다.

07 소방대상물의 방화구획에 대한 설명으로 적합한 것은?

㉮ 층에 관계없이 1,000m^2 이내마다 구획한다.

㉯ 피난층에는 어떠한 경우에도 방화구획이 면제된다.

㉰ 방화구획은 실내마감재료, 자동식 소화설비의 설치여부 등에 따라 그 기준을 달리한다.

㉱ 방화구획은 방화구조의 벽, 바닥으로 구획되어야 한다.

해설 S.P 등 자동식 소화설비를 설치한 곳은 면적의 규정이 완화된다.(기준면적의 3배)

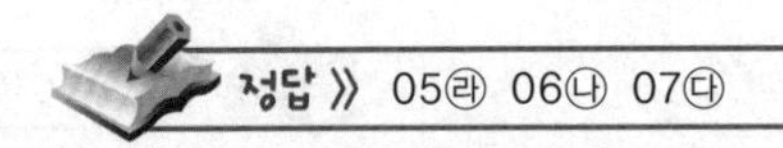
정답 》 05㉱ 06㉯ 07㉰

08 다음 중 건축방화에 대한 설명으로 옳은 것은?

㉮ 화재에 견딜 수 있는 성능을 가진 구조를 내화구조라 한다.

㉯ 하나의 건축물에는 반드시 피난층 한 개만 존재한다.

㉰ 무창층이란 창문이 전혀 없는 층을 의미한다.

㉱ 돌음계단도 피난계단으로 인정된다.

해설 내화구조란 화재에 견딜 수 있는 성능을 가진 구조이다.

09 화재시 피난계획을 위하여 고려해야 할 인간의 피난행동 특성으로 틀린 것은?

㉮ 귀소 본능 ㉯ 퇴피 본능

㉰ 우향 본능 ㉱ 지광 본능

해설 피난시 인간의 본능적 행동 특성

① 귀소 본능 : 피난시 인간은 평소에 자신이 왔던 길로 되돌아가려는 경향이 있다.
② 퇴피 본능 : 반사적으로 위험으로부터 멀리지려는 경향이 있다.
③ 지광 본능 : 인간은 어두운 곳에서 개구부, 조명부 등의 밝은 불빛을 따라 행동하는 경향이 있다.
④ 추종 본능 : 한 사람의 지도자에 의해 최초로 행동을 함으로써 전체가 이끌려지는 습성이다.

10 다음 중 건축물의 주요 구조부가 아닌 것은?

㉮ 기둥 ㉯ 바닥

㉰ 칸막이벽 ㉱ 지붕

해설 건축물의 주요 구조부 : 내력벽, 기둥, 바닥, 보, 지붕틀 및 주계단

11 다음 건축물 내화구조의 성질에 대한 설명 중 잘못된 것은?

㉮ 건축물이 화재에 완전히 견디어 낼 수 있는 구조이다.

㉯ 외부의 화재로부터 쉽게 연소하지 아니하는 내화성능을 가지는 구조이다.

㉰ 철근콘크리트·연화조 구조를 말한다.

㉱ 화재에도 쉽게 연소되지 않으며, 지붕과 계단을 포함하여 보통 화재시의 가열에 대해 3시간 정도 견디어 낼 수 있는 구조이다.

해설 화재에도 쉽게 연소되지 않으며, 지붕과 계단을 제외하고 보통 화재시의 가열에 대해 2시간 정도 견디어 낼 수 있는 구조이다.

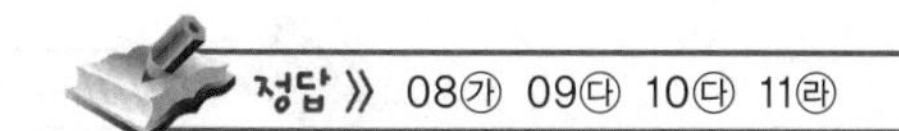
정답 》 08㉮ 09㉰ 10㉰ 11㉱

12 건축물 화재의 진행과정을 나열한 것 중 올바른 것은?

㉮ 화원 → 최성기 → 성장기 → 감쇠기
㉯ 화원 → 감쇠기 → 성장기 → 최성기
㉰ 화원 → 성장기 → 최성기 → 감쇠기
㉱ 화원 → 감쇠기 → 최성기 → 성장기

해설 건축물 화재의 진행과정은 ㉰에 해당한다.

13 목조건축물의 화재 확대원인으로 거리가 먼 것은?

㉮ 복사 ㉯ 접염 ㉰ 전도 ㉱ 비화

해설 목조건축물의 화재 원인은 접염, 비화, 복사열이다.

14 목조건축물의 화재 발생시 화재 진행상황 중 전기까지의 순서로 알맞은 것은?

㉮ 무염착화 → 발염착화 → 화재출화 → 원인
㉯ 원인 → 무염착화 → 발염착화 → 화재출화
㉰ 발염착화 → 화재출화 → 원인 → 무염착화
㉱ 화재출화 → 무염착화 → 발염착화 → 원인

15 다음 중 옥외 출화의 시기를 나타낸 것은?

㉮ 창, 출입구 등에 발염착화한 때
㉯ 천장 속, 벽 속 등에서 발염착화한 때
㉰ 불연 천장인 경우 실내의 그 뒷면에 발염착화한 때
㉱ 가옥구조에서 천장면에 발염착화한 경우

해설 ㉯, ㉰, ㉱는 옥내 출화의 시기에 해당한다.

16 다음 중 목조건축물의 화재성상으로 알맞은 것은?

㉮ 저온장기형 ㉯ 고온장기형 ㉰ 저온단기형 ㉱ 고온단기형

해설 ① 목조건축물 : 고온단기형(최고온도 : 1,300℃)
② 내화건축물 : 저온장기형(최고온도 : 900~1,000℃)

17 다음 중 내화건축물의 화재성상으로 알맞은 것은?

㉮ 고온장기형 ㉯ 저온장기형 ㉰ 저온단기형 ㉱ 고온단기형

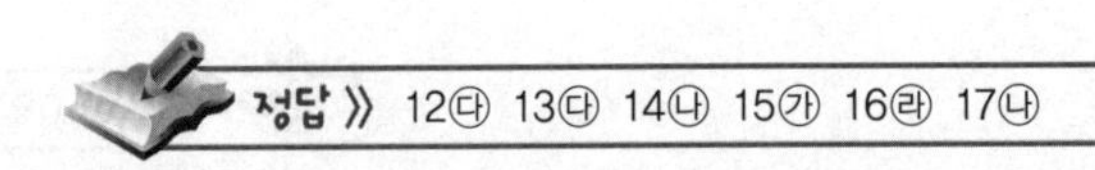

정답 》 12㉰ 13㉰ 14㉯ 15㉮ 16㉱ 17㉯

해설 ① 목조건축물 : 고온단기형(최고온도 : 1,300℃)
② 내화건축물 : 저온장기형(최고온도 : 900~1,000℃)

18 화재로 인하여 실내의 온도가 급격히 상승하여 가연물이 일시에 폭발적으로 착화현상을 일으켜 화재가 순간적으로 실내 전체에 확산되는 현상을 무엇이라 하는가?

㉮ 플래시백　　㉯ 백드래프트　　㉰ 롤오버　　㉱ 플래시오버

해설 ㉮ 플래시백 : 환기가 잘 되지 않는 곳에서 화재가 발생하여 산소 농도 저하로 불꽃을 내지 못하고 가연성 물질의 열분해로 인하여 발생한 가연성 가스가 축적된다. 이때 진화를 위해 출입문 등이 개방되어 개구부가 생겨 신선한 공기의 유입으로 폭발적인 연소가 다시 시작되는 현상
㉯ 백드래프트 : 밀폐된 공간에서 화재가 발생하여 산소 농도 저하로 불꽃을 내지 못하고 가연성 물질의 열분해로 인하여 발생한 가연성 가스가 축적된다. 이때 진화를 위해 출입문 등이 개방되어 개구부가 생겨 신선한 공기의 유입 폭발적인 연소가 다시 시작되는 현상
㉰ 롤오버 : 연소의 과정에서 천장 부근에서 산발적으로 연소가 확대되는 것을 말하며, 불덩이가 천장을 굴러다니는 것처럼 뿜어져 나오는 현상
㉱ 플래시오버 : 화재로 인하여 실내의 온도가 급격히 상승하여 가연물이 일시에 폭발적으로 착화현상을 일으켜 화재가 순간적으로 실내 전체에 확산되는 현상(=순발연소, 순간연소)
※ 실내온도 : 약 800~900℃

19 플래시오버의 지연대책으로 옳지 않은 것은?

㉮ 열전도율이 큰 내장재료를 사용한다.
㉯ 주요 구조부를 내화구조로 하고 개구부를 적게 설치한다.
㉰ 두께가 얇은 내장재료를 사용한다.
㉱ 실내 가연물은 소량씩 분산 저장한다.

해설 Flash Over까지의 시간에 영향을 주는 요인(피난 허용시간을 정하는 척도가 됨)
① 내장재료의 성상
㉠ 내장재는 잘 타지 않는 재료일 것
㉡ 두께는 두꺼울 것
㉢ 열전도율이 큰 재료일 것
※ 화재실 상부의 온도가 높기 때문에 (천장 → 벽 → 바닥) 순으로 우선할 것
② 개구율 : 벽면적에 대한 개구부의 면적을 작게 할 것
③ 발화원 : 발화원의 크기가 클수록 Flash Over까지의 시간이 짧아지므로, 가연성 가구 등은 되도록 소형으로 할 것

20 내화건축물의 화재에서 공기의 유통이 원활하면, 연소는 급속히 진행되어 개구부에는 진한 매연과 화염이 분출하고 실내에 순간적으로 화염이 충만하는 시기로 알맞은 것은?

㉮ 초기　　㉯ 최성기　　㉰ 성장기　　㉱ 종기

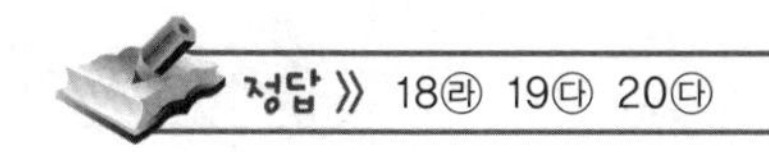
정답 ≫ 18㉱ 19㉰ 20㉰

해설 ㉮ 초기 : 목조건축물에 비하여 밀도가 높기 때문에 연소는 완만하며, 산소가 감소되므로 연소가 약해지거나 불완전연소가 일어나기도 한다. 따라서 소화를 시키기 위하여 문 등을 열어서 많은 양의 공기가 일시에 유입되면 오히려 폭발적인 연소를 초래할 수 있다.

㉯ 최성기 : 화재가 가장 왕성한 시기이며 목조건축물에 비하여 장시간이며 천장의 장식물이나 콘크리트가 터져 떨어지는 폭렬현상이 발생하기도 한다.

㉰ 성장기 : 화재에 의해 실내 공기가 팽창하게 되어 유리창 등이 파괴되어 외부 공기가 유입되면 연소는 급격히 진행되어 개구부에는 검은 연기와 화염이 분출하게 되며 실내는 순간적으로 화염으로 가득 차게 되는 듯한 현상이 된다.(F.O 발생)

㉱ 종기 : 화기가 점차 약해지고 가연성 물질이 거의 소진되는 시기이며, 실내온도는 점차적으로 낮아지는 시기이다.

21 건축물 화재시 플래시오버의 발생시간과 관계가 없는 것은?

㉮ 내장재료 ㉯ 건물높이 ㉰ 개구율 ㉱ 화원의 크기

해설 F.O 발생 시점 : 일반적으로 성장기에서 최성기로 넘어가는 분기점에 발생하지만 가연물, 산소공급(개구율), 내장재료 등의 조건으로 인해 발생 가능성이 정해진다. 건물높이는 플래시오버의 발생시간과 관계없다.

22 단위면적당 가연물의 양으로 나타내는 것은 무엇인가?

㉮ 탄화심도 ㉯ 연소하중 ㉰ 화재강도 ㉱ 화재하중

해설 화재하중은 단위면적당 가연물의 양으로 나타낸다.

23 건축물 내화설계시 화재의 성상 및 규모를 추정할 수 있으며 일정 구역 내에 있는 예상 최대가연물질의 양을 의미하는 것은?

㉮ 화재심도 ㉯ 내화하중 ㉰ 화재하중 ㉱ 연소하중

해설 화재하중에 대한 설명이다.

24 건축물의 화재하중을 감소하는 방법으로 알맞은 것은?

㉮ 건물높이의 제한 ㉯ 방화구획의 세분화
㉰ 내장재의 불연화 ㉱ 소화시설의 증강

해설 화재하중을 감소하는 방법으로는 내장재의 불연화가 해당된다.

25 화재하중과 직접적인 관련이 없는 것은?

㉮ 단위면적 ㉯ 온도 ㉰ 발열량 ㉱ 가연물의 중량

해설 가연물의 중량은 화재하중과 직접적인 연관이 없다.

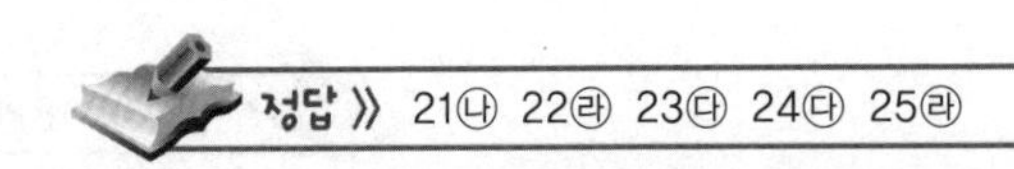
정답 》 21㉯ 22㉱ 23㉰ 24㉰ 25㉱

26 방화구조의 기준에 관한 내용으로 옳지 않은 것은?

㉮ 철망모르타르로서 바름두께가 2cm 이상인 것
㉯ 심벽에 흙으로 맞벽치기를 한 것
㉰ 두께가 1.2cm 이상의 암면보온판 위에 석면시멘트판을 붙인 것
㉱ 시멘트모르타르 위에 타일을 붙인 것으로 그 두께의 합계가 2.5cm 이상인 것

해설 두께 2.5cm 이상의 암면보온판 위에 석면시멘트판을 붙인 것

27 다음 중 건축물의 주요 구조부에 해당하는 것은?

㉮ 최하층 바닥 ㉯ 옥외계단 ㉰ 지붕 ㉱ 작은 보

해설 건축물의 주요 구조부 : 내력벽, 기둥, 바닥, 보, 지붕틀 및 주계단

28 다음 중 내화구조에 해당되지 않는 것은?

㉮ 철골트러스 ㉯ 석조 ㉰ 연와조 ㉱ 철근콘크리트조

해설 내화구조 : 석조, 연와조, 철근콘크리트조

29 콘크리트에 대한 설명 중 틀린 것은?

㉮ 콘크리트와 강재의 열팽창률은 거의 같다.
㉯ 콘크리트는 인장력에 대하여 아주 약하다.
㉰ 콘크리트의 열전도율이 목재보다 적다.
㉱ 콘크리트는 장시간 화재에 노출되면 강도는 저하한다.

30 옥내피난계단의 구조는 내화구조로 하고, 어디까지 직접 연결되도록 하는가?

㉮ 피난층 또는 옥상 ㉯ 개구부 또는 지상 ㉰ 피난층 또는 지상 ㉱ 개구부 또는 옥상

해설 옥내피난계단은 피난층 또는 지상과 직접 연결되어야 한다.

31 피난대책의 일반적 원칙이 아닌 것은?

㉮ 2방향 이상의 피난계획을 세운다.
㉯ 피난통로는 간단 명료해야 한다.
㉰ 피난의 수단으로는 원시적인 방법보다는 최신의 운송설비를 이용하는 것이 원칙이다.
㉱ 피난설비는 고정적인 시설에 의하고 피난기구는 피난이 늦어진 소수의 사람들에 대한 예외적인 보조수단이다.

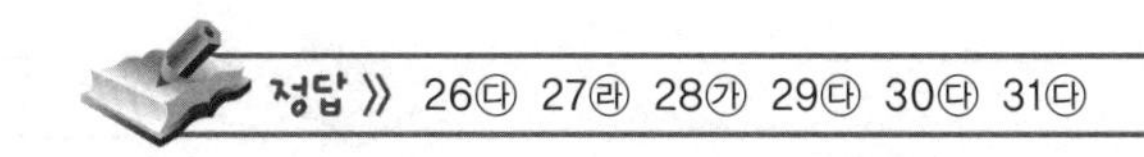
정답 》 26㉰ 27㉱ 28㉮ 29㉰ 30㉰ 31㉰

해설 ㉰→원시적인 방법이 원칙이다.

32 건물 화재시 패닉의 발생원인과 거리가 먼 것은?

㉮ 연기에 의한 시계 제한
㉯ 유독가스에 의한 호흡장애
㉰ 외부와 단절되어 고립
㉱ 건물의 가연내장재

해설 건물의 가연내장재는 패닉의 발생원인과 거리가 멀다.

33 플래시오버의 시점은 피난 허용시간을 정하는 가장 중요한 요건으로 작용한다. 플래시오버 시점까지의 시간에 영향을 주는 요인이 아닌 것은?

㉮ 내장재료의 성상
㉯ 화원의 크기
㉰ 벽면적에 대한 개구부 면적의 비
㉱ 실내의 단면적에 대한 벽면적의 비와 공기에 접하는 표면적의 비

해설 플래시오버 시점까지의 시간에 영향을 주는 요인
① 내장재료의 성상
② 화원의 크기
③ 벽면적에 대한 개구부 면적의 비

34 목재로 된 건축물이 화재가 발생하여 진화될 때까지의 과정 중 알맞은 것은?

㉮ 무염착화→발염착화→최성기→연소낙하
㉯ 발화→무염착화→연소낙하→진화
㉰ 발염착화→무염착화→발화→진화
㉱ 무염착화→최성기→연소낙하→진화

35 화재시 쉽게 연소하지 않고 또 건축물 내에서 화재가 발생하더라도 보통은 방화구획 내에서 진화되며 또한 최종적 단계에서 전소한다 하더라도 수리하여 재사용 할 수 있는 구조는?

㉮ 내화구조 ㉯ 방염구조 ㉰ 난연구조 ㉱ 가연구조

해설 내화구조에 대한 설명이다.

36 건축물의 내화성능을 파악하기 위하여 실시하는 내화시험으로서 건축부재의 화재에 대한 적응성을 측정하는 시험으로 가장 적절한 것은?

㉮ 화염성, 불연성, 안전성
㉯ 화염성, 착화성, 안전성
㉰ 단열성, 팽창성, 안전성
㉱ 단열성, 차염성, 안전성

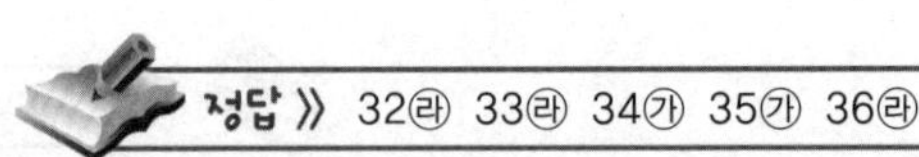
정답 》 32㉱ 33㉱ 34㉮ 35㉮ 36㉱

37 다음 중 방화구획의 종류가 아닌 것은?

㉮ 면적단위 ㉯ 용도단위 ㉰ 층단위 ㉱ 수용인원단위

해설 방화구획 : 면적단위, 층단위, 용도단위

38 방화문에 관한 설명 중 옳지 않은 것은?

㉮ 방화문은 직접 손으로 열 수 있어야 한다.
㉯ 60분 방화문은 연기 및 불꽃을 차단할 수 있는 시간이 60분 이상인 방화문을 말한다.
㉰ 30분 방화문은 연기 및 불꽃을 차단할 수 있는 시간이 30분 이상 60분 미만인 방화문을 말한다.
㉱ 피난계단에 설치하는 방화문에 한해 자동폐쇄장치가 요구된다.

해설 방화문은 항상 닫힌상태를 유지하여야 하고 언제나 개방할 수 있어야 하며 기계장치 등에 의하여 스스로 닫혀야 한다.

39 바닥부분의 내화구조 기준으로 틀린 것은?

㉮ 철근콘크리트조로서 두께가 5cm 이상인 것
㉯ 철골, 철근콘크리트조로서 두께가 10cm 이상인 것
㉰ 철재에 양면을 두께 5cm 이상의 철망모르타르 또는 콘크리트로 덮은 것
㉱ 철재로 보강된 콘크리트조, 벽돌조 또는 석조로서 철재에 덮은 두께가 5cm 이상인 것

해설 바닥의 내화 기준에서 철근콘크리트조 또는 철골, 철근콘크리트조로서 두께가 10cm 이상이어야 한다.

40 피난계단에 대한 설명으로 옳은 것은?

㉮ 피난계단용 방화문은 30분 방화문을 설치해도 무방하다.
㉯ 계단실의 벽에 면하는 부분의 마감만은 가연재도 허용된다.
㉰ 계단실은 건축물의 다른 부분과 불연구조의 벽으로 구획한다.
㉱ 옥외계단은 출입구의 개구부로부터 1m 이상의 거리를 두어야 한다.

해설 피난계단

① 피난계단용 방화문은 자동적으로 닫히는 구조인 60분+방화문, 60분 방화문 또는 30분 방화문을 설치할 것
② 계단실은 당해 건축물의 다른 부분과 내화구조의 벽으로 구획할 것
③ 옥외계단은 출입구 외의 창문 등으로부터 2m 이상의 거리를 두고 설치할 것
④ 계단실의 벽 및 반자의 실내에 접하는 부분의 마감은 불연재료로 할 것

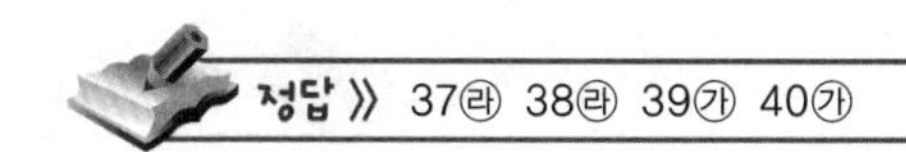

41 건축물 내부에서 화재가 발생했을 때 피난시의 군집보행속도는 약 몇 〔m/sec〕인가?

㉮ 0.5　　㉯ 1.5　　㉰ 1.0　　㉱ 15

해설 군집보행속도 : 1m/sec(느린 보행자의 보행속도와 비슷함)

42 다음 중에서 느린 사람의 자유보행속도로 바른 것은?

㉮ 0.5m/sec　　㉯ 1m/sec　　㉰ 1.5m/sec　　㉱ 2m/sec

43 내화구조에 대한 정의로 옳은 것은?

㉮ 불연구조보다는 내열성능이 강화되어 있으나 방화구조보다는 약화된 구조이다.
㉯ 불연구조, 방화구조보다 내열성능이 약화된 구조이다.
㉰ 방화구조보다 강화되고 불연구조보다는 내열성능이 약화된 구조이다.
㉱ 불연구조, 방화구조보다 내열성능이 강화된 구조이다.

해설 내화구조는 일반적으로 불연 및 방화 구조보다 내열, 내화 및 내력이 강화된 구조이다.

44 무창층에 대한 설명으로 옳은 것은?

㉮ 창문이 없는 층이나 그 층의 일부를 이루는 실
㉯ 지하층의 명칭
㉰ 직접 지상으로는 통하는 출입구나 개구부가 없는 층
㉱ 피난층에 유효한 개구부의 면적이 일정비율 이하인 층

해설 무창층이란 지상층 중 다음에 해당하는 개구부의 면적의 합계가 그 층 바닥면적의 1/30 이하가 되는 층을 말한다.
① 개구부의 크기가 지름 50cm 이상의 원에 내접할 수 있을 것
② 그 층의 바닥면으로부터 개구부 밑부분까지의 높이가 1.2m 이내일 것
③ 도로 또는 차량의 진입이 가능한 공지에 면할 것
④ 화재시 건축물로부터 쉽게 피난할 수 있도록 창살 그 밖의 장애물이 설치되지 아니할 것
⑤ 내부 또는 외부에서 쉽게 파괴 또는 개방이 가능할 것

45 건축방화의 기본적인 사항으로 거리가 먼 것은?

㉮ 대항성　　㉯ 도피성　　㉰ 회피성　　㉱ 경계성

해설 ① 공간적 대응 : 대항성, 회피성, 도피성
② 설비적 대응

정답 》 41㉰ 42㉯ 43㉱ 44㉱ 45㉱

46 건축물 화재시 제2차 안전구획은?

㉮ 복도　　　　　　　　　　㉯ 계단
㉰ 피난층　　　　　　　　　㉱ 지상

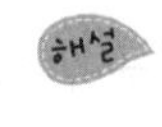
제1차 안전구획 (복도) → 제2차 안전구획 (부실, 계단전실) → 제3차 안전구획 (계단) → 피난층 → 지상

47 건축물의 화재 발생시 인간의 피난 특징으로 틀린 것은?

㉮ 무의식중에 평상시 사용하는 출입구를 통로로 사용한다.
㉯ 화재의 공포감으로 인하여 빛을 피해 어두운 곳으로 몸을 숨긴다.
㉰ 화염, 연기에 대한 공포감으로 방화의 반대방향으로 이동한다.
㉱ 화재시 최초로 행동을 개시한 사람을 따라 전체가 움직이는 경향이 있다.

해설 지광 본능 : 화재의 공포감으로 인하여 빛을 따라 피난하려고 한다.

48 건물 내부의 내장재를 불연재료 등으로 하지 않아도 되는 건물은?

㉮ 숙박시설　　　　　　　　㉯ 의료시설
㉰ 집회시설　　　　　　　　㉱ 창고시설

49 목조건물의 화재성상에 비하여 내화구조 건물의 화재성상으로 옳은 것은?

㉮ 고온장기형이다.　　　　㉯ 고온단기형이다.
㉰ 저온단기형이다.　　　　㉱ 저온장기형이다.

목조건축물과 내화건축물의 화재성상
① 목조건축물
　㉠ 화재성상 : 고온단기형
　㉡ 최고온도 : 1,300℃
② 내화건축물
　㉠ 화재성상 : 저온장기형
　㉡ 최고온도 : 900~1,000℃

50 플래시오버를 바르게 나타낸 것은?

㉮ 에너지가 느리게 집적되는 현상　　㉯ 가연성 가스가 방출되는 현상
㉰ 가연성 가스가 분해되는 현상　　㉱ 폭발적인 착화현상

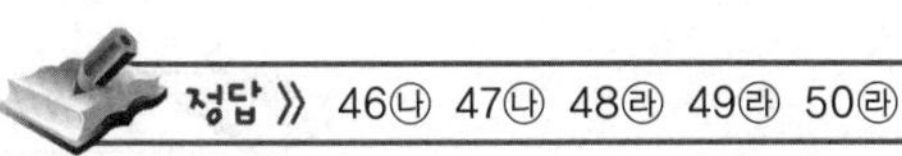
정답 》 46㉯ 47㉯ 48㉱ 49㉱ 50㉱

해설 Flash Over(플래시오버) = 순간연소, 순발연소
화재로 인하여 실내의 온도가 급격히 상승하여 가연물이 일시에 폭발적으로 착화현상을 일으켜 화재가 순간적으로 실내 전체에 확산되는 현상

51

내화건축물의 화재에서 공기의 유통이 원활하면 연소는 급격히 진행되어 개구부에 진한 매연과 화염이 분출하고 실내는 순간적으로 화염이 충만하는 시기는?

㉮ 초기 ㉯ 성장기
㉰ 최성기 ㉱ 중기

 내화건물의 화재 진행과정(초기 → 성장기 → 최성기 → 감쇠기 → 종기)
※ 성장기 : 화재에 의해 실내 공기가 팽창하여 유리창 등이 파괴되어 외부 공기가 유입되면 연소는 급격히 진행되어 개구부에는 검은 연기와 화염이 분출하게 되며 실내는 순간적으로 화염으로 가득 차게 되는 현상이 나타난다.(F.O 발생)

52

특정소방대상물 중에서 용도 또는 규모에 따라 주요 구조부를 내화구조로 설계, 시공하여야 할 건축물이 아닌 것은?

㉮ 백화점 ㉯ 병원
㉰ 호텔 ㉱ 주차장

해설 유동인구가 많은 장소에는 주요 구조부를 내화구조 및 내장재를 불연재료로 설계하여야 한다. 백화점, 병원, 호텔이 이에 해당한다.

53

Back Draft에 관한 설명 중 옳지 않은 것은?

㉮ 가연성 가스의 발생량이 많고 산소의 공급이 일정하지 않은 경우에 발생한다.
㉯ 내화건물의 화재초기에 작은 실에서 많이 발생한다.
㉰ 화염이 숨쉬는 것처럼 분출이 반복되는 현상이다.
㉱ 공기의 공급이 원활한 경우에는 발생하지 않는다.

해설 Back Draft(백드래프트) : 밀폐된 공간에서 화재가 발생하여 산소 농도 저하로 불꽃을 내지 못하고 가연성 물질의 열분해로 인하여 발생한 가연성 가스가 축적되게 된다. 이때 진화를 위해 출입문 등이 개방되어 개구부가 생겨 신선한 공기의 유입으로 폭발적인 연소가 다시 시작되며 화염이 숨쉬는 것처럼 분출이 반복되는 현상이다. ㉯의 경우 잘 발생되지 않는다.
※ 플래시백 : 환기가 잘 되지 않는 곳에서 화재가 발생하여 산소 농도 저하로 불꽃을 내지 못하고 가연성 물질의 열분해로 인하여 발생한 가연성 가스가 축적되게 된다. 이때 진화를 위해 출입문 등이 개방되어 개구부가 생겨 신선한 공기의 유입으로 폭발적인 연소가 다시 시작되며 화염이 숨쉬는 것처럼 분출이 반복되는 현상이다. ㉯의 경우 잘 발생되지 않는다.

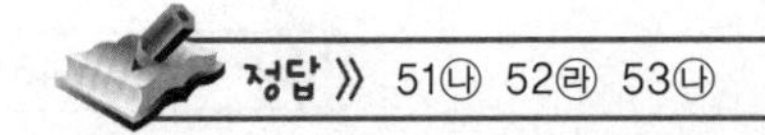
정답 》 51㉯ 52㉱ 53㉯

54 목조건물의 화재가 발생하여 최성기에 도달할 때, 연소온도는 약 몇 〔℃〕 정도 되는가?

㉮ 300 ㉯ 800
㉰ 1,300 ㉱ 1,800

 목조건축물과 내화건축물의 화재성상

① 목조건축물
㉠ 화재성상 : 고온단기형
㉡ 최고온도 : 1,300℃

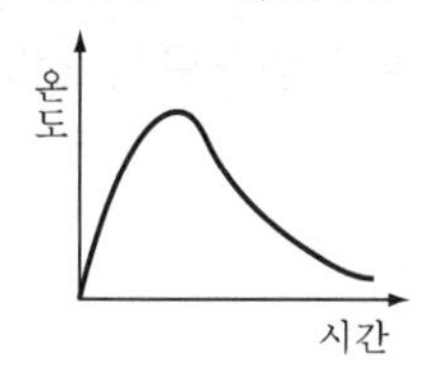

② 내화건축물
㉠ 화재성상 : 저온장기형
㉡ 최고온도 : 900~1,000℃

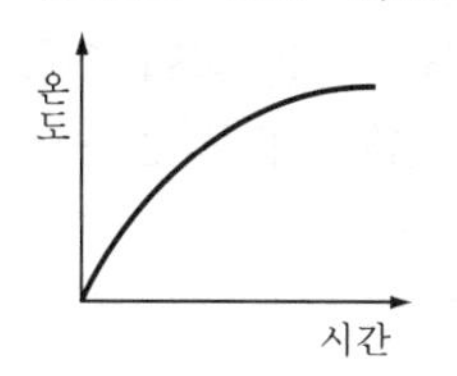

55 출화는 화재를 말하는데, 옥외출화의 시기를 나타낸 것은?

㉮ 천장 속이나 벽에 발염착화한 때
㉯ 창이나 출입구 등에 발염착화한 때
㉰ 화염이 외부를 완전히 뒤덮을 때
㉱ 화재가 건물의 외부에서 발생해서 내부로 번질 때

 출화

① 옥내출화
㉠ 가옥구조에서 천장면에 발염착화한 경우
㉡ 천장 속, 벽 속 등에서 발염착화한 경우
㉢ 불연천장이나 불연벽체인 경우 실내의 그 뒷면에 발염착화한 경우

② 옥외출화
㉠ 창, 출입구 등에 발염착화한 경우
㉡ 외부의 벽, 지붕 밑에서 발염착화한 경우

56 화재하중에 대한 설명으로 옳지 않은 것은?

㉮ 건물 화재에서 가열온도의 정도를 의미한다.
㉯ 단위면적당 건물의 가연성 구조 제외 양으로 정한다.
㉰ 건물의 내화설계시 고려되어야 할 사항이다.
㉱ 건물의 연소속도와는 관계가 없다.

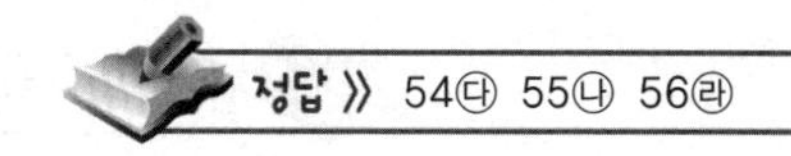
정답 》 54㉰ 55㉯ 56㉱

 화재하중(= 화재심도)
① 화재실 또는 화재구획의 단위면적당 가연물의 양이다.
② 건물화재에서 가열온도의 정도를 의미한다.
③ 일반건축물에서 가연성의 건축구조재와 가연성 수용물의 양으로 건물화재시 발열량 및 화재위험성을 나타내는 용어이다.
④ 건물의 내화설계시 고려되어야 할 사항이다.
⑤ 가연물 등의 연소시 건축물의 붕괴 등을 고려하여 설계하여야 한다.

57 일반건축물에서 가연성의 건축구조재와 가연성 수용물의 양으로서 건물 화재시 발열량 및 화재위험성을 나타내는 용어는?

㉮ 연소하중　　㉯ 대형 화재위험도
㉰ 화재하중　　㉱ 발화하중

 화재하중(= 화재심도)
① 화재실 또는 화재구획의 단위면적당 가연물의 양이다.
② 건물화재에서 가열온도의 정도를 의미한다.
③ 일반건축물에서 가연성의 건축구조재와 가연성 수용물의 양으로서 건물화재시 발열량 및 화재위험성을 나타내는 용어이다.
④ 건물의 내화설계시 고려되어야 할 사항이다.
⑤ 가연물 등의 연소시 건축물의 붕괴 등을 고려하여 설계하여야 한다.

58 화재시 건물내 화재성장기까지의 경과시간에 대한 길고 짧음과 플래시오버의 온도에 영향을 주지 않는 것은?

㉮ 실내의 내장재료　　㉯ 실의 내표면적
㉰ 창문 등의 개구부 크기　　㉱ 내장재료의 경도

 Falsh Over의 온도에 영향을 주는 요인
① 내장재료의 성상
② 개구율
③ 발화원(화염의 크기)
※ ㉯의 영향은 받지 않는다.

59 화재실 혹은 화재 공간의 단위바닥면적에 대한 등가 가연물량의 값을 화재하중이라 하며, 식으로 $Q = \Sigma(G_t \cdot H_t)/(H \cdot A)$와 같이 표현할 수 있다. 여기서 H는 무엇을 나타내는가?

㉮ 목재의 단위발열량
㉯ 가연물의 단위발열량
㉰ 화재실내 가연물의 전체발열량
㉱ 목재의 단위발열량과 가연물의 단위발열량을 합한 것

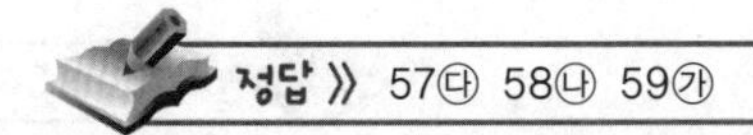
정답 》 57㉰ 58㉯ 59㉮

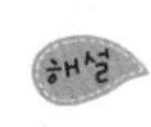

$$q = \frac{\Sigma G_t \cdot H_t}{H \cdot A} = \frac{\Sigma Q}{4{,}500A}$$

여기서, q : 화재하중〔kg/m^2〕

G_t : 가연물의 양〔kg〕

H_t : 가연물의 단위발열량〔kcal/kg〕

H : 목재의 단위발열량〔kcal/kg〕

A : 바닥면적〔m^2〕

ΣQ : 가연물의 전체발열량〔kcal〕

60 내화건축물의 온도－시간 표준곡선에서 약 2시간 후의 온도는 몇 〔℃〕 정도로 보는가?

㉮ 500 ㉯ 700 ㉰ 1,000 ㉱ 1,500

내화건축물의 시간별 온도

① 1시간 후 : 950℃

② 2시간 후 : 1,000℃

③ 3시간 후 : 1,100℃

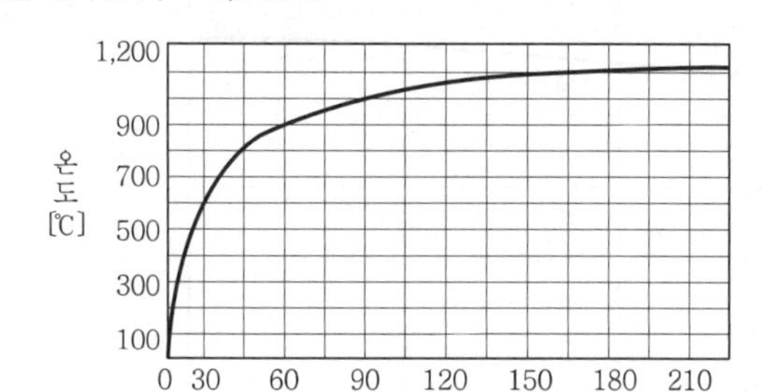

61 건물에서 화재가혹도(fire severity)와 관련이 없는 것은?

㉮ 화재하중 ㉯ 공조설비 상황

㉰ 창문 등 개구부의 크기 ㉱ 가연물의 배열상태

화재가혹도란 화재로 인한 건물 및 건물내에 수납되어 있는 재산에 대해 피해를 주는 능력의 정도

※ 화재가혹도에 영향을 주는 요인

① 화재하중 ② 가연물의 배열상태 ③ 가연물의 연소열 ④ 개구부의 크기(창문, 문 등)

62 표준화재시간 온도곡선의 제정 목적은?

㉮ 건물화재의 연소속도를 측정하기 위하여 표준화한 것이다.

㉯ 플래시오버시간을 측정하기 위하여 표준화한 것이다.

㉰ 건물의 화재 계속시간 측정용으로 표준화한 것이다.

㉱ 건물 방화재료의 가열시험용으로 표준화한 것이다.

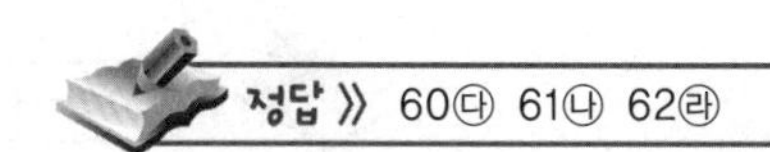

표준화재시간 온도곡선은 건물 방화재료의 가열시험용으로 표준화한 것이다.

※ 표준화재시간 온도곡선

① 내화건축물

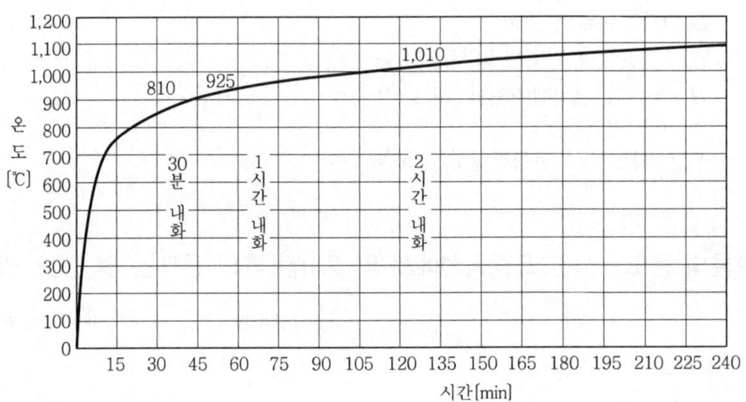

② 목조건축물과 내화건축물

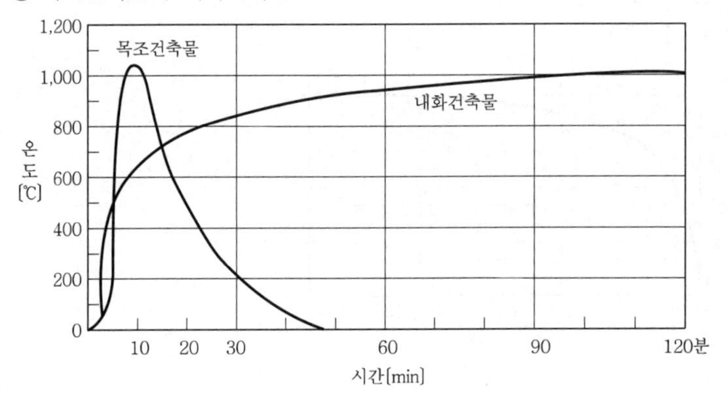

63 화재하중(fire load)을 나타내는 단위는?

㉮ kcal/kg　　㉯ ℃/m^2

㉰ kg/m^2　　㉱ kg/kcal

$$Q = \frac{\Sigma G_t \cdot H_t}{H \cdot A} = \frac{\Sigma Q}{4,500A}$$

여기서, Q : 화재하중[kg/m^2]

G_t : 가연물의 양[kg]

H_t : 가연물의 단위발열량[kcal/kg]

H : 목재의 단위발열량[kcal/kg]

A : 바닥면적[m^2]

ΣQ : 가연물의 전체발열량[kcal]

정답 》 63㉰

64 내화구조에 대한 설명으로 옳지 않은 것은?

㉮ 철근콘크리트조, 연와조 기타 이와 유사한 구조이다.

㉯ 화재시 쉽게 연소가 되지 않는 구조를 말한다.

㉰ 화재에 대하여 상당한 시간 동안 구조상 내력이 감소되지 않아야 한다.

㉱ 보통 방화구획 밖에서 진화되어 인접부분에 화기의 전달이 되어야 한다.

해설 ① 내화구조란 화재시 일정 시간 동안 건물의 강도 및 그 성능을 유지할 수 있는 구조로서 화재시 쉽게 연소하지 않고 건물 내에서 화재가 발생하더라도 보통은 방화구획 내에서 진화되며, 최종적인 단계에서 내장재가 전소된다 하더라도 수리하여 재사용이 가능한 구조이다.
㉠ 철근콘크리트조 ㉡ 연와조 ㉢ 석조
② 방화구조란 화재시 건축물의 인접부분으로의 연소방지와 건물 내에 있어서는 불이 붙는 것을 방지할 목적으로 한 구조이다.
③ 방화구조의 종류
㉠ 철망모르타르 바르기 ㉡ 회반죽 바르기
※ ㉮, ㉯, ㉰항은 내화구조에 대한 설명이며, ㉱항은 방화구조에 대한 설명이다.

65 주요 구조부가 내화구조 또는 불연재료로 된 건축물로서 연면적이 1,000m^{2}를 넘는 것은 내화구조로 된 바닥, 벽 및 60분+방화문 또는 60분 방화문으로 구획하여야 한다. 다음 중 용도상 불가피하여도 내화구조로 된 바닥, 벽 및 60분+방화문 또는 60분 방화문으로 반드시 구획하여야 하는 것은?

㉮ 강당 ㉯ 단독주택

㉰ 승강기의 승강로 ㉱ 건축물의 최하층

해설 (건축령 제46조) 건축물의 최하층은 반드시 내화구조로 된 바닥, 벽 및 60분+방화문 또는 60분 방화문으로 구획하여야 한다.

66 다음 사항 중 건물 내부에서 연소확대방지 수단이 아닌 것은?

㉮ 방화구획

㉯ 날개벽 설치

㉰ 방화문 설치

㉱ 건축설비(duct)에의 연소방지 조치

해설 건축물 내부의 연소확대방지 수단
① 방화구획
② 방화문 설치
③ 건축설비(duct)에의 연소방지 조치
④ 방화벽, 경계벽 등

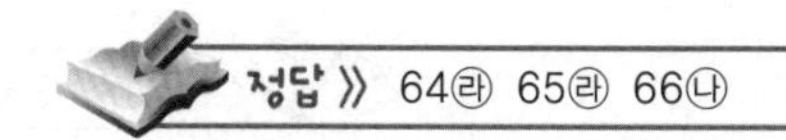

정답 ≫ 64㉱ 65㉱ 66㉯

67 방화구조에 대한 기준으로 틀린 것은?

㉮ 철망모르타르로서 그 바름두께가 2cm 이상인 것
㉯ 두께 1.2cm 이상의 석고판에 석면시멘트판을 붙인 것
㉰ 두께 2cm 이상의 암면보온판 위에 석면시멘트판을 붙인 것
㉱ 심벽에 흙으로 맞벽치기한 것

해설 방화구조의 기준
㉰ : 두께 2.5cm 이상의 암면보온판 위에 석면시멘트판을 붙인 것

68 콘크리트에 대한 기술 중 옳지 않은 것은?

㉮ 콘크리트의 고온성상에 가장 큰 영향을 주는 것은 구성 재료간 팽창계수의 차이다.
㉯ 화재시 콘크리트의 강도저하는 가열과정에서만 일어난다.
㉰ 콘크리트는 인장력에 대하여 아주 약하다.
㉱ 콘크리트는 고온시 탄성계수가 저하된다.

해설 화재시 콘크리트의 강도저하는 가열과정 및 냉각과정에서 일어난다.

69 건축물의 내화구조라고 할 수 없는 것은?

㉮ 철골조의 계단
㉯ 철재로 보강된 벽돌조의 지붕
㉰ 철근콘크리트조로서 두께 10cm 이상의 벽
㉱ 철골 · 철근콘크리트조로서 두께 5cm 이상의 바닥

해설 내화구조의 기준
㉱ : 철골 · 철근콘크리트조로서 두께 10cm 이상의 바닥

70 철근콘크리트조로서 내화성능을 갖는 벽의 기준은 두께 몇 〔cm〕 이상인가?

㉮ 10
㉯ 15
㉰ 20
㉱ 25

해설 내화구조의 기준 : 철근콘크리트조로서 두께 10cm 이상의 벽

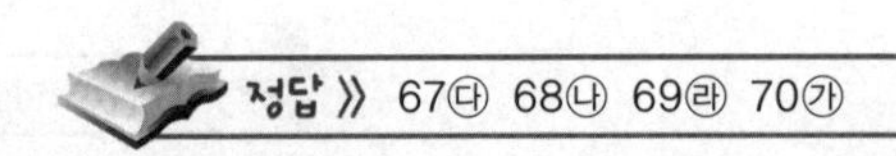
정답 » 67㉰ 68㉯ 69㉱ 70㉮

71 건축물의 방재계획에서 건축구조에 내화 및 방화 성능을 부여해야 하는 이유로 가장 적당한 것은?

㉮ 화재시 구조 자체가 붕괴되면 그 건축물이 내장하고 있는 모든 방재적 기능이 소멸하기 때문이다.

㉯ 화재를 진화한 후에 건축물을 다시 보수하여 화재하중을 적게 하기 위해서이다.

㉰ 건축물에 사용되는 가연물의 양을 제한하여 화재하중을 적게 하기 위해서이다.

㉱ 건축물의 구조를 견고히 하여 외부 연소를 방지하고 방화를 예방하기 위해서이다.

해설 건축물의 방재계획에서 건축구조에 내화 및 방화 성능을 부여해야 하는 이유는 건축물에 사용되는 가연물의 양을 제한하여 화재하중을 적게 하기 위해서이다.

72 난연재료란?

㉮ 철근콘크리트조, 연와조 기타 이와 유사한 성능의 재료

㉯ 불연재료에 준하는 방화성능을 가진 건축재료

㉰ 철망모르타르로서 바름두께가 2cm 이상인 것

㉱ 불에 잘 타지 아니하는 성능을 가진 건축재료

해설 ① 내화구조 : 철근콘크리트조, 연와조 기타 이와 유사한 성능의 재료
② 준불연재료 : 불연재료에 준하는 방화성능을 가진 건축재료
③ 방화구조 : 철망모르타르로서 바름두께가 2cm 이상인 것
④ 난연재료 : 불에 잘 타지 아니하는 성능을 가진 건축재료

73 내화구조에 대한 설명으로 옳은 것은?

㉮ 두께 1.2cm 이상의 석고판 위에 석면시멘트판을 붙인 것

㉯ 철근콘크리트조의 벽으로서 두께가 10cm 이상인 것

㉰ 철망모르타르 바르기로서 두께 2cm 이상인 것

㉱ 심벽에 흙으로 맞벽치기한 것

해설 내화구조의 기준
① 철근콘크리트조의 벽으로서 두께가 10cm 이상인 것
② 두께 5cm 이상의 콘크리트블록
③ 두께 4cm 이상의 철망모르타르
※ ㉮, ㉰, ㉱는 방화구조의 기준이다.

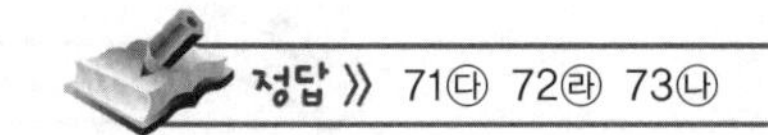
정답 ≫ 71㉰ 72㉱ 73㉯

74 건축재료의 내화성과 관계가 없는 것은?

㉮ 파괴강도 ㉯ 열전도도 ㉰ 불연성 ㉱ 난연성

건축재료의 내화성과 관계 있는 것
① 파괴강도
② 불연성
③ 난연성

75 불연재료가 아닌 것은?

㉮ 기와 ㉯ 연와조 ㉰ 벽돌 ㉱ 콘크리트

불연재료 : 콘크리트, 벽돌, 석재, 기와, 철강, 석면장, 알루미늄, 유리, 시멘트모르타르 등의 불연성 재료
※ ㉯는 내화구조의 재료

76 철근의 고온성상 특성으로 옳지 않은 것은?

㉮ 열간압연철근과 냉간가공철근은 200℃ 이상에서 항복점이 저하된다.
㉯ 철근은 400~300℃ 사이의 온도에서 그 철근의 장기 허용응력값까지 저하된다.
㉰ 냉간가공철근은 열간압연철근보다 고온시의 항복점 저하가 매우 현저하다.
㉱ 일반적으로 고온시 강도의 성상이 저하되면 그 후의 냉각과정에서 다시 회복되지 않는다.

해설 열간압연철근, 냉간가공철근
① 열간압연철근 : 열을 가한상태에서 제조한 철근
② 냉간가공철근 : 열을 식힌상태에서 제조한 철근
※ ㉰ : 열간압연철근은 냉간가공철근보다 고온시의 항복점 저하가 매우 현저하다.

77 철망모르타르로서 그 바름두께가 최소 몇 〔cm〕 이상이면 방화구조로 보는가?

㉮ 1 ㉯ 2 ㉰ 3 ㉱ 4

방화구조의 기준

구조 내용	기 준
• 석고판 위에 시멘트판을 붙인 것	두께 1.2cm 이상
• 철망모르타르 바르기	두께 2cm 이상
• 석면시멘트판을 붙인 것 • 석고판 위에 시멘트모르타르를 바른 것 • 회반죽을 바른 것 • 시멘트모르타르 위에 타일을 붙인 것 • 암면보온판 위에 시멘트판을 붙인 것	두께 2.5cm 이상
• 심벽에 흙으로 맞벽치기 한 것	–

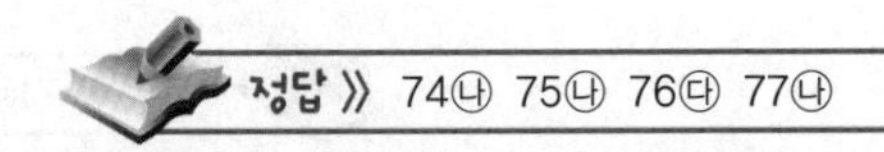

정답 》 74㉯ 75㉯ 76㉰ 77㉯

78 다음 중 무창층에서 개구부로 인정되기 위한 필수조건은?

㉮ 안전을 위하여 30cm 간격으로 창살을 설치할 것

㉯ 개구부의 크기가 지름 40cm의 원이 내접할 수 있을 것

㉰ 그 층의 바닥면으로부터 개구부 일부분까지의 높이가 1.5m 이내일 것

㉱ 내부 또는 외부에서 쉽게 파괴 또는 개방이 가능할 것

해설 무창층에서 개구부로 인정되기 위한 조건
① 화재시 건축물로부터 쉽게 피난할 수 있도록 창살 또는 그 밖의 장애물이 설치되지 아니할 것
② 개구부의 크기가 지름 50cm의 원이 내접할 수 있을 것
③ 그 층의 바닥면으로부터 개구부 밑부분까지의 높이가 1.2m 이내일 것
④ 내부 또는 외부에서 쉽게 파괴 또는 개방이 가능할 것

79 건축물의 내화성능을 파악하기 위하여 실시하는 내화시험으로서, 건축부재의 화재에 대한 적응성을 측정하는 시험으로 가장 적합한 것은?

㉮ 단열성, 팽창성, 안전성
㉯ 단열성, 안전성, 차염성
㉰ 화염성, 착화성, 안전성
㉱ 화염성, 불연성, 안전성

해설 건축부재의 화재에 대한 적응성 측정시험
① 단열성 : 복사열 측정
② 안전성 : 충격시험
③ 차염성 : 가열시험
④ 차연성 : 차연시험

80 방화문에 관한 설명 중 옳은 것은?

㉮ 방화문은 직접 손으로 열 수 있으면 안된다.

㉯ 60분 방화문은 열을 차단할 수 있는 시간이 60분 이상인 방화문을 의미한다.

㉰ 60분+방화문은 연기 및 불꽃을 차단할 수 있는 시간이 60분 이상이고 열을 차단할 수 있는 시간이 30분 이상인 방화문을 의미한다.

㉱ 피난계단에 설치하는 방화문에 한해 자동폐쇄장치가 요구된다.

해설 방화문의 구조

구 분	내 용
60분+방화문	연기 및 불꽃을 차단할 수 있는 시간이 60분 이상이고, 열을 차단할 수 있는 시간이 30분 이상인 방화문
60분 방화문	연기 및 불꽃을 차단할 수 있는 시간이 60분 이상인 방화문
30분 방화문	연기 및 불꽃을 차단할 수 있는 시간이 30분 이상 60분 미만인 방화문

방화문은 직접 손으로 열 수 있어야 하고, 항상 닫힌상태(자동폐쇄장치)를 유지하며 언제나 개방할 수 있어야 한다.

정답 》 78㉱ 79㉯ 80㉰

81

지하층이라 함은 건축물의 바닥이 지표면 아래에 있는 층으로서 그 바닥으로부터 지표면까지의 평균높이가 당해 층 높이의 얼마인 것을 말하는가?

㉮ $\frac{1}{2}$ 이상

㉯ $\frac{1}{2}$ 이하

㉰ $\frac{1}{3}$ 이상

㉱ $\frac{1}{3}$ 이하

해설 건축물의 바닥이 지표면 아래에 있는 층으로서 그 바닥으로부터 지표면까지의 평균높이가 당해 층 높이의 1/2 이상인 것

82

다음 그림에서 내화조 건물의 화재온도 및 시간 표준곡선은?

㉮ a

㉯ b

㉰ c

㉱ d

해설 ① 목조건축물
㉠ 화재성상 : 고온단기형
㉡ 최고온도 : 1,300℃

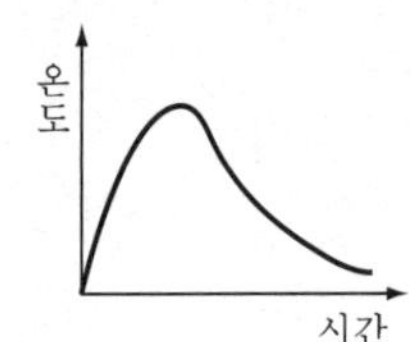

② 내화건축물
㉠ 화재성상 : 저온장기형
㉡ 최고온도 : 900~1,000℃

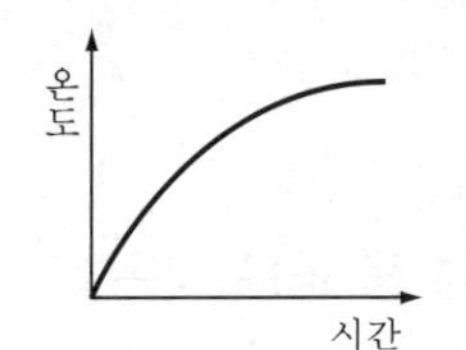

83

방화상 유효한 구획 중 일정 규모 이상이면 건축물에 적용되는 방화구획을 하여야 한다. 다음 중에서 구획 종류가 아닌 것은?

㉮ 면적단위

㉯ 층단위

㉰ 용도단위

㉱ 수용인원단위

해설 방화구획 기준
① 면적단위(수평구획)
② 층단위(수직구획)
③ 용도단위(용도구획)

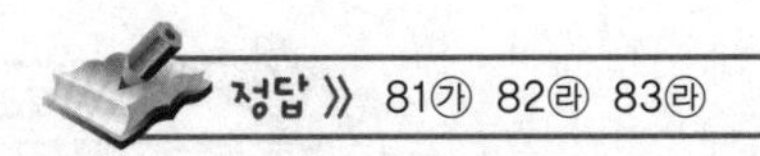
정답 》 81㉮ 82㉱ 83㉱

84 다음 중 건물 내 피난동선의 조건으로 적합한 것은?

㉮ 피난동선은 그 말단이 길수록 좋다.

㉯ 피난동선의 한쪽은 막다른 통로와 연결되어 화재시 연소(撚燒)가 되지 않도록 하여야 한다.

㉰ 어느 곳에서도 2개 이상의 방향으로 피난할 수 있으며 그 말단은 화재로부터 안전한 장소이어야 한다.

㉱ 모든 피난동선은 건물 중심부 한 곳으로 향하고 중심부에서 지면 등 안전한 장소로 피난할 수 있도록 하여야 한다.

해설 피난동선의 조건

① 어느 곳에서도 2개 이상의 방향으로 피난할 수 있으며 그 말단은 화재로부터 안전한 장소이어야 한다.

② 피난의 수단은 원시적 방법에 의한 것을 원칙으로 한다.

③ 피난동선은 간단 명료하게 한다.

④ 피난동선은 가급적 상호 반대방향으로 다수의 출구와 연결되는 것이 좋다.

⑤ 피난통로를 완전불연화한다.

⑥ 피난설비는 고정식 설비를 위주로 설치한다.

85 건축물의 대지 안에 설치된 피난 및 소화에 필요한 통로의 길이가 35m 이상일 경우에 통로의 폭은 몇 〔m〕 이상이어야 하는가?

㉮ 1.5 ㉯ 3

㉰ 4.5 ㉱ 6

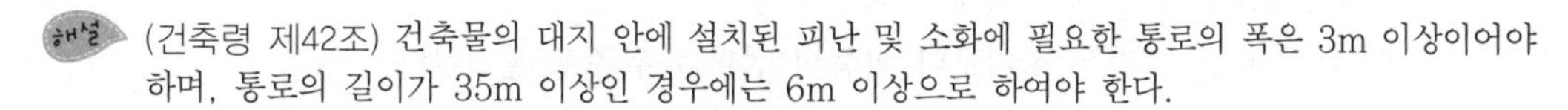

해설 (건축령 제42조) 건축물의 대지 안에 설치된 피난 및 소화에 필요한 통로의 폭은 3m 이상이어야 하며, 통로의 길이가 35m 이상인 경우에는 6m 이상으로 하여야 한다.

86 피난시설의 안전구획을 설정하는데 해당되지 않는 것은?

㉮ 거실

㉯ 복도

㉰ 계단부속실(전실)

㉱ 계단

해설 피난시설의 안전구획

① 제1차 안전구획 : 복도

② 제2차 안전구획 : 부실, 계단전실

③ 제3차 안전구획 : 계단

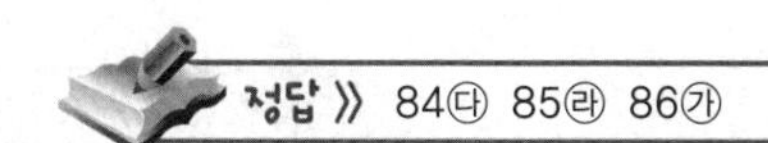

정답 》 84㉰ 85㉱ 86㉮

87 피난대책으로 부적합한 것은?

㉮ 화재층의 피난을 최우선으로 고려한다.
㉯ 피난동선은 2방향 피난을 가장 중시한다.
㉰ 피난시설 중 피난로는 출입구 및 계단을 가리킨다.
㉱ 인간의 본능적 행동을 무시하지 않도록 고려한다.

해설 ㉰ : 피난시설 중 피난로는 복도 및 거실을 의미한다.

88 화재시 안전하게 대피하기 위한 피난로의 온도는 49~66℃를 넘지 않도록 설계시에 고려한다. 이 경우의 온도는 어느 곳을 기준으로 하는가?

㉮ 사람 머리 위 허공높이
㉯ 사람의 어깨높이
㉰ 건물 바닥
㉱ 건물 천장

해설 화재시 안전하게 대피하기 위한 피난로의 온도는 사람의 어깨높이를 기준으로 49~66℃를 넘지 않도록 설계해야 한다.

89 피난대책의 일반적인 원칙으로 옳지 않은 것은?

㉮ 피난경로는 간단 명료하게 한다.
㉯ 피난설비는 고정식 설비보다 이동식 설비를 위주로 설치한다.
㉰ 피난수단은 원시적 방법에 의한 것을 원칙으로 한다.
㉱ 2방향의 피난통로를 확보한다.

해설 피난동선의 조건
① 어느 곳에서도 2개 이상의 방향으로 피난할 수 있으며 그 말단은 화재로부터 안전한 장소이어야 한다.
② 피난의 수단은 원시적 방법에 의하는 것을 원칙으로 한다.
③ 피난동선은 간단 명료하게 한다.
④ 피난동선은 가급적 상호 반대방향으로 다수의 출구와 연결되는 것이 좋다.
⑤ 피난통로를 완전불연화한다.
⑥ 피난설비는 고정식 설비를 위주로 설치한다.

정답 》 87㉰ 88㉯ 89㉯

90 피난계획에 관한 다음 기술 중 적합치 않은 것은?

㉮ 계단의 배치는 집중화를 피하고 분산한다.
㉯ 피난동선에는 상용의 통로, 계단을 이용하도록 한다.
㉰ 방화구획은 단순 명확하게 하고, 가능한 한 세분화한다.
㉱ 계단은 화재시 연도로 되기 쉽기 때문에 직통계단으로 하지 않는 것이 좋다.

해설 ㉯ : 피난동선에는 비상용의 통로, 계단을 이용하도록 한다.

91 피난을 위한 시설물이라고 볼 수 없는 것은?

㉮ 객석 유도등　　㉯ 내화구조
㉰ 방연 커튼　　㉱ 특별피난계단 전실

 피난을 위한 시설물
① 객석 유도등
② 방연 커튼
③ 특별피난계단 전실

92 중앙 코너방식으로 피난자의 집중으로 패닉현상이 일어날 우려가 있는 형태는 어떤 형인가?

㉮ T형　　㉯ X형　　㉰ Z형　　㉱ H형

 피난의 형태

형 태	피난방향	상 황
X형		확실한 피난통로가 보장되어 신속한 피난이 가능하다.
Y형		
CO형		피난자들의 집중으로 패닉(panic)현상이 일어날 수 있다.
H형		

 패닉(panic)의 발생원인
① 연기에 의한 시계제한
② 유독가스에 의한 호흡장애
③ 외부와 단절되어 고립

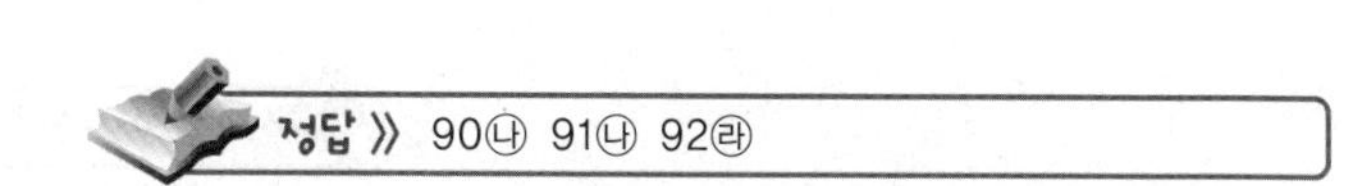
정답 》 90㉯ 91㉯ 92㉱

93 제연계획에서 부적당한 것은?

㉮ 연소 중에 있는 실의 개구부를 닫는다.

㉯ 각 실에 배연구를 설치한다.

㉰ 제연을 위해 승강기용 승강로를 이용한다.

㉱ 공조 덕트계를 복도가압으로 바꾼다.

해설 제연을 위해 승강기용 승강로를 이용하면 전층에 연기가 확산되므로 위험하다. 따라서 제연계획에 적당하지 않다.

94 건축물에 화재가 발생한 경우에 그 성상을 한정된 범위로 억제토록 하기 위한 건축물 내의 연소확대 방지계획이 아닌 것은?

㉮ 용도계획　　㉯ 수직계획　　㉰ 수평계획　　㉱ 평면계획

해설 건축물 내의 연소확대 방지계획
① 용도계획(용도단위) ② 수직계획(층단위) ③ 수평계획(면적단위)

95 내화건축물의 실내화재 온도상황으로 보아 어느 시점을 기준으로 하여 최성기로 보는가?

㉮ 플래시 포인트　　㉯ 파이어 포인트

㉰ 이그니션 포인트　　㉱ 플래시오버 포인트

해설 내화건축물에서는 F.O.P(플래시오버 포인트)를 기준으로 하여 최성기를 구분한다.

96 그림에서 내화건물의 화재 온도 표준곡선은 어느 것인가?

㉮ a

㉯ b

㉰ c

㉱ d

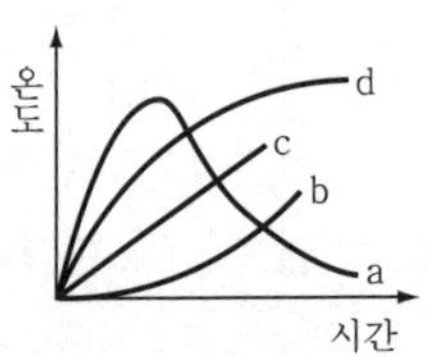

해설 ① 목조건축물
㉠ 화재성상 : 고온단기형
㉡ 최고온도 : 1,300℃

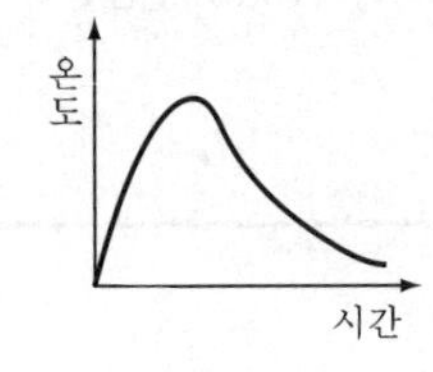

② 내화건축물
㉠ 화재성상 : 저온장기형
㉡ 최고온도 : 900~1,000℃

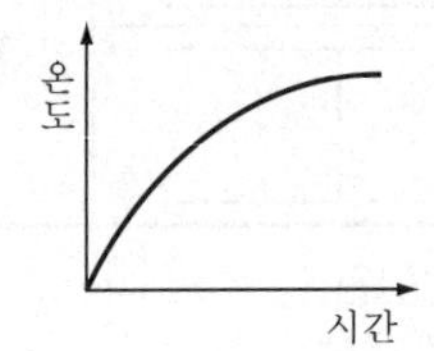

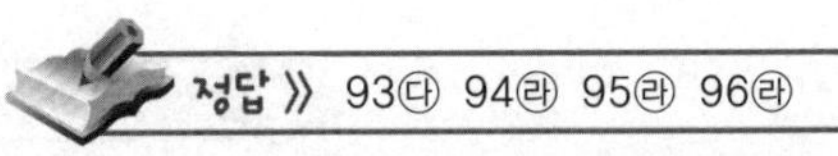
정답 》 93㉰ 94㉱ 95㉱ 96㉱

97 출화부 추정의 원칙 중 탄화심도에 대한 설명으로 옳은 것은?

㉮ 탄화심도는 발화부와 상관관계가 없다.
㉯ 탄화심도는 발화부에서 멀리 있을수록 깊어지는 경향이 있다.
㉰ 탄화심도는 황린을 발화부에 근접시켜 측정한다.
㉱ 탄화심도는 발화부에 가까울수록 깊어지는 경향이 있다.

해설 탄화심도란 탄소화합물이 분해되어 탄소가 되는 깊이이며, 발화부에 가까울수록 깊어지는 경향이 있다.

예 나무가 불에 탄 깊이

98 동일 조건의 실내 화재에서는 화원의 위치에 따라 불꽃높이의 차가 생긴다. 화원이 벽에 인접한 경우 불꽃은 실내 중앙에서 불꽃의 길이와 어떠한 차이가 있는가?

㉮ 중앙의 경우보다 불꽃이 짧아진다.
㉯ 중앙의 경우보다 불꽃이 길어진다.
㉰ 실이 높을수록 길어지고, 실이 낮을수록 짧아진다.
㉱ 실이 높을수록 짧아지고, 실이 낮을수록 길어진다.

해설 화원이 벽에 인접한 경우 실내 중앙에서보다 불꽃이 길어진다(실내 중앙보다 산소량이 부족하므로 연소에 필요한 산소량을 만족하기 위해서).

99 연기감지기가 작동할 정도의 연기 농도는 감광계수로 얼마 정도인가?

㉮ $1.0m^{-1}$　　㉯ $2.0m^{-1}$　　㉰ $0.1m^{-1}$　　㉱ $10m^{-1}$

해설 연기의 농도와 가시거리

감광계수[m^{-1}]	가시거리[m]	상 황
0.1	20~30	연기감지기가 작동할 때의 농도
0.3	5	건물 내부에 익숙한 사람이 피난할 정도의 농도
0.5	3	어두운 것을 느낄 정도의 농도
1	1~2	거의 앞이 보이지 않을 정도의 농도
10	0.2~0.5	화재 최성기 때의 농도
30	–	출화실에서 연기가 분출할 때의 농도

100 제연방식의 종류가 아닌 것은?

㉮ 자연제연방식　　㉯ 흡입제연방식
㉰ 기계제연방식　　㉱ 스모크타워 제연방식

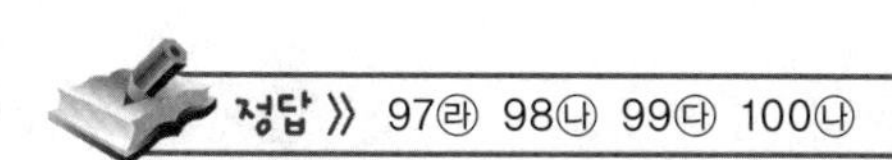
정답 》 97㉱ 98㉯ 99㉰ 100㉯

 제연방식의 종류
① 자연제연방식
② 스모크타워 제연방식
③ 기계제연방식
- 제1종 : 송풍기+배연기
- 제2종 : 송풍기
- 제3종 : 배연기

101 갑작스런 화재 발생시 인간의 피난 특성으로 틀린 것은?

㉮ 무의식 중에 평상시 사용하는 출입구를 사용한다.
㉯ 최초로 행동을 개시한 사람을 따라서 움직인다.
㉰ 공포감으로 인해서 빛을 피하여 어두운 곳으로 몸을 숨긴다.
㉱ 무의식 중에 발화장소의 반대쪽으로 이동한다.

 피난시 인간의 본능적 행동 특성
① 귀소 본능
② 퇴피 본능
③ 지광 본능 : 밝은 불빛을 따라 피난하려는 경향
④ 추종 본능

102 문틈으로 연기가 새어 들어오는 화재를 발견할 때 안전대책으로 잘못된 것은?

㉮ 빨리 문을 열고 복도로 대피한다.
㉯ 바닥에 엎드려 숨을 짧게 쉬면서 대피대책을 세운다.
㉰ 문을 열지 않고 수건이나 시트로 문틈을 완전히 밀폐한다.
㉱ 창문으로 가서 외부에 자신의 구원을 요청한다.

해설 출입문 개방시 다량의 연기의 유입으로 인한 질식의 우려가 크므로 문틈을 완전히 밀폐하고 대피대책을 세우는 것이 바람직하다.

103 건물 화재시 패닉(panic)의 발생원인과 직접적인 관계가 없는 것은?

㉮ 연기에 의한 시계제한　　㉯ 유독가스에 의한 호흡장해
㉰ 외부와 단절되어 고립　　㉱ 건물의 가연내장재

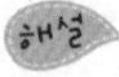 패닉(panic)의 발생원인
① 연기에 의한 시계제한
② 유독가스에 의한 호흡장애
③ 외부와 단절되어 고립시

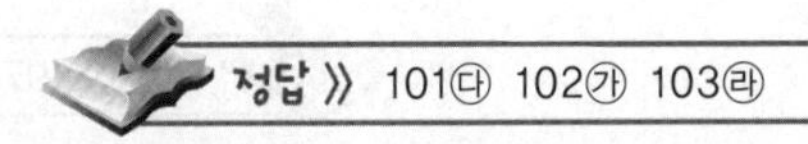
정답 》 101㉰ 102㉮ 103㉱

제4장

FIRE FIGHTING FACILITIES Engineer · Industrial engineer

위험물 안전관리

위험물 안전관리

4.1 물질의 분류

- 물질
  - 순물질
    - 단체 – (홑원소물질, element) : O_2, N_2, Cl_2, Ar, O_3, … 등
    - 화합물
      - 유기화합물(=탄소화합물) : CH_3Al (3류 일부), CH_3OH (4류), $C_6H_2(NO_2)_3CH_3$ (5류) 물질 등
      - 무기화합물 : $KClO_3$ (1류), P_4S_3 (2류), NaH (3류 일부), $HClO_4$ (6류) 등
  - 혼합물

위험물이란 대통령령이 정하는 인화성 또는 발화성 물품 등을 말한다.(법 제2조 제1항)

▶ 위험물의 분류

분 류	공통 성질	소화 방법
제1류 (산화성 고체)	① 불연성, 산소 다량함유, 조연성 ② 비중>1, 수용성 ③ 반응성 풍부(가열, 충격, 마찰 등에 의해 산소방출) ④ 알칼리금속의 과산화물은 물과 접촉하여 발열 및 산소 발생	가연성 물질의 성질에 따라 주수에 의한 냉각소화(단, 알칼리 금속의 과산화물은 모래 또는 소다재)
제2류 (가연성 고체)	① 이연성, 속연성 ② 유독한 것 또는 연소시 유독가스 발생 ③ 철분, Mg, 금속분류는 물과 접촉시 발열	주수에 의한 냉각소화(단, 황화인, 철분, Mg, 금속분류는 모래 또는 소다재)
제3류 (자연발화성 물질 및 금수성 물질)	① 물과 접촉시 발열, 발화 ② 공기 또는 물과 접촉하여 자연발화 ③ 대부분 무기물 고체지만, 알킬알루미늄과 같은 액체도 있다.	팽창질석 또는 팽창진주암에 의한 질식소화
제4류 (인화성 액체)	① 인화하기 매우 쉽다. ② 물보다 가볍고, 물에 녹지 않는다. ③ 증기는 공기보다 무겁다. ④ 착화온도가 낮은 것은 위험하다. ⑤ 증기는 공기와 약간 혼합시 연소	포에 의한 질식소화 안개상의 주수소화

분 류	공통 성질	소화 방법
제5류 (자기반응성 물질)	① 가연성 물질로 산소함유로 재연소 우려 (내부연소) ② 가열, 충격, 마찰로 폭발의 위험 ③ 산화반응으로 열분해에 의해 자연발화	다량의 주수에 의한 냉각소화
제6류 (산화성 액체)	① 불연성, 강산화제, 조연성 ② 비중>1, 물에 잘 녹고 물과 접촉시 발열 ③ 가연물, 유기물 등과의 혼합으로 발화 ④ 부식성이 강하여 증기는 유독	가연성 물질의 성질에 따라 마른모래, 분말소화약제

참고

❶ **1류, 6류 위험물이 탈 수 없는 이유** : 이미 물질 자체가 산화반응을 끝냈기 때문에 산화반응을 하지 않는다.
∴ 불연성

❷ **조연성 물질** : 물질 자체에 산소 포함, 스스로 타지 않는다.

❸ **질산**(HNO_3) : 6류 위험물
- 질산+대팻밥 → 자연발화
- 질산+금속 → NO_2 발생

1 물질의 특성

(1) 밀도

① 물질의 질량을 부피로 나눈 값으로, 물질마다 고유한 값을 지닌다.

② 단위는 g/mL, g/cm^3 등을 주로 사용한다.

$$\text{밀도} = \frac{\text{질량}}{\text{부피} } \text{ 또는 } \rho = \frac{M}{V}$$

(2) 비중

① 액체의 비중

어떤 물질의 밀도와 그것과 같은 체적의 4℃ 물의 밀도비

$$\text{비중} = \frac{\text{물질의 밀도}}{\text{4℃ 물의 밀도}} = \frac{\text{물질의 중량}}{\text{동일 체적의 물의 중량}}$$

㉠ 비중은 무차원량이다.

㉡ 20℃ 물의 비중은 1이다.

벤젠과 이황화탄소의 소화

벤젠과 이황화탄소는 근본적으로 화학결합 차이로 인해 섞이지 않으며, 벤젠의 비중은 0.879로 물로 소화할 경우 물보다 비중이 작기 때문에 물로 소화가 되지 않는다. 반면에 이황화탄소는 비중이 1.274이므로 물로 소화할 경우 이황화탄소의 표면을 덮어 소화가 가능하다.

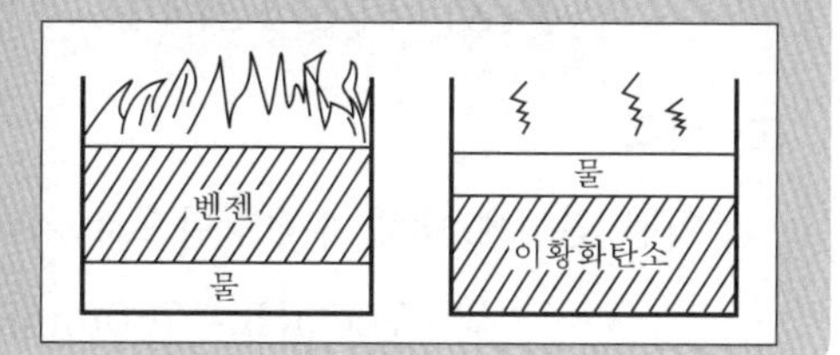

② 증기의 비중

㉠ 증기의 비중 $= \dfrac{\text{증기의 분자량}}{\text{공기의 분자량}} = \dfrac{\text{증기의 분자량}}{28.84(\text{또는 } 29)}$

㉡ 증기－공기 밀도 $= \dfrac{P_1 \cdot \rho}{P} + \dfrac{P - P_1}{P}$

여기서, P_1 : 주변온도에서의 증기압

P : 대기압

ρ : 증기밀도

㉢ 기체의 밀도 $= \dfrac{\text{분자량}}{22.4}$ [g/L](단, 0℃, 1기압)

공기의 구성 성분

❶ 질소 : 78%, 산소 : 21%, 아르곤, 이산화탄소 등 : 1%

❷ 공기의 평균분자량 구하기 : $28 \times \dfrac{78}{100} + 32 \times \dfrac{21}{100} + \cdots \fallingdotseq 28.84$

(3) 비열

물체 1g의 온도를 1℃ 높이는데 필요한 열량

물의 비열은 4.2J/g℃

(4) 온도 표시

① 화씨[°F] : 화씨 온도계는 32도와 212도 사이를 180등분으로 나누어 놓았다. 각 부분은 화씨 1도가 된다.

$T[°F] = 1.8t[℃] + 32$

② **절대온도〔K〕** : 과학적 이론 또는 실험은 도달할 수 있는 최저의 온도한계가 있는 것으로 정의하는데 그 최저온도 −273.15℃를 0K라 한다(절대온도는 〔°〕 표시를 하지 않는다).

$$T〔K〕=t〔℃〕+273.15$$

(5) 압력

어떤 면적에 대해 수직방향으로 가해지는 힘

$$1기압=76cmHg=760mmHg=14.7psi=14.7lbf/in^2$$

(6) 잠열(숨은열)

물질이 온도·압력의 변화를 보이지 않고 평형을 유지하면서 한 상에서 다른 상으로 전이할 때 흡수 또는 발생하는 열이다.

① **융해열** : 온도를 바꾸지 않은 상태에서 1g의 고체를 융해하여 액체로 바꾸는데 소요되는 열에너지로 물질의 분자 사이의 인력이 강할수록 더 많은 융해열이 필요하다.

② **기화열** : 어떤 물질이 기화할 때 외부로부터 흡수하는 열량이다. 이 열이 클수록 주변에서 더 많은 열을 빼앗으므로 주위의 온도를 많이 낮추게 된다.

③ **승화열** : 어떠한 물질이 승화할 때, 방출되거나 흡수되는 열량이다. 즉, 물질이 바뀔 땐 열이 방출 또는 흡수되는데 분자 사이의 결속력을 높이고 거리를 좁힐 때에는 물질이 가지고 있던 열에너지를 방출시켜야 한다.

(7) 현열

물질의 상태는 그대로이고 온도의 변화가 생기는데 출입되는 열

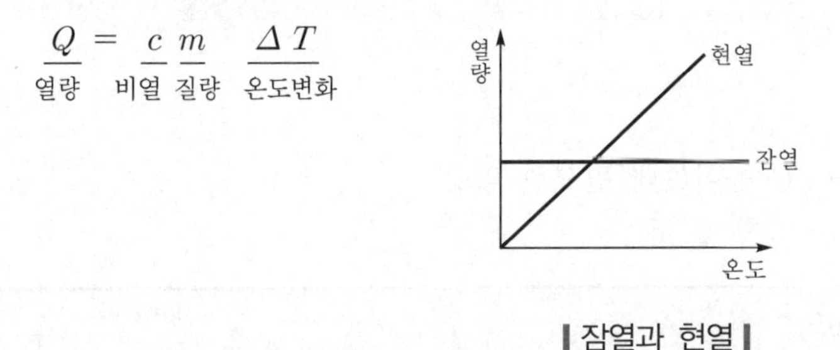

▌잠열과 현열▐

(8) 임계온도

기체의 액화가 일어날 수 있는 가장 높은 온도를 임계온도라고 한다. 일반적으로 온도가 매우 높으면 분자의 운동에너지가 커서 분자 상호간의 인력이 작아 액체상태로 분자를 잡아 둘 수 없게 되어 아무리 높은 압력을 가해도 액화가 일어나지 않는다.

▶ 몇 가지 물질의 임계온도와 임계압력

물 질	임계온도[℃]	임계압력[atm]	이 때의 밀도[g/cm³]
암모니아	132.4	111.5	0.235
에탄올	243.1	63.1	0.275
에틸에터	193.8	35.5	0.262
산소	−118.4	50.1	0.41
수소	−239.9	12.8	0.031
질소	−147.1	33.5	0.311
이산화탄소	31.0	72.8	0.464
베릴륨	−247.9	2.26	0.0693
물	374.0	218.3	0.326

(9) 동소체

같은 원소로 되어 있으나 성질이 다른 단체

동소체의 구성원소	동소체의 종류	연소생성물
산소(O)	산소(O_2), 오존(O_3)	−
탄소(C)	다이아몬드(금강석), 흑연, 활성탄	이산화탄소(CO_2)
인(P)	황린(P_4), 적린(P)	오산화인(P_2O_5)
황(S)	사방황, 단사황, 고무상황(S_8)	이산화황(SO_2)

참고

동소체의 구별 방법

연소생성물이 같은지를 확인하여 동소체임을 구별한다.

4.2 원자의 구조 및 주기율표

원자의 구조

구성입자		전하량[C]	질량[g]	기 호	발견자
원자핵	양성자	$+1.602\times10^{-19}$	1.6726×10^{-24}	P	골트슈타인
	중성자	0	1.6749×10^{-24}	n	채드윅
전자		-1.602×10^{-19}	9.1095×10^{-28}	e^-	톰슨

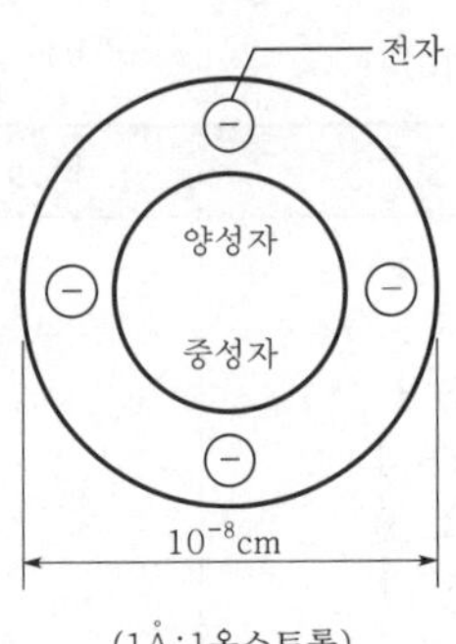

(1Å:1옹스트롬)

❙ 원자의 구조 ❙

2 원자번호와 질량수

(1) 원자번호

원자의 핵 속에 있는 양성자수와 같다.

$$원자번호(Z) = 양성자수 = 전자수$$

(2) 질량수

질량수 = 양성자수 + 중성자수 + 전자수 (무시 가능)

(∵ 전자의 무게는 양성자 무게의 $\frac{1}{1837}$이기 때문에 무시할 수 있다.)

3 동위원소

(1) 동위원소

양성자수는 같지만 중성자수가 달라 질량수가 다른 원소들로 화학적 성질은 같지만 질량이 다르므로 물리적 성질도 다르다.

> 예
>
> **수소(H)의 동위원소**
>
> $^1_1$H(경수소), $^2_1$H(중수소), $^3_1$H(삼중수소)

> 참고
>
> **평균원자량**
>
> 동위원소가 존재하는 경우의 원자량은 각 원소의 존재 비율을 고려한 평균원자량으로 나타낸다.
> 염소의 경우 $^{35}_{17}$Cl이 75.77%, $^{37}_{17}$Cl이 24.23%로 존재한다.
>
> $$\text{Cl의 평균원자량} = 35 \times \frac{75.77}{100} + 37 \times \frac{24.23}{100} \fallingdotseq 35.5$$

(2) 주기율표

① **멘델레예프의 주기율표**(1869) : 멘델레예프는 당시에 알려진 63종의 원소들을 원자량이 증가하는 순으로 배열하면 비슷한 성질을 가지는 원소들이 주기적으로 나타나는 것을 발견하였다. 이러한 발견을 토대로 가로줄을 몇 개의 주기로 나누고, 세로줄을 8개의 족으로 나누었다.

② **모즐리의 주기율표**(1913) : 음극선관에서의 X선 산란연구를 토대로 금속원자의 양성자수가 증가함에 따라 X선의 파장이 짧아지는 것을 발견하였다. 원소들의 원자번호를 결정하고 원소들의 주기적 성질은 원자번호가 증가함에 따라 규칙적으로 변한다는 것을 알아냈다(오늘날의 주기율표).

주기＼족	1	2	3	4	5	6	7	8	9	10	11	12	13	14	15	16	17	18
1	1 H																	2 He
2	3 Li	4 Be											5 B	6 C	7 N	8 O	9 F	10 Ne
3	11 Na	12 Mg											13 Al	14 Si	15 P	16 S	17 Cl	18 Ar
4	19 K	20 Ca	21 Sc	22 Ti	23 V	24 Cr	25 Mn	26 Fe	27 Co	28 Ni	29 Cu	30 Zn	31 Ga	32 Ge	33 As	34 Se	35 Br	36 Kr
5	37 Rb	38 Sr	39 Y	40 Zr	41 Nb	42 Mo	43 Tc	44 Ru	45 Rh	46 Pd	47 Ag	48 Cd	49 In	50 Sn	51 Sb	52 Te	53 I	54 Xe
6	55 Cs	56 Ba	56 La*	72 Hf	73 Ta	74 W	75 Re	76 Os	77 Ir	78 Pt	79 Au	80 Hg	81 Tl	82 Pb	83 Bi	84 Po	85 At	86 Rn
7	87 Fr	88 Ra	89 Ac**	104 RF	105 Db	106 Sg	107 Bh	108 Hs	109 Mt	110 Uun	111 Uuu	112 Uub		114 Uuq		116 Uuh		118 Uuo

* 란탄계	57 La	58 Ce	59 Pr	60 Nd	61 Pm	62 Sm	63 Eu	64 Gd	65 Tb	66 Dy	67 Ho	68 Er	69 Tm	70 Yb	71 Lu
* * 악티늄계	89 Ac	90 Th	91 Pa	92 U	93 Np	94 Pu	95 Am	96 Cm	97 Bk	98 Cf	99 Es	100 FM	101 Md	102 No	103 Lr

(3) 주기와 족

① **주기** : 주기율표의 가로줄을 의미하며, 1주기에서 7주기까지 존재한다. 주기는 한 원소에서 전자가 배치되어 있는 전자껍질수와 같다.

② **족** : 주기율표의 세로줄을 의미하며, 18족까지 존재한다. 동족원소는 화학적 성질이 비슷하다.

족	1	2	13	14	15	16	17	18
이 름	알칼리금속	알칼리토금속	붕소족	탄소족	질소족	산소족	할로젠족	비활성 기체

㉠ 1족 알칼리금속
- 원자가전자가 1개여서 +1가 양이온이 되기 쉽다. → 금속성이 크다.
- 공기 중에서 쉽게 산화된다.
- 물과 폭발적으로 반응한다. ⇒ 수소 발생

$2Na + 2H_2O \rightarrow 2NaOH + H_2 \uparrow$

알칼리금속은 제3류 위험물로 금수성 물질이다. 석유나 벤젠에 보관하며, 요즘은 고체 파라핀으로 피복시켜 유통되는 경우도 있다.

- 알칼리금속염의 수용액은 특유의 불꽃 색깔을 낸다.

알칼리금속	녹는점(℃)	끓는점(℃)	밀 도	불꽃반응
Li	180.5	1342	0.53	빨강
Na	97.8	883	0.97	노랑
K	62.3	760	0.86	보라
Rb	38.9	686	1.53	진한 빨강
Cs	28.5	676	1.87	파랑 (불꽃놀이에 사용한다.)

참고

- **물과의 반응성 크기 비교**

  $Li < Na < K < Rb < Cs$
- **끓는점 크기 비교**

  $Li > Na > K > Rb > Cs$

㉡ 7족 할로젠원소

- 최외각전자수가 7개여서 전자를 한 개 얻어 −1가 음이온이 되기 쉽다.
- 반응성의 크기 : $F_2 \gg Cl_2 > Br_2 > I_2$
- 모두 비금속이다.
- 할로젠원소의 성질

할로젠원소	색 깔	녹는점(℃)	끓는점(℃)	상태(상온)	특 징
F_2	담황색	−220	−188	기체	살균효과
Cl_2	황록색	−101	−35	기체	표백작용
Br_2	적갈색	−7.2	58.8	액체	비금속 중 상온에서 유일한 액체
I_2	흑자색	114	184	고체	단체일 때는 무색
At_2	흑색	302	337	고체	인체에 매우 유독

㉢ 8족 비활성 기체(=불활성 기체)

- 원소 자체로 안정하기 때문에 다른 물질과 반응하지 않는 기체이다.
- He : 안정성이 높기 때문에 폭발의 위험성이 없다. 애드벌룬 등에 많이 쓰인다.
- 비활성 기체를 불꽃 속에 넣으면 산소 농도가 엷어지므로 소화된다. ⇒ 희석소화
- 연소반응이 없다.

(4) 전자배치

① 1족(+1가 지향)

K L M

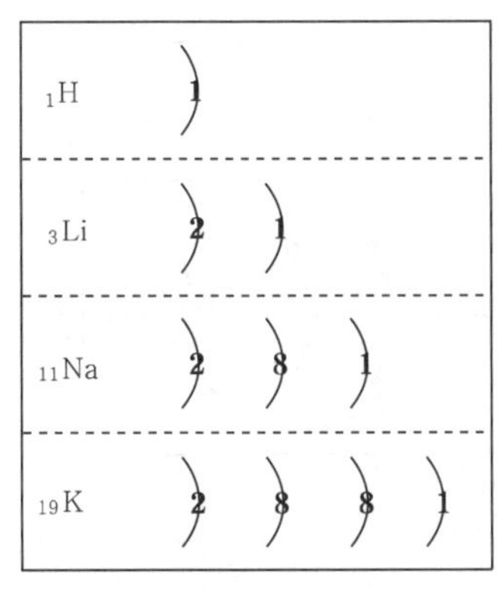

→ 모두 최외각전자수 1개

∴ 1족 원소가 된다.

② 2족(+2가 지향)

K L M

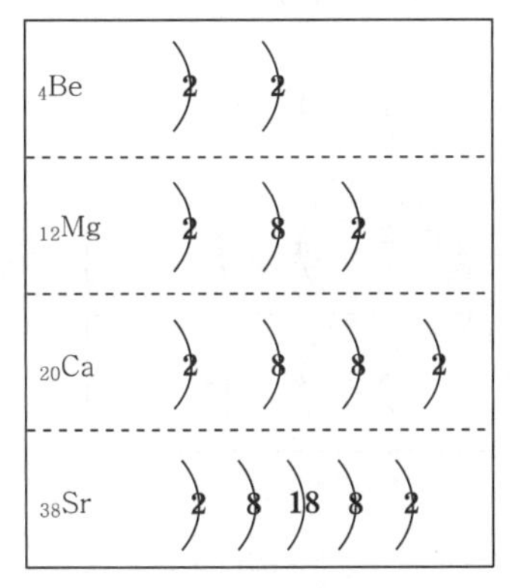

→ 최외각전자수 2개

∴ 2족 원소가 된다.

③ 13족(+3가 지향)

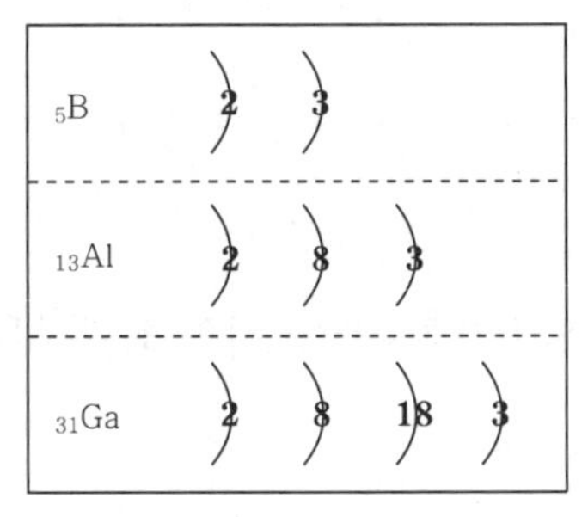

→ 모두 최외각 전자수 3개

∴ 13족 원소가 된다.

④ 14족(±4가 지향)

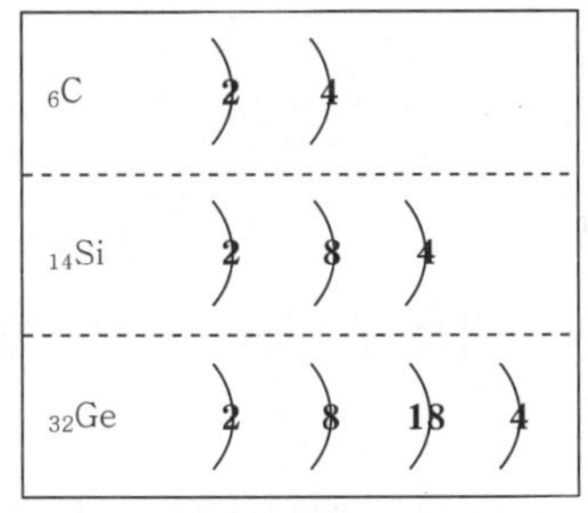

→ 최외각전자수 4개

∴ 14족 원소가 된다.

참고

4족 원소(C, Si, Ge, Sn, Pb)

전자 4개를 받거나 버리면 안정해진다.

→ ±4가 지향

⑤ 15족(－3가 지향)

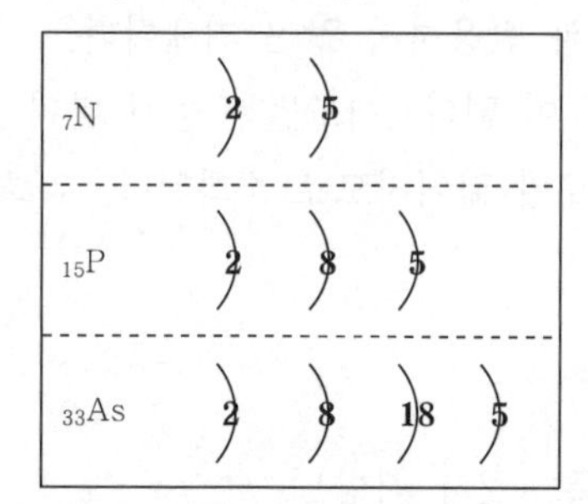

⑥ 16족(－2가 지향)

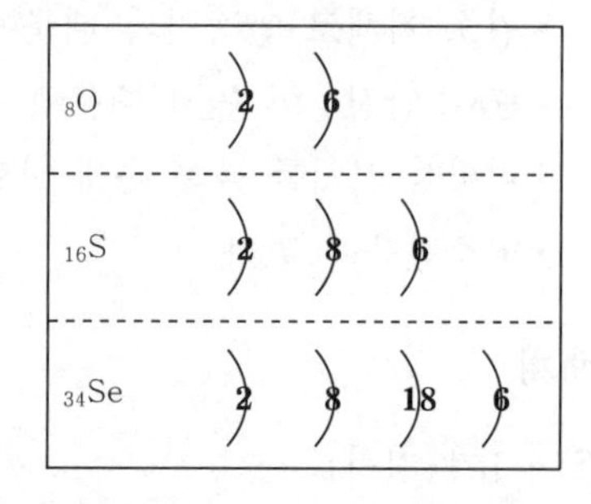

⑦ 17족(－1가 지향)

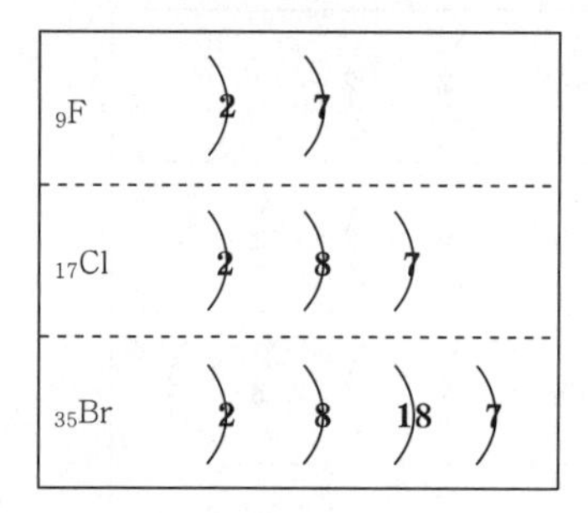

⑧ 18족(0족)

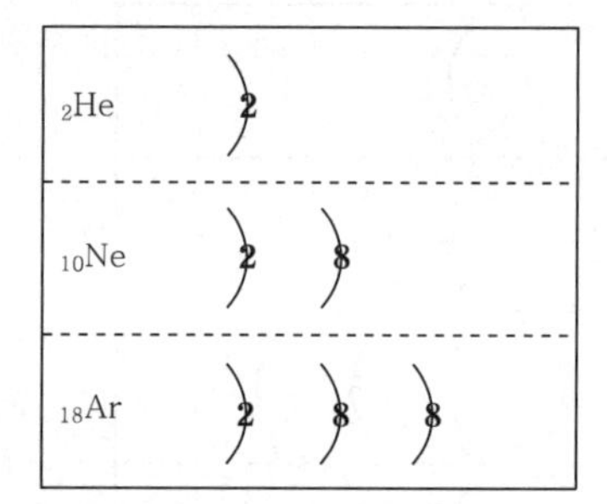

4.3 화학식과 화학반응식

화학식

(1) 분자식

한 개의 분자를 구성하는 원소의 종류와 그 수를 원소기호로써 표시한 화학식을 분자식이라 한다.

물(H_2O), 염산(HCl), 녹말$(C_2H_{10}O_5)_n$

(2) 실험식(조성식)

어떤 물질을 구성한 원자(또는 이온)의 종류와 수를 간단한 비로 표시한 것을 실험식이라 한다.

아세틸렌($C_{\not{2}}H_{\not{2}}$), 벤젠($C_{\not{6}}H_{\not{6}}$) ⇒ 실험식은 CH

참고

실험식과 분자식의 관계

(실험식)$\times n$ = 분자식

예

실험식이 CH인 벤젠의 분자량이 78이라고 한다. 분자식은?

CH의 실험식량=13

$13\times n=78$

$\therefore n=6$ 벤젠의 분자식은 C_6H_6

EXERCISE

01 식초의 주성분인 아세트산은 탄소, 수소 및 산소로 되어 있다. 이 3원소의 % 조성이 40.0% C, 6.73% H, 53.3% O이었다면, 아세트산의 실험식은?

풀이 ① 1단계 : 100g 중 각 원소의 양은 40.0g C, 6.73g H, 53.3g O

② 2단계 : 이를 몰수로 환산하면

$$C\text{의 몰수}=40.0\text{g C}\times\frac{1\text{mol C}}{12.01\text{g C}}=3.33\text{mol C}$$

$$H\text{의 몰수}=6.73\text{g H}\times\frac{1\text{mol H}}{1.011\text{g H}}=6.73\text{mol H}$$

$$O\text{의 몰수}=53.3\text{g O}\times\frac{1\text{mol O}}{16.00\text{g O}}=3.33\text{mol O}$$

③ 3단계 : 각 원자 몰수의 비를 가장 간단한 정수로 나타내면,

C : H : O=3.33 : 6.66 : 3.33=1 : 2 : 1

∴ 실험식은 CH_2O

(3) 시성식

분자 속에 들어 있는 원자단(관능기)의 결합상태를 나타낸 화학식으로 유기화합물에서 많이 사용되며, 분자식은 같으나 전혀 다른 성질을 갖는 물질을 구분할 수 있다.

예

에탄올	C_2H_6O(분자식)	C_2H_5OH(시성식)
초산	$C_2H_4O_2$(분자식)	CH_3COOH(시성식)

(4) 구조식

분자를 구성하는 원자와 이들 원자의 결합모양을 나타낸 식이다.

```
     H
     |
H — C — H
     |
     H
```

┃메탄의 구조식┃

```
O ═ C ═ O
```

┃CO_2의 구조식┃

```
H — O     O
     \   //
       S
     /   \\
H — O     O
```

┃H_2SO_4의 구조식┃

(5) 전자점식

화합물의 결합상태를 전자점으로 표시한 화학식이다.

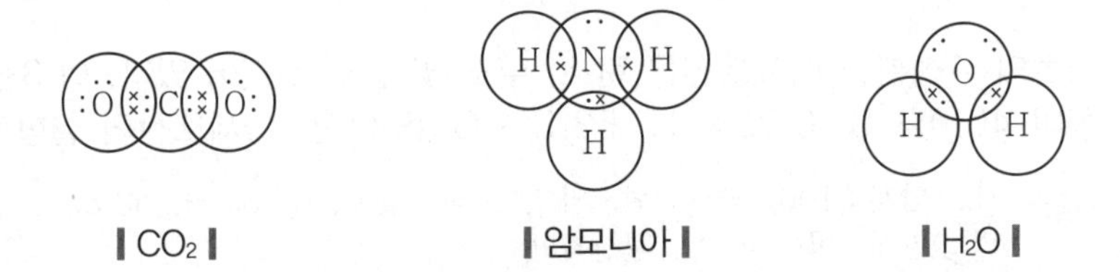

┃CO_2┃ ┃암모니아┃ ┃H_2O┃

참고

아세트산의 화학식

분자식	실험식	시성식	구조식
$C_2H_4O_2$	CH_2O	CH_3COOH	H — C(H)(H) — C(═O) — O — H

2 화학반응식

원소기호나 화학식을 사용하며, 물질의 화학변화를 나타낸 식을 화학반응식 또는 화학방정식이라 한다.

(1) 반응식 만드는 법

① 반응물과 생성물을 알아야 한다.

② 물질은 분자식으로 나타낸다.

③ 반응물 → 생성물로 놓고 촉매 등(온도, 압력)은 화살표 위에 나타낸다.

④ 반응물과 생성물의 원자수가 같도록 화학식 앞에 계수를 붙인다.

(2) 반응식이 나타내는 뜻

화학반응식은 다음과 같은 여러 가지 뜻을 내포하고 있다.

① 반응물과 생성물이 무엇인가를 나타낸다(정성적 의미).

② 물질 간의 몰비 또는 분자수의 비를 나타낸다(몰비).

③ 질량비를 나타낸다(일정 성분비, 질량불변의 법칙).

④ 기체물질의 경우 부피의 비를 나타낸다(기체반응의 법칙).

EXERCISE

02 프로판가스(C_3H_8)가 순수한 산소 속에서 연소했을 때의 화학반응식은?

풀이 프로판 연소생성물 : 물(H_2O), 이산화탄소(CO_2)

$aC_3H_8 + bO_2 \rightarrow cCO_2 + dH_2O$

① 단계 a가 1이면 C의 개수가 좌측에 3개이므로 우측 C의 개수를 맞추기 위해 $c=3$이 된다.

② 단계 H의 개수가 좌측에 8개이므로 우측 H의 개수를 맞추기 위해 $d=4$가 된다.

③ 단계 O의 개수가 ①, ② 단계로부터 우측에 10개이므로 좌측 O_2의 개수를 맞추기 위해 $b=5$가 된다.

$\therefore\ C_3H_8(g) + 5O_2(g) \rightarrow 3CO_2(g) + 4H_2O(g)$

4.4 기체의 법칙

① 보일의 법칙

일정한 온도에서 일정량의 기체의 부피는 압력에 반비례한다.

$$\underset{\text{압력}}{\underline{P}}\ \underset{\text{부피}}{\underline{V}} = \underset{\text{상수}}{\underline{k}},\quad P_1V_1 = P_2V_2 \text{(기체의 몰수와 온도는 일정)}$$

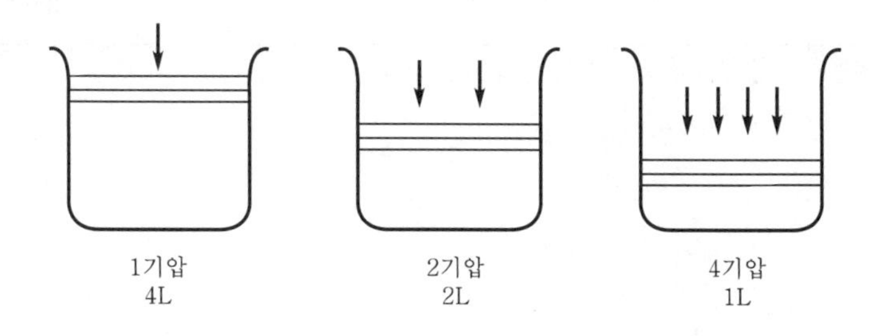

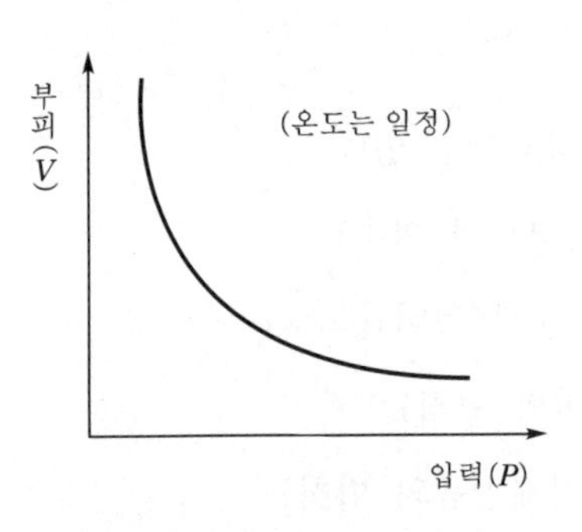

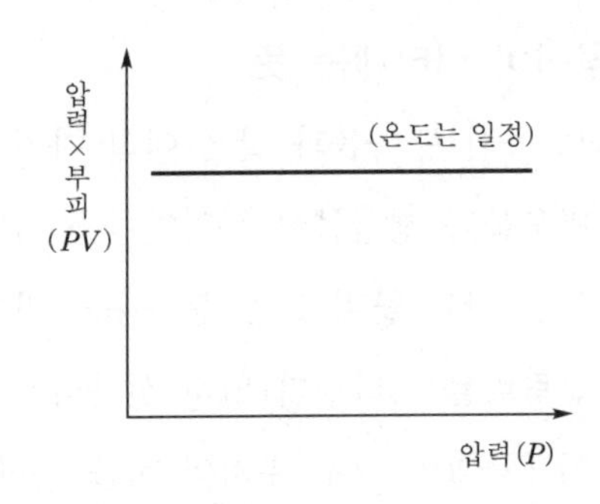

2 샤를의 법칙

일정한 압력에서 일정량의 기체의 부피는 절대온도에 비례한다.

$$V = kT, \quad \frac{V_1}{T_1} = \frac{V_2}{T_2} \; (T[\text{K}] = t[℃] + 273.15)$$

참고

기체의 온도와 부피

일정한 압력에서 일정량의 기체의 부피는 온도가 1℃ 높아질 때마다 0℃ 때 부피의 $\frac{1}{273.15}$ 만큼씩 증가한다.

$$V = V_o + \frac{t}{273.15} V_o = V_o\left(1 + \frac{t}{273.15}\right)$$

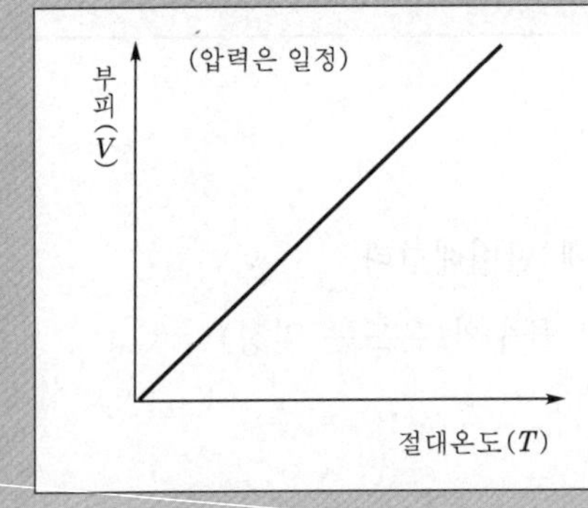

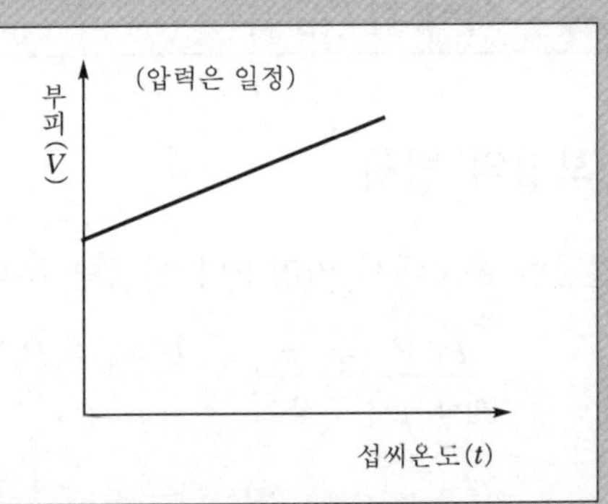

③ 보일-샤를의 법칙

일정량의 기체의 부피는 절대온도에 비례하고, 압력에 반비례한다.

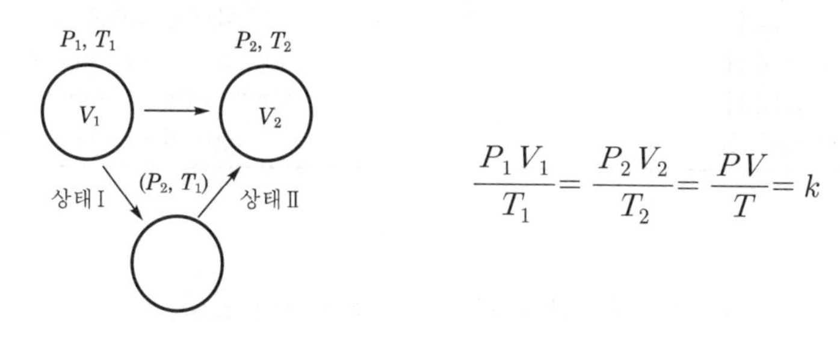

$$\frac{P_1V_1}{T_1}=\frac{P_2V_2}{T_2}=\frac{PV}{T}=k$$

④ 이상기체와 실제기체

(1) 이상기체

① 분자의 부피는 없고 질량만 가지며, 평균운동에너지는 분자량과 무관하고 절대온도에만 비례한다.

② 실제기체 중 He, H_2는 이상기체에 가깝게 행동한다.

(2) 기체의 상태방정식

보일-샤를의 법칙과 아보가드로의 법칙으로 유도한다.

$$\underset{\text{압력}}{\underline{P}}\ \underset{\text{부피}}{\underline{V}} = \underset{\text{몰수}}{\underline{n}}\ \underset{\text{기체 상수}}{\underline{R}}\ \underset{\text{절대 온도}}{\underline{T}}$$

여기서, 기체상수 $R=\frac{PV}{nT}$

$=\frac{1\text{atm}\times 22.4\text{L}}{1\text{mol}\times(0℃+273.15)\text{K}}$ (아보가드로 법칙에 의해)

$=0.082\text{L}\cdot\text{atm/K}\cdot\text{mol}$

참고

기체의 분자량 결정

$PV=nRT$에서, 몰수$(n)=\frac{\text{질량}(w)}{\text{분자량}(M)}$ 이므로

$PV=\frac{w}{M}RT \qquad \therefore\ M=\frac{w}{PV}RT$

▶ 몰기체 상수값

R값	단 위
0.082057	L · atm/(K · mol)
8.31441	J/(K · mol)
8.31441	kg · m^2(s^2 · K · mol)
8.31441	dm^3 · kPa/(K · mol)
1.98719	cal/(K · mol)

(3) 실제기체

분자 자신의 부피가 있으며, 분자간의 인력이나 반발력이 있다.

참고

실제기체는 온도가 높고, 압력이 낮을수록 이상기체의 성질에 가까워진다. 왜? 온도가 높아지거나 분자의 크기가 작아지면 분자 사이의 인력이 작아지기 때문이고 압력이 낮으면 분자 자신이 차지하는 부피가 작기 때문에 이상기체에 가깝다.

5 그레이엄의 확산법칙

같은 온도와 압력에서 두 기체의 분출속도는 그들 기체의 분자량의 제곱근에 반비례한다.

$$\frac{V_A}{V_B}=\sqrt{\frac{M_B}{M_A}}=\sqrt{\frac{d_B}{d_A}}$$

여기서, M_A, M_B : 기체 A, B의 분자량

d_A, d_B : 기체 A, B의 밀도

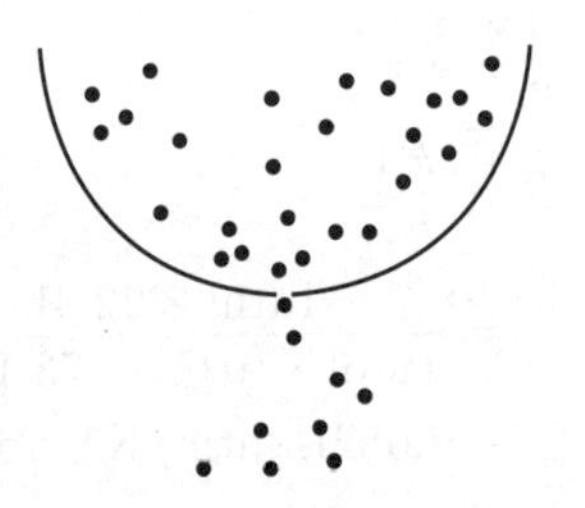

❙ 기체의 분출 ❙

참고

확산

❶ 어떤 기체가 다른 기체 속을 퍼져나가는 현상
❷ 그레이엄의 법칙 적용

EXERCISE

03 수소 분출속도는 산소 분출속도의 몇 배인가?

풀이 $M_{H_2} = 2$

$M_{O_2} = 32$

$$\frac{V_{H_2}}{V_{O_2}} = \sqrt{\frac{M_{O_2}}{M_{H_2}}} = \sqrt{\frac{32}{2}} = 4$$

∴ 수소 분출속도는 산소 분출속도의 4배이다.

 압 력

(1) 압력의 정의

용기나 관 등의 벽에 수직으로 작용하고 있는 힘

(2) 압력의 단위

1기압(atm) = 760mmHg = 760torr = 14.7lb/in^2

= 101.3kPa = 1.013×10^5N/m^2

(3) 계기압력과 절대압력

① 계기압력 : 현재의 대기압을 0으로 두고 측정한 압력(보통압력이라고 한다.)

② 절대압력 : 현재의 대기압을 0.101325MPa로 놓고 측정한 압력

대기압(P_a) + 계기압력(P_g) = 절대압력(P)

04 자동차 타이어에는 30.0lb/in^{2}의 계기압력이 필요하다. 타이어 속의 공기의 절대압력은 얼마인가? (단, 이를 기압 및 N/m^2 단위로 표시하여라.)

 $P_g + P_a = P$

$P_g = 30.0\text{lb/in}^2$

$P_a = 14.7\text{lb/in}^2$

$30 + 14.7 = 44.7\text{lb/in}^2 = P$

그런데 1atm = 14.7lb/in^2 = 1.013×10^5N/m^2

∴ 144.7lb/in^2 : 1.013×10^5N/m^2 = 44.7lb/in^2 : x〔N/m^2〕

∴ 절대압력은 3.08×10^5N/m^2

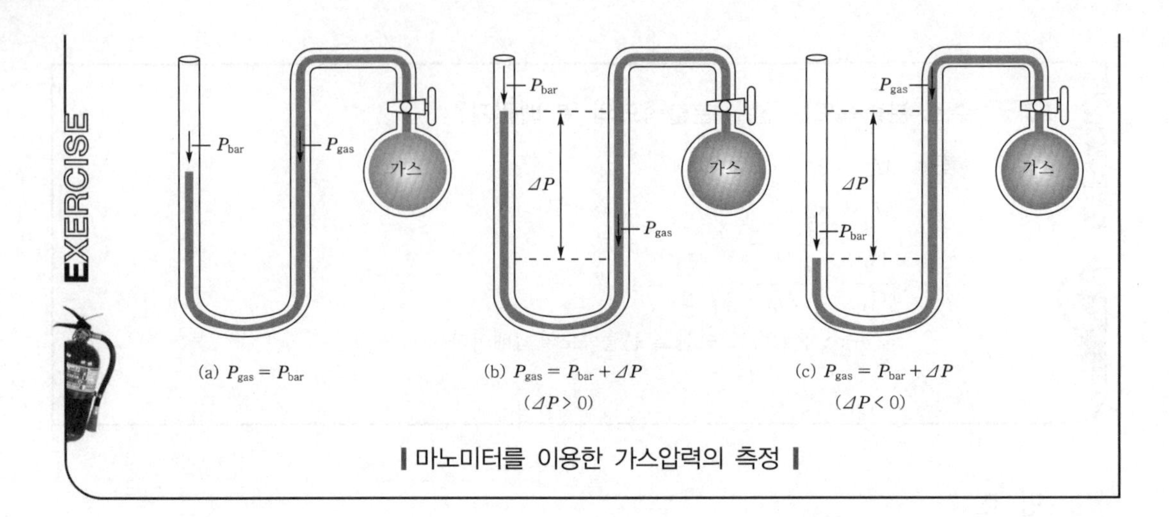

┃ 마노미터를 이용한 가스압력의 측정 ┃

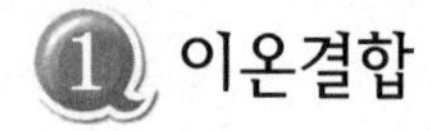

4.5 화학결합

① 이온결합

(1) 금속 양이온(+)과 비금속 음이온(−)의 결합

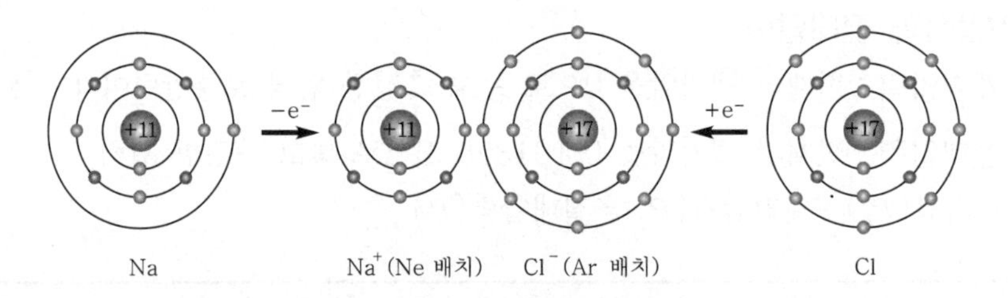

┃ Na^+과 Cl^- 사이의 이온결합 ┃

(2) 이온결합물질의 성질

① 이온결합화합물은 물과 같은 극성 용매에 잘 녹는다. 하지만 탄산염, 황산염, 인산염 등은 이온성 물질이나 물에 녹기 어렵다.

② 이온결정 중의 이온은 전기전도성이 없으나 물에 녹이거나 용융시키면 전류를 잘 전도한다.

③ 이온결정은 정전기적 인력에 의해 결합되어 있으므로 녹는점과 끓는점이 높다.
⇒ 이온간 거리가 가까울수록, 이온의 전하가 클수록 녹는점, 끓는점이 높다.

2 공유결합

두 원자가 전자쌍을 공유함으로써 형성되는 결합이다.

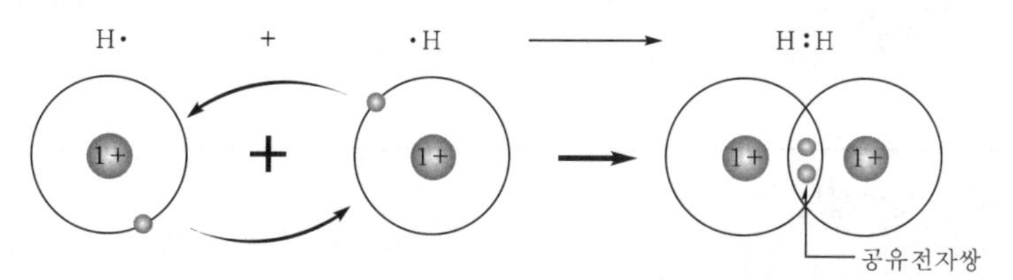

| 수소분자의 형성 |

공유결합의 예

❶ 비금속 단체 : H_2, O_2, N_2 등
❷ 비금속+비금속 : HF, H_2O, NH_3, CO_2 등
❸ 탄소화합물(유기화합물) : CH_4, C_2H_4, C_2H_2 등

(1) 공유결합의 형성

H + F → H:F

홀전자 / 공유전자쌍 / 비공유전자쌍

① **홀전자** : 원자가 전자 중에서 짝을 이루지 않은 전자

② **공유전자쌍** : 결합에 참여하고 있는 공유된 전자쌍

③ **비공유전자쌍** : 결합에 참여하고 있지 않은 전자쌍

(2) 극성분자와 비극성분자

① **극성분자** : 공유결합 분자에서 전하가 한쪽으로 치우쳐 분포하였을 때 그 분자는 극성이 있다고 하고, 그러한 분자를 극성분자(또는 쌍극자)라 한다.

HF, HCl, HBr, HI, H_2O 등

② **비극성분자** : 공유결합에 참여한 전자들이 양쪽 원자에 똑같이 공유되어 전하는 분자 전체에 고루 분포하는데 이와 같은 분자들을 비극성분자라 한다.

H_2, O_2, Cl_2, F_2, Br_2

참고

극성 공유결합이지만 전하의 분포가 대칭구조를 이루는 물질

CO_2, CH_4, C_6H_6 등

예

CO_2의 루이스 전자점식

$$\ddot{\underset{..}{O}}::C::\ddot{\underset{..}{O}} \longrightarrow \ddot{\underset{..}{O}}=C=\ddot{\underset{..}{O}}$$

(3) 공유결합 물질의 성질

① 공유결합 물질은 그 구성단위가 분자이며, 기체 · 액체 및 고체 상태에서 분자모양을 그대로 유지하므로 분자성 물질이라고 한다.

② 물에는 녹지 않지만, 유기용매(벤젠, 에터, 알코올)에 잘 녹는다.

③ 전기를 통하지 않는 것이 많고, 화학반응속도가 느리다.

④ 이온결합성 물질보다 녹는점과 끓는점이 낮고, 용해열과 증발열도 낮다.

⑤ 분자성 물질은 실온에서는 주로 기체나 액체 물질로 존재하지만, 나프탈렌 · 드라이아이스와 같이 고체로 존재하는 경우는 승화성 물질이다.

※ 그 이유는 원자 사이의 결합력은 강하지만, 분자 사이의 결합력이 약하기 때문이다.

3 금속결합

자유전자와 금속 양이온 사이의 정전기적 인력에 의한 결합이다.

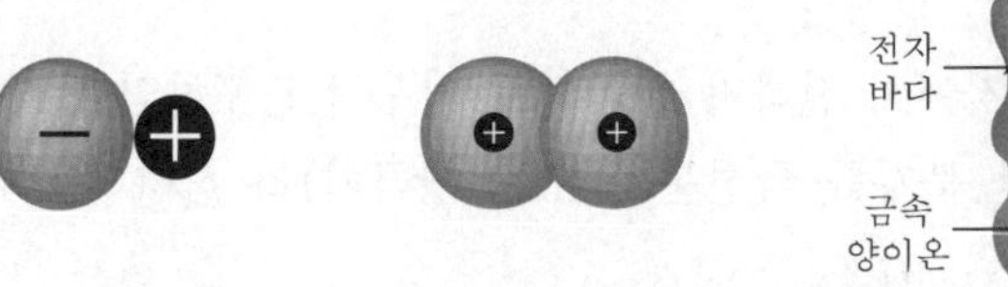

(a) 이온결합　　(b) 공유결합

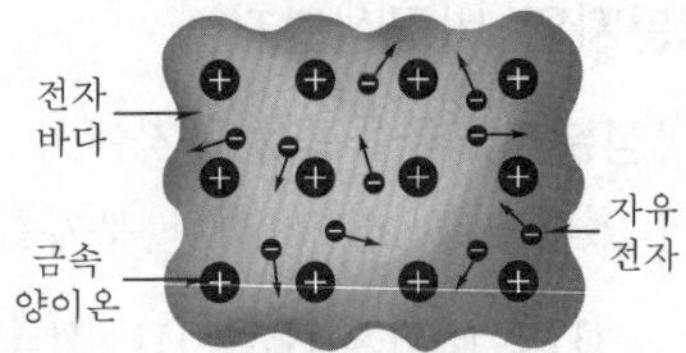

(c) 금속결합

▌이온결합, 공유결합, 금속결합의 비교▐

(1) 금속결합의 특징

① 전기전도도와 열전도도가 크다.

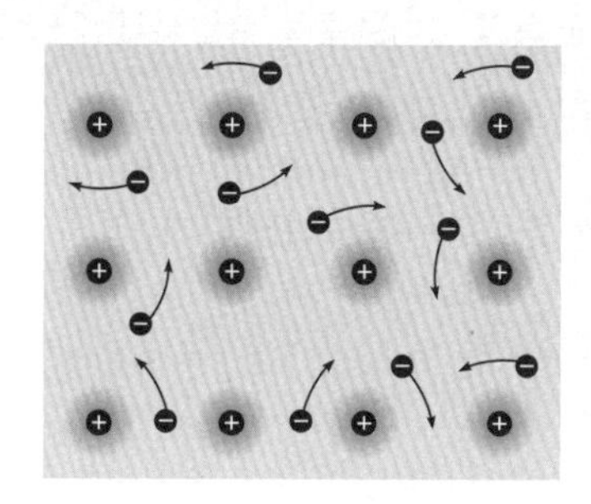

(a) 전류가 흐르지 않을 때

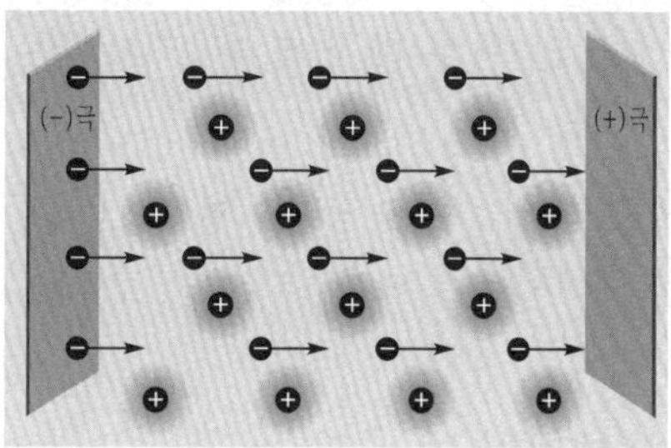

(b) 전류가 흐를 때

┃금속결합 내의 자유전자의 움직임┃

금속에 전압을 걸어 주면 자유전자들이 쉽게 (+)극 쪽으로 이동할 수 있으므로 금속은 높은 전기전도도를 나타낸다. 비금속결정에서는 결합에 참여한 전자들이 구속되어 있기 때문에 전기전도성을 가지지 않으며, 열전도도가 매우 낮다.

② 연성과 전성이 크다.

㉠ 연성 : 가늘고 길게 뽑아낼 수 있는 성질(뽑힘성)

㉡ 전성 : 두드려서 얇게 펼 수 있는 성질(펴짐성)

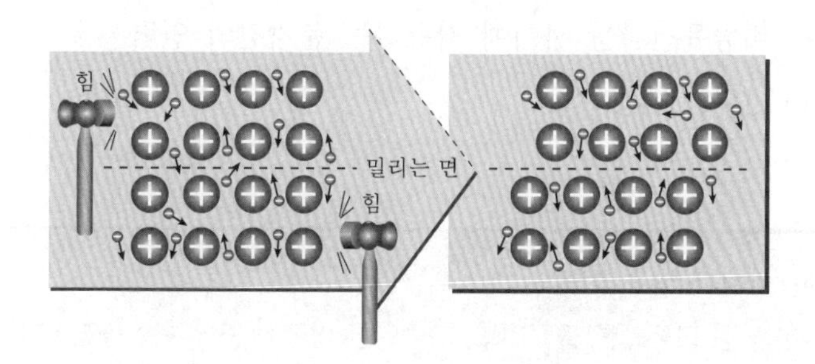

┃힘에 의한 금속결정의 변형┃

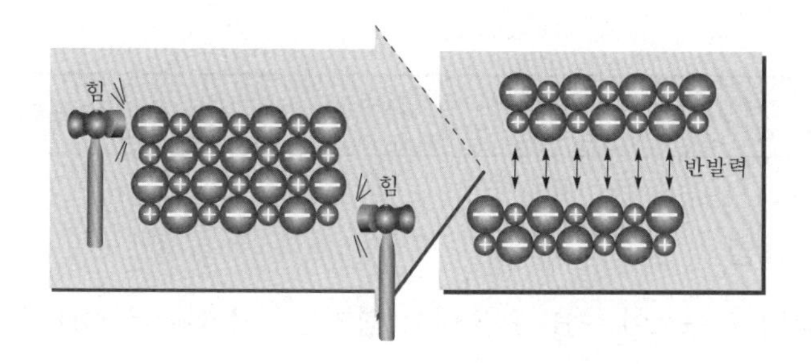

┃힘에 의한 이온결정의 부스러짐┃

참고

금속결정

자유전자가 금속의 양이온 사이로 쉽게 이동하여 금속의 양이온들을 결합시켜 주므로 금속결합이 쉽게 파괴되지 않기 때문에 쉽게 부서지지 않는다.

③ 금속의 광택 : 금속표면이 일단 가시광선을 모두 흡수하였다가 거의 대부분 진동수의 빛을 반사한다.

4 기타 화학결합

(1) 배위결합

공유결합 물질에서 한 원자가 일방적으로 전자쌍을 다른 원자에게 제공하여 결합된다.

$$H^+ + H:\overset{\cdot\cdot}{\underset{\cdot\cdot}{N}}:H \ (\text{위아래 } H) \longrightarrow \left[H\,:\,\overset{\cdot\cdot}{\underset{\cdot\cdot}{N}}:H \ (\text{위아래 } H) \right]^+$$

배위결합

(2) 수소결합

전기음성도가 큰 원소인 F, O, N에 직접 결합된 수소원자와 근처에 있는 다른 F, O, N 원자에 있는 비공유전자쌍 사이에 작용하는 분자간의 인력

H_2O, HF, NH_3

참고

물과 가솔린이 섞이지 않는 이유

기본적으로 물은 극성 공유결합 물질이고, 가솔린은 비극성 공유결합 물질이며, 서로간에 밀도 차이가 존재하므로 섞이지 않는다.

4.6 산과 염기

(1) Arrhenius 개념

산은 수용액에서 수소이온(H^+)을 내고 염기는 수산화이온(OH)을 내는 것으로 설명하였다.

산 $HCl \rightleftharpoons H^{+} + Cl^{-}$

염기 $NaOH \rightleftharpoons Na^{+} + OH$

중화 $H^{+} + Cl + Na^{+} + OH \rightleftharpoons Na^{+} + Cl^{-} + HOH$

$$H^{+} + OH^{-} \rightleftharpoons HOH$$

▶ 산, 염기의 분류

산	염 기
1가의 산(일염기산) HCl, HNO_3COOH 등 2가의 산(이염기산) H_2SO_4, H_2CO_3, H_2S 등 3가의 산(삼염기산) H_3PO_4, H_3BO_3 등	1가의 염기(일산염기) $NaOH$, KOH, NH_4OH 등 2가의 염기(이산염기) $Ca(OH)_2$, $Ba(OH)_2$, $Mg(OH)_2$ 등 3가의 염기(삼산염기) $Fe(OH)_3$, $Al(OH)_3$ 등

▶ 산, 염기의 강약 분류

산	염 기
강산 HCl, HNO_3, H_2SO_4, $HClO_4$ 약산 H_3PO_4(중간), CH_3COOH, H_2CO_3, H_2S	강염기 KOH, $NaOH$, $Ca(OH)_2$, $Ba(OH)_2$ 약염기 NH_4OH, $Hg(OH)_2$, $Al(OH)_3$

금속의 수산화물은 대부분이 염기이다. 염기 중에는 $Fe(OH)_3$, $Cu(OH)_2$ 등 물에 녹기 어려운 것이 많으며, 염기 중에 잘 녹는 것을 알칼리라고 한다.

(2) Bronsted－Lowry 개념

산이란 양성자(H^{+})를 내어 놓을 수 있는 물질(분자 또는 이온)이며, 염기는 양성자(H^{+})를 받아들일 수 있는 물질(분자 또는 이온)이다.

$$\underset{\substack{\text{산} \\ (H^+\text{를 줄 수 있음})}}{HCl(aq)} + \underset{\substack{\text{염기} \\ (H^+\text{를 받을 수 있음})}}{H_2O} \longrightarrow \underset{\substack{\text{산} \\ (H^+\text{를 줄 수 있음})}}{H_3O(aq)} + \underset{\substack{\text{염기} \\ (H^+\text{를 받을 수 있음})}}{Cl^{-}(aq)}$$

(3) Lewis 개념

① 비공유전자쌍을 받아들일 수 있는 것을 산이라 하고, 비공유전자쌍을 내어줄 수 있는 물질을 염기라 한다.

② 배위 공유결합을 형성하는 반응은 어떤 것이나 산－염기 반응이다.

(4) 염의 생성 및 가수분해

① **염의 생성** : 산과 염기가 반응할 때 물과 함께 생기는 물질을 염(salt)이라고 한다.

산＋염기 → 염＋물

② 산의 수소이온(H^{+})이 금속이온이나 암모늄이온(NH_4^{+})으로 치환된 화합물 또는 염기의 OH가 산의 음이온(산기)으로 치환된 화합물을 염이라고 한다.

(5) 염의 종류

① 산성염

산의 수소원자 일부가 금속으로 치환되고 H가 아직 남아 있는 염

예 NaH_2SO_4, $NaHCO_3$, NaH_2PO_2, $NaHPO_4$, $Ca(HCO_3)_2$

② 염기성염

염기의 수산기(OH) 일부가 산기로 치환되거나 OH가 아직 남아 있는 염

예 $Ca(OH)Cl$, $Mg(OH)Cl$, $Cu(OH)Cl$

③ 정염(중성염)

산의 H가 전부 금속으로 치환된 염 또는 염기의 OH가 전부 산기로 치환된 염(분자 속에 H나 OH가 없는 염)

예 $NaCl$, Na_3PO_4, Na_2SO_4, $(NH_4)_2SO_4$, $CaSO_4$, $Al_2(SO_4)_3$, NH_4Cl, $CaCl_2$ $AlCl_3$

④ 복염

2가지 염이 결합할 때 생기는 염으로, 물에 녹아 이온화할 때 본래의 염과 같은 이온을 내는 염이다.

예 $KAl(SO_4)_2 \cdot 12H_2O$, $KCr(SO_4)_2 \cdot 12H_2O$

(성분 염의 전리 ═══ 생성 염의 전리)

$$K_2SO_4 + Al_2(SO_4)_3 + 24H_2O \rightleftharpoons 2KAl(SO_4)_2 \cdot 12H_2O$$

$$2K^+ \ SO_4^{2-} + 2Al^{3+} \ 3SO_4^{2-} \rightleftharpoons 2K^+ \ 2Al^{3+} \ 4SO_4^{2-}$$

(성분 염의 이온화) (생성 염의 이온화)

⑤ 착염

2가지 염이 결합할 때 생기는 염으로, 물에 녹아 이온화할 때 본래의 염과 전혀 다른 이온을 내는 염(성분 염의 전리 ≠생성 염의 전리)

$$KCN + AgCN \longrightarrow KAg(CN)_2$$

$$K^+ + CN + Ag^+ + CN \longrightarrow K^+ + Ag(CN)_2$$

(성분 염의 이온화) (착염의 이온화)

$$K^+ \ CN^- + Ag^+ \ CN^-$$

(6) 화학식 만들기와 명명

① 분자식과 화합물의 명명법

$$M^{|+m|} \quad N^{|-n|} = M_nN_m \qquad Al^{|+3|} \quad O^{|-2|} = Al_2O_3$$

② 라디칼(radical=원자단) : 화학변화시 분해되지 않고, 한 분자에서 다른 분자로 이동하는 원자의 집단

$$Zn + H_2SO_4 \longrightarrow ZnSO_4 + H_2 \uparrow$$

㉠ 암모늄기 …… NH_4^+

㉡ 수산기 …… OH^-

㉢ 질산기 …… NO_3^-

㉣ 염소산기 …… ClO_3^-

㉤ 과망가니즈산기 …… MnO_4^-

㉥ 황산기 …… SO_4^{2-}

㉦ 탄산기 …… CO_3^{2-}

㉧ 크롬산기 …… CrO_4^{2-}

㉨ 다이크로뮴산기 …… $Cr_2O_7^{2-}$

㉩ 인산기 …… PO_4^{3-}

㉪ 시안산기 …… CN^-

㉫ 붕산기 …… BO_3^{3-}

㉬ 아세트산기 …… CH_3COO^-

4.7 유기화합물(Ⅰ)

(1) 유기화합물의 분류

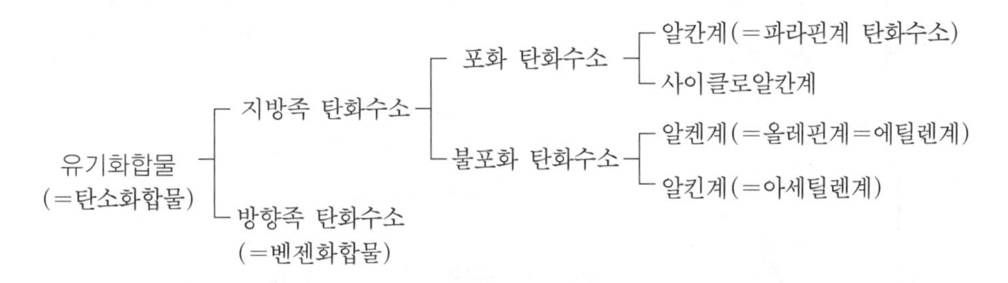

(2) 유기화합물의 특성

① 탄소화합물은 2만종 이상으로 매우 많다.

② 탄소를 주축으로 한 공유결합 물질이다. 따라서 분자성 물질을 형성하므로 그 성질은 반 데르 발스 힘, 수소결합 등에 의해 달라진다.

③ 대부분 무극성 분자들이므로 분자 사이의 인력이 약해 녹는점, 끓는점이 낮고 유기용매(알코올, 벤젠, 에터 등)에 잘 녹는다.

④ 대부분 용해되어도 이온화가 잘 일어나지 않으므로 비전해질이다.

⑤ 화학적으로 안정하여 반응성이 약하고, 반응속도가 느리다.

⑥ 연소되면 CO_2, H_2O가 발생한다.

(3) 유기화합물의 구조식 그리기

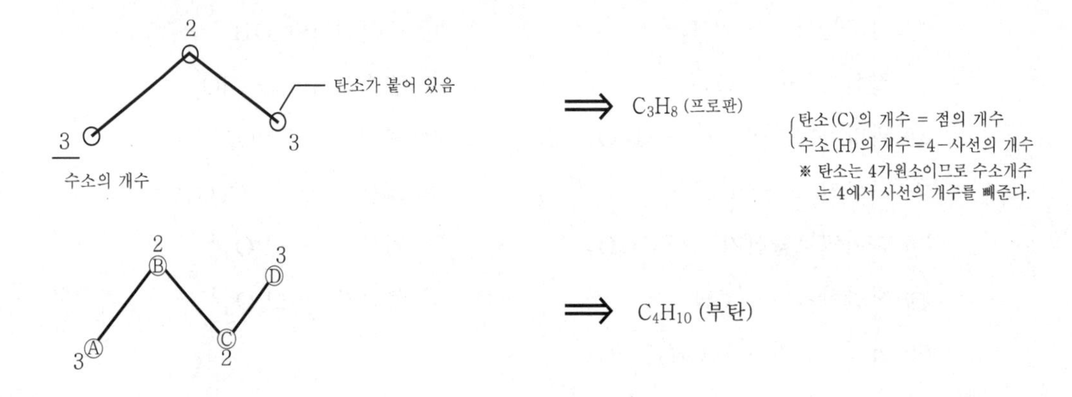

[비고] 그림에서 점이 4개이므로 C_4이고, 점을 중심으로 Ⓐ점은 사선이 하나이므로 4-1은 수소가 3개 붙고, Ⓑ점을 중심으로 사선이 둘이므로 4-2하면 Ⓑ점에는 수소가 2개 붙는다. Ⓒ, Ⓓ점도 같은 방식으로 수소수를 계산하면, 결국 C_4H_{10}이 된다.

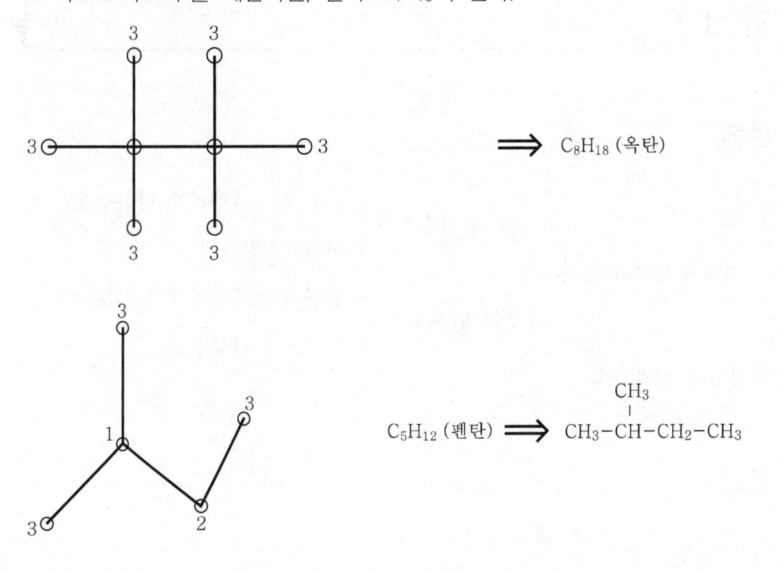

1 3 2 2

C_4H_8(부텐) $\Longrightarrow$ $CH_2{=}CH{-}CH_2{-}CH_3$

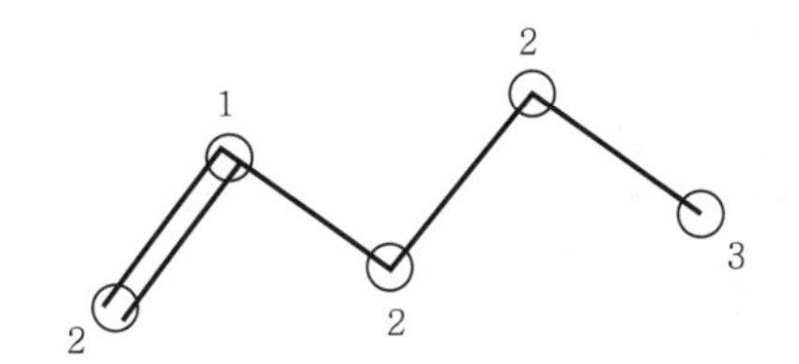

C_5H_{10} (펜텐) $\Longrightarrow$ $CH_2{=}CH{-}CH_2{-}CH_2{-}CH_3$

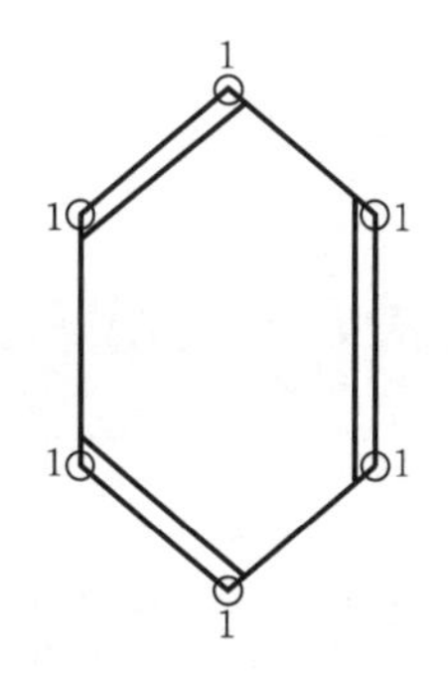

C_6H_6 (벤젠) $\Longrightarrow$ (CH 6개로 이루어진 고리: CH=CH, CH–CH 교대 결합)

(4) 구조이성질체

화학식은 같으나 구조식이 다른 물질

```
C — C — C — C   =   C — C — C   ≠   C — C — C
                            |             |
                            C             C
    Butane                            이성질체

                                                      C
                                                      |
C — C — C — C — C  ⇒  C — C — C — C      C — C — C
                                |                     |
                                C                     C
    Pentane
```

```
                                                                        C
                                                                        |
C — C — C — C — C — C   ⟹   C — C — C — C — C     C — C — C — C
                                  |                       |
        Hexane                    C                       C

                                                    C         C
                                                    |         |
                              C — C — C — C         C — C — C
                                  |   |                 |
                                  C   C                 C
```

(5) 탄소화합물 명명법

방법은 다음과 같다.

① 가장 긴 탄소사슬(모체)을 찾는다.

② 그 탄소사슬에 해당하는 알칸계 이름을 붙인다.

③ 치환체의 이름을 찾는다.

④ 치환체의 번호를 붙인다.(가장 빠른 순으로 …)

```
                  ③   2   1
C — C — C — C — C — C — C
                  |
                 CH3
```

① 가장 긴 탄소사슬 : 탄소수 7개

⇒ heptane

② 치환체 이름 : methyl

③ 치환체 번호 : (가장 빠른 순=3)

∴ 3−methyl heptane

```
C — C — C — C — C
    |   |
  CH3  CH3
```

이름 : 2,3−dimethyl pentane (di = 2개)

참고

수를 나타내는 접두어

수	1	2	3	4	5	6	7	8	9	10
수 표시	mono	di	tri	tetra	penta	hexa	hepta	octa	nona	deca

```
      CH3                        CH3 CH3
      |                          |   |
C  -  C  -  C  -  C  -  C    C - C - C - C - C
      |                          |
      CH3                        CH3
```

2,2-dimethyl pentane　　2,2,3-trimethyl pentane

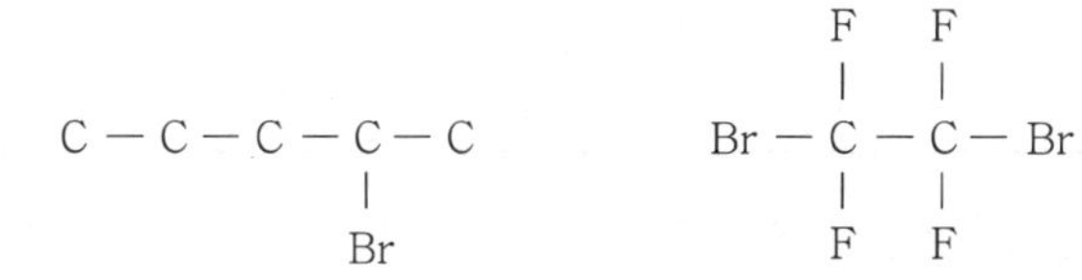

```
                                 F     F
                                 |     |
C - C - C - C - C         Br  -  C  -  C  -  Br
            |                    |     |
            Br                   F     F
```

2-bromo-pentane　　1,2-dibromo-1,1,2,2-tetra fluoro ethane(halon 2402)

참고

할로겐족 원소가 치환기로 될 때

F	Cl	Br	I	At
Fluoro	Chloro	Bromo	Iodo	Astato

4.8 유기화합물(Ⅱ)

(1) 알칸(alkane) 또는 파라핀계 탄화수소

① 일반식 : C_nH_{2n+2}

② 이름 : -안(-ane)으로 끝난다.

▶ 알칸계 탄소화합물

C_nH_{2n+2}	이 름	녹는점	끓는점	물질의 상태
CH_4	Methane	-183℃	-162℃	↑ Gas
C_2H_6	Ethane	-183℃	-89℃	
C_3H_8	Propane	-187℃	-42℃	
C_4H_{10}	Butane	-138.9℃	-0.5℃	

C_nH_{2n+2}	이 름	녹는점	끓는점	물질의 상태
C_5H_{12}	Pentane	−129.7℃	36.1℃	↓Liquid
C_6H_{14}	Hexane	−95℃	68℃	
C_7H_{16}	Heptane	−91℃	98℃	
C_8H_{18}	Octane	−57℃	126℃	
C_9H_{20}	Nonane	−54℃	151℃	
$C_{10}H_{22}$	Decane	−30℃	174℃	

③ **녹는점, 끓는점** : 탄소수가 많을수록(분자량이 커질수록) 분자간의 인력이 커서 녹는점, 끓는점이 높아진다.

④ 모든 원자간 결합은 단일결합으로 이루어져 있으며, 결합각은 109.5°이다.

⑤ 화학적으로 안정하여 반응하기 어려우나 할로젠원소와 치환반응을 한다.

⑥ **상온에서의 상태** : $C_1 \sim C_4$(기체), $C_5 \sim C_{17}$(액체), C_{18} 이상(고체)

참고

알킬(C_nH_{2n+1})에 하이드록시 작용기 붙이기

제4류 위험물 알코올류
- $CH_3\underline{OH}$ methyl alchol = methanol
- $C_2H_5\underline{OH}$ ethyl alchol = ethanol
- $C_3H_7\underline{OH}$ propyl alchol = propanol

제1석유류 — $C_4H_9\underline{OH}$ butyl alchol = butanol

※ C_4H_9OH는 화학적으로 알코올류에 해당하지만, 위험물안전관리법에서는 탄소원자수 1~3개까지 포화1가 알코올로 한정하므로 위험물안전관리법상 알코올류에는 해당되지 않는다. 다만, 인화점이 35℃로서 제2석유류(인화점 21~70℃ 미만)에 해당한다.

▶ 작용기

기능 원자단		화합물		
이 름	구 조	일반명	보 기	
하이드록시기	—O—H	알코올	C_2H_5OH	에탄올
포르밀기	—C(=O)—H	알데하이드	CH_3CHO	아세트알데하이드
카르보닐기	>C=O	케톤	CH_3COCH_3	아세톤
카르복시기	—C(=O)—O—H	카르복시산	CH_3COOH	아세트산
아미노기	—N(H)H	아민	CH_3NH_2	메틸아민

(2) 사이클로알칸

① 일반식 : C_nH_{2n}

② 이름 : 사이클로-안(cyclo-ane) 형식이다.

③ 구조 : 탄소원자 사이는 단일결합, 고리모양의 구조이다.

사이클로프로판 사이클로부탄

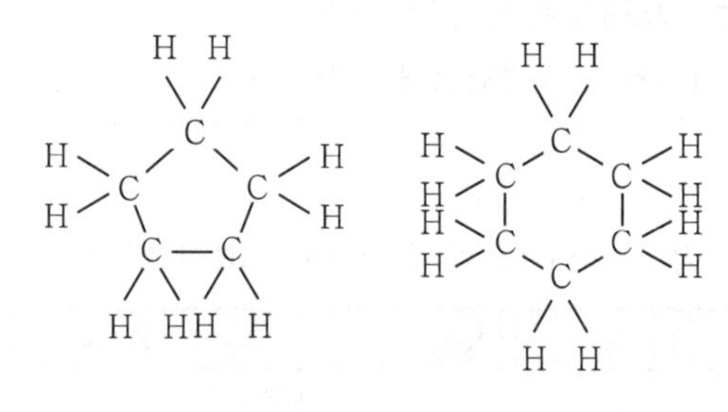

사이클로펜탄 사이클로헥산

▌사이클로알칸의 구조식▐

(3) 알켄(alkene) 또는 에틸렌계 탄화수소

(ene) → 탄소간 이중결합 1개 이상 포함

① 일반식 : C_nH_{2n}, 에틸렌계 탄화수소라고도 한다.

② 이름 : 어미가 -엔(-ene)으로 끝난다.

n 분자식 ($n \geq 2$)		시성식	이 름	녹는점(℃)	끓는점(℃)
2	C_2H_4	$CH_2=CH_2$	에텐(에틸렌)	-169	-14.0
3	C_3H_6	$CH_2=CHCH_3$	프로펜(프로필렌)	-185.2	-47.0
4	C_4H_8	$CH_2=CHCH_2CH_3$	1-부텐(뷰틸렌)	-	-6.3
5	C_5H_{10}	$CH_2=CHCH_2CH_2CH_3$	1-펜텐(펜틸렌)	-	30

③ 결합 : 탄소원자 사이에 이중결합 1개 이상

④ 구조 : 이중결합을 하는 탄소원자 주위의 모든 원자들이 동일 평면상에 존재

```
H\     /H
  C = C
H/     \H
```

C_2H_4(에텐)

```
H         H     H
|         |     |
C  =  C - C  -  C - H    (1-Butene)
|     |   |     |
H     H   H     H
```

```
      H   H
      |   |
H\
  C = C - C - H
H/
          |
          H
```

C_3H_6(프로펜)

```
    H    H    H    H
    |    |    |    |
H - C -  C =  C -  C - H    (2-Butene)
    |              |
    H              H
```

(4) 알킨(alkyne) 또는 아세틸렌계 탄화수소

alkyne → 탄소간 삼중결합 1개 이상 포함

① 일반식 : C_nH_{2n-2}

② 이름 : 어미가 -인(-yne)으로 끝남(예 C_2H_2(에틴), C_3H_4(프로핀))

n 분자식		시성식	이 름	녹는점(℃)	끓는점(℃)
($n \geq 2$)					
2	C_2H_2	$CH \equiv CH$	에틴(아세틸렌)	-81.8	-83.6
3	C_3H_4	$CH \equiv C - CH_3$	프로핀(메틸아세틸렌)		-23
4	C_4H_6	$CH \equiv C - CH_2CH_3$	1-부틴(에틸아세틸렌)		-18

③ 결합 : 탄소원자 사이에 삼중결합 1개 존재

④ 반응성 : 반응성이 큼 → 첨가반응한다.

```
H - C ≡ C - H
```

C_2H_2(에틴)

```
            H
            |
H - C ≡ C - C - H
            |
            H
```

C_3H_4(프로핀)

```
H       H   H   H
|       |   |   |
C ≡ C - C - C - C - H
        |   |   |
        H   H   H
```

1-pentyne

(5) 방향족 탄화수소

분자 내에 벤젠고리를 포함한, 냄새가 나는(방향성이 있는) 화합물

① 벤젠

C_6H_6

1,2 또는 1,6 : 오르토(ortho)
1,3 또는 1,5 : 메타(meta)
1,4 : 파라(para)

② 방향족 탄화수소의 종류

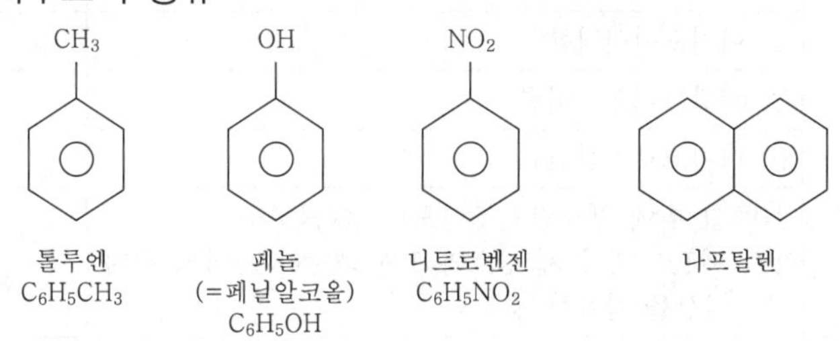

③ 방향족 탄화수소의 명명법

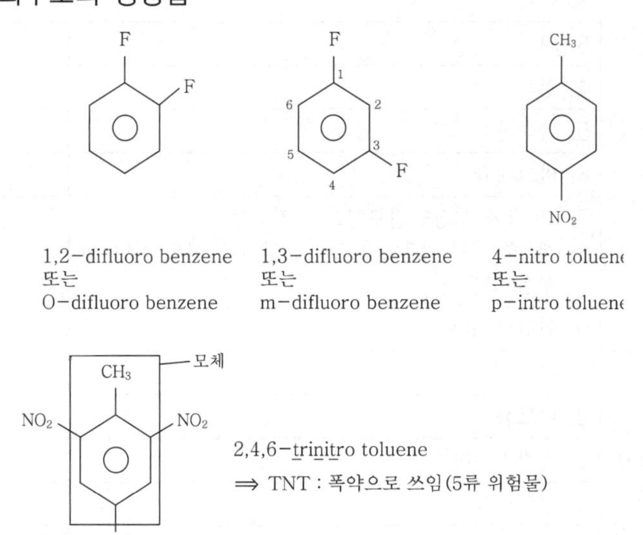

4.9 유별 위험물의 분류

▶ 위험물 및 지정수량

위험물			지정수량
유 별	성 질	품 명	
제1류	산화성 고체	1. 아염소산염류	50킬로그램
		2. 염소산염류	50킬로그램
		3. 과염소산염류	50킬로그램
		4. 무기과산화물	50킬로그램
		5. 브로민산염류	300킬로그램
		6. 질산염류	300킬로그램
		7. 아이오딘산염류	300킬로그램
		8. 과망가니즈산염류	1,000킬로그램
		9. 다이크로뮴산염류	1,000킬로그램
		10. 그 밖에 행정안전부령으로 정하는 것 11. 제1호 내지 제10호의 1에 해당하는 어느 하나 이상을 함유한 것	50킬로그램, 300킬로그램 또는 1,000킬로그램
제2류	가연성 고체	1. 황화인	100킬로그램
		2. 적린	100킬로그램
		3. 황	100킬로그램
		4. 철분	500킬로그램
		5. 금속분	500킬로그램
		6. 마그네슘	500킬로그램
		7. 그 밖에 행정안전부령으로 정하는 것 8. 제1호 내지 제7호의 1에 해당하는 어느 하나 이상을 함유한 것	100킬로그램 또는 500킬로그램
		9. 인화성 고체	1,000킬로그램
제3류	자연발화성 물질 및 금수성 물질	1. 칼륨	10킬로그램
		2. 나트륨	10킬로그램
		3. 알킬알루미늄	10킬로그램
		4. 알킬리튬	10킬로그램
		5. 황린	20킬로그램
		6. 알칼리금속(칼륨 및 나트륨을 제외한다) 및 알칼리토금속	50킬로그램

<table>
<tr><th colspan="3">위험물</th><th rowspan="2">지정수량</th></tr>
<tr><th>유 별</th><th>성 질</th><th>품 명</th></tr>
<tr><td rowspan="5">제3류</td><td rowspan="5"></td><td colspan="2">7. 유기금속화합물(알킬알루미늄 및 알킬리튬을 제외한다)</td><td>50킬로그램</td></tr>
<tr><td colspan="2">8. 금속의 수소화물</td><td>300킬로그램</td></tr>
<tr><td colspan="2">9. 금속의 인화물</td><td>300킬로그램</td></tr>
<tr><td colspan="2">10. 칼슘 또는 알루미늄의 탄화물</td><td>300킬로그램</td></tr>
<tr><td colspan="2">11. 그 밖에 행정안전부령으로 정하는 것
12. 제1호 내지 제11호의 1에 해당하는 어느 하나 이상을 함유한 것</td><td>10킬로그램, 20킬로그램, 50킬로그램 또는 300킬로그램</td></tr>
<tr><td rowspan="10">제4류</td><td rowspan="10">인화성 액체</td><td colspan="2">1. 특수인화물</td><td>50리터</td></tr>
<tr><td rowspan="2">2. 제1석유류</td><td>비수용성 액체</td><td>200리터</td></tr>
<tr><td>수용성 액체</td><td>400리터</td></tr>
<tr><td colspan="2">3. 알코올류</td><td>400리터</td></tr>
<tr><td rowspan="2">4. 제2석유류</td><td>비수용성 액체</td><td>1,000리터</td></tr>
<tr><td>수용성 액체</td><td>2,000리터</td></tr>
<tr><td rowspan="2">5. 제3석유류</td><td>비수용성 액체</td><td>2,000리터</td></tr>
<tr><td>수용성 액체</td><td>4,000리터</td></tr>
<tr><td colspan="2">6. 제4석유류</td><td>6,000리터</td></tr>
<tr><td colspan="2">7. 동식물유류</td><td>10,000리터</td></tr>
<tr><td rowspan="10">제5류</td><td rowspan="10">자기반응성 물질</td><td colspan="2">1. 유기과산화물</td><td rowspan="10">• 제1종 : 10킬로그램
• 제2종 : 100킬로그램</td></tr>
<tr><td colspan="2">2. 질산에스터류</td></tr>
<tr><td colspan="2">3. 나이트로화합물</td></tr>
<tr><td colspan="2">4. 나이트로소화합물</td></tr>
<tr><td colspan="2">5. 아조화합물</td></tr>
<tr><td colspan="2">6. 다이아조화합물</td></tr>
<tr><td colspan="2">7. 하이드라진 유도체</td></tr>
<tr><td colspan="2">8. 하이드록실아민</td></tr>
<tr><td colspan="2">9. 하이드록실아민염류</td></tr>
<tr><td colspan="2">10. 그 밖에 행정안전부령으로 정하는 것
11. 제1호 내지 제10호의 1에 해당하는 어느 하나 이상을 함유한 것</td></tr>
<tr><td rowspan="5">제6류</td><td rowspan="5">산화성 액체</td><td colspan="2">1. 과염소산</td><td>300킬로그램</td></tr>
<tr><td colspan="2">2. 과산화수소</td><td>300킬로그램</td></tr>
<tr><td colspan="2">3. 질산</td><td>300킬로그램</td></tr>
<tr><td colspan="2">4. 그 밖에 행정안전부령으로 정하는 것</td><td>300킬로그램</td></tr>
<tr><td colspan="2">5. 제1호 내지 제4호의 1에 해당하는 어느 하나 이상을 함유한 것</td><td>300킬로그램</td></tr>
</table>

[비고]

1. "산화성 고체"라 함은 고체[액체(1기압 및 섭씨 20도에서 액상인 것 또는 섭씨 20도 초과 섭씨 40도 이하에서 액상인 것을 말한다. 이하 같다) 또는 기체(1기압 및 섭씨 20도에서 기상인 것을 말한다)외의 것을 말한다. 이하 같다]로서 산화력의 잠재적인 위험성 또는 충격에 대한 민감성을 판단하기 위하여 소방청장이 정하여 고시(이하 "고시"라 한다)하는 시험에서 고시로 정하는 성질과 상태를 나타내는 것을 말한다. 이 경우 "액상"이라 함은 수직으로 된 시험관(안지름 30밀리미터, 높이 120밀리미터의 원통형 유리관을 말한다)에 시료를 55밀리미터까지 채운 다음 당해 시험관을 수평으로 하였을 때 시료액면의 선단이 30밀리미터를 이동하는데 걸리는 시간이 90초 이내에 있는 것을 말한다.
2. "가연성 고체"라 함은 고체로서 화염에 의한 발화의 위험성 또는 인화의 위험성을 판단하기 위하여 고시로 정하는 시험에서 고시로 정하는 성질과 상태를 나타내는 것을 말한다.
3. 황은 순도가 60중량퍼센트 이상인 것을 말한다. 이 경우 순도측정에 있어서 불순물은 활석 등 불연성 물질과 수분에 한한다.
4. "철분"이라 함은 철의 분말로서 53마이크로미터의 표준체를 통과하는 것이 50중량퍼센트 미만인 것은 제외한다.
5. "금속분"이라 함은 알칼리금속 · 알칼리토류금속 · 철 및 마그네슘 외의 금속의 분말을 말하고, 구리분 · 니켈분 및 150마이크로미터의 체를 통과하는 것이 50중량퍼센트 미만인 것은 제외한다.
6. 마그네슘 및 제2류 제8호의 물품 중 마그네슘을 함유한 것에 있어서는 다음의 어느 하나에 해당하는 것은 제외한다.
   가. 2밀리미터의 체를 통과하지 아니하는 덩어리 상태의 것
   나. 직경 2밀리미터 이상의 막대 모양의 것
7. 황화인 · 적린 · 황 및 철분은 제2호의 규정에 의한 성상이 있는 것으로 본다.
8. "인화성 고체"라 함은 고형 알코올, 그 밖에 1기압에서 인화점이 섭씨 40도 미만인 고체를 말한다.
9. "자연발화성 물질 및 금수성 물질"이라 함은 고체 또는 액체로서 공기 중에서 발화의 위험성이 있거나 물과 접촉하여 발화하거나 가연성 가스를 발생하는 위험성이 있는 것을 말한다.
10. 칼륨 · 나트륨 · 알킬알루미늄 · 알킬리튬 및 황린은 제9호의 규정에 의한 성상이 있는 것으로 본다.
11. "인화성 액체"라 함은 액체(제3석유류, 제4석유류 및 동식물유류의 경우 1기압과 섭씨 20도에서 액체인 것만 해당한다)로서 인화의 위험성이 있는 것을 말한다. 다만, 다음의 어느 하나에 해당하는 것을 법 제20조 제1항의 중요기준과 세부기준에 따른 운반용기를 사용하여 운반하거나 저장(진열 및 판매를 포함한다)하는 경우는 제외한다.
    가. 「화장품법」 제2조 제1호에 따른 화장품 중 인화성 액체를 포함하고 있는 것
    나. 「약사법」 제2조 제4호에 따른 의약품 중 인화성 액체를 포함하고 있는 것
    다. 「약사법」 제2조 제7호에 따른 의약외품(알코올류에 해당하는 것은 제외한다) 중 수용성인 인화성 액체를 50부피퍼센트 이하로 포함하고 있는 것
    라. 「의료기기법」에 따른 체외진단용 의료기기 중 인화성 액체를 포함하고 있는 것
    마. 「생활화학제품 및 살생물제의 안전관리에 관한 법률」 제3조 제4호에 따른 안전확인대상생활화학제품(알코올류에 해당하는 것은 제외한다) 중 수용성인 인화성 액체를 50부피퍼센트 이하로 포함하고 있는 것
12. "특수인화물"이라 함은 이황화탄소, 다이에틸에터, 그 밖에 1기압에서 발화점이 섭씨 100도 이하인 것 또는 인화점이 섭씨 영하 20도 이하이고 비점이 섭씨 40도 이하인 것을 말한다.
13. "제1석유류"라 함은 아세톤, 휘발유, 그 밖에 1기압에서 인화점이 섭씨 21도 미만인 것을 말한다.
14. "알코올류"라 함은 1분자를 구성하는 탄소원자의 수가 1개부터 3개까지인 포화1가 알코올(변성 알코올을 포함한다)을 말한다. 다만, 다음의 어느 하나에 해당하는 것은 제외한다.
    가. 1분자를 구성하는 탄소원자의 수가 1개 내지 3개의 포화1가 알코올의 함유량이 60중량퍼센트 미만인 수용액
    나. 가연성 액체량이 60중량퍼센트 미만이고 인화점 및 연소점(태그개방식 인화점측정기에 의한 연소점을 말한다. 이하 같다)이 에틸알코올 60중량퍼센트 수용액의 인화점 및 연소점을 초과하는 것

15. "제2석유류"라 함은 등유, 경유, 그 밖에 1기압에서 인화점이 섭씨 21도 이상 70도 미만인 것을 말한다. 다만, 도료류, 그 밖의 물품에 있어서 가연성 액체량이 40중량퍼센트 이하이면서 인화점이 섭씨 40도 이상인 동시에 연소점이 섭씨 60도 이상인 것은 제외한다.
16. "제3석유류"라 함은 중유, 크레오소트유, 그 밖에 1기압에서 인화점이 섭씨 70도 이상 섭씨 200도 미만인 것을 말한다. 다만, 도료류, 그 밖의 물품은 가연성 액체량이 40중량퍼센트 이하인 것은 제외한다.
17. "제4석유류"라 함은 기어유, 실린더유, 그 밖에 1기압에서 인화점이 섭씨 200도 이상 섭씨 250도 미만의 것을 말한다. 다만, 도료류, 그 밖의 물품은 가연성 액체량이 40중량퍼센트 이하인 것은 제외한다.
18. "동식물유류"라 함은 동물의 지육 등 또는 식물의 종자나 과육으로부터 추출한 것으로서 1기압에서 인화점이 섭씨 250도 미만인 것을 말한다. 다만, 법 제20조 제1항의 규정에 의하여 행정안전부령으로 정하는 용기기준과 수납 · 저장기준에 따라 수납되어 저장 · 보관되고 용기의 외부에 물품의 통칭명, 수량 및 화기엄금(화기엄금과 동일한 의미를 갖는 표시를 포함한다)의 표시가 있는 경우를 제외한다.
19. "자기반응성 물질"이란, 고체 또는 액체로서 폭발의 위험성 또는 가열분해의 격렬함을 판단하기 위하여 고시로 정하는 시험에서 고시로 정하는 성질과 상태를 나타내는 것을 말한다. 이 경우 해당 시험 결과에 따라 위험성 유무와 등급을 결정하여 제1종 또는 제2종으로 분류한다.
20. 제5류 제11호의 물품에 있어서는 유기과산화물을 함유하는 것 중에서 불활성 고체를 함유하는 것으로서 다음의 어느 하나에 해당하는 것은 제외한다.
    가. 과산화벤조일의 함유량이 35.5중량퍼센트 미만인 것으로서 전분가루, 황산칼슘2수화물 또는 인산수소칼슘2수화물과의 혼합물
    나. 비스(4-클로로벤조일)퍼옥사이드의 함유량이 30중량퍼센트 미만인 것으로서 불활성고체와의 혼합물
    다. 과산화다이쿠밀의 함유량이 40중량퍼센트 미만인 것으로서 불활성고체와의 혼합물
    라. 1 · 4비스(2-터셔리뷰틸퍼옥시이소프로필)벤젠의 함유량이 40중량퍼센트 미만인 것으로서 불활성 고체와의 혼합물
    마. 사이클로헥산온퍼옥사이드의 함유량이 30중량퍼센트 미만인 것으로서 불활성 고체와의 혼합물
21. "산화성 액체"라 함은 액체로서 산화력의 잠재적인 위험성을 판단하기 위하여 고시로 정하는 시험에서 고시로 정하는 성질과 상태를 나타내는 것을 말한다.
22. 과산화수소는 그 농도가 36중량퍼센트 이상인 것에 한하며, 제21호의 성상이 있는 것으로 본다.
23. 질산은 그 비중이 1.49 이상인 것에 한하며, 제21호의 성상이 있는 것으로 본다.
24. 위 표의 성질란에 규정된 성상을 2가지 이상 포함하는 물품(이하 이 호에서 "복수성상물품"이라 한다)이 속하는 품명은 다음의 어느 하나에 의한다.
    가. 복수성상물품이 산화성 고체의 성상 및 가연성 고체의 성상을 가지는 경우 : 제2류 제8호의 규정에 의한 품명
    나. 복수성상물품이 산화성 고체의 성상 및 자기반응성 물질의 성상을 가지는 경우 : 제5류 제11호의 규정에 의한 품명
    다. 복수성상물품이 가연성 고체의 성상과 자연발화성 물질의 성상 및 금수성 물질의 성상을 가지는 경우 : 제3류 제12호의 규정에 의한 품명
    라. 복수성상물품이 자연발화성 물질의 성상, 금수성 물질의 성상 및 인화성 액체의 성상을 가지는 경우 : 제3류 제12호의 규정에 의한 품명
    마. 복수성상물품이 인화성 액체의 성상 및 자기반응성 물질의 성상을 가지는 경우 : 제5류 제11호의 규정에 의한 품명
25. 위 표의 지정수량란에 정하는 수량이 복수로 있는 품명에 있어서는 당해 품명이 속하는 유(類)의 품명 가운데 위험성의 정도가 가장 유사한 품명의 지정수량란에 정하는 수량과 같은 수량을 당해 품명의 지정수량으로 한다. 이 경우 위험물의 위험성을 실험 · 비교하기 위한 기준은 고시로 정할 수 있다.
26. 동 표에 의한 위험물의 판정 또는 지정수량의 결정에 필요한 실험은 「국가표준기본법」에 의한 공인시험기관, 한국소방산업기술원, 중앙소방학교 또는 소방청장이 지정하는 기관에서 실시할 수 있다.

▶ 위험물의 지정수량, 게시판

유별 지정수량	1류 산화성 고체	2류 가연성 고체	3류 자연발화성 및 금수성 물질	4류 인화성 액체	5류 자기반응성 물질	6류 산화성 액체
10kg		I등급	I 칼륨 나트륨 알킬알루미늄 알킬리튬		• 제1종 : 10kg • 제2종 : 100kg 유기과산화물 질산에스터류 하이드록실아민 하이드록실아민염류 나이트로화합물 나이트로소화합물 아조화합물 다이아조화합물 하이드라진유도체류	
20kg			I 황린			
50kg	I 아염소산염류 염소산염류 과염소산염류 무기과산화물		II 알칼리금속 및 알칼리토금속 유기금속화합물	I 특수인화물 (50L)		
100kg		II 황화인 적린 황				
200kg		II등급		II 제1석유류 (200~400L) 알코올류 (400L)		
300kg	II 브로민산염류 아이오딘산염류 질산염류		III 금속의 수소화물 금속의 인화물 칼슘 또는 알루미늄의 탄화물			I 과염소산 과산화수소 질산
500kg		III 철분 금속분 마그네슘				
1,000kg	III 과망가니즈산염류 다이크로뮴산염류	III 인화성 고체		III 제2석유류 (1,000~2,000L)		
		III등급		III 제3석유류 (2,000~4,000L)		
				III 제4석유류 (6,000L)		
				III 동식물유류 (10,000L)		

공통 주의사항	화기 · 충격주의 가연물접촉주의	화기주의	(자연발화성) 화기엄금 및 공기접촉엄금	화기엄금	화기엄금 및 충격주의	가연물접촉주의
예외 주의사항	무기과산화물 : 물기엄금	철분, 금속분 마그네슘분 : 물기엄금 인화성 고체 : 화기엄금	(금수성) 물기엄금			
방수성 덮개	무기과산화물	철분, 금속분, 마그네슘	금수성 물질	×	×	×
차광성 덮개	○	×	자연발화성 물질	특수인화물	○	○
소화방법	주수에 의한 냉각소화(단, 과산화물의 경우 모래 또는 소다재에 의한 질식소화)	주수에 의한 냉각소화(단, 황화린, 철분, 금속분, 마그네슘의 경우 건조사에 의한 질식소화)	건조사, 팽창질석 및 팽창진주암으로 질식소화(물, CO_2, 할론 소화 일체금지)	질식소화(CO_2, 할론, 분말, 포) 및 안개상의 주수소화(단, 수용성 알코올의 경우 내알코올포)	다량의 주수에 의한 냉각소화	건조사 또는 분말 소화약제(단, 소량의 경우 다량의 주수에 의한 희석 소화)

위험물 취급소 (백색바탕 흑색문자)	**화기엄금** (적색바탕 백색문자)	**물기엄금** (청색바탕 백색문자)	**주유중 엔진정지** (황색바탕 흑색문자)
위험물 (흑색바탕 황색문자)	위험물의 품명 위험물의 위험등급 위험물의 화학명 위험물의 수용성 위험물의 수량 게시판 주의사항	**위험물 제조소** (백색바탕 흑색문자)	위험물의 유별 위험물의 품명 취급 최대수량 지정수량 배수 위험물안전관리자

* 한 변의 길이 0.3m 이상, 다른 한 변의 길이 0.6m 이상

▶ 유별을 달리하는 위험물의 혼재 기준

위험물의 구분	제1류	제2류	제3류	제4류	제5류	제6류
제1류		×	×	×	×	○
제2류	×		×	○	○	×
제3류	×	×		○	×	×
제4류	×	○	○		○	×
제5류	×	○	×	○		×
제6류	○	×	×	×	×	

* 이 표는 지정수량의 $\frac{1}{10}$ 이하의 위험물에 대하여는 적용하지 아니한다.

4.10 제1류 위험물 - 산화성 고체

성 질	위험 등급	품 명	대표 품목	지정 수량
산화성 고체	I	1. 아염소산염류 2. 염소산염류 3. 과염소산염류 4. 무기과산화물류	$NaClO_2$, $KClO_2$ $NaClO_3$, $KClO_3$, NH_4ClO_3 $NaClO_4$, $KClO_4$, NH_4ClO_4 K_2O_2, Na_2O_2, MgO_2	50kg
	II	5. 브로민산염류 6. 질산염류 7. 아이오딘산염류	$KBrO_3$ KNO_3, $NaNO_3$, NH_4NO_3 KIO_3	300kg
	III	8. 과망가니즈산염류 9. 다이크로뮴산염류	$KMnO_4$ $K_2Cr_2O_7$	1,000kg
	I ~ III	10. 그 밖에 행정안전부령이 정하는 것 ① 과아이오딘산염류 ② 과아이오딘산 ③ 크롬, 납 또는 아이오딘의 산화물 ④ 아질산염류	 KIO_4 HIO_4 CrO_3 $NaNO_2$	300kg
		⑤ 차아염소산염류	LiClO	50kg
		⑥ 염소화이소시아눌산 ⑦ 퍼옥소이황산염류 ⑧ 퍼옥소붕산염류 11. 1~10호의 하나 이상을 함유한 것	OCNClONClCONCl $K_2S_2O_8$ $NaBO_3$	300kg

① 공통 성질, 저장 및 취급 시 유의 사항, 예방 대책 및 소화 방법

(1) 일반 성질 및 위험성

① 대부분 무색결정 또는 백색분말로서 비중이 1보다 크다.

② 대부분 물에 잘 녹으며, 분해하여 산소를 방출한다.

③ 일반적으로 다른 가연물의 연소를 돕는 지연성 물질(자체는 불연성)이며 강산화제이다.

④ 조연성 물질로 반응성이 풍부하여 열, 충격, 마찰 또는 분해를 촉진하는 약품과의 접촉으로 인해 폭발할 위험이 있다.

⑤ 착화온도(발화점)가 낮으며 폭발위험성이 있다.

⑥ 대부분 무기화합물이다. (단, 염소화이소시아눌산은 유기화합물에 해당함.)

⑦ 유독성과 부식성이 있다.

(2) 저장 및 취급 시 유의 사항

① 대부분 조해성을 가지므로 습기 등에 주의하며 밀폐하여 저장할 것

② 취급 시 용기 등의 파손에 의한 위험물의 누설에 주의할 것

③ 가열, 충격, 마찰 등을 피하고 분해를 촉진하는 약품류 및 가연물과의 접촉을 피할 것

④ 열원과 산화되기 쉬운 물질 및 화재위험이 있는 곳을 멀리할 것

⑤ 통풍이 잘 되는 차가운 곳에 저장할 것

⑥ 환원제 또는 다른 류의 위험물(제2, 3, 4, 5류)과 접촉 등을 엄금한다.

⑦ 알칼리금속의 과산화물을 저장 시에는 다른 1류 위험물과 분리된 장소에 저장하며, 가연물 및 유기물 등과 같이 있을 경우에 충격 또는 마찰 시 폭발할 위험이 있기 때문에 주의한다.

(3) 예방 대책

① 가열금지, 화기엄금, 직사광선을 차단한다.

② 충격, 타격, 마찰 등을 피하여야 한다.

③ 용기의 가열, 누출, 파손, 전도를 방지한다.

④ 분해촉매, 이물질과의 접촉을 금지한다.

⑤ 강산류와는 어떠한 경우에도 접촉을 방지한다.

⑥ 조해성 물질은 방습하며, 용기는 밀전한다.

(4) 소화 방법

① **원칙적으로 제1류 위험물은 산화성 고체로서 불연성 물질이므로 소화방법이 있을 수 없다. 다만, 가연물의 성질에 따라 아래와 같은 소화방법이 있을 수 있다.**

② 산화제의 분해온도를 낮추기 위하여 물을 주수하는 냉각소화가 효과적이다.

③ **무기과산화물 중 알칼리금속의 과산화물은 물과 급격히 발열반응을 하므로 건조사에 의한 피복소화를 실시한다.**(단, 주수소화는 절대엄금)

④ 소화작업 시 공기호흡기, 보안경, 방호의 등 보호장구를 착용한다.

⑤ 소화약제는 무기과산화물류를 제외하고는 냉각소화가 유효하다.(다량의 주수)

⑥ 연소 시 방출되는 산소로 인하여 가연성이 커지고 격렬한 연소현상이 발생하므로 충분한 안전거리 확보 후 소화작업을 실시한다.

2 위험물의 종류와 지정 수량

(1) 아염소산염류 – 지정 수량 50kg

아염소산 $HClO_2$의 수소 H가 금속 또는 다른 양이온으로 치환된 화합물을 아염소산염이라 하고, 이들 염을 총칭하여 아염소산염류라 한다.

① $NaClO_2$(아염소산나트륨)

㉠ 분자량(90.5), 분해온도(수화물 : 120~130℃, 무수물 : 350℃)

㉡ 무색 또는 백색의 결정성 분말로 조해성이 있고, 무수염은 안정하며, 물에 잘 녹는다.

㉢ 비교적 안정하나 130~140℃ 이상의 온도에서 발열 분해하여 폭발한다.

㉣ **산과 접촉 시 이산화염소(ClO_2)가스를 발생한다.**

$3NaClO_2+2HCl \rightarrow 3NaCl+2ClO_2+H_2O_2$

② $KClO_2$(아염소산칼륨)

㉠ 분자량(106.5), 분해온도(160℃)

㉡ 백색의 침상결정 또는 결정성 분말로 조해성이 있다.

㉢ 가열하면 160℃에서 산소를 발생하며 열, 일광 및 충격으로 폭발의 위험이 있다.

㉣ 황린, 황, 황화합물, 목탄분과 혼합한 것은 발화폭발의 위험이 있다.

(2) 염소산염류 – 지정 수량 50kg

염소산($HClO_3$)의 수소 H가 금속 또는 다른 양이온으로 치환된 화합물을 염소산염이라 하고, 이러한 염을 총칭하여 염소산염류라 한다.

① $KClO_3$(염소산칼륨)

㉠ 분자량 122.5, 비중 2.32, 분해온도 400℃, 융점 368.4℃, 용해도(20℃) 7.3

㉡ 무색의 결정 또는 백색분말로서 인체에 독성이 있고 찬물, 알코올에는 잘 녹지 않고, 온수, 글리세린 등에는 잘 녹는다.

㉢ **약 400℃ 부근에서 열분해되기 시작하여 540~560℃에서 과염소산칼륨($KClO_4$)을 생성하고 다시 분해하여 염화칼륨(KCl)과 산소(O_2)를 방출한다.**

열분해반응식 : $2KClO_3 \rightarrow 2KCl+3O_2$

$2KClO_3 \rightarrow KCl+KClO_4+O_2$, $KClO_4 \rightarrow KCl+2O_2$(at 540~560℃)

㉣ 황산 등의 강산과 접촉으로 격렬하게 반응하여 폭발성의 이산화염소를 발생하고 발열폭발한다.

$4KClO_3+4H_2SO_4 \rightarrow 4KHSO_4+4ClO_2+O_2+2H_2O+$열

② $NaClO_3$(염소산나트륨)

㉠ 분자량 106.5, 비중(20℃) 2.5, 분해온도 300℃, 융점 240℃

㉡ 무색무취의 입방정계 주상결정이며, 조해성, 흡습성이 있고 물, 알코올, 글리세린, 에터 등에 잘 녹는다.

㉢ 흡습성이 좋으며 강한 산화제로서 **철제용기를 부식시킨다.**

㉣ **산과 반응이나 분해 반응으로 독성이 있으며 폭발성이 강한 이산화염소(ClO_2)를 발생한다.**

$2NaClO_3 + 2HCl \rightarrow 2NaCl + 2ClO_2 + H_2O_2$

㉤ 분진이 있는 대기 중에 오래 있으면 피부, 점막 및 시력을 잃기 쉬우며, 다량 섭취할 경우에는 위험하다.

㉥ 300℃에서 가열분해하여 염화나트륨과 산소가 발생한다.

$2NaClO_3 \rightarrow 2NaCl + 3O_2$

③ NH_4ClO_3(염소산암모늄)

㉠ 분자량 101.5, 비중(20℃) 1.8, 분해온도 100℃

㉡ 조해성과 금속의 부식성, 폭발성이 크며, 수용액은 산성이다.

㉢ 폭발기(NH_4^+)와 산화기(ClO_3^-)가 결합되었기 때문에 폭발성이 크다.

(3) 과염소산염류 – 지정 수량 50kg

과염소산 $HClO_4$의 수소 H가 금속 또는 다른 양이온으로 치환된 화합물을 과염소산염이라 하고, 이들 염을 총칭하여 과염소산염류라 한다.

① $KClO_4$(과염소산칼륨)

㉠ 분자량 138.5, 비중 2.52, 분해온도 400℃, 융점 610℃

㉡ 무색무취의 결정 또는 백색분말로 불연성이지만 강한 산화제이다.

㉢ 물에 약간 녹으며, 알코올이나 에터 등에는 녹지 않는다.

㉣ 염소산칼륨보다는 안정하나 가열, 충격, 마찰 등에 의해 분해된다.

㉤ **약 400℃에서 열분해하기 시작하여 약 610℃에서 완전분해되어 염화칼륨과 산소를 방출하며 이산화망가니즈 존재 시 분해온도가 낮아진다.**

$KClO_4 \rightarrow KCl + 2O_2$

② $NaClO_4$(과염소산나트륨)

㉠ 분자량 122.5, 비중 2.50, 분해온도 400℃, 융점 482℃

㉡ 무색무취의 결정 또는 백색분말로 조해성이 있는 불연성인 산화제이다.

㉢ 물, 알코올, 아세톤에 잘 녹으나 에터에는 녹지 않는다.

㉣ 가연물과 유기물 등이 혼합되어 있을 때 가열, 충격, 마찰 등에 의해 폭발한다.

㉤ 130℃ 이상에서 분해하여 산소를 발생하고 촉매(MnO_2)의 존재 하에서 분해가 촉진된다.

③ NH_4ClO_4(과염소산암모늄)

㉠ 분자량 117.5, 비중(20℃) 1.87, 분해온도 130℃

㉡ 무색무취의 결정 또는 백색분말로 조해성이 있는 불연성인 산화제이다.

㉢ 물, 알코올, 아세톤에는 잘 녹으나 에터에는 녹지 않는다.

㉣ 강산과 접촉하거나 가연물 또는 산화성 물질 등과 혼합 시 폭발의 위험이 있다.

$NH_4ClO_4+H_2SO_4 \rightarrow NH_4HSO_4+HClO_4$

㉤ 상온에서는 비교적 안정하나 약 130℃에서 분해하기 시작하여 약 300℃ 부근에서 급격히 분해하여 폭발한다.

$2NH_4ClO_4 \rightarrow N_2+Cl_2+2O_2+4H_2O$

(4) 무기과산화물 – 지정 수량 50kg

무기과산화물이란 분자 내에 $-O-O-$ 결합을 갖는 산화물의 총칭으로, 과산화수소의 수소 분자가 금속으로 치환된 것이 무기과산화물이다. 또한 단독으로 존재하는 무기과산화물 외에 어떤 물질에 과산화수소가 부가된 형태로 존재하는 과산화수소 부가물도 무기과산화물에 속한다. 과산화물의 화학적 특징은 그 분자 내에 갖고 있는 $-O-O-$ 결합에 기인한다. 다시 말하면, 과산화물은 일반적으로 불안정한 물질로서 가열하면 분해하고, 산소를 방출한다.

① K_2O_2(과산화칼륨)

㉠ 분자량 110, 비중은 20℃에서 2.9, 융점 490℃

㉡ 순수한 것은 백색이나 보통은 황색의 분말 또는 과립상으로 흡습성, 조해성이 강하다.

㉢ 불연성이나 물과 접촉하면 발열하며, 대량일 경우에는 폭발한다.

㉣ 가열하면 위험하며 가연물의 혼입, 마찰 또는 습기 등의 접촉은 매우 위험하다.

㉤ **가열하면 열분해하여 산화칼륨(K_2O)과 산소(O_2)를 발생한다.**

$2K_2O_2 \rightarrow 2K_2O+O_2$

㉥ **흡습성이 있으므로 물과 접촉하면 발열하며 수산화칼륨(KOH)과 산소(O_2)를 발생한다.**

$2K_2O_2+2H_2O \rightarrow 4KOH+O_2$

㉦ 공기 중의 탄산가스를 흡수하여 탄산염이 생성된다.

$2K_2O_2+2CO_2 \rightarrow 2K_2CO_3+O_2$

ⓞ **에틸알코올에는 용해하며, 묽은 산과 반응하여 과산화수소(H_2O_2)를 생성한다.**

$K_2O_2+2CH_3COOH \rightarrow 2CH_3COOK+H_2O_2$

ⓩ 황산과 반응하여 황산칼륨과 과산화수소를 생성한다.

$K_2O_2+H_2SO_4 \rightarrow K_2SO_4+H_2O_2$

② Na_2O_2(과산화나트륨)

㉠ 분자량 78, 비중은 20℃에서 2.805, 융점 및 분해온도 460℃

㉡ 순수한 것은 백색이지만 보통은 담홍색을 띠고 있는 정방정계 분말이다.

㉢ **가열하면 열분해하여 산화나트륨(Na_2O)과 산소(O_2)를 발생한다.**

$2Na_2O_2 \rightarrow 2Na_2O+O_2$

㉣ 상온에서 물과 급격히 반응하며, 가열하면 분해되어 산소(O_2)를 발생한다.

㉤ **흡습성이 있으므로 물과 접촉하면 발열 및 수산화나트륨(NaOH)과 산소(O_2)를 발생한다.**

$2Na_2O_2+2H_2O \rightarrow 4NaOH+O_2$

㉥ 공기 중의 탄산 가스(CO_2)를 흡수하여 탄산염이 생성된다.

$2Na_2O_2+2CO_2 \rightarrow 2Na_2CO_3+O_2$

㉦ 피부의 점막을 부식시킨다.

ⓞ 에틸알코올에는 녹지 않으나 묽은 산과 반응하여 과산화수소(H_2O_2)를 생성한다.

$Na_2O_2+2CH_3COOH \rightarrow 2CH_3COONa+H_2O_2$

ⓩ 산과 반응하여 과산화수소를 발생한다.

$Na_2O_2+2HCl \rightarrow 2NaCl+H_2O_2$

③ BaO_2(과산화바륨)

㉠ 분자량 169, 비중 4.96, 분해온도 840℃, 융점 450℃

㉡ 정방형의 백색분말로 냉수에는 약간 녹으나, 묽은 산에는 잘 녹는다.

㉢ 알칼리토금속의 과산화물 중 매우 안정적인 물질이다.

㉣ 무기과산화물 중 분해온도가 가장 높다.

㉤ 수분과의 접촉으로 수산화바륨과 산소를 발생한다.

$2BaO_2+2H_2O \rightarrow 2Ba(OH)_2+O_2+$발열

㉥ 묽은 산류에 녹아서 과산화수소가 생성된다.

$BaO_2+2HCl \rightarrow BaCl_2+H_2O_2$

$BaO_2+2H_2SO_4 \rightarrow BaSO_4+H_2O_2$

(5) 브로민산염류 – 지정 수량 300kg

브로민산 $HBrO_3$의 수소 H가 금속 또는 다른 양이온과 치환된 화합물을 브로민산염이라 하고, 이들 염의 총칭을 브로민산염류라 한다.

(6) 질산염류 – 지정 수량 300kg

질산 HNO_3의 수소가 금속 또는 다른 양이온으로 치환된 화합물을 질산염이라 하고, 이들 염의 총칭을 질산염류라 한다.

① KNO_3(질산칼륨, 질산카리, 초석)

㉠ 분자량 101, 비중 2.1, 융점 339℃, 분해온도 400℃, 용해도 26
㉡ 무색의 결정 또는 백색분말로 차가운 자극성의 짠맛이 난다.
㉢ 물이나 글리세린 등에는 잘 녹고, 알코올에는 녹지 않는다. 수용액은 중성이다.
㉣ 약 400℃로 가열하면 분해하여 아질산칼륨(KNO_2)과 산소(O_2)가 발생하는 강산화제이다.

$2KNO_3 \rightarrow 2KNO_2 + O_2$

㉤ 강한 산화제이므로 가연성 분말이나 유기물과 접촉 시 폭발한다.
㉥ 강력한 산화제로 가연성 분말, 유기물, 환원성 물질과 혼합 시 가열, 충격으로 폭발하며 흑색화약(질산칼륨 75%+황 10%+목탄 15%)의 원료로 이용된다.

$16KNO_3 + 3S + 21C \rightarrow 13CO_2 + 3CO + 8N_2 + 5K_2CO_3 + K_2SO_4 + 2K_2S$

② $NaNO_3$(질산나트륨, 칠레초석, 질산소다)

㉠ 분자량 85, 비중 2.27, 융점 308℃, 분해온도 380℃, 무색의 결정 또는 백색분말로 조해성 물질이다.
㉡ 물이나 글리세린 등에는 잘 녹고 알코올에는 녹지 않는다.
㉢ 약 380℃에서 분해되어 아질산나트륨($NaNO_2$)과 산소(O_2)를 생성한다.

$2NaNO_3 \rightarrow 2NaNO_2 + O_2$

③ NH_4NO_3(질산암모늄, 초안, 질안, 질산암몬)

㉠ 분자량 80, 비중 1.73, 융점 165℃, 분해온도 220℃, 무색, 백색 또는 연회색의 결정
㉡ 조해성과 흡습성이 있고, 물에 녹을 때 열을 대량 흡수하여 한제로 이용된다.(흡열반응)
㉢ 약 220℃에서 가열할 때 분해되어 아산화질소(N_2O)와 수증기(H_2O)를 발생시키고 계속 가열하면 폭발한다.

$2NH_4NO_3 \rightarrow 2N_2O + 4H_2O$

㉣ 강력한 산화제로 화약의 재료이며 200℃에서 열분해하여 산화이질소와 물을 생성한다. 특히 AN-FO폭약은 NH_4NO_3와 경유를 94%와 6%로 혼합하여 기폭약으로 사용되며 단독으로도 폭발의 위험이 있다.

㉤ **급격한 가열이나 충격을 주면 단독으로 폭발한다.**

$2NH_4NO_3 \rightarrow 4H_2O + 2N_2 + O_2$

④ $AgNO_3$(질산은)

㉠ 무색무취의 투명한 결정으로 물, 아세톤, 알코올, 글리세린에 잘 녹는다.

㉡ 분자량 170, 융점 212℃, 비중 4.35, 445℃로 가열하면 산소를 발생한다.

㉢ 아이오딘에틸시안과 혼합하면 폭발성 물질이 형성되며, 햇빛에 의해 변질되므로 갈색병에 보관해야 한다. 사진감광제, 부식제, 은도금, 사진제판, 촉매 등으로 사용된다.

㉣ **분해반응식**

$2AgNO_3 \rightarrow 2Ag + 2NO_2 + O_2$

(7) 아이오딘산염류 – 지정 수량 300kg

아이오딘산 HIO_3의 수소가 금속 또는 다른 양이온과 치환되어 있는 화합물을 아이오딘산염이라 하고, 이들 염의 총칭을 아이오딘산염류라 한다.

(8) 과망가니즈산염류 – 지정 수량 1,000kg

과망가니즈산 $HMnO_4$의 수소가 금속 또는 양이온과 치환된 화합물을 과망가니즈산염이라 하고, 이들 염을 총칭하여 과망가니즈산염류라 한다.

① $KMnO_4$(과망가니즈산칼륨)

㉠ 분자량 158, 비중 2.7, 분해온도 약 200~250℃, 흑자색 또는 적자색의 결정

㉡ 수용액은 산화력과 살균력(3%-피부 살균, 0.25%-점막 살균)을 나타낸다.

㉢ 240℃에서 가열하면 망가니즈산칼륨, 이산화망가니즈, 산소를 발생한다.

$2KMnO_4 \rightarrow K_2MnO_4 + MnO_2 + O_2$

㉣ 에터, 알코올류, 〔진한 황산+(가연성 가스, 염화칼륨, 테레빈유, 유기물, 피크린산)〕과 혼촉되는 경우 발화하고 폭발의 위험성을 갖는다.

(묽은황산과의 반응식)

$4KMnO_4 + 6H_2SO_4 \rightarrow 2K_2SO_4 + 4MnSO_4 + 6H_2O + 5O_2$

(진한황산과의 반응식)

$2KMnO_4 + H_2SO_4 \rightarrow K_2SO_4 + 2HMnO_4$

㉤ 고농도의 과산화수소와 접촉 시 폭발하며 황화인과 접촉 시 자연발화의 위험이 있다.

㉥ 환원성 물질(목탄, 황 등)과 접촉 시 폭발할 위험이 있다.

㉦ 망가니즈산화물의 산화성의 크기 : $MnO < Mn_2O_3 < KMnO_2 < Mn_2O_7$

(9) 다이크로뮴염류 – 지정 수량 1,000kg

다이크로뮴산 $H_2Cr_2O_7$의 수소가 금속 또는 다른 양이온으로 치환된 화합물을 다이크로뮴산이라 하고, 이들 염을 총칭하여 다이크로뮴산염류라 한다.

① $K_2Cr_2O_7$(다이크로뮴산칼륨)

㉠ 분자량 294, 비중 2.69, 융점 398℃, 분해온도 500℃, 등적색의 결정 또는 결정성 분말

㉡ 쓴맛, 금속성 맛, 독성이 있다.

㉢ **흡습성이 있는 등적색의 결정, 물에는 녹으나 알코올에는 녹지 않는다.**

㉣ 산성용액에서 강한 산화제이다.

$K_2Cr_2O_7 + 4H_2SO_4 \rightarrow K_2SO_4 + Cr_2(SO_4)_3 + 4H_2O + 3[O]$

㉤ 강산화제이며, 500℃에서 분해하여 산소를 발생하며, 가연물과 혼합된 것은 발열, 발화하거나 가열, 충격 등에 의해 폭발할 위험이 있다.

$4K_2Cr_2O_7 \rightarrow 4K_2CrO_4 + 2Cr_2O_3 + 3O_2$

㉥ 부식성이 강해 피부와 접촉 시 점막을 자극한다.

(10) 삼산화크롬(무수크롬산, CrO_3) – 지정 수량 300kg

① 분자량 100, 비중 2.7, 융점 196℃, 분해온도 250℃

② 암적색의 침상결정으로 물, 에터, 알코올, 황산에 잘 녹는다.

③ 진한 다이크로뮴나트륨 용액에 황산을 가하여 만든다.

$Na_2Cr_2O_7 + H_2SO_4 \rightarrow 2CrO_3 + Na_2SO_4 + H_2O$

④ **융점 이상으로 가열하면 200~250℃에서 분해하여 산소를 방출하고 녹색의 삼산화이크롬으로 변한다.**

$4CrO_3 \rightarrow 2Cr_2O_3 + 3O_2$

⑤ 강력한 산화제이다. 크롬산화물의 산화성의 크기는 다음과 같다.

$CrO < Cr_2O_3 < CrO_3$

⑥ 물과 접촉하면 격렬하게 발열하고, 따라서 가연물과 혼합하고 있을 때 물이 침투되면 발화위험이 있다.

⑦ 인체에 대한 독성이 강하다.

4.11 제2류 위험물 - 가연성 고체

성 질	위험 등급	품 명	대표 품목	지정 수량
가연성 고체	Ⅱ	1. 황화인 2. 적린(P) 3. 황(S)	P_4S_3, P_2S_5, P_4S_7	100kg
	Ⅲ	4. 철분(Fe) 5. 금속분 6. 마그네슘(Mg)	Al, Zn	500kg
		7. 인화성 고체	고형 알코올	1,000kg

① 공통 성질, 저장 및 취급 시 유의 사항, 예방 대책 및 소화 방법

(1) 공통 성질

① 비교적 낮은 온도에서 착화하기 쉬운 가연성 고체로서 **이연성, 속연성 물질**이다.

② 연소속도가 매우 빠르고, **연소 시 유독가스를 발생**하며, 연소열이 크고, 연소온도가 높다.

③ **강환원제**로서 **비중이 1보다 크며**, 인화성 고체를 제외하고 무기화합물이다.

④ 산화제와 접촉, 마찰로 인하여 착화되면 급격히 연소한다.

⑤ **철분, 마그네슘, 금속분은 물과 산의 접촉 시 발열한다.**

⑥ 금속은 양성 원소이므로 산소와의 결합력이 일반적으로 크고, 이온화 경향이 큰 금속일수록 산화되기 쉽다.

(2) 저장, 취급 시 유의 사항

① 점화원을 멀리하고 가열을 피한다.

② 산화제의 접촉을 피한다.

③ 용기 등의 파손으로 위험물이 누출되지 않도록 한다.

④ 금속분(철분, 마그네슘, 금속분 등)은 물이나 산과의 접촉을 피한다.

⑤ 용기는 밀전, 밀봉하여 누설에 주의한다.

(3) 예방 대책

① 화기엄금, 가열엄금, 고온체와의 접촉을 피한다.

② 산화제인 제1류 위험물, 제6류 위험물 같은 물질과 혼합, 혼촉을 방지한다.

③ 통풍이 잘 되는 냉암소에 보관, 저장하며, 폐기 시는 소량씩 소각 처리한다.

(4) 소화 방법

① 주수에 의한 **냉각소화**

② 황화인, 철분, 금속분, 마그네슘의 화재에는 건조사 등에 의한 질식소화

2 고체의 인화위험성 시험 방법에 의한 위험성 평가

인화의 위험성 시험은 인화점 측정에 의하며 그 방법은 다음에 의한다.

① 시험장소는 1기압의 무풍의 장소로 할 것

② 다음 그림의 신속평형법 시료컵을 설정온도까지 가열 또는 냉각하여 시험물품 2g을 시료컵에 넣고 뚜껑 및 개폐기를 닫을 것

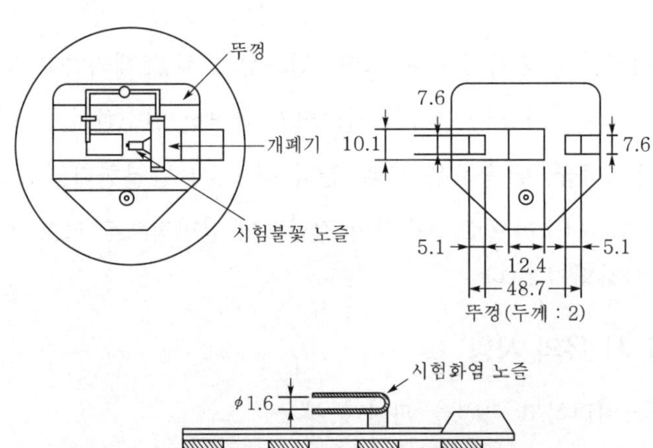

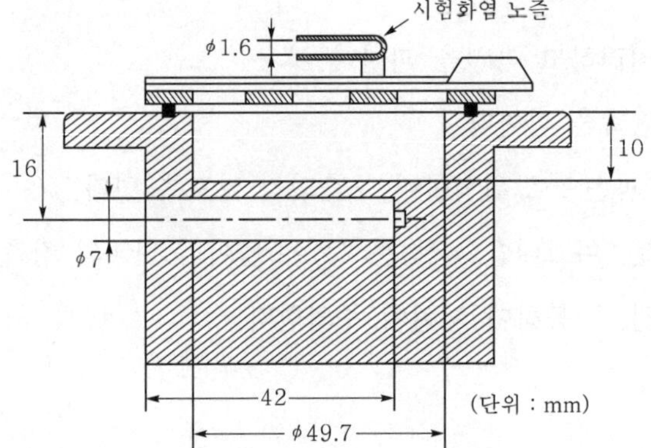

③ 시료컵의 온도를 5분간 설정온도로 유지할 것

④ 시험불꽃을 점화하고 화염의 크기를 직경 4mm가 되도록 조정할 것

⑤ 5분 경과 후 개폐기를 작동하여 시험불꽃을 시료컵에 2.5초간 노출시키고 닫을 것. 이 경우 시험불꽃을 급격히 상하로 움직이지 아니하여야 한다.

⑥ 인화한 경우에는 인화하지 않게 될 때까지 설정온도를 낮추고, 인화하지 않는 경우에는 인화할 때까지 높여 반복하여 인화점을 측정할 것

3 위험물의 종류와 지정 수량

(1) 황화인 – 지정 수량 100kg

① 일반적 성질

종류 / 성질	P_4S_3(삼황화인)	P_2S_5(오황화인)	P_4S_7(칠황화인)
분자량	220	222	348
색상	황색 결정	담황색 결정	담황색 결정 덩어리
물에 대한 용해성	불용성	조해성, 흡습성	조해성
비중	2.03	2.09	2.19
비점(℃)	407	514	523
융점	172.5	290	310
발생 물질	P_2O_5, SO_2	H_2S, H_3PO_4	H_2S
착화점	약 100℃	142℃	–

㉠ **삼황화인**(P_4S_3) : 물, 황산, 염산 등에는 녹지 않고, 질산이나 **이**황화탄소(CS_2), 알칼리 등에 녹는다.

㉡ **오황화인**(P_2S_5) : **알코올**이나 **이황화탄소**(CS_2)에 녹으며, 물이나 알칼리와 반응하면 분해하여 황화수소(H_2S)와 인산(H_3PO_4)으로 된다.

$P_2S_5 + 8H_2O \rightarrow 5H_2S + 2H_3PO_4$

㉢ **칠황화인**(P_4S_7) : **이황화탄소**(CS_2), 물에는 약간 녹으며, 더운 물에서는 급격히 분해하여 황화수소(H_2S)를 발생한다.

② 위험성

㉠ 황화인이 미립자를 흡수하면 기관지 및 눈의 점막을 자극한다.

㉡ 가연성 고체 물질로서 약간의 열에 의해서도 대단히 연소하기 쉬우며, 조건에 따라 폭발한다.

㉢ 연소생성물은 매우 유독하다.

$P_4S_3+8O_2 \rightarrow 2P_2O_5+3SO_2$

$2P_2S_5+15O_2 \rightarrow 2P_2O_5+10SO_2$

㉣ 알코올, 알칼리, 아민류, 유기산, 강산 등과 접촉하면 심하게 반응한다.

㉤ 단독 또는 무기과산화물류, 과망가니즈산염류, 납 등의 금속분, 유기물 등과 혼합하는 경우 가열, 충격, 마찰에 의해 발화 또는 폭발한다.

③ 용도

㉠ **삼황화인** : 성냥, 유기합성 탈색 등

㉡ **오황화인** : 선광제, 윤활유 첨가제, 농약 제조 등

㉢ **칠황화인** : 유기합성 등

(2) 적린(P, 붉은인) – 지정 수량 100kg

① 원자량 31, 비중 2.2, 융점은 600℃, **발화온도 260℃**, 승화온도 400℃

② 물, 이황화탄소, 에터, 암모니아 등에는 녹지 않는다.

③ **암적색의 분말**로 황린의 동소체이지만 자연발화의 위험이 없어 안전하며, 독성도 황린에 비하여 약하다.

④ 염소산염류, 과염소산염류 등 강산화제와 혼합하면 불안정한 폭발물과 같이 되어 약간의 가열, 충격, 마찰에 의해 폭발한다.

$6P+5KClO_3 \rightarrow 5KCl+3P_2O_5$

⑤ **연소하면 황린이나 황화인과 같이 유독성이 심한 백색의 오산화인을 발생하며, 일부 포스핀도 발생한다.**

$4P+5O_2 \rightarrow 2P_2O_5$

참고

P(인)의 경우 +5가에 해당하며 −2가인 O(산소)와 결합하는 경우 $P^{|+5|} \times O^{|-2|} \rightarrow P_2O_5$(오산화인)이 생성된다.

(3) 황(S) – 지정 수량 100kg

황은 순도가 60 중량 퍼센트 미만인 것을 제외한다. 이 경우 순도 측정에 있어서 불순물은 활석 등 불연성 물질과 수분에 한한다.

① 일반적 성질

구 분	단사황(S_8)	사방황(S_8)	고무상황(S_8)
결정형	바늘모양(침상)	팔면체	무정형
비중	1.95	2.07	–
비등점	445℃	–	–
융점	119℃	113℃	–
착화점	–	–	360℃
물에 대한 용해도	녹지 않음	녹지 않음	녹지 않음

㉠ 황색의 결정 또는 미황색의 분말로서 단사황, 사방황 및 고무상황 등의 동소체가 있다.
〔동소체 : 같은 원소로 되어 있으나 구조가 다른 단체〕

㉡ 물, 산에는 녹지 않으며 알코올에는 약간 녹고, 이황화탄소(CS_2)에는 잘 녹는다(단, 고무상황은 녹지 않는다).

② 위험성

㉠ 연소가 매우 쉬운 가연성 고체로 유독성의 이산화황가스를 발생하고 연소할 때 연소열에 의해 액화하고 증발한 증기가 연소한다.

㉡ **황가루가 공기 중에 부유할 때 분진폭발의 위험이 있다.**

㉢ **공기 중에서 연소하면 푸른 빛을 내고 아황산가스를 발생하며, 아황산가스는 독성이 있다.**

$S+O_2 \rightarrow SO_2$

(4) 마그네슘(Mg) – 지정 수량 500kg

마그네슘 또는 마그네슘을 함유한 것 중 2밀리미터의 체를 통과하지 아니하는 덩어리는 제외한다.

① 원자량 24, 비중 1.74, 융점 650℃, 비점 1,107℃, 착화온도 473℃

② 알칼리토금속에 속하는 대표적인 경금속으로 은백색의 광택이 있는 금속으로 공기 중에서 서서히 산화하여 광택을 잃는다.

③ 열전도율 및 전기전도도가 큰 금속이다.

④ **산 및 온수와 반응하여 많은 양의 열과 수소(H_2)를 발생한다.**

$Mg+2HCl \rightarrow MgCl_2+H_2$

$Mg+2H_2O \rightarrow Mg(OH)_2+H_2$

⑤ 가열하면 연소가 쉽고 양이 많은 경우 맹렬히 연소하며 강한 빛을 낸다. 특히 연소열이 매우 높기 때문에 온도가 높아지고 화세가 격렬하여 소화가 곤란하다.
$2Mg+O_2 \rightarrow 2MgO$

⑥ CO_2 등 질식성 가스와 접촉 시에는 가연성 물질인 C와 유독성인 CO가스를 발생한다.
$2Mg+CO_2 \rightarrow 2MgO+2C$
$Mg+CO_2 \rightarrow MgO+CO$

⑦ 사염화탄소(CCl_4)나 C_2H_4ClBr 등과 고온에서 작용 시에는 맹독성인 포스겐($COCl_2$) 가스가 발생한다.

⑧ 질소기체 속에서도 타고 있는 마그네슘을 넣으면 직접 반응하여 공기나 CO_2 속에서보다 활발하지는 않지만 연소한다.
$3Mg+N_2 \rightarrow Mg_3N_2$

(5) 철분(Fe) – 지정 수량 500kg

철분이라 함은 철의 분말로서 53마이크로미터의 표준체를 통과하는 것이 50중량퍼센트 미만인 것을 제외한다.

① 비중 7.86, 융점 1,535℃, 비등점 2,750℃

② 회백색의 분말이며 강자성체이지만 766℃에서 강자성을 상실한다.

③ 공기 중에서 서서히 산화하여 산화철(Fe_2O_3)이 되어 은백색의 광택이 황갈색으로 변한다.
$4Fe+3O_2 \rightarrow 2Fe_2O_3$

④ 가열되거나 금속의 온도가 높은 경우 더운물 또는 수증기와 반응하면 수소를 발생하고 경우에 따라 폭발한다. 또한 묽은 산과 반응하여 수소를 발생한다.
$2Fe+3H_2O \rightarrow Fe_2O_3+3H_2$
$Fe+2HCl \rightarrow FeCl_2+H_2$
$2Fe+6HCl \rightarrow 2FeCl_3+3H_2$

(6) 금속분 – 지정 수량 500kg

금속분이라 함은 알칼리금속, 알칼리토금속, 철 및 마그네슘 이외의 금속분을 말하며, 구리, 니켈분과 150μm의 체를 통과하는 것이 50중량퍼센트 미만인 것을 제외한다.

① 알루미늄분(Al)

㉠ 녹는점 660℃, 비중 2.7, 연성(펴짐성), 전성(뽑힘성)이 좋으며 열전도율, 전기전도도가 큰 은백색의 무른 금속으로 진한 질산에서는 부동태가 되며 묽은 질산에는 잘 녹는다.

ⓛ 공기 중에서는 표면에 산화피막(산화알루미늄)을 형성하여 내부를 부식으로부터 보호한다. 또한 알루미늄 분말이 발화하면 다량의 열을 발생하며, 불꽃 및 흰 연기를 내면서 연소하므로 소화가 곤란하다.

$4Al + 3O_2 \rightarrow 2Al_2O_3$

참고

Al(알루미늄)은 +3가 O(산소)는 −2가이므로 산화반응하는 경우 $Al^{|+3|} O^{|-2|} \rightarrow Al_2O_3$(산화알루미늄)이 생성된다.

ⓒ 다른 금속산화물을 환원한다. 특히 Fe_3O_4와 강렬한 산화반응을 한다.

$3Fe_3O_4 + 8Al \rightarrow 4Al_2O_3 + 9Fe$ (테르밋반응)

ⓡ 대부분의 산과 반응하여 수소를 발생한다(단, 진한 질산 제외).

$2Al + 6HCl \rightarrow 2AlCl_3 + 3H_2$

ⓜ 알칼리 수용액과 반응하여 수소를 발생한다.

$2Al + 2NaOH + 2H_2O \rightarrow 2NaAlO_2 + 3H_2$

ⓑ 물과 반응하면 수소가스를 발생한다.

$2Al + 6H_2O \rightarrow 2Al(OH)_3 + 3H_2$

(7) 인화성 고체 – 지정 수량 1,000kg

인화성 고체라 함은 고형 알코올과 그 밖에 1기압에서 인화점이 40℃ 미만인 고체를 말한다.

4.12 제3류 위험물 – 자연발화성 물질 및 금수성 물질

성 질	위험 등급	품 명	대표 품목	지정 수량
자연발화성 물질 및 금수성 물질	I	1. 칼륨(K)		10kg
		2. 나트륨(Na)		
		3. 알킬알루미늄(R · Al 또는 R · Al · X)	$(C_2H_5)_3Al$	
		4. 알킬리튬(R−Li)	C_4H_9Li	
		5. 황린(P_4)		20kg
	II	6. 알칼리금속류(칼륨 및 나트륨 제외) 및 알칼리토금속	Li, Ca	50kg
		7. 유기금속화합물(알킬알루미늄 및 알킬리튬 제외)	$Te(C_2H_5)_2$, $Zn(CH_3)_2$	
	III	8. 금속의 수소화물	LiH, NaH	300kg
		9. 금속의 인화물	Ca_3P_2, AlP	
		10. 칼슘 또는 알루미늄의 탄화물	CaC_2, Al_4C_3	
		11. 그 밖에 행정안전부령이 정하는 것 염소화규소 화합물	$SiHCl_3$	300kg

1 공통 성질, 저장 및 취급 시 유의 사항, 예방 대책 및 소화 방법

(1) 공통 성질

① 대부분 무기물의 고체이며, 알킬알루미늄과 같은 액체도 있다.

② 금수성 물질로서 물과 접촉하면 발열 또는 발화한다.

③ 자연발화성 물질로서 대기 중에서 공기와 접촉하여 자연발화하는 경우도 있다.

(2) 저장 및 취급 시 유의 사항

① 물과 접촉하여 가연성 가스를 발생하는 금수성 물질이므로 용기의 파손이나 부식을 방지하고 수분과의 접촉을 피할 것

② 충격, 불티, 화기로부터 격리하고, 강산화제와도 분리하여 저장할 것

③ 보호액 속에 저장하는 경우에는 위험물이 보호액 표면에 노출되지 않도록 주의할 것

④ 다량으로 저장하지 말고 소분하여 저장할 것

(3) 예방 대책

① 용기는 완전히 밀전하고 공기 또는 물과의 접촉을 방지할 것

② 강산화제, 강산류, 기타 약품 등과 접촉에 주의할 것

③ 용기가 가열되지 않도록 하며, 보호액이 들어 있는 것은 용기 밖으로 누출하지 않도록 주의할 것

④ 알킬알루미늄, 알킬리튬, 유기금속화합물류는 화기를 엄금하며, 용기 내 압력이 상승하지 않도록 주의할 것

(4) 소화 방법

① 건조사, 팽창질석 및 팽창진주암 등을 사용한 질식소화

② 금속화재용 분말소화약제에 의한 질식소화를 실시한다.

③ 주수소화는 발화 또는 폭발을 일으키고, 이산화탄소와는 심하게 반응하므로 절대 엄금

2 위험물의 종류와 지정 수량

(1) 금속칼륨(K) – 지정 수량 10kg

① 비중 0.86, 융점 63.7℃, 비점 774℃

② 은백색의 광택이 있는 경금속으로 흡습성, 조해성이 있고, 석유 등 보호액에 장기 보존 시 표면에 K_2O, KOH, K_2CO_3가 피복되어 가라앉는다.

③ 녹는점 이상으로 가열하면 보라색 불꽃을 내면서 연소한다.
$4K+O_2 \rightarrow 2K_2O$

④ 물 또는 알코올과 반응하지만, 에터와는 반응하지 않는다.

⑤ 물과 격렬히 반응하여 발열하고 수산화칼륨과 수소를 발생한다. 이때 발생된 열은 점화원의 역할을 한다.
$2K+2H_2O \rightarrow 2KOH+H_2$

⑥ CO_2, CCl_4와 격렬히 반응하여 연소, 폭발의 위험이 있으며, 연소 중에 모래를 뿌리면 규소(Si) 성분과 격렬히 반응한다.
$4K+3CO_2 \rightarrow 2K_2CO_3+C$ (연소·폭발)
$4K+CCl_4 \rightarrow 4KCl+C$ (폭발)

⑦ 알코올과 반응하여 칼륨에틸레이트를 만들며 수소를 발생한다.
$2K+2C_2H_5OH \rightarrow 2C_2H_5OK+H_2$

⑧ 대량의 금속칼륨이 연소할 때 적당한 소화방법이 없으므로 매우 위험하다.

⑨ 습기나 물에 접촉하지 않도록 보호액(석유, 벤젠, 파라핀 등) 속에 저장한다.

(2) 금속나트륨(Na) – 지정 수량 10kg

① 원자량 23, 비중 0.97, 융점 97.7℃, 비점 880℃, 발화점 121℃

② 은백색의 무른 금속으로 물보다 가볍고 노란색 불꽃을 내면서 연소한다.

③ 고온으로 공기 중에서 연소시키면 산화나트륨이 된다.
$4Na+O_2 \rightarrow 2Na_2O$ (회백색)

④ 물과 격렬히 반응하여 발열하고 수소를 발생하며, 산과는 폭발적으로 반응한다. 수용액은 염기성으로 변하고, 페놀프탈레인과 반응 시 붉은색을 나타낸다.
$2Na+2H_2O \rightarrow 2NaOH+H_2$

⑤ 알코올과 반응하여 나트륨알코올레이드와 수소가스를 발생한다.
$2Na+2C_2H_5OH \rightarrow 2C_2H_5ONa+H_2$

⑥ 습기나 물에 접촉하지 않도록 보호액(석유, 벤젠, 파라핀 등) 속에 저장한다.

(3) 알킬알루미늄(RAl 또는 RAlX) – 지정 수량 10kg

알킬알루미늄은 알킬기(Alkyl, R−)와 알루미늄이 결합한 화합물을 말한다. 대표적인 알킬알루미늄(RAl)의 종류는 다음과 같다. 여기서, 알킬기(R)란 C_nH_{2n+1}을 의미한다.

화학명	화학식	끓는점(b.p.)	녹는점(m.p.)	비 중
트리메틸알루미늄	$(CH_3)_3Al$	127.1℃	15.3℃	0.748
트리에틸알루미늄	$(C_2H_5)_3Al$	186.6℃	−45.5℃	0.832
트리프로필알루미늄	$(C_3H_7)_3Al$	196.0℃	−60℃	0.821
트리이소뷰틸알루미늄	iso-$(C_4H_9)_3Al$	분해	1.0℃	0.788
에틸알루미늄다이클로로라이드	$C_2H_5AlCl_2$	194.0℃	22℃	1.252
다이에틸알루미늄하이드라이드	$(C_2H_5)_2AlH$	227.4℃	−59℃	0.794
다이에틸알루미늄클로라이드	$(C_2H_5)_2AlCl$	214℃	−74℃	0.971

① 트리에틸알루미늄[$(C_2H_5)_3Al$]

㉠ 무색, 투명한 액체로 외관은 등유와 유사한 가연성으로 C_1~C_4는 자연발화성이 강하다. 공기 중에 노출되어 공기와 접촉하여 백연을 발생하며 연소한다. 단, C_5 이상은 점화하지 않으면 연소하지 않는다.

$2(C_2H_5)_3Al+21O_2 \rightarrow 12CO_2+Al_2O_3+15H_2O$

㉡ 물, 산, 알코올과 접촉하면 폭발적으로 반응하여 에탄을 형성하고 이때 발열, 폭발에 이른다.

$(C_2H_5)_3Al+3H_2O \rightarrow Al(OH)_3+3C_2H_6$

$(C_2H_5)_3Al+HCl \rightarrow (C_2H_5)_2AlCl+C_2H_6$

$(C_2H_5)_3Al+3CH_3OH \rightarrow Al(CH_3O)_3+3C_2H_6$

㉢ 메탄올, 에탄올 등 알코올류, 할로젠과 폭발적으로 반응하여 가연성 가스를 발생한다.

㉣ 실제 사용 시는 희석제(벤젠, 톨루엔, 헥산 등 탄화수소 용제)로 20~30%로 희석하여 사용한다.

(4) 알킬리튬(RLi) – 지정 수량 10kg

(5) 황린(P_4, 백린) – 지정 수량 20kg

① 비중 1.82, 융점 44℃, 비점 280℃, 발화점 34℃, 백색 또는 담황색의 왁스상 가연성, 자연발화성 고체이다. 증기는 공기보다 무거우며, 매우 자극적이며 맹독성 물질이다.

② 물에는 녹지 않으나 벤젠, 알코올에는 약간 녹고, 이황화탄소 등에는 잘 녹는다.

③ 물속에 저장하고, 상온에서 서서히 산화하여 어두운 곳에서 청백색의 인광을 낸다.

④ 공기를 차단하고 약 260℃로 가열하면 적린이 된다.

⑤ 공기 중에서 연소하여 격렬하게 오산화인의 백색 연기를 내며 연소하고 일부 유독성의 포스핀(PH_3)도 발생하며 환원력이 강하여 산소 농도가 낮은 분위기에서도 연소한다.

$P_4+5O_2 \rightarrow 2P_2O_5$

⑥ 증기는 매우 자극적이며 맹독성이다. (치사량은 0.05g)

⑦ 자연발화성이 있어 물속에 저장하며, 온도상승 시 물의 산성화가 빨라져서 용기를 부식시키므로 직사 광선을 피하여 저장한다.

⑧ 인화수소(PH_3)의 생성을 방지하기 위해 보호액은 약알칼리성 pH 9로 유지하기 위하여 알칼리제(석회 또는 소다회 등)로 pH를 조절한다.

(6) 알칼리금속류(K, Na은 제외) 및 알칼리토금속(Mg은 제외) – 지정 수량 50kg

– 알칼리금속류 : Li(리튬), Rb(루비듐), Cs(세슘), Fr(프란슘)

– 알칼리토금속 : Be(베릴륨), Ca(칼슘), Sr(스트론튬), Ba(바륨), Ra(라듐)

① 리튬(Li)

㉠ 은백색의 금속으로 금속 중 가장 가볍고 금속 중 비열이 가장 크다. 비중 0.53, 융점 180℃, 비점 1,350℃

㉡ 알칼리금속이지만 K, Na보다는 화학반응성이 크지 않다.

㉢ 물과는 상온에서 천천히, 고온에서 격렬하게 반응하여 수소를 발생한다. 알칼리금속 중에서는 반응성이 가장 적은 편으로 적은 양은 반응열로 연소를 못하지만 다량의 경우 발화한다.

$2Li + 2H_2O \rightarrow 2LiOH + H_2$

② Ca(칼슘)

㉠ 비중 1.55, 융점 851℃, 비점 약 1,200℃

㉡ 은백색의 금속이며, 고온에서 수소 또는 질소와 반응하여 수소화합물과 질화물을 형성하며 할로젠과 할로젠화합물을 생성한다.

㉢ 물과 반응하여 상온에서는 서서히, 고온에서는 격렬히 수소를 발생하며 Mg에 비해 더 무르며 물과의 반응성은 빠르다.

$Ca + 2H_2O \rightarrow Ca(OH)_2 + H_2$

(7) 유기금속화합물류(알킬알루미늄과 알킬리튬은 제외) – 지정 수량 50kg

알킬기 또는 알릴기 등 탄화수소기에 금속원자가 결합된 화합물이다.

① 다이에틸텔루르[$Te(C_2H_5)_2$]

㉠ 유기화합물의 합성, 반도체 공업 등의 원료로 쓰이며, 무취, 황적색의 유동성의 가연성 액체이다.

㉡ 물 또는 습기 찬 공기와 접촉에 의해 인화성 증기와 열을 발생하며 이는 2차적인 화재의 원인이 된다.

㉢ 메탄올, 산화제, 할로젠과 심하게 반응하고 열에 불안정하여 저장용기가 가열되면 심하게 파열된다.

㉣ 탄소수가 적은 것일수록 자연발화하며 물과 격렬하게 반응한다.

② 다이에틸아연[$Zn(CH_3)_2$]

㉠ 무색의 유동성의 가연성 액체로 공기와 접촉 시 자연발화하고 푸른 불꽃을 내며 연소한다.

㉡ 물 또는 습기 찬 공기와 접촉에 의해 인화성 증기와 열을 발생하며 이는 2차적인 화재의 원인이 된다.

㉢ 메탄올, 산화제, 할로젠과 심하게 반응하고 열에 불안정하여 저장용기가 가열되면 심하게 파열된다.

㉣ 탄소수가 적은 것일수록 자연발화하며 물과 격렬하게 반응한다.

③ 기타 유기금속화합물

㉠ 다이메틸카드뮴[$(CH_3)_2Cd$]

㉡ 다이메틸텔르륨[$Te(CH_3)_2$]

㉢ 사에틸납[$(C_2H_5)_4Pb$] : 자동차, 항공기 연료의 안티녹킹제로서 다른 유기금속화합물과 상이한 점은 자연발화성도 아니고 물과 반응하지도 않으며, 인화점 93℃로 제3석유류(비수용성)에 해당한다.

㉣ 나트륨아미드[$NaNH_2$]

(8) 금속수소화합물 – 지정 수량 300kg

알칼리금속이나 알칼리토금속이 수소와 결합하여 만드는 화합물로서 MH 또는 MH_2 형태의 화합물이다.

① 수소화리튬(LiH)

㉠ 비중은 0.82이며, 융점은 680℃의 무색무취 또는 회색의 유리모양의 불안정한 가연성 고체로 빛에 노출되면 빠르게 흑색으로 변한다.

㉡ **물과 실온에서 격렬하게 반응하며 수소를 발생하며 공기 또는 습기, 물과 접촉하여 자연발화의 위험이 있으며, 400℃에서 리튬과 수소로 분해한다.**

$LiH+H_2O \rightarrow LiOH+H_2$

$2LiH \rightarrow 2Li+H_2$

② 수소화나트륨(NaH)

㉠ 비중은 0.93이고, 분해온도는 약 800℃로 회백색의 결정 또는 분말이다.

㉡ 불안정한 가연성 고체로 물과 격렬하게 반응하여 수소를 발생하고 발열하며, 이때 발생한 반응열에 의해 자연발화한다.

$NaH+H_2O \rightarrow NaOH+H_2$

㉢ 습기 중에 노출되어도 자연발화의 위험이 있으며, 425℃ 이상 가열하면 수소를 분해한다.

③ 수소화칼슘(CaH_2)

㉠ 비중은 1.7, 융점은 841℃이고, 분해온도는 675℃로 물에는 용해되지만 에터에는 녹지 않는다.

㉡ 백색 또는 회백색의 결정 또는 분말이며, 건조공기 중에 안정하며 환원성이 강하다. 물과 격렬하게 반응하여 수소를 발생하고 발열한다.

$CaH_2+2H_2O \rightarrow Ca(OH)_2+2H_2$

㉢ 습기 중에 노출되어도 자연발화의 위험이 있으며, 600℃ 이상 가열하면 수소를 분해한다.

(9) 금속인화합물 – 지정 수량 300kg

① 인화석회(Ca_3P_2, 인화칼슘)

㉠ 적갈색의 고체이며, 비중 2.51, 융점 1,600℃

㉡ **물 또는 약산과 반응하여 가연성이며 독성이 강한 인화수소(PH_3, 포스핀)가스를 발생한다.**

$Ca_3P_2+6H_2O \rightarrow 3Ca(OH)_2+2PH_3$

$Ca_3P_2+6HCl \rightarrow 3CaCl_2+2PH_3$

② 인화알루미늄[AlP]

㉠ 분자량 58, 융점 1,000℃ 이하, 암회색 또는 황색의 결정 또는 분말이다.

㉡ 가연성이며 공기 중에서 안정하나 습기 찬 공기, 물, 스팀과 접촉 시 가연성, 유독성의 포스핀가스를 발생한다.

$AlP+3H_2O \rightarrow Al(OH)_3+PH_3$

(10) 칼슘 또는 알루미늄의 탄화물 – 지정 수량 300kg

칼슘 또는 알루미늄과 탄소와의 화합물로서 CaC_2(탄화칼슘), 탄화알루미늄(Al_4C_3) 등이 있다.

① 탄화칼슘(CaC_2, 카바이드, 탄화석회, 칼슘아세틸레이드)

㉠ 분자량 64, 비중 2.22, 융점 2,300℃로 순수한 것은 무색투명하나 보통은 흑회색이며 불규칙한 덩어리로 존재한다. 건조한 공기 중에서는 안정하나 350℃ 이상으로 가열 시 열을 가하면 산화한다.

$CaC_2+5O_2 \rightarrow 2CaO+4CO_2$

㉡ 건조한 공기 중에서는 안정하나 350℃ 이상에서는 산화되며, 고온에서 강한 환원성을 가지므로 산화물을 환원시킨다.

㉢ 질소와는 약 700℃ 이상에서 질화되어 칼슘시안아미드($CaCN_2$, 석회질소)가 생성된다.

$CaC_2+N_2 \rightarrow CaCN_2+C$

㉣ 물과 심하게 반응하여 수산화칼슘과 아세틸렌을 만들며 공기 중 수분과 반응하여도 아세틸렌을 발생한다.

$CaC_2+2H_2O \rightarrow Ca(OH)_2+C_2H_2$

㉤ 물 또는 습기와 작용하여 폭발성 혼합가스인 아세틸렌(C_2H_2)가스를 발생하며, 생성되는 수산화칼슘[$Ca(OH)_2$]은 독성이 있기 때문에 인체에 부식작용(피부점막염증, 시력장애 등)이 있다.

㉥ 아세틸렌은 연소범위 2.5~81%로 대단히 넓고 인화가 쉬우며 때로는 폭발하기도 하며 단독으로 가압 시 분해폭발을 일으키는 물질이다.

$2C_2H_2+5O_2 \rightarrow 2H_2O+4CO_2$

$C_2H_2 \rightarrow H_2+2C$

② 탄화알루미늄(Al_4C_3)

㉠ 순수한 것은 백색이나 보통은 황색의 결정이며 건조한 공기 중에서는 안정하나 가열하면 표면에 산화피막을 만들어 반응이 지속되지 않는다.

㉡ 비중은 2.36이고, 분해온도는 1,400℃ 이상이다.

㉢ 물과 반응하여 가연성, 폭발성의 메탄가스를 만들며 밀폐된 실내에서 메탄이 축적되는 경우 인화성 혼합기를 형성하여 2차 폭발의 위험이 있다.

$Al_4C_3+12H_2O \rightarrow 4Al(OH)_3+3CH_4$

③ 기타

㉠ 물과 반응 시 아세틸렌가스를 발생시키는 물질 : LiC_2, Na_2C_2, K_2C_2, MgC_2

- $LiC_2+2H_2O \rightarrow 2LiOH+C_2H_2$
- $Na_2C_2+2H_2O \rightarrow 2NaOH+C_2H_2$
- $K_2C_2+2H_2O \rightarrow 2KOH+C_2H_2$
- $MgC_2+2H_2O \rightarrow Mg(OH)_2+C_2H_2$

㉡ 물과 반응 시 메탄가스를 발생시키는 물질

$BeC_2+4H_2O \rightarrow 2Be(OH)_2+CH_4$

㉢ 물과 반응 시 메탄과 수소가스를 발생시키는 물질

$Mn_3C+6H_2O \rightarrow 3Mn(OH)_2+CH_4+H_2$

4.13 제4류 위험물 - 인화성 액체

성 질	위험 등급	품 명		품 목	지정 수량
인화성 액체	Ⅰ	특수인화물		• 비수용성 : 다이에틸에터, 이황화탄소 • 수용성 : 아세트알데하이드, 산화프로필렌	50L
	Ⅱ	제1석유류	비수용성	가솔린, 벤젠, 톨루엔, 사이클로헥산, 콜로디온, 메틸에틸케톤, 초산메틸, 초산에틸, 의산에틸, 헥산 등	200L
			수용성	아세톤, 피리딘, 아크롤레인, 의산메틸, 사이안화수소 등	400L
		알코올류		메틸알코올, 에틸알코올, 프로필알코올, 이소프로필알코올	400L
	Ⅲ	제2석유류	비수용성	등유, 경유, 스티렌, 자일렌(o−, m−, p−), 클로로벤젠, 장뇌유, 뷰틸알코올, 알릴알코올, 아밀알코올 등	1,000L
			수용성	포름산, 초산, 하이드라진, 아크릴산 등	2,000L
		제3석유류	비수용성	중유, 크레오소트유, 아닐린, 나이트로벤젠, 나이트로톨루엔 등	2,000L
			수용성	에틸렌글리콜, 글리세린 등	4,000L
		제4석유류		기어유, 실린더유, 윤활유, 가소제	6,000L
		동 · 식물유류		• 건성유 : 아마인유, 들기름, 동유, 정어리기름, 해바라기유 등 • 반건성유 : 참기름, 옥수수기름, 청어기름, 채종유, 면실유(목화씨유), 콩기름, 쌀겨유 등 • 불건성유 : 올리브유, 피마자유, 야자유, 땅콩기름, 동백유 등	10,000L

※ 석유류 분류 기준 : 인화점의 차이

 공통 성질, 저장 및 취급 시 유의 사항, 예방 대책 및 소화 방법

(1) 공통 성질

① 액체는 물보다 가볍고, 대부분 물에 잘 녹지 않는다.

② 상온에서 액체이며 인화하기 쉽다.

③ 대부분의 증기는 공기보다 무겁다.

④ 착화온도(착화점, 발화온도, 발화점)가 낮을수록 위험하다.

⑤ 연소하한이 낮아 증기와 공기가 약간 혼합되어 있어도 연소한다.

(2) 저장 및 취급 시 유의 사항

① 화기 및 점화원으로부터 멀리 저장할 것

② 인화점 이상으로 가열하지 말 것

③ 증기 및 액체의 누설에 주의하여 저장할 것

④ 용기는 밀전하고 통풍이 잘 되는 찬 곳에 저장할 것

⑤ 부도체이므로 정전기 발생에 주의하여 저장, 취급할 것

(3) 예방 대책

① 점화원을 제거한다.

② 폭발성 혼합기의 형성을 방지한다.

③ 누출을 방지한다.

④ 보관 시 탱크 등의 관리를 철저히 한다.

(4) 소화 방법

이산화탄소, 할로젠화물, 분말, 물분무 등으로 질식소화

(5) 화재의 특성

① 유동성 액체이므로 연소속도와 화재의 확대가 빠르다.

② 증발연소하므로 불티가 나지 않는다.

③ 인화점이 낮은 것은 겨울철에도 쉽게 인화한다.

④ 소화 후에도 발화점 이상으로 가열된 물체 등에 의해 재연소 또는 폭발한다.

2 위험물의 시험 방법

(1) 인화성 액체의 인화점 시험 방법(위험물안전관리에 관한 세부기준 제13조)

① 인화성 액체의 인화점 측정은 **태그밀폐식 인화점측정기**에 의한 인화점을 측정한 방법으로 측정한 결과에 따라 정한다.

㉠ 측정결과가 0℃ 미만인 경우에는 당해 측정결과를 인화점으로 할 것

㉡ 측정결과가 0℃ 이상 80℃ 이하인 경우에는 동점도 측정을 하여 동점도가 $10mm^2/s$ 미만인 경우에는 당해 측정결과를 인화점으로 하고, 동점도가 $10mm^2/s$ 이상인 경우에는 **신속평형법 인화점측정기**에 의한 인화점 측정시험으로 다시 측정할 것

㉢ 측정결과가 80℃를 초과하는 경우에는 **클리브랜드개방컵 인화점측정기**에 의한 인화점 측정시험에 따른 방법으로 다시 측정할 것

② **인화성 액체 중 수용성 액체란 온도 20℃, 기압 1기압에서 동일한 양의 증류수와 완만하게 혼합하여 혼합액의 유동이 멈춘 후 혼합액이 균일한 외관을 유지하는 것을 말한다.**

(2) 인화점 측정 시험 종류

① 태그(Tag)밀폐식 인화점측정기에 의한 인화점 측정시험

② 신속평형법 인화점측정기에 의한 인화점 측정시험

③ 클리브랜드(Cleaveland)개방컵 인화점측정기에 의한 인화점 측정시험

3 위험물의 종류와 지정 수량

(1) 특수인화물 – 지정 수량 50L

"특수인화물"이라 함은 이황화탄소, 다이에틸에터, 그 밖의 1기압에서 발화점이 100℃ 이하인 것 또는 인화점이 영하 20℃ 이하이고 비점이 40℃ 이하인 것을 말한다.

① 다이에틸에터($C_2H_5OC_2H_5$, 산화에틸, 에터, 에틸에터) – 비수용성 액체

분자량	비 중	증기 비중	비 점	인화점	발화점	연소 범위
74.12	0.72	2.6	34℃	−40℃	180℃	1.9~48%

```
   H  H     H  H
   |  |     |  |
H—C—C—O—C—C—H
   |  |     |  |
   H  H     H  H
```

㉠ 무색투명한 유동성 액체로 휘발성이 크며, 에탄올과 나트륨이 반응하면 수소를 발생하지만 에터는 나트륨과 반응하여 수소를 발생하지 않으므로 구별할 수 있다.

㉡ 물에는 약간 녹고 알코올 등에는 잘 녹고, **증기는 마취성**이 있다.

㉢ 전기의 부도체로서 정전기가 발생하기 쉽다.

㉣ 인화점이 낮고 휘발성이 강하다(**제4류 위험물 중 인화점이 가장 낮다**).

㉤ 증기누출이 용이하며 장기간 저장 시 공기 중에서 산화되어 구조불명의 불안정하고 폭발성의 과산화물을 만드는데 이는 유기과산화물과 같은 위험성을 가지기 때문에 100℃로 가열하거나 충격, 압축으로 폭발한다.

㉥ 직사광선에 분해되어 과산화물을 생성하므로 갈색병을 사용하여 밀전하고 냉암소 등에 보관하며 용기의 공간용적은 2% 이상으로 해야 한다.

㉦ 대량저장 시에는 불활성 가스를 봉입하고, 운반용기의 공간용적으로 10% 이상 여유를 둔다. 또한, 옥외저장탱크 중 압력탱크에 저장하는 경우 40℃ 이하를 유지해야 한다.

㉧ 점화원을 피해야 하며 특히 정전기를 방지하기 위해 약간의 $CaCl_2$를 넣어 두고, 또한 폭발성의 **과산화물 생성방지를 위해 40mesh의 구리망**을 넣어둔다.

㉨ **과산화물의 검출은 10% 아이오딘화칼륨(KI) 용액과의 황색반응으로 확인**한다.

② 이황화탄소(CS_2) – 비수용성 액체

분자량	비 중	녹는점	비 점	인화점	발화점	연소 범위
76	1.26	−111℃	46℃	−30℃	90℃	1.0~50%

㉠ 순수한 것은 무색투명하고 클로로포름과 같은 약한 향기가 있는 액체지만 통상 불순물이 있기 때문에 황색을 띠며 불쾌한 냄새가 난다.

㉡ 물보다 무겁고 물에 녹지 않으나, 알코올, 에터, 벤젠 등에는 잘 녹으며, 유지, 수지 등의 용제로 사용된다.

㉢ 독성이 있어 피부에 장시간 접촉하거나 증기흡입 시 인체에 유해하다.

㉣ 휘발하기 쉽고 발화점이 낮아 백열등, 난방기구 등의 열에 의해 발화하며, 점화하면 청색을 내고 연소하는데 연소생성물 중 SO_2는 유독성이 강하다.

$CS_2 + 3O_2 \rightarrow CO_2 + 2SO_2$

㉤ 고온의 물과 반응하면 이산화탄소와 황화수소를 발생한다.

$CS_2 + 2H_2O \rightarrow CO_2 + 2H_2S$

㉥ 물보다 무겁고 물에 녹기 어렵기 때문에 **가연성 증기의 발생을 억제하기 위하여 물(수조) 속에 저장**한다.

③ 아세트알데하이드(CH_3CHO, 알데하이드, 초산알데하이드) - 수용성 액체

분자량	비 중	녹는점	비 점	인화점	발화점	연소 범위
44	0.78	−121℃	21℃	−40℃	175℃	4.1~57%

```
    H     H
    |    /
H − C − C
    |    \\
    H     O
```

㉠ 무색이며 고농도는 자극성 냄새가 나며 저농도의 것은 과일향이 나는 휘발성이 강한 액체로서 물, 에탄올, 에터에 잘 녹고, 고무를 녹인다.

㉡ **환원성이 커서 은거울반응을 하며**, I_2와 NaOH를 넣고 가열하는 경우 황색의 아이오딘포름(CH_3I) 침전이 생기는 **아이오딘포름반응**을 한다.

$CH_3CHO + I_2 + 2NaOH \rightarrow HCOONa + NaI + CH_3I + H_2O$

㉢ 산화 시 초산, 환원 시 에탄올이 생성된다.

$2CH_3CHO + O_2 \rightarrow 2CH_3COOH$ (산화작용)

$CH_3CHO + H_2 \rightarrow C_2H_5OH$ (환원작용)

㉣ 제조방법

- 에틸렌의 직접 산화법 : 에틸렌을 염화구리 또는 염화팔라듐의 촉매하에서 산화반응시켜 제조한다.

  $2C_2H_4 + O_2 \rightarrow 2CH_3CHO$

- 에틸알코올의 직접 산화법 : 에틸알코올을 이산화망가니즈 촉매하에서 산화시켜 제조한다.

  $2C_2H_5OH + O_2 \rightarrow 2CH_3CHO + 2H_2O$

- 아세틸렌의 수화법 : 아세틸렌과 물을 수은 촉매하에서 수화시켜 제조한다.

  $C_2H_2 + H_2O \rightarrow CH_3CHO$

㉤ 구리, 수은, 마그네슘, 은 및 그 합금으로 된 취급설비는 아세트알데하이드와 반응에 의해 이들 간에 중합반응을 일으켜 구조불명의 폭발성 물질을 생성한다.

④ 산화프로필렌(CH_3CHOCH_2, 프로필렌옥사이드) - 수용성 액체

분자량	비 중	증기 비중	비 점	인화점	발화점	연소 범위
58	0.82	2.0	35℃	−37℃	449℃	2.8~37%

```
   H  H  H
   |  |  |
H—C—C—C—H
   \ /  |
    O   H
```

㉠ 에터 냄새를 가진 무색의 휘발성이 강한 액체이다.

㉡ 반응성이 풍부하며 물 또는 유기용제(벤젠, 에터, 알코올 등)에 잘 녹는다.

㉢ 반응성이 풍부하여 구리, 마그네슘, 수은, 은 및 그 합금 또는 산, 염기, 염화제이철 등과 접촉에 의해 폭발성 혼합물인 아세틸라이트를 생성한다.

㉣ 증기압이 매우 높으므로(20℃에서 45.5mmHg) 상온에서 쉽게 위험농도에 도달된다.

㉤ 저장 시 불활성 기체를 봉입해야 한다.

⑤ 기타

㉠ 이소프렌 : 인화점 −54℃, 착화점 220℃, 연소범위 2~9%

㉡ 이소펜탄 : 인화점 −51℃

(2) 제1석유류

"제1석유류"라 함은 아세톤, 휘발유, 그 밖의 1기압에서 인화점이 21℃ 미만인 것을 말한다.

✎ 지정 수량 : 비수용성 액체 200L

① 가솔린(C_5~C_9, 휘발유)

액비중	증기 비중	비 점	인화점	발화점	연소 범위
0.65~0.8	3~4	32~220℃	−43℃	300℃	1.2~7.6%

㉠ 무색투명한 액상유분으로 주성분은 C_5~C_9의 포화, 불포화 탄화수소이며, 비전도성으로 정전기를 발생, 축적시키므로 대전하기 쉽다.

㉡ 물에는 녹지 않으나 유기용제에는 잘 녹으며 고무, 수지, 유지 등을 잘 용해시킨다.

㉢ 노킹현상 발생을 방지하기 위하여 첨가제 MTBE(Methyl tertiary butyl ether)를 넣어 옥탄가를 높이며 착색한다. 1992년 12월까지는 사에틸납[$(C_2H_5)_4Pb$)]으로 첨가제를 사용했지만 1993년 1월부터는 현재의 MTBE[$(CH_3)_3COCH_3$]를 사용하여 무연휘발유를 제조한다.

$$CH_3-\overset{\overset{\displaystyle CH_3}{|}}{\underset{\underset{\displaystyle CH_3}{|}}{C}}-O-CH_3$$

- 공업용(무색), 자동차용(오렌지색), 항공기용(청색 또는 붉은 오렌지색)
- 옥탄가 $=\dfrac{\text{이소옥탄[vol\%]}}{\text{이소옥탄[vol\%]}+\text{노르말헵탄[vol\%]}}\times 100$
  - 옥탄가란 이소옥탄을 100, 노르말헵탄을 0으로 하여 가솔린의 성능을 측정하는 기준값을 의미한다.
  - 일반적으로 옥탄가가 높으면 노킹현상이 억제되어 자동차 연료로서 연소효율이 높아진다.

㉣ 휘발, 인화하기 쉽고 증기는 공기보다 3~4배 정도 무거워 누설 시 낮은 곳에 체류되어 연소를 확대시킬 수 있으며, 비전도성이므로 정전기 발생에 의한 인화의 위험이 있다.

㉤ 사에틸납[$(C_2H_5)_4Pb$]의 첨가로 독성이 있으며, 혈액에 들어가 빈혈 또는 뇌에 손상을 준다.

② 벤젠(C_6H_6)

분자량	비 중	증기 비중	녹는점	비 점	인화점	발화점	연소 범위
78	0.9	2.8	7℃	79℃	−11℃	562℃	1.4~8.0%

㉠ 무색투명하며 독특한 냄새를 가진 휘발성이 강한 액체로 위험성이 강하며 인화가 쉽고 다량의 흑연을 발생하고 뜨거운 열을 내며 연소한다. 연소 시 이산화탄소와 물이 생성된다.

$2C_6H_6+15O_2 \rightarrow 12CO_2+6H_2O$

㉡ 물에는 녹지 않으나 알코올, 에터 등 유기용제에는 잘 녹으며 유지, 수지, 고무 등을 용해시킨다.

㉢ 80.1℃에서 끓고, 5.5℃에서 응고된다. 겨울철에는 응고된 상태에서도 연소가 가능하다.

㉣ 증기는 마취성이고 독성이 강하여 2% 이상 고농도의 증기를 5~10분간 흡입 시에는 치명적이고, 저농도(100ppm)의 증기도 장기간 흡입 시에는 만성 중독이 일어난다.

③ 톨루엔($C_6H_5CH_3$)

분자량	액비중	증기 비중	녹는점	비 점	인화점	발화점	연소 범위
92	0.871	3.14	−93℃	110℃	4℃	480℃	1.27~7.0%

㉠ 무색투명하며 벤젠향과 같은 독특한 냄새를 가진 액체로 진한질산과 진한황산을 반응시키면 나이트로화하여 TNT의 제조에 이용된다.

㉡ 벤젠보다 독성이 약하며 휘발성이 강하여 인화가 용이하며 연소할 때 자극성, 유독성의 가스를 발생한다.

㉢ 1몰의 톨루엔과 3몰의 질산을 황산촉매하에 반응시키면 나이트로화에 의해 T.N.T.가 만들어진다.

$$C_6H_5CH_3 + 3HNO_3 \xrightarrow[\text{나이트로화}]{c\text{-}H_2SO_4} C_6H_2CH_3(NO_2)_3 + 3H_2O$$

T.N.T.

④ 사이클로헥산(C_6H_{12})

분자량	증기 비중	액비중	녹는점	인화점	발화점	연소 범위
84.2	2.9	0.77	6℃	−18℃	245℃	1.3~8.0%

㉠ 무색, 석유와 같은 자극성 냄새를 가진 휘발성이 강한 액체이다.

㉡ 물에 녹지 않지만 광범위하게 유기화합물을 녹인다.

⑤ **콜로디온** : 질소 함유율 11~12%의 낮은 질화도의 질화면을 에탄올과 에터 3 : 1 비율의 용제에 녹인 것

㉠ 무색 또는 끈기 있는 미황색 액체로 인화점은 −18℃, 질소의 양, 용해량, 용제, 혼합률에 따라 다소 성질이 달라진다.

㉡ 에탄올, 에터 용제는 휘발성이 매우 크고 가연성 증기를 쉽게 발생하기 때문에 콜로디온은 인화가 용이하다.

⑥ 메틸에틸케톤(MEK, $CH_3COC_2H_5$)

분자량	액비중	증기 비중	녹는점	비 점	인화점	발화점	연소 범위
72	0.806	2.44	−80℃	80℃	−7℃	505℃	1.8~10%

$$\begin{array}{c} \quad H \quad\quad\;\; H \;\; H \\ H-\overset{|}{\underset{|}{C}}-\underset{\|}{C}-\overset{|}{\underset{|}{C}}-\overset{|}{\underset{|}{C}}-H \\ \quad H \;\;\; O \;\;\; H \;\; H \end{array}$$

㉠ 아세톤과 유사한 냄새를 가지는 무색의 휘발성 액체로 유기용제로 이용된다. 화학적으로 수용성이지만 위험물안전관리에 관한 세부기준 판정기준으로는 비수용성 위험물로 분류된다.

㉡ 열에 비교적 안정하나 500℃ 이상에서 열분해된다.

㉢ 공기 중에서 연소 시 물과 이산화탄소가 생성된다.

$CH_3COC_2H_5 + O_2 \rightarrow 8CO_2 + H_2O$

⑦ 초산메틸(CH_3COOCH_3)

액비중	증기 비중	비 점	녹는점	인화점	발화점	연소 범위
0.93	2.6	58℃	−98℃	−10℃	502℃	3.1~16%

㉠ 무색액체로 휘발성, 마취성이 있다.

㉡ 물에 잘 녹으며 수지, 유지를 잘 녹인다.

㉢ 피부에 닿으면 탈지작용이 있다.

㉣ 수용액이지만 위험물안전관리 세부기준의 수용성 액체 판정기준에 의해 비수용성 위험물로 분류된다.

⑧ 초산에틸, 아세트산에틸($CH_3COOC_2H_5$)

분자량	액비중	증기 비중	비 점	발화점	인화점	연소 범위
88	0.9	3.05	77.5℃	429℃	−3℃	2.2~11.5%

㉠ 과일향을 갖는 무색투명한 인화성 액체로 물에는 약간 녹고, 유기용제에 잘 녹는다.

㉡ 가수분해하여 초산과 에틸알코올로 된다.

$CH_3COOC_2H_5 + H_2O \rightleftarrows CH_3COOH + C_2H_5OH$

㉢ 유기물, 수지, 초산 섬유소 등을 잘 녹인다.

㉣ 기타 초산에스터 : 초산프로필($CH_3COOC_3H_7$) 등 초산메틸에 준한다.

⑨ 의산에틸($HCOOC_2H_5$)

분자량	증기 비중	융 점	비 점	비 중	인화점	발화점	연소 범위
74.1	2.55	−80℃	54℃	0.9	−19℃	440℃	2.7~16.5%

㉠ 물, 글리세린, 유기용제에 잘 녹는다.

㉡ 에틸알코올과 의산을 진한황산하에 가열하여 만든다.

✎ 지정 수량 : 수용성 액체 400L

⑩ 아세톤(CH_3COCH_3, 다이메틸케톤, 2−프로파논)

분자량	비 중	녹는점	비 점	인화점	발화점	연소 범위
58	0.79	−94℃	56℃	−18.5℃	465℃	2.5~12.8%

```
   H       H
   |       |
H—C—C—C—H
   |   ‖   |
   H  O   H
```

㉠ 무색, 자극성의 휘발성, 유동성, 가연성 액체로, 보관 중 황색으로 변질되며 백광을 쪼이면 분해

㉡ 물과 유기용제에 잘 녹고, 아이오딘포름반응을 한다. I_2와 NaOH를 넣고 60~80℃로 가열하면, 황색의 아이오딘포름(CH_3I) 침전이 생긴다.

$CH_3COCH_3+3I_2+4NaOH \rightarrow CH_3COONa+3NaI+CH_3I+3H_2O$

㉢ 휘발이 쉽고 상온에서 인화성 증기를 발생하며 적은 점화원에도 쉽게 인화한다.

㉣ 10%의 수용액 상태에서도 인화의 위험이 있으며 햇빛 또는 공기와 접촉하면 폭발성의 과산화물을 만든다.

㉤ 독성은 없으나 피부에 닿으면 탈지작용을 하고 장시간 흡입 시 구토가 일어난다.

㉥ 증기의 누설 시 모든 점화원을 제거하고 물분무로 증기를 제거한다. 액체의 누출 시는 모래 또는 불연성 흡수제로 흡수하여 제거한다. 또한 취급소 내의 전기설비는 방폭 조치하고 정전기의 발생 및 축적을 방지해야 한다.

⑪ 피리딘(C_5H_5N)

분자량	액비중	증기 비중	비 점	인화점	발화점	연소 범위
79	0.98	2.7	115.4℃	16℃	482℃	1.8~12.4%

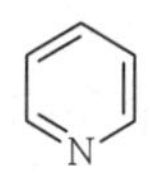

㉠ 순수한 것은 무색이나, 불순물을 포함하면 황색 또는 갈색을 띤 알칼리성 액체이다.

㉡ 증기는 공기와 혼합하여 인화 폭발의 위험이 있으며, 수용액 상태에서도 인화성이 있다.

⑫ 아크롤레인($CH_2=CHCHO$, 아크릴산, 아크릴알데하이드, 2-프로펜알)

분자량	액비중	증기 비중	인화점	비 점	발화점	연소 범위
56	0.83	1.9	−29℃	53℃	220℃	2.8~31%

㉠ 무색투명하며 불쾌한 자극성의 인화성 액체이다.

㉡ 물, 에터, 알코올에 잘 용해한다.

㉢ 상온, 상압하에서 산소와 반응하여 쉽게 아크릴산이 된다.

㉣ 장기보존 시 암모니아와 반응하여 수지형의 고체가 된다.

⑬ 의산메틸(포름산메틸, $HCOOCH_3$)

분자량	비 중	증기 비중	녹는점	비 점	발화점	인화점	연소 범위
60	0.97	2.07	−100℃	32℃	449℃	−19℃	5~23%

㉠ 달콤한 향이 나는 무색의 휘발성 액체로 물 및 유기용제 등에 잘 녹는다.

㉡ 쉽게 가수분해하여 포름산과 맹독성의 메탄올이 생성된다.

$HCOOCH_3+H_2O \rightarrow HCOOH+CH_3OH$

⑭ **기타 의산에스터류** : 의산에틸($HCOOC_2H_5$), 의산프로필($HCOOC_3H_7$) 등 의산메틸에 준한다.

⑮ 사이안화수소(HCN, 청산)

분자량	비 중	증기 비중	비 점	인화점	발화점	연소 범위
27	0.69	0.94	26℃	−17℃	538℃	5.6~40%

㉠ 독특한 자극성의 냄새가 나는 무색의 액체(상온에서)이다. 물, 알코올에 잘 녹으며 수용액은 약산성이다.

㉡ 맹독성 물질이며, 휘발성이 높아 인화위험도 매우 높다. 증기는 공기보다 약간 가벼우며 연소하면 푸른 불꽃을 내면서 탄다.

⑯ 기타 – 비수용성

㉠ 원유(Crude oil) : 인화점 20℃ 이하, 발화점 400℃ 이상, 연소범위 0.6~15vol%

㉡ 시너(thinner) : 인화점 21℃ 미만, 휘발성이 강하며 상온에서 증기를 다량 발생하므로 공기와 약간만 혼합하여도 연소폭발이 일어나기 쉽다.

⑰ 기타 – 수용성

㉠ 아세토니트릴(CH_3CN) : 인화점 20℃, 발화점 524℃, 연소범위 3~16vol%

(3) 알코올류(R－OH)－지정 수량 400L, 수용성 액체

"알코올류"라 함은 1분자를 구성하는 탄소원자의 수가 1개부터 3개까지인 포화 1가 알코올(변성알코올을 포함한다)을 말한다. 다만, 다음의 어느 하나에 해당하는 것은 제외한다.

- 1분자를 구성하는 탄소원자의 수가 1개 내지 3개의 포화 1가 알코올의 함유량이 60중량 퍼센트 미만인 수용액
- 가연성 액체량이 60중량 퍼센트 미만이고 인화점 및 연소점(태그개방식 인화점측정기에 의한 연소점을 말한다. 이하 같다)이 에틸알코올 60중량 퍼센트 수용액의 인화점 및 연소점을 초과하는 것

① 메틸알코올(CH_3OH, 메탄올, 메틸알코올)

분자량	비 중	증기 비중	녹는점	비 점	인화점	발화점	연소 범위
32	0.79	1.1	−97.8℃	64℃	11℃	464℃	6~36%

㉠ 무색투명하며 인화가 쉬우며 연소는 완전연소를 하므로 불꽃이 잘 보이지 않는다.

$2CH_3OH + 3O_2 \rightarrow 2CO_2 + 4H_2O$

㉡ 백금(Pt), 산화구리(CuO) 존재하의 공기 속에서 산화되면 포름알데하이드(HCHO)이 되며, 최종적으로 포름산(HCOOH)이 된다.

㉢ Na, K 등 알칼리금속과 반응하여 인화성이 강한 수소를 발생한다.

$2Na + 2CH_3OH \rightarrow 2CH_3ONa + H_2$

㉣ 독성이 강하여 먹으면 실명하거나 사망에 이른다. (30mL의 양으로도 치명적!)

② 에틸알코올(C_2H_5OH, 에탄올, 에틸알코올)

분자량	비 중	증기 비중	비 점	인화점	발화점	연소 범위
46	0.789	1.59	80℃	13℃	363℃	4.3~19%

```
   H  H
   |  |
H－C－C－OH
   |  |
   H  H
```

㉠ 당밀, 고구마, 감자 등을 원료로 하는 발효방법으로 제조한다.

㉡ 무색투명하며 인화가 쉬우며 공기 중에서 쉽게 산화한다. 또한 연소는 완전연소를 하므로 불꽃이 잘 보이지 않으며 그을음이 거의 없다.

$C_2H_5OH+3O_2 \rightarrow 2CO_2+3H_2O$

㉢ 물에는 잘 녹고, 유기용매 등에는 농도에 따라 녹는 정도가 다르며, 수지 등을 잘 용해시킨다.

㉣ **산화되면 아세트알데하이드(CH_3CHO)가 되며, 최종적으로 초산(CH_3COOH)이 된다.**

㉤ 에틸렌을 물과 합성하여 제조한다.

$$C_2H_4+H_2O \xrightarrow[300℃,\ 70kg/cm^2]{\text{인산}} C_2H_5OH$$

㉥ 에틸알코올은 아이오딘포름 반응을 한다. 수산화칼륨과 아이오딘을 가하여 아이오딘포름의 황색침전이 생성되는 반응을 한다.

$C_2H_5OH+6KOH+4I_2 \rightarrow CHI_3+5KI+HCOOK+5H_2O$

㉦ 140℃에서 진한황산과 반응해서 다이에틸에터를 생성한다.

$$2C_2H_5OH \xrightarrow{c-H_2SO_4} C_2H_5OC_2H_5+H_2O$$

㉧ Na, K 등 알칼리금속과 반응하여 인화성이 강한 수소를 발생한다.

$2Na+2C_2H_5OH \rightarrow 2C_2H_5ONa+H_2$

③ 프로필알코올[$CH_3(CH_2)_2OH$]

분자량	비 중	증기 비중	비 점	인화점	발화점	연소 범위
60	0.80	2.07	97℃	15℃	371℃	2.1~13.5%

```
   H  H  H
   |  |  |
H－C－C－C－OH
   |  |  |
   H  H  H
```

㉠ 무색투명하며 안정한 화합물이다.

㉡ 물, 에터, 아세톤 등 유기용매에 녹으며 유지, 수지 등을 녹인다.

④ 이소프로필알코올[$(CH_3)_2CHOH$]

분자량	비 중	증기 비중	비 점	인화점	발화점	연소 범위
60	0.78	2.07	83℃	12℃	398.9℃	2.0~12%

```
  H  H  H
  |  |  |
H-C--C--C-CH
  |  |  |
  H OH  H
```

㉠ 무색투명하며 물, 에터, 아세톤에 녹으며 유지, 수지 등 많은 유기화합물을 녹인다.

㉡ 산화하면 알데하이드(C_2H_5CHO)를 거쳐 산(C_2H_5COOH)이 된다.

⑤ 변성알코올

에틸알코올에 메틸알코올, 가솔린, 피리딘을 소량 첨가하여 공업용으로 사용하고, 음료로는 사용하지 못하는 알코올을 말한다.

(4) 제2석유류

"제2석유류"라 함은 등유, 경유, 그 밖에 1기압에서 인화점이 섭씨 21℃ 이상 70℃ 미만인 것을 말한다. 다만, 도료류, 그 밖의 물품에 있어서 가연성 액체량이 40중량퍼센트 이하이면서 인화점이 40℃ 이상인 동시에 연소점이 60℃ 이상인 것은 제외한다.

✎ **지정 수량 : 비수용성 액체 1,000L**

① 등유(케로신)

비 중	증기 비중	비 점	녹는점	인화점	발화점	연소 범위
0.8	4~5	156~300℃	−46℃	39℃ 이상	210℃	0.7~5.0%

㉠ 탄소수가 C_9~C_{18}이 되는 포화, 불포화 탄화수소의 혼합물

㉡ 물에는 불용이며 여러 가지 유기용제와 잘 섞이고 유지, 수지 등을 잘 녹인다.

㉢ 무색 또는 담황색의 액체이며 형광성이 있다.

② 경유(디젤)

비 중	증기 비중	비 점	인화점	발화점	연소 범위
0.82~0.85	4~5	150~375℃	41℃ 이상	257℃	0.6~7.5%

㉠ 탄소수가 C_{10}~C_{20}인 포화, 불포화 탄화수소의 혼합물

㉡ 다갈색 또는 담황색 기름이며, 원유의 증류 시 등유와 중유 사이에서 유출되는 유분이다.

③ 스티렌($C_6H_5CH=CH_2$, 비닐벤젠, 페닐에틸렌)

분자량	비 중	증기 비중	비 점	인화점	발화점	연소 범위
104	0.91	3.6	146℃	32℃	490℃	1.1~6.1%

㉠ 독특한 냄새가 나는 무색투명한 액체로서 물에는 녹지 않으나 유기용제 등에 잘 녹는다.

㉡ 빛, 가열 또는 과산화물에 의해 중합되어 중합체인 폴리스티렌수지를 만든다.

④ 자일렌($C_6H_4(CH_3)_2$, 크실렌)

벤젠핵에 메틸기($-CH_3$) 2개가 결합한 물질로 3가지의 이성질체가 있다.

㉠ 무색투명하고, 단맛이 있으며, 방향성이 있다.

㉡ 3가지 이성질체가 있다.

명 칭	ortho-자일렌	meta-자일렌	para-자일렌
비중	0.88	0.86	0.86
융점	-25℃	-48℃	13℃
비점	144.4℃	138℃	138℃
인화점	32℃	25℃	25℃
발화점	106.2℃	-	-
연소 범위	1.0~6.0%	1.0~6.0%	1.1~7.0%
구조식	CH_3, CH_3	CH_3, CH_3	CH_3, CH_3

㉢ 염소산염류, 질산염류, 질산 등과 반응하여 혼촉발화 폭발의 위험이 높다.

⑤ 클로로벤젠(C_6H_5Cl, 염화페닐)

분자량	비 중	증기 비중	녹는점	비 점	인화점	발화점	연소 범위
112.6	1.11	3.9	-45℃	132℃	27℃	638℃	1.3~7.1%

㉠ 마취성이 있고 석유와 비슷한 냄새를 가진 무색의 액체이다.

㉡ 물에는 녹지 않으나 유기용제 등에는 잘 녹고 천연수지, 고무, 유지 등을 잘 녹인다.

㉢ 벤젠을 염화철 촉매하에서 염소와 반응하여 만든다.

⑥ 장뇌유($C_{10}H_{16}O$, 캠플유)

㉠ 주성분은 장뇌($C_{10}H_{16}O$)로서 엷은 황색의 액체이며 유출 온도에 따라 백색유, 적색유, 감색유로 분류한다.

㉡ 물에는 녹지 않으나 알코올, 에터, 벤젠 등 유기용제에 잘 녹는다.

⑦ 뷰틸알코올(butyl alcohol) (C_4H_9OH)

분자량	비 중	증기 비중	융 점	비 점	인화점	발화점	연소 범위
74.12	0.8	2.6	-90℃	117℃	37℃	343℃	1.4~11.2%

㉠ 포도주와 비슷한 냄새가 나는 무색투명한 액체이다.

⑧ 알릴알코올(allyl alcohol) ($CH_2=CHCH_2OH$)

분자량	비 중	증기 비중	증기압	융 점	비 점	인화점	발화점	연소 범위
58.1	0.85	2.0	17mmHg(20℃)	−129℃	98℃	22℃	37℃	2.5~18.0%

㉠ 자극성이 겨자 같은 냄새가 나는 무색의 액체이다.

㉡ 물보다 가볍고 물과 잘 혼합한다.

⑨ 아밀알코올(amyl alcohol) ($C_5H_{11}OH$)

분자량	비 중	증기 비중	비 점	융 점	인화점	발화점	연소 범위
88.15	0.8	3.0	138℃	−78℃	33℃	300℃	1.2~10.0%

㉠ 불쾌한 냄새가 나는 무색의 투명한 액체이다. 물, 알코올, 에터에 녹는다.

⑩ 큐멘($(CH_3)_2CHC_6H_5$)

분자량	비 중	비 점	인화점	발화점	연소 범위
120.19	0.86	152℃	31℃	424℃	0.9~6.5%

㉠ 방향성 냄새가 나는 무색의 액체이다.

㉡ 물에는 녹지 않으며, 알코올, 에터, 벤젠 등에 녹는다.

✎ **지정 수량 : 수용성 액체 2,000L**

⑪ 포름산(HCOOH, 개미산, 의산)

분자량	비 중	증기 비중	녹는점	비 점	인화점	발화점	연소 범위
46	1.22	2.6	8.5℃	108℃	55℃	540℃	18~51%

```
      O
     //
H—C
     \
      O—H
```

㉠ 무색투명한 액체로 물, 에터, 알코올 등과 잘 혼합한다.

㉡ 강한 자극성 냄새가 있고 강한 산성, 신맛이 난다.

㉢ 진한황산에 탈수하여 일산화탄소를 생성한다.

$$HCOOH \xrightarrow{c-H_2SO_4} H_2O+CO$$

⑫ 아세트산(CH_3COOH, 초산, 빙초산, 에탄산)

분자량	비 중	증기 비중	비 점	융 점	인화점	발화점	연소 범위
60	1.05	2.07	118℃	16.2℃	40℃	485℃	5.4~16%

```
    H
    |      O
    |     //
H—C—C
    |     \
    |      O—H
    H
```

㉠ 강한 자극성의 냄새와 신맛을 가진 무색투명한 액체이며, 겨울에는 고화한다.

㉡ 연소 시 파란 불꽃을 내면서 탄다.

$CH_3COOH+2O_2 \rightarrow 2CO_2+2H_2O$

㉢ 많은 금속을 강하게 부식시키고, 금속과 반응하여 수소를 발생한다.

$Zn+2CH_3COOH \rightarrow (CH_3COO)_2Zn+H_2$

⑬ 하이드라진(N_2H_4)

분자량	증기 비중	녹는점	비 점	인화점	발화점	연소 범위
32	1.01	2℃	113℃	38℃	270℃	4.7~100%

```
H＼     ／H
   N－N
H／     ＼H
```

㉠ 외형은 물과 같으나 무색의 가연성 고체로 원래 불안정한 물질이나 상온에서는 분해가 완만하다. 이때 Cu, Fe은 분해촉매로 작용한다.

㉡ 열에 불안정하여 공기 중에서 가열하면 약 180℃에서 암모니아, 질소를 발생한다. 밀폐용기를 가열하면 심하게 파열한다.

$2N_2H_4 \rightarrow 2NH_3+N_2+H_2$

㉢ 강산, 강산화성 물질과 혼합 시 현저히 위험성이 증가하고 H_2O_2와 고농도의 하이드라진이 혼촉하면 심하게 발열반응을 일으키고 혼촉 발화한다.

$2H_2O_2+N_2H_4 \rightarrow 4H_2O+N_2$

㉣ 하이드라진 증기와 공기가 혼합하면 폭발적으로 연소한다.

⑭ 아크릴산($CH_2=CHCOOH$)

분자량	비 중	비 점	인화점	발화점	연소 범위
72	1.05	139℃	46℃	438℃	2.4~8%

```
H     O
|     ‖
C=C－C－OH
|  |
H  H
```

㉠ 무색, 초산과 같은 냄새가 나며, 겨울에는 고화한다.

㉡ 200℃ 이상 가열하면 CO, CO_2 및 증기를 발생하며, 강산, 강알칼리와 접촉 시 심하게 반응한다.

(5) 제3석유류

"제3석유류"라 함은 중유, 크레오소트유, 그 밖의 1기압에서 인화점이 70℃ 이상 200℃ 미만인 것을 말한다. 다만, 도료류, 그 밖의 물품은 가연성 액체량이 40중량퍼센트 이하인 것은 제외한다.

✎ **지정 수량 : 비수용성 액체 2,000L**

① 중유(heavy oil)

비 점	비 중	인화점	발화점	연소 범위
200℃ 이상	0.92~1.0	70℃ 이상	400℃ 이상	1.0~5.0%

㉠ 원유의 성분 중 비점이 300~350℃ 이상인 갈색 또는 암갈색의 액체, 직류 중유와 분해 중유로 나눌 수 있다.

- 직류중유(디젤기관의 연료용) : 원유를 300~350℃에서 추출한 유분 또는 이에 경유를 혼합한 것으로 포화탄화수소가 많으므로 점도가 낮고 분무성이 좋으며 착화가 잘 된다.
- 분해중유(보일러의 연료용) : 중유 또는 경유를 열분해하여 가솔린을 제조한 잔유에 이 계통의 분해경유를 혼합한 것으로 불포화탄화수소가 많아 분무성도 좋지 않아 탄화수소가 불안정하게 형성된다.

㉡ 등급은 동점도(점도/밀도) 차에 따라 A중유, B중유, C중유로 구분하며, 벙커C유는 C중유에 속한다.

㉢ 석유 냄새가 나는 갈색 또는 암갈색의 끈적끈적한 액체로 상온에서는 인화위험성이 없으나 가열하면 제1석유류와 같은 위험성이 있으며 가열에 의해 용기가 폭발하며 연소할 때 CO 등의 유독성 가스와 다량의 흑연을 생성한다.

㉣ 분해중유는 불포화탄화수소이므로 산화중합하기 쉽고, 액체의 누설은 자연발화의 위험이 있다.

㉤ 강산화제와 혼합하면 발화위험이 생성된다. 또한 대형 탱크의 화재가 발생하면 보일오버(boil over) 또는 슬롭오버(slop over) 현상을 초래한다.

- 슬롭오버(slop over)현상 : 포말 및 수분이 함유된 물질의 소화는 시간이 지연되면 수분이 비등증발하여 포가 파괴되어 화재면의 액체가 포말과 함께 혼합되어 넘쳐흐르는 현상
- 보일오버(boil over)현상 : 원유나 중질유와 같은 성분을 가진 유류탱크화재 시 탱크 바닥에 물 등이 뜨거운 열유층(heat layer)의 온도에 의해서 물이 수증기로 변하면서 부피팽창에 의해서 유류가 갑작스런 탱크 외부로 넘어 흐르는 현상

② 크레오소트유(타르유, 액체피치유, 콜타르크레오소트유)

비 중	비 점	인화점	발화점
1.02~1.03	194~400℃	74℃	336℃

㉠ 콜타르를 증류할 때 혼합물로 얻으며 나프탈렌, 안트라센을 포함하며 자극성의 타르 냄새가 나는 황갈색의 액체로 목재 방부제로 사용한다.

㉡ 콜타르를 230~300℃에서 증류할 때 혼합물로 얻으며, 주성분으로 나프탈렌과 안트라센을 함유하고 있는 혼합물이다.

③ 아닐린($C_6H_5NH_2$, 페닐아민, 아미노벤젠, 아닐린오일)

분자량	비 중	비 점	융점	인화점	발화점	연소 범위
93.13	1.02	184℃	−6℃	70℃	615℃	1.3~11%

㉠ 무색 또는 담황색의 기름상 액체로 공기 중에서 적갈색으로 변색한다.

㉡ 알칼리금속 또는 알칼리토금속과 반응하여 수소와 아닐리드를 생성한다.

㉢ 인화점(70℃)이 높아 상온에서는 안정하나 가열 시 위험성이 증가하며 증기는 공기와 혼합할 때 인화, 폭발의 위험이 있다.

④ 나이트로벤젠($C_6H_5NO_2$, 나이트로벤졸)

분자량	비 중	비 점	융점	인화점	발화점	연소 범위
123.1	1.2	211℃	5℃	88℃	482℃	1.8~40%

㉠ 물에 녹지 않으며 유기용제에 잘 녹는 특유한 냄새를 지닌 담황색 또는 갈색의 액체

㉡ 벤젠을 진한황산과 진한질산을 사용하여 나이트로화시켜 제조한다.

㉢ 산이나 알칼리에는 안정하나 금속촉매에 의해 염산과 반응하면 환원되어 아닐린이 생성된다.

⑤ 나이트로톨루엔(nitro toluene) [$NO_2(C_6H_4)CH_3$]

㉠ 방향성 냄새가 나는 황색의 액체이다. 물에 잘 녹지 않는다.

㉡ 분자량=137.1, 증기비중=4.72, 비중=1.16

구 분	융 점(℃)	비 점(℃)	인화점(℃)	발화점(℃)	연소 범위(%)
o − nitro toluene	−10	222	106	305	2.2%~
m − nitro toluene	14	233	101		1.6%~
p − nitro toluene	54	238	106	390	1.6%~

p-nitro toluene은 20℃에서 고체상태이므로 제3석유류에서 제외된다.

㉢ 알코올, 에터, 벤젠 등 유기용제에 잘 녹는다.

⑥ 아세트시안하이드린[$(CH_3)_2C(OH)CN$]

분자량	증기 비중	녹는점	비 점	인화점	발화점	연소 범위
85.1	2.9	−19℃	120℃	74℃	688℃	2.2~12.0%

㉠ 무색 또는 미황색의 액체로 매우 유독하고 착화가 용이하며, 가열이나 강알칼리에 의해 아세톤과 사이안화수소를 발생한다.

㉡ 강산화제와 혼합하면 인화, 폭발의 위험이 있으며, 강산류, 환원성 물질과 접촉 시 반응을 일으킨다.

⑦ 염화벤조일($C_6H_5NHNH_2$)

분자량	비 중	녹는점	비 점	인화점	발화점	연소 범위
140.6	1.21	−1℃	74℃	72℃	197.2℃	2.5~27%

㉠ 자극성 냄새가 나는 무색의 액체로 물에는 분해되고 에터에 녹는다.

㉡ 산화성 물질과 혼합 시 폭발할 위험이 있다.

✎ **지정 수량 : 수용성 액체 4,000L**

⑧ 에틸렌글리콜($C_2H_4(OH)_2$, 글리콜, 1,2−에탄디올)

분자량	비 중	비 점	융 점	인화점	발화점	연소 범위
62.1	1.1	198℃	−13℃	120℃	398℃	3.2~15.3%

```
   H  H
   |  |
H−C−C−H
   |  |
  OH OH
```

㉠ 무색무취의 단맛이 나고 흡습성이 있는 끈끈한 액체로서 2가 알코올이다.

㉡ 물, 알코올, 에터, 글리세린 등에는 잘 녹고, 사염화탄소, 이황화탄소, 클로로포름에는 녹지 않는다.

㉢ 독성이 있으며, 무기산 및 유기산과 반응하여 에스터를 생성한다.

⑨ 글리세린[$C_3H_5(OH)_3$]

분자량	비 중	융 점	비 점	인화점	발화점
92	1.26	20℃	182℃	160℃	370℃

```
   H  H  H
   |  |  |
H−C−C−C−H
   |  |  |
  OH OH OH
```

㉠ 물보다 무겁고 단맛이 나는 무색 액체로서, 3가 알코올이다.

㉡ 물, 알코올, 에터에 잘 녹으며 벤젠, 클로로포름 등에는 녹지 않는다.

(6) 제4석유류 – 지정 수량 6,000L

"제4석유류"라 함은 기어유, 실린더유, 그 밖에 1기압에서 인화점이 200℃ 이상 250℃ 미만인 것을 말한다. 다만, 도료류, 그 밖의 물품은 가연성 액체량이 40중량퍼센트 이하인 것은 제외한다.

(7) 동 · 식물유류 – 지정 수량 10,000L

"동·식물유류"라 함은 동물의 지육 등 또는 식물의 종자나 과육으로부터 추출한 것으로서 1기압에서 인화점이 250℃ 미만인 것을 말한다.

① **종류** : 유지의 불포화도를 나타내는 아이오딘값에 따라 건성유, 반건성유, 불건성유로 구분한다.

※ 아이오딘값 : 유지 100g에 부가되는 아이오딘의 g수, 불포화도가 증가할수록 아이오딘값이 증가하며, 자연발화의 위험이 있다.

㉠ 건성유 : 아이오딘값이 130 이상인 것
이중결합이 많아 불포화도가 높기 때문에 공기 중에서 산화되어 액 표면에 피막을 만드는 기름
예 ㉮마인유, ㉯기름, ㉰유, ㉱어리기름, ㉲바라기유 등

㉡ 반건성유 : 아이오딘값이 100~130인 것
공기 중에서 건성유보다 얇은 피막을 만드는 기름
예 ㉮기름, ㉯수수기름, ㉰어기름, ㉱종유, ㉲실유(㉳화씨유), ㉴기름, ㉵겨유 등

㉢ 불건성유 : 아이오딘값이 100 이하인 것
공기 중에서 피막을 만들지 않는 안정된 기름
예 ㉮리브유, ㉯마자유, ㉰자유, ㉱콩기름, ㉲백기름 등

② **위험성**

㉠ 인화점 이상에서는 가솔린과 같은 인화의 위험이 있다.
㉡ 화재 시 액온이 상승하여 대형 화재로 발전하기 때문에 소화가 곤란하다.
㉢ 건성유는 헝겊 또는 종이 등에 스며들어 있는 상태로 방치하면 분자 속의 불포화 결합이 공기 중의 산소에 의해 산화중합반응을 일으켜 자연발화의 위험이 있다.

4.14 제5류 위험물 – 자기반응성 물질

성 질	위험 등급	품 명	대표 품목	지정 수량
자기 반응성 물질	Ⅰ, Ⅱ	1. 유기과산화물	과산화벤조일, MEKPO, 아세틸퍼옥사이드	• 제1종 : 10kg • 제2종 : 100kg
		2. 질산에스터류	나이트로셀룰로오스, 나이트로글리세린, 질산메틸, 질산에틸, 나이트로글리콜	
		3. 나이트로화합물	TNT, TNP, 테트릴, 다이나이트로벤젠, 다이나이트로톨루엔	
		4. 나이트로소화합물	파라나이트로소벤젠	
		5. 아조화합물	아조다이카르본아미드	
		6. 다이아조화합물	다이아조다이나이트로벤젠	
		7. 하이드라진유도체	다이메틸하이드라진	
		8. 하이드록실아민(NH2OH)		
		9. 하이드록실아민염류	황산하이드록실아민	
		10. 그 밖의 행정안전부령이 정하는 것 ① 금속의 아지드화합물 ② 질산구아니딘		

 공통 성질, 저장 및 취급 시 유의 사항 및 소화 방법

(1) 공통 성질

① 가연성 물질로서 연소 또는 분해 속도가 매우 빠르다.

② 분자 내 조연성 물질을 함유하여 쉽게 연소를 한다(내부연소 가능).

③ 가열이나 충격, 마찰 등에 의해 폭발한다.

④ 장시간 공기 중에 방치하면 산화반응에 의해 열분해하여 자연발화를 일으키는 경우도 있다.

(2) 저장 및 취급 시 유의 사항

① 가열이나 마찰 또는 충격에 주의한다.

② 화기 및 점화원과 격리하여 냉암소에 보관한다.

③ 저장실은 통풍이 잘 되도록 한다.

④ 관련 시설은 방폭구조로 하고, 정전기 축적에 의한 스파크가 발생하지 않도록 적절히 접지한다.

⑤ 용기는 밀전, 밀봉하고 운반용기 및 포장 외부에는 "화기엄금", "충격주의" 등의 주의사항을 게시한다.

(3) 소화 방법

① 대량의 물을 주수하여 **냉각소화**를 한다.

② 화재발생 시 사실상 폭발을 일으키므로, 방어대책을 강구한다.

② 가열 분해성 시험 방법에 의한 위험성 평가

가열분해성으로 인한 위험성의 정도를 판단하기 위한 시험은 압력용기 시험으로 하며 그 방법은 다음과 같다.

① 압력용기 시험의 시험장치는 다음에 의할 것

㉠ 압력용기는 다음 그림과 같이 할 것

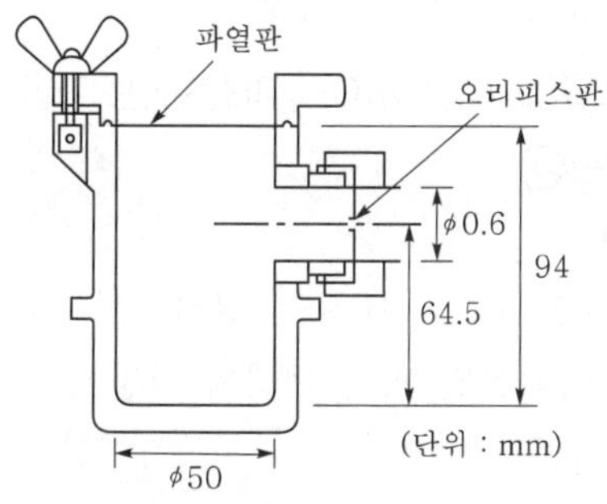

㉡ 압력용기는 그 측면 및 상부에 각각 불소고무제 등의 내열성의 개스킷을 넣어 구멍의 직경이 0.6mm, 1mm 또는 9mm인 오리피스판 및 파열판을 부착하고 그 내부에 시료용기를 넣을 수 있는 내용량 $200cm^3$의 스테인리스강재로 할 것

㉢ 시료용기는 내경 30mm, 높이 50mm, 두께 0.4mm의 것으로 바닥이 평면이고 상부가 개방된 알루미늄제의 원통형의 것으로 할 것

㉣ 오리피스판은 구멍의 직경이 0.6mm, 1mm 또는 9mm이고 두께가 2mm인 스테인리스강재로 할 것

㉤ 파열판은 알루미늄, 기타 금속제로서 파열압력이 0.6MPa인 것으로 할 것

㉥ 가열기는 출력 700W 이상의 전기로를 사용할 것

② 압력용기의 바닥에 실리콘유 5g을 넣은 시료용기를 놓고 해당 압력용기를 가열기로 가열하여 해당 실리콘유의 온도가 100℃에서 200℃의 사이에서 60초 간에 40℃의 비율로 상승하도록 가열기의 전압 및 전류를 설정할 것

③ 가열기를 30분 이상에 걸쳐 가열을 계속할 것

④ 파열판의 상부에 물을 바르고 압력용기를 가열기에 넣고 시료용기를 가열할 것

⑤ 제2호 내지 제4호에 의하여 10회 이상 반복하여 1/2 이상의 확률로 파열판이 파열되는지 여부를 관찰할 것

2 위험물 종류와 지정 수량

"자기반응성 물질"이라 함은 고체 또는 액체로서 폭발의 위험성 또는 가열분해의 격렬함을 판단하기 위하여 고시로 정하는 시험에서 고시로 정하는 성질과 상태를 나타내는 것을 말한다.

(1) 유기과산화물

일반적으로 peroxi기(−O−O−)를 가진 산화물을 과산화물(peroxide)이라 하며 공유결합 형태의 유기화합물에서 이같은 구조를 가진 것을 유기과산화물이라 한다. −O−O− 그룹은 매우 반응성이 크고 불안정하다. 따라서 유기과산화물은 매우 불안정한 화합물로서 쉽게 분해하고 활성산소를 방출한다.

① **벤조일퍼옥사이드($(C_6H_5CO)_2O_2$, 과산화벤조일)**

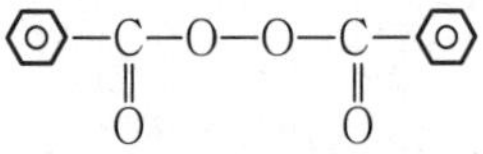

$$C_6H_5-\underset{\underset{O}{\|}}{C}-O-O-\underset{\underset{O}{\|}}{C}-C_6H_5$$

㉠ 비중 1.33, 융점 103~105℃, 발화온도 125℃
㉡ 무미, 무취의 백색분말 또는 무색의 결정성 고체로 물에는 잘 녹지 않으나 알코올 등에는 잘 녹는다.
㉢ **운반 시 30% 이상의 물을 포함시켜 풀 같은 상태로 수송된다.**
㉣ 상온에서는 안정하나 산화작용을 하며, 가열하면 약 100℃ 부근에서 분해한다.
㉤ 상온에서는 안정하나 열, 빛, 충격, 마찰 등에 의해 폭발의 위험이 있으며, 수분이 흡수되거나 비활성 희석제(프탈산다이메틸, 프탈산다이뷰틸 등)가 첨가되면 폭발성을 낮출 수 있다.
㉥ 고체인 경우 희석제로 물 30%, 페이스트인 경우 DMP 50%, 탄산칼슘, 황산칼슘을 첨가한다.

② **메틸에틸케톤퍼옥사이드($(CH_3COC_2H_5)_2O_2$, MEKPO, 과산화메틸에틸케톤)**

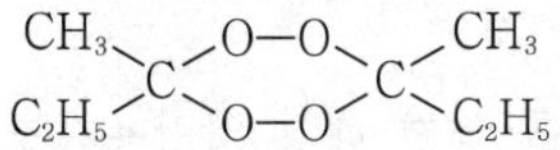

$$\begin{matrix} CH_3 \diagdown & & O-O & & \diagup CH_3 \\ & C & & C & \\ C_2H_5 \diagup & & O-O & & \diagdown C_2H_5 \end{matrix}$$

㉠ 인화점 58℃, 융점 −20℃, 발화온도 205℃
㉡ 무색, 투명한 기름상의 액체로 촉매로 쓰이는 것은 대개 가소제로 희석되어 있다.
㉢ 강력한 산화제임과 동시에 가연성 물질로 화기에 쉽게 인화하고 격렬하게 연소한다. 순수한 것은 충격 등에 민감하며 직사 광선, 수은, 철, 납, 구리 등과 접촉 시 분해가 촉진되고 폭발한다.
㉣ 물에는 약간 녹고 알코올, 에터, 케톤류 등에는 잘 녹는다.

㉤ 상온에서는 안정하며 80~100℃ 전후에서 격렬하게 분해하며, 100℃가 넘으면 심하게 백연을 발생하고 이때 분해가스에 이물질이 접촉하면 발화, 폭발한다.

㉥ 직사광선, 화기, 등 에너지원을 차단하고, 희석제(DMP, DBP를 40%) 첨가로 그 농도가 60% 이상 되지 않게 하며 저장온도는 30℃ 이하를 유지한다.

③ 아세틸퍼옥사이드[$(CH_3CO)_2O_2$]

```
      O           O
      ||          ||
H3C—C —O —O —C —H3C
```

㉠ 인화점 45℃, 발화점 121℃인 가연성 고체로 가열 시 폭발하며 충격마찰에 의해서 분해된다.

㉡ 희석제 DMF를 75% 첨가시키고 저장온도는 0~5℃를 유지한다.

(2) 질산에스터류

알코올기를 가진 화합물을 질산과 반응시켜 알코올기를 질산기로 치환된 에스터화합물을 총칭. 질산메틸, 질산에틸, 나이트로셀룰로오스, 나이트로글리세린, 나이트로글리콜 등이 있다.

$$R-OH+HNO_3 \rightarrow R-ONO_2(\text{질산에스터})+H_2O$$

① 나이트로셀룰로오스($[C_6H_7O_2(ONO_2)_3]_n$, 질화면, 질산섬유소)

㉠ 인화점 13℃, 발화점 160~170℃, 끓는점 83℃, 분해온도 130℃, 비중 1.7

㉡ 천연 셀룰로오스를 진한질산(3)과 진한황산(1)의 혼합액에 작용시켜 제조한다.

㉢ 맛과 냄새가 없으며 물에는 녹지 않고 아세톤, 초산에틸 등에는 잘 녹는다.

㉣ 에터(2)와 알코올(1)의 혼합액에 녹는 것을 약면약(약질화면), 녹지 않는 것을 강면약(강질화면)이라 한다. 또한 질화도가 12.5~12.8% 범위인 것을 피로콜로디온이라 한다.

㉤ 130℃에서 서서히 분해하고 180℃에서 격렬하게 연소하며 다량의 CO_2, CO, H_2, N_2, H_2O 가스를 발생한다.

$2C_{24}H_{29}O_9(ONO_2)_{11} \rightarrow 24CO_2+24CO+12H_2O+11N_2+17H_2$

㉥ **물이 침윤될수록 위험성이 감소하므로** 운반 시 물(20%), 용제 또는 알코올(30%)을 첨가하여 습윤시킨다. 건조 시 위험성이 증대되므로 주의한다.

② 나이트로글리세린[$C_3H_5(ONO_2)_3$]

```
   H   H   H
   |   |   |
H— C — C — C —H
   |   |   |
   O   O   O
   |   |   |
  NO2 NO2 NO2
```

㉠ 분자량 227, 비중 1.6, 융점 2.8℃, 비점 160℃

㉡ **다이너마이트**, 로켓, 무연화약의 원료로 **순수한 것은 무색투명한 기름상의 액체 (공업용 시판품은 담황색)**이며 점화하면 즉시 연소하고 폭발력이 강하다.

㉢ 물에는 거의 녹지 않으나 메탄올, 벤젠, 클로로포름, 아세톤 등에는 녹는다.

㉣ **다공질 물질 규조토에 흡수시켜 다이너마이트를 제조**한다.

㉤ 40℃에서 분해하기 시작하고 145℃에서 격렬히 분해하며 200℃ 정도에서 스스로 폭발한다.

$4C_3H_5(ONO_2)_3 \rightarrow 12CO_2 + 10H_2O + 6N_2 + O_2$

㉥ 공기 중 수분과 작용하여 가수분해하여 질산을 생성하여 질산과 나이트로글리세린의 혼합물은 특이한 위험성을 가진다. 따라서 장기간 저장할 경우 자연발화의 위험이 있다.

③ 질산메틸(CH_3ONO_2)

㉠ 분자량 약 77, 비중은 1.2(증기비중 2.67), 비점은 66℃

㉡ 무색투명한 액체이며 향긋한 냄새가 있고 단맛이 난다.

④ 질산에틸($C_2H_5ONO_2$)

㉠ 비중 1.11, 융점 −112℃, 비점 88℃, 인화점 −10℃

㉡ 무색투명한 액체로 냄새가 나며 단맛이 난다.

㉢ 물에는 녹지 않으나 알코올, 에터 등에 녹는다.

㉣ 인화점(−10℃)이 낮아 인화하기 쉬워 비점 이상으로 가열하거나 아질산(HNO_2)과 접촉시키면 폭발한다. (겨울에도 인화하기 쉬움)

㉤ 휘발하기 쉽고 증기는 낮은 곳에 체류하고 인화점(−10℃)이 낮으며 비점(88℃) 이상 가열 시 격렬하게 폭발하며 기타의 위험성은 제1석유류와 유사하다.

⑤ 나이트로글리콜[$C_2H_4(ONO_2)_2$]

```
    H     H
    |     |
H − C ─── C − H
    |     |
  ONO2  ONO2
```

㉠ 액비중 1.5(증기비중은 5.2), 융점 −11.3℃, 비점 105.5℃, 응고점 −22℃, 발화점 215℃, 폭발속도 약 7,800m/s, 폭발열은 1,550kcal/kg이다. **순수한 것은 무색이나, 공업용은 담황색 또는 분홍색의 무거운 기름상 액체로** 유동성이 있다.

㉡ 알코올, 아세톤, 벤젠에 잘 녹는다.

㉢ 산의 존재하에 분해촉진되며, 폭발할 수 있다.

㉣ 다이너마이트 제조에 사용되며, 운송 시 부동제에 흡수시켜 운반한다.

(3) 나이트로화합물

나이트로기(NO_2)가 2 이상인 유기화합물을 총칭하며 트리나이트로톨루엔(TNT), 트리니트로페놀(피크린산) 등이 대표적인 물질이다.

① 트리나이트로톨루엔(TNT, $C_6H_2CH_3(NO_2)_3$)

CH_3 / O_2N / NO_2 / NO_2

㉠ 비중 1.66, 융점 81℃, 비점 280℃, 분자량 227, 발화온도 약 300℃

㉡ **순수한 것은 무색결정이나 담황색의 결정**, 직사광선에 의해 다갈색으로 변하며 중성으로 금속과는 반응이 없으며 장기 저장해도 자연발화의 위험 없이 안정하다.

㉢ 물에는 불용이며, 에터, 아세톤 등에는 잘 녹고 알코올에는 가열하면 약간 녹는다.

㉣ 몇 가지 이성질체가 있으며 2, 4, 6-트라이나이트로톨루엔이 폭발력이 가장 강하다.

㉤ **제법 : 1몰의 톨루엔과 3몰의 질산을 황산촉매하에 반응시키면 나이트로화에 의해 T.N.T.가 만들어진다.**

$$C_6H_5CH_3 + 3HNO_3 \xrightarrow[\text{나이트로화}]{c-H_2SO_4} \quad (CH_3,\ O_2N,\ NO_2,\ NO_2) \quad + 3H_2O$$

㉥ **분해하면 다량의 기체를 발생하고 불완전연소 시 유독성의 질소산화물과 CO를 생성한다.**

$2C_6H_2CH_3(NO_2)_3 \rightarrow 12CO + 2C + 3N_2 + 5H_2$

㉦ NH_4NO_3와 TNT를 3 : 1wt%로 혼합하면 폭발력이 현저히 증가하여 폭파약으로 사용된다.

② 트리나이트로페놀(TNP, $C_6H_2(NO_2)_3OH$, 피크르산)

OH / O_2N / NO_2 / NO_2

㉠ 비중 1.8, 융점 122.5℃, 인화점 150℃, 비점 255℃, 발화온도 약 300℃, 폭발온도 3,320℃, 폭발속도 약 7,000m/s

㉡ **순수한 것은 무색이나 보통 공업용은 휘황색의 침전결정**이며 충격, 마찰에 둔감하고 자연분해하지 않으므로 **장기저장해도 자연발화의 위험 없이 안정하다.**

㉢ 찬물에는 거의 녹지 않으나 온수, 알코올, 에터, 벤젠 등에는 잘 녹는다.

㉣ 강한 쓴맛이 있고 유독하여 물에 전리하여 강한 산이 된다.

㉤ 페놀을 진한황산에 녹여 질산으로 작용시켜 만든다.

$$C_5H_5OH + 3HNO_3 \xrightarrow{H_2SO_4} C_6H_2(OH)(NO_2)_3 + 3H_2O$$

㉥ 벤젠에 수은을 촉매로 하여 질산을 반응시켜 제조하는 물질로 DDNP(diazodinitro phenol)의 원료로 사용되는 물질이다.

㉦ 강력한 폭약으로 점화하면 서서히 연소하나 뇌관으로 폭발시키면 폭굉한다. 금속과 반응하여 수소를 발생하고 금속분(Fe, Cu, Pb 등)과 금속염을 생성하여 본래의 피크르산보다 폭발 강도가 예민하여 건조한 것은 폭발위험이 있다.

㉧ **산화되기 쉬운 유기물과 혼합된 것은 충격, 마찰에 의해 폭발한다. 300℃ 이상으로 급격히 가열하면 폭발한다.**

$2C_6H_2(NO_2)_3OH \rightarrow 4CO_2 + 6CO + 3N_2 + 2C + 3H_2$

(4) 나이트로소화합물

하나의 벤젠핵에 2 이상의 나이트로소기가 결합된 것으로 파라다이나이트로소벤젠, 다이나이트로소레조르신, 다이나이트로 소펜타메틸렌테드라민(DPT) 등이 있다.

(5) 아조화합물

(6) 다이아조화합물

(7) 하이드라진유도체

(8) 하이드록실아민(NH_2OH)

(9) 하이드록실아민염류

4.15 제6류 위험물 – 산화성 액체

성 질	위험 등급	품 명	지정 수량
산화성 액체	I	1. 과염소산($HClO_4$)	300kg
		2. 과산화수소(H_2O_2)	
		3. 질산(HNO_3)	
		4. 그 밖의 행정안전부령이 정하는 것 – 할로젠간화합물(BrF_3, IF_5 등)	

1 공통 성질, 저장 및 취급 시 유의 사항 및 소화 방법

(1) 공통 성질

① 상온에서 액체이고 산화성이 강하다.

② 유독성 증기를 발생하기 쉽다.

③ 불연성이나 다른 가연성 물질을 착화시키기 쉽다.

④ 증기는 부식성이 강하다.

(2) 저장 및 취급 시 유의 사항

① 피부에의 접촉 또는 유독성 증기를 흡입하지 않도록 한다.

② 과산화수소를 제외하고 물과 반응 시 발열하므로 주의한다.

③ 용기는 밀폐용기를 사용하고, 파손되지 않도록 적절히 보호한다.

④ 가연성 물질과 격리시킨다.

⑤ 소량 누출 시 마른모래나 흙으로 흡수하고 대량 누출 시 과산화수소는 물로, 나머지는 약알칼리 중화제(소다회, 소석회 등)로 중화한 후 다량의 물로 씻어 낸다.

(3) 소화 방법

① 원칙적으로 제6류 위험물은 산화성 액체로서 불연성 물질이므로 소화방법이 있을 수 없다. 다만, 가연물의 성질에 따라 다음과 같은 소화방법이 있을 수 있다.

② 가연성 물질을 제거한다.

③ 소량인 경우 다량의 주수에 의한 희석소화한다.

④ 대량의 경우 과산화수소는 다량의 물로 소화하며, 나머지는 마른모래 또는 분말소화약제를 이용한다.

2 위험물의 종류 및 지정 수량

"산화성 액체"라 함은 액체로서 산화력의 잠재력인 위험성을 판단하기 위하여 고시로 정하는 시험에서 고시로 정하는 성질과 상태를 나타내는 것을 말한다.

(1) 과염소산($HClO_4$) – 지정 수량 300kg

① 비중은 3.5, 융점은 −112℃이고, 비점은 130℃이다.

② 무색무취의 유동하기 쉬운 액체이며 흡습성이 대단히 강하고 대단히 불안정한 강산이다. 순수한 것은 분해가 용이하고 격렬한 폭발력을 가진다.

③ $HClO_4$는 염소산 중에서 가장 강한 산이다.
$HClO < HClO_2 < HClO_3 < HClO_4$

④ 가열하면 폭발하고 분해하여 유독성의 HCl을 발생한다.
$HClO_4 \rightarrow HCl + 2O_2$

⑤ 92℃ 이상에서는 폭발적으로 분해한다.

⑥ 물과 접촉하면 심하게 반응하여 발열한다.

(2) 과산화수소(H_2O_2) - 지정 수량 300kg : 농도가 36wt% 이상인 것

① 비중 1.462, 융점 −0.89℃

② 순수한 것은 청색을 띠며 점성이 있고 무취, 투명하고 질산과 유사한 냄새가 난다.

③ 산화제뿐 아니라 환원제로도 사용된다.
산화제 : $2KI + H_2O_2 \rightarrow 2KOH + I_2$
환원제 : $2KMnO_4 + 3H_2SO_4 + 5H_2O_2 \rightarrow K_2SO_4 + 2MnSO_4 + 8H_2O + 5O_2$

④ 알칼리용액에서는 급격히 분해하나 약산성에서는 분해하기 어렵다. 3%인 수용액을 옥시풀이라 하며 소독약으로 사용하고, 고농도의 경우 피부에 닿으면 화상(수종)을 입는다.

⑤ 일반 시판품은 30~40%의 수용액으로 분해하기 쉬워 인산(H_3PO_4), 요산($C_5H_4N_4O_3$) 등 안정제를 가하거나 약산성으로 만든다.

⑥ 가열에 의해 산소가 발생한다.
$2H_2O_2 \rightarrow 2H_2O + O_2$

⑦ 농도 60% 이상인 것은 충격에 의해 단독폭발의 위험이 있으며, 고농도의 것은 알칼리, 금속분, 암모니아, 유기물 등과 접촉 시 가열하거나 충격에 의해 폭발한다.

⑧ 용기는 밀봉하되 작은 구멍이 뚫린 마개를 사용한다.

(3) 질산(HNO_3) - 지정 수량 300kg : 비중이 1.49 이상의 것

① 비중은 1.49, 융점은 −50℃이며, 비점은 86℃이다.

② 3대 강산 중 하나로 흡습성이 강하고 자극성 부식성이 강하며 휘발성, 발연성이다. 직사광선에 의해 분해되어 이산화질소(NO_2)를 생성시킨다.
$4HNO_3 \rightarrow 4NO_2 + 2H_2O + O_2$

③ 피부에 닿으면 노란색의 변색이 되는 크산토프로테인반응(단백질 검출)을 한다.

④ 염산과 질산을 3부피와 1부피로 혼합한 용액을 왕수라 하며 이 용액은 금과 백금을 녹이는 유일한 물질로 대단히 강한 혼합산이다.

⑤ 직사광선으로 일부 분해하여 과산화질소를 만들기 때문에 황색을 나타내며 Ag, Cu, Hg 등은 다른 산과는 반응하지 않으나 질산과 반응하여 질산염과 산화질소를 형성한다.
$3Cu+8HNO_3 \rightarrow 3Cu(NO_3)_2+2NO+4H_2O$ (묽은질산)
$Cu+4HNO_3 \rightarrow Cu(NO_3)_2+2NO_2+2H_2O$ (진한질산)

⑥ 반응성이 큰 금속과 산화물 피막을 형성 내부 보호 → **부동태** (Fe, Ni, Al)

⑦ 질산을 가열하면 적갈색의 유독한 갈색증기(NO_2)와 발생기 산소가 발생한다.
$HNO_3 \rightarrow H_2O+2NO_2+[O]$

⑧ 목탄분 등 유기가연물에 스며들어 서서히 갈색증기를 발생하며 자연발화한다.

⑨ 물과 접촉하면 심하게 발열하며, 가열 시 발생되는 증기(NO_2)는 유독성이다.

(4) 할로젠간화합물

두 할로젠 X와 Y로 이루어진 2원 화합물로서 보통 성분의 직접 작용으로 생긴다. X가 Y보다 무거운 할로젠으로 하여 XY_n(n=1, 3, 5, 7)으로 나타낸다. 모두 휘발성이고 최고 비점은 BrF_3에서 127℃로 나타난다. 대다수가 불안정하나 폭발하지는 않는다. IF는 얻어지지 않고 $IFCl_2$, IF_2Cl과 같은 3종의 할로젠을 포함하는 것도 소수 있다.

출제예상문제

01 뜨겁게 가열된 유리를 차가운 물속에 넣으면 유리는 쉽게 깨진다. 그 이유는 물질의 어떤 성질과 관련되는가?

㉮ 열전도율　　㉯ 열팽창　　㉰ 비열　　㉱ 잠열

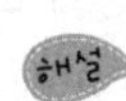
열팽창 : 온도 증가에 따른 물체 부피 증가현상

02 다음 위험물의 증기비중이 가장 큰 것은?

㉮ 벤젠(C_6H_6)　　㉯ 이황화탄소(CS_2)
㉰ 아세톤(CH_3COCH_3)　　㉱ 메틸알코올(CH_3OH)

해설 ㉮ $\frac{78}{28.84} \fallingdotseq 2.70$

㉯ $\frac{76}{28.84} \fallingdotseq 2.63$

㉰ $\frac{58}{28.84} \fallingdotseq 2.01$

㉱ $\frac{32}{28.84} \fallingdotseq 1.11$

03 다음 인화점이 −40℃, 착화점이 175℃, 연소범위가 4.1~57%인 아세트알데하이드(CH_3CHO)의 ① 증기밀도 ② 증기비중 ③ 위험도를 구하면?

	① 증기밀도	② 증기비중	③ 위험도
㉮	1.96g/L	1.52	12.9
㉯	1.52g/L	1.96	12.9
㉰	2.96g/L	2.52	13.9
㉱	2.52g/L	2.96	13.9

① 증기밀도=44÷22.4=1.96g/L
② 증기비중=44÷29=1.52
③ 위험도=(57−4.1)÷4.1=12.9

정답 》 01㉯ 02㉮ 03㉮

04 다음 각 물질의 위험도를 1기압 상온기준으로 계산하면?

(1) 수소(H_2)　　(2) 프로판(C_3H_8)

	㉮	㉯	㉰	㉱
(1) 수소(H_2)	17.75	3.52	18.75	4.75
(2) 프로판(C_3H_8)	3.52	17.75	4.75	18.75

(1) $\frac{(75-4)}{4}=17.75$

(2) $\frac{(9.5-2.1)}{2.1}=3.52$

05 다음 물질 중 화합물이 아닌 것은?

㉮ H_2　㉯ H_2O　㉰ C_6H_6　㉱ H_2SO_4

해설 ㉮는 한 가지 원소로 이루어진 단체에 해당된다.

06 물 1g이 0℃ 상태에서 100℃의 수증기가 되려면 몇 〔cal〕가 필요한가?

㉮ 539cal　㉯ 639cal
㉰ 719cal　㉱ 819cal

① 물의 증발잠열=539cal/g
② 용융열=79.9cal/g
③ 표면장력=72dyne/cm

07 다음 중 찬물에서 수소를 발생시키는 원소가 아닌 것은?

㉮ 칼륨　㉯ 마그네슘
㉰ 칼슘　㉱ 아연

해설 이온화경향 : 아연은 뜨거운 물 또는 산과 반응시 수소가스가 발생한다.

K>Ca>Na>Mg +찬물	Al>Zn>Fe>Ni>Sn>Pb +뜨거운물, 산	(H)>Cu>Hg>Ag>Pt>Au
수소 발생	수소 발생	수소 발생하지 않음

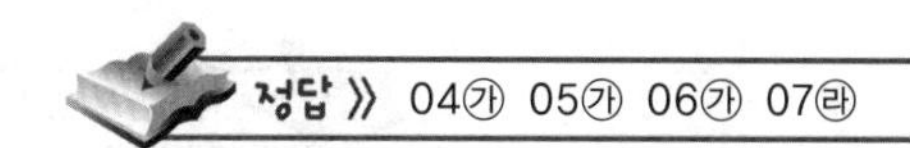
정답 》 04㉮ 05㉮ 06㉮ 07㉱

08 다음에 설명하는 공통적인 성질을 지니고 있는 족의 이름은?

> • 모두 은빛의 흰 금속 고체이다.
> • 반응성이 매우 크고 강한 환원제이다.
> • 전기음성도가 작으므로 이온성화합물을 형성한다.

㉮ 알칼리금속족　　㉯ 알칼리토금속족
㉰ 붕소족　　㉱ 탄소족

09 다음은 주, 족 원소들에 대한 특징을 나열한 것이다. 잘못된 것은?

㉮ 금속은 열전도성과 전기전도성이 있지만, 비금속은 없다.
㉯ 금속은 낮은 이온화에너지를 가지며, 비금속은 높은 이온화에너지를 갖는다.
㉰ 금속의 산화물은 산성이며, 비금속의 산화물은 염기성이다.
㉱ 금속은 낮은 전기음성도를 가지며, 비금속은 높은 전기음성도를 갖는다.

해설 금속의 산화물은 염기성이며, 비금속의 산화물은 산성이다.

10 Ca의 최외각 전자수는 몇 개인가?

㉮ 2　㉯ 6　㉰ 8　㉱ 10

해설 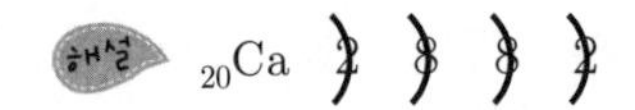

11 F^-의 전자수, 양성자수, 중성자수는 얼마인가?

㉮ 9, 9, 10　　㉯ 9, 9, 19
㉰ 10, 9, 10　　㉱ 10, 10, 10

해설 F는 원자번호가 9이므로 전자수 9개이나 전자 1개를 받아서 10개가 된다.

12 원자번호 6, 질량 13의 원자핵에 포함되어 있는 중성자의 수는?

㉮ 5　㉯ 6　㉰ 7　㉱ 13

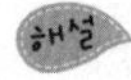

① 질량수=양성자수+중성자수
② 원자번호=양성자수=전자수로부터
③ 중성자수=질량수−양성자수=13−6=7

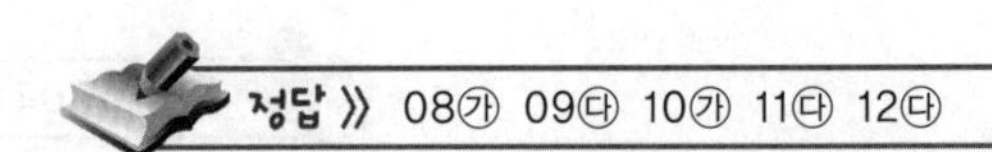

정답 ≫ 08㉮ 09㉰ 10㉮ 11㉰ 12㉰

13 $C_3H_8(g)+5O_2(g) \rightarrow 3CO_2(g)+4H_2O(L)$ 반응식에서 2mol의 C_3H_8이 연소할 때, 필요한 산소 몰수와 생성되는 이산화탄소의 몰수는?

㉮ 산소 : 10몰, 이산화탄소 : 10몰
㉯ 산소 : 10몰, 이산화탄소 : 6몰
㉰ 산소 : 6몰, 이산화탄소 : 10몰
㉱ 산소 : 6몰, 이산화탄소 : 10몰

14 부탄(C_4H_{10}) 100g을 완전연소시키는데 필요한 이론공기량〔g〕은 얼마인가?

㉮ 3415.43g
㉯ 1707.72g
㉰ 717.24g
㉱ 358.62g

해설 $2C_4H_{10}+13O_2 \longrightarrow 8CO_2+10H_2O$

$$\frac{100g-C_4H_{10}}{} \left| \frac{1mol-C_4H_{10}}{58g-C_4H_{10}} \right| \frac{13mol-O_2}{2mol-C_4H_{10}} \left| \frac{32g-O_2}{1mol-O_2} \right| \frac{100vol\%\ Air}{21vol\%\ O_2} = 1707.72g-Air$$

15 30g의 C_2H_6가 연소하는데 필요한 이론공기량은 몇 〔g〕인가? (단, 공기 중 산소 20%가 존재한다고 가정한다.)

㉮ 360.3
㉯ 460.3
㉰ 560.3
㉱ 660.3

해설 $2C_2H_6+7O_2 \rightarrow 4CO_2+6H_2O$

$$\text{이론산소량} = \frac{30g-C_2H_6}{} \left| \frac{1mol-C_2H_6}{30g-C_2H_6} \right| \frac{7mol-O_2}{2mol-C_2H_6} \left| \frac{32g-O_2}{1mol-O_2} \right| \frac{100}{20} = 560.3g-Air$$

16 CH_3COOH로 표시된 화학식은?

㉮ 실험식
㉯ 분자식
㉰ 시성식
㉱ 구조식

해설 $CH_3COOH \longrightarrow H^+ + CH_3COO^-$

17 유기물 85g을 탄소, 수소, 산소로 화합물을 연소시켜서 CO_2 66g과 H_2O 27g을 얻었다. 이때 실험식을 구하면?

㉮ CH_2O
㉯ $C_2H_4O_2$
㉰ $C_3H_6O_8$
㉱ $C_6H_{12}O_6$

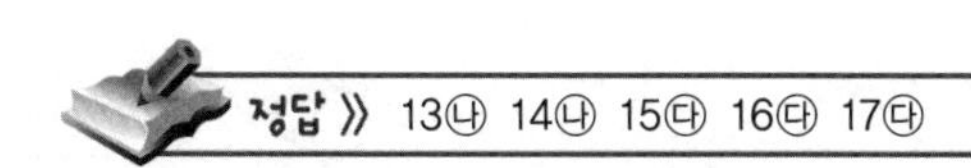

해설 탄소량 $= 66g \times \frac{C}{CO_2} = 66g \times \frac{12}{44} = 18g$

수소량 $= 27g \times \frac{H_2}{H_2O} = 27g \times \frac{2}{18} = 3g$

∴ 산소량 $= 85 - 18 - 3 = 64g$

원자수비 $= C : H : O = \frac{18}{12} : \frac{3}{1} : \frac{64}{16} = 1.5 : 3 : 4 = 2 : 6 : 8$

∴ 실험식은 $C_3H_6O_8$

18 다음 중 이온결합성 물질은?

㉮ NaCl
㉯ HCl
㉰ Cl_2
㉱ CH_4

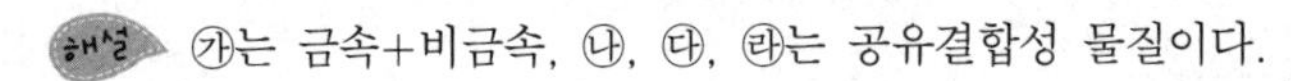
해설 ㉮는 금속+비금속, ㉯, ㉰, ㉱는 공유결합성 물질이다.

19 보일의 법칙에서 부피는 (　　)에 대해 반비례관계에 있다. (　　)에 들어갈 말은?

㉮ 압력
㉯ 온도
㉰ 분자량
㉱ 기체상수

해설 $V \propto \frac{1}{P}$　$(T = \text{const})$

20 1기압, 20℃에서 CO_2 가스 2kg이 방출된 이산화탄소의 체적은 몇 〔L〕가 되겠는가?

㉮ 952L
㉯ 1,018L
㉰ 1,092L
㉱ 1,210L

해설 $V = \frac{wRT}{PM} = \frac{2 \times 10^3 \times 0.082 \times (20 + 273.15)}{1 \times 44}$

$= 1{,}092L$

21 0℃에서 4L를 차지하는 기체가 있다. 같은 압력 40℃에서는 몇 〔L〕를 차지하는가?

㉮ 0.23L
㉯ 1.23L
㉰ 4.27L
㉱ 5.27L

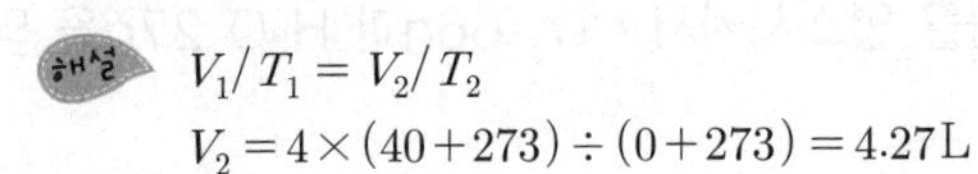
해설 $V_1/T_1 = V_2/T_2$

$V_2 = 4 \times (40 + 273) \div (0 + 273) = 4.27L$

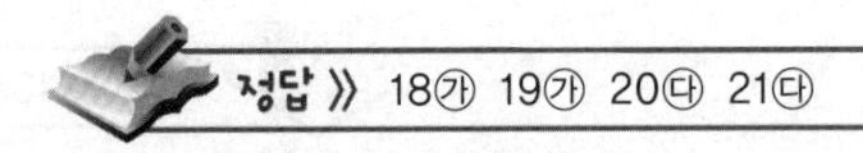
정답 》 18㉮ 19㉮ 20㉰ 21㉰

22 0℃, 5기압에서 어떤 기체의 부피가 75.0리터이다. 기체의 부피가 0℃에서 30리터가 되었을 때 압력은 얼마인가?

㉮ 10기압 ㉯ 12.5기압 ㉰ 15기압 ㉱ 17.5기압

해설 $P_1V_1 = P_2V_2$에서

$5\text{atm} \times 75\text{L} = P_2 \times 30\text{L}$

$\therefore\ P_2 = 5\text{atm} \times \frac{75}{30} = 12.5\text{atm}$

23 20℃, 10기압에서 어떤 기체의 부피가 5리터이다. 이 기체는 몇 몰이겠는가?

㉮ 1.08 ㉯ 2.08 ㉰ 3.08 ㉱ 4.08

해설 $PV = nRT$ 에서

$n = \frac{PV}{RT} = \frac{10 \times 5}{0.082 \times (20 + 273.15)} \fallingdotseq 2.08\text{mol}$

24 물과 가솔린은 섞이지 않는다. 그 이유는 무엇 때문인가?

㉮ 비중의 차이 때문 ㉯ 밀도의 차이 때문
㉰ 화학결합의 차이 때문 ㉱ 분자량의 차이 때문

해설 물은 극성 공유결합, 가솔린($C_5 \sim C_9$)은 비극성 공유결합이라 섞이지 않는다.

25 금속성 원소와 비금속성 원소가 만나서 이루어진 결합성 물질은?

㉮ 이온결합성 ㉯ 공유결합성 ㉰ 배위결합성 ㉱ 금속결합성

해설 ㉮ 이온결합성 물질 : 금속+비금속
㉯ 공유결합성 물질
- 비금속 단체
- 비금속+비금속
- 탄소화합물

㉰ 배위결합성 물질 : 비공유전자쌍을 일방적으로 제공하여 결합
㉱ 금속결합성 물질 : 자유전자에 의한 결합

26 Cl_2의 경우 다음 중 무슨 결합에 해당되는가?

㉮ 이온결합성 ㉯ 공유결합성 ㉰ 배위결합성 ㉱ 금속결합성

해설 비금속 단체로 공유결합성 물질이다.

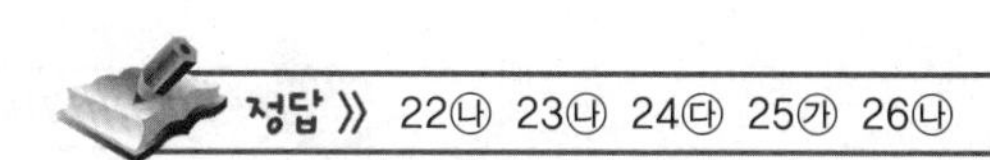
정답 》 22㉯ 23㉯ 24㉰ 25㉮ 26㉯

27 다음 중 비극성인 것은?

㉮ H_2O ㉯ NH_3 ㉰ HF ㉱ C_6H_6

28 물분자 안의 전기적 양성의 수소원자와 물분자 안의 음성의 산소원자의 사이에 하나의 전기적 인력이 작용하여 특수한 결합을 하는데 이와 같은 결합은 무슨 결합인가?

㉮ 이온결합 ㉯ 공유결합 ㉰ 수소결합 ㉱ 배위결합

해설 수소결합 : 전기음성도가 큰 원소인 F, O, N에 직접 연결된 수소원자와 근처에 있는 다른 F, O, N 원자에 있는 비공유전자쌍 사이에 작용하는 분자 간의 인력에 의한 결합

29 금속이 전기의 양도체인 이유는 무엇 때문인가?

㉮ 질량수가 크기 때문 ㉯ 자유전자수가 많기 때문

㉰ 양자수가 많기 때문 ㉱ 중성자수가 많기 때문

30 산에 노출되었을 때 중화제로 사용하는 것은?

㉮ Na_2CO_3 ㉯ NaOH ㉰ HCl ㉱ $CuSO_4$

해설 산의 중화제로는 소다회(Na_2CO_3) 또는 소석회[$Ca(OH)_2$]를 사용한다. NaOH의 경우 중화시 발열반응이 있으므로 주의해야 한다.

31 "산은 물에 녹았을 때 수소이온의 농도를 증가시키는 물질이며, 염기는 물에 녹아 수산이온의 농도를 증가시키는 물질"이라고 개념을 정립한 화학자는 누구인가?

㉮ Arrhenius ㉯ Henry

㉰ Brönsted－Lowry ㉱ Lewis

32 모든 산은 염기 또는 탄산염류와의 반응에 의해 불활성이 되기 때문에 산이 누출된 경우에는 그것에 (A) 또는 (B)를 뿌리는 것에 따라 중화되고 물로 씻겨진다. (　　)에 들어갈 적당한 말은?

	㉮	㉯	㉰	㉱
(A)	수산화나트륨	소다회	수산화칼륨	수산화칼륨
(B)	염산	소석회	수산화나트륨	황산

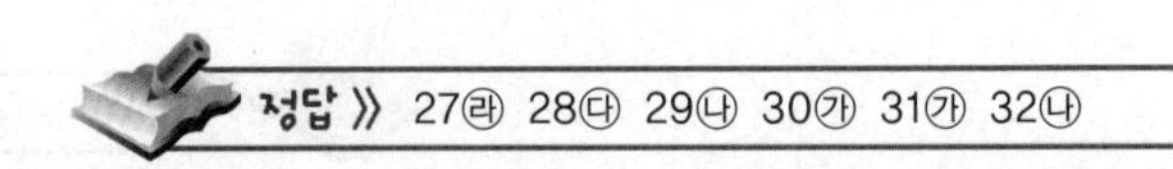
정답 » 27㉱ 28㉰ 29㉯ 30㉮ 31㉮ 32㉯

해설 ㉮ Na_2CO_3(소다회)
㉯ $Ca(OH)_2$(소석회)
NaOH(수산화나트륨)의 경우 중화시 발열반응이 있으므로 지양해야 하다.

33 다음 염기성 물질 중 물에 잘 녹지 않는 것은?

㉮ KOH ㉯ NaOH ㉰ $Fe(OH)_3$ ㉱ $Al(OH)_2$

해설 $Fe(OH)_3$, $Cu(OH)_3$ 등은 물에 녹기 어렵다.

34 염이란 산의 (A)과 염기의 (B)이 만나서 이루어진 이온성 물질이다. ( )에 들어갈 적당한 말은?

㉮ A : 양이온, B : 음이온 ㉯ A : 음이온, B : 양이온
㉰ A : 양성자, B : 전자 ㉱ A : 전자, B : 양성자

35 다음 중 염소산염에 속하는 제1류 위험물은?

㉮ KClO ㉯ $KClO_2$ ㉰ $KClO_3$ ㉱ $KClO_4$

해설 ㉮ 차아염소산칼륨
㉯ 아염소산칼륨
㉰ 염소산칼륨
㉱ 과염소산칼륨

36 다음 유기화합물의 특성에 관련한 설명으로 옳지 않은 것은?

㉮ 유기화합물은 대부분 무기물질보다도 비교적 낮은 온도에서 용융하거나 비등한다.
㉯ 손쉽게 실온에서 기화하며 비교적 비열이 낮은 편이고, 착화온도가 낮은 특징이 있다.
㉰ 공유결합을 하고 있으므로 전해질이 많다.
㉱ 물에는 녹기 어려우나 알코올, 벤젠, 아세톤, 에터 등의 유기용매에 잘 녹는다.

해설 ㉰ 공유결합을 하고 있으므로 비전해질이 많다.

37 다음에 열거한 유기화합물 중 잘못 명명된 것은?

㉮ 2,3-다이메틸부탄 ㉯ 2-에틸부탄
㉰ 3,3-다이메틸-4-에틸헥산 ㉱ 2-브로모프로판

해설 ㉯항은 3-메틸펜탄이다.

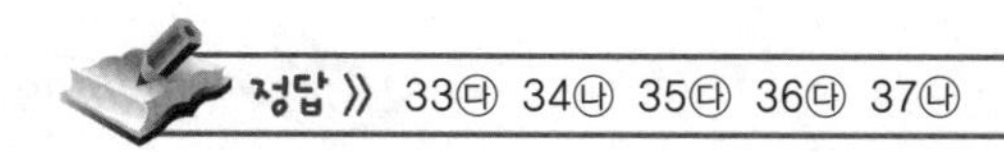
정답 》 33㉰ 34㉯ 35㉰ 36㉰ 37㉯

38 할론 소화약제 중 유일한 에탄 유도체는?

㉮ 할론 1301　　㉯ 할론 1211
㉰ 할론 2402　　㉱ 할론 1011

해설 할론 2402($C_2F_4Br_2$)는 상온에서 액체이며, C_2H_6의 유도체이다.

39 C_5H_{12}의 구조이성질체의 수는 몇 개인가?

㉮ 1개　　㉯ 3개　　㉰ 5개　　㉱ 7개

해설
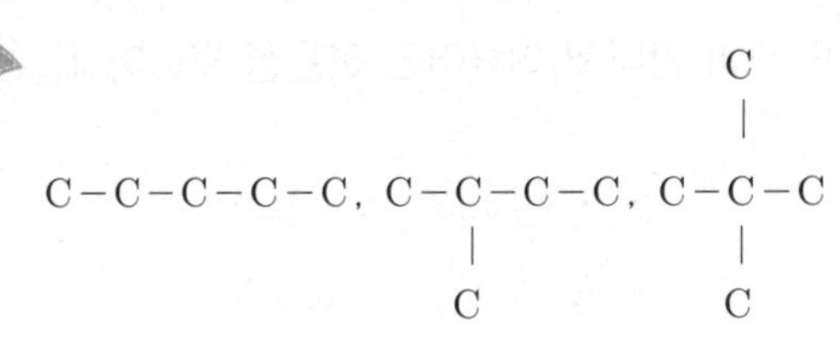

40 다음 유기화합물의 이름이 틀린 것은?

㉮ 3−메틸펜탄　　㉯ 2,3−다이메틸부탄
㉰ 2−에틸부탄　　㉱ 2−클로로−3−메틸펜탄

해설 ㉰항은 3−메틸펜탄이다.

41 다음 (　　)에 들어갈 적당한 말은?

> 메틸알코올은 마시면 유독하다. (　　)mL 정도의 소량이라도 죽음을 부르고, 그것보다도 적은 양으로 맹인이 되는 경우도 있다. 메틸알코올의 인체에 대한 독작용은 알코올의 신진대사의 결과로 생기는 중간화합물인 개미산(HCOOH)이 원인이다.

㉮ 10　　㉯ 20　　㉰ 30　　㉱ 40

42 유기화합물 중 이중결합을 포함하고 있는 탄화수소는?

㉮ 알칸계　　㉯ 사이클로알칸계　　㉰ 알켄계　　㉱ 알킨계

해설 ㉰ 알켄계(=에틸렌계) 탄화수소는 이중결합 포함
㉱ 알킨계(=아세틸렌계) 탄화수소는 삼중결합 포함

정답 》 38㉰ 39㉯ 40㉰ 41㉰ 42㉰

43 인화성 액체 중 알코올류의 경우 수용액의 농도가 얼마 이상인 경우를 말하는가?

㉮ 30〔v%〕 ㉯ 40〔v%〕
㉰ 50〔v%〕 ㉱ 60〔v%〕

44 유동성 액체이므로 연소의 확대가 빠르고, 증발연소하므로 불티가 나지 않는 유별 위험물은?

㉮ 제1류 위험물 ㉯ 제2류 위험물
㉰ 제3류 위험물 ㉱ 제4류 위험물

해설 제4류 위험물(인화성 액체)에 대한 설명이다.

45 다음 중 물속에 저장해야 하는 것을 옳게 나열한 것은?

㉮ 나트륨, 칼륨
㉯ 칼륨, 이황화탄소
㉰ 이황화탄소, 황린
㉱ 황린, 나트륨

해설 칼륨과 나트륨은 석유 속에 저장 또는 고체 파라핀으로 피복

46 자신은 불연성 물질이지만 산소공급원 역할을 하는 물질로 옳은 것은?

㉮ 과염소산 ㉯ 셀룰로이드류
㉰ 질산에스터류 ㉱ 적린

해설 제1류(산화성 고체)와 제6류(산화성 액체)는 자신은 불연성이나, 산소를 다량 함유하고 있으므로 산소공급원 역할을 한다.

47 다음은 산화성 고체 위험물질의 저장 및 취급 방법으로 틀린 것은?

㉮ 풍해성이 있으므로 습기에 주의하며 용기는 밀폐하여 저장할 것
㉯ 환기가 잘 되는 찬 곳에 저장할 것
㉰ 열원이나 산화되기 쉬운 물질과 화재위험이 있는 곳으로부터 멀리할 것
㉱ 다른 약품류 및 가연물과의 접촉을 피할 것

해설 산화성 고체 위험물질은 조해성이 있다.

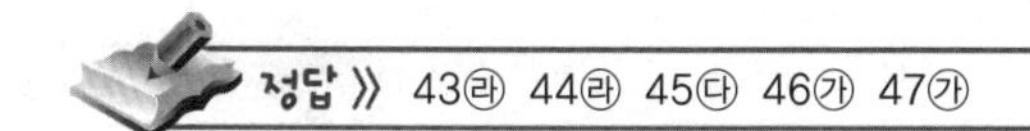
정답 》 43㉱ 44㉱ 45㉰ 46㉮ 47㉮

48 다음은 가연성 고체에 대한 설명이다. 잘못된 것은?

㉮ 비교적 낮은 온도에서 착화되기 쉬운 가연물이다.

㉯ 대단히 연소속도가 빠른 고체이다.

㉰ 철분 및 마그네슘을 포함하여 주수에 의한 냉각소화를 해야 한다.

㉱ 산화제와의 접촉을 피해야 한다.

해설 철분, 마그네슘의 경우 건조사에 의한 피복소화를 해야 한다.

49 다음 유기화합물 중 자연발화성 물질이 아닌 것은?

㉮ $Al(CH_3)_3$

㉯ $Cd(CH_3)_2$

㉰ $Al(C_4H_9)_3$

㉱ $(C_2H_5)_4Pb$

해설 사에틸납[$(C_2H_5)_4Pb$]은 자연발화성도 아니고, 물과 반응하지도 않는다.

50 다음 설명 중 잘못된 것은?

㉮ 가솔린은 $C_5 \sim C_9$의 포화·불포화 탄화수소로서 전기에 대해 부도체이다.

㉯ 방향족 탄화수소류는 분자당 5개 또는 그 이하의 탄소원자를 갖는 지방족 탄화수소에 비교해서 훨씬 많은 그을음을 수반하고 탄다.

㉰ 등유는 가솔린 안에서 검출되는 탄화수소보다도 무거운 탄화수소의 혼합물이고 가솔린에 비교하면 훨씬 휘발성이 낮다.

㉱ 자일렌은 3개의 이성질체(o-, m-, p-)로서 위험물안전관리법상 공히 제1 석유류에 속한다.

해설 o-자일렌은 32℃, m-와 p-는 25℃로 모두 제2 석유류에 속한다.

51 다음 알코올류에 관한 설명 중 잘못된 것은?

㉮ 메틸알코올은 30mL 정도를 마시는 것만으로도 죽음을 부를 수도 있을 정도로 유독하다.

㉯ 에틸알코올이 최면제, 진정제 또는 마취제와 결합되면 혼수 및 죽음을 부를 수도 있다.

㉰ 이소프로필알코올은 피부를 매끈매끈하게 하는 알코올로 알려져 있으며, 스킨·로션에 이용되기도 한다.

㉱ 페놀은 위험물안전관리법상 알코올류로 지정수량이 200L이다.

해설 페놀은 제1 석유류에 포함된다.

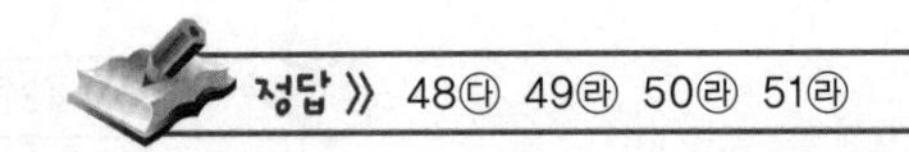

정답 》 48㉰ 49㉱ 50㉱ 51㉱

52 많은 금속 및 비금속을 부식하며 셀룰로오스계의 물질과 많은 유기 액체화합물에 자연발화를 일으키고, 피부조직에 화상을 일으켜 추한 황색 흔적을 남기는 제6류 위험물은?

㉮ 과염소산 ㉯ 황산 ㉰ 질산 ㉱ 과산화수소

53 o-자일렌은 인화점이 32℃로서 제1 석유류에 해당된다. 또한 m-자일렌은 인화점이 25℃로서 제2 석유류에 해당된다. 그렇다면 p-자일렌은 몇 석유류에 해당되는가?

㉮ 제1 석유류 ㉯ 제2 석유류 ㉰ 제3 석유류 ㉱ 제4 석유류

해설 p-자일렌 역시 인화점은 25℃이므로 제2 석유류에 해당된다.

54 다음 중 잘못된 설명은?

㉮ 유기 금속화합물로서 사에틸납은 물로 소화할 수 없다.
㉯ 백린은 자연발화를 막기 위해 통상 물속에 저장한다.
㉰ 대표적인 불연재인 석면도 불소 안에서는 연소한다.
㉱ 순황 덩어리가 자연발화를 일으킬 가능성은 없다.

해설 사에틸납은 가연성이며, 자연발화성도 없고 금수성도 아니므로 물로 소화가능하다.

55 질산에 관한 설명으로 잘못된 것은?

㉮ 자신은 불연성이지만, 목재 및 대팻밥 등의 제품의 발화원인이 되기 쉽다.
㉯ 많은 금속 및 비금속을 부식하며 유독 가스인 이산화질소를 생성한다.
㉰ 피부조직에 화상을 일으키며, 추한 황색 흔적을 남긴다.
㉱ 강환원제로서 종종 폭발의 원인이 된다.

해설 질산은 제6류(산화성 액체)로 강산화제이다.

56 자기반응성 위험 물질의 위험성에 대한 설명이다. 틀린 것은?

㉮ 과산화벤조일은 백색의 입상 물질로 자연발화온도는 80℃이다.
㉯ 과아세트산은 살균제, 곰팡이 방지제 등과 같은 몇 가지 유기화합물의 합성에 이용되며, 110℃에서 폭발한다.
㉰ 나이트로글리세린은 상온에서 무색, 투명한 기름모양의 액체이며, 충격이나 마찰에 예민하여 액체운반은 금지되어 있다.
㉱ 하이드라진은 강력한 환원제로, 일반적인 산화제와 접촉해 반응을 일으키지만 금속산화물에 대해서는 반응하지 않는다.

해설 ㉱ 하이드라진은 금속산화물 조차도 격렬하게 반응을 일으켜 2개의 물질이 접촉하면 거센 폭발을 일으키는 하이파고릭혼합물을 만든다.

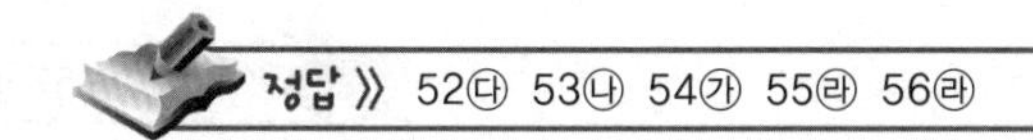
정답 » 52㉰ 53㉯ 54㉮ 55㉱ 56㉱

57 산화성 액체 위험 물질의 취급에 관한 사항이다. 설명이 잘못된 것은?

㉮ 30~50% 농도의 과산화수소용액은 특별한 착화원 없이 가연성 물질을 발화시킨다.
㉯ 농후한 과염소산이 농황산에 의해 탈수된 경우 칠산화이염소가 생성되며, 이 물질은 불안정하여 순간적으로 염소와 산소로 분해하면서 폭발을 일으킨다.
㉰ 질산 자신은 불연성이지만 목재, 대팻밥 및 그 밖의 셀룰로오스 제품의 발화원인이 되기 쉽다.
㉱ 농황산과 물을 혼합하면 몇 개의 물질을 자연발화시킬 만큼의 열을 발생한다.

해설 ㉮ 50% 농도의 과산화수소용액은 특별한 착화원 없이 가연성 물질을 발화시킨다.

58 어떤 물질에 대한 설명인가?

- 질소 함유율이 11.7~12.2%의 저점도 나이트로셀룰로오스를 주체로 하고 있다.
- 휘발건조성의 도료로서 접착제, 고무 제품 접착 등에 이용된다.
- 지정수량은 200kg이며, 인화점은 21℃ 미만이다.

㉮ 래커퍼티 ㉯ 고무풀 ㉰ 송지 ㉱ 고체 파라핀

59 등유가 연소하는 경우 가장 많이 발생하는 물질은?

㉮ 아크롤레인 ㉯ 포름알데하이드 ㉰ 아세트알데하이드 ㉱ 뷰틸알데하이드

60 많은 금속 및 비금속을 부식하며 셀룰로오스계의 물질과 많은 액체 유기화합물에 자연발화를 일으키고, 피부조직에 화상을 일으켜 추한 황색 흔적을 남기는 위험물안전관리법상 제6류 위험물은?

㉮ 과염소산($HClO_4$) ㉯ 과산화수소(H_2O_2)
㉰ 질산(HNO_3) ㉱ 염화아이오딘(ICl)

61 산화성 액체 위험 물질에 대한 설명이다. 틀린 것은?

㉮ 과산화수소의 경우 물과 접촉하면 심하게 발열한다.
㉯ 황산 또는 염산의 대량 누출시 약알칼리의 중화제(소다회, 소석회 등)로 중화한 후 다량의 물로 씻는다.
㉰ 자신은 불연성 물질이지만 강력한 산화제로 가열하면 산소가스를 발생한다.
㉱ 가열되거나 제1류 위험물과 혼합시 산화성이 현저하게 증가한다.

해설 ㉮ 과산화수소는 물과 반응하지 않는다.

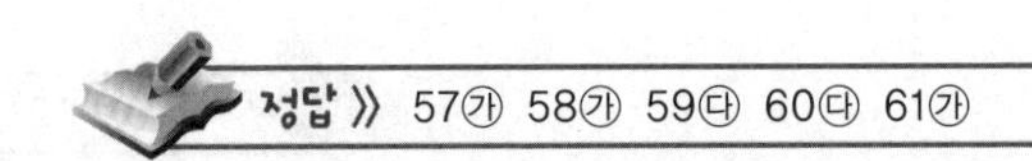
정답 》 57㉮ 58㉮ 59㉰ 60㉰ 61㉮

62 다음 중 금수성 물질이 아닌 것은?

㉮ K(칼륨) ㉯ Be(베릴륨)
㉰ CH_3Li(메틸리튬) ㉱ P_4(황린)

해설 황린은 자연발화성 물질로 물속에 저장한다.

63 가솔린의 경우 인화점은 −43℃이다. 이의 화학적 조성으로 맞는 것은?

㉮ C_1~C_4 ㉯ C_5~C_9
㉰ C_{10}~C_{14} ㉱ C_{15}~C_{19}

해설 가솔린 : C_5~C_9, 등유 : C_9~C_{18}, 경유 : C_{10}~C_{20}

64 제4류 위험물 중 가솔린과 관련한 설명이다. 틀린 것은?

㉮ 인화점 분류상 제1 석유류에 속한다.
㉯ 500mL 비커에 약 200mL의 가솔린이 담겨 있는 상태에서 상부는 개방되어 있으며, 이때 피우던 담배를 집어넣으면 연소하면서 폭발한다.
㉰ 가솔린은 부도체이다.
㉱ 시중 가솔린의 경우 첨가제로 MTBE를 넣어 연소성을 향상시킨다.

해설 담뱃불은 무염연소로 가솔린에 넣으면 꺼진다.

65 산소를 다량 함유하고 있으며, 가연성이며, 내부연소가 가능한 위험물은?

㉮ $Zn(BrO_3)_2$ ㉯ $C_6H_2CH_3(NO_2)_3$
㉰ HNO_3 ㉱ $NaClO_4$

해설 ㉯ T.N.T로 제5류 위험물에 속한다.

66 다음 중 위험물안전관리법상 알코올류에 해당되지 않는 것은?

㉮ CH_4OH(메틸알코올)
㉯ C_2H_5OH(에틸알코올)
㉰ C_3H_7OH(프로필알코올)
㉱ C_4H_9OH(뷰틸알코올)

해설 ㉱ 위험물안전관리법상 알코올류의 경우 탄소수가 3개 이하인 포화탄화수소를 의미한다. 뷰틸알코올은 인화점 37℃로 제2 석유류이다.

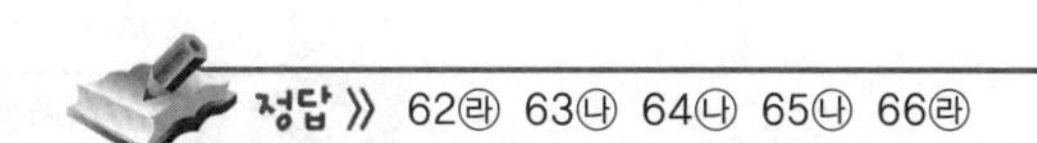
정답 》 62㉱ 63㉯ 64㉯ 65㉯ 66㉱

67
피부를 매끈매끈하게 하는 알코올로 알려져 있으며, 스킨·로션에 이용되는 것 외에 아세톤이나 아세톤 유도체를 제조하는 원료로 이용되는 알코올은?

㉮ 메틸알코올 ㉯ 에틸알코올
㉰ 프로필알코올 ㉱ 이소프로필알코올

68
다음은 제6류 위험물에 대한 설명이다. 잘못된 것은?

㉮ 물보다 무겁고, 물에 녹기 쉽다.
㉯ 불연성 물질이다.
㉰ 과산화수소는 농도가 36wt% 이상인 것이다.
㉱ 질산의 비중 1.82 이상인 것이다.

해설 질산의 비중 1.49 이상인 것이다.

69
다음 위험 물품의 경우 혼재해서 안 되는 것은?

㉮ 등유, Mg
㉯ 메타알데하이드, 셀룰로이드
㉰ 아세톤, K
㉱ 경유, 과산화수소

해설 경유(제4류)와 과산화수소(제6류)는 혼재가 안 된다.

70
다음 중 가솔린의 구성 성분이 아닌 것은?

㉮ C_5H_{12} ㉯ C_7H_{16}
㉰ C_9H_{20} ㉱ $C_{11}H_{24}$

해설 가솔린 : C_5~C_9의 포화 · 불포화 탄화수소

71
제1류 위험물의 품명에서 그 밖에 행정안전부령이 정하는 것에 해당되지 않는 것은?

㉮ 과아이오딘산염류 ㉯ 납의 산화물
㉰ 퍼옥소이황산염류 ㉱ 염소화규소화합물

해설 위험물안전관리법 시행규칙 제3조 제1항
염소화규소화합물은 제3류 위험물에서 그 밖에 행정안전부령이 정하는 것에 해당된다.

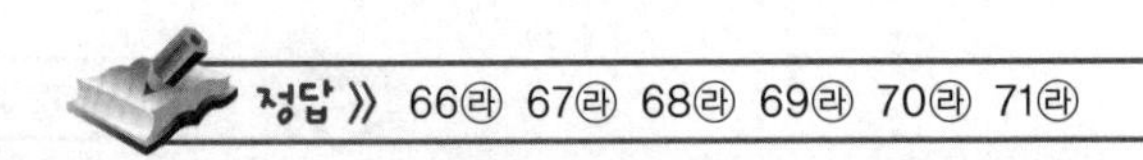
정답 》 66㉱ 67㉱ 68㉱ 69㉱ 70㉱ 71㉱

72 제1 석유류에 속하지 않는 것은?

㉮ 가솔린 ㉯ 아세톤 ㉰ 석유 ㉱ 벤젠

해설 석유는 인화점이 약 39℃ 이상으로 제2 석유류(인화점 21~70℃ 미만)에 속한다.

73 다음은 가연성 고체에 대한 설명이다. 잘못된 것은?

㉮ 비교적 낮은 온도에서 착화되기 쉬운 가연물이다.
㉯ 대단히 연소속도가 빠른 고체이다.
㉰ 철분 및 마그네슘을 포함하여 주수에 의한 냉각소화를 해야 한다.
㉱ 산화제와의 접촉을 피해야 한다.

해설 가연성 고체는 제2류 위험물에 속하며 주수에 의한 냉각소화를 하지만, 철분, 마그네슘, 금속분류의 경우 모래 또는 소다재로 소화해야 한다.

74 제1류 위험물 중 무기과산화물류의 경우 소화 방법은?

㉮ 냉각주수소화 ㉯ 모래 또는 소다재
㉰ 팽창진주암 및 팽창질석 ㉱ 안개상의 주수소화

75 다음 중 타고 있는 드럼통에 물을 더해 효과적으로 끌 수 있는 물질은?(단, 괄호 안은 물질의 비중)

㉮ 벤젠(0.879) ㉯ 아세톤(0.792)
㉰ 이황화탄소(1.274) ㉱ 에틸알코올(0.730)

해설 이황화탄소는 화학결합이 다르면서 비중이 큰 경우 물 아래로 가라앉기 때문에 질식소화 가능

76 제6류 위험물 취급에 대한 예방대책으로 틀린 것은?

㉮ 가열을 피하고 강환원제, 유기물질, 가연성 위험물과의 접촉을 피한다.
㉯ 염기 및 물과의 접촉을 피한다.
㉰ 강산화성 고체인 제1류 위험물과의 혼합, 접촉을 방지한다.
㉱ 위험물 제조소 등에는 백색 바탕에 청색 글씨로 "물기주의"라는 주의사항을 표시한 게시판을 설치한다.

해설 위험물 제조소 등에는 청색 바탕에 백색 글씨로 "물기주의"라는 주의사항을 표시한 게시판을 설치한다.

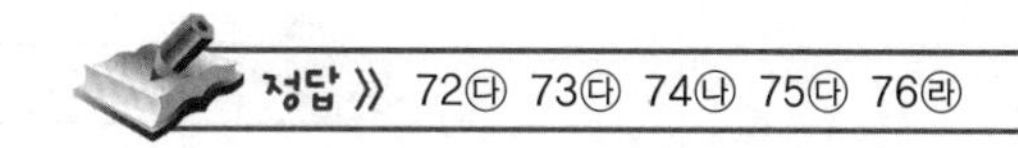

정답 》 72㉰ 73㉰ 74㉯ 75㉰ 76㉱

77 위험물을 수납한 운반 용기와 이를 포장한 외부에는 기준에 의하여 표시해야 할 주의사항이 있다. 제5류 위험물인 경우 어떤 주의사항이 표시되어야 하는가?

㉮ 화기엄금 및 충격주의
㉯ 화기주의
㉰ 물기엄금
㉱ 가연물 접촉주의

78 다음 중 위험물에 대한 보호액으로 맞는 것은?

㉮ 황린－물, 나트륨－물
㉯ 황린－석유, 나트륨－석유
㉰ 황린－물, 이황화탄소－물
㉱ 이황화탄소－석유, 메틸리튬－물

79 다음 중 제2류 위험물로서 인화성 고체에 해당하지 않는 것은?

㉮ 래커퍼티
㉯ 고무풀
㉰ 뷰틸알코올
㉱ 메타알데하이드

해설 인화성 고체에는 고형 알코올, 래커퍼티, 고무풀, 메타알데하이드, 제삼뷰틸알코올이 있다.

80 위험물 제조소 표지의 바탕 및 문자 색깔은?

㉮ 흑색 바탕에 백색 문자
㉯ 백색 바탕에 흑색 문자
㉰ 황색 바탕에 흑색 문자
㉱ 적색 바탕에 백색 문자

81 위험물 제조소 게시판의 기재사항이 아닌 것은?

㉮ 위험물의 유별 품목
㉯ 취급 최대수량
㉰ 허가 번호
㉱ 위험물안전관리자의 성명

82 위험물 제조소에서 제1류 위험물 중 무기과산화물 및 제3류 위험물의 주의사항은?

㉮ 화기엄금
㉯ 화기주의
㉰ 물기엄금
㉱ 물기주의

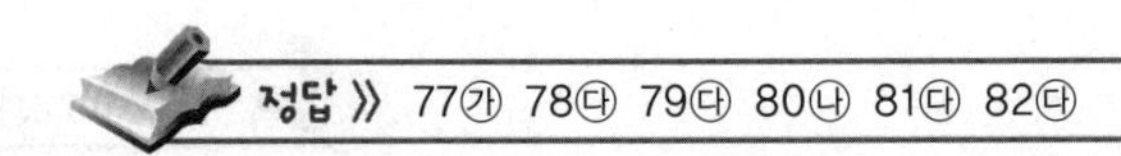

83 위험물 제조소에 주의사항을 표시한 게시판을 설치하고자 한다. 게시판의 내용 및 표기와 위험물의 관계가 옳게 된 것은?

㉮ 화기엄금 – 적색 바탕에 백색 문자 – 제4류 위험물
㉯ 화기엄금 – 청색 바탕에 백색 문자 – 제3류 위험물
㉰ 물기주의 – 적색 바탕에 백색 문자 – 제3류 위험물
㉱ 물기주의 – 청색 바탕에 백색 문자 – 제4류 위험물

해설 ① 화기엄금(적색 바탕 백색 문자)–제2류 중 인화성 고체, 제3류 중 자연발화성, 제4류, 제5류
② 화기주의(적색 바탕 백색 문자)–제2류(인화성 고체 제외)
③ 물기엄금(청색 바탕 백색 문자)–제1류 중 무기과산화물, 제3류 중 금수성 물품

84 산화프로필렌을 용기에 저장할 때, 인화폭발을 방지하기 위하여 어느 가스를 충전시켜 주어야 하는가?

㉮ N_2 ㉯ H_2
㉰ O_2 ㉱ CO

85 위험물을 수납한 운반 용기의 외부에 표시하여야 할 사항이 아닌 것은?

㉮ 위험물의 화학명 ㉯ 위험물의 품명
㉰ 위험물의 수량 ㉱ 주의사항

86 위험물의 적재 방법 중 자연발화성 물품의 주의사항은?

㉮ 물기주의
㉯ 물기엄금
㉰ 화기엄금 및 공기 노출엄금
㉱ 화기엄금 및 충격주의

87 현저하게 소화가 곤란한 제조소 등이 아닌 것은?

㉮ 제조소 · 일반 취급소의 위험물을 취급하는 바닥면적이 $1,000m^2$ 이상인 것
㉯ 제조소 · 일반 취급소로서 지정수량 1,000배 이상의 위험물을 저장 또는 취급하는 제조소 등
㉰ 옥내 저장소로서 지정수량의 150배 이상 저장하는 것
㉱ 옥외 탱크 저장소로서 고체 위험물의 지정수량 100배 이상 저장 · 취급하는 것

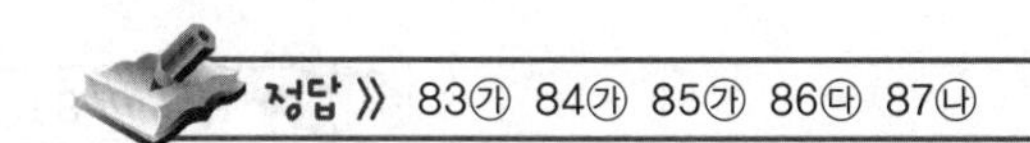

정답 》 83㉮ 84㉮ 85㉮ 86㉰ 87㉯

88 차광성 덮개를 하여야 하는 위험물이 아닌 것은?

㉮ 황린 · 다이에틸에터
㉯ 이황화탄소 · 콜로디온
㉰ 과염소산 · 과산화수소
㉱ 무기과산화물류

89 과산화수소의 운반 용기에 표시하는 적당한 주의사항은?

㉮ 가연물 접촉주의
㉯ 화기엄금
㉰ 취급주의
㉱ 충격주의

90 제6류 위험물 중 갑종 위험물의 운반 용기로 가장 적당한 것은?

㉮ 목상자
㉯ 양철통
㉰ 금속제 드럼
㉱ 폴리에틸렌 포대

91 위험 물질의 위험성을 나타내는 성질에 대한 설명으로 옳지 않은 것은?

㉮ 비등점이 낮아지면 인화의 위험성이 높다.
㉯ 융점이 낮아질수록 위험성은 높다.
㉰ 점성이 낮아질수록 위험성은 높다.
㉱ 비중의 값이 클수록 위험성은 높다.

92 위험물안전관리법상 위험물에 해당되는 것은?

㉮ 진한 질산
㉯ 압축산소
㉰ 프로판가스
㉱ 포스겐가스

93 다음은 위험물의 유별 성질에 관한 설명이다. 잘못 설명된 것은?

㉮ 제1류 위험물 – 환원성이며, 충격 및 마찰에 약하다.
㉯ 제3류 위험물 – 금수성이며, 가연성 물질이다.
㉰ 제4류 위험물 – 인화성 증기를 발생하는 액체이다.
㉱ 제6류 위험물 – 산화성, 부식성이 있다.

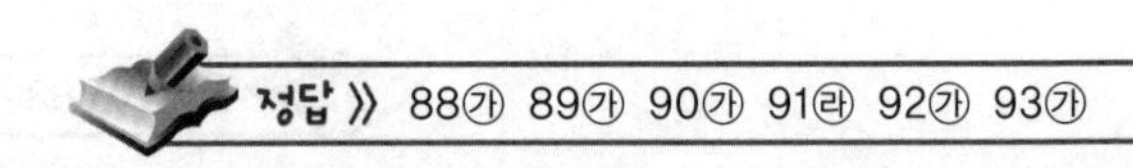
정답 ≫ 88㉮ 89㉮ 90㉮ 91㉱ 92㉮ 93㉮

94 제4류 위험물의 일반적인 특성이 아닌 것은?

㉮ 인화가 용이한 액체 물질이다.
㉯ 증기는 공기보다 가볍다.
㉰ 연소범위의 하한이 낮다.
㉱ 인화점이 낮다.

95 제5류 위험물인 자기반응성 물질의 성질 및 소화에 관한 사항으로 틀린 것은?

㉮ 산소를 함유하고 있어 자기연소 또는 내부연소를 일으키기 쉽다.
㉯ 연소속도가 빨라 폭발적이다.
㉰ 질식소화가 효과적이며, 냉각소화로는 불가능하다.
㉱ 유기질화물이므로 가열, 충격, 마찰 또는 다른 약품과의 접촉에 의해 폭발하는 것이 많다.

해설 자기반응성 물질은 내부연소하므로 질식소화가 불가하다.

96 합성수지에 메틸알코올을 침투시켜 만든 고체상태로 인화점이 30℃이며, 등산, 낚시 등의 휴대용 연료로 사용되는 제2류 위험물은?

㉮ 고형 알코올
㉯ 래커퍼티
㉰ 메타알데하이드
㉱ 제삼뷰틸알코올

97 황린, 적린이 서로 동소체라는 것을 증명하는데 가장 효과적인 것은?

㉮ 비중을 비교한다.
㉯ 착화점을 비교한다.
㉰ 유기용제에 대한 용해도를 비교한다.
㉱ 연소생성물을 확인한다.

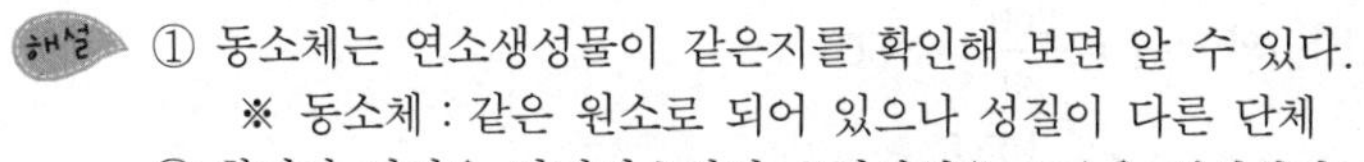

해설 ① 동소체는 연소생성물이 같은지를 확인해 보면 알 수 있다.
※ 동소체 : 같은 원소로 되어 있으나 성질이 다른 단체
② 황린과 적린은 완전연소하면 오산화인(P_2O_5)을 생성한다.

98 증기비중(vapor specficgrvity)을 올바르게 나타낸 것은?

㉮ 분자량/27
㉯ 분자량/28
㉰ 분자량/29
㉱ 분자량/30

해설
$$\text{증기비중} = \frac{\text{증기의 밀도}}{\text{공기의 밀도}} = \frac{\frac{M \cdot w[\text{g}]}{22.4\text{L}}}{\frac{29\text{g}}{22.4\text{L}}} = \frac{M \cdot w}{29}$$

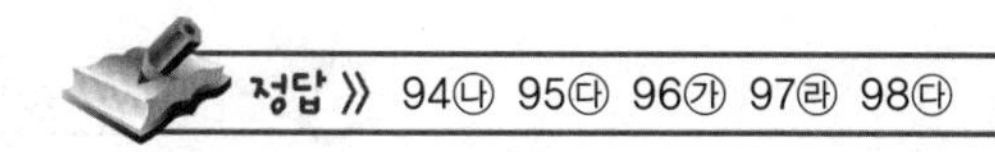

정답 》 94㉯ 95㉰ 96㉮ 97㉱ 98㉰

99 표준상태 11.2L의 기체 질량이 22g이었다면 이 기체의 분자량은 얼마인가?

㉮ 22　　　　㉯ 35

㉰ 44　　　　㉱ 56

 이상기체 상태방정식

$PV=nRT$

여기서, P : 기압〔atm〕

V : 부피〔m^3〕

n : 몰수$\left(n=\dfrac{W(\text{질량〔kg〕})}{M(\text{분자량})}\right)$

R : 기체상수(0.082〔L · atm/K · mol〕)

T : 절대온도〔K〕

$PV=\dfrac{W}{M}RT$에서

$\therefore\ M=\dfrac{WRT}{PV}=\dfrac{22\text{g}\times0.082\text{atm}\cdot\text{L/mol}\cdot\text{K}\times273.15\text{K}}{1\text{atm}\times11.2\text{L}}\fallingdotseq44\text{g/mol}$

100 기체 비중이 가장 무거운 가스는?3

㉮ CO_2　　　　㉯ Halon 1301

㉰ Halon 2402　　　　㉱ Halon 1211

㉮ CO_2의 비중$=\dfrac{44}{29}\fallingdotseq1.5$

㉯ Halon 1301(CF_3Br)의 비중$=\dfrac{149}{29}=5.13$

㉰ Halon 2402($C_2F_4Br_2$)의 비중$=\dfrac{260}{29}\fallingdotseq8.965$

㉱ Halon 1211(CF_2ClBr)의 비중$=\dfrac{165.5}{29}\fallingdotseq5.706$

$\therefore$ Halon 2402 > Halon 1211 > Halon 1301 > CO_2

101 기압 750mmHg하에서 계기압력이 3.25kgf/cm^{2}일 때 절대압력〔kgf/cm^2〕은?

㉮ 3.77　　㉯ 4.27　　㉰ 4.77　　㉱ 5.27

$\dfrac{750\text{mmHg}}{}\left|\dfrac{1\text{atm}}{760\text{mmHg}}\right|\dfrac{1.0332\text{kgf/cm}^2}{1\text{atm}}\fallingdotseq1.0196\text{kgf/cm}^2$

절대압력은 대기압+계기압력

$1.0196\text{kgf/cm}^2+3.25\text{kgf/cm}^2=4.269\fallingdotseq4.27\text{kgf/cm}^2$

정답 » 99㉰ 100㉰ 101㉯

102 혼합 가스가 존재할 경우 이 가스의 폭발하한치를 계산하면?(단, 혼합 가스는 프로판 70%, 부탄 20%, 에탄 10%로 혼합되었으며 각 가스의 폭발하한치는 프로판 2.1, 부탄 1.8, 에탄 3.0으로 한다.)

㉮ 2.10 ㉯ 3.10 ㉰ 4.10 ㉱ 5.10

$$\frac{100}{L}=\frac{V_1}{L_1}+\frac{V_2}{L_2}+\frac{V_3}{L_3}+\cdots\cdots+\frac{V_n}{L_n}$$

여기서, L : 혼합 가스의 폭발하한계〔vol%〕

L_1, L_2, L_3, …, L_n : 가연성 가스의 폭발하한계〔vol%〕

V_1, V_2, V_3, …, V_n : 가연성 가스의 용량〔vol%〕

혼합 가스의 폭발하한계는

$$\frac{100}{L}=\frac{V_1}{L_1}+\frac{V_2}{L_2}+\frac{V_3}{L_3}$$

$$\therefore\ L=\frac{100}{\frac{V_1}{L_1}+\frac{V_2}{L_2}+\frac{V_3}{L_3}}=\frac{100}{\frac{70}{2.1}+\frac{20}{1.8}+\frac{10}{3.0}}\fallingdotseq 2.1\%$$

103 지연성(조연성) 가스는?

㉮ 수소 ㉯ 일산화탄소 ㉰ 산소 ㉱ 천연가스

가연성 가스와 지연성 가스

① 가연성 가스
- ㉠ 수소
- ㉡ 메탄
- ㉢ 암모니아
- ㉣ 일산화탄소
- ㉤ 천연가스

② 지연성 가스
- ㉠ 산소(O_2)
- ㉡ 공기
- ㉢ 염소(Cl_2)
- ㉣ 오존(O_3)
- ㉤ 불소(F_2)
- ㉥ 초산가스(CH_3COOH)
- ㉦ 산화질소(NO) 등

∴ 지연성 가스=조연성 가스

가연성 가스와 지연성(조연성) 가스

① 가연성 가스 : 물질 자체가 연소하는 것

② 지연성 가스 : 불연성이면서 연소를 도와주는 가스

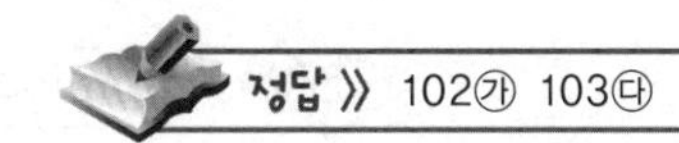

정답 》 102㉮ 103㉰

104 공기 중에는 산소가 약 몇 〔%〕 정도 있는가?

㉮ 10 ㉯ 13

㉰ 17 ㉱ 21

공기의 구성 성분

① 산소 : 21%

② 질소 : 78%

③ 아르곤 : 1%

공기 중의 산소 농도를 12~15% 이하로 낮추면 소화가 가능하다.

105 "기체가 차지하는 부피는 압력에 반비례하고 절대온도에 비례한다."와 가장 관련이 있는 법칙은?

㉮ 보일의 법칙 ㉯ 샤를의 법칙

㉰ 보일-샤를의 법칙 ㉱ 줄의 법칙

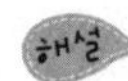
이상기체의 성질

① 보일의 법칙 : 일정한 온도에서 기체의 부피는 절대압력에 반비례한다.

$P_1V_1=P_2V_2$

여기서, P_1, P_2 : 기압〔atm〕

V_1, V_2 : 부피〔m^3〕

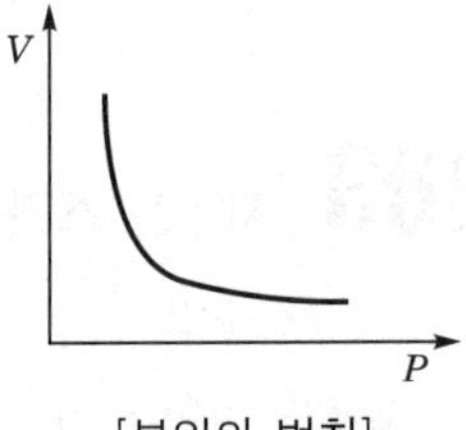

[보일의 법칙]

② 샤를의 법칙 : 일정한 압력에서 기체의 부피는 절대온도에 비례한다.

$\frac{V_1}{T_1}=\frac{V_2}{T_2}$

여기서, V_1, V_2 : 부피〔m^3〕

T_1, T_2 : 절대온도〔K〕

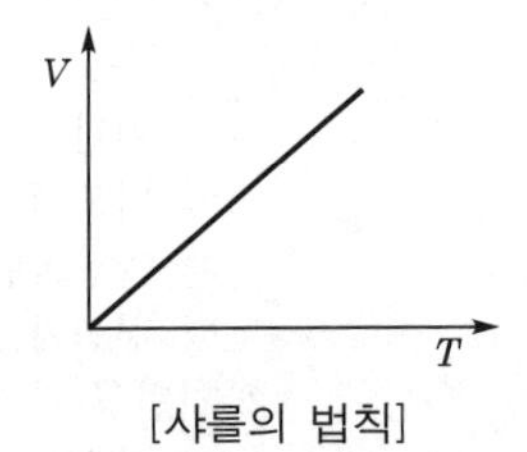

[샤를의 법칙]

③ 보일-샤를의 법칙 : 일정량의 기체의 부피는 절대온도에 비례하고 압력에 반비례한다.

$\frac{P_1V_1}{T_1}=\frac{P_2V_2}{T_2}$

여기서, P_1, P_2 : 기압〔atm〕

V_1, V_2 : 부피〔m^3〕

T_1, T_2 : 절대온도〔K〕

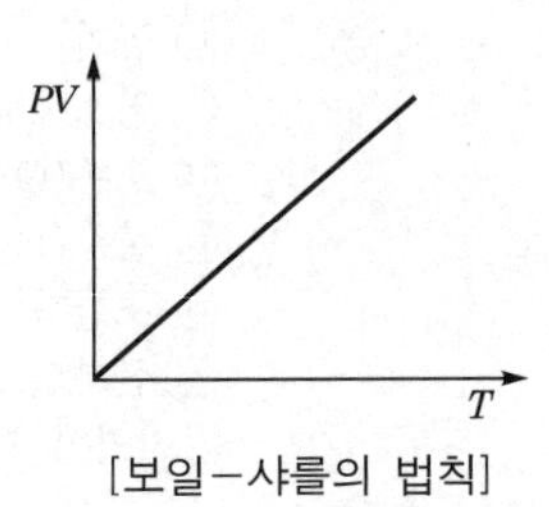

[보일-샤를의 법칙]

정답 》 104㉱ 105㉰

106 다음 위험물 중 주수소화하면 더욱 위험한 것은?

㉮ 알코올 ㉯ 알루미늄 분말 ㉰ 황린 ㉱ 황

해설 알루미늄 분말은 제2류 위험물 중 금속분에 속하는 물질로 주수소화하면, 수소(H_2)가 발생하므로 위험하다.

$Al+2H_2O \rightarrow Al(OH)_2+H_2\uparrow$

107 다음 설명 중 옳은 것은?

㉮ 과염소산 등의 산화성 액체는 위험물이 아니다.
㉯ 흑색화약은 황과 숯만으로 제조된다.
㉰ 황린의 소화 방법으로는 주수소화가 효과적이다.
㉱ 알킬알루미늄 소화제로는 젖은 모래가 적합하다.

해설 ㉮ 과염소산 등의 산화성 액체는 제6류 위험물이다.

위험물	성 질	품 명
제6류	산화성 액체	• 과염소산 • 과산화수소 • 질산 • 그 밖에 행정안전부령이 정하는 것

㉯ 흑색화약(black gunpowder)은 초산칼륨 약 75%, 황 약 10%, 숯(목탄) 약 15%의 혼합물로 제조된다.
㉰ 황린(P_4)은 보호액으로 물을 사용하며, 소화 방법으로는 주수소화가 효과적이다.
㉱ 알킬알루미늄 소화제로는 마른 모래가 적합하다.

108 과산화물질을 취급할 경우 주의사항으로 적당하지 못한 것은?

㉮ 가열, 충격, 마찰을 피한다.
㉯ 가연물질과의 접촉을 피한다.
㉰ 용기에 옮길 때에는 개방 용기를 사용한다.
㉱ 환기가 잘 되는 찬 장소에 보관한다.

109 위험물을 저장·취급하는 공통 기준으로 틀린 것은?

㉮ 화기를 가까이 하지 말 것
㉯ 관계인 외에는 출입을 통제할 것
㉰ 찌꺼기는 1주일에 1회 이상 안전하게 처리할 것
㉱ 저장 · 취급하는 건축물의 적정온도와 습도 등이 유지되도록 할 것

해설 찌꺼기는 1일 1회 이상 안전하게 처리할 것

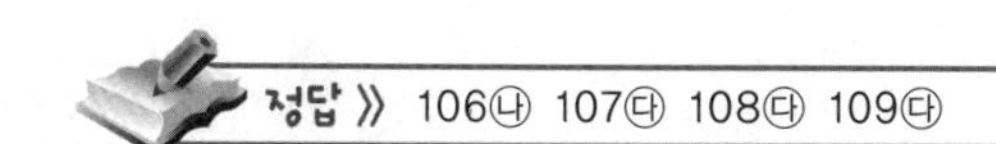
정답 》 106㉯ 107㉰ 108㉰ 109㉰

110 각 물질의 저장 방법으로 잘못된 것은?

㉮ 황은 정전기가 축적되지 않도록 하여 저장한다.
㉯ 마그네슘은 건조하면 부유하여 분진폭발의 위험이 있으므로 물에 적시어 보관한다.
㉰ 적린은 인화성 물질로부터 격리 저장한다.
㉱ 황화인은 산화제와 혼합되지 않게 저장한다.

해설 마그네슘(Mg)은 물과 반응하여 수소가스(H_2)를 발생하므로 위험하다.

111 제4류 위험물의 소화에 가장 많이 사용되는 방법은?

㉮ 물을 뿌린다.
㉯ 연소물을 제거한다.
㉰ 공기를 차단한다.
㉱ 인화점 이하로 냉각한다.

해설 제4류 위험물의 소화 방법
공기를 차단하여 포(foam)에 의한 질식소화한다.

[위험물의 일반사항]

종 류	성 질	소화 방법
제1류	산화성 고체	가연성 물질에 따라 주수에 의한 냉각소화(단, 무기과산화물류의 경우 모래 또는 소다재)
제2류	가연성 고체	주수에 의한 냉각소화(단, 철분, 마그네슘, 금속분류의 경우 모래 또는 소다재)
제3류	자연발화성 물질 및 금수성 물질	팽창질석 또는 팽창진주암
제4류	인화성 액체	포 · 분말 · CO_2 · 할로젠화합물 소화약제에 의한 질식소화
제5류	자기반응성 물질	다량의 주수냉각소화(단, 화재가 진행되면 자연진화되도록 기다릴 것)
제6류	산화성 액체	가연성 물질에 따라 건조사 또는 탄산가스(단, 과산화수소는 다량의 물로 소화)

112 1g의 물체의 온도를 1℃ 만큼 상승시키는데 필요한 열량을 나타내는 것은?

㉮ 잠열
㉯ 복사열
㉰ 비열
㉱ 열용량

 비열(specific heat)
① 1g의 물체의 온도를 1℃만큼 상승시키는데 필요한 열량[cal]
② 1lb의 물체의 온도를 1°F만큼 상승시키는데 필요한 열량[BTU]

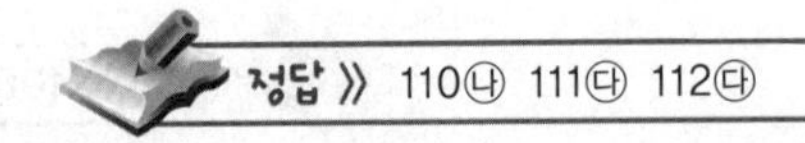
정답 》 110㉯ 111㉰ 112㉰

제5장

FIRE FIGHTING FACILITIES Engineer · Industrial engineer

건축물의 소방안전계획

제5장 건축물의 소방안전계획

건축물의 소방안전계획은 화재로부터 건축물의 피해와 인명 재산의 손실을 막기 위해 수립한다.

1 안전에 대한 건축의 대응

건축방재에 있어 안전성에 대응하여 검토하여야 할 사항은 크게 2가지로 건축의 공간적 대응과 건축의 설비적 대응으로 다음과 같다.

(1) 공간적 대응

건축물로 형성된 건축 공간에서 발생된 재해 공간으로부터 안전한 공간으로 장소적 이탈을 하고자 하는 대응을 공간적 대응이라 하며 대항성, 회피성, 도피성의 3가지 성격을 갖는다.

구분	내용
대항성	건축물의 내화성능, 방·배연 성능, 방화구획성능, 초기소화 대응력, 화재 방어 대응성(소방대의 활동성) 등 화재의 성상과 대항하여 저항하는 성능 또는 항력을 말한다.
회피성	출화 또는 연소의 확대 등을 감소시키고자 하는 예방적 조치 또는 상황 등을 의미하는 것으로서 내장재의 불연화, 내장제한, 난연화, 구획의 세분화, 방화훈련, 불조심 등이 있다.
도피성	화재 발생시 화재의 성상과 공간의 대응관계에서 안전하게 도피·피난할 수 있는 공간성과 체계 등을 의미한다.

(2) 설비적 대응

설비적 대응이란 화재 공간에서 화재가 발생할 경우 감지 및 경보, 피난활동에서 요구되는 각종 소화활동에 필요한 설비, 중앙방재실 등의 지원설비는 물론 화재를 진압하는 소화기에서부터 자동소화설비에 이르기까지의 모든 진압소화설비를 의미하며 예를 들면 대항성에서 방연성능에 관계되는 제연설비와 방화구획성능에 해당되는 방화문, 방화셔터 등이 있으며, 초기소화 대응력으로는 자동소화설비, 자동화재탐지설비, 특수소화설비 등에 의해서 공간적 대응에 지원되는 것이며 도피성에 관해서는 피난기구(구조대, 완강기, 피난교, 인명구조장비 등), 피난유도설비(각종 유도등) 등으로 보충된다.

② 건축물의 소방안전계획

건축물의 소방안전계획 시에는 다음의 내용이 적절하게 이루어져야 한다.

① 부지선정 및 배치계획

② 평면계획

③ 단면계획

④ 입면계획

⑤ 재료계획

(1) 부지선정 및 배치계획

여러 가지 방재상의 문제점을 충분히 고려하여 계획하여야 한다. 예를 들면 건축물의 이격거리가 적당한지 안전한 소화활동 및 구조활동에 지장이 없도록 건축물 주변의 부지 내에 통로나 충분한 광장이 있는지 등이 있다.

(2) 평면계획

화재에 의한 피해를 작은 범위로 한정하기 위한 것으로서 방재계획상 평면형은 가능한 한 작게 방화구획을 하여 화재가 다른 구역으로 이동하는 것을 방화벽, 방화문 등을 방화구획의 경계부분에 설치하여 방지하여야 하며 소방활동상 필요한 동선과 피난을 위한 동선을 2방향 이상 계획해야 한다.

(3) 단면계획

상하층의 재해전파를 제어하는 것으로서 일반적으로 건축물의 철근콘크리트 슬래브에 의해 층간 구획을 하지만 계단, 엘리베이터, 린넨슈트, 파이프덕트, 배선 등 상하층을 관통하는 것에 대하여 방화구획을 하여 화재시 재해전파를 방지하여야 한며 평면계획으로 확보한 2방향 피난의 원칙을 수직방향의 경로에 대해서도 피난층에 도달할 수 있는 계단을 복수로 선택할 수 있게 해야 한다.

(4) 입면계획

입면계획에 있어서 가장 큰 요소는 벽과 개구부이지만 조형상의 구조물로서의 기능뿐만 아니라 다른 건축물의 방재계획과 마찬가지로 화재예방, 연소방지, 소화, 피난 등을 고려하여 계획하여야 한다.

(5) 재료계획

내장재 및 외장재, 마감재 등은 화재예방 및 연소확대방지를 위해서 불연성이나 난연성의 재료로 사용하여 불연성능 및 내화성능을 고려하여야 한다.

③ 건축물의 연소확대방지

건축물에서 화재가 발생한 경우에는 화재 발생구역을 한정된 범위로 억제하여 건축물 내 다른 구역으로 확대되지 않도록 하기 위하여 내화성능을 가진 벽이나 바닥 등으로 수직·수평 공간을 구획해야 할 필요가 있으며 방연구획을 병행하여야 한다.

(1) 수평구획(면적단위)

일정한 면적마다 방화구획을 함으로써 화재 규모를 가능한 한 최소한의 규모로 줄여 피해를 최소한으로 하는 것이다.

(2) 수직구획(층단위)

건물을 종으로 관통하는 부분은 연기 및 화염의 전파속도가 매우 크므로 다른 부분과 구획을 하여 화재시 화재가 다른 층으로 번지는 것을 방지하여야 한다.

(3) 용도구획(용도단위)

복합건축물에서 화재 위험이 큰 공간을 그 밖의 공간과 구획하여 화재시 피해를 줄이기 위한 것으로 용도상 일정한 면적구획이 불가피한 경우에는 반드시 불연재료를 사용하며 피난계획을 세워야 한다.

5.1 소방대상물의 안전관리

① 특정소방대상물의 소방안전관리

소방안전관리 대상물의 관계인은 소방안전관리 업무를 수행하기 위하여 소방안전관리자를 선임하여야 하며 선임한 날부터 14일 이내에 소방본부장 또는 소방서장에게 신고하여야 한다. 또한 관계인이 소방안전관리자를 해임한 경우 그 관계인 또는 해임된 소방안전관리자는 소방본부장 또는 소방서장에게 그 사실을 알려 해임한 사실을 확인받을 수 있다.

(1) 소방안전관리대상물의 관계인은 다음에 해당하는 자로 하여금 소방안전관리 업무를 대행하게 할 수 있다.

① 자체 소방대를 설치한 경우 그 자체 소방대장

② 소방시설관리업을 등록한 자(관리업자)

(2) **특정소방대상물의 관계인과 소방안전관리대상물의 소방안전관리자의 업무**

① 대통령령으로 정하는 사항이 포함된 소방계획서의 작성
② 자위소방대(自衛消防隊)의 조직
③ 제10조에 따른 피난시설, 방화구획 및 방화시설의 유지 · 관리
④ 제22조에 따른 소방훈련 및 교육
⑤ 소방시설이나 그 밖의 소방 관련 시설의 유지 · 관리
⑥ 화기(火氣) 취급의 감독
⑦ 그 밖에 소방안전관리에 필요한 업무

(3) **소방안전관리자가 소방계획시 고려해야 할 사항**

① 소방안전관리대상물의 위치 · 구조 · 연면적 · 용도 및 수용인원 등 일반 현황
② 소방안전관리대상물에 설치한 소방시설 · 방화시설(防火施設), 전기시설 · 가스시설 및 위험물시설의 현황
③ 화재예방을 위한 자체점검계획 및 진압대책
④ 소방시설 · 피난시설 및 방화시설의 점검 · 정비계획
⑤ 피난층 및 피난시설의 위치와 피난경로의 설정, 장애인 및 노약자의 피난계획 등을 포함한 피난계획
⑥ 방화구획, 제연구획, 건축물의 내부 마감재료(불연재료 · 준불연재료 또는 난연재료로 사용된 것을 말한다) 및 방염물품의 사용현황과 그 밖의 방화구조 및 설비의 유지 · 관리계획
⑦ 소방훈련 및 교육에 관한 계획
⑧ 특정소방대상물의 근무자 및 거주자의 자위소방대 조직과 대원의 임무(장애인 및 노약자의 피난 보조 임무를 포함한다)에 관한 사항
⑨ 증축 · 개축 · 재축 · 이전 · 대수선 중인 특정소방대상물의 공사장 소방안전관리에 관한 사항
⑩ 공동 및 분임 소방안전관리에 관한 사항
⑪ 소화와 연소 방지에 관한 사항
⑫ 위험물의 저장 · 취급에 관한 사항(「위험물 안전관리법」 제17조에 따라 예방규정을 정하는 제조소 등은 제외한다)
⑬ 그 밖에 소방안전관리를 위하여 소방본부장 또는 소방서장이 소방안전관리대상물의 위치 · 구조 · 설비 또는 관리 상황 등을 고려하여 소방안전관리에 필요하여 요청하는 사항

 소방안전관리자를 선임하여야 하는 특정 소방대상물

특급 소방안전관리 대상물	① 50층 이상(지하층 제외)이거나 지상으로부터 높이가 200미터 이상인 아파트 ② 30층 이상(지하층을 포함)이거나 지상으로부터 높이가 120미터 이상인 특정소방대상물(아파트 제외) ③ "②"에 해당하지 아니하는 특정소방대상물로서 연면적이 20만제곱미터 이상인 특정소방대상물(아파트 제외)
1급 소방안전관리 대상물	① 30층 이상(지하층 제외)이거나 지상으로부터 높이가 120미터 이상인 아파트 ② 연면적 1만 5천제곱미터 이상인 특정소방대상물(아파트 제외) ③ "②"에 해당하지 아니하는 특정소방대상물로서 층수가 11층 이상인 특정소방대상물(아파트 제외) ④ 가연성 가스를 1천톤 이상 저장·취급하는 시설
2급 소방안전관리 대상물	① 옥내소화전설비, 스프링클러설비, 간이스프링클러설비 또는 물분무 등 소화설비〔호스릴(Jose Reel) 방식만을 설치한 경우는 제외〕를 설치하는 특정소방대상물 ② 가스 제조설비를 갖추고 도시가스사업의 허가를 받아야 하는 시설 또는 가연성 가스를 100톤 이상 1천톤 미만 저장·취급하는 시설 ③ 지하구 ④ 「공동주택관리법 시행령」에 해당하는 공동주택 ⑤ 「문화재보호법」에 따른 보물 또는 국보로 지정된 목조건축물
3급 소방안전관리 대상물	공동주택, 근린생활시설, 문화 및 집회시설에 해당하지 않으면서 자동화재탐지설비를 설치하여야 하는 특정소방대상물

(1) 특급 소방안전관리대상물에 선임하여야 하는 소방안전관리자

① 소방기술사 또는 소방시설관리사의 자격이 있는 사람

② 소방설비기사의 자격을 취득한 후 5년 이상 1급 소방안전관리대상물의 소방안전관리자로 근무한 실무경력이 있는 사람

③ 소방설비산업기사의 자격을 취득한 후 7년 이상 1급 소방안전관리대상물의 소방안전관리자로 근무한 실무경력이 있는 사람

④ 소방공무원으로 20년 이상 근무한 경력이 있는 사람

⑤ 소방청장이 실시하는 특급 소방안전관리대상물의 소방안전관리에 관한 시험에 합격한 사람

(2) 1급 소방안전관리대상물에 선임하여야 하는 소방안전관리자

① 소방설비기사 또는 소방설비산업기사의 자격이 있는 사람

② 산업안전기사 또는 산업안전산업기사의 자격을 취득한 후 2년 이상 2급 소방안전관리대상물 또는 3급 소방안전관리대상물의 소방안전관리자로 근무한 실무경력이 있는 사람

③ 소방공무원으로 7년 이상 근무한 경력이 있는 사람

④ 위험물기능장·위험물산업기사 또는 위험물기능사 자격을 가진 사람으로서 「위험물안전관리법」에 따라 위험물안전관리자로 선임된 사람

⑤ 「고압가스 안전관리법」, 「액화석유가스의 안전관리 및 사업법」 또는 「도시가스사업법」에 따라 안전관리자로 선임된 사람
⑥ 「전기사업법」에 따라 전기안전관리자로 선임된 사람
⑦ 소방청장이 실시하는 1급 소방안전관리대상물의 소방안전관리에 관한 시험에 합격한 사람
⑧ 제1항에 따라 특급 소방안전관리대상물의 소방안전관리자 자격이 인정되는 사람

(3) 2급 소방안전관리대상물에 선임하여야 하는 소방안전관리자

① 건축사 · 산업안전기사 · 산업안전산업기사 · 건축기사 · 건축산업기사 · 일반기계기사 · 전기기능장 · 전기기사 · 전기산업기사 · 전기공사기사 또는 전기공사산업기사 자격을 가진 사람
② 위험물기능장 · 위험물산업기사 또는 위험물기능사 자격을 가진 사람
③ 광산보안기사 또는 광산보안산업기사 자격을 가진 사람으로서 「광산보안법」 제13조에 따라 광산보안관리직원(보안관리자 또는 보안감독자만 해당한다)으로 선임된 사람
④ 소방공무원으로 3년 이상 근무한 경력이 있는 사람
⑤ 소방청장이 실시하는 2급 소방안전관리대상물의 소방안전관리에 관한 시험에 합격한 사람

(4) 3급 소방안전관리대상물에 선임하여야 하는 소방안전관리자

① 소방공무원으로 1년 이상 근무한 경력이 있는 사람
② 소방청장이 실시하는 3급 소방안전관리대상물의 소방안전관리에 관한 시험에 합격한 사람
③ 제1항부터 제3항까지의 규정에 따라 특급 소방안전관리대상물, 1급 소방안전관리대상물 또는 2급 소방안전관리대상물의 소방안전관리자 자격이 인정되는 사람

 5.2 소화 설비

1 소화 설비의 개요

소화 설비란 물 또는 기타 소화 약제를 사용하여 자동 또는 수동적인 방법으로 방호 대상물에 설치하여 화재의 확산을 억제 또는 차단하는 설비를 말한다.

2 소화 설비의 종류 및 설치 기준

① 소화기구(소화기, 자동소화장치, 간이소화용구)
② 옥내소화전설비
③ 옥외소화전설비
④ 스프링클러 소화설비
⑤ 물분무 등 소화설비(물분무소화설비, 미분무소화설비, 포소화설비, 이산화탄소 소화설비, 할론소화설비, 분말소화설비, 할로젠화합물 및 불활성가스 소화설비, 강화액소화설비)

3 소화 기구

(1) 용어 정의

① "소화약제"란 소화 기구에 사용되는 소화성능이 있는 고체·액체 및 기체의 물질을 말한다.
② "소화기"란 소화약제를 압력에 따라 방사하는 기구로서 사람이 수동으로 조작하여 소화하는 다음 각 목의 것을 말한다.
㉠ "소형 소화기"란 능력단위가 1단위 이상이고 대형 소화기의 능력단위 미만인 소화기를 말한다.
㉡ "대형 소화기"란 화재 시 사람이 운반할 수 있도록 운반대와 바퀴가 설치되어 있고 능력단위가 A급 10단위 이상, B급 20단위 이상인 소화기를 말한다.
③ "자동소화장치"란 소화약제를 자동으로 방사하는 고정된 소화장치로서 형식승인 받은 유효설치범위(설계방호체적, 최대설치높이, 방호면적 등을 말한다) 이내에 설치하여 소화하는 것을 말한다.
㉠ "주거용 주방자동소화장치"란 주거용 주방에 설치된 열발생 조리기구의 사용으로 인한 화재 발생 시 열원(전기 또는 가스)을 자동으로 차단하며 소화약제를 방출하는 소화장치
㉡ "상업용 주방자동소화장치"란 상업용 주방에 설치된 열발생 조리기구의 사용으로 인한 화재 발생 시 열원(전기 또는 가스)을 자동으로 차단하며 소화약제를 방출하는 소화장치
㉢ "캐비닛형 자동소화장치"란 열, 연기 또는 불꽃 등을 감지하여 소화약제를 방사하여 소화하는 캐비닛형태의 소화장치
㉣ "가스자동소화장치"란 열, 연기 또는 불꽃 등을 감지하여 가스계 소화약제를 방사하여 소화하는 소화장치

㉤ "분말자동소화장치"란 열, 연기 또는 불꽃 등을 감지하여 분말의 소화약제를 방사하여 소화하는 소화장치

㉥ "고체에어로졸자동소화장치"란 열, 연기 또는 불꽃 등을 감지하여 에어로졸의 소화약제를 방사하여 소화하는 소화장치

④ "간이소화용구"란 에어로졸식 소화용구, 투척용 소화용구 및 소화약제 외의 것을 이용한 소화용구

⑤ "거실"이란 거주 · 집무 · 작업 · 집회 · 오락, 그 밖에 이와 유사한 목적을 위하여 사용하는 방을 말한다.

⑥ "능력단위"란 소화기 및 소화약제에 따른 간이소화용구에 있어서는 법에 따라 형식승인된 수치를 말한다.

⑦ "일반화재(A급 화재)"란 나무, 섬유, 종이, 고무, 플라스틱류와 같은 일반 가연물이 타고 나서 재가 남는 화재를 말한다. 일반화재에 대한 소화기의 적응 화재별 표시는 'A'로 표시한다.

⑧ "유류화재(B급 화재)"란 인화성 액체, 가연성 액체, 석유 그리스, 타르, 오일, 유성도료, 솔벤트, 래커, 알코올 및 인화성 가스와 같은 유류가 타고 나서 재가 남지 않는 화재를 말한다. 유류화재에 대한 소화기의 적응 화재별 표시는 'B'로 표시한다.

⑨ "전기화재(C급 화재)"란 전류가 흐르고 있는 전기기기, 배선과 관련된 화재를 말한다. 전기화재에 대한 소화기의 적응 화재별 표시는 'C'로 표시한다.

⑩ "주방화재(K급 화재)"란 주방에서 동식물유를 취급하는 조리기구에서 일어나는 화재를 말한다. 주방화재에 대한 소화기의 적응화재별 표시는 'K'로 표시한다.

(2) 설치 대상

① 소화 기구

㉠ 연면적이 $33m^2$ 이상인 소방 대상물. 다만, 노유자시설의 경우에는 투척용 소화용구 등을 화재안전기준에 따라 산정된 소화기 수량의 2분의 1 이상으로 설치할 수 있다.

㉡ 지정 문화재 또는 가스 시설

㉢ 터널

② 자동소화장치

㉠ 주거용 주방자동소화장치를 설치하여야 하는 것 : 아파트 등 및 30층 이상 오피스텔의 모든 층

㉡ 캐비닛형 자동소화장치, 가스자동소화장치, 분말자동소화장치 또는 고체에어로졸자동소화장치를 설치하여야 하는 것 : 화재안전기준에서 정하는 장소

(3) 소화 기구 설치 기준

① 소화기

㉠ 각층마다 설치하되, 특정소방대상물의 각 부분으로부터 1개의 소화기까지의 보행거리가 소형소화기의 경우에는 20m 이내, 대형소화기의 경우에는 30m 이내가 되도록 배치할 것

㉡ 특정소방대상물의 각층이 2 이상의 거실로 구획된 경우에는 ㉠의 규정에 따라 각 층마다 설치하는 것 외에 바닥면적이 $33m^2$ 이상으로 구획된 각 거실(아파트의 경우에는 각 세대를 말한다)에도 배치할 것

㉢ 가압방식에 따라 축압식과 가압식으로 나뉘는데, 가압식은 현재 생산 및 판매되지 않으며, 축압식의 경우 소화기 내부에 소화약제와 불연성 가스인 이산화탄소 또는 질소가스를 충전시켜 기체의 압력에 의해 약제가 방출되는 것으로 지시압력계 지시침이 녹색부분을 지시하면 정상압력상태이고 일반적으로 0.7~0.98MPa 정도 충전시킨다.

② 능력단위가 2단위 이상이 되도록 소화기를 설치하여야 할 특정소방대상물 또는 그 부분에 있어서는 간이소화용구의 능력단위가 전체 능력단위의 2분의 1을 초과하지 아니하게 할 것. 다만, 노유자시설의 경우에는 그렇지 않다.

③ 소화기구(자동소화장치를 제외한다)는 거주자 등이 손쉽게 사용할 수 있는 장소에 바닥으로부터 높이 1.5m 이하의 곳에 비치하고, 소화기에 있어서는 "소화기", 투척용 소화용구에 있어서는 "투척용 소화용구", 마른모래에 있어서는 "소화용 모래", 팽창질석 및 팽창진주암에 있어서는 "소화질석"이라고 표시한 표지를 보기 쉬운 곳에 부착할 것

④ 주방용 자동소화장치는 아파트의 각 세대별 주방 및 오피스텔의 각 실별 주방에 기준에 따라 설치할 것

4 옥내소화전

옥내소화전설비는 건축물 내의 초기화재를 진화할 수 있는 설비로서 소화전함에 비치되어 있는 호스 및 노즐을 사용하여 소화작업을 한다.

(1) 구성

① 수원

② 개폐밸브

③ 가압송수장치

④ 노즐

⑤ 호스

⑥ 소화전함

⑦ 비상전원

(2) 방수압력 및 가압송수장치

옥내소화전의 규정 방수압력인 0.17MPa 이상을 보존하기 위한 가압송수장치는 고가방식, 압력수조방식, 펌프방식(전동기, 내연기관 등)이 있다.

① 옥내소화전 고가수조의 수원 1/3을 저장하는 이유는 펌프의 고장이나 정전시 화재가 발생하여도 자연수압에 의해 방사되는 물로 소화할 수 있게 하기 위함이다.

② 옥내소화전설비에 사용되는 비상전원으로는 비상전원 전용 수전설비, 자가발전설비가 있다.

5 옥외소화전

옥외소화전설비는 건물의 저층인 1, 2층의 초기화재 진압뿐 아니라 본격 화재에도 적합하며 인접건물로의 연소방지를 위하여 건축물 외부로부터의 소화작업을 실시하기 위한 설비로 자위소방대 및 소방서의 소방대도 사용 가능한 설비이다.

(1) 구성

① 수원

② 배관

③ 가압송수장치

④ 옥외소화전

⑤ 부속장치

(2) 방수압력

옥외소화전설비의 가압송수장치는 당해 소방대상물에 설치된 옥외소화전의 노즐 선단에서의 방수압력이 0.25MPa 이상이고 방수량은 분당 350l 이상이 되는 성능의 것으로 하여야 한다.

(3) 가압송수장치

① 고가수조방식

② 압력수조방식

③ 펌프방식

6 스프링클러

스프링클러설비는 초기화재를 진압할 목적으로 설치된 고정식 소화설비로서 화재가 발생한 경우 천장이나 반자에 설치된 헤드가 감열작동하여 자동적으로 화재를 발견함과 동시에 주변에 분무식으로 뿌려주므로 효과적으로 화재를 진압할 수 있는 소화설비이다.

(1) 장점

① 초기화재 진압에 효과적이며 오작동 및 오보가 없고 약제가 물이기 때문에 경제적이며 복구가 쉽다.

② 안전하며 조작이 간편하여 주·야간 구분없이 화재를 자동적으로 감지, 경보, 소화할 수 있다.

(2) 단점

① 초기시설비가 많이 든다.

② 시공이 복잡하며 물로 인한 피해가 크다.

(3) 스프링클러소화설비의 종류

① **습식 스프링클러소화설비** : 펌프 토출측에서부터 스프링클러헤드까지 가압된 물이 항상 충만되어 있는 상태이며 기온이 영하로 떨어질 경우 동파의 우려가 있다.

② **건식 스프링클러소화설비** : 드라이 파이프밸브 2차측에 압축공기로 채워져 있다.

③ **준비작동식 스프링클러소화설비** : 펌프의 토출측에서부터 프리액션밸브(데류즈밸브)의 1차측까지만 물이 충만되어 있는 상태이다.(=건식 스프링클러)

④ **일제살수식 스프링클러소화설비** : 일반적으로 여러 개의 개방형 스프링클러헤드로 구성되어 있는 방사구획에 일제 살수하는 소화설비이다.

⑤ **부압식 스프링클러소화설비**(=수손방지 진공스프링클러 시스템) : 가압송수장치에서 준비작동식 유수검지장치의 1차측까지는 항상 정압의 물이 가압되고, 2차측 폐쇄형 스프링클러 헤드까지는 소화수가 부압으로 되어 있다가 화재시 감지기의 작동에 의해 정압으로 변하여 유수가 발생하면 작동하는 스프링클러 설비이다.

참고

초기 소화설비

❶ 소화기	❷ 옥내소화전	❸ 물분무소화설비
❹ 스프링클러설비	❺ 할로젠화합물소화설비	❻ 분말소화설비
❼ 포소화설비	❽ 이산화탄소소화설비	

5.3 경보 설비

① 경보 설비 종류 및 특징

화재 발생 초기 단계에서 가능한 한 빠른 시간에 정확하게 화재를 감지하는 기능은 물론 불특정 다수인에게 화재의 발생을 통보하는 기계, 기구 또는 설비를 말한다.

① 자동화재탐지설비

② 자동화재속보설비

③ 비상경보설비 – 비상벨, 자동식 사이렌, 단독형 화재경보기, 확성장치

④ 비상방송설비

⑤ 누전경보설비

⑥ 가스누설경보설비

② 경보 설비 설치 기준

1. 자동화재탐지설비

(1) 개요

건축물 내에서 발생한 화재의 초기 단계에서 발생하는 열, 연기 및 불꽃 등을 자동으로 감지하여 건물 내의 관계자에게 벨, 사이렌 등의 음향으로 화재 발생을 자동으로 알리는 설비로서 수신기, 감지기, 발신기, 화재 발생을 관계자에게 알리는 벨, 사이렌 및 중계기, 전원, 배선 등으로 구성된 설비를 말한다.

(2) 수신기의 종류

① P형 수신기

㉮ P형 1급 수신기 : 감지기, 발신기 또는 중계기를 통하여 화재 신호를 공통의 신호로 수신하는 것으로서, 각 경계 구역마다 1조의 배선으로 수신하는 수신기

㉯ P형 2급 수신기 : 소규모의 소방 대상물(경계 구역 5 이하)에 사용하는 것으로 P형 1급 수신기의 기능을 간소화시킨 수신기

② R형 수신기 : 감지기 및 발신기와 수신기 사이에 고유의 신호를 갖는 중계기를 접속하여 감지기 또는 발신기가 작동하면 그 신호를 중계기에서 변환하여 각 회선 공통 배선에 수신하는 방식의 수신기

(3) 감지기의 종류

① 열감지기

㉮ 차동식 열감지기

㉠ 차동식 스포트형 열감지기(1종, 2종) : 감지기의 주위 온도가 일정한 온도 상승률 이상이 되었을 때 작동하는 것으로 국소적인 열효과에 의해 작동하는 감지기

- 공기 팽창식
- 열 기전력식

㉡ 차동식 분포형 열감지기(1종, 2종, 3종) : 감지기의 주위 온도가 일정한 온도 상승률 이상이 되었을 때 작동하는 것으로서 광범위한 열 효과의 누적에 의해 작동하는 감지기

- 공기관식
- 열반도체식
- 열전대식

㉯ 정온식 열감지기

㉠ 정온식 스포트형 열감지기(특종, 1종, 2종) : 감지기 주위 온도가 일정한 온도 이상이 되었을 때 국소적인 열효과에 의해 작동하는 감지기

- 바이메탈식
- 고체 팽창식
- 기체(액체) 팽창식
- 가용 용융식

㉡ 정온식 분포형(감지선형) 열감지기(특종, 1종, 2종) : 한정된 장소 주위 온도가 일정한 온도 이상이 되었을 때 작동하는 감지기

㉰ 보상식 열감지기

보상식 스포트형 열감지기(1종, 2종) : 차동식과 정온식의 장점을 합친 형태의 감지기

② 연기 감지기

㉮ 이온화식 연기 감지기(1종, 2종, 3종) : 검지부에 연기(연소 생성물)가 들어가면 이온전류가 변화하는 것을 이용한 감지기

㉯ 광전식 연기 감지기(1종, 2종, 3종) : 검지부에 연기(연소 생성물)가 들어가면 광전소자에 비추는 광선의 양이 변화하는 것을 이용한 감지기

㉠ 산란광식

㉡ 광전식

③ 화염(불꽃) 감지기

㉮ 자외선 감지기 : 화염에서 방사되는 자외선을 감지하여 작동하는 감지기

㉯ 적외선 감지기 : 화염에서 방사되는 적외선을 감지하여 작동하는 감지기

2. 자동화재속보설비

소방 대상물에 화재가 발생하면 자동으로 소방관서에 통보해 주는 설비

(1) A형

자동화재탐지설비의 수신기로부터 발생하는 화재 신호를 수신하여 자동으로 119번을 소방관서에 통보하는 방식

(2) B형

자동화재탐지설비의 수신기와 A형의 성능을 복합한 방식

3. 비상경보설비 및 비상방송설비

화재의 발생 또는 상황을 소방 대상물 내의 관계자에게 경보음 또는 음성으로 통보하여 주는 설비로서, 초기 소화 활동 및 피난 유도 등을 원활하게 수행하기 위한 목적으로 설치한 경보 설비

① 비상벨 또는 자동식 사이렌

② 비상방송설비(확성기 등)

(주) 확성기의 음성 입력은 3W(실내 설치 경우 1W) 이상일 것

4. 누전경보설비

건축물의 천장, 바닥, 벽 등의 보강제로 사용하고 있는 금속류 등이 누전의 경로가 되어 화재를 발생시키므로 이를 방지하기 위하여 누설 전류가 흐르면 자동으로 경보를 발할 수 있도록 설치된 경보 설비

① 1급 누전경보기 : 경계 전류의 정격 전류가 60A를 초과하는 경우에 설치

② 1급 또는 2급 누전경보기 : 경계 전류의 정격 전류가 60A 이하의 경우에 설치

5. 가스누설경보설비(가스화재경보기)

가연성 가스나 독성 가스의 누출을 검지하여 그 농도를 지시함과 동시에 경보를 발하는 설비

5.4 피난 설비

1 피난 설비 종류

화재 발생 시 화재 구역 내에 있는 불특정 다수인을 안전한 장소로 피난 및 대피시키기 위해 사용하는 설비를 말한다.

① 피난 기구

② 인명 구조 기구 : 방열복, 공기 호흡기, 인공 소생기 등

③ 유도등 및 유도 표시

④ 비상 조명 설비

2 피난 설비 설치 기준

1. 피난 기구

① "피난사다리"란 화재시 긴급대피를 위해 사용하는 사다리

② "완강기"란 사용자의 몸무게에 따라 자동적으로 내려올 수 있는 기구 중 사용자가 교대하여 연속적으로 사용할 수 있는 것

③ "간이완강기"란 사용자의 몸무게에 따라 자동적으로 내려올 수 있는 기구 중 사용자가 연속적으로 사용할 수 없는 것

④ "구조대"란 포지 등을 사용하여 자루형태로 만든 것으로서 화재시 사용자가 그 내부에 들어가서 내려옴으로써 대피할 수 있는 것

⑤ "공기안전매트"란 화재 발생시 사람이 건축물 내에서 외부로 긴급히 뛰어 내릴 때 충격을 흡수하여 안전하게 지상에 도달할 수 있도록 포지에 공기 등을 주입하는 구조로 되어 있는 것

⑥ "다수인피난장비"란 화재시 2인 이상의 피난자가 동시에 해당층에서 지상 또는 피난층으로 하강하는 피난기구

⑦ "승강식 피난기"란 사용자의 몸무게에 의하여 자동으로 하강하고 내려서면 스스로 상승하여 연속적으로 사용할 수 있는 무동력 승강식피난기

⑧ "하향식 피난구용 내림식사다리"란 하향식 피난구 해치에 격납하여 보관하고 사용시에는 사다리 등이 소방대상물과 접촉되지 아니하는 내림식 사다리

2. 인명 구조 기구

① "방열복"이란 고온의 복사열에 가까이 접근하여 소방활동을 수행할 수 있는 내열피복을 말한다.

② "공기호흡기"란 소화활동시에 화재로 인하여 발생하는 각종 유독가스 중에서 일정시간 사용할 수 있도록 제조된 압축공기식 개인호흡장비(보조마스크를 포함한다)를 말한다.

③ "인공소생기"란 호흡 부전 상태인 사람에게 인공호흡을 시켜 환자를 보호하거나 구급하는 기구를 말한다.

3. 유도등 및 유도 표지

화재 발생시 소방 대상물 내에 있는 수용 인원을 안전한 장소로 유도하기 위해 설치하는 피난설비로 피난구 유도등, 통로 유도등, 유도 표지는 모든 소방 대상물에 설치하며, 객석 유도등은 무도장, 유흥장, 음식점, 관람 집회 및 운동 시설 등에 설치한다.

① "유도등"이란 화재시에 피난을 유도하기 위한 등으로서 정상상태에서는 상용전원에 따라 켜지고 상용전원이 정전되는 경우에는 비상전원으로 자동전환되어 켜지는 등을 말한다.

② "피난구유도등"이란 피난구 또는 피난경로로 사용되는 출입구를 표시하여 피난을 유도하는 등을 말한다.

③ "통로유도등"이란 피난통로를 안내하기 위한 유도등으로 복도통로유도등, 거실통로유도등, 계단통로유도등을 말한다.

④ "복도통로유도등"이란 피난통로가 되는 복도에 설치하는 통로유도등으로서 피난구의 방향을 명시하는 것을 말한다.

⑤ "거실통로유도등"이란 거주, 집무, 작업, 집회, 오락 그 밖에 이와 유사한 목적을 위하여 계속적으로 사용하는 거실, 주차장 등 개방된 통로에 설치하는 유도등으로 피난의 방향을 명시하는 것을 말한다.

⑥ "계단통로유도등"이란 피난통로가 되는 계단이나 경사로에 설치하는 통로유도등으로 바닥면 및 디딤 바닥면을 비추는 것을 말한다.

⑦ "객석유도등"이란 객석의 통로, 바닥 또는 벽에 설치하는 유도등을 말한다.

㉠ 객석유도등은 객석의 통로, 바닥 또는 벽에 설치하여야 한다.

㉡ 설치 개수$=\dfrac{\text{객석의 통로 직선 부분의 길이[m]}}{4}-1$

⑧ "피난구유도표지"란 피난구 또는 피난경로로 사용되는 출입구를 표시하여 피난을 유도하는 표지를 말한다.

⑨ "통로유도표지"란 피난통로가 되는 복도, 계단 등에 설치하는 것으로서 피난구의 방향을 표시하는 유도표지를 말한다.

⑩ "피난유도선"이란 햇빛이나 전등불에 따라 축광(이하 "축광방식"이라 한다)하거나 전류에 따라 빛을 발하는(이하 "광원점등방식"이라 한다) 유도체로서 어두운 상태에서 피난을 유도할 수 있도록 띠 형태로 설치되는 피난유도시설을 말한다.

⑪ "입체형"이란 유도등 표시면을 2면 이상으로 하고, 각 면마다 피난유도표시가 있는 것을 말한다.

4. 비상조명 설비의 기준

화재등 비상시에 혼란을 막고 안전한 탈출을 위해 설치하는 조명설비

5.5 소화 용수 설비

화재 진압시 소방 대상물에 설치되어 있는 소화 설비 전용 수원만으로 원활하게 소화하기가 어려울 때나 부족할 때 즉시 사용할 수 있도록 소화에 필요한 수원을 별도의 안전한 장소에 저장하여 유사시 사용할 수 있도록 한 설비를 말한다.

(1) 상수도 용수 설비

(2) 소화 수조 및 저수조 설비

5.6 소화 활동상 필요한 설비

전문 소방대원 또는 소방 요원이 화재 발생시 초기 진압 활동을 원활하게 할 수 있도록 지원해 주는 설비를 말한다.

1 제연 설비

(1) 개요

화재시 발생한 연기가 피난 경로가 되는 복도, 계단전실 및 거실 등에 침입하는 것을 방지하고 거주자를 유해한 연기로부터 보호하여 안전하게 피난시킴과 동시에 소화 활동을 원활하게 하기 위한 설비

(2) 종류

① **자연 제연 방식** : 화재에 의해 발생한 열 기류의 부력 또는 외부 바람의 흡출 효과에 의해 화재실의 상부에 설치된 창 또는 전용의 배연구로부터 연기를 옥외로 배출하는 방식

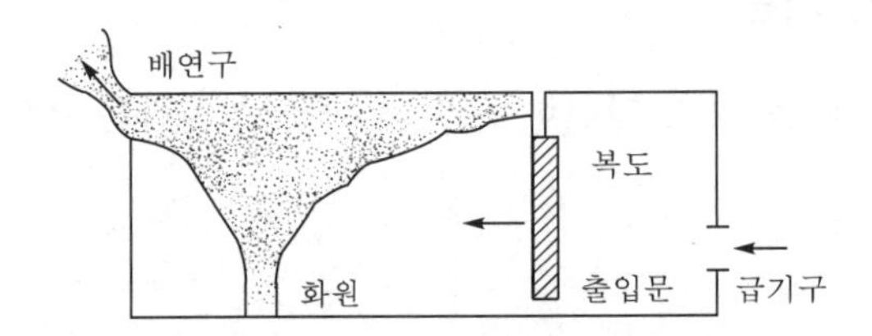

② **기계 제연 방식** : 송풍기와 배연기를 사용하고 각 배연 구획까지 풍도를 설비하여 기계적으로 강제로 제연함으로써 확실하게 설정된 용량을 옥외로 배출하는 제연 방식

㉠ 제1종 기계 제연 방식 : 화재실에 대하여 기계 제연을 행하는 동시에 복도나 계단실을 통하여 기계력에 의한 급기를 행하는 방식

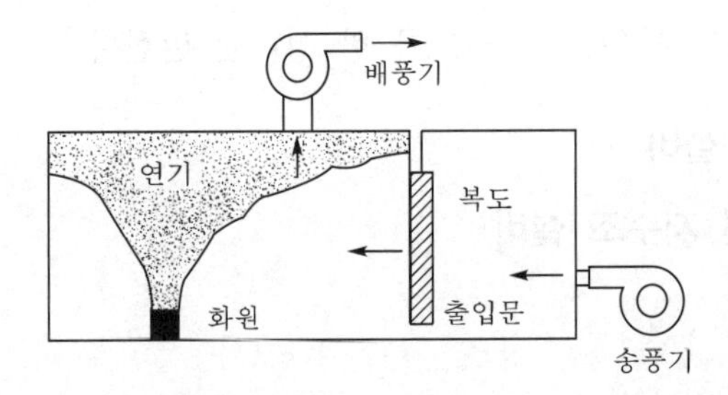

㉡ 제2종 기계 제연 방식 : 복도, 계단전실, 계단실 등 피난 통로로서 주요한 부분은 송풍기에 의해 신선한 공기를 급기하고 그 부분의 압력을 화재실보다도 상대적으로 높여서 연기의 침입을 방지하는 제연 방식

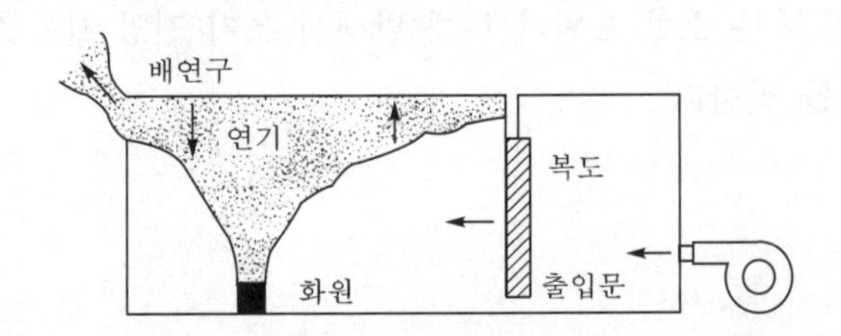

㉢ 제3종 기계 제연 방식 : 화재로 인하여 발생한 연기를 배연기에 의해 방의 상부로부터 흡입하여 옥외로 배출하는 방식으로, 가장 많이 사용하는 방식

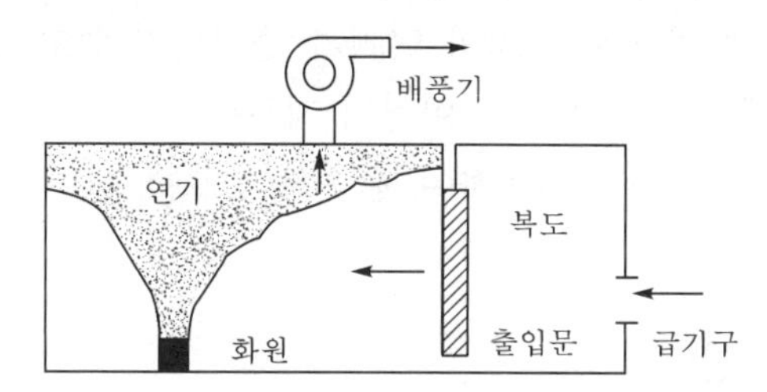

③ **밀폐 제연 방식** : 밀폐도가 높은 벽이나 문으로 화재실을 밀폐하여 연기의 유출 및 신선한 공기의 유입을 억제하여 방연하는 방식으로, 주로 연립 주택이나 호텔 등 구획을 작게 할 수 있는 건물에 적합한 방식

④ **스모크 타워(smoke tower) 방식** : 제연 전용의 샤프트를 설치하고 난방 등에 의한 건물 내, 외의 온도차나 화재에 의한 온도 상승에 의해 생긴 부력 및 그 상층부에 설치한 루프 모니터 등의 외풍에 의한 흡입력을 통기력으로 하여 제연하는 방식으로 주로 고층 건물에 적합한 방식

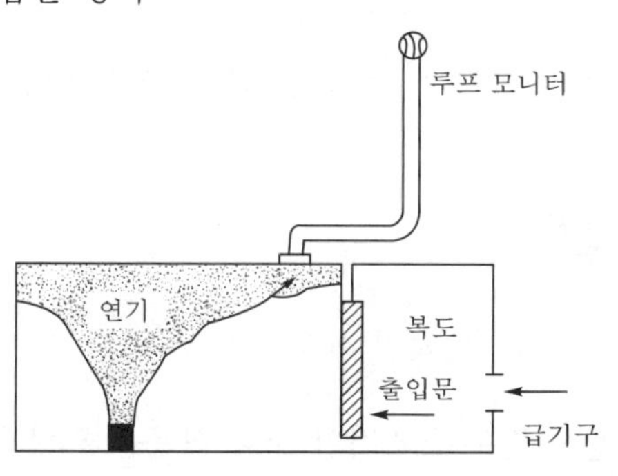

2 연결 송수관 설비

(1) 개요

고층 빌딩의 화재는 소방차로부터 주수 소화가 불가능한 경우가 많기 때문에 소방차와 접속이 가능한 도로변에 송수구를 설치하고 건물 내에 방수구를 설치하여 소방차의 송수구로부터 전용 배관에 의해 가압 송수할 수 있도록 한 설비를 말한다.

(2) 설비의 종류

① **건식** : 평상시에는 송수관 내에 물을 충진하지 않고 텅빈 상태로 두는 방식으로 화재시 소방 펌프차를 이용하여 송수구로 송수하여 화재를 진압하는 방식

② **습식** : 송수관 내에 물을 채워 두는 방식으로 화재시 즉시 소화할 수 있는 방식

3 연결 살수 설비

지하층 화재의 경우 개구부가 작아 연기가 충만하기 쉽고 소방대의 진입이 용이하지 못하므로 이에 대한 대책으로 일정 규모 이상의 지하층 천장면에 스프링클러 헤드를 설치하고 지상의 송수구로부터 소방차를 이용하여 송수하는 소화 설비

4 비상 콘센트 설비

(1) 개요

지상 11층 미만의 건물에 화재가 발생한 경우에는 소방차에 적재된 비상 발전 설비 등의 소화 활동상 필요한 설비로서 화재 진압 활동이 가능하지만 지상 11층 이상의 층 및 지하 3층 이상에서 화재가 발생한 경우에는 소방차에 의한 전원 공급이 원활하지 않아 내화 배선으로 비상 전원이 공급될 수 있도록 한 고정 전원 설비를 말한다.

(2) 비상 전원의 종류

자가 발전 설비, 축전지 설비, 비상 전원 전용 수전 설비가 있다.

5 무선 통신 보조 설비

(1) 개요

지하에서 화재가 발생한 경우 효과적인 소화 활동을 위해 무선 통신을 사용하고 있는데, 지하의 특성상 무선 연락이 잘 이루어지지 않아 방재 센터 또는 지상에서 소화 활동을 지휘하는 소방대원과 지하에서 소화 활동을 하는 소방대원 간의 원활한 무선 통신을 위한 보조 설비를 말한다.

(2) 방식의 종류

누설 동축 케이블 방식, 공중선 방식이 있다.

6 연소 방지 설비

(1) 개요

지하구의 연소방지를 위한 것으로 연소방지 전용헤드나 스프링클러 헤드를 천장 또는 벽면에 설치하여 지하구의 화재를 방지하는 설비이다.

(2) 설치 대상

폭 1.0m 이상, 높이 2m 이상인 전력 사업용의 공동구의 길이가 500m 이상이 되는 곳에 설치

5.7 방 염

방염이란 화재의 위험이 높은 유기 고분자물질(천연섬유, 합성섬유, 목재, 플라스틱 등)에 난연처리 하여 불에 잘 타지 않게 하기 위한 것으로 초기화재시 연소의 확대방지 및 지연을 시키기 위한 것이다.

우리의 주변에 가장 많이 접할 수 있는 커튼, 카펫, 침구류, 실내 장식물 등은 일반적으로 불에 잘 타는 가연성 물질로 되어 있다. 이러한 가연성 물질에 방염제로 가공하여 난연성을 부여하는 것으로 화재 발생시 화재의 위험으로부터 지연해 주는 효과가 있다.

(1) 방염제의 조건

① 인체에 대해 피해가 없어야 하고 가공에 의한 변화가 없어야 한다.

② 통기성이 좋아야 한다.

③ 내구성(세탁 등)이 있어야 한다.

④ 적은 양으로도 방염의 효과를 높여야 한다.

⑤ 방염처리한 물품 등은 이상, 변화 등의 결점이 없어야 한다.

(2) 방염물품의 분류

① **방염화 물품** : 방염제로 방염된 것이다.

② **난연성 물품** : 방염처리를 하지 않더라도 방염성능 기준 이상의 방염성능을 갖춘 것이다.

(3) 방염성능 기준

① 버너의 불꽃을 제거한 때부터 불꽃을 올리며 연소하는 상태가 그칠 때까지 시간(잔염시간)은 20초 이내

② 버너의 불꽃을 제거한 때부터 불꽃을 올리지 아니하고 연소하는 상태가 그칠 때까지 시간(잔진시간)은 30초 이내

③ 탄화면적은 $50cm^2$ 이내 탄화한 길이는 20cm 이내

④ 불꽃에 의하여 완전히 녹을 때까지 불꽃의 접촉횟수(접염횟수)는 3회 이상

⑤ 발연을 측정하는 경우 최대연기밀도는 400 이하

(4) 방염성능 기준 이상의 실내 장식물 등을 설치하여야 하는 특정 소방대상물

① 근린생활시설 중 체력단련장

② 숙박시설, 방송통신시설 중 방송국 및 촬영소

③ 건축물의 옥내에 있는 문화 및 집회시설, 종교시설 및 운동시설로서 수영장을 제외한 것

④ 노유자시설 및 숙박이 가능한 수련시설, 의료시설 중 종합병원, 요양병원 및 정신의료기관

⑤ 다중이용업의 영업장

⑥ 층수가 11층 이상인 것(아파트를 제외)

⑦ 교육연구시설 중 합숙소

(5) 방염 대상물품

① 창문에 설치하는 커튼류(블라인드를 포함한다)

② 카펫, 두께가 2mm 미만인 벽지류(종이벽지는 제외한다)

③ 전시용 합판 또는 섬유판, 무대용 합판 또는 섬유판

④ 암막 · 무대막(영화상영관에 설치하는 스크린과 골프 연습장업에 설치하는 스크린을 포함한다)

⑤ 섬유류 또는 합성수지류 등을 원료로 하여 제작된 소파 · 의자(단란주점영업, 유흥주점영업 및 노래연습장업의 영업장에 설치하는 것만 해당한다)

(6) 방염성능의 검사

① 특정 소방대상물에서 사용하는 방염 대상물품은 소방청장이 실시하는 방염성능 검사를 받은 것이어야 한다.

② 제1항의 규정에 따른 방염성능 검사의 방법과 검사 결과에 따른 합격 표시 등에 관하여 필요한 사항은 행정안전부령으로 정한다.

출제예상문제

01 특수장소에 사용하는 물품으로서 방염성능이 없어도 되는 것은?

㉮ 유리　　㉯ 간이 칸막이용 합판
㉰ 실내 장식물　　㉱ 전시용 합판

해설 방염 대상물품
① 섬유류, 합성수지류 또는 종이류를 주원료로 한 물품 중에서 문, 벽 등의 실내에 설치하는 것
② 실내 장식물(합판 또는 목재, 방 또는 공간을 구획하기 위하여 설치하는 칸막이 또는 간이 칸막이)
③ 커튼(창문이나 벽 등에 치는 실내 장식용 천)
④ 암막(빛을 막기 위하여 창문 등에 치는 천)
⑤ 무대막(무대에서 사용하는 막)
⑥ 블라인드(빛을 차단하기 위하여 창문 등에 치는 합성수지 제품을 말하며 포제 블라인드, 버티컬 등)
⑦ 제외 물품(가구류, 집기류, 이와 비슷한 것)

02 다음 중 준비작동식 스프링클러 시스템에 대한 내용으로 잘못된 것은?

㉮ 준비작동식 밸브의 1차측 배관 내에는 물이 가압되어 있다.
㉯ 준비작동식 밸브의 2차측 배관 내에는 대기압의 공기로 가압되어 있다.
㉰ 폐쇄형 헤드가 화재를 감지하여 작동경보밸브가 작동되어 시스템이 기동된다.
㉱ 0℃ 이하에서도 사용이 가능하므로 보온이 불필요하다.

해설 ㉰는 습식 스프링클러 시스템에 대한 내용이다.

03 내장재 및 외장재, 마감재 등은 화재예방 및 연소확대방지를 위해서 불연성이나 난연성의 재료로 사용하여 불연성능 및 내화성능을 고려하여야 한다. 이는 소방안전계획상 어디에 속하는가?

㉮ 평면계획　　㉯ 단면계획　　㉰ 입면계획　　㉱ 재료계획

해설 ① 부지선정 및 배치계획 : 여러 가지 방재상의 문제점을 충분히 고려하여 계획하여야 한다. 예를 들면 건축물의 이격거리가 적당한지 안전한 소화활동 및 구조활동에 지장이 없도록 건축물 주변의 부지 내에 통로나 충분한 광장이 있는지 등이 있다.

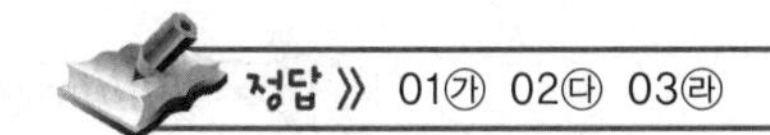
정답 》 01㉮ 02㉰ 03㉱

② 평면계획 : 화재에 의한 피해를 작은 범위로 한정하기 위한 것으로서 방재계획상 평면형은 가능한 한 작게 방화구획을 하여 화재가 다른 구역으로 이동하는 것을 방화벽, 방화문 등을 방화구획의 경계 부분에 설치하여 방지하여야 하며 소방활동상 필요한 동선과 피난을 위한 동선을 2방향 이상 계획해야 한다.

③ 단면계획 : 상하층의 재해전파를 제어하는 것으로서 일반적으로 건축물의 철근콘크리트 슬래브에 의해 층간구획을 하지만 계단, 엘리베이터, 린넨슈트, 파이프덕트, 배선 등 상하층을 관통하는 것에 대하여 방화구획을 하여 화재시 재해전파를 방지하여야 한며 평면계획으로 확보한 2방향 피난의 원칙을 수직방향의 경로에 대해서도 피난층에 도달할 수 있는 계단을 복수로 선택할 수 있게 해야 한다.

④ 입면계획 : 입면계획에 있어서 가장 큰 요소는 벽과 개구부이지만 조형상의 구조물로서의 기능뿐만 아니라 다른 건축물의 방재계획과 마찬가지로 화재예방, 연소방지, 소화, 피난 등을 고려하여 계획하여야 한다.

⑤ 재료계획 : 내장재 및 외장재, 마감재 등은 화재예방 및 연소확대방지를 위해서 불연성이나 난연성의 재료로 사용하여 불연성능 및 내화성능을 고려하여야 한다.

04 옥내소화전함에 대한 설명으로 옳지 않은 것은?

㉮ 재질은 두께 1.6mm 이상의 강판 또는 두께 5mm 이상의 합성수지재로 한다.

㉯ 소방대상물의 각 층마다 설치한다.

㉰ 표시등은 함의 상부에 설치한다.

㉱ 표시등의 불빛은 적색등으로 설치한다.

해설 재질은 두께 1.5mm 이상의 강판 또는 두께 4mm 이상의 합성수지재로 한다.

05 다음 중 스프링클러설비에 대한 설명으로 옳지 않은 것은?

㉮ 초기진화에 효과적이다.

㉯ 오작동, 오보가 없는 장점이 있다.

㉰ 시설비 및 약제에 대하여 경제적이다.

㉱ 조작이 간편하고 안전하며 야간이라도 자동적으로 화재감지를 하여 경보, 소화가 가능하다.

해설 스프링클러설비는 초기시설비가 많이 든다.

06 화재가 발생했을 때 초기진화와 연소확대방지를 위한 대책이 아닌 것은?

㉮ 연결송수관설비　　㉯ 방화구획

㉰ 스프링클러설비　　㉱ 드렌처설비

해설 연결송수관설비는 본격 소화설비이다.

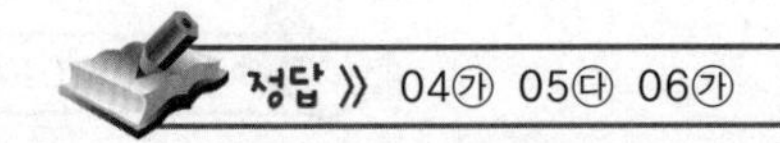
정답 》 04㉮ 05㉰ 06㉮

07 다음 중 스프링클러설비에 대한 설명으로 틀린 것은?

㉮ 준비작동식 스프링클러는 습식 스프링클러보다 동파의 우려가 적다.

㉯ 화재시 주수량이 비교적 적어 물로 인한 수손피해가 적다.

㉰ 화재시 소화율이 높으며, 경보 기능도 있다.

㉱ 초기시설비가 비교적 많이 든다.

해설 경보 기능은 없다.

08 펌프 토출측에서부터 스프링클러헤드까지 가압된 물이 항상 충만되어 있는 상태이며 기온이 영하로 떨어질 경우 동파의 우려가 있는 소화설비는?

㉮ 습식 스프링클러소화설비

㉯ 건식 스프링클러소화설비

㉰ 준비작동식 스프링클러소화설비

㉱ 일제살수식 스프링클러소화설비

해설 스프링클러소화설비의 종류

① 습식 스프링클러소화설비 : 펌프 토출측에서부터 스프링클러헤드까지 가압된 물이 항상 충만되어 있는 상태이며 기온이 영하로 떨어질 경우 동파의 우려가 있다.

② 건식 스프링클러소화설비 : 드라이 파이프밸브 2차측에 압축공기가 채워져 있다.

③ 준비작동식 스프링클러소화설비 : 펌프의 토출측에서부터 프리액션밸브(데류즈밸브)의 1차측까지만 물이 충만되어 있는 상태이다.(=건식 스프링클러)

④ 일제살수식 스프링클러소화설비 : 일반적으로 여러 개의 개방형 스프링클러헤드로 구성되어 있는 방사구획에 일제 살수하는 소화설비이다.

09 특수장소에 대한 소방계획 작성시 포함되지 않는 사항은?

㉮ 화재예방을 위한 자체검사계획

㉯ 피난계획

㉰ 위험물의 저장·취급에 관한 사항

㉱ 자위소방대 조직원의 업무에 관한 사항

해설 소방안전관리자가 소방계획시 고려해야 할 사항

① 소방안전관리 대상물의 위치·구조·연면적·용도·수용인원 등의 일반 현황

② 화재 예방을 위한 자체 점검계획 및 진압대책

③ 소방안전관리 대상물에 설치한 소방시설 및 방화시설, 전기시설, 가스시설 및 위험물시설의 현황

④ 소방시설, 피난시설 및 방화시설의 점검, 정비계획

⑤ 피난층 및 피난시설의 위치와 피난경로의 설정 등을 포함한 피난계획

⑥ 소방교육 및 훈련에 관한 계획

⑦ 방화구획, 제연구획, 건축물의 내부마감재료 및 방염물품의 사용, 그 밖의 방화구조 및 설비의 유지, 관리계획

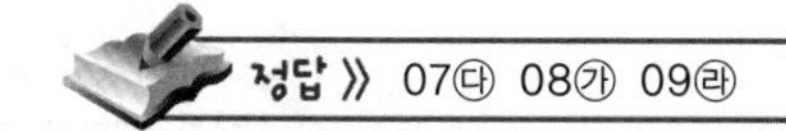
정답 》 07㉰ 08㉮ 09㉱

⑧ 특정 소방대상물의 근무자 및 거주자의 자위소방대 조직과 대원의 임무에 관한 사항
⑨ 증축, 개축, 재축, 이전, 대수선 중인 특정 소방대상물의 공사장의 방화관리에 관한 사항
⑩ 소화 및 연소 방지에 관한 사항
⑪ 공동 및 분임 관리에 관한 사항
⑫ 위험물의 저장, 취급에 관한 사항
⑬ 그 밖의 방화관리를 위하여 소방본부장 또는 소방서장이 소방대상물의 위치, 구조, 설비 또는 관리상황 등을 고려하여 방화관리상 필요하여 요청하는 사항
※ ㉱ : 자위소방대 조직원의 임무에 관한 사항

10 소화기구는 바닥으로부터 높이 몇 미터 이하의 곳에 비치하여야 하는가?

㉮ 1미터 이하
㉯ 1.5미터 이하
㉰ 2미터 이하
㉱ 2.5미터 이하

해설 소화기구는 바닥으로부터 1.5미터 이하의 곳에 비치해야 한다.

11 당해 소방대상물의 각 부분으로부터 하나의 옥내소화전 방수구까지의 수평거리가 몇 미터 이하가 되도록 하여야 하는가?

㉮ 10미터　　㉯ 15미터
㉰ 20미터　　㉱ 25미터

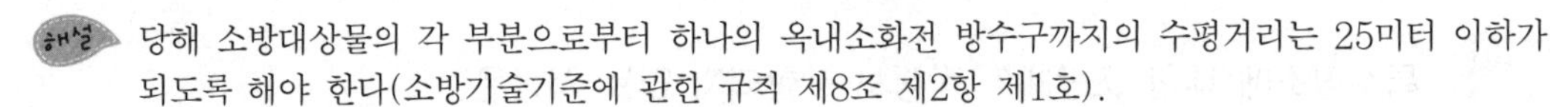
해설 당해 소방대상물의 각 부분으로부터 하나의 옥내소화전 방수구까지의 수평거리는 25미터 이하가 되도록 해야 한다(소방기술기준에 관한 규칙 제8조 제2항 제1호).

12 물분무 등 소화설비에 해당되는 것은?

㉮ 옥내소화전설비
㉯ 옥외소화전설비
㉰ 스프링클러설비
㉱ 이산화탄소소화설비

해설 물분무 등 소화설비
① 물분무소화설비
② 포소화설비
③ 이산화탄소소화설비
④ 할로젠화합물소화설비

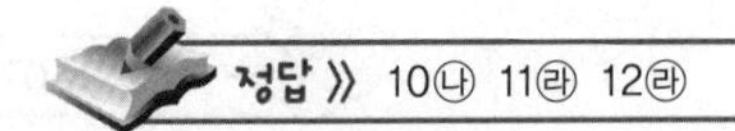
정답 》 10㉯ 11㉱ 12㉱

13 소방안전관리자의 업무가 아닌 것은?

㉮ 특수장소에 대한 소방계획의 작성

㉯ 위험물 취급 및 관리

㉰ 소화, 통보, 피난 등의 훈련 및 교육

㉱ 자위소방대의 조직

해설 소방안전관리자의 업무
① 당해 소방대상물에 관한 소방계획의 작성
② 피난시설 및 방화시설의 유지·관리
③ 자위소방대 조직
④ 소방훈련 및 교육
⑤ 소방시설, 그 밖의 소방 관련시설의 유지관리
⑥ 화기취급의 감독
⑦ 그 밖의 방화관리상 필요한 업무

14 방재계획에 있어서 우선적으로 고려해야 할 기본사항으로 건축물의 공간적인 대응과 설비적인 대응이 있다. 이 중 건축물의 공간적 대응의 기능에 해당되지 않는 것은?

㉮ 대항성 ㉯ 회피성

㉰ 안정성 ㉱ 도피성

해설 공간적 대응 : 대항성, 회피성, 도피성

15 건축물의 방재계획시 반드시 수립되어야 하는 항목으로서 해당되지 않는 것은?

㉮ 설비계획

㉯ 재료계획

㉰ 입면계획

㉱ 부지 배치계획

해설 건축물의 방재계획
① 재료계획
② 입면계획
③ 부지선정 및 배치계획
④ 평면계획
⑤ 단면계획

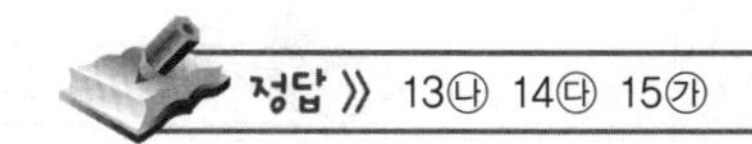

정답 》 13㉯ 14㉰ 15㉮

16 방염에 대한 정의로 옳은 것은?

㉮ 직물, 카펫, 실내 장식물 등에 인위적으로 내열성능을 부여하여 불에 전혀 타지 않게 하는 것이다.

㉯ 직물, 카펫, 실내 장식물 등에 대하여 불연성능 및 내화성능을 갖도록 가공처리한 것을 말한다.

㉰ 직물, 카펫, 실내 장식물 등에 대하여 화재시 화염의 전파를 완전히 차단하도록 가공처리한 것을 말한다.

㉱ 연소하기 쉬운 건축물의 실내 장식물 등 또는 그 재료에 어떤 방법을 가하여 연소하기 어렵게 만든 것을 말한다.

해설 방염이란 연소하기 쉬운 건축물의 실내 장식물 등의 가연물에 난연처리 하여 불에 잘 타지 않게 하기 위한 것으로 초기화재시 연소의 확대 방지 및 지연을 시키기 위한 것이다.

17 특수장소에서 사용하는 물품으로 방염성능이 없어도 되는 것은?

㉮ 전시용 합판 ㉯ 침대용 매트릭스 ㉰ 커튼, 암막, 카펫 ㉱ 무대용 합판

해설 방염 대상물품의 기준
① 전시용, 합판 또는 섬유판, 무대용 합판 또는 섬유판
② 커튼(창문이나 벽 등에 치는 실내 장식용 천)
③ 암막, 무대막
③ 카펫(두께가 1mm 미만인 벽지류로서 종이벽지를 제외한 것)
⑤ 전시용 합판 또는 섬유판, 무대용 합판 또는 섬유판

18 특수장소의 관계인 및 소방안전관리자가 작성한 소방계획에 포함되지 않아도 되는 것은?

㉮ 소방대상물별 소방시설 점검 및 정비계획

㉯ 인원의 수용계획

㉰ 화재예방을 위한 자체검사계획

㉱ 위험물취급관리의 지도 및 감독에 관한 사항의 계획

해설 소방안전관리자가 소방계획시 고려해야 할 사항
① 소방안전관리 대상물의 위치 · 구조 · 연면적 · 용도 · 수용인원 등의 일반 현황
② 화재예방을 위한 자체점검계획 및 진압대책
③ 소방안전관리 대상물에 설치한 소방시설 및 방화시설, 전기시설, 가스시설 및 위험물시설의 현황
④ 소방시설, 피난시설 및 방화시설의 점검, 정비계획
⑤ 피난층 및 피난시설의 위치와 피난경로의 설정 등을 포함한 피난계획
⑥ 소방교육 및 훈련에 관한 계획
⑦ 방화구획, 제연구획, 건축물의 내부마감재료 및 방염물품의 사용, 그 밖의 방화구조 및 설비의 유지, 관리계획

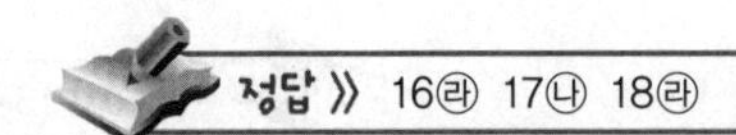
정답 » 16㉱ 17㉯ 18㉱

⑧ 특정 소방대상물의 근무자 및 거주자의 자위소방대 조직과 대원의 임무에 관한 사항
⑨ 증축, 개축, 재축, 이전, 대수선 중인 특정 소방대상물의 공사장의 방화관리에 관한 사항
⑩ 소화 및 연소 방지에 관한 사항
⑪ 공동 및 분임 관리에 관한 사항
⑫ 위험물의 저장, 취급에 관한 사항
⑬ 그 밖의 방화관리를 위하여 소방본부장 또는 소방서장이 소방대상물의 위치, 구조, 설비 또는 관리상황 등을 고려하여 방화관리상 필요하여 요청하는 사항

19 초기 화재의 소화용으로 사용되지 않는 것은?

㉮ 스프링클러설비 ㉯ 소화기 ㉰ 옥내소화전설비 ㉱ 화학소방자동차

해설 초기 화재 소화설비

① 소화기 ② 옥내소화전
③ 물분무소화설비 ④ 스프링클러설비
⑤ 할로젠화합물소화설비 ⑥ 분말소화설비
⑦ 포소화설비 ⑧ 이산화탄소소화설비

20 다음 중 본격적인 소화가 실시될 때에 사용하지 않는 소화설비는?

㉮ 연결살수설비 ㉯ 비상콘센트 ㉰ 연결송수관설비 ㉱ 간이 소화기구

해설 간이 소화기구는 초기 화재진압에 사용된다.

21 다음 중 스프링클러소화설비의 장점으로 옳지 않은 것은?

㉮ 초기 화재진압에 효과적이다. ㉯ 오작동 및 오보가 없다.
㉰ 안전하며 조작이 간편하다. ㉱ 초기시설비가 많이 든다.

해설 스프링클러소화설비의 단점

① 초기시설비가 많이 든다.
② 시공이 복잡하며 물로 인한 피해가 크다.

22 다음 중 스프링클러소화설비의 설치 대상물에 해당하지 않는 것은?

㉮ 수용인원이 500인 이상인 곳
㉯ 층수가 10층 이상인 특정 소방대상물의 경우 전층에 설치한다.
㉰ 지하가로서 연면적 1,000m^2 이상인 곳
㉱ 노유자시설, 정신보건시설 및 숙박시설이 있는 수련시설로서 연면적 600m^2 이상인 곳

해설 층수가 11층 이상인 특정 소방대상물의 경우에 스프링클러소화설비를 전층에 설치한다.

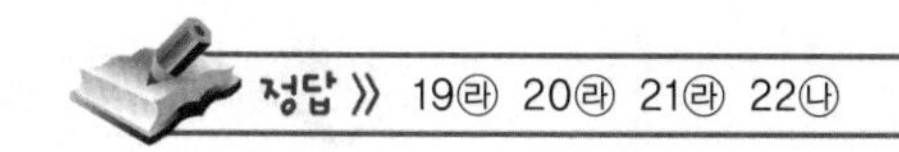
정답 ≫ 19㉱ 20㉱ 21㉱ 22㉯

23 다음 중 컴퓨터실에 비치할 수 있는 소화기를 고르면?

㉮ 강화액소화기 ㉯ 분말소화기
㉰ 포말소화기 ㉱ 탄산가스소화기

24 다음 중 소화기의 설치장소로 옳지 않은 곳은?

㉮ 미관상 좋지 않으므로 눈에 잘 띄지 않는 곳에 비치한다.
㉯ 통행 및 피난에 지장이 없는 곳에 비치한다.
㉰ 높이는 바닥면에서 1.5m 이하가 되는 지점에 비치한다.
㉱ 습기가 많지 않은 곳에 둔다.

25 다음 중 방염제의 조건으로 옳지 않은 것은?

㉮ 인체에 대해 피해가 없어야 한다.
㉯ 통기성이 좋아야 한다.
㉰ 많은 양의 사용시 방염의 효과가 나타나야 한다.
㉱ 내구성이 있어야 한다.

해설 방염제는 적은 양으로도 방염의 효과를 높여야 한다.

26 특정 소방대상물의 소방안전관리자로 선임된 자가 실시하여야 할 업무가 아닌 것은?

㉮ 화기취급의 감독 ㉯ 소방시설의 유지관리
㉰ 소방시설 관리교육 ㉱ 자위소방대의 조직

해설 소방시설 관리교육은 소방안전관리자의 업무가 아니다.

27 다음 중 방염성능 기준으로 옳지 못한 것은?

㉮ 잔염시간은 20초 이내이어야 한다.
㉯ 탄화면적은 $30cm^2$ 이내이어야 한다.
㉰ 접염횟수는 3회 이상이어야 한다.
㉱ 최대연기밀도는 400 이하이어야 한다.

해설 탄화면적은 $50cm^2$ 이내, 탄화길이는 20cm 이내이어야 한다.

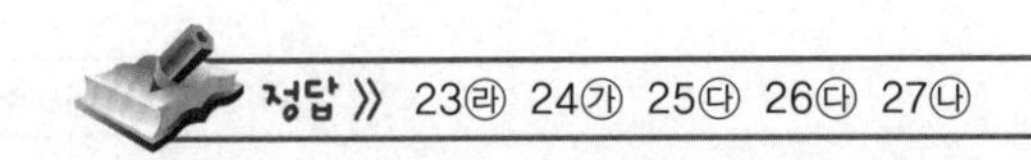
정답 》 23㉱ 24㉮ 25㉰ 26㉰ 27㉯

28 다음 중 옥내소화전함의 구성과 거리가 먼 것은?

㉮ 방수구 ㉯ 가압송수장치
㉰ 비상전원 ㉱ 호스

해설 옥내소화전설비의 구성
① 수원 ② 개폐밸브 ③ 가압송수장치 ④ 노즐
⑤ 호스 ⑥ 소화전함 ⑦ 비상전원

29 스프링클러헤드의 설치 제외대상물과 거리가 먼 것은?

㉮ 계단실 ㉯ 수술실 ㉰ 창고 ㉱ 펌프실

30 다음 중 건축물의 내화성능, 방·배연 성능, 방화구획성능, 초기소화 대응력, 화재방어 대응성(소방대의 활동성) 등 화재의 성상과 대항하여 저항하는 성능 또는 항력을 말하는 것은?

㉮ 대항성 ㉯ 회피성 ㉰ 안정성 ㉱ 도피성

해설 ㉯ 회피성 : 출화 또는 연소의 확대 등을 감소시키고자 하는 예방적 조치 또는 상황 등을 의미하는 것으로서 내장재의 불연화, 내장제한, 난연화, 구획의 세분화, 방화훈련, 불조심 등이 있다.
㉱ 도피성 : 화재 발생시 화재의 성상과 공간의 대응관계에서 안전하게 도피·피난할 수 있는 공간성과 체계 등을 의미한다.

31 설비적 대응으로 도피성에 관한 피난기구로 적절치 못한 것은?

㉮ 구조대 ㉯ 완강기 ㉰ 유도등 ㉱ 인명구조장비

해설 유도등은 피난유도설비에 해당된다. 피난기구는 구조대, 완강기, 피난교, 인명구조장비 등을 말한다.

32 건축물의 연소확대방지를 위한 구획으로 틀린 것은?

㉮ 수평구획 ㉯ 수직구획 ㉰ 용도구획 ㉱ 평면구획

해설 ㉮ 수평구획(면적단위) : 일정한 면적마다 방화구획을 함으로써 화재 규모를 가능한 최소한의 규모로 줄여 피해를 최소한으로 하는 것이다.
㉯ 수직구획(층단위) : 건물을 종으로 관통하는 부분은 연기 및 화염의 전파속도가 매우 크므로 다른 부분과 구획을 하여 화재시 화재가 다른 층으로 번지는 것을 방지하여야 한다.
㉰ 용도구획(용도단위) : 복합건축물에서 화재 위험이 큰 공간을 그 밖의 공간과 구획하여 화재시 피해를 줄이기 위한 것으로 용도상 일정한 면적구획이 불가피한 경우에는 반드시 불연재료를 사용하며 피난계획을 세워야 한다.

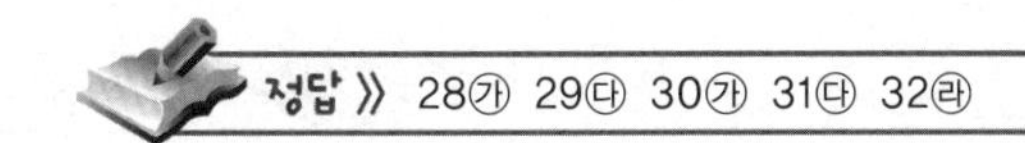
정답 》 28㉮ 29㉰ 30㉮ 31㉰ 32㉱

33 공동소방안전관리자를 선임해야 하는 특정 소방대상물로 틀린 것은?

㉮ 고층건축물(지하층을 제외한 층수가 11층 이상인 건축물에 한함)

㉯ 복합건축물로서 연면적이 3,000m^2 이상인 것 또는 층수가 5층 이상인 것

㉰ 판매시설 및 영업시설 중 도매시장 및 소매시장

㉱ 지하가(지하의 공작물 안에 설치된 상점 및 사무실, 그 밖에 이와 비슷한 시설이 연속하여 지하도에 접하여 설치된 것과 그 지하도를 합한 것을 말함)

해설 ㉯ 복합건축물로서 연면적이 5,000m^2 이상인 것 또는 층수가 5층 이상인 것

34 1급 소방안전관리 대상물로 틀린 것은?

㉮ 연면적 15,000m^2 이상인 것

㉯ 특정 소방대상물로서 층수가 11층 이상인 것

㉰ 가연성 가스를 1,000톤 이상 저장 취급하는 시설

㉱ 지하구

해설 2급 소방안전관리 대상물

① 스프링클러설비, 간이 스프링클러설비 또는 물분무 등 소화설비를 설치하는 특정 소방대상물

② "①"에 해당하지 아니하는 특정 소방대상물로서 옥내소화전설비 또는 자동화재탐지설비를 설치하는 것

③ 공동주택

④ 가스제조설비를 갖추고 도시가스 사업 허가를 받아야 하는 시설 또는 가연성 가스를 100톤 이상 1,000톤 미만 저장 취급하는 시설

⑤ 지하구

35 건물의 저층인 1, 2층의 초기 소화 진압뿐 아니라 본격 화재에도 적합하며 인접건물로의 연소방지를 위하여 건축물 외부로부터의 소화작업을 실시하기 위한 설비는?

㉮ 옥내소화전　　㉯ 옥외소화전

㉰ 스프링클러　　㉱ 소화기

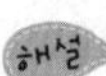

㉮ 옥내소화전 : 건축물 내의 초기 화재를 진화할 수 있는 설비

㉯ 옥외소화전 : 건물의 저층인 1, 2층의 초기 소화 진압뿐 아니라 본격 화재에도 적합하며 인접건물로의 연소방지를 위하여 건축물 외부로부터의 소화작업을 실시하기 위한 설비로 자위소방대 및 소방서의 소방대도 사용 가능한 설비

㉰ 스프링클러 : 초기 화재를 진압할 목적으로 설치된 고정식 소화설비로서 화재가 발생한 경우 천장이나 반자에 설치된 헤드가 감열 작동하여 자동적으로 화재를 발견함과 동시에 주변에 분무식으로 뿌려줌으로써 효과적으로 화재를 진압할 수 있는 소화설비

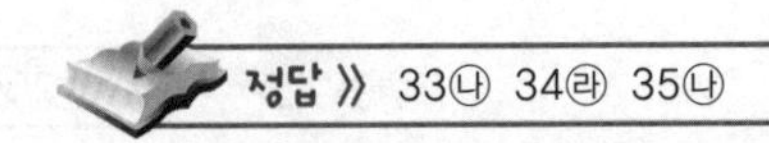

36 스프링클러설비에 대한 설명 중 틀린 것은?

㉮ 초기 화재 진압에 효과적이며 오작동 및 오보가 없고 약제가 물이기 때문에 경제적이며 복구가 쉽다.

㉯ 안전하며 조작이 간편하여 주·야간 구분 없이 화재를 자동적으로 감지, 경보, 소화할 수 있다.

㉰ 초기시설비가 적게 든다.

㉱ 시공이 복잡하며 물로 인한 피해가 크다.

해설 초기시설비가 많이 든다.

37 고층건물의 소방안전계획 시 고려해야 할 사항으로 현실성이 가장 먼 것은?

㉮ 발화요인을 줄인다.

㉯ 화재확대방지를 위해 구획한다.

㉰ 자동소화장치를 설치한다.

㉱ 피난을 위해 거실을 분산한다.

해설 피난동선의 조건
① 어느 곳에서도 2개 이상의 방향으로 피난할 수 있으며 그 말단은 화재로부터 안전한 장소이어야 한다.
② 피난의 수단은 원시적 방법에 의하는 것을 원칙으로 한다.
③ 피난동선은 간단 명료하게 한다.
④ 피난동선은 가급적 상호 반대방향으로 다수의 출구와 연결되는 것이 좋다.
⑤ 피난통로를 완전불연화한다.
⑥ 피난설비는 고정식 설비를 위주로 설치한다.

38 건축물의 소방안전계획과 직접적인 관계가 없는 것은?

㉮ 건물의 층고

㉯ 건물과 소방대의 거리

㉰ 계단의 폭

㉱ 통신시설

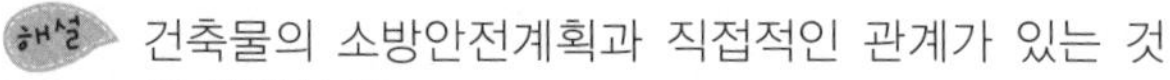
해설 건축물의 소방안전계획과 직접적인 관계가 있는 것
① 건물의 층고
② 건물과 소방대의 거리
③ 계단의 폭

정답 》 36㉰ 37㉱ 38㉱

39 건축물에 화재가 발생할 때 연소확대를 방지하기 위한 계획에 해당되지 않는 것은?

㉮ 수직계획　　　　　　　　　　㉯ 입면계획

㉰ 수평계획　　　　　　　　　　㉱ 용도계획

연소확대방지를 위한 소방안전계획

① 수직구획(층단위) : 건물을 종으로 관통하는 부분은 연기 및 화염의 전파속도가 매우 크므로 다른 부분과 구획을 하여 화재시 화재가 다른 층으로 번지는 것을 방지하여야 한다.

② 수평계획(면적단위) : 일정한 면적마다 방화구획을 함으로써 화재 규모를 가능한 최소한의 규모로 줄여 피해를 최소한으로 하는 것이다.

③ 용도구획(용도단위) : 복합건축물에서 화재 위험이 큰 공간을 그 밖의 공간과 구획하여 화재시 피해를 줄이기 위한 것으로 용도상 일정한 면적구획이 불가피한 경우에는 반드시 불연재료를 사용하며 피난계획을 세워야 한다.

40 화재시 소방기관에 대한 통보 내용 중 중요사항이 아닌 것은?

㉮ 부상자 요(要)구조자 유무와 위험물 고압가스의 유무

㉯ 연소상황과 연소물질

㉰ 발화건물 등의 소재지와 명칭

㉱ 화재 발생시간

해설 화재 발생시간은 다른 보기 항목보다는 그리 중요하지 않다.

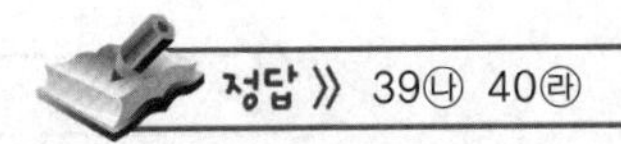

정답 》 39㉯ 40㉱

제6장

FIRE FIGHTING FACILITIES Engineer · Industrial engineer

소화론

제6장 소화론

6.1 소 화

1 연소현상

(1) Glowing Mode와 Flaming Mode

연소(combustion)의 유형은 2가지 유형이 있으며 불꽃을 내며 연소하는 Flaming Combustion(불꽃연소)과 불꽃을 내지 않고 주로 빛만을 내면서 연소하는 Glowing Combustion(작열연소)으로 구분한다.[1]

화재의 경우 표면 화재(surface fire)는 Flaming Mode이며, 심부 화재(deep seated fire)는 Glowing Mode이다.

Glowing Mode	불꽃이 없이 빛만 내는 연소	심부 화재	저에너지 화재
Flaming Mode	불꽃을 발생하는 연소	표면 화재	고에너지 화재

2 연소의 3요소와 4요소

(1) 연소의 3요소

Glowing Mode에서 연소현상이 성립되기 위해서는 가연물, 산소, 점화에너지가 필요하며 이를 연소의 3요소(3 basic requirement of combustion)라 한다.

| Fire Triangle |

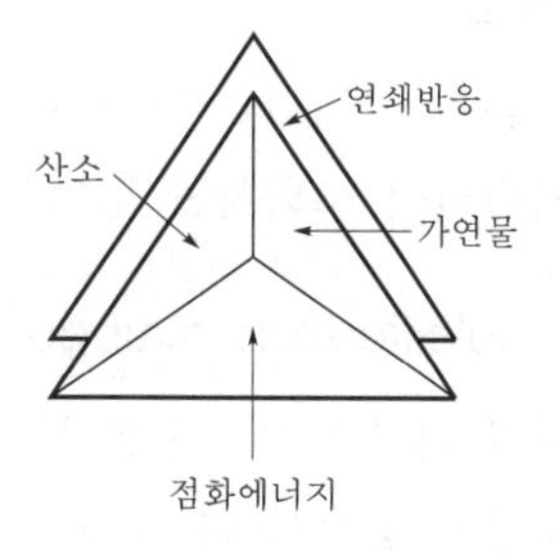

| Fire Tetrahedron |

1) Glowing Combustion은 Smoldering Combustion 또는 Nonflaming Combustion이라고도 한다.

(2) 연소의 4요소

Flaming Mode에서는 연소의 3요소 이외에 연쇄반응이 4번째 요소로 작용하며 이를 연소의 4요소라 한다. 따라서 Glowing Mode에서는 3요소, Flaming Mode에서는 4요소를 통제하는 것이 연소의 제어수단이 된다.

3 소화의 원리

(1) 냉각소화(cooling extinguishment)

가연물질을 냉각시켜 가연물질의 온도를 인화점 또는 발화점 이하로 떨어뜨려 불의 활성화를 저지시켜 소화

※ 증발잠열 : 물은 539cal/g, 이산화탄소는 56.1cal/g, 할론 1301은 28.4cal/g, 할론 1211은 32.3cal/g, 할론 2402은 25.0cal/g

(2) 산소차단 방법(질식소화, smothering extinguishment)

산소의 공급을 차단하여 소화하는 방법

① 가연성 가스나 산소의 농도를 조절하여 혼합 기체의 농도를 연소범위 밖으로 벗어나게 하는 방법(포소화약제, 중질유에 물을 무상분무, 액면에 물과 기름의 유탁액(emulsion)을 형성시켜 유류의 증기압을 떨어뜨려 연소범위를 벗어나게 하는 소화 방법)

② 산소 농도를 한계산소량 이하로 떨어뜨리는 방법 : 이산화탄소, 질소, 아르곤, 수증기 등 불활성 물질 첨가

(3) 제거소화 방법(removal extinguishment)

가연성 물질을 제거하는 방법 즉 불길이 번지는 길목에 나무나 숲을 제거하여 탈 것을 없애는 것이다.

(4) 억제소화 방법

연소가 지속되기 위해서는 활성기(free radical)에 의한 연쇄반응이 필수적이다. 이 연쇄반응을 차단하여 소화하는 방법을 억제소화 일명 부촉매소화, 화학소화라고 한다.

(5) 유화소화(emulsification extinguishment) : 물분무(water spray)

물의 미립자가 기름의 연소면을 두드려서 표면을 유화상으로 하여 기름의 증발능력을 떨러뜨려 연소성을 상실시키는 효과. 제4류 위험물 중 제3석유류 및 제4석유류와 같은 유류의 화재 시 유류의 표면에 엷은 수성막을 형성하여 유면을 덮는 유화작용(emulsion)

(6) 희석효과(dilution extinguishment)

수용성이고 인화성 물질 화재에 있어서 희석에 의한 소화가 가능함. 소요 희석률은 소화에 필요한 물의 양과 시간에 따라 크게 변한다.

4 소화약제의 필요조건

(1) 연소 4요소 중 1가지 이상을 제거할 수 있는 능력이 탁월할 것

(2) 가격이 저렴할 것

(3) 저장에 안정할 것

(4) 환경에 대한 오염이 적을 것

(5) 인체에 대한 독성이 적을 것

6.2 물 및 강화액 소화약제

1 물소화약제의 개요

(1) 장점

① 구하기 쉬워 가격이 저렴하고 변질의 우려가 적으며 장기 보관이 가능

② 비열과 증발잠열이 커서 냉각효과, 질식효과가 매우 높은 물질

③ 펌프, 파이프, 호스 등을 사용하여 쉽게 운반

④ 인체에 무해하며 각종 약제와 혼합하여 수용액으로 사용 가능

⑤ 증발잠열(539cal/g)이 높아 냉각소화에 유용

(2) 단점

① 영하에서는 동파 및 응고 현상으로 사용 제한

② 금수성 화재 및 전기 화재에는 적응성이 없다.

③ 소화 후 물에 의한 2차 피해 발생

2 물의 성질

(1) 물리적 성질

상온에서 무겁고 안정한 액체로 무색, 무취로 자연상태에서 기체(수증기), 액체, 고체(얼음)의 형태로 존재, 물의 증발잠열(100℃의 1kg의 물을 100℃의 수증기로 만드는데 필요한 열량)은 대기압에서 539kcal/kg이다.

※ 기화시 다량의 열을 탈취, 물은 적외선을 흡수

(2) 화학적 성질

① 물은 수소 1분자와 산소 1/2분자로 이루어진 극성공유결합

② 물은 극성분자이기 때문에 분자간의 결합은 쌍극자-쌍극자 상호작용의 일종인 수소결합

3 물의 주수형태

(1) 봉상(棒狀, stream)-옥내 · 외 소화전

① 일반적인 주수형태로 소방용 소화전 노즐 주수

② 열용량이 큰 일반 고체가연물의 대규모 화재에 유효

③ 감전 위험이 있으므로 안전거리 유지

(2) 적상(滴狀, drop)-SP 설비

① SP 설비 헤드의 주수형태로 살수라고도 한다.

② 저압으로 방출되기 때문에 물방울의 평균 직경은 0.5~6mm이다.

③ 일반적으로 실내 고체가연물 화재에 사용한다.

(3) 무상(霧狀, spray)-물분무

물분무소화설비의 헤드에서의 방수형태로 물방울의 평균 직경은 0.1~1.0mm 정도이다. 일반적으로 유류 화재에 물을 사용하면 연소면이 확대되기 때문에 물의 사용이 금지되어 있지만 중질유 화재(윤활유, 아스팔트유 등 고비점유의 화재)의 경우에는 무상으로 주수하면 급속한 증발에 의한 질식효과와 에멀션효과에 의해 소화가 가능하며, 단점으로는 전기전도성이 좋지 않기 때문에 전기 화재에도 유효하나 이때에는 일정한 거리를 유지하여야 감전을 방지할 수 있다.

(4) 분무(噴霧) – 미분무수(water mist)

노즐로부터 1m 직하의 평면에 도달한 가장 미세한 것부터 합산하여 누적한 물방울입자의 99%가 1mm(1000㎛) 이하인 물분무수를 말한다.

4 소화효과

(1) 냉각(冷却)효과

(2) 질식(窒息)효과

물이(액상에서) 기상으로 변화할 때 대기압에서의 체적은 1,670배로 증가한다.

① 100℃ 증기의 비체적 : $1.673 m^3/kg$

② 20℃ 증기의 비체적 : $0.0010018 m^3/kg$

$= \frac{1.673}{0.0010018} \fallingdotseq 1,670$ → 수증기가 연소면을 덮어 질식효과 발생

※ 물이 가지는 큰 체적(포화증기)이 이에 상당하는 화재 주변의 공기를 밀어내어 연소를 지속하는데 필요한 공기(산소)의 체적을 감소시킨다.

(3) 희석(稀釋)효과

알코올 등과 같은 수용성 액체 위험물은 물에 잘 녹아 희석되는 희석작용에 의한 소화 → 포소화약제

① 알코올 등과 같은 수용성인 경우에 한한다.

② 목적은 인화성 액체보다 훨씬 더 높은 인화점을 가진 용해액을 생성시키는 것이다.

③ 용해액이 인화성 증기를 발생하는 표면에만 생성되도록 연소 중인 액체 표면에 작은 크기, 중간 크기의 물방울을 완만하게 분사하여야 한다.

④ 인화성 액체의 전체 체적에 대하여 물을 분사하는 것은 불필요하며 혼합비율이 증가할 때는 바람직한 방법이 아니다. 연료의 전체 체적을 희석시키는 것은 많은 물이 필요하고 넘침현상이 발생할 수도 있다.

⑤ 유화의 경우에는 고속으로 큰 물방울이 필요하나 희석의 경우에는 물방울이 연료 표면에 도달하기 위하여 물방울의 운동에너지가 충분해야 한다.

5 강화액(强化液)소화약제(wet chemical agent)

물의 소화력을 높이기 위하여 화재 억제효과가 있는 염류를 첨가(염류로 알칼리금속염의 중탄산나트륨, 탄산칼륨, 초산칼륨, 인산암모늄 기타 조성물)하여 만든 소화약제로서 원리는 다음과 같다.

① 냉각소화

② 질식소화(비누화(saponification))

③ 부촉매효과(억제효과)

6 침윤소화약제(wetting agent)

물은 표면장력이 커서 가연물에 침투되기 어렵기 때문에 물에 계면활성제 등를 첨가하여 그 표면장력을 저하시켜 침투력, 분산력, 유화력을 증대시켜 소화하는 소화약제

7 알칼리 소화약제

(1) 산과 알칼리의 화학반응을 이용한 소화약제

(2) 발생하는 이산화탄소는 질식소화원으로 Na_2SO_4, $2H_2O$은 냉각소화원 사용(원리 : 냉각 및 질식)

$$2NaHCO_3 + H_2SO_4 \rightarrow Na_2SO_4 + 2H_2O + 2CO_2$$

(알칼리 : 탄산수소나트륨(중조))

8 물의 소화능력을 증가시키기 위한 첨가제

(1) **부동액(antifreeze agent)**

물은 0℃ 이하에서 얼기 때문에 소화약제로서의 기능을 상실하며, 또한 배관 및 기기 파괴를 초래한다. 한랭지 또는 난방을 하지 않은 거실, 옥외 노출배관이 있는 경우 부동액을 사용한다.

부동액 가운데 유기물질로는 에틸렌글리콜, 프로필렌글리콜, 글리세린 등이 있으며, 무기물질로는 염화갈륨($GaCl_2$)와 부식억제제를 혼합한 물질 등이 있다.

(2) **적심제, 침윤제(wetting agent)**

석유, 톱밥 등 심부 화재의 소화인 경우 물이 가연물에 깊숙히 침투할 수 있도록 약제를 첨가, 특히 석유와 물은 불용이므로 석유에 혼합될 수 있는 약제를 첨가한다. 대표적으로 계면활성제를 들 수 있으며, 전기기기의 화재에는 사용을 제한한다.

(3) **증점제(농축제)(thickening agent)**

물의 점성을 높이기 위해서 첨가하는 첨가제를 말한다. 즉 물의 점성을 높여 쉽게 유동되지 않도록 한다.

6.3 포소화약제

1 개 요

물과 포소화약제를 일정한 비율로 혼합한 수용액을 공기로 발포시켜 연소면을 공기와 차단시킴으로써 질식소화하며 또한 포에 함유한 수분에 의한 냉각소화

2 포소화약제의 적응 화재

(1) 비행기 격납고, 자동차 정비공장, 차고, 주차장 등 주로 기름을 사용하는 장소

(2) 특수가연물을 저장 취급하는 장소

(3) 위험물시설(제1류(알칼리금속 이외에), 제2류(금속분 이외에), 제3류(금속성 제외), 제4, 5, 6류 전부)

3 포소화약제의 장·단점

(1) 장점

① 인체에 무해하다.

② 유동성이 좋아 소화속도가 빠르다.

③ 유출 유화재에 적합하다.

④ 옥내(지하상가, 창고 등) 및 옥외에서도 소화효과를 발휘한다.

⑤ 고팽창포에서 저팽창포까지 팽창범위가 넓어 고체 및 기체 연료 등 사용범위가 넓다.

⑥ 유류 화재 및 일반 화재에 사용한다.

⑦ 내화성이 타 약제에 비하여 크므로 대규모 화제를 효과적으로 진압할 수 있다.

(2) 단점

① 내열성과 내유성이 약하여 대형 유류탱크 화재에서 Ring Fire(윤화현상)가 일어날 염려가 있다.

② 용이하게 분해되지 않으므로 세제공해를 일으킨다.

③ 기포성 및 유동성이 좋은 반면 내유성이 약하고 빨리 소멸된다.

4 포소화약제의 구비조건

(1) 포의 안정성이 좋아야 한다.

(2) 포의 유동성이 좋아야 한다.

(3) 독성이 적어야 한다.

(4) 유류와의 접착성이 좋아야 한다.

(5) 유류의 표면에 잘 분산되어야 한다.

(6) 포가 소포성이 적어야 한다.

5 종 류

(1) 발포 방법(발포기구)에 의한 분류

① **화학포 소화약제**(chemical foam) : 질식 및 냉각 소화

A제의 주성분은 탄산수소나트륨(기포제)에 안정제(카제인, 젤라틴), 합성 계면활성제, 수용성 단백질, 방부제, B제는 황산알루미늄

$$6NaHCO_3 + Al_2(SO_4)_3 \cdot 18H_2O \rightarrow 6CO_2 + 3Na_2SO_4 + 2Al(OH)_3 + 18H_2O$$

화학반응에 의하여 발생한 이산화탄소가스의 압력에 의하여 포가 발생한다.

② **기계포(공기포) 소화약제**(mechanical foam, air foam) : 질식, 냉각, 유화 및 희석작용

물과 포소화약제를 일정한 비율로 혼합한 수용액을 공기로 발포킨 포

㉮ 기계포(공기포) 소화약제의 성분에 의한 분류

㉠ 단백포(Protein foam, P)

㉡ 합성 계면활성제포(Synthetic surface active foam, S)

㉢ 수성막포(Aqueous Film Forming Foam, AFFF)

㉣ 내알코올형 포소화약제(수용성 용제 포소화약제, Alcohol Resistant foam, AR)

㉤ 막형성 불화단백포(Film Forming Fluoro Protein, FFFP)

㉯ 기계포(공기포)의 성분 및 소화 특성

㉠ 단백포(Protein foam, P)

- 동식물성 단백질(동물의 뿔, 발톱 등)의 가수분해 생성물을 기제로 하고 포 안정제로서 제1철염, 부동제(에틸렌글리콜, 프로필렌글리콜 등) 등을 첨가하여 흙갈색을 띄며 독한 냄새가 남

- 사용 농도 : 3%, 6%
- 장점
  - 내열성이 좋다.
  - 포의 안정성이 커서 재연방지효과가 우수하다.
- 단점
  - 포의 유동성이 작아서 소화속도가 늦다.
  - 기름으로 오염시 소화능력 저하
  - 소화시간이 길다.(화재진압이 느림)
- 방호 대상 : 석유류 탱크(저장탱크 화재), 제4류 위험물의 옥외탱크, 석유화학 플랜트

㉡ 합성 계면활성제포(Synthetic surface active foam, S)

- 계면활성제를 기제로 하여 포막안정제 등을 첨가한 것으로 단백질처럼 쉽게 변질되지는 않는 포소화약제
- 장점
  - 저팽창(3%, 6%)에서 고팽창(1%, 1.5%, 2%)까지 팽창범위가 넓어 고체 및 기체 연료 등 사용범위가 넓다.
  - 유동성이 좋아 소화속도가 빠르고, 유출유 화재에 적합하며, 반영구적이다.
  - 고팽창포를 사용하는 경우 소화시 사용수량이 적기 때문에 소화 후 물에 의한 피해가 적다.
- 단점
  - 내유성이 약하고 포가 빨리 소멸되는 단점이 있다.
  - 내열성, 봉쇄성이 떨어진다(적열된 탱크벽의 영향으로 재발화된 위험이 있는 대규모 석유탱크 화재는 부적합).
- 사용 농도 : 저팽창(3%, 6%)에서 고팽창(1%, 1.5%, 2%)
- 방호 대상 : 고압가스, 액화가스, 화학 플랜트, 위험물 저장소, 고체연료

㉢ 수성막포(불소계 계면활성제포, Aqueous Film Forming Foam, AFFF)

- 개요
  - 불소계 습윤제를 기제로 하여 안정제 등을 첨가한 것으로 거품에서 환원된 불소계 계면활성제 수용액이 기름 표면에 얇은 수성막을 형성하여 유면으로부터 가연성 증기 발생을 억제하여 재착화를 방지한다고 하여 수성막포(AFFF ; Aqueous Film Forming Foam)라고 불린다.

–인화성 액체 기름의 표면에 거품과 수성막(aqueous film)을 형성하기 때문에 질식과 냉각효과가 뛰어나다(미국 3M 사에서 Light Water이라는 상품명으로 판매).

• 장점

–유동성이 좋은 거품과 수성막이 형성되어 초기 소화속도가 빨라서 유출류 화재에 적합하다.

–기름에 오염이 되지 않아 표면하주입방식(SSI, Subsurface Injection 방출방식)에 의한 설비를 할 수 있다.

• 내약품성으로 불화 단백포 소화약제 및 분말소화약제와 Twin Agent System 이 가능

• 단점

–내열성이 아주 약하다.

–내열성이 약해서 탱크 내벽을 따라 잔불이 남게 되는 환모양의 Ring Fire(윤화)현상이 일어날 염려가 있다. 따라서 탱크설비시 탱크 측면에 Water Spray와 병행설치하여 Ring Fire 현상을 방지할 수 있다.

–가격이 비싸다.

• 성능

–단백포에 비해 약 3~5배의 소화효과를 나타낸다.

–얇은 수성막이 장시간 지속되므로 인접해 있는 기름에 연소되는 것을 방지할 수 있다. 수성막포는 침투성을 지니고 있어서 A급 화재에도 사용이 가능하다.

–대형 화재 또는 고온 화재(1,000℃ 이상)시 표면막 생성이 곤란한 단점이 있다.

–사용 농도 : 3%, 6%

–방호 대상 : 유류탱크, 화학 플랜트

㉣ 내알코올형 포소화약제(수용성 용제 포소화약제, Alcohol Resistant foam, AR)

• 물과 친화력이 있는 알코올과 같은 수용성 용매(극성 용매)의 화재에 보통의 포소화약제를 사용하면 수용성 용매가 포 속의 물을 탈취하여 포가 파괴되기 때문에 효과를 잃게 된다. 이와 같은 현상은 온도가 높아지면 더욱 뚜렷이 나타나는데 이같은 단점을 보완하기 위하여 단백질의 가수분해물에 금속비누를 계면활성제 등을 사용화여 유화, 분산시킨 포소화약제이다.

• 사용 농도 : 수용성 액체연료 6%, 탄화수소계 연료 3%, 6%

ⓜ 막형성 불화단백포(Film Forming Fluoro Protein, FFFP)

- 단백포에 불소계 계면활성제를 첨가한 것으로 불화단백포의 좋은 성능과 수성막포의 신속한 화재 제어를 결합한 것이 포소화약제이다.
- 단백포 및 불화단백포에 비해 유동성이 훨씬 좋다. 내열성 및 내재연성이 수성막포에 비하여 우수하다.
- 탄화수소계 액체에 의해 포가 오염되지 않는다.
- 특징 : 수용액은 일부 액체 탄화수소계 연료의 표면 위에 막을 형성한다. 이 막은 소화된 연료가 재발화하기 매우 어렵고 포 막이 깨지면 스스로 자기 밀봉시키는 것이다.
- 보통 3%, 6%형이 사용된다.
- 장점
  - 내열성이 좋다.
  - 유동성이 좋아 소화속도가 매우 빠르다.
  - 탄화수소계 액체(연료)에 의해 포가 오염되지 않는다. (연료와 혼합 시 발견됨)
  - 포가 매우 견고하다.

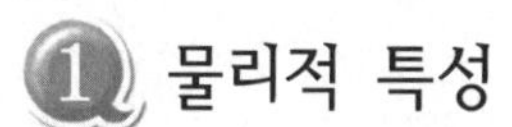

6.4 이산화탄소소화약제

1 물리적 특성

(1) 순도는 99.5% 이상이며, 수분 함유율은 0.05% 이하(KS M 1105의 2호 또는 3호)이다.

(2) 상온 상압에서 무색, 무취의 부식성이 없는 기체로서 공기보다 1.5배 무겁다.

(3) 기체 팽창률은 534L/kg(15℃)이고, 기화잠열은 576kJ/kg(56.1kcal/kg)이다.

EXERCISE

01 액체 이산화탄소 1kg이 1atm, 15℃에서 대기 중으로 방출하면 몇 〔L〕의 가스로 변하는가?

$PV = nRT = \frac{w}{M}RT,\ V = \frac{w}{PM}RT$

$P = 1\text{atm}$
$T = (273+15) = 288℃$
$M = 44\text{g/mol}$
$w = 1\text{kg} = 1{,}000\text{g}$
$R = 0.0821\text{L} \cdot \text{atm/mol} \cdot \text{K}$

$\therefore\ V = \frac{1{,}000\text{g}}{1\text{atm} \times 44} \times 0.082 \times 288\text{K}$
$= 536.7\text{L} \times 0.995(\text{순도})$
$= 534\text{L}$

(4) 자체 증기압이 높으므로 심부 화재까지 침투가 용이(증기압 60kg/cm^2(20℃))

(5) 액화가 용이한 불연성 가스(임계점 31.35℃, 72.9atm)

(6) 전기부도체로서 C급 화재에 적응성이 좋다.

(7) 삼중점은 −56.6℃(5.11atm), 비점은 −78.5℃

(8) 전기절연성은 공기의 1.2배

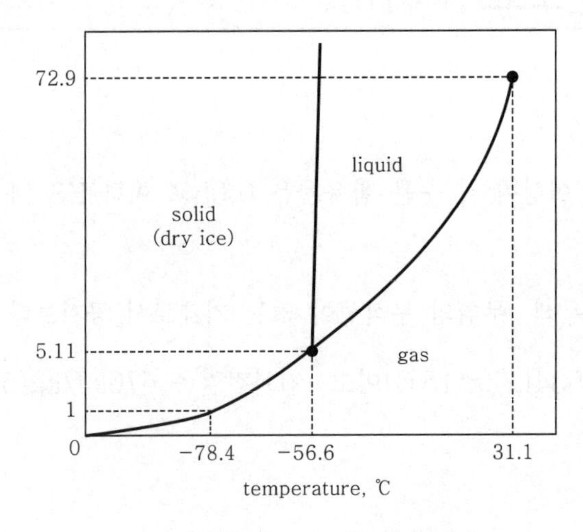

▌이산화탄소의 $P-T$ 상태도▐

2 장 · 단점

(1) 장점

① 진화 후 소화약제의 잔존물이 없음

② 심부 화재에 효과적

③ 약제의 수명이 반영구적이며 가격이 저렴

④ 전기의 부도체로서 C급 화재에 매우 효과적

⑤ 기화잠열이 크므로 열흡수에 의한 냉각작용 큼

(2) 단점

① 질식의 피해

② 기화시 온도가 급랭하여 동결 위험

3 소화원리

(1) 질식소화

공기 중의 산소 농도 21%를 CO_2가 산소 농도를 15% 이하로 저하시켜 소화하는 작용

이산화탄소의 최소소화농도〔vol%〕 $= \dfrac{21 - \text{한계산소농도}}{21} \times 100$

최소설계농도는 상기 식에 의해 구해진 최소소화농도값에 20%를 더하여 산출한다.

▶ 일반적인 가연물질의 한계산소농도

가연물질의 종류		한계산소농도
고체 가연물질	종이	10vol% 이하
	섬유류	
액체 가연물질	가솔린	15vol% 이하
	등유	
기체 가연물질	수소	8vol% 이하

▶ 기체, 액체 가연물질의 한계산소농도 및 CO_2의 최소소화농도 및 최소설계농도

가연물질	한계산소농도〔vol%〕	최소소화농도〔vol%〕	최소설계농도〔vol%〕
수소(Hydrogen)	7.98	62	74.4
아세틸렌(Acetylene)	9.45	55	66
일산화탄소(Carbon monoxide)	9.87	53	63.3
산화에틸렌(Ethylene oxide)	11.76	44	52.8
에틸렌(Ethylene)	12.39	41	49.2
에틸에터(Ethyl ether)	13.02	38	45.6
에틸알코올(Ethyl alcohol)	13.44	36	43.2
에탄(Ethane)	14.07	33	39.6
석탄가스(Coal gas)	14.49	31	37.2
천연가스(Natural gas)	14.49	31	37.2
사이클로 프로판(Cyclo Propane)	14.49	31	37.2
이소부탄(Iso-Butane)	14.70	30	36
프로판(Propane)	14.70	30	36
부탄(Butane)	15.12	28	33.6
가솔린(Gasoline)	15.12	28	33.6
경유(Kerosene)	15.12	28	33.6
아세톤(Acetone)	15.65	25.48	30.58
메틸알코올(Methyl alcohol)	15.65	25.48	30.58
메탄(Methane)	15.96	24	28.8

(2) **냉각소화**

CO_2 가스 방출시 Joule Thomson 효과에 의해 기화열의 흡수로 인하여 소화하는 작용

4 이산화탄소가 인체에 미치는 영향(대기 중에 0.03% 포함)

공기 중의 CO_2 농도〔vol%〕	인체에 미치는 영향
1	공중 위생상의 허용 농도(무해)
2	불쾌감이 있다.
4	눈의 자극, 두통, 귀울림, 현기증, 혈압 상승
8	호흡 곤란
9	구토, 감정 둔화
10	시력장애, 1분 이내 의식상실 그대로 방치하면 사망
20	중추신경 마비되어 단시간 내 사망

5 적응성과 비적응성

(1) 적응성

① 인화성 액체(flammable liquid materials)

② 전기적 위험(electrical hazard)

③ 일반가연물(ordinary combustibles)

④ 고체위험물(hazardous solids)

⑤ 인화성 액체연료를 사용하는 엔진(engines utilizing gasoline & other flammable liquid fuels)

(2) 비적응성

① 제3류 위험물(반응성 금속, 나트륨, 칼륨, 칼슘 등)

② 제5류 위험물(자체에서 산소를 공급하는 화합물, 나이트로셀룰로이드 등)

③ 금속수소화합물(metal hydride, 실리칸(SiH_4) 등)

6.5 할론소화약제

1 개 요

지방족 탄화수소인 메탄, 에탄 등의 수소 일부 또는 전부가 할로젠원소(F, Cl, Br, I 등)로 치환된 화합물을 말하며, Halon이라 부르고 있다.

※ Halon 어원 : Halogenated Hydrocarbon(할로젠화탄화수소)의 약칭(파라핀계 탄화수소 C_nH_{2n+2})

2 Halon 소화약제

(1) 소화의 강도

소화약제가 방사 후 Halon은 열분해하여 부촉매 역할을 하는 Br이 공기 중에서 Chain Carrier로서 역할을 하여 소화작용을 하게 된다. **비금속원소인 할로젠원소의 화합물의 경우는 F>Cl>Br>I의 순서로 안정성이 있으며** 따라서 분해는 안정성과 반대이며 **소화의 강도는 F < Cl < Br < I의 순서이다.** I(Iodine 아이오딘)의 경우 소화효과는 가장 강하나 너무 분해가 쉬워 다른 물질과 쉽게 결합 독성물질을 생성하며, 가격이 비싸 소화약제로서 사용하지 않는다. 따라서 소화강도가 I(Iodine 아이오딘) 다음인 Br으로서 1301은 Br을 주체로 한 소화약제이다.

(2) 할론 명명법

구 분	분자식	C F Cl Br	명명법
할론 1011	CH_2ClBr	1 0 1 1	브로모클로로메탄
할론 2402	$C_2F_4Br_2$	2 4 0 2	다이브로모테트라플루오로에탄
할론 1301	CF_3Br	1 3 0 1	브로모트리플루오로메탄
할론 1211	CF_2ClBr	1 2 1 1	브로모클로로다이플루오로메탄
할론 104	CCl_4	1 0 4	카본테트라클로라이드

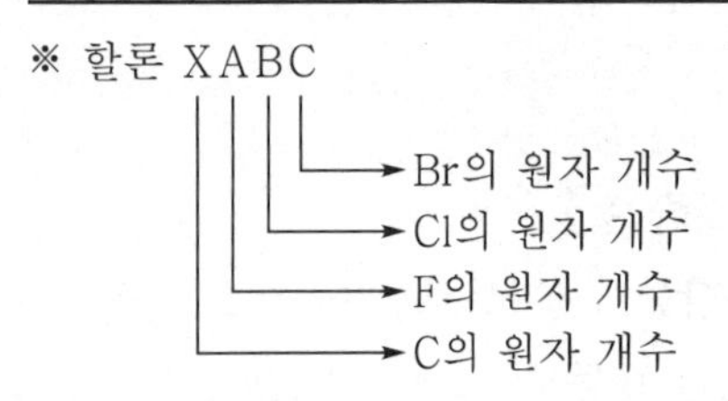

▶ 할로젠화합물에서 할로젠원소의 역할

특 징 \ 할로젠원소	불 소	염 소	브 롬
안정성	강화	–	–
독성	감소	강화	강화
비점	감소	강화	강화
열안정성	강화	감소	감소
소화효과	–	강화	강화

```
     Cl                  F
     |                   |
Cl — C — Cl         Br — C — F
     |                   |
     Cl                  F
```

Halon 104
(Carbon tetrachloride)

Halon 1301
(Bromotrifluoromethane)

```
     Cl                  F   F
     |                   |   |
Br — C — F          Br — C — C — Br
     |                   |   |
     F                   F   F
```

Halon 1211
(Bromochlorodifluoromethane)

Halon 2402
(Dibromotetrafluoroethane)

‖ 대표적인 할로젠화합물소화약제의 구조식 ‖

3 소화약제의 종류

구 분	할론 1301	할론 1211	할론 2402	할론 104
분자식	CF_3Br(BT)	CF_2ClBr(BCF)	$CF_2Br \cdot CF_2Br$	CCl_4(CTC)
분자량	148.9kg	166.4kg	259.9kg	153.89kg
비점	−57.75℃	−3.4℃	47.5℃	76.8℃
증기압	14kg/cm^2 (21℃)	2.5kg/cm^2 (21℃)	0.48kg/cm^2 (21℃)	0.48kg/cm^2 (21℃)
증발잠열	28kcal/kg (117kJ/kg)	32kcal/kg (133kJ/kg)	25kcal/kg (105kJ/kg)	
상태	기체(21℃)	기체(21℃)	액체(21℃)	액체(21℃)
밀도	1.57g/cm^2	1.83g/cm^2	2.18g/cm^2	−
기체비중 (공기=1)	5.1	5.7	9.0	5.3
비고	기상상태로 방사	액상상태로 방사	독성 때문에 주로 옥외의 유류탱크	자체 독성, 열분해시 포스겐($COCl_2$), 염화수소(HCl)

참고

CCl_4

❶ 습한 공기와 반응 : $CCl_4 + H_2O \rightarrow COCl_2 + 2HCl$
❷ 건조 공기와 반응 : $2CCl_4 + O_2 \rightarrow 2COCl_2 + 2Cl_2$
❸ 탄산가스와 반응 : $CO_2 + CCl_4 \rightarrow 2COCl_2$
❹ 철제와의 반응 : $Fe_2O_3 + 3CCl_4 \rightarrow 2FeCl_3 + 2COCl_2$

4 소화원리

(1) 질식소화

물리적 소화로서 가연물 화재시 화염에 의해서 할로젠화합물소화약제가 분해되어 불활성 가스(HF, HBr)를 발생하며 이 불활성 가스가 산소를 희석시켜 질식작용

(2) 냉각작용

물리적 소화로서 할로젠화합물소화약제 저비점(−57.75℃)으로 증발시 주위에서 기화열(117kJ/kg)로 주위로부터 열량을 흡수

(3) 부촉매(negative catalyst) 효과(억제소화)

화학적 소화로서 할로젠화합물소화약제가 고온의 화염에 접하면 그 일부가 분해되어 유리할로젠이 발생되고 이 유리할로젠이 가연물의 활성기(H^-, OH^-)와 반응하여 연쇄반응(chain reaction)을 차단

참고

소화 메커니즘(extinguishing mechanism)

탄화수소는 열에 의해 분해하여 공기 중의 산소와 산화반응을 일으키고 수소라디칼(H^-)과 수산기라디칼(OH^-)이 생성된다. 여기서 이들이 연쇄적인 반응으로 탄화수소에 작용하여 다음과 같이 계속하여 연소가 확대된다.

$$R-H \rightarrow R\cdot + H^-$$

$$R-H \rightarrow R\cdot + OH^- + \frac{1}{2}O_2$$

이 연소계에 할론 1301을 방사하면 할론은 가열분해되어 브로민라디칼(Br·)이 생성된다.

$$CF_3Br \rightarrow CF_3^- + Br\cdot$$

이 브로민라디칼(Br·)은 연소계의 생성물 수소라디칼(H^-)과 반응하여

$$Br\cdot + H^- \rightarrow HBr$$

$$HBr + OH^- \rightarrow H_2O + Br\cdot$$

이상과 같이 연소계의 활성화된 수소라디칼(H^-)과 수산기라디칼(OH^-)을 브로민라디칼의 부촉매 작용에 의해 불활성으로 되어 연소의 연쇄반응을 억제한다.

5 장 · 단점

(1) 장점

① 화학적 부촉매에 의한 연소의 억제작용이 크며, 소화능력 양호

② 전기적 부도체로서 C급 화재에 매우 효과적

③ 저농도로 소화가 가능하며 질식의 우려가 없음

④ 소화 후 잔존물이 없음

⑤ 금속에 대한 부식성이 적고 독성이 비교적 적음

(2) 단점

① CFC(Chloro Fluoro Carbon(불화염화탄소)) 계열의 물질로 오존층 파괴의 원인물질

② 가격이 매우 고가

③ 약제 생산 및 사용 제한으로 안정적 수급이 불가능

6 인체에 미치는 영향

농 도〔vol%〕		인체에 미치는 영향
Halon 1301	Halon 1211	
7	2~3	5분간 노출시 가벼운 이상
7~10	3~4	수분간 노출로 현기증
10 이상	4~5	30초 이상을 넘기면 현기증, 혈압강하

※ 출처 : Fire Protection Handbook, 18 edition

6.6 할로젠화합물 및 불활성가스 소화약제

1 개 요

(1) CFC 규제와 오존층 파괴

오존층은 지상으로부터 25~30km 부근의 성층권이라고 부르는 층에 존재한다. 이 오존은 성층권 내의 O_2가 태양의 빛에너지에 의해 생성과 파괴를 반복해서 일어나며 균형을 이루고 있으나, 할로젠화합물 및 프레온가스 등에 의해 이 균형이 무너지고 오존층이 파괴되고 있으며, 이는 인공위성 등에 의해 확인되고 있다.

오존층의 파괴는 생태계에 다음과 같은 심각한 영향을 미치고 있으며 따라서 CFC(염화불화탄소)의 규제는 불가피하게 여겨진다.

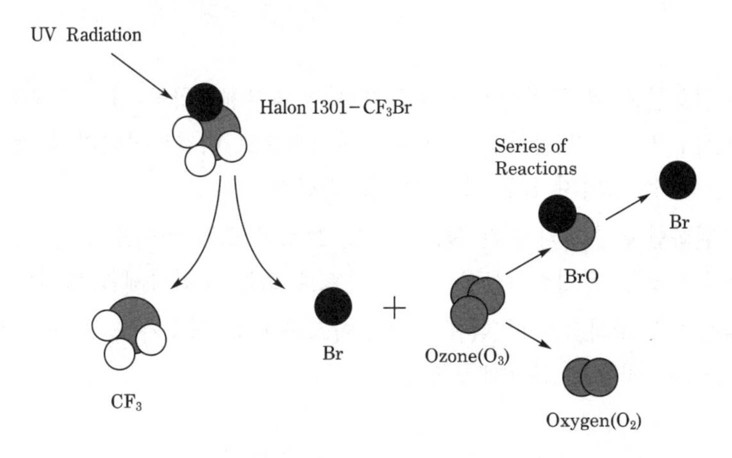

┃Chemical Mechanisms of Halon 1301 and Ozone┃

(2) 오존층 파괴의 영향

① 인체에 유해한 자외선이 지표까지 도달하는 양이 많아서 피부암, 백내장 등을 유발한다.

② 식물의 광합성 작용을 방해하여 식물의 성장을 저해하고 이에 따라 농작물 등의 수확량이 감소하게 된다.

③ 지구의 온실효과 증대로 인한 해수면 상승이 우려된다.

④ 바다의 플랑크톤 감소 등으로 먹이사슬의 붕괴 등이 염려된다.

(3) CFC 규제에 관한 주요사항

① 몬트리올 의정서(1987년 9월)의 규제 대상물질
㉠ Group Ⅰ : CFC－11, 12, 113, 114, 115
㉡ Group Ⅱ : Halon 1211, Halon 1301, Halon 2402

② UNEP(국제연합환경계획)에서 우리나라에 몬트리올 의정서 가입 요청(1987년 12월)

③ 정부에서 오존층 보호를 위한 특정물질 규제 등에 관한 법률 공포(1991. 1. 14.)

④ 코펜하겐 몬트리올 의정서 회의(1992. 11.) － Group Ⅱ
㉠ 선진국 : 1994. 1. 1.부터 전면 사용 중지
㉡ 개발도상국 : 2010. 1. 1.부터 사용 중지(2003년까지 국민 1인당 0.3kg 이내에 한하여 사용 연장 허용(우리나라 포함))

2 할로젠화합물 및 불활성가스 소화약제의 분류

(1) 정의

① "할로젠화합물 및 불활성가스 소화약제"란 할로젠화합물(할론 1301, 할론 2402, 할론 1211 제외) 및 불활성 기체로서 전기적으로 비전도성이며 휘발성이 있거나 증발 후 잔여물을 남기지 않는 소화약제를 말한다.

② "할로젠화합물 소화약제"란 불소, 염소, 브로민 또는 아이오딘 중 하나 이상의 원소를 포함하고 있는 유기화합물을 기본성분으로 하는 소화약제를 말한다.

③ "불활성가스 소화약제"란 헬륨, 네온, 아르곤 또는 질소가스 중 하나 이상의 원소를 기본성분으로 하는 소화약제를 말한다.

(2) 할로젠화합물 소화약제의 종류

소화약제	화학식
퍼플루오로부탄(이하 "FC-3-1-10"이라 한다.)	C_4F_{10}
하이드로클로로플루오로카본혼화제(이하 "HCFC BLEND A"라 한다.)	HCFC-123($CHCl_2CF_3$) : 4.75% HCFC-22($CHClF_2$) : 82% HCFC-124($CHClFCF_3$) : 9.5% $C_{10}H_{16}$: 3.75%
클로로테트라플루오로에탄(이하 "HCFC-124"라 한다.)	$CHClFCF_3$
펜타플루오로에탄(이하 "HFC-125"라 한다.)	CHF_2CF_3
헵타플루오로프로판(이하 "HFC-227ea"라 한다.)	CF_3CHFCF_3
트리플루오로메탄(이하 "HFC-23"이라 한다.)	CHF_3
헥사플루오로프로판(이하 "HFC-236fa"라 한다.)	$CF_3CH_2CF_3$
트리플루오로이오다이드(이하 "FIC-13I1"이라 한다.)	CF_3I
도데카플로오로-2-메틸펜탄-3-원(이하 "FK-5-1-12"라 한다.)	$CF_3CF_2C(O)CF(CF_3)_2$

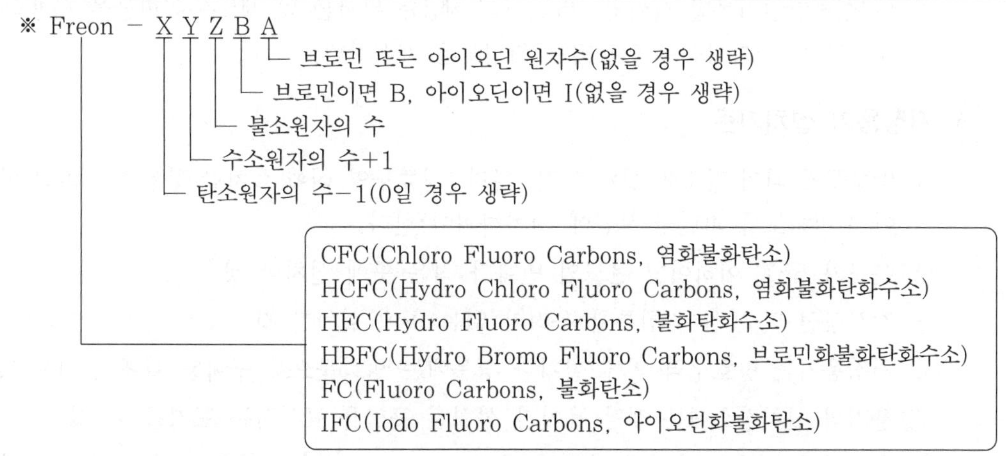

숫자 뒤에 ea 또는 fa를 표기하는 경우 분자량의 크기순으로 a~f까지 표기한다. 즉, 탄소와 결합할 수 있는 Cl, F, H 중 분자량이 가장 큰 Cl-C-Cl이 a, Cl-C-F는 b, F-C-F는 c, Cl-C-H는 d, F-C-H는 e, H-C-H는 f로 표기한다.
두 번째 영문자는 좌우에 있는 탄소가 어느 정도 대칭인가를 나타내는 것으로 극성(a)과 비극성(b)을 구분하는 것이다.

(3) 불활성가스 소화약제의 종류

소화약제	화학식
불연성 · 불활성 기체혼합가스(이하 "IG-01"이라 한다.)	Ar
불연성 · 불활성 기체혼합가스(이하 "IG-100"이라 한다.)	N_2
불연성 · 불활성 기체혼합가스(이하 "IG-541"이라 한다.)	N_2 : 52%, Ar : 40%, CO_2 : 8%
불연성 · 불활성 기체혼합가스(이하 "IG-55"라 한다.)	N_2 : 50%, Ar : 50%

※ 불연성·불활성가스 혼합가스 IG- A B C
- C → CO_2의 농도
- B → Ar의 농도
- A → N_2의 농도

(4) 할로젠화합물 및 불활성가스 소화설비 설치제외장소

① 사람이 상주하는 곳으로서 제7조 제2항의 최대허용설계농도를 초과하는 장소

② 「위험물안전기본법 시행령」 별표 1의 제3류 위험물 및 제5류 위험물을 사용하는 장소. 다만, 소화성능이 인정되는 위험물은 제외한다.

(5) 저장용기 설치기준

① 방호구역 외의 장소에 설치할 것. 다만, 방호구역 내에 설치할 경우에는 피난 및 조작이 용이하도록 피난구 부근에 설치하여야 한다.

② 온도가 55℃ 이하이고 온도의 변화가 적은 곳에 설치할 것

③ 직사광선 및 빗물이 침투할 우려가 없는 곳에 설치할 것

④ 저장용기를 방호구역 외에 설치한 경우에는 방화문으로 구획된 실에 설치할 것

⑤ 용기의 설치장소에는 해당 용기가 설치된 곳임을 표시하는 표지를 할 것

⑥ 용기간의 간격은 점검에 지장이 없도록 3cm 이상의 간격을 유지할 것

⑦ 저장용기와 집합관을 연결하는 연결배관에는 체크밸브를 설치할 것. 다만, 저장용기가 하나의 방호구역만을 담당하는 경우에는 그러하지 아니하다.

3 소화약제량의 산정

(1) 할로젠화합물 소화약제는 다음 공식에 따라 산출한 양 이상으로 할 것

$$W = V/S \times [C/(100 - C)]$$

여기서, W : 소화약제의 무게〔kg〕

V : 방호구역의 체적〔m^3〕

S : 소화약제별 선형상수$(K_1 + K_2 + t)$〔m^3/kg〕

소화약제	K_1	K_2
FC-3-1-10	0.094104	0.00034455
HCFC BLEND A	0.2413	0.00088
HCFC-124	0.1575	0.0006
HFC-125	0.1825	0.0007
HFC-227ea	0.1269	0.0005
HFC-23	0.3164	0.0012
HFC-236fa	0.1413	0.0006
FIC-1311	0.1138	0.0005
FK-5-1-12	0.0664	0.0002741

C : 체적에 따른 소화약제의 설계농도[%]
t : 방호구역의 최소예상온도[℃]

(2) 불활성가스 소화약제는 다음 공식에 따라 산출한 양 이상으로 할 것

$X = 2.303(Vs/S) \times \text{Log}10(100/100 - C)$

여기서, X : 공간체적당 더해진 소화약제의 부피[m^3/m^3]
S : 소화약제별 선형상수$(K_1 + K_2 \times t)$[m^3/kg]

소화약제	K_1	K_2
IG-01	0.5685	0.00208
IG-100	0.7997	0.00293
IG-541	0.65799	0.00239
IG-55	0.6598	0.00242

C : 체적에 따른 소화약제의 설계농도[%]
V_S : 20℃에서 소화약제의 비체적[m^3/kg]
t : 방호구역의 최소예상온도[℃]

4 할로젠화합물 및 불활성가스 소화약제의 구비조건

(1) 소화성능이 기존의 할론소화약제와 유사하여야 한다.

(2) 독성이 낮아야 하며 설계농도는 최대허용농도(NOAEL) 이하이어야 한다.

(3) 환경영향성 ODP, GWP, ALT가 낮아야 한다.

(4) 소화 후 잔존물이 없어야 하고 전기적으로 비전도성이며 냉각효과가 커야 한다.

(5) 저장시 분해되지 않고 금속용기를 부식시키지 않아야 한다.

(6) 기존의 할론소화약제보다 설치비용이 크게 높지 않아야 한다.

5. 용어 정리

① NOAEL(No Observed Adverse Effect Level) : 농도를 증가시킬 때 아무런 악영향도 감지할 수 없는 최대허용농도→최대허용설계농도

② LOAEL(Lowest Observed Adverse Effect Level) : 농도를 감소시킬 때 아무런 악영향도 감지할 수 있는 최소허용농도

③ ODP(Ozone Depletion Potential) : 오존층 파괴지수

$$\frac{\text{물질 1kg에 의해 파괴되는 오존량}}{\text{CFC}-11(\text{CFCl}_3)\ \text{1kg에 의해 파괴되는 오존량}}$$

할론 1301 : 14.1, NAFS−Ⅲ : 0.044

④ GWP(Global Warming Potential) : 지구온난화지수

$$\frac{\text{물질 1kg이 영향을 주는 지구온난화 정도}}{\text{CO}_2\ \text{1kg이 영향을 주는 지구온난화 정도}}$$

⑤ ALT(Atmospheric Life Time) : 대기권 잔존수명
물질이 방사된 후 대기권 내에서 분해되지 않고 체류하는 잔류기간(단위 : 년)

⑥ LC50 : 4시간 동안 쥐에게 노출했을 때 그 중 50%가 사망하는 농도

⑦ ALC(Approximate Lethal Concentration) : 사망에 이르게 할 수 있는 최소농도

6.7 분말소화약제

1. 개 요

방습가공을 한 나트륨 및 칼륨의 중탄산염 기타의 염류 또는 인산염류, 그 밖의 방염성을 가진 염류를 가진 분말소화약제

① 입자의 크기
최적의 소화입자 20~25μm, 분말입자의 범위 10~70μm

② 인체에 미치는 영향
자체 독성은 없지만 방사된 분말을 다량 흡입은 피하여야 한다.

2 소화 원리

(1) 질식효과

분말소화약제가 방사하면 분말이 연소면을 차단하며 반응시 발생하는 이산화탄소와 수증기가 산소의 공급을 차단하는 질식작용

(2) 부촉매효과(억제소화)

분말소화약제가 방사시 약제입자의 표면에서 발생된 Na^+, K^+, NH^{3+}이 활성라디칼과 반응하여 부촉매효과를 나타낸다. 이로 인하여 연쇄반응을 차단하는 억제소화

(3) 냉각소화

분말소화약제가 방사시 열분해되어 생성한 반응식은 전부 흡열반응으로서 이로 인하여 주위 열을 흡수하는 작용

3 장 · 단점

(1) 장점

① 전기절연성이 우수하여 전기 화재에 매우 효과적
② 습기의 침입을 억제하여 장기보존
③ 소화성능이 빠름
④ 약제는 인체에 무해

(2) 단점

① 소화약제의 잔류물로 인하여 2차 피해가 발생
② 약제가 고체이므로 자체에 대한 유동성이 적음
③ 유류 화재에 사용되는 경우 소화 후 재착화의 위험성이 있음

4 종류 및 특성

분말 종류	주성분	분자식	성분비	착 색	적응 화재
제1종	탄산수소나트륨 (중탄산나트륨)	$NaHCO_3$	$NaHCO_3$ 90wt% 이상	–	B, C급
제2종	탄산수소칼륨 (중탄산칼륨)	$KHCO_3$	$KHCO_3$ 92wt% 이상	담회색	B, C급
제3종	제1 인산암모늄	$NH_4H_2PO_4$	$NH_4H_2PO_4$ 75wt% 이상	담홍색 또는 황색	A, B, C급
제4종	탄산수소칼륨과 요소	$KHCO_3$ $+CO(NH_2)_2$	–	–	B, C급

※ 제1종과 제4종 약제의 착색에 대한 법적 근거 없음.

(1) 제1종 분말소화약제 소화효과

① 주성분인 탄산수소나트륨이 열분해될 때 발생하는 이산화탄소와 수증기에 의한 질식효과

② 열분해시의 흡열반응에 의한 냉각효과

③ 분말 운무에 의한 열방사의 차단효과

④ 연소시 생성된 활성기가 분말의 표면에 흡착되거나, 탄산수소나트륨의 Na^+에 의한 안정화되어 연쇄반응이 차단되는 효과

탄산수소나트륨은 약 60℃ 부근에서 분해되기 시작하여 270℃와 850℃ 이상에서 다음과 같이 열분해된다.

㉠ 270℃에서

$2NaHCO_3 \rightarrow Na_2CO_3 + H_2O + CO_2 - Q[kcal]$ ………………… 흡열반응

(중탄산나트륨) (탄산나트륨) (수증기) (탄산가스)

㉡ 850℃ 이상에서

$2NaHCO_3 \rightarrow Na_2O + H_2O + 2CO_2 - Q[kcal]$

참고

비누화(saponification) 현상

일반적인 요리용 기름이나 지방질 기름의 화재시에 중탄산나트륨과 반응하면 금속비누가 만들어져 거품을 생성하여 요리용 기름의 표면을 덮어서 질식소화효과와 재발화 억제효과를 낸다.

(2) 제2종 분말소화약제 소화효과

① 소화효과는 제1종 분말소화약제와 거의 비슷하나 소화능력은 제1종 분말소화약제보다 약 2배 우수하다.

② 제2종 분말소화약제가 제1종 분말소화약제보다 소화능력이 우수한 이유는 칼륨(K)이 나트륨(Na)보다 반응성이 더 크기 때문이다.
(알칼리금속에서 화학적 소화효과는 원자번호에 의해 Cs>Rb>K>Na>Li의 순서대로 커진다)
탄산수소칼륨의 열분해 반응식은 다음과 같다.

$2KHCO_3 \rightarrow K_2CO_3 + H_2O + CO_2 - Q$〔kcal〕 ·············· 흡열반응(at 190℃)
(탄산수소칼륨) (탄산칼륨) (수증기) (탄산가스)

$2KHCO_3 \rightarrow K_2O + 2CO_2 + H_2O - Q$〔kcal〕 ·············· 흡열반응(at 590℃)

(3) 제3종 분말소화약제 소화효과

$$NH_4H_2PO_4 \rightarrow HPO_3 + NH_3 + H_2O$$

① 열분해시 흡열반응에 의한 냉각효과

② 열분해시 발생되는 불연성 가스(NH_3, H_2O 등)에 의한 질식효과

③ 반응과정에서 생성된 메타인산(HPO_3)의 방진효과

④ 열분해시 유리된 NH_4^+과 분말 표면의 흡착에 의한 부촉매효과

⑤ 분말 운무에 의한 방사의 차단효과

⑥ Ortho 인산에 의한 섬유소의 탈수 탄화작용 등이다.

(4) 제3종 분말소화약제는 다른 분말소화약제와 달리 A급 화재에서도 적용할 수 있는 이유

① 제1 인산암모늄이 열분해될 때 생성되는 Ortho 인산이 목재, 섬유, 종이 등을 구성하고 있는 섬유소를 탈수 탄화시켜 난연성의 탄소와 물로 변화시키기 때문에 연소반응이 중단된다.

② 섬유소를 탈수 탄화시킨 Ortho 인산은 다시 고온에서 위의 반응식과 같이 열분해되어 최종적으로 가장 안정된 유리상의 메타인산(HPO_3)이 된다.

③ 제3종 분말소화약제는 다른 분말소화약제와 달리 A급 화재에서도 적용할 수 있는 이유
㉠ 제1 인산암모늄이 열분해될 때 생성되는 Ortho 인산이 목재, 섬유, 종이 등을 구성하고 있는 섬유소를 탈수 탄화시켜 난연성의 탄소와 물로 변화시키기 때문에 연소 반응이 중단된다.

㉡ 섬유소를 탈수 탄화시킨 Ortho 인산은 다시 고온에서 위의 반응식과 같이 열분해되어 최종적으로 가장 안정된 유리상의 메타인산(HPO_3)이 된다.

$NH_4H_2PO_4 \rightarrow HPO_3 + NH_3 + H_2O$

(5) 제4종 분말소화약제

중탄산칼륨과 요소(Urea, $(NH_2)_2CO$)의 반응물을 주성분으로 한 것이기 때문에 KU 분말이라 부른다.

$2KHCO_3 + CO(NH_2)_2 \rightarrow K_2CO_3 + NH_3 + CO_2$ ·············· 흡열반응

5 CDC(Compatible Dry Chemical) 분말소화약제

분말소화약제는 빠른 소화능력을 갖고 있으나 유류화재 등에 사용되는 경우 재착화의 위험성이 있다. 반면 포소화약제는 소화에 걸리는 시간은 길지만 포가 유면을 덮고 있기 때문에 재연위험이 없고 질식효과가 높다. 분말소화약제는 장점인 빠른 소화능력과 포소화약제의 장점인 재연위험성을 이용한 소포성이 거의 없는 CDC(Compatible Dry Chemical)를 개발하게 되었다.

6 분말소화약제의 Knockdown 효과

소화특성의 하나로서 약제방사 개시 후 10~20초 이내에 소화하는 것을 Knockdown 효과라 한다. 분말소화약제는 연소 중의 불꽃을 입체적으로 포위하여 주로 부촉매작용에 의하여 연쇄반응을 중지시켜 순식간에 불꽃을 소화하는데 이를 불꽃의 Knockdown 또는 분말소화약제의 Knockdown 효과라고 한다.

7 금속 화재용 분말소화약제(dry powder)

금속 화재는 가연성 금속인 알루미늄(Al), 마그네슘(Mg), 나트륨(Na), 칼륨(K), 리튬(Li), 티타늄(Ti) 등의 연소시 소화하는 약제를 말한다.

금속 화재용 분말소화약제(dry powder)의 종류는 다음과 같다.

① G−1

② Met−L−X

③ Na−X

④ Lith−X

▶ 한 장으로 보는 약제 총정리

소화약제	소화효과	종 류	성 상	주요내용
물	• 냉각 • 질식(수증기) • 유화(에멀션) • 희석 • 타격	동결방지제 : 에틸렌글리콜, 염화칼슘, 염화나트륨, 프로필렌글리콜	• 값이 싸다. • 구하기 쉽다. • 표면장력=72.7dyne/cm • 용융열=79.7cal/g • 증발잠열=539.63cal/g • 증발 시 체적 : 1,700배 • 밀폐장소 : 분무희석소화효과	• 극성분자 • 수소결합 비압축성 유체
강화액	• 냉각 • 부촉매	축압식, 가스가압식	• 물의 소화능력 개선 • 알칼리금속염의 탄산칼륨, 인산암모늄 첨가 $K_2CO_3+H_2O \rightarrow K_2O+CO_2+H_2O$	• 침투제, 방염제 첨가로 소화능력 향상 • −30℃ 사용 가능
산－알칼리	• 질식+냉각	－	$2NaHCO_3+H_2SO_4$ $\rightarrow Na_2SO_4+2CO_2+2H_2O$	• 방사압력원 : CO_2
포소화 성능 비교 : 수성막 > 계면활성제 > 단백포	• 질식+냉각	기계포(공기포) 단백포(3%, 6%)	• 동·식물성 단백질의 가수분해 생성물 • 철분(안정제)으로 인해 포의 유동성이 나쁘며, 소화속도 느림 • 재연방지효과 우수(5년 보관)	• Ring fire 방지
	• 질식+냉각	기계포(공기포) 합성계면활성제포(1%, 1.5%, 2%, 3%, 6%)	• 유동성 우수 • 내유성이 약하고, 소포 빠름 • 유동성이 좋아 소화속도가 빠름 • 유출유화재에 적합	• 고팽창, 저팽창 가능 • Ring fire 발생
	• 질식+냉각	기계포(공기포) 수성막포(AFFF)(3%, 6%)	• 유류화재에 가장 탁월, 일명 라이트워터 • 단백포에 비해 1.5 내지 4배의 소화효과 • Twin agent system (with 분말약제) • 유출유화재에 적합	• Ring fire 발생으로 탱크화재 부적합함
	• 희석	기계포(공기포) 내알코올포(3%, 6%)	• 내화성 우수 • 거품이 파포된 불용성 gel 형성	• 내화성 좋음 • 경년기간이 짧고 고가
	• 질식+냉각	화학포	• A제 : $NaHCO_3$ • B제 : $Al_2(SO_4)_3$	• Ring fire 방지 • 소화속도 느림
CO_2	• 질식+냉각	－	• 표준설계농도 : 34%(산소농도 15% 이하) • 삼중점 : $5.1kg/cm^2$, −56.5℃	• ODP=0 • 동상 우려 • 피난 불편

<table>
<tr><th>소화약제</th><th>소화효과</th><th>종 류</th><th>성 상</th><th>주요내용</th></tr>
<tr><td rowspan="6">할론</td><td rowspan="3">• 부촉매
• 냉각
• 질식
• 희석</td><td>할론 104
(CCl_4)</td><td>• 최초 개발약제
• 포스겐 발생으로 사용금지
• 불꽃연소에 강한 소화력</td><td>• 법적으로 사용금지</td></tr>
<tr><td>할론 1011
($CClBrH_2$)</td><td>• 2차대전 후 출현
• 불연성, 증발성 및 부식성 액체</td><td></td></tr>
<tr><td>할론 1211(ODP=2.4)
(CF_2ClBr)</td><td>• 소화농도 : 3.8%
• 밀폐공간 사용 곤란</td><td>• 증기비중 : 5.7
• 방사거리 : 4~5m
소화기용</td></tr>
<tr><td rowspan="2">*소화력
F<Cl<Br<I
*화학안정성
F>Cl>Br>I</td><td>할론 1301(ODP=14)
(CF_3Br)</td><td>• 5%의 농도에서 소화(증기비중=5.11)
• 인체에 가장 무해한 할론약제</td><td>• 증기비중 : 5.1
• 방사거리 : 3~4m
소화설비용</td></tr>
<tr><td>할론 2402(ODP=6.6)
($C_2F_4Br_2$)</td><td>• 할론약제 중 유일한 에탄의 유도체
• 상온에서 액체</td><td>• 독성으로 인해 국내외 생산 무</td></tr>
<tr><td colspan="4">할론소화약제 명명법 : 할론 XABC
C → Br의 원자 개수
B → Cl의 원자 개수
A → F의 원자 개수
X → C의 원자 개수</td></tr>
<tr><td>분말</td><td>• 냉각(흡열반응)
• 질식(CO_2 발생)
• 희석
• 부촉매</td><td colspan="3">

<table>
<tr><th>종 류</th><th>주성분(화학식)</th><th>착 색</th><th>적응화재</th><th>기 타</th></tr>
<tr><td>제1종</td><td>탄산수소나트륨
($NaHCO_3$)</td><td>–</td><td>B, C급</td><td>비누화효과</td></tr>
<tr><td>제2종</td><td>탄산수소칼륨
($KHCO_3$)</td><td>담회색</td><td>B, C급</td><td>제1종 개량형</td></tr>
<tr><td>제3종</td><td>인산암모늄
($NH_4H_2PO_4$)</td><td>담홍색 또는 황색</td><td>A, B, C급</td><td>방습제 : 실리콘 오일</td></tr>
<tr><td>제4종</td><td>탄산수소칼륨 + 요소
($KHCO_3+CO(NH_2)_2$)</td><td>–</td><td>B, C급</td><td>국내 생산 무</td></tr>
</table>

※ 제1종과 제4종에 해당하는 착색에 대한 법적 근거 없음.

<table>
<tr><th>종 류</th><th>열분해반응식</th><th>공통사항</th></tr>
<tr><td>제1종</td><td>$2NaHCO_3 \rightarrow Na_2CO_3+CO_2+H_2O$</td><td rowspan="3">• 가압원 : N_2, CO_2
• 소화입도 : 10~75μm
• 최적입도 : 20~25μm</td></tr>
<tr><td>제2종</td><td>$2KHCO_3 \rightarrow K_2CO_3+CO_2+H_2O$</td></tr>
<tr><td>제3종</td><td>$NH_4H_2PO_4 \rightarrow HPO_3+NH_3+H_2O$(메타인산)</td></tr>
</table>

</td></tr>
</table>

소화약제	소화효과	종 류	성 상	주요내용

할로젠 화합물 소화약제의 종류

소화약제	화학식
퍼플루오로부탄(이하 "FC-3-1-10"이라 한다.)	C_4F_{10}
하이드로클로로플루오로카본혼화제 (이하 "HCFC BLEND A"라 한다.)	HCFC-123($CHCl_2CF_3$) : 4.75% HCFC-22($CHClF_2$) : 82% HCFC-124($CHClFCF_3$) : 9.5% $C_{10}H_{16}$: 3.75%
클로로테트라플루오로에탄(이하 "HCFC-124"라 한다.)	$CHClFCF_3$
펜타플루오로에탄(이하 "HFC-125"라 한다.)	CHF_2CF_3
헵타플루오로프로판(이하 "HFC-227ea"라 한다.)	CF_3CHFCF_3
트리플루오로메탄(이하 "HFC-23"이라 한다.)	CHF_3
헥사플루오로프로판(이하 "HFC-236fa"라 한다.)	$CF_3CH_2CF_3$
트리플루오로이오다이드(이하 "FIC-1311"이라 한다.)	CF_3I
도데카플루오로-2-메틸펜탄-3-원(이하 "FK-5-1-12"라 한다.)	$CF_3CF_2C(O)CF(CF_3)_2$

※ Freon - X Y Z B A

- A: 브로민 또는 아이오딘 원자수(없을 경우 생략)
- B: 브로민이면 B, 아이오딘이면 I(없을 경우 생략)
- Z: 불소원자의 수
- Y: 수소원자의 수+1
- X: 탄소원자의 수-1(0일 경우 생략)
- Freon:
  - CFC(Chloro Fluoro Carbons, 염화불화탄소)
  - HCFC(Hydro Chloro Fluoro Carbons, 염화불화탄화수소)
  - HFC(Hydro Fluoro Carbons, 불화탄화수소)
  - HBFC(Hydro Bromo Fluoro Carbons, 브로민화불화탄화수소)
  - FC(Fluoro Carbons, 불화탄소)
  - IFC(Iodo Fluoro Carbons, 아이오딘화불화탄소)

불활성 가스 소화약제의 종류

소화약제	화학식
불연성 · 불활성 기체혼합가스(이하 "IG-01"이라 한다.)	Ar
불연성 · 불활성 기체혼합가스(이하 "IG-100"이라 한다.)	N_2
불연성 · 불활성 기체혼합가스(이하 "IG-541"이라 한다.)	N_2 : 52%, Ar : 40%, CO_2 : 8%
불연성 · 불활성 기체혼합가스(이하 "IG-55"라 한다.)	N_2 : 50%, Ar : 50%

※ 불연성·불활성 기체혼합가스 IG- A B C

- C → CO_2의 농도
- B → Ar의 농도
- A → N_2의 농도

소화능력 할론 1301=3>분말=2>할론 2402=1.7>할론 1211=1.4>할론 104=1.1>CO_2=1

제 6 장 출제예상문제

01 산소 농도를 15% 이하로 제어하면 일반적으로 소화가 가능하다. 만약 이산화탄소를 방사하여 산소 농도가 13%로 되었다면 이때 사용한 이산화탄소의 농도는 몇 % 정도인가?

㉮ 9.5%　㉯ 0.095%　㉰ 38.09%　㉱ 0.3809%

해설 $\frac{21-MOL}{21}\times 100=\frac{21-13}{21}\times 100=38.09$

02 분말소화약제의 경우 적당한 입도는 얼마인가?

㉮ 20~25micron　㉯ 30~35micron　㉰ 40~45micron　㉱ 50~55micron

해설 분말입자의 범위 : 10~70micron, 최적의 입자는 20~25micron

03 할론소화약제 중 독성이 거의 없어 지하층, 무창층에도 사용되며 소화효과가 가장 큰 약제는?

㉮ 할론 1301　㉯ 할론 2402　㉰ 할론 1211　㉱ 할론 104

04 다음 중 물리적 소화 방법으로 맞지 않는 것은?

㉮ 화재를 냉각시키는 방법　㉯ 혼합기의 조성변화에 의한 방법
㉰ 화재를 강풍으로 불어 끄는 방법　㉱ 첨가물질의 연소억제작용에 의한 방법

해설 첨가물질의 연소억제작용에 의한 방법은 화학적 소화 방법에 속한다.

05 다음 중 석유류 화재에서 특히 불소계 계면활성제가 좋은 이유로 옳지 않은 것은?

㉮ 석유와 같은 유기용매의 표면장력을 대폭 증가시킨다.
㉯ 액면상에 불소계 계면활성제의 분자막을 급속히 넓게 하고 이로 인해 분자막은 기름의 증발을 억제하기 때문이다.
㉰ 화학적으로 안정이 되고 장기간 보존도 가능하다.
㉱ 내약품성이 좋기 때문에 분말소화약제나 단백포소화약제와의 병용이 가능하다.

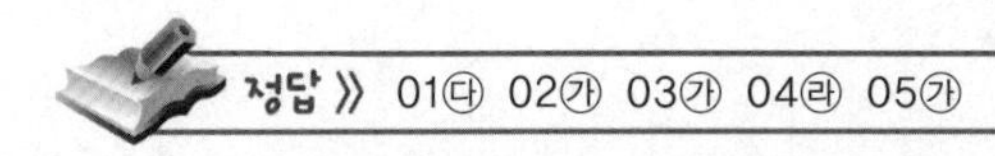

정답 》 01㉰ 02㉮ 03㉮ 04㉱ 05㉮

06 다음은 강화액소화약제에 대한 설명이다. 틀린 것은?

㉮ 화재 적응성은 A급에 대해 탁월하며, B급에 대해서는 별 효과가 없다.
㉯ 종류로는 축압식, 가스가압식, 반응식 등이 있다.
㉰ 강화소화액의 특징은 냉각소화효과에 의한 화재의 제어작용이 크며, 재연을 저지하는 작용도 한다.
㉱ 소화진압 후에도 분진 등의 잔류물이 없어 뒤처리가 용이하다.

해설 강화소화액의 특징은 부촉매효과에 의한 화재제어작용이 크다.

07 다음 중 소화약제가 환경에 미치는 영향을 표시하는 지수가 아닌 것은?

㉮ ODP　　㉯ GWP
㉰ ALT　　㉱ LOAEL

해설 ㉮ ODP(Ozone Depletion Potential, 오존층 파괴지수)

$$= \frac{\text{물질 1kg에 의해 파괴되는 오존량}}{CCl_3F \text{ 1kg에 의해 파괴되는 오존량}}$$

할론 1301 : 14.1, NAFS－Ⅲ : 0.044

㉯ GWP(Global Warming Potential, 지구온난화지수)

$$= \frac{\text{물질 1kg이 영향을 주는 지구온난화 정도}}{\text{CFC-11 1kg이 영향을 주는 지구온난화 정도}}$$

㉰ ALT(Atmospheric Life Time) : 대기권 잔존수명
물질이 방사된 후 대기권 내에서 분해되지 않고 체류하는 잔류기간(단위 : 년)

㉱ LOAEL(Lowest Observed Adverse Effect Level)
농도를 감소시킬 때 아무런 악영향도 감지할 수 있는 최소허용농도

08 밀폐된 공간 중에 비활성 기체인 아르곤기체를 주입함으로써 상대적인 산소 농도를 15% 이하로 낮추어 소화하였다면 어떤 소화효과인가?

㉮ 냉각소화효과　　㉯ 질식소화효과
㉰ 억제소화효과　　㉱ 희석소화효과

09 할론 1301의 증기비중은 얼마인가?

㉮ 4.13　㉯ 5.13　㉰ 6.13　㉱ 7.13

해설 할론 1301＝CF_3Br(M.W＝149)이므로

$$\frac{149}{28.84} \fallingdotseq 5.13$$

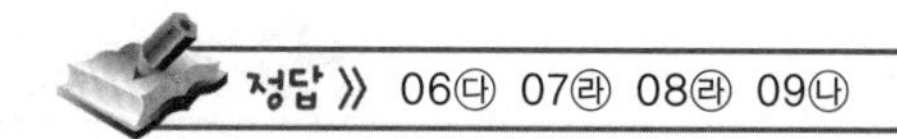
정답 》 06㉰ 07㉱ 08㉱ 09㉯

10 다음 소화약제에 대한 설명 중 잘못된 것은?

㉮ 물은 값이 저렴하고 독성이 없을 뿐만 아니라, 기화열은 540cal/g으로 다른 물질에 비교해서 높은 편이다.

㉯ 거품(foam)을 이용한 소화 방법은 석유화학물질 화재와 이를 취급, 저장하는 산업시설 등의 화재에 적응된다.

㉰ 할로젠화물 중 인체에 가장 무해하며, 소화효과가 뛰어난 것은 할론 1211이다.

㉱ 드라이케미컬은 10~75미크론의 화학물질 입자를 이산화탄소 등 불활성 압축가스로 분사시켜 소화효과를 거두는 소화약제이다.

11 다음은 할론 1301 소화약제에 대한 설명이다. 틀린 것은?

㉮ 전체 할론류 중에서 가장 소화효과가 크다고 할 수 있다.

㉯ A급 화재 표면소화를 하는 경우에 5% 이하의 농도에서 달성할 수 있다.

㉰ 모든 할론류 중에서 독성이 가장 적다.

㉱ 실온에서 액체상태이며, 그 비중은 약 5.17이다.

해설 ㉱항은 할론 2402에 대한 설명이다.

12 수증기와 작용해서 화학적으로 유독한 가스인 포스겐($COCl_2$)으로 변할 가능성이 있는 소화약제는?

㉮ 할론 104 ㉯ CO_2 ㉰ 할론 1211 ㉱ NaCl

해설 ① 습한 공기와 반응 : $CCl_4+H_2O \rightarrow COCl_2+HCl$
② 건조공기와 반응 : $2CCl_4+O_2 \rightarrow 2COCl_2+2Cl_2$

13 전기 화재시 전원을 차단하고 전기의 공급을 중지시킨 것은 어떤 소화에 해당되는가?

㉮ 냉각소화 ㉯ 질식소화 ㉰ 부촉매소화 ㉱ 제거소화

해설 ㉱ 제거소화에 대한 설명이다.

14 B급 화재시 소화 방법으로 옳지 않은 것은?

㉮ 포말소화기를 사용한다. ㉯ 건성분말의 화재진압이 효과적이다.

㉰ 물을 뿌리면 안 된다. ㉱ 산소공급을 중단하여야 한다.

해설 ㉯ 건성분말의 화재진압이 효과적인 것은 금속 화재(D급 화재)이다.

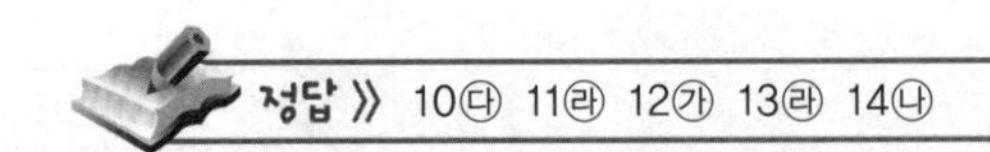
정답 》 10㉰ 11㉱ 12㉮ 13㉱ 14㉯

15 Halon 1011의 화학식은?

㉮ CF_3Br ㉯ CClBr ㉰ CF_2ClBr ㉱ $CClBrH_2$

16 다음 할론소화약제의 화학식을 틀리게 옮긴 것은?

㉮ 할론 1301 : CF_3Br ㉯ 할론 1211 : CF_2ClBr
㉰ 할론 1011 : CClBr ㉱ 할론 104 : CCl_4

17 튀김냄비 등의 기름에 인화되었을 때 싱싱한 야채 등을 넣어 기름의 온도를 내림으로써 소화하는 방법은?

㉮ 제거소화 ㉯ 냉각소화 ㉰ 질식소화 ㉱ 희석소화

18 희석소화 방법이 아닌 것은?

㉮ 아세톤에 물을 다량으로 섞는다.
㉯ 폭약 등의 폭발을 이용한다.
㉰ 불연성 기체를 화염 속에 투입하여 산소의 농도를 감소시킨다.
㉱ 팽창진주암으로 피복시킨다.

해설 ㉱ 질식소화 방법이다.

19 공기 중 산소 농도를 몇 〔%〕 정도까지 감소시키면 연소상태의 중지 및 질식소화가 가능하겠는가?

㉮ 12~15 ㉯ 15~20 ㉰ 20~25 ㉱ 25~30

20 다음 물질 중 가장 무거운 가스는?

㉮ 이산화탄소(CO_2) ㉯ Halon 1301
㉰ Halon 2402 ㉱ Halon 1211

해설 ㉮ CO_2의 분자량 44
㉯ Halon 1301(CH_3Br)의 분자량 149
㉰ Halon 2402($C_2F_4Br_2$)의 분자량 260(액체에 해당함)
㉱ Halon 1211(CF_2ClBr)의 분자량 165.5

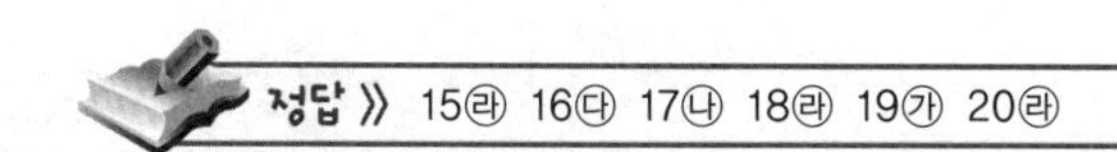
정답 》 15㉱ 16㉰ 17㉯ 18㉱ 19㉮ 20㉱

21 통신기기실의 소화설비에 가장 적합한 것은?

㉮ 스프링클러설비　　㉯ 옥내소화전설비
㉰ 분말소화설비　　㉱ 할로젠화합물소화설비

22 소화의 원리에 해당하지 않는 것은?

㉮ 산화제의 농도를 낮추어 연소가 지속될 수 없도록 한다.
㉯ 가연성 물질을 발화점 이하로 냉각시킨다.
㉰ 가연물을 계속 공급한다.
㉱ 화학적인 방법으로 화재를 억제시킨다.

23 가연성 액체의 유류 화재시 물로 소화할 수 없는 이유로서 옳은 것은?

㉮ 인화점이 강하다.　　㉯ 연소면을 확대
㉰ 수용성으로 인한 인화점의 상승　　㉱ 발화점이 강하다.

24 고압전기가 흐르는 전기시설물에 적용할 수 없는 소화방식은?

㉮ 이산화탄소에 의한 소화　　㉯ 할론 1301에 의한 소화
㉰ 거품에 의한 소화　　㉱ 물분무에 의한 소화

25 제거소화법과 전혀 관계가 없는 것은?

㉮ 산불의 확산방지를 위하여 산림의 일부를 벌채한다.
㉯ 화학반응기의 화재시 원료 공급관의 밸브를 잠근다.
㉰ 유류 화재시 가연물을 포(泡)로 덮는다.
㉱ 유류탱크 화재시 옥외소화전을 사용해서 탱크 외벽에 주수(注水)한다.

26 분말 A, B, C급 소화기 약제에 사용되는 제1 인산암모늄이 열분열로 생성되는 것이 아닌 것은?

㉮ H_2O　　㉯ NH_3
㉰ HPO_3　　㉱ N_2

해설 $NH_4H_2PO_4 \rightarrow HPO_3 + NH_3 + H_2O$

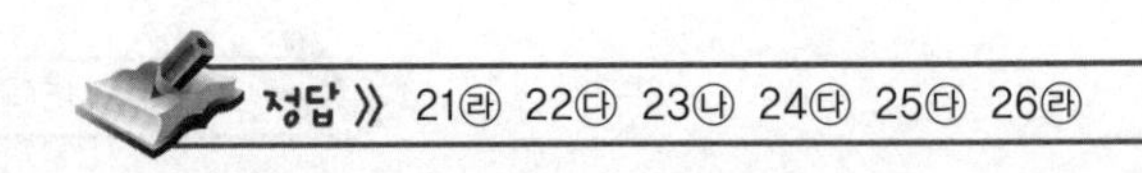
정답 » 21㉱ 22㉰ 23㉯ 24㉰ 25㉰ 26㉱

27 할론소화기는 연소의 어느 요소를 제거함으로써 소화작용을 하는가?

㉮ 점화에너지 ㉯ 가연물
㉰ 산화제 ㉱ 연쇄반응

28 포말로 연소물을 감싸거나 불연성 기체, 고체 등으로 연소를 감싸 산소공급을 차단하는 소화 방법은?

㉮ 질식소화 ㉯ 냉각소화
㉰ 희석소화 ㉱ 제거소화

29 화재를 소화하는 방법을 물리적 방법에 의한 소화라고 볼 수 없는 것은?

㉮ 연쇄반응의 화재적용에 의한 방법
㉯ 냉각에 의한 방법
㉰ 혼합기체의 조성변화에 의한 방법
㉱ 화염의 불안정화에 의한 방법

30 다음 할론소화약제 중 독성이 가장 약한 것은?

㉮ 할론 1202 ㉯ 할론 2402
㉰ 할론 1301 ㉱ 할론 1211

31 물의 소화효과를 크게 하기 위한 방법으로 가장 타당한 것은?

㉮ 강한 압력으로 방사한다.
㉯ 대량의 물을 단시간에 방사한다.
㉰ 안개처럼 분무상으로 방사한다.
㉱ 분무상과 봉상을 교대로 방사한다.

32 다음 중 소화의 방법이 적절하지 못한 것은?

㉮ 질식소화법 ㉯ 희석소화법
㉰ 냉각소화법 ㉱ 방염소화법

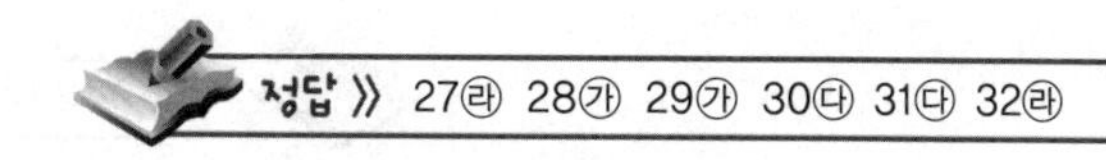
정답 》 27㉱ 28㉮ 29㉮ 30㉰ 31㉰ 32㉱

33 다음 중 질식소화와 관계없는 것은?

㉮ CO_2의 방사
㉯ 물분무의 방사
㉰ 분말의 방사
㉱ 가연물 공급밸브의 폐쇄

34 다음 화재 중 제거소화법이 활용될 수 없는 것은?

㉮ 산불
㉯ 화학공정의 반응기 화재
㉰ 컴퓨터 화재
㉱ 상품 야적장의 화재

35 이산화탄소소화설비 적용대상으로 적당하지 못한 것은?

㉮ 가연성 기체와 액체류를 취급하는 장소
㉯ 발전기, 변압기 등의 전기설비
㉰ 박물관, 문서고 등 소화약제로 인한 오손이 문제가 되는 대상
㉱ 화약류 저장창고

36 분말소화약제의 주요 소화작용은?

㉮ 냉각작용
㉯ 질식작용
㉰ 화염억제작용
㉱ 가연물 제거작용

37 물분무소화설비의 주된 소화효과가 아닌 것은?

㉮ 냉각효과
㉯ 연쇄반응 단절효과
㉰ 질식효과
㉱ 희석효과

38 포말소화약제로 사용되지 않는 것은?

㉮ 화학포
㉯ 알코올포
㉰ 단백포
㉱ 강화액

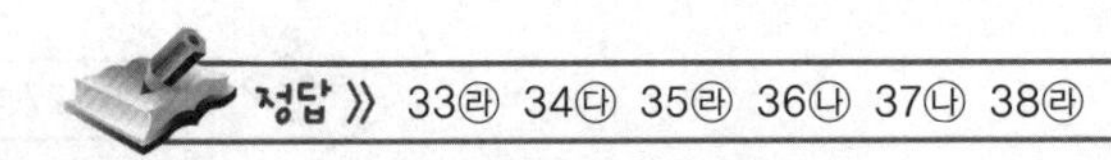
정답 》 33㉱ 34㉰ 35㉱ 36㉯ 37㉯ 38㉱

39 사염화탄소(CCl_4)를 소화약제로 사용하지 않게 된 주요 이유는?

㉮ 물질에 대한 부식성　　㉯ 유독가스 발생
㉰ 전기전도성　　㉱ 공기보다 비중이 큼

40 ABC급 소화기의 주성분은 무엇인가?

㉮ 탄산나트륨　　㉯ 탄산칼륨　　㉰ 인산암모늄　　㉱ 요소

41 소화약제의 조건으로 틀린 것은?

㉮ 가격이 저렴할 것
㉯ 저장에 안정할 것
㉰ 환경에 대한 오염은 관계 없이 소화능력이 뛰어날 것
㉱ 인체에 대한 독성이 적을 것

42 다음 물의 주수형태 중 급속한 증발에 의한 질식효과와 에멀션효과에 의해 소화효과가 가능한 형태는?

㉮ 봉상　　㉯ 적상　　㉰ 무상　　㉱ 분무

43 물에 계면활성제 등을 첨가하여 그 표면장력을 저하시켜 침투력, 분산력, 유화력을 증대시켜 소화하는 소화약제는?

㉮ 강화액소화약제　　㉯ 침윤소화약제
㉰ 산·알칼리 소화약제　　㉱ 부동액소화약제

㉮ 강화액소화약제(wet chemical agent) : 물의 소화력을 높이기 위하여 화재 억제효과가 있는 염류를 첨가(염류로 알칼리금속염의 중탄산나트륨, 탄산칼륨, 초산칼륨, 인산암모늄 기타 조성물)하여 만든 소화약제로서 원리는 ① 냉각소화 ② 질식소화(비누화(saponification)) ③ 부촉매효과(억제효과)

㉯ 침윤소화약제(wetting agent) : 물은 표면장력이 커서 가연물에 침투되기 어렵기 때문에 물에 계면활성제 등를 첨가하여 그 표면장력을 저하시켜 침투력, 분산력, 유화력을 증대시켜 소화하는 소화약제

㉰ 산·알칼리 소화약제 : 산과 알칼리의 화학반응을 이용한 소화약제로 발생하는 이산화탄소는 질식소화원으로 Na_2SO_4, $2H_2O$은 냉각 소화원 사용(원리 : 냉각 및 질식)
$2NaHCO_3 + H_2SO_4 = Na_2SO_4 + 2H_2O + 2CO_2$
(알칼리 : 탄산수소나트륨(중조))

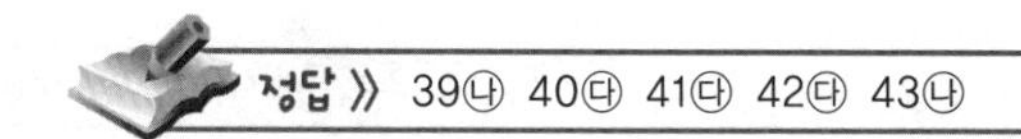

44 포소화약제에 대한 설명이다. 틀린 것은?

㉮ 유동성이 좋아 소화속도가 빠르다.

㉯ 옥내 및 옥외에서도 소화효과를 발휘한다.

㉰ 내화성이 타 약제에 비하여 적으므로 대규모 화재에는 비효과적이다.

㉱ 내유성이 약하고 빨리 소멸된다.

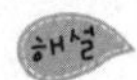
(1) 장점
① 인체에 무해하다.
② 유동성이 좋아 소화속도가 빠르다.
③ 유출유 화재에 적합하다.
④ 옥내(지하상가, 창고 등) 및 옥외에서도 소화효과를 발휘한다.
⑤ 고팽창포에서 저팽창포까지 팽창범위가 넓어 고체 및 기체연료 등 사용범위가 넓다.
⑥ 유류 화재 및 일반 화재에 사용한다.
⑦ 내화성이 타 약제에 비하여 크므로 대규모 화제를 효과적으로 진압할 수 있다.
(2) 단점
① 내열성과 내유성이 약하여 대형 유류탱크 화재에서 Ring Fire(윤화현상)이 일어날 염려가 있다.
② 용이하게 분해되지 않으므로 세제공해를 일으킨다.
③ 기포성 및 유동성이 좋은 반면 내유성이 약하고 빨리 소멸된다.

45 포소화약제의 구비조건으로 틀린 것은?

㉮ 포의 안정성이 좋아야 한다.

㉯ 포의 유동성이 좋아야 한다.

㉰ 독성이 적어야 한다.

㉱ 포가 소포성이 커야 한다.

① 포의 안정성이 좋아야 한다.
② 포의 유동성이 좋아야 한다.
③ 독성이 적어야 한다.
④ 유류와의 접착성이 좋아야 한다.
⑤ 유류의 표면에 잘 분산되어야 한다.
⑥ 포가 소포성이 적어야 한다.

46 일명 라이트워터라 하며 인화성 액체 기름 화재에 질식 및 냉각 효과가 뛰어난 약제는?

㉮ 단백포

㉯ 불화단백포

㉰ 합성 계면활성제포

㉱ 수성막포

정답 》 44㉰ 45㉱ 46㉱

47 합성 계면활성제포의 사용 농도로서 적절치 않는 것은?

㉮ 1% ㉯ 3%

㉰ 5% ㉱ 6%

해설 저팽창(3%, 6%)에서 고팽창(1%, 1.5%, 2%)까지 팽창범위가 넓어 고체 및 기체 연료 등 사용범위가 크다.

48 이산화탄소가 인체에 미치는 영향으로 틀린 것은?

	공기 중의 CO_2 농도〔vol%〕	인체에 미치는 영향
㉮	1	공중 위생상의 허용 농도(무해)
㉯	4	눈의 자극, 두통, 귀울림, 현기증, 혈압상승
㉰	8	호흡 곤란
㉱	9	중추신경이 마비되어 단시간 내 사망

해설 20vol%에서 중추신경이 마비되어 단시간 내 사망하며, 9vol%의 경우 구토, 감정둔화 등이 발생한다.

49 할론소화약제의 소화강도로 맞는 것은?

㉮ F<Cl<Br<I ㉯ F>Cl>Br>I

㉰ F<Br<Cl<I ㉱ F>Br>Cl>I

해설 ① 비금속원소인 할로젠원소의 화합물의 경우는 F>Cl>Br>I의 순서로 안정성이 있으며 따라서 분해는 안정성과 반대이며, 소화의 강도는 F<Cl<Br<I의 순서이다.
② I(Iodine 아이오딘)의 경우 소화효과는 가장 강하나 너무 분해가 쉬워 다른 물질과 쉽게 결합 독성물질을 생성하며, 가격이 비싸 소화약제로 사용하지 않는다. 따라서 소화강도가 I(Iodine 아이오딘) 다음인 Br으로 1301은 Br을 주체로 한 소화약제이다.

50 분말소화약제의 소화효과로 적당치 않은 것은?

㉮ 질식효과 ㉯ 부촉매효과

㉰ 냉각효과 ㉱ 희석효과

해설 ㉮ 질식효과 : 분말소화약제가 방사하면 분말이 연소면을 차단하며 반응시 발생하는 이산화탄소와 수증기가 산소의 공급을 차단하는 질식작용
㉯ 부촉매효과(억제소화) : 분말소화약제가 방사시 약제입자의 표면에서 발생된 Na^+, K^+, NH_3^+이 활성라디칼과 반응하여 부촉매효과를 나타낸다. 이로 인하여 연쇄반응을 차단하는 억제소화
㉰ 냉각효과 : 분말소화약제가 방사시 열분해되어 생성한 반응식은 전부 흡열반응으로 이로 인하여 주위 열을 흡수하는 작용

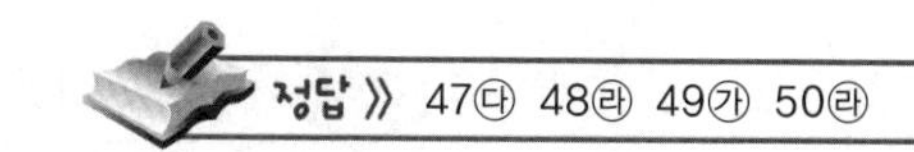

정답 》 47㉰ 48㉱ 49㉮ 50㉱

51 할로젠화합물소화약제의 구비조건으로 틀린 것은?

㉮ 소화성능이 기존의 할론소화약제보다 우수해야 한다.

㉯ 독성이 낮아야 하며 설계 농도는 최대허용농도(NOAEL) 이하이어야 한다.

㉰ 환경영향성 ODP, GWP, ALT가 낮아야 한다.

㉱ 소화 후 잔존물이 없어야 하고 전기적으로 비전도성이며 냉각효과가 커야 한다.

해설 ① 소화성능이 기존의 할론소화약제와 유사하여야 한다.
② 저장시 분해되지 않고 금속용기를 부식시키지 않아야 한다.
③ 기존의 할론소화약제보다 설치 비용이 크게 높지 않아야 한다.

52 다음 분말소화약제에 대한 설명이 잘못 짝지어진 것은?

	분말 종류	주성분	분자식	색 상
㉮	제1종	탄산수소나트륨(중탄산나트륨)	$NaHCO_3$	–
㉯	제2종	탄산수소칼륨(중탄산칼륨)	$KHCO_3$	담회색
㉰	제3종	제1 인산암모늄	$NH_4H_2PO_4$	담홍색 또는 황색
㉱	제4종	탄산수소칼륨과 요소	$KHCO_3+CO(NH_2)_2$	–

해설 제4종의 주성분은 탄산수소칼륨과 요소이다.

53 비누화현상을 일으키는 분말소화약제는?

㉮ 제1종　　㉯ 제2종

㉰ 제3종　　㉱ 제4종

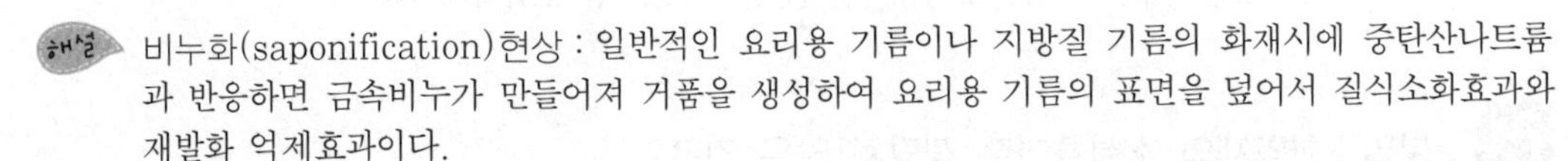

해설 비누화(saponification)현상 : 일반적인 요리용 기름이나 지방질 기름의 화재시에 중탄산나트륨과 반응하면 금속비누가 만들어져 거품을 생성하여 요리용 기름의 표면을 덮어서 질식소화효과와 재발화 억제효과이다.

54 포말로 연소물을 감싸거나 불연성 기체, 고체 등으로 연소물을 감싸 산소공급을 차단하는 소화 방법은?

㉮ 질식소화　　㉯ 냉각소화

㉰ 피난소화　　㉱ 희석소화

해설 질식소화 : 공기 중의 산소 농도를 12~15% 이하로 낮게 하여 소화하는 방법

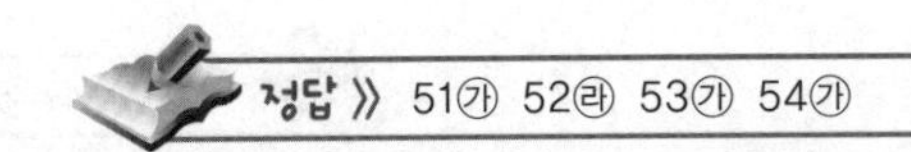

정답 》 51㉮ 52㉱ 53㉮ 54㉮

55 희석소화 방법에 속하지 않는 것은?

㉮ 아세톤에 물을 다량으로 섞는다.
㉯ 폭약 등의 폭풍을 이용한다.
㉰ 불연성 기체를 화염 속에 투입하여 산소의 농도를 감소시킨다.
㉱ 팽창진주암으로 피복시킨다.

해설 팽창진주암(perlite) : 약 760~1,200℃의 고온에서 본래의 부피에 비해 4~12배까지 팽창시킨 것으로 원석에 포함된 2~6% 정도의 수분이 기인한 것으로, 마치 팝콘을 만드는 원리와 같이 진주암을 팽창시킨 것으로 K, Na 등의 화재시 질식하여 소화한다.

팽창진주암 조성	SiO_2	Al_2O_3	Fe_2O_3	Na_2O	K_2O	H_2O
%	73.41	12.34	1.33	2.95	5.33	3.70

56 공기 중 산소 농도를 몇 〔%〕 정도까지 감소시키면 연소상태의 중지 및 질식소화가 가능하겠는가?

㉮ 10~15 ㉯ 15~20 ㉰ 20~25 ㉱ 25~30

해설 질식소화 : 공기 중의 산소 농도를 12~15% 이하로 낮게 하여 소화하는 방법

57 질식소화시 공기 중의 산소 농도는 몇 〔%〕 이하 정도인가?

㉮ 3~5 ㉯ 5~8
㉰ 12~15 ㉱ 15~18

해설 질식소화 : 공기 중의 산소 농도를 12~15% 이하로 낮게 하여 소화하는 방법

58 소화의 원리에 해당하지 않는 것은?

㉮ 산화제의 농도를 낮추어 연소가 지속될 수 없도록 한다.
㉯ 가연성 물질을 발화점 이하로 냉각시킨다.
㉰ 가열원을 계속 공급한다.
㉱ 화학적인 방법으로 화재를 억제시킨다.

해설 소화의 원리
① 질식소화 : 산화제의 농도를 낮추어 연소가 계속될 수 없도록 하는 것이다.
② 냉각소화 : 가연성 물질에 대해 발화점 이하로 냉각시킨다.
③ 부촉매소화 : 연쇄반응 차단으로 화재를 억제시킨다.
④ 제거소화 : 가연물을 제거하여 소화하는 방법이다.

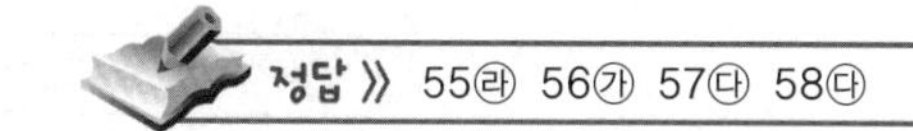
정답 》 55㉱ 56㉮ 57㉰ 58㉰

59 유전지대의 화재는 질소폭약을 투하해서 소화를 한다. 이렇게 소화하는 효과는?

㉮ 제거효과 ㉯ 부촉매효과 ㉰ 냉각효과 ㉱ 질식효과

해설 유전지대와 같은 기체 또는 액체의 대형 화재에는 유증기를 제거하여 소화하는 방법이 가장 적절하다.

60 다음 중 제거소화에 해당되지 않는 것은?

㉮ 액체연료에 화재가 발생하면 다른 탱크로 이동한다.
㉯ 산불이 발생하면 화재의 진행방향을 앞질러 벌목한다.
㉰ 방안에서 화재가 발생하면 이불이나 담요로 덮는다.
㉱ 불타고 있는 장작더미 속에서 아직 타지 않은 것을 안전한 곳으로 운반한다.

해설 ㉰는 대기 중의 산소공급을 차단하여 산소 농도를 낮춰 소화하는 질식소화 방법이다.

61 화재의 소화원리에 따른 소화 방법의 적용이 잘못된 것은?

㉮ 냉각소화 : 스프링클러설비 ㉯ 질식소화 : 이산화탄소소화설비
㉰ 제거소화 : 포소화설비 ㉱ 억제소화 : 할로젠화합물소화설비

62 물의 소화효과를 크게 하기 위한 방법으로 가장 타당한 것은?

㉮ 강한 압력으로 방사한다. ㉯ 대량의 물을 단시간에 방사한다.
㉰ 안개처럼 분무상으로 방사한다. ㉱ 분무상과 봉상을 교대로 방사한다.

해설 물의 주수형태
① 봉상 : 일반적인 주수형태로 소방용 소화전 노즐 주수로 일반적 고체 가연물의 대규모 화재에 적합하며 주로 냉각소화효과가 강하다.
② 적상 : 저압으로 방출하며 물방울의 평균직경은 0.5~6mm이다.
③ 무상 : 물방울의 평균직경은 0.1~1.0mm 정도이며, 급속한 증발에 의한 질식효과, 에멀션효과가 가능하다.

63 액체상태의 물이 기체상태로 변환되면 부피가 대략 몇 배로 팽창되는가?

㉮ 1,000 ㉯ 1,300 ㉰ 1,500 ㉱ 1,700

해설 액체상태의 물이 기체상태로 변환되면 부피는 약 1,670배로 팽창된다. 이것은 화재현장의 공기를 대체하거나 희석시켜 질식효과를 나타낸다.
※ 물의 기-액 팽창비 : 액체상태의 물이 기체상태로 변환될 때의 부피

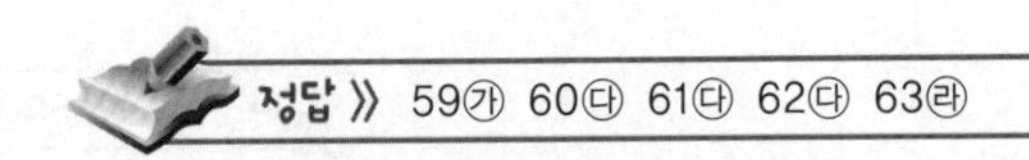
정답 》 59㉮ 60㉰ 61㉰ 62㉰ 63㉱

64 물의 소화력을 보강하기 위해 첨가하는 약제로서 물의 표면장력을 낮추어 침투효과를 높이기 위한 첨가제는?

㉮ 증점제 ㉯ 강화액 ㉰ 침투제 ㉱ 유화제

해설 물의 소화능력을 증가시키기 위한 첨가제

① 부동액(antifreeze agent) : 물은 0℃ 이하에서 얼기 때문에 소화약제로서의 기능을 상실하며, 또한 배관 및 기기 파괴를 초래한다. 한랭지 또는 난방을 하지 않은 거실, 옥외 노출배관이 있는 경우 부동액을 사용한다.
부동액 가운데 유기물질로는 에틸렌글리콜, 프로필렌글리콜, 글리세린 등이 있으며, 무기물질로는 염화칼륨($CaCl_2$)와 부식억제제를 혼합한 물질 등이 있다.

② 적심제, 침윤제(wetting agent) : 석유, 톱밥 등 심부 화재의 소화인 경우 물이 가연물에 깊숙히 침투할 수 있도록 약제를 첨가, 특히 석유와 물은 불용이므로 석유에 혼합될 수 있는 약제를 첨가한다. 대표적으로 계면활성제를 들 수 있으며, 전기기기의 화재에는 사용을 제한한다.

③ 증점제(농축제)(thickening agent) : 물의 점성을 높이기 위해서 첨가하는 첨가제를 말한다. 즉 물의 점성을 높여 쉽게 유동되지 않도록 한다.

④ 유화제 : 물을 무상으로 분무하여 고비점 유류의 화재를 소화할 때 소화효과를 높이기 위하여 물에 첨가하는 약제

65 변전실 화재의 소화제로 가장 적당하지 않은 것은?

㉮ 이산화탄소 ㉯ 포 ㉰ 분말 ㉱ 할로젠화합물

해설 포소화설비의 적응 화재

① A급 화재(일반 화재)
② B급 화재(유류 화재)

※ 포는 C급 화재(전기 화재)에는 부적합하다.

66 소화약제의 주요 소화작용은?

㉮ 냉각작용 ㉯ 질식작용 ㉰ 화염억제작용 ㉱ 가연물제거작용

해설 분말소화약제의 소화작용

① 질식효과 : 주요 소화작용
② 부촉매효과

참고 주된 소화작용

소화약제	주된 소화작용
물	냉각효과
포 분말 이산화탄소	질식효과
할로젠화합물	부촉매효과 화염억제작용

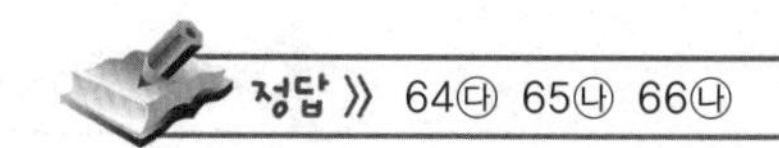

정답 » 64㉰ 65㉯ 66㉯

67 분말소화약제 중 어느 종류의 화재에도 적응성이 가장 뛰어난 소화약제는?

㉮ 제1종 분말약제 ㉯ 제2종 분말약제
㉰ 제3종 분말약제 ㉱ 제4종 분말약제

해설 분말소화약제

종 별	적응 화재	종 별	적응 화재
제1종	B, C급	제3종	A, B, C급
제2종	B, C급	제4종	B, C급

68 이산화탄소의 소화능력을 1로 한 경우 분말소화약제의 소화능력은 얼마인가?

㉮ 1.1 ㉯ 1.4
㉰ 2 ㉱ 3

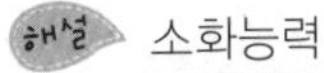
해설 소화능력

할론 1301	분말	할론 2402	할론 1211	할론 104	CO_2
3	2	1.7	1.4	1.1	1

69 화재의 소화 방법에 대한 설명으로 적당하지 않은 것은?

㉮ 폭풍에 가까운 기류를 일으켜서 연소가 중단되게 한다.
㉯ 물은 불에 닿을 때 증발하면서 열을 다량으로 흡수하여 소화하는 것이다.
㉰ 분말소화약제는 화재 표면을 냉각해서 소화하는 것이다.
㉱ 할론가스는 독특한 화재 억제작용으로 소화작용을 한다.

해설 분말소화약제의 소화작용
① 질식효과 : 주요 소화작용
② 부촉매효과

참고 주된 소화작용

소화약제	주된 소화작용
물	냉각효과
포 분말 이산화탄소	질식효과
할로젠화합물	부촉매효과 화염억제작용

정답 》 67㉰ 68㉰ 69㉰

70 소화분말의 주성분이 제1 인산암모늄인 분말소화약제는?

㉮ 제1종 분말소화약제 ㉯ 제2종 분말소화약제
㉰ 제3종 분말소화약제 ㉱ 제4종 분말소화약제

해설 분말소화약제

분말 종류	주성분	분자식	성분비	색 상	적응 화재
제1종	탄산수소나트륨 (중탄산나트륨)	$NaHCO_3$	$NaHCO_3$ 90wt% 이상	–	B, C급
제2종	탄산수소칼륨 (중탄산칼륨)	$KHCO_3$	$KHCO_3$ 92wt% 이상	담회색	B, C급
제3종	제1 인산암모늄	$NH_4H_2PO_4$	$NH_4H_2PO_4$ 75wt% 이상	담홍색 또는 황색	A, B, C급
제4종	탄산수소칼륨과 요소	$KHCO_3$ $+CO(NH_2)_2$	–	–	B, C급

71 분말소화약제의 소화효과가 아닌 것은?

㉮ 방사열의 차단효과 ㉯ 부촉매효과
㉰ 제거효과 ㉱ 발생한 불연성 가스에 의한 질식효과

72 이산화탄소소화설비의 적용대상으로 적당하지 못한 것은?

㉮ 가연성 기체와 액체류를 취급하는 장소
㉯ 발전기, 변압기 등의 전기설비
㉰ 박물관, 문서고 등 소화약제로 인한 오손이 문제가 되는 대상
㉱ 화약류 저장창고

이산화탄소소화설비의 적용대상
① 가연성 기체와 액체류를 취급하는 장소
② 발전기, 변압기 등의 전기설비
③ 박물관, 문서고 등 소화약제로 인한 오손이 문제되는 대상

73 이산화탄소소화설비의 단점이 아닌 것은?

㉮ 인체의 질식이 우려된다.
㉯ 소화약제의 방출시 인체에 닿으면 동상이 우려된다.
㉰ 소화약제의 방사시 소리가 요란하다.
㉱ 전기의 부도체로서 전기절연성이 높다.

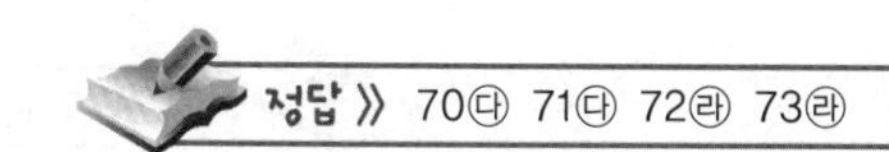
정답 》 70㉰ 71㉰ 72㉱ 73㉱

이산화탄소소화설비

(1) 장점

① 화재진화 후 깨끗하다.

② 심부 화재에 적합하다.

③ 증거보존이 양호하여 화재의 원인조사가 쉽다.

④ 전기의 부도체로 전기절연성이 높다.

(2) 단점

① 인체의 질식이 우려된다.

② 소화약제의 방출시 인체에 닿으면 동상이 우려된다.

③ 소화약제의 방사시 소리가 요란하다.

74 1g의 물체를 1℃ 만큼 상승시키는데 필요한 열량을 나타내는 것은?

㉮ 잠열 ㉯ 복사열

㉰ 비열 ㉱ 열용량

단 위	정 의
1cal	1g의 물을 1℃ 만큼 상승시키는데 필요한 열량
1BTU	1lb의 물을 1°F 만큼 상승시키는데 필요한 열량
1chu	1lb의 물을 1℃ 만큼 상승시키는데 필요한 열량

정답 ≫ 74㉰

부 록

FIRE FIGHTING FACILITIES Engineer · Industrial engineer

과년도 출제문제

제1회 소방설비기사

01 분진폭발의 위험성이 가장 낮은 것은?

① 알루미늄분 ② 황
③ 팽창질석 ④ 소맥분

해설 팽창질석은 불연성 물질이므로 분진폭발을 일으킬 수 없다.

02 0℃, 1atm 상태에서 부탄(C_4H_{10}) 1mol을 완전연소시키기 위해 필요한 산소의 mol 수는?

① 2 ② 4
③ 5.5 ④ 6.5

해설 $C_4H_{10}+6.5O_2 \rightarrow 4CO_2+5H_2O$

03 고분자 재료와 열적 특성의 연결이 옳은 것은?

① 폴리염화비닐수지 – 열가소성
② 페놀수지 – 열가소성
③ 폴리에틸렌수지 – 열경화성
④ 멜라민수지 – 열가소성

해설
- 열가소성 수지 : 가열하면 소성변형되기 쉽고, 냉각하면 가역적으로 경화하는 성질
  예 폴리염화비닐수지, 폴리에틸렌수지
- 열경화성 수지 : 물질이 가열되면 단단하게 굳어지는 성질
  예 페놀수지, 멜라민수지

04 상온, 상압에서 액체인 물질은?

① CO_2 ② Halon 1301
③ Halon 1211 ④ Halon 2402

해설 Halon 2402는 $C_2F_4Br_2$로서 상온, 상압에서 액체상태이다.

05 1기압상태에서 100℃의 물 1g이 모두 기체로 변할 때 필요한 열량은 몇 cal인가?

① 429
② 499
③ 539
④ 639

해설 물의 기화열은 539cal/g이다.

06 다음 그림에서 목조건물의 표준화재 온도–시간 곡선으로 옳은 것은?

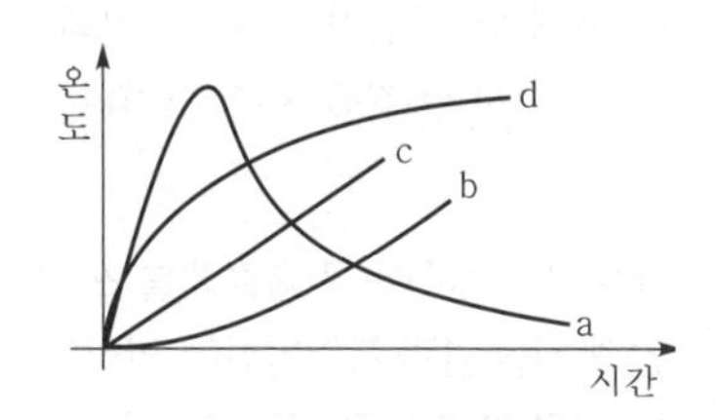

① a ② b
③ c ④ d

해설 목조건물의 경우 고온단기형에 해당된다.

07 pH 9 정도의 물을 보호액으로 하여 보호액 속에 저장하는 물질은?

① 나트륨
② 탄화칼슘
③ 칼륨
④ 황린

해설 황린의 경우 자연발화성이 있어 물속에 저장하며, 인화수소(PH_3)의 생성을 방지하기 위해 보호액은 약알칼리성 pH 9로 유지하기 위하여 알칼리제로 pH를 조절한다.

정답 » 01.③ 02.④ 03.① 04.④ 05.③ 06.① 07.④

08 다음 중 포소화약제가 갖추어야 할 조건이 아닌 것은?

① 부착성이 있을 것
② 유동성과 내열성이 있을 것
③ 응집성과 안정성이 있을 것
④ 소포성이 있고, 기화가 용이할 것

해설 포소화약제의 구비조건
- 포의 안정성이 좋아야 한다.
- 포의 유동성이 좋아야 한다.
- 독성이 적어야 한다.
- 유류와의 접착성이 좋아야 한다.
- 유류의 표면에 잘 분산되어야 한다.
- 포의 소포성이 적어야 한다.

09 소화의 방법으로 틀린 것은?

① 가연성 물질을 제거한다.
② 불연성 가스의 공기 중 농도를 높인다.
③ 산소의 공급을 원활히 한다.
④ 가연성 물질을 냉각시킨다.

10 대두유가 침적된 기름걸레를 쓰레기통에 장시간 방치한 결과 자연발화에 의하여 화재가 발생한 경우 그 이유로 옳은 것은?

① 분해열 축적
② 산화열 축적
③ 흡착열 축적
④ 발효열 축적

해설 자연발화의 형태(분류)
- 분해열에 의한 자연발화 : 셀룰로이드, 나이트로셀룰로오스
- 산화열에 의한 자연발화 : 건성유, 고무분말, 원면, 석탄 등
- 흡착열에 의한 자연발화 : 활성탄, 목탄분말 등
- 미생물의 발열에 의한 자연발화 : 퇴비(퇴적물), 먼지 등

11 다음 중 탄화칼슘이 물과 반응 시 발생하는 가연성 가스는?

① 메탄 ② 포스핀
③ 아세틸렌 ④ 수소

물과 심하게 반응하여 수산화칼슘과 아세틸렌을 만들며, 공기 중 수분과 반응하여 아세틸렌이 발생한다.
$CaC_2 + 2H_2O \rightarrow Ca(OH)_2 + C_2H_2$

12 위험물안전관리법령에서 정하는 위험물의 한계에 대한 정의로 틀린 것은?

① 황은 순도가 60중량퍼센트 이상인 것
② 인화성 고체는 고형알코올, 그 밖에 1기압에서 인화점이 섭씨 40도 미만인 것
③ 과산화수소는 그 농도가 35중량퍼센트 이상인 것
④ 제1석유류는 아세톤, 휘발유, 그 밖에 1기압에서 인화점이 섭씨 21도 미만인 것

해설 과산화수소는 그 농도가 36중량퍼센트 이상인 것

13 수성막포 소화약제의 특성에 대한 설명으로 틀린 것은?

① 내열성이 우수하여 고온에서 수성막의 형성이 용이하다.
② 기름에 의한 오염이 적다.
③ 다른 소화약제와 병용하여 사용이 가능하다.
④ 불소계 계면활성제가 주성분이다.

해설 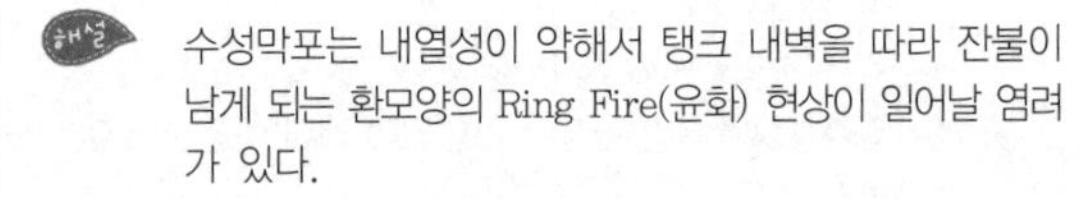
수성막포는 내열성이 약해서 탱크 내벽을 따라 잔불이 남게 되는 환모양의 Ring Fire(윤화) 현상이 일어날 염려가 있다.

14 다음 Fourier 법칙(전도)에 대한 설명으로 틀린 것은?

① 이동열량은 전열체의 단면적에 비례한다.
② 이동열량은 전열체의 두께에 비례한다.
③ 이동열량은 전열체의 열전도도에 비례한다.
④ 이동열량은 전열체 내·외부의 온도차에 비례한다.

정답 》 08.④ 9.③ 10.② 11.③ 12.③ 13.① 14.②

'푸리에(Fourier)의 방정식'은 다음과 같다.

$$\frac{dQ}{dt} = -kA\frac{dT}{dx}$$

여기서, Q : 전도열[cal]
t : 전도시간[sec]
k : 열전도율[cal/sec/cm/℃]
A : 열전달경로의 단면적[cm^2]
T : 경로 양단간의 온도차[℃]
x : 경로의 길이[cm]
dT/dx : 열전달경로의 온도구배[℃/cm]

15 다음 중 MOC(Minimum Oxygen Concentration : 최소산소농도)가 가장 작은 물질은?

① 메탄
② 에탄
③ 프로판
④ 부탄

MOC는 완전연소 반응식의 산소양론계수와 연소하한계의 곱으로 계산할 수 있다.
즉, 최소산소농도(MOC)=산소양론계수×LEL(연소하한계)

구 분	CH_4	C_2H_6	C_3H_8	C_4H_{10}
LEL	5	3.0	2.1	1.8
UEL	15	12.4	9.5	8.4

각 물질별 연소반응식은 다음과 같다.
① $CH_4+2O_2 \rightarrow CO_2+2H_2O$
② $C_2H_6+3.5O_2 \rightarrow 2CO_2+3H_2O$
③ $C_3H_8+5O_2 \rightarrow 3CO_2+4H_2O$
④ $C_4H_{10}+6.5O_2 \rightarrow 4CO_2+5H_2O$
그러므로 물질별 MOC는 다음과 같이 구할 수 있다.
① MOC=2×5=10
② MOC=3.5×3.0=10.5
③ MOC=5×2.1=10.5
④ MOC=6.5×1.8=11.7

16 건축물 내 방화벽에 설치하는 출입문의 너비 및 높이의 기준은 각각 몇 [m] 이하인가?

① 2.5 ② 3.0
③ 3.5 ④ 4.0

개구부의 폭 및 높이는 2.5m×2.5m 이하로 하고, 60분+방화문 또는 60분 방화문을 설치해야 한다.

17 다음 중 발화점이 가장 낮은 물질은?

① 휘발유
② 이황화탄소
③ 적린
④ 황린

① 휘발유 : 300℃
② 이황화탄소 : 100℃
③ 적린 : 260℃
④ 황린 : 34℃

18 다음 가연성 물질 중 위험도가 가장 높은 것은?

① 수소
② 에틸렌
③ 아세틸렌
④ 이황화탄소

위험도(H) : 가연성 혼합가스의 연소범위에 의해 결정되는 값이다.

$$H = \frac{U-L}{L}$$

여기서, H : 위험도
U : 연소상한치(UEL)
L : 연소하한치(LEL)

물질명	수소	에틸렌	아세틸렌	이황화탄소
연소하한계	4.0	3.1	2.5	1.2
연소상한계	75.0	32.0	81.0	44.0
위험도	17.75	9.32	31.4	43

19 소화약제로 물을 주로 사용하는 주된 이유는?

① 촉매역할을 하기 때문에
② 증발잠열이 크기 때문에
③ 연소작용을 하기 때문에
④ 제거작용을 하기 때문에

물은 상온에서 무겁고 안정한 액체이며, 무색, 무취로 자연상태에서 기체(수증기), 액체, 고체(얼음)의 형태로 존재하고, 증발잠열(100℃의 1kg의 물을 100℃의 수증기로 만드는 데 필요한 열량)은 대기압에서 539kcal/kg이다.
※ 기화 시 다량의 열을 탈취하며, 물은 적외선을 흡수한다.

정답 ≫ 15.① 16.① 17.④ 18.④ 19.②

20 건축물의 바깥쪽에 설치하는 피난계단의 구조기준 중 계단의 유효너비는 몇 〔m〕 이상으로 하여야 하는가?

① 0.6 ② 0.7
③ 0.8 ④ 0.9

해설

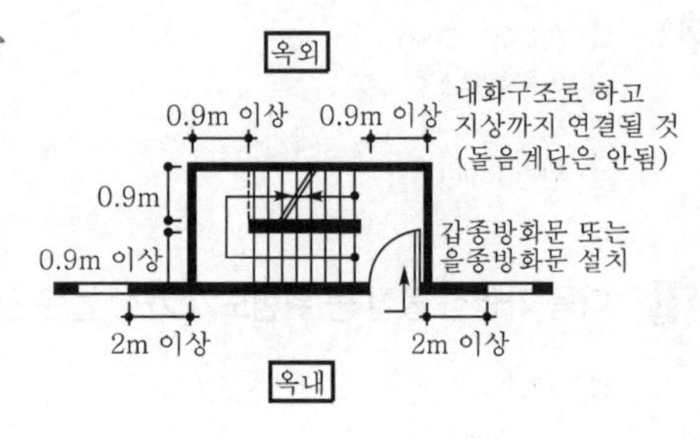

정답 ≫ 20.④

제2회 소방설비기사

01 다음의 소화약제 중 오존파괴지수(ODP)가 가장 큰 것은?

① 할론 104
② 할론 1301
③ 할론 1211
④ 할론 2402

해설 할론 1301의 ODP는 14로서 가장 크다.

02 다음 중 자연발화 방지대책에 대한 설명으로 틀린 것은?

① 저장실의 온도를 낮게 유지한다.
② 저장실의 환기를 원활히 시킨다.
③ 촉매물질과의 접촉을 피한다.
④ 저장실의 습도를 높게 유지한다.

해설 자연발화를 예방하기 위해서는 저장실의 습도를 낮게 유지해야 한다.

03 건축물의 화재발생 시 인간의 피난 특성으로 틀린 것은?

① 평상시 사용하는 출입구나 통로를 사용하는 경향이 있다.
② 화재의 공포감으로 인하여 빛을 피해 어두운 곳으로 몸을 숨기는 경향이 있다.
③ 화염, 연기에 대한 공포감으로 발화지점의 반대방향으로 이동하는 경향이 있다.
④ 화재 시 최초로 행동을 개시한 사람을 따라 전체가 움직이는 경향이 있다.

해설 피난 시 인간의 본능적 행동 특성

구분	내용
귀소본능	피난 시 인간은 평소에 사용하는 문, 길, 통로를 사용한다든가, 자신이 왔던 길로 되돌아가려는 경향이 있다.
퇴피본능	화재 초기에는 주변상황의 확인을 위하여 서로서로 모이지만 화재의 급격한 확대로 각자의 공포감이 증가되면 발화지점의 반대방향으로 이동한다. 즉, 반사적으로 위험으로부터 멀어지려는 경향이 있다.
지광본능	화재 시 발생되는 연기와 정전 등으로 가시거리가 짧아져 시야가 흐려진다. 이때 인간은 어두운 곳에서 개구부, 조명부 등의 불빛을 따라 행동하는 경향이 있다.
추종본능	화재가 발생하면 판단력의 약화로 한 사람의 지도자에 의해 최초로 행동을 함으로써 전체가 이끌려지는 습성이다. 때로는 인명피해가 확대되는 경우가 있다.

04 건축물에 설치하는 방화구획의 설치기준 중 스프링클러설비를 설치한 11층 이상의 층은 바닥면적 몇 [m^2] 이내마다 방화구획을 하여야 하는가? (단, 벽 및 반자의 실내에 접하는 부분의 마감은 불연재료가 아닌 경우이다.)

① 200
② 600
③ 1,000
④ 3,000

해설 11층 이상의 모든 층에서 바닥면적 200m^2 이내마다(내장재가 불연재료이면 500m^2 이내마다) 방화구획을 설정해야 하지만, 스프링클러 등 자동식 소화설비를 한 것은 그 면적의 3배로 하므로 600m^2마다 하면 된다.

정답 》 01.② 02.④ 03.② 04.②

05 인화점이 낮은 것부터 높은 순서로 옳게 나열된 것은?

① 에틸알코올 < 이황화탄소 < 아세톤
② 이황화탄소 < 에틸알코올 < 아세톤
③ 에틸알코올 < 아세톤 < 이황화탄소
④ 이황화탄소 < 아세톤 < 에틸알코올

해설
- 이황화탄소 : −30℃
- 아세톤 : −18.5℃
- 에틸알코올 : 13℃

06 분말소화약제로서 A, B, C급 화재에 적응성이 있는 소화약제의 종류는?

① $NH_4H_2PO_4$
② $NaHCO_3$
③ Na_2CO_3
④ $KHCO_3$

분말 종류	주성분	분자식	성분비	색 상	적응 화재
제1종	탄산수소 나트륨 (중탄산 나트륨)	$NaHCO_3$	$NaHCO_3$ 90wt% 이상	–	B, C급
제2종	탄산수소 칼륨 (중탄산 칼륨)	$KHCO_3$	$KHCO_3$ 92wt% 이상	담회색	B, C급
제3종	제1인산 암모늄	$NH_4H_2PO_4$	$NH_4H_2PO_4$ 75wt% 이상	담홍색 또는 황색	A, B, C급
제4종	탄산수소 칼륨과 요소	$KHCO_3$ $+CO(NH_2)_2$	–	–	B, C급

07 조연성 가스에 해당되는 것은?

① 일산화탄소
② 산소
③ 수소
④ 부탄

조연성 가스란 연소를 도와주는 가스를 말한다.

08 액화석유가스(LPG)의 성질에 대한 설명으로 틀린 것은?

① 주성분은 프로판, 부탄이다.
② 천연고무를 잘 녹인다.
③ 물에 녹지 않으나 유기용매에 용해된다.
④ 공기보다 1.5배 가볍다.

해설
액화석유가스의 구성성분은 C_2~C_4에 해당하며, 기체의 비중은 공기의 약 1.5~2배로서 누설 시 낮은 곳에 체류하기 쉽다.

09 과산화칼륨이 물과 접촉하였을 때 발생하는 것은?

① 산소
② 수소
③ 메탄
④ 아세틸렌

해설
과산화칼륨은 흡습성이 있으므로 물과 접촉하면 발열하며 수산화칼륨(KOH)과 산소(O_2)를 발생한다.
$2K_2O_2 + 2H_2O \rightarrow 4KOH + O_2$

10 제2류 위험물에 해당되는 것은?

① 황 ② 질산칼륨
③ 칼륨 ④ 톨루엔

성 질	위험 등급	품 명	대표 품목	지정 수량
가연성 고체	Ⅱ	1. 황화인 2. 적린(P) 3. 황(S)	P_4S_3, P_2S_5, P_4S_7	100kg
	Ⅲ	4. 철분(Fe) 5. 금속분 6. 마그네슘(Mg)	Al, Zn	500kg
		7. 인화성 고체	고형 알코올	1,000kg

11 물리적 폭발에 해당되는 것은?

① 분해폭발 ② 분진폭발
③ 증기운폭발 ④ 수증기폭발

정답 ≫ 05.④ 06.① 07.② 08.④ 09.① 10.① 11.④

해설 물리적 폭발이란 상변화(물(액체)이 기체상태의 물(수증기)로 변화하면서 생기는 폭발)에 의한 폭발이다.(예 수증기폭발, 과열액체증기폭발, 고상의 전이에 따른 폭발, 전선폭발 등)

12 산림화재 시 소화효과를 증대시키기 위해 물에 첨가하는 증점제로서 적합한 것은?

① Ethylene Glycol
② Potassium Carbonate
③ Ammonium Phosphate
④ Sodium Carboxy Methyl Cellulose

해설 증점제 : 물의 점성을 높이기 위해서 첨가하는 첨가제를 말한다. 즉 물의 점성을 높여 쉽게 유동되지 않도록 한다. (예 나트륨 카르복시 메틸 셀룰로오스)

13 물과 반응하여 가연성 기체를 발생하지 않는 것은?

① 칼륨 ② 인화아연
③ 산화칼슘 ④ 탄화알루미늄

해설 ① 칼륨 : $2K+2H_2O \rightarrow 2KOH+H_2$
② 인화아연 : $Zn_3P_2+H_2O \rightarrow 3Zn(OH)_2+2PH_3$
④ 탄화알루미늄 : $Al_4C_3+12H_2O \rightarrow 4Al(OH)_3+3CH_4$

14 피난계획의 일반원칙 중 Fool Proof 원칙에 대한 설명으로 옳은 것은?

① 한 가지가 고장이 나도 다른 수단을 이용하는 원칙
② 2방향의 피난동선을 항상 확보하는 원칙
③ 피난수단을 이동식 시설로 하는 원칙
④ 피난수단을 조작이 간편한 원시적 방법으로 하는 원칙

해설 Fool-Proof : 바보라도 틀리지 않고 할 수 있도록 한다는 말. 비상사태 대비책을 의미하는 것으로서 화재발생 시 사람의 심리상태는 긴장상태가 되므로 인간의 행동 특성에 따라 피난설비는 원시적이고 간단명료하게 설치하며 피난대책은 누구나 알기 쉬운 방법을 선택하는 것을 의미한다. 피난 및 유도 표지는 문자보다는 색과 형태를 사용하고, 피난방향으로 문을 열 수 있도록 하는 것이 이에 해당된다.

15 물체의 표면온도가 250℃에서 650℃로 상승하면 열복사량은 약 몇 배 정도 상승하는가?

① 2.5 ② 5.7
③ 7.5 ④ 9.7

해설 슈테판-볼츠만의 법칙(Stefan-Boltzmann's law)

$$\frac{Q_2}{Q_1} = \frac{(273+t_2)^4}{(273+t_1)^4}$$

$$\therefore \frac{Q_2}{Q_1} = \frac{(273+650)^4}{(273+250)^4} \fallingdotseq 9.7$$

16 화재발생 시 발생하는 연기에 대한 설명으로 틀린 것은?

① 연기의 유동속도는 수평방향이 수직방향보다 빠르다.
② 동일한 가연물에 있어 환기지배형 화재가 연료지배형 화재에 비하여 연기발생량이 많다.
③ 고온상태의 연기는 유동확산이 빨라 화재전파의 원인이 되기도 한다.
④ 연기는 일반적으로 불완전연소 시에 발생한 고체, 액체, 기체 생성물의 집합체이다.

17 소화방법 중 제거소화에 해당되지 않는 것은 어느 것인가?

① 산불이 발생하면 화재의 진행방향을 앞질러 벌목한다.
② 방안에서 화재가 발생하면 이불이나 담요로 덮는다.
③ 가스화재 시 밸브를 잠궈 가스흐름을 차단한다.
④ 불타지 않는 장작더미 속에서 아직 타지 않는 것을 안전한 곳으로 운반한다.

해설 ②는 공기 중의 산소공급을 차단하는 질식소화에 해당한다.

정답 》 12.④ 13.③ 14.④ 15.④ 16.① 17.②

18 주수소화 시 가연물에 따라 발생하는 가연성 가스의 연결이 틀린 것은?

① 탄화칼슘 – 아세틸렌
② 탄화알루미늄 – 프로판
③ 인화칼슘 – 포스핀
④ 수소화리튬 – 수소

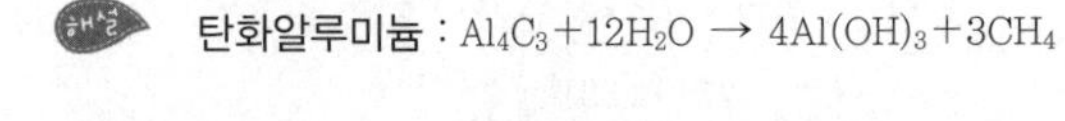
해설 **탄화알루미늄** : $Al_4C_3 + 12H_2O \rightarrow 4Al(OH)_3 + 3CH_4$

19 포소화약제에 적응성이 있는 것은?

① 칼륨 화재
② 알킬리튬 화재
③ 가솔린 화재
④ 인화알루미늄 화재

해설 유류화재의 경우 포에 의한 질식소화가 효과적이다.

20 위험물안전관리법령상 지정된 동식물유류의 성질에 대한 설명으로 틀린 것은?

① 아이오딘가가 작을수록 자연발화의 위험성이 크다.
② 상온에서 모두 액체이다.
③ 물에는 불용성이지만 에터 및 벤젠 등의 유기용매에는 잘 녹는다.
④ 인화점은 1기압 하에서 250℃ 미만이다.

해설 **아이오딘값** : 유지 100g에 부가되는 아이오딘의 g수. 불포화도가 증가할수록 아이오딘값이 증가하며, 자연발화의 위험이 있다.

정답 》 18.② 19.③ 20.①

제3회 소방설비기사

01 피난로의 안전구획 중 2차 안전구획에 속하는 것은?

① 복도
② 계단 부속실(계단 전실)
③ 계단
④ 피난층에서 외부와 직면한 현관

해설 일반적인 피난경로(거실에서 화재발생 시)

02 어떤 기체가 0℃, 1기압에서 부피가 11.2L, 기체 질량이 22g이었다면 이 기체의 분자량은? (단, 이상기체로 가정한다.)

① 22 ② 35
③ 44 ④ 56

해설

$$M = \frac{wRT}{PV}$$

$$= \frac{22\text{g} \cdot (0.082\text{atm} \cdot \text{L/K} \cdot \text{mol}) \cdot (0 + 273.15)\text{K}}{1\text{atm} \cdot 11.2\text{L}}$$

$$= 43.99\text{g/mol}$$

$$\therefore M \fallingdotseq 44\text{g/mol}$$

03 제3종 분말소화약제에 대한 설명으로 틀린 것은 어느 것인가?

① A, B, C급 화재에 모두 적응한다.
② 주성분은 탄산수소칼륨과 요소이다.
③ 열분해 시 발생되는 불연성 가스에 의한 질식효과가 있다.
④ 분말운무에 의한 열방사를 차단하는 효과가 있다.

해설 제3종 분말소화약제의 경우 제1인산암모늄이 주성분이다.

04 연소의 4요소 중 자유활성기(free radical)의 생성을 저하시켜 연쇄반응을 중지시키는 소화방법은?

① 제거소화 ② 냉각소화
③ 질식소화 ④ 억제소화

해설 **억제소화방법** : 연소가 지속되기 위해서는 활성기(free radical)에 의한 연쇄반응이 필수적이다. 이 연쇄반응을 차단하여 소화하는 방법을 억제소화, 일명 부촉매소화, 화학소화라고 한다.

05 할론계 소화약제의 주된 소화효과 및 방법에 대한 설명으로 옳은 것은?

① 소화약제의 증발잠열에 의한 소화방법이다.
② 산소의 농도를 15% 이하로 낮게 하는 소화방법이다.
③ 소화약제의 열분해에 의해 발생하는 이산화탄소에 의한 소화방법이다.
④ 자유활성기(free radical)의 생성을 억제하는 소화방법이다.

해설 **할론소화약제의 소화원리** : 화학적 소화로서 할로젠화합물 소화약제가 고온의 화염에 접하면 그 일부가 분해되어 유리할로젠이 발생되고 이 유리할로젠이 가연물의 활성기(H^-, OH^-)와 반응하여 연쇄반응(chain reaction)을 차단하여 억제소화를 한다.

정답 》 01.② 02.③ 03.② 04.④ 05.④

06 다음 중 분진폭발의 위험성이 가장 낮은 것은?

① 소석회
② 알루미늄분
③ 석탄분말
④ 밀가루

해설 **분진폭발** : 가연성 고체의 미분이 공기 중에 부유하고 있을 때에 어떤 착화원에 의해 폭발하는 현상(예 밀가루, 석탄가루, 먼지, 전분, 금속분 등)

07 60분+방화문 또는 60분 방화문과 30분 방화문의 비차열 성능은 각각 최소 몇 분 이상이어야 하는가?

① 60분+방화문, 60분 방화문 : 90분, 30분 방화문 : 40분
② 60분+방화문, 60분 방화문 : 60분, 30분 방화문 : 30분
③ 60분+방화문, 60분 방화문 : 45분, 30분 방화문 : 20분
④ 60분+방화문, 60분 방화문 : 30분, 30분 방화문 : 10분

해설

구 분	내 용
60분+방화문, 60분 방화문	해양수산부 장관이 고시한 시험기준에 따라 시험한 결과 비차열 1시간 이상 성능이 확보되어야 한다. (즉, 1시간 동안 화재와 불이 넘어가지 않는 것이 검증이 되었다면 사용 가능)
30분 방화문	해양수산부 장관이 고시한 시험기준에 따라 시험한 결과 비차열 30분 이상 성능이 확보되어야 한다.

※ 비차열이란 차열성능이 없다는 뜻으로 차염성과 차염성능만 인정된다는 뜻임.

08 경유화재가 발생했을 때 주수소화가 오히려 위험할 수 있는 이유는?

① 경유는 물과 반응하여 유독가스를 발생하므로
② 경유의 연소열로 인하여 산소가 방출되어 연소를 돕기 때문에
③ 경유는 물보다 비중이 가벼워 화재면의 확대 우려가 있으므로
④ 경유가 연소할 때 수소가스를 발생하여 연소를 돕기 때문에

해설 인화성 액체의 특징

제4류 (인화성 액체)	〈공통 성질〉 • 인화되기 매우 쉬우므로, 착화온도가 낮은 것은 위험하다. • 증기는 공기보다 무겁고 물보다는 가벼워 물에 녹기 어렵다. • 증기는 공기와 약간만 혼합되어도 연소의 우려가 있다. 〈화재 특성〉 • 유동성 액체로서 연소의 확대가 빠르며, 증발연소로 불티가 없다. • 인화성이므로 풍하의 화재에도 인화된다.

09 다음 중 비열이 가장 큰 물질은?

① 구리 ② 수은
③ 물 ④ 철

해설 **비열** : 어떤 물질 1g을 1℃만큼 올리는 데 필요한 열량으로 물은 모든 물질 중에서 비열이 가장 높다. 비열이 높으면 천천히 뜨거워지고 천천히 식으며, 반대로 낮으면 빨리 뜨거워지고 빨리 식는다.

물 질	비열 [cal/g·℃]	물 질	비열 [cal/g·℃]
물	1	에탄올	0.58
얼음	0.5	공기	0.24
이산화탄소	0.21	파라핀	0.7
구리	0.09	알루미늄	0.22
수은	0.03	철	0.11

10 TLV(Threshold Limit Value)가 가장 높은 가스는?

① 사이안화수소 ② 포스겐
③ 일산화탄소 ④ 이산화탄소

해설
① 10
② 1
③ 100
④ 5,000

정답 》 06.① 07.② 08.③ 09.③ 10.④

11 화재예방, 소방시설 설치 · 유지 및 안전관리에 관한 법령에 따른 개구부의 기준으로 틀린 것은?

① 해당 층의 바닥면으로부터 개구부 밑부분까지의 높이가 1.5m 이내일 것
② 크기는 지름 50cm 이상의 원이 내접할 수 있는 크기일 것
③ 도로 또는 차량이 진입할 수 있는 빈터를 향할 것
④ 내부 또는 외부에서 쉽게 부수거나 열 수 있을 것

해설 개구부의 기준
- 개구부의 크기가 지름 50cm 이상의 원에 내접할 수 있을 것
- 그 층의 바닥면으로부터 개구부 밑부분까지의 높이가 1.2m 이내일 것
- 도로 또는 차량의 진입이 가능한 공지에 면할 것
- 화재 시 건축물로부터 쉽게 피난할 수 있도록 창살, 그 밖의 장애물이 설치되지 아니할 것
- 내부 또는 외부에서 쉽게 파괴 또는 개방이 가능할 것

12 소화약제로 사용할 수 없는 것은?

① $KHCO_3$ ② $NaHCO_3$
③ CO_2 ④ NH_3

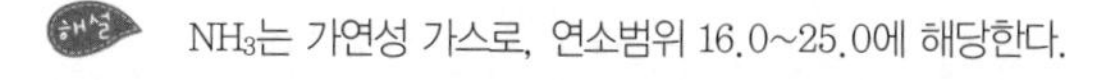
해설 NH_3는 가연성 가스로, 연소범위 16.0~25.0에 해당한다.

13 염소산염류, 과염소산염류, 알칼리금속의 과산화물, 질산염류, 과망가니즈산염류의 특징과 화재 시 소화방법에 대한 설명 중 틀린 것은?

① 가열 등에 의해 분해하여 산소를 발생하고, 화재 시 산소의 공급원 역할을 한다.
② 가연물, 유기물, 기타 산화하기 쉬운 물질과 혼합물은 가열, 충격, 마찰 등에 의해 폭발하는 수도 있다.
③ 알칼리금속의 과산화물을 제외하고 다량의 물로 냉각소화한다.
④ 그 자체가 가연성이며 폭발성을 지니고 있어 화약류 취급 시와 같이 주의를 요한다.

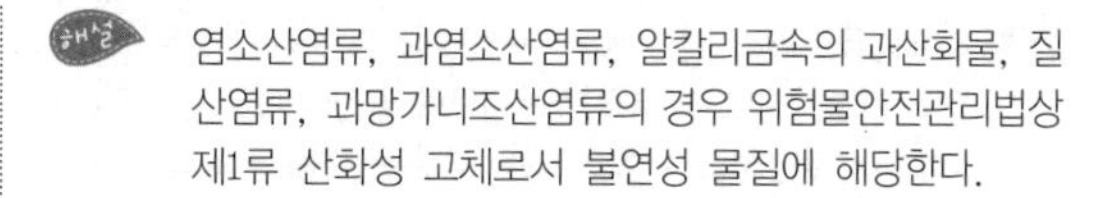
해설 염소산염류, 과염소산염류, 알칼리금속의 과산화물, 질산염류, 과망가니즈산염류의 경우 위험물안전관리법상 제1류 산화성 고체로서 불연성 물질에 해당한다.

14 소방시설 중 피난설비에 해당하지 않는 것은?

① 무선통신보조설비
② 완강기
③ 구조대
④ 공기안전매트

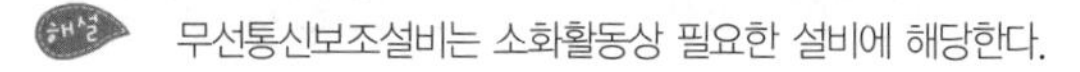
해설 무선통신보조설비는 소화활동상 필요한 설비에 해당한다.

15 유류탱크의 화재 시 탱크 저부의 물이 뜨거운 열류층에 의하여 수증기로 변하면서 급작스런 부피 팽창을 일으켜 유류가 탱크 외부로 분출하는 현상은?

① 슬롭오버(slop over)
② 블레비(BLEVE)
③ 보일오버(boil over)
④ 파이어볼(fire ball)

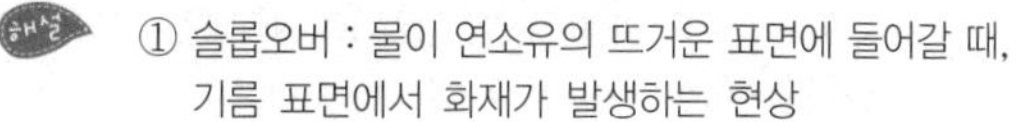
해설 ① 슬롭오버 : 물이 연소유의 뜨거운 표면에 들어갈 때, 기름 표면에서 화재가 발생하는 현상
② 블레비 : 연성 액체 저장탱크 주위에서 화재 등이 발생하여 기상부의 탱크 강판이 국부적으로 가열되면 그 부분의 강도가 약해져 그로 인해 탱크가 파열된다. 이때 내부에서 가열된 액화가스가 급격히 유출 팽창되어 화구(fire ball)를 형성하여 폭발하는 형태
④ 파이어볼 : 증기가 공기와 혼합하여 연소범위가 형성되어서 공모양의 대형 화염이 상승하는 현상

16 폭연에서 폭굉으로 전이되기 위한 조건에 대한 설명으로 틀린 것은?

① 정상연소속도가 작은 가스일수록 폭굉으로 전이가 용이하다.
② 배관 내에 장애물이 존재할 경우 폭굉으로 전이가 용이하다.
③ 배관의 관경이 가늘수록 폭굉으로 전이가 용이하다.
④ 배관 내 압력이 높을수록 폭굉으로 전이가 용이하다.

정답 》 11.① 12.④ 13.④ 14.① 15.③ 16.①

폭굉유도거리 : 관 내에 폭굉성 가스가 존재할 경우 최초의 완만한 연소가 격렬한 폭굉으로 발전할 때까지의 거리이다. 일반적으로 짧아지는 경우는 다음과 같다.
- 정상연소속도가 큰 혼합가스일수록
- 관 속에 방해물이 있거나 관 지름이 가늘수록
- 압력이 높을수록
- 점화원의 에너지가 강할수록

17 어떤 유기화합물을 원소 분석한 결과 중량백분율이 C : 39.9%, H : 6.7%, O : 53.4%인 경우 이 화합물의 분자식은? (단, 원자량은 C=12, O=16, H=1이다.)

① $C_3H_8O_2$　② $C_2H_4O_2$
③ C_2H_4O　④ $C_2H_6O_2$

해설 100g 중 각 원소의 양은 C : 39.9g, H : 6.7g, O : 53.4g
- C의 몰수 : $\frac{39.9g}{12.01}=3.33mol$
- H의 몰수 : $\frac{6.7g}{1.01}=6.66mol$
- O의 몰수 : $\frac{53.4g}{16}=3.33mol$

각 원자 몰수의 비를 간단한 정수비로 나타내면 C : H : O =3.33 : 6.66 : 3.33=1 : 2 : 1
따라서, 실험식은 CH_2O이므로 보기 중 이에 해당하는 분자식은 ② $C_2H_4O_2$만 있다.

18 내화구조에 해당하지 않는 것은?

① 철근 콘크리트조로 두께가 10cm 이상인 벽
② 철근 콘크리트조로 두께가 5cm 이상인 외벽 중 비내력벽
③ 벽돌조로서 두께가 19cm 이상인 벽
④ 철골 · 철근 콘크리트조로 두께가 10cm 이상인 벽

해설 철근 콘크리트조 또는 철골 · 철근 콘크리트조로서 두께가 7cm 이상인 것

19 건축물의 피난 · 방화구조 등의 기준에 관한 규칙에 따른 철망모르타르로서 그 바름두께가 최소 몇 〔cm〕 이상인 것을 방화구조로 규정하는가?

① 2　② 2.5
③ 3　④ 3.5

해설 방화구조의 기준
- 철망모르타르 바르기로 바름두께가 2cm 이상인 것
- 석면시멘트판 또는 석고판 위에 시멘트모르타르 또는 회반죽을 바른 것으로 두께의 합계가 2.5cm 이상인 것
- 시멘트모르타르 위에 타일을 붙인 것으로서 그 두께의 합계가 2.5cm 이상인 것
- 심벽에 흙으로 맞벽치기 한 것

20 제4류 위험물의 물리 · 화학적 특성에 대한 설명으로 틀린 것은?

① 증기비중은 공기보다 크다.
② 정전기에 의한 화재발생 위험이 있다.
③ 인화성 액체이다.
④ 인화점이 높을수록 증기발생이 용이하다.

해설 인화점이 낮을수록 증기발생이 용이하다.

정답 》 17.② 18.② 19.① 20.④

제4회 소방설비기사

01 불활성 가스에 해당하는 것은?

① 수증기 ② 일산화탄소
③ 아르곤 ④ 아세틸렌

해설 불활성 가스란 비활성 가스로서 주기율표상 18족 원소를 의미한다. 즉, He, Ne, Ar, Kr, Xn, Rn이 있다.

02 다음 중 이산화탄소 소화약제의 임계온도로 옳은 것은?

① 24.4℃ ② 31.1℃
③ 56.4℃ ④ 78.2℃

해설 이산화탄소의 임계온도는 31.35℃, 임계압력은 72.9atm이다.

03 분말소화약제 중 A급, B급, C급 화재에 모두 사용할 수 있는 것은?

① Na_2CO_3 ② $NH_4H_2PO_4$
③ $KHCO_3$ ④ $NaHCO_3$

해설

분말 종류	주성분	분자식	성분비	색 상	적응 화재
제1종	탄산수소나트륨(중탄산나트륨)	$NaHCO_3$	$NaHCO_3$ 90wt% 이상	-	B, C급
제2종	탄산수소칼륨(중탄산칼륨)	$KHCO_3$	$KHCO_3$ 92wt% 이상	담회색	B, C급
제3종	제1인산암모늄	$NH_4H_2PO_4$	$NH_4H_2PO_4$ 75wt% 이상	담홍색 또는 황색	A, B, C급
제4종	탄산수소칼륨과 요소	$KHCO_3+CO(NH_2)_2$	-	-	B, C급

04 방화구획의 설치기준 중 스프링클러, 기타 이와 유사한 자동식 소화설비를 설치한 10층 이하의 층은 몇 m^2 이내마다 구획하여야 하는가?

① 1,000 ② 1,500
③ 2,000 ④ 3,000

해설 방화구획의 기준

대상 건축물	구획 종류	구획 단위	구획 부분의 구조
주요 구조부가 내화구조 또는 불연재료로서 연면적 1,000m^2 이상인 건축물	면적 단위	(10층 이하 층) 바닥면적 1,000m^2 이내마다	내화구조의 바닥, 벽 및 갑종방화문 또는 자동 방화셔터
	층단위	3층 이상 또는 지하층 부분에서는 층마다	
	층면적 단위	11층 이상의 모든 층에서 바닥면적 200m^2 이내마다 (내장재가 불연재료이면 500m^2 이내마다)	
건축물의 일부를 내화구조로 하여야 할 건축물	용도 단위	그 부분과 기타 부분의 경계	

㈜ 면적 적용 시 S.P 등 자동식 소화설비를 한 것은 그 면적의 3배로 적용한다.

05 탄화칼슘의 화재 시 물을 주수하였을 때 발생하는 가스로 옳은 것은?

① C_2H_2 ② H_2
③ O_2 ④ C_2H_6

해설 탄화칼슘은 물과 심하게 반응하여 수산화칼슘과 아세틸렌을 만들며 공기 중 수분과 반응하여도 아세틸렌을 발생한다.
$CaC_2+2H_2O \rightarrow Ca(OH)_2+C_2H_2$

정답 》 01.③ 02.② 03.② 04.④ 05.①

06 이산화탄소의 질식 및 냉각 효과에 대한 설명 중 틀린 것은?

① 이산화탄소의 증기비중이 산소보다 크기 때문에 가연물과 산소의 접촉을 방해한다.
② 액체 이산화탄소가 기화되는 과정에서 열을 흡수한다.
③ 이산화탄소는 불연성 가스로서 가연물의 연소반응을 방해한다.
④ 이산화탄소는 산소와 반응하며 이 과정에서 발생한 연소열을 흡수하므로 냉각 효과를 나타낸다.

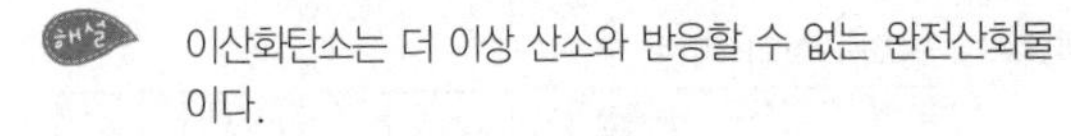
해설 이산화탄소는 더 이상 산소와 반응할 수 없는 완전산화물이다.

07 증기비중의 정의로 옳은 것은? (단, 분자, 분모의 단위는 모두 〔g/mol〕이다.)

① $\frac{분자량}{22.4}$　② $\frac{분자량}{29}$
③ $\frac{분자량}{44.8}$　④ $\frac{분자량}{100}$

08 화재의 분류방법 중 유류화재를 나타낸 것은?

① A급 화재
② B급 화재
③ C급 화재
④ D급 화재

해설 화재의 종류
① A급 화재(일반화재) : 백색
② B급 화재(유류화재) : 황색
③ C급 화재(전기화재) : 청색
④ D급 화재(금속화재) : 무색

09 공기와 접촉되었을 때 위험도(H)가 가장 큰 것은?

① 에터　② 수소
③ 에틸렌　④ 부탄

해설

구 분	에터	수소	에틸렌	부탄
연소범위	1.9~48	4~75	3.1~32	1.8~8.4
위험도	24.26	17.75	9.32	3.67

위험도(H)는 가연성 혼합가스의 연소범위의 제한치를 나타낸다.

$$H=\frac{U-L}{L}$$

여기서, U : 연소상한치
L : 연소하한치

10 다음 중 제2류 위험물에 해당하지 않는 것은 어느 것인가 ?

① 황
② 황화인
③ 적린
④ 황린

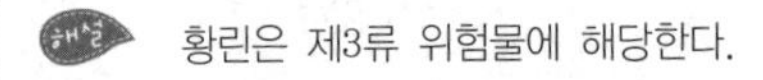
해설 황린은 제3류 위험물에 해당한다.

11 주요 구조부가 내화구조로 된 건축물에서 거실 각 부분으로부터 하나의 직통계단에 이르는 보행거리는 피난자의 안전상 몇 〔m〕 이하이어야 하는가?

① 50　② 60
③ 70　④ 80

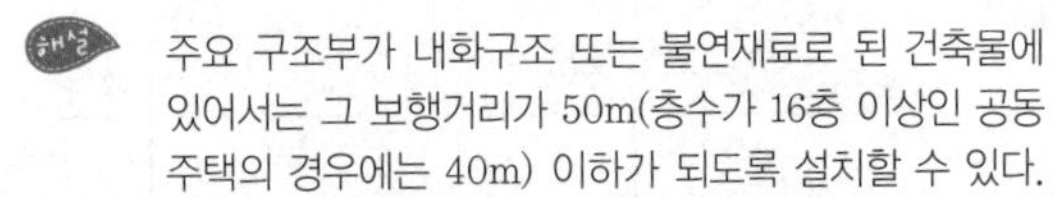
해설 주요 구조부가 내화구조 또는 불연재료로 된 건축물에 있어서는 그 보행거리가 50m(층수가 16층 이상인 공동주택의 경우에는 40m) 이하가 되도록 설치할 수 있다.

12 분말소화약제 분말입도의 소화성능에 관한 설명으로 옳은 것은?

① 미세할수록 소화성능이 우수하다.
② 입도가 클수록 소화성능이 우수하다.
③ 입도와 소화성능과는 관련이 없다.
④ 입도가 너무 미세하거나 너무 커도 소화성능은 저하된다.

정답 》 06.④　07.②　08.②　09.①　10.④　11.①　12.④

13 마그네슘의 화재에 주수하였을 때 물과 마그네슘의 반응으로 인하여 생성되는 가스는?

① 산소
② 수소
③ 일산화탄소
④ 이산화탄소

해설 마그네슘은 물과 반응하여 많은 양의 열과 수소(H_2)를 발생한다.
$Mg + 2H_2O \rightarrow Mg(OH)_2 + H_2$

14 물질의 취급 또는 위험성에 대한 설명 중 틀린 것은?

① 융해열은 점화원이다.
② 질산은 물과 반응 시 발열반응하므로 주의를 해야 한다.
③ 네온, 이산화탄소, 질소는 불연성 물질로 취급한다.
④ 암모니아를 충전하는 공업용 용기의 색상은 백색이다.

15 화재에 관련된 국제적인 규정을 제정하는 단체는?

① IMO(International Matritime Organization)
② SFPE(Society of Fire Protection Engineers)
③ NFPA(Nation Fire Protection Association)
④ ISO(International Organization for Standardization) TC 92

16 위험물안전관리법령상 위험물의 지정수량이 틀린 것은?

① 과산화나트륨 – 50kg
② 적린 – 100kg
③ 트리나이트로톨루엔 – 200kg
④ 탄화알루미늄 – 400kg

해설 탄화알루미늄은 300kg에 해당한다.

17 연면적이 1,000m^2 이상인 목조건축물은 그 외벽 및 처마 밑의 연소할 우려가 있는 부분을 방화구조로 하여야 하는데 이때 연소우려가 있는 부분은? (단, 동일한 대지 안에 2동 이상의 건물이 있는 경우이며, 공원·광장·하천의 공지나 수면 또는 내화구조의 벽, 기타 이와 유사한 것에 접하는 부분을 제외한다.)

① 상호의 외벽 간 중심선으로부터 1층은 3m 이내의 부분
② 상호의 외벽 간 중심선으로부터 2층은 7m 이내의 부분
③ 상호의 외벽 간 중심선으로부터 3층은 11m 이내의 부분
④ 상호의 외벽 간 중심선으로부터 4층은 13m 이내의 부분

18 물의 기화열이 539.6cal/g인 것은 어떤 의미인가?

① 0℃의 물 1g이 얼음으로 변화하는 데 539.6cal의 열량이 필요하다.
② 0℃의 얼음 1g이 물로 변화하는 데 539.6cal의 열량이 필요하다.
③ 0℃의 물 1g이 100℃의 물로 변화하는 데 539.6cal의 열량이 필요하다.
④ 100℃의 물 1g이 수증기로 변화하는 데 539.6cal의 열량이 필요하다.

19 인화점이 40℃ 이하인 위험물을 저장, 취급하는 장소에 설치하는 전기설비는 방폭구조로 설치하는데, 용기의 내부에 기체를 압입하여 압력을 유지하도록 함으로써 폭발성 가스가 침입하는 것을 방지하는 구조는?

① 압력방폭구조
② 유입방폭구조
③ 안전증방폭구조
④ 본질안전방폭구조

정답 》 13.② 14.① 15.④ 16.④ 17.① 18.④ 19.①

압력방폭구조(p)

용기 내부에 질소 등의 보호용 가스를 충전하여 외부에서 폭발성 가스가 침입하지 못하도록 한 구조이다.

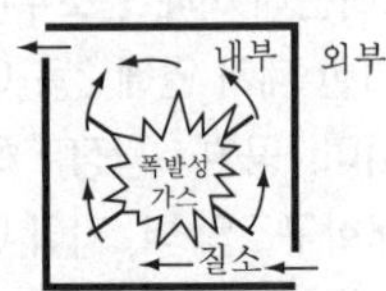

20 화재하중에 대한 설명 중 틀린 것은?

① 화재하중이 크면 단위면적당의 발열량이 크다.

② 화재하중이 크다는 것은 화재구획의 공간이 넓다는 것이다.

③ 화재하중이 같더라도 물질의 상태에 따라 가혹도는 달라진다.

④ 화재하중은 화재구획실 내의 가연물 총량을 목재 중량당비로 환산하여 면적으로 나눈 수치이다.

화재하중이란 일정구역 내에 있는 예상 최대가연물질의 양을 뜻하며, 등가가연물량을 화재구획에서 단위면적당으로 나타낸다.

$$q = \frac{\Sigma(G_t \cdot H_t)}{H_o A} = \frac{\Sigma G_t}{4{,}500A}$$

여기서, q : 화재하중[kg/m^2]

G_t : 가연물량[kg]

H_t : 가연물 단위발열량[kcal/kg]

H_o : 목재 단위발열량[kcal/kg]

A : 화재실, 화재구획의 바닥면적[m^2]

ΣG_t : 화재실, 화재구획의 가연물 전체 발열량[kcal]

정답 》 20.②

제5회 소방설비기사

01 공기의 부피 비율이 질소 79%, 산소 21%인 전기실에 화재가 발생하여 이산화탄소 소화약제를 방출하여 소화하였다. 이때 산소의 부피농도가 14%였다면 이 혼합 공기의 분자량은 약 얼마인가? (단, 화재 시 발생한 연소가스는 무시한다.)

① 28.9 ② 30.9
③ 33.9 ④ 35.9

해설
$$\%CO_2 = \frac{21 - MOC}{21} \times 100 = \frac{21-14}{21} \times 100 = 33.33\%$$

02 탱크화재 시 발생되는 보일오버(boil over)의 방지방법으로 틀린 것은?

① 탱크 내용물의 기계적 교반
② 물의 배출
③ 과열방지
④ 위험물탱크 내의 하부에 냉각수 저장

해설 보일오버 : 탱크 바닥에 물과 기름의 에멀션이 섞여 있을 때 물의 비등으로 인하여 급격하게 over-flow되는 현상

03 도장작업 공정에서의 위험도를 설명한 것으로 틀린 것은?

① 도장작업 그 자체 못지 않게 건조공정도 위험하다.
② 도장작업에서는 인화성 용제가 쓰이지 않으므로 폭발의 위험이 없다.
③ 도장작업장은 폭발 시를 대비하여 지붕을 시공한다.
④ 도장실의 환기덕트를 주기적으로 청소하여 도료가 덕트 내에 부착되지 않게 한다.

해설 도장작업의 재료는 인화성 액체에 해당한다.

04 화재 표면온도(절대온도)가 2배로 되면 복사에너지는 몇 배로 증가되는가?

① 2 ② 4
③ 8 ④ 16

해설 복사체로부터 방사되는 복사열은 복사체의 단위표면적당 방사열로 정의하여 정량적으로 파악하게 되는데, 그 양은 복사 표면의 절대온도의 4승에 비례한다.
이것을 슈테판-볼츠만(Stefan-Boltzman)의 법칙이라고 하며, 다음과 같은 식으로 나타낸다.

$q = \varepsilon \sigma T^4$

여기서, q : 복사체의 단위표면적으로부터 단위시간당 방사되는 복사에너지[W/cm^2]
ε : 보정계수(적외선 파장범위에서 비금속 물질의 경우에는 거의 1에 가까운 값이므로 무시할 수 있음)
σ : 슈테판-볼츠만 상수 ($\fallingdotseq 5.67 \times 10^{-12} W/cm^2 \cdot K^4$)
T : 절대온도[K]

∴ 절대온도가 2배가 되면 복사에너지는 $2^4 = 16$배로 증가한다.

05 목조건축물의 화재 진행상황에 관한 설명으로 옳은 것은?

① 화원-발염착화-무염착화-출화-최성기-소화
② 화원-발염착화-무염착화-소화-연소낙하
③ 화원-무염착화-발염착화-출화-최성기-소화
④ 화원-무염착화-출화-발염착화-최성기-소화

정답 》 01.③ 02.④ 03.② 04.④ 05.③

해설 목조건축물의 화재 진행과정

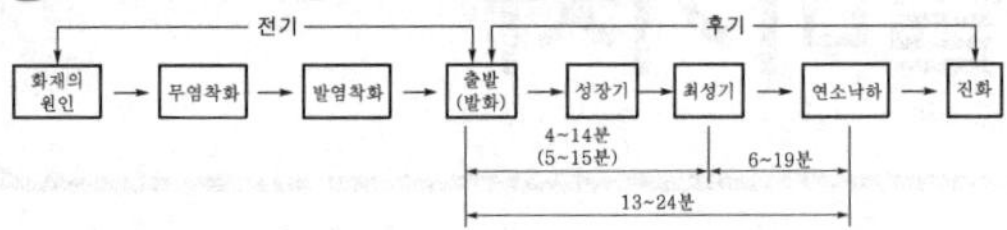

06 방호공간 안에서 화재의 세기를 나타내고 화재가 진행되는 과정에서 온도에 따라 변하는 것으로 온도-시간 곡선으로 표시할 수 있는 것은?

① 화재저항
② 화재가혹도
③ 화재하중
④ 화재플럼

해설 화재가혹도란 화재로 인한 건물 및 건물 내에 수납되어 있는 재산에 대해 피해를 주는 능력의 정도를 말한다.

07 산불화재의 형태로 틀린 것은?

① 지중화 형태 ② 수평화 형태
③ 지표화 형태 ④ 수관화 형태

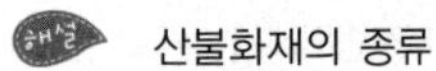

해설 산불화재의 종류
- 지중화 : 지표화로부터 시작되어 주로 낙엽층 아래의 부식층에 축적된 유기물들을 태우며 확산되는 산불이다.
- 수간화 : 나무의 줄기가 연소, 불이 강해져서 지표화재나 수관화를 일으킬 수 있다.
- 지표화 : 지표면에 축적된 초본, 관목, 낙엽, 낙지, 고사목 등의 연료를 태우며 확산되는 산불이다.
- 수관화 : 나무의 가지와 잎을 태우며 나무의 윗부분에 불이 붙어 연속해서 번지는 산불이다.
- 비산화 : 불 붙은 연료의 일부가 상승기류를 타고 올라가서 산불이 확산되고 있는 지역 밖으로 날아가 떨어지는 현상이다.

08 다음 가연성 기체 1몰이 완전연소하는 데 필요한 이론공기량으로 틀린 것은? (단, 체적비로 계산하며, 공기 중 산소의 농도를 21vol%로 한다.)

① 수소-약 2.38몰
② 메탄-약 9.52몰
③ 아세틸렌-약 16.91몰
④ 프로판-약 23.81몰

① $2H_2+O_2 \rightarrow 2H_2O$

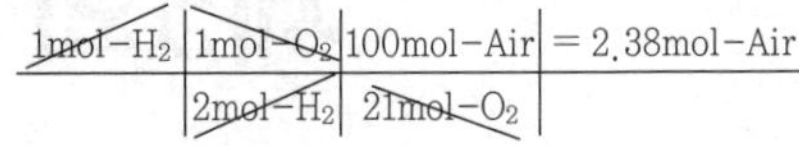

$1mol-H_2$	$1mol-O_2$	$100mol-Air$	$= 2.38mol-Air$
	$2mol-H_2$	$21mol-O_2$	

② $CH_4+2O_2 \rightarrow CO_2+2H_2O$

$1mol-CH_4$	$2mol-O_2$	$100mol-Air$	$= 9.52mol-Air$
	$1mol-CH_4$	$21mol-O_2$	

③ $2C_2H_2+3O_2 \rightarrow 4CO_2+2H_2O$

$1mol-C_2H_2$	$3mol-O_2$	$100mol-Air$	$= 7.14mol-Air$
	$2mol-C_2H_2$	$21mol-O_2$	

④ $C_3H_8+5O_2 \rightarrow 3CO_2+4H_2O$

$1mol-C_3H_8$	$5mol-O_2$	$100mol-Air$	$= 23.81mol-Air$
	$1mol-C_3H_8$	$21mol-O_2$	

09 다음 중 가연물의 제거를 통한 소화방법과 무관한 것은?

① 산불의 확산방지를 위하여 산림의 일부를 벌채한다.
② 화학반응기의 화재 시 원료 공급관의 밸브를 잠근다.
③ 전기실 화재 시 IG-541 약제를 방출한다.
④ 유류탱크 화재 시 주변에 있는 유류탱크의 유류를 다른 곳으로 이동시킨다.

10 물의 소화능력에 관한 설명 중 틀린 것은 어느 것인가?

① 다른 물질보다 비열이 크다.
② 다른 물질보다 융해잠열이 작다.
③ 다른 물질보다 증발잠열이 크다.
④ 밀폐된 장소에서 증발가열되면 산소희석작용을 한다.

해설 물의 물리적 성질
- 상온에서 물은 무겁고 비교적 안정된 액체이다.
- 물의 융해잠열은 80kcal/kg이다.
- 물의 비열은 1kcal/kg · ℃이다.
- 물의 증발잠열은 539kcal/kg(1기압, 100℃)이다.
- 물이 증발하면 그 체적은 약 1,650배로 증가한다.
- 표면장력이 크다.

※ 물의 비중은 4℃에서 최대값을 갖는다.

정답 》 06.② 07.② 08.③ 09.③ 10.②

11 연면적이 1,000m^2 이상인 건축물에 설치하는 방화벽이 갖추어야 할 기준으로 틀린 것은?

① 내화구조로서 홀로 설 수 있는 구조일 것
② 방화벽의 양쪽 끝과 위쪽 끝을 건축물의 외벽면 및 지붕면으로부터 0.1m 이상 튀어나오게 할 것
③ 방화벽에 설치하는 출입문의 너비는 2.5m 이하로 할 것
④ 방화벽에 설치하는 출입문의 높이는 2.5m 이하로 할 것

해설 방화벽 설치기준

대상 건축물	목조건축물 등(주요 구조부가 내화구조 또는 불연재료가 아닌 것)
구획단위	연면적 1,000m^2 이내마다
구획 부분의 구조	• 자립할 수 있는 내화구조 • 개구부의 폭 및 높이는 2.5m×2.5m 이하로 하고, 60분+방화문 또는 60분 방화문 설치
설치기준	• 방화벽의 양단 및 상단은 외벽면이나 지붕면으로부터 50cm 이상 돌출시킬 것 • 급수관, 배전관, 기타 관의 관통부에는 시멘트모르타르, 불연재료로 충전할 것 • 환기, 난방, 냉방 시설의 풍도에는 방화댐퍼를 설치할 것 • 개구부에 설치하는 60분+방화문 또는 60분 방화문은 항상 닫힌 상태를 유지하거나, 화재 시 자동으로 닫히는 구조로 할 것

12 화재의 일반적 특성으로 틀린 것은?

① 확대성 ② 정형성
③ 우발성 ④ 불안정성

해설 화재란 "사람의 의도에 반하거나 고의에 의해 발생하는 연소현상으로서 소화시설 등을 사용하여 소화할 필요가 있거나 또는 화학적인 폭발현상"을 말하며, 일반적인 특성으로는 확대성, 우발성, 불안정성을 들 수 있다.

13 다음 중 동일한 조건에서 증발잠열[kJ/kg]이 가장 큰 것은?

① 질소
② 할론 1301
③ 이산화탄소
④ 물

해설
① 질소(N_2) : 47.74kcal/kg
② 할론 1301(CF_3Br) : 28.4kcal/kg
③ 이산화탄소(CO_2) : 56.1kcal/kg
④ 물(H_2O) : 539kcal/kg

14 화재실의 연기를 옥외로 배출시키는 제연방식으로 효과가 가장 적은 것은?

① 자연 제연방식
② 스모크타워 제연방식
③ 기계식 제연방식
④ 냉난방설비를 이용한 제연방식

해설 **제연방식의 종류** : 자연 제연방식, 기계 제연방식, 밀폐 제연방식, 스모크타워 제연방식

15 분말소화약제의 취급 시 주의사항으로 틀린 것은?

① 습도가 높은 공기 중에 노출되면 고화되므로 항상 주의를 기울인다.
② 충진 시 다른 소화약제와 혼합을 피하기 위하여 종별로 각각 다른 색으로 착색되어 있다.
③ 실내에서 다량 방사하는 경우 분말을 흡입하지 않도록 한다.
④ 분말소화약제와 수성막포를 함께 사용할 경우 포의 소포현상을 발생시키므로 병용해서는 안 된다.

해설 수성막포 소화약제는 내약품성으로 분말소화약제와 Twin Agent System이 가능하다.

16 다음 위험물 중 특수위험물이 아닌 것은?

① 아세톤
② 다이에틸에터
③ 산화프로필렌
④ 아세트알데하이드

해설 아세톤은 제1석유류에 해당한다.

정답 》 11.② 12.② 13.④ 14.④ 15.④ 16.①

17 건축물의 화재를 확산시키는 요인이라 볼 수 없는 것은?

① 비화(飛火)
② 복사열(輻射熱)
③ 자연발화(自然發火)
④ 접염(接炎)

해설 **자연발화** : 어떤 물질이 외부로부터 열을 공급받지 않고 내부 반응열의 축적만으로 온도가 상승하여 발화점에 도달하여 연소를 일으키는 현상

18 화재 시 CO_2를 방사하여 산소농도를 11vol%로 낮추어 소화하려면 공기 중 CO_2의 농도는 약 몇 〔vol%〕가 되어야 하는가?

① 47.6
② 42.9
③ 37.9
④ 34.5

해설 $CO_2[\%] = \frac{21-11}{21} \times 100 \fallingdotseq 47.62\%$

19 물소화약제를 어떠한 상태로 주수할 경우 전기화재의 진압에서도 소화능력을 발휘할 수 있는가?

① 물에 의한 봉상주수
② 물에 의한 적상주수
③ 물에 의한 무상주수
④ 어떤 상태의 주수에 의해서도 효과가 없다.

해설 전기화재의 경우 안개상의 주수(무상주수)에 의해 소화가 가능하다.

20 석유, 고무, 동물의 털, 가죽 등과 같이 황 성분을 함유하고 있는 물질이 불완전연소될 때 발생하는 연소가스로 계란 썩는 듯한 냄새가 나는 기체는?

① 아황산가스 ② 사이안화수소
③ 황화수소 ④ 암모니아

해설 **황화수소**(H_2S : hydrogen sulfide) : 고무, 동물의 털과 가죽 및 고기 등과 같은 물질에는 황 성분이 포함되어 있어, 화재 시에 이들의 불완전연소로 인해 황화수소가 발생한다. 황화수소는 유화수소라고도 하며 달걀 썩는 냄새와 같은 특유한 냄새가 있어 쉽게 감지할 수가 있으나, 0.02% 이상의 농도에서는 후각이 바로 마비되기 때문에 불과 몇 회만 호흡하면 전혀 냄새를 맡을 수 없게 되며, 환원성이 있고, 발화온도는 260℃로 비교적 낮아 착화되기 쉬운 가연성 가스로서 폭발범위는 4.0~44%이다.

정답 》 17.③ 18.① 19.③ 20.③

제6회 소방설비기사

01 프로판가스의 연소범위〔vol%〕에 가장 가까운 것은?

① 9.8~28.4 ② 2.5~81
③ 4.0~75 ④ 2.1~9.5

02 화재의 지속시간 및 온도에 따라 목재건물과 내화건물을 비교했을 때, 목재건물의 화재성상으로 가장 적합한 것은?

① 저온장기형이다.
② 저온단기형이다.
③ 고온장기형이다.
④ 고온단기형이다.

해설
- 목조건축물 : 고온단기형(최고온도 : 1,300℃)
- 내화건축물 : 저온장기형(최고온도 : 900~1,000℃)

03 특정소방대상물(소방안전관리대상물은 제외)의 관계인과 소방안전관리대상물의 소방안전관리자의 업무가 아닌 것은?

① 화기취급의 감독
② 자체소방대의 운용
③ 소방관련시설의 유지・관리
④ 피난시설, 방화구획 및 방화시설의 유지・관리

해설 소방안전관리자의 업무
- 당해 소방대상물에 관한 소방계획의 작성
- 피난시설 및 방화시설의 유지・관리
- 자위소방대의 조직
- 소방 훈련 및 감독
- 소방시설, 그 밖의 소방관련시설의 유지・관리
- 화기취급의 감독

04 다음 중 가연물의 제거와 가장 관련이 없는 소화방법은?

① 유류화재 시 유류공급 밸브를 잠근다.
② 산불화재 시 나무를 잘라 없앤다.
③ 팽창진주암을 사용하여 진화한다.
④ 가스화재 시 중간밸브를 잠근다.

해설 팽창진주암을 사용하는 경우 공기 중의 산소공급을 차단하는 질식소화에 해당한다.

05 다음 중 화재의 유형별 특성에 관한 설명으로 옳은 것은?

① A급 화재는 무색으로 표시하며, 감전의 위험이 있으므로 주수소화를 엄금한다.
② B급 화재는 황색으로 표시하며, 질식소화를 통해 화재를 진압한다.
③ C급 화재는 백색으로 표시하며, 가연성이 강한 금속의 화재이다.
④ D급 화재는 청색으로 표시하며, 연소 후에 재를 남긴다.

해설 B급 화재는 유류화재로서 질식소화를 통해 화재를 진압한다. 화재 분류에 따른 색상기준은 화재안전기준에 없다.

06 다음 중 인명구조 기구에 속하지 않는 것은 어느 것인가 ?

① 방열복
② 공기안전매트
③ 공기호흡기
④ 인공소생기

해설 공기안전매트는 피난기구에 해당한다.
- 인명구조 기구 : 방열복, 공기호흡기, 인공소생기 등

정답 》 01.④ 02.④ 03.② 04.③ 05.② 06.②

07 다음 중 전산실, 통신 기기실 등에서의 소화에 가장 적합한 것은?

① 스프링클러설비
② 옥내소화전설비
③ 분말소화설비
④ 할로젠화합물 및 불활성기체 소화설비

08 다음 중 화재강도(Fire Intensity)와 관계가 없는 것은?

① 가연물의 비표면적
② 발화원의 온도
③ 화재실의 구조
④ 가연물의 발열량

화재강도의 주요소 : 가연물의 연소열, 가연물의 비표면적, 공기 공급, 화재실의 구조(벽, 천장, 바닥), 단열성 등

09 방화벽의 구조 기준 중 다음 (　) 안에 알맞은 것은?

- 방화벽의 양쪽 끝과 위쪽 끝을 건축물의 외벽면 및 지붕면으로부터 (㉠)m 이상 튀어나오게 할 것
- 방화벽에 설치하는 출입문의 너비 및 높이는 각각 (㉡)m 이하로 하고, 해당 출입문에는 60분+방화문 또는 60분 방화문을 설치할 것

① ㉠ 0.3, ㉡ 2.5
② ㉠ 0.3, ㉡ 3.0
③ ㉠ 0.5, ㉡ 2.5
④ ㉠ 0.5, ㉡ 3.0

방화벽 설치기준

대상 건축물	구획 단위	구획부분의 구조	설치기준
목조건축물 등(주요구조부가 내화구조 또는 불연재료가 아닌 것)	연면적 1,000m^2 이내마다	• 자립할 수 있는 내화구조 • 개구부의 폭 및 높이는 2.5m×2.5m 이하로 하고, 60분+방화문 또는 60분 방화문 설치	• 방화벽의 양단 및 상단은 외벽면이나 지붕면으로부터 50cm 이상 돌출시킬 것 • 급수관, 배전관 기타 관의 관통부에는 시멘트모르타르, 불연재료로 충전할 것 • 환기, 난방, 냉방시설의 풍도에는 방화댐퍼 설치 • 개구부에 설치하는 60분+방화문 또는 60분 방화문은 항상 닫힌 상태를 유지하거나, 화재 시 자동으로 닫히는 구조로 할 것

10 다음 중 BLEVE 현상을 설명한 것으로 가장 옳은 것은?

① 물이 뜨거운 기름표면 아래에서 끓을 때 화재를 수반하지 않고 over flow 되는 현상
② 물이 연소유의 뜨거운 표면에 들어갈 때 발생되는 over flow 현상
③ 탱크 바닥에 물과 기름의 에멀젼이 섞여 있을 때 물의 비등으로 인하여 급격하게 over flow 되는 현상
④ 탱크 주위 화재로 탱크 내 인화성 액체가 비등하고 가스부분의 압력이 상승하여 탱크가 파괴되고 폭발을 일으키는 현상

- 프로스오버(froth over)에 대한 설명이다.
- 슬롭오버(slop over)에 대한 설명이다.
- 보일오버(boil over)에 대한 설명이다.

정답 》 07.④ 08.② 09.③ 10.④

11 화재발생 시 인명피해 방지를 위한 건물로 적합한 것은?

① 피난설비가 없는 건물
② 특별피난계단의 구조로 된 건물
③ 피난기구가 관리되고 잇지 않은 건물
④ 피난구 폐쇄 및 피난구 유도등이 미비되어 있는 건물

12 다음 중 인화점이 가장 낮은 물질은 어느 것인가?

① 산화프로필렌
② 이황화탄소
③ 메틸알코올
④ 등유

해설

물질명	산화 프로필렌	이황화 탄소	메틸 알코올	등유
인화점	−37℃	−30℃	11℃	39℃ 이상

13 다음 중 소화원리에 대한 설명으로 틀린 것은 어느 것인가?

① 냉각소화 : 물의 증발잠열에 의해서 가연물의 온도를 저하시키는 소화방법
② 제거소화 : 가연성 가스의 분출화재 시 연료공급을 차단시키는 소화방법
③ 질식소화 : 포소화약제 또는 불연성 가스를 이용해서 공기 중의 산소공급을 차단하여 소화하는 방법
④ 억제소화 : 불활성 기체를 방출하여 연소범위 이하로 낮추어 소화하는 방법

해설
- **억제소화** : 연소가 지속되기 위해서는 활성기(free radical)에 의한 연쇄반응이 필수적이다. 이 연쇄반응을 차단하여 소화하는 방법을 억제소화 일명 부촉매소화, 화학소화라고 한다.
- **희석소화** : 불활성 기체를 방출하여 연소범위 이하로 낮추어 소화하는 방법

14 CF_3Br 소화약제의 명칭을 옳게 나타낸 것은 어느 것인가 ?

① 할론 1011 ② 할론 1211
③ 할론 1301 ④ 할론 2402

해설 할론소화약제의 명명법

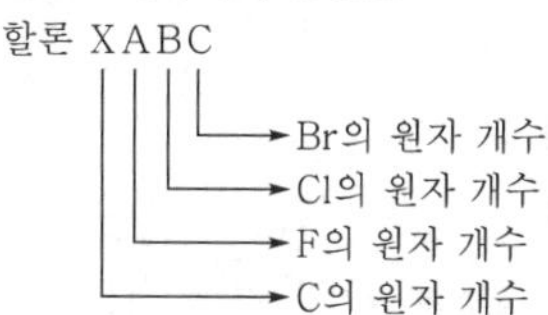

15 에터, 케톤, 에스터, 알데하이드, 카르복실산, 아민 등과 같은 가연성인 수용성 용매에 유효한 포 소화약제는?

① 단백포
② 수성막포
③ 불화단백포
④ 내알코올포

해설 **내알코올포 소화약제** : 물과 친화력이 있는 알코올과 같은 수용성 용매(극성 용매)의 화재에 보통의 포 소화약제를 사용하면 수용성 용매가 포 속의 물을 탈취하여 포가 파괴되기 때문에 효과를 잃게 된다. 이와 같은 현상은 온도가 높아지면 더욱 뚜렷이 나타나는데 이같은 단점을 보완하기 위하여 단백질의 가수분해물에 금속비누를 계면활성제 등을 사용화여 유화, 분산시킨 포소화약제이다.

16 독성이 매우 높은 가스로서 석유제품, 유지(油脂) 등이 연소할 때 생성되는 알데하이드 계통의 가스는?

① 사이안화수소
② 암모니아
③ 포스겐
④ 아크롤레인

해설 **아크롤레인**(CH_2CHCHO : acrylolein) : 자극성 냄새를 가진 무색의 기체(또는 액체)로서 아크릴알데하이드라고도 하는데 이는 점막을 침해한다. 아크롤레인은 석유 제품 및 유지류 등이 탈 때 생성되는데, 너무도 자극성이 크고 맹독성이어서 1ppm 정도의 농도만 되도 견딜 수 없을 뿐만 아니라, 10ppm 이상의 농도에서는 거의 즉사한다.

정답 》 11.② 12.① 13.④ 14.③ 15.④ 16.④

17 물의 소화력을 증대시키기 위하여 첨가하는 첨가제 중 물의 유실을 방지하고 건물, 임야 등의 입체 면에 오랫동안 잔류하게 하기 위한 것은 어느 것인가?

① 증점제
② 강화액
③ 침투제
④ 유화제

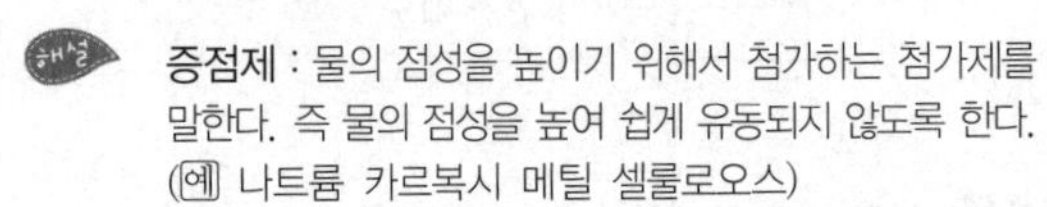
해설 **증점제** : 물의 점성을 높이기 위해서 첨가하는 첨가제를 말한다. 즉 물의 점성을 높여 쉽게 유동되지 않도록 한다. (예 나트륨 카르복시 메틸 셀룰로오스)

18 화재 시 이산화탄소를 방출하여 산소농도를 13vol%로 낮추어 소화하기 위한 공기 중 이산화탄소의 농도는 약 몇 〔vol%〕인가?

① 9.5 ② 25.8
③ 38.1 ④ 61.5

해설 이산화탄소의 최소소화농도〔vol%〕

$$= \frac{21 - \text{한계산소농도}}{21} \times 100$$

$$= \frac{21 - 13}{21} \times 100$$

$$= 38.09\%$$

19 할로젠화합물 청정소화약제는 일반적으로 열을 받으면 할로젠족이 분해되어 가연물질의 연소과정에서 발생하는 활성종과 화합하여 연소의 연쇄반응을 차단한다. 연쇄반응의 차단과 가장 거리가 먼 소화약제는?

① FC-3-1-10 ② HFC-125
③ IG-541 ④ FIC-1311

해설 IG-541은 불활성 가스 소화약제에 해당한다.

20 불포화 섬유지나 석탄에 자연발화를 일으키는 원인은?

① 분해열 ② 산화열
③ 발효열 ④ 중합열

해설 자연발화의 형태(분류)
- 분해열에 의한 자연발화 : 셀룰로이드, 나이트로셀룰로오스
- 산화열에 의한 자연발화 : 건성유, 고무분말, 원면, 석탄 등
- 흡착열에 의한 자연발화 : 활성탄, 목탄분말 등
- 미생물의 발열에 의한 자연발화 : 퇴비(퇴적물), 먼지 등
- 기타 물질의 발열에 의한 자연발화 : 테레빈유의 발화점은 240℃로 자연발화하기 쉽다(아마인유의 발화점은 343℃).

정답 》 17.① 18.③ 19.③ 20.②

제7회 소방설비기사

01 이산화탄소에 대한 설명으로 틀린 것은?

① 임계온도는 97.5℃이다.
② 고체의 형태로 존재할 수 있다.
③ 불연성 가스로 공기보다 무겁다.
④ 드라이아이스와 분자식이 동일하다.

① 임계온도(기체의 액화가 일어날 수 있는 가장 높은 온도) : 31℃
② 상온, 상압에서 무색 기체로 존재한다.
③ CO_2 : 이미 산화반응이 완결되었기 때문에 불연성이다.
④ 탄산가스(CO_2)를 압축, 냉각(−78℃)하여 액화한 것을 압축하여 굳히면 백색 반투명의 블록이 되며 고체의 탄산가스이고 상온상압에서 기화하므로 드라이아이스(dry ice)라 한다.

02 물질의 화재 위험성에 대한 설명으로 틀린 것은?

① 인화점 및 착화점이 낮을수록 위험
② 착화에너지가 작을수록 위험
③ 비점 및 융점이 높을수록 위험
④ 연소범위가 넓을수록 위험

해설 비점(끓는점) 및 융점(녹는점)이 낮을수록 위험하다.

03 다음 중 연소범위를 근거로 계산한 위험도 값이 가장 큰 물질은?

① 이황화탄소
② 메탄
③ 수소
④ 일산화탄소

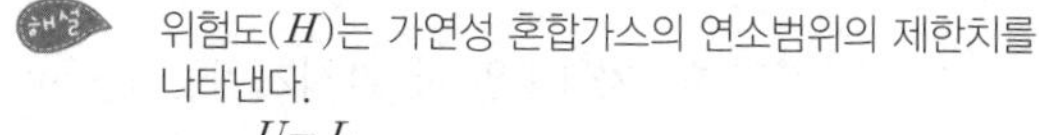

위험도(H)는 가연성 혼합가스의 연소범위의 제한치를 나타낸다.

$$H=\frac{U-L}{L}$$

여기서, U : 연소상한치
L : 연소하한치

	물질명	하한계	상한계	위험도
①	이황화탄소	1.0	50	49.0
②	메탄	5	15	2.0
③	수소	4	75	17.75
④	일산화탄소	12.5	74	4.92

04 위험물안전관리법령상 제2석유류에 해당하는 것으로만 나열된 것은?

① 아세톤, 벤젠
② 중유, 아닐린
③ 에터, 이황화탄소
④ 아세트산, 아크릴산

해설 ① 아세톤, 벤젠 : 제1석유류
② 중유, 아닐린 : 제3석유류
③ 에터, 이황화탄소 : 특수인화물

05 다음 중 종이, 나무, 섬유류 등에 의한 화재에 해당하는 것은?

① A급 화재　② B급 화재
③ C급 화재　④ D급 화재

해설 ① A급 화재 : 일반화재
② B급 화재 : 유류화재
③ C급 화재 : 전기화재
④ D급 화재 : 금속화재

06 0℃, 1기압에서 44.8m^3의 용적을 가진 이산화탄소를 액화하여 얻을 수 있는 액화탄산가스의 무게는 약 몇 〔kg〕인가?

① 88　② 44
③ 22　④ 11

정답 》 01.① 02.③ 03.① 04.④ 05.① 06.①

해설

$PV=nBT,\ PV=\frac{WBT}{M}$

$W=\frac{PVM}{BT}$

$=\frac{1\text{atm}\times 44,800\text{L}\times 44\text{g/mol}}{0.082\text{atm}\cdot\text{L/K}\cdot\text{mol}\times(0+273)\text{K}}$

$=88,055\text{g}=88\text{kg}$

07 가연물이 연소가 잘 되기 위한 구비조건으로 틀린 것은?

① 열전도율이 클 것
② 산소와 화학적으로 친화력이 클 것
③ 표면적이 클 것
④ 활성화에너지가 작을 것

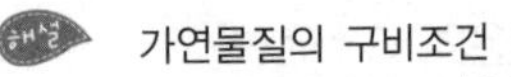

해설 가연물질의 구비조건

- 산화되기 쉽고, 반응열이 클 것
- 열전도도가 작을 것
- 활성화에너지가 작을 것
- 연쇄반응이 일어나는 물질일 것
- 표면적이 클 것

08 다음 중 소화에 필요한 이산화탄소 소화약제의 최소설계농도 값이 가장 높은 물질은?

① 메탄 ② 에틸렌
③ 천연가스 ④ 아세틸렌

해설 $\%CO_2=\frac{21-\text{한계산소농도}}{21}\times 100$에서 각각 물질의 한계산소농도($MOC$)를 넣고 계산하면 최소소화농도 값이 계산되며, 최소설계농도는 최소소화농도 값에 20%를 더하여 산출한다.

가연물질	한계산소농도 〔vol%〕	최소소화농도 〔vol%〕	최소설계농도 〔vol%〕
메탄	15.96	24	28.8
에틸렌	12.39	41	49.2
천연가스	14.49	31	37.2
아세틸렌	9.45	55	66

09 이산화탄소의 증기비중은 약 얼마인가? (단, 공기의 분자량은 29이다.)

① 0.81 ② 1.52
③ 2.02 ④ 2.51

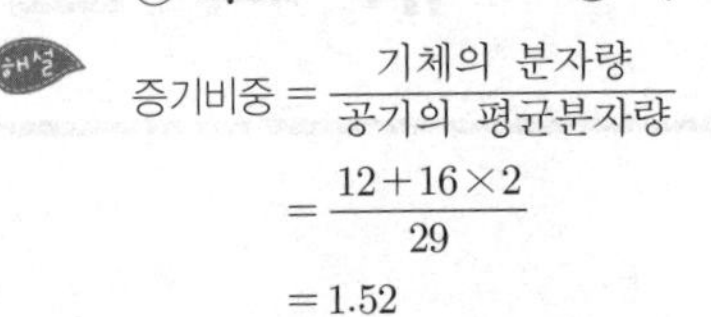

해설 $\text{증기비중}=\frac{\text{기체의 분자량}}{\text{공기의 평균분자량}}$

$=\frac{12+16\times 2}{29}$

$=1.52$

10 유류탱크 화재 시 기름 표면에 물을 살수하면 기름이 탱크 밖으로 비산하여 화재가 확대되는 현상은?

① 슬롭 오버(Slop over)
② 플래시 오버(Flash over)
③ 프로스 오버(Froth over)
④ 블레비(BLEVE)

해설
① 슬롭 오버 : 물이 연소유의 뜨거운 표면에 들어갈 때 기름 표면에서 화재가 발생하는 현상
② 플래시 오버 : 화재로 인하여 내부의 산소농도가 낮아지다가 외부의 신선한 공기가 유입되면서 실내의 온도가 급격히 상승하여 가연물이 일시에 폭발적으로 착화현상을 일으켜 화재가 순간적으로 실내 전체에 확산되는 현상(=순발연소, 순간연소)으로 산소의 농도와 관계가 있다.
③ 프로스 오버 : 탱크 속의 물이 점성을 가진 뜨거운 기름의 표면 아래에서 끓을 때 기름이 넘쳐 흐르는 현상
④ 블레비 : 연성 액체 저장탱크 주위에서 화재 등이 발생하여 기상부의 탱크 강판이 국부적으로 가열되면 그 부분의 강도가 약해져 그로 인해 탱크가 파열된다. 이때 내부에서 가열된 액화가스가 급격히 유출 팽창되어 화구(fire ball)를 형성하여 폭발하는 형태

11 실내 화재 시 발생한 연기로 인한 감광계수〔m^{-1}〕와 가시거리에 대한 설명 중 틀린 것은?

① 감광계수가 0.1일 때 가시거리는 20~30m이다.
② 감광계수가 0.3일 때 가시거리는 15~20m이다.
③ 감광계수가 1.0일 때 가시거리는 1~2m이다.
④ 감광계수가 10일 때 가시거리는 0.2~0.5m이다.

정답 》 07.① 08.④ 09.② 10.① 11.②

감광계수 (m^{-1})	가시거리(m)	상 황
0.1	20~30	연기감지기가 작동할 때의 농도
0.3	5	건물 내부에 익숙한 사람이 피난할 정도의 농도
0.5	3	어두운 것을 느낄 정도의 농도
1	1~2	앞이 거의 보이지 않을 정도의 농도
10	0.2~0.5	화재 최성기 때의 농도
30	–	출화실에서 연기가 분출할 때의 농도

12 $NH_4H_2PO_4$를 주성분으로 한 분말소화약제는 제 몇 종 분말소화약제인가?

① 제1종 ② 제2종
③ 제3종 ④ 제4종

분말 종류	주성분	분자식	성분비	착 색	적응 화재
제1종	탄산수소 나트륨 (중탄산 나트륨)	$NaHCO_3$	$NaHCO_3$ 90wt% 이상	–	B, C급
제2종	탄산수소 칼륨 (중탄산 칼륨)	$KHCO_3$	$KHCO_3$ 92wt% 이상	담회색	B, C급
제3종	제1인산 암모늄	$NH_4H_2PO_4$	$NH_4H_2PO_4$ 75wt% 이상	담홍색 또는 황색	A, B, C급
제4종	탄산수소 칼륨과 요소	$KHCO_3$ + $CO(NH_2)_2$	–	–	B, C급

13 다음 물질의 저장창고에서 화재가 발생하였을 때 주수소화를 할 수 없는 물질은?

① 뷰틸리튬
② 질산에틸
③ 나이트로셀룰로오스
④ 적린

뷰틸리튬은 제3류 위험물로서 자연발화성 물질 및 금수성 물질에 해당한다.

14 다음 물질 중 연소하였을 때 사이안화수소를 가장 많이 발생시키는 물질은?

① Polyethylene
② Polyurethane
③ Polyvinyl chloride
④ Polystyrene

연소생성가스	연소물질
일산화탄소 및 탄산가스	탄화수소류 등
질소산화물	셀룰로이드, 폴리우레탄 등
사이안화수소	질소성분을 갖고 있는 모사, 비단, 피혁 등
아크롤레인	합성수지, 레이온 등
아황산가스	나무, 종이 등
수소의 할로젠화물 (HF, HCl, HBr, 포스겐 등)	나무, 치오콜 등
	PVC, 방염수지, 불소수지류 등의 할로젠화물
암모니아	멜라민, 나일론, 요소수지 등
알데하이드류 (RCHO)	페놀수지, 나무, 나일론, 폴리에스터수지 등
벤젠	폴리스티렌(스티로폼) 등

15 다음 중 상온 · 상압에서 액체인 것은?

① 탄산가스 ② 할론 1301
③ 할론 2402 ④ 할론 1211

구 분	할론 1301	할론 1211	할론 2402	할론 104
분자식	CF_3Br (BT)	CF_2ClBr (BCF)	$CF_2Br \cdot CF_2Br$	CCl_4 (CTC)
분자량	148.9kg	166.4kg	259.9kg	153.89kg
증발잠열	28kcal/kg (117kJ/kg)	32kcal/kg (133kJ/kg)	25kcal/kg (105kJ/kg)	–
상 태	기체(21℃)	기체(21℃)	액체(21℃)	액체(21℃)
기체비중 (공기=1)	5.1	5.7	9.0	5.3

정답 》 12.③ 13.① 14.② 15.③

16 밀폐된 내화건물의 실내에 화재가 발생했을 때 그 실내의 환경변화에 대한 설명 중 틀린 것은?

① 기압이 급강하한다.
② 산소가 감소된다.
③ 일산화탄소가 증가한다.
④ 이산화탄소가 증가한다.

해설 실내에 화재가 발생하는 경우 압력이 증가하여 압력차에 의해 연기가 수직공간을 따라 상승 또는 하강하게 되는 현상이 발생하게 되는데 이를 연돌효과라고 한다.

17 제거소화의 예에 해당하지 않는 것은?

① 밀폐공간에서의 화재 시 공기를 제거한다.
② 가연성 가스화재 시 가스의 밸브를 닫는다.
③ 산림화재 시 확산을 막기 위하여 산림의 일부를 벌목한다.
④ 유류탱크화재 시 연소되지 않은 기름을 다른 탱크로 이동시킨다.

해설 ①은 질식소화의 예에 해당한다.

18 산소의 농도를 낮추어 소화하는 방법은?

① 냉각소화 ② 질식소화
③ 제거소화 ④ 억제소화

해설 산소 농도를 낮추어 질식소화한다.

19 화재 시 나타나는 인간의 피난특성으로 볼 수 없는 것은?

① 어두운 곳으로 대피한다.
② 최초로 행동한 사람을 따른다.
③ 발화지점의 반대방향으로 이동한다.
④ 평소에 사용하던 문, 통로를 사용한다.

해설 인간의 피난특성

- 추종본능 : 비상시에는 군중이 한 사람의 리더를 추종하려는 경향
- 귀소본능 : 비상시 늘 사용하는 경로에 의해 탈출을 도모
- 퇴피본능 : 위험장소에서 벗어나려는 경향
- 좌회본능 : 막다른 길에서 오른손잡이인 경우 왼쪽으로 가려는 경향
- 지광본능 : 주위가 어두워지면 밝은 곳으로 피난하고자 하는 경향

20 인화알루미늄의 화재 시 주수소화하면 발생하는 물질은?

① 수소 ② 메탄
③ 포스핀 ④ 아세틸렌

해설 인화알루미늄은 물과 접촉 시 수산화알루미늄과 포스핀가스가 생성된다.

$AlP + 3H_2O \rightarrow Al(OH)_3 + PH_3$

정답 》 16.① 17.① 18.② 19.① 20.③

제8회 소방설비기사

01 공기의 평균 분자량이 29일 때 이산화탄소 기체의 증기비중은 얼마인가?

① 1.44 ② 1.52
③ 2.88 ④ 3.24

해설
$$증기비중 = \frac{기체의\ 분자량}{공기의\ 평균분자량} = \frac{12+16\times2}{29} = 1.52$$

02 밀폐된 공간에 이산화탄소를 방사하여 산소의 체적 농도를 12%가 되게 하려면 상대적으로 방사된 이산화탄소의 농도는 얼마가 되어야 하는가?

① 25.40% ② 28.70%
③ 38.35% ④ 42.86%

해설 한계산소농도 이하가 되기 위한 이산화탄소의 체적 농도[%]

$$CO_2[\%] = \frac{21-O_2}{21}\times100$$

밀폐된 공간에 이산화탄소를 방사하여 산소의 체적농도를 12%가 되게 하려면,

$$CO_2[\%] = \frac{21-12}{21}\times100 = 42.86\%$$

03 다음 중 고체 가연물이 덩어리보다 가루일 때 연소되기 쉬운 이유로 가장 적합한 것은?

① 발열량이 작아지기 때문이다.
② 공기와 접촉면이 커지기 때문이다.
③ 열전도율이 커지기 때문이다.
④ 활성화에너지가 커지기 때문이다.

해설 덩어리상태보다 가루상태일 때 공기와의 접촉면이 넓어져서 연소되기 쉽다.

04 다음 중 발화점이 가장 낮은 물질은?

① 휘발유
② 이황화탄소
③ 적린
④ 황린

해설
① 휘발유 : 300℃
② 이황화탄소 : 90℃
③ 적린 : 260℃
④ 황린 : 34℃

05 질식소화 시 공기 중의 산소 농도는 일반적으로 약 몇 〔vol%〕 이하로 하여야 하는가?

① 25 ② 21
③ 19 ④ 15

06 화재하중의 단위로 옳은 것은?

① kg/m^2
② $℃/m^2$
③ $kg \cdot L/m^3$
④ $℃ \cdot L/m^3$

해설 화재하중 : 화재하중이란 화재구획에서의 단위면적당 등가 가연물량[kg/m^2]

07 소화약제인 IG-541의 성분이 아닌 것은?

① 질소 ② 아르곤
③ 헬륨 ④ 이산화탄소

해설 N_2 : 52%, Ar : 40%, CO_2 : 8%

정답 》 01.② 02.④ 03.② 04.④ 05.④ 06.① 07.③

08 제1종 분말소화약제의 주성분으로 옳은 것은?

① $KHCO_3$ ② $NaHCO_3$
③ $NH_4H_2PO_4$ ④ $Al_2(SO_4)_3$

분말 종류	주성분	분자식	성분비	착 색	적응 화재
제1종	탄산수소 나트륨 (중탄산 나트륨)	$NaHCO_3$	$NaHCO_3$ 90wt% 이상	–	B, C급
제2종	탄산수소 칼륨 (중탄산 칼륨)	$KHCO_3$	$KHCO_3$ 92wt% 이상	담회색	B, C급
제3종	제1인산 암모늄	$NH_4H_2PO_4$	$NH_4H_2PO_4$ 75wt% 이상	담홍색 또는 황색	A, B, C급
제4종	탄산수소 칼륨과 요소	$KHCO_3$ + $CO(NH_2)_2$	–	–	B, C급

09 다음 중 연소와 가장 관련 있는 화학반응은?

① 중화반응
② 치환반응
③ 환원반응
④ 산화반응

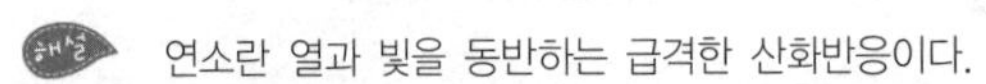
연소란 열과 빛을 동반하는 급격한 산화반응이다.

10 위험물과 위험물안전관리법령에서 정한 지정수량을 옳게 연결한 것은?

① 무기과산화물 – 300kg
② 황화인 – 500kg
③ 황린 – 20kg
④ 질산에스터류 – 200kg

해설
- 무기과산화물 – 50kg
- 황화인 – 100kg
- 질산에스터류 – 10kg

11 화재의 종류에 따른 분류가 틀린 것은?

① A급 : 일반화재 ② B급 : 유류화재
③ C급 : 가스화재 ④ D급 : 금속화재

해설 C급 화재는 전기화재에 해당한다.

12 이산화탄소소화약제 저장용기의 설치장소에 대한 설명 중 옳지 않은 것은?

① 반드시 방호구역 내의 장소에 설치한다.
② 온도의 변화가 적은 곳에 설치한다.
③ 방화문으로 구획된 실에 설치한다.
④ 해당 용기가 설치된 곳임을 표시하는 표지를 한다.

해설 저장용기는 방호구역 외의 장소에 설치해야 한다.

13 화재의 소화원리에 따른 소화방법의 적용으로 틀린 것은?

① 냉각소화 : 스프링클러설비
② 질식소화 : 이산화탄소소화설비
③ 제거소화 : 포소화설비
④ 억제소화 : 할로젠화합물소화설비

해설 포소화설비는 질식 및 냉각 소화설비에 해당한다.

14 소화효과를 고려하였을 경우 화재 시 사용할 수 있는 물질이 아닌 것은?

① 이산화탄소 ② 아세틸렌
③ Halon 1211 ④ Halon 1301

해설 아세틸렌은 가연성 가스로서 연소범위가 2.5~81%에 해당한다.

15 탄화칼슘이 물과 반응 시 발생하는 가연성 가스는?

① 메탄 ② 포스핀
③ 아세틸렌 ④ 수소

해설 탄화칼슘

$CaC_2 + 2H_2O \rightarrow Ca(OH)_2 + C_2H_2$
(수산화칼슘) (아세틸렌)

정답 》 08.② 09.④ 10.③ 11.③ 12.① 13.③ 14.② 15.③

16 Halon 1301의 분자식은?

① CH_3Cl ② CH_3Br
③ CF_3Cl ④ CF_3Br

해설

Halon No.	분자식	이 름	비 고
할론 104	CCl_4	Carbon Tetrachloride (사염화탄소)	법적 사용 금지 (∵ 유독가스 $COCl_2$ 방출)
할론 1011	$CClBrH_2$	Bromo Chloro Methane (일취화일염화메탄)	–
할론 1211	CF_2ClBr	Bromo Chloro Difluoro Methane (일취화일염화이불화메탄)	• 상온에서 기체 • 증기비중 5.7 • 액비중 : 1.83 • 소화기용 • 방사거리 : 4~5m
할론 2402	$C_2F_4Br_2$	Dibromo Tetrafluoro Ethane (이취화사불화에탄)	• 상온에서 액체 (단, 독성으로 인해 국내외 생산되는 곳이 없으므로 사용 불가)
할론 1301	CF_3Br	Bromo Trifluoro Methane (일취화삼불화메탄)	• 상온에서 기체 • 증기비중 5.1 • 액비중 : 1.57 • 소화설비용 • 인체에 가장 무해함 • 방사거리 : 3~4m

17 건축물의 내화구조에서 바닥의 경우에는 철근콘크리트의 두께가 몇 〔cm〕 이상이어야 하는가?

① 7 ② 10
③ 12 ④ 15

해설 내화구조의 기준

구조 부분	내화구조의 기준
바닥	• 철근콘크리트조 또는 철골 · 철근콘크리트조로서 두께가 10cm 이상인 것 • 철재로 보강된 콘크리트 블록조 · 벽돌조 또는 석조로서 철재에 덮은 콘크리트 블록 등의 두께가 5cm 이상인 것 • 철재의 양면을 두께 5cm 이상의 철망모르타르 또는 콘크리트로 덮은 것

18 다음 원소 중 전기음성도가 가장 큰 것은?

① F ② Br
③ Cl ④ I

해설 원소의 주기율표 중 전기음성도는 F 4.0, O 3.5, N 3.0으로 F가 가장 크다.

19 화재 시 발생하는 연소가스 중 인체에서 헤모글로빈과 결합하여 혈액의 산소운반을 저해하고 두통, 근육조절의 장애를 일으키는 것은?

① CO_2 ② CO
③ HCN ④ H_2S

해설 일산화탄소는 혈액 중의 산소운반 물질인 헤모글로빈과 결합하여 카르복시헤모글로빈을 만듦으로써 산소의 혈중 농도를 저하시키고 질식을 일으키게 된다.

20 인화점이 20℃인 액체위험물을 보관하는 창고의 인화 위험성에 대한 설명 중 옳은 것은?

① 여름철에 창고 안이 더워질수록 인화의 위험성이 커진다.
② 겨울철에 창고 안이 추워질수록 인화의 위험성이 커진다.
③ 20℃에서 가장 안전하고 20℃보다 높아지거나 낮아질수록 인화의 위험성이 커진다.
④ 인화의 위험성은 계절의 온도와는 상관없다.

정답 》 16.④ 17.② 18.① 19.② 20.①

제9회 소방설비기사

01 피난 시 하나의 수단이 고장 등으로 사용이 불가능하더라도 다른 수단 및 방법을 통해서 피난할 수 있도록 하는 것으로 2방향 이상의 피난통로를 확보하는 피난대책의 일반원칙은?

① Risk-Down 원칙
② Feed-Back 원칙
③ Fool-Proof 원칙
④ Fail-Safe 원칙

해설 Fool-Proof와 Fail-Safe의 원칙
- Fool-Proof : 비상사태 대비책을 의미하는 것으로서 화재발생 시 사람의 심리상태는 긴장상태가 되므로 인간의 행동특성에 따라 피난설비는 원시적이고 간단 명료하게 설치하며, 피난대책은 누구나 알기 쉬운 방법을 선택하는 것을 의미한다. 피난 및 유도 표지는 문자보다는 색과 형태를 사용하고, 피난방향으로 문을 열 수 있도록 하는 것이 이에 해당된다.
- Fail-Safe : 이중안전장치를 의미하는 것으로서, 피난 시 하나의 수단이 고장 등으로 사용이 불가능하더라도 다른 수단 및 방법을 통해서 피난할 수 있도록 하는 것을 뜻한다. 2방향 이상의 피난통로를 확보하는 피난대책이 이에 해당된다.

02 열분해에 의해 가연물 표면에 유리상의 메타인산 피막을 형성하여 연소에 필요한 산소의 유입을 차단하는 분말약제는?

① 요소
② 탄산수소칼륨
③ 제1인산암모늄
④ 탄산수소나트륨

해설 제3종 소화약제에 해당하는 제1인산암모늄의 경우 열분해되어 최종적으로 가장 안정된 유리상의 메타인산(HPO_3)이 되며, 메타인산은 부착성이 좋아 소화효과가 탁월하다.
$NH_4H_2PO_4 \rightarrow HPO_3 + NH_3 + H_2O$

03 공기 중의 산소의 농도는 약 몇 〔vol%〕인가?

① 10　② 13
③ 17　④ 21

04 일반적인 플라스틱 분류상 열경화성 플라스틱에 해당하는 것은?

① 폴리에틸렌　② 폴리염화비닐
③ 페놀수지　④ 폴리스티렌

해설 **열경화성 플라스틱** : 열을 가해도 연화하지 않는 플라스틱, 한번 굳어지면 다시 가열하였을 때 녹지 않고 타서 가루가 되거나 기체를 발생시키는 플라스틱이다.
예 에폭시수지, 아미노수지, 페놀수지 등

05 자연발화 방지대책에 대한 설명 중 틀린 것은?

① 저장실의 온도를 낮게 유지한다.
② 저장실의 환기를 원활히 시킨다.
③ 촉매물질과의 접촉을 피한다.
④ 저장실의 습도를 높게 유지한다.

해설 자연발화 방지대책
- 자연발화성 물질의 보관장소의 통풍이 잘 되게 한다.
- 저장실의 온도를 저온으로 유지한다.
- 습도를 낮게 유지한다.

06 공기 중에서 수소의 연소범위로 옳은 것은?

① 0.4~4vol%
② 1~12.5vol%
③ 4~75vol%
④ 67~92vol%

해설 **연소범위(폭발범위)** : 연소가 일어나는 데 필요한 공기 중 가연성 가스의 농도〔vol%〕를 말한다.

정답 》 01.④ 02.③ 03.④ 04.③ 05.④ 06.③

07 탄산수소나트륨이 주성분인 분말 소화약제는?

① 제1종 분말
② 제2종 분말
③ 제3종 분말
④ 제4종 분말

해설

분말종류	주성분	분자식	성분비	착 색	적응화재
제1종	탄산수소나트륨(중탄산나트륨)	$NaHCO_3$	$NaHCO_3$ 90wt% 이상	–	B, C급
제2종	탄산수소칼륨(중탄산칼륨)	$KHCO_3$	$KHCO_3$ 92wt% 이상	담회색	B, C급
제3종	제1인산암모늄	$NH_4H_2PO_4$	$NH_4H_2PO_4$ 75wt% 이상	담홍색 또는 황색	A, B, C급
제4종	탄산수소칼륨과 요소	$KHCO_3$ + $CO(NH_2)_2$	–	–	B, C급

08 불연성 기체나 고체 등으로 연소물을 감싸 산소 공급을 차단하는 소화방법은?

① 질식소화
② 냉각소화
③ 연쇄반응차단소화
④ 제거소화

해설 공기 중의 산소 공급을 차단하여 질식소화 하는 방법이다.

09 증발잠열을 이용하여 가연물의 온도를 떨어뜨려 화재를 진압하는 소화방법은?

① 제거소화 ② 억제소화
③ 질식소화 ④ 냉각소화

해설 물의 경우 증발잠열이 539cal/g으로 냉각소화에 효과적이다.

10 화재발생 시 인간의 피난 특성으로 틀린 것은 어느 것인가?

① 본능적으로 평상시 사용하는 출입구를 사용한다.
② 최초로 행동을 개시한 사람을 따라서 움직인다.
③ 공포감으로 인해서 빛을 피하여 어두운 곳으로 몸을 숨긴다.
④ 무의식중에 발화장소의 반대쪽으로 이동한다.

해설 피난 시 인간의 본능적 행동 특성
- 귀소본능 : 피난 시 인간은 평소에 자신이 왔던 길로 되돌아가려는 경향이 있다.
- 퇴피본능 : 반사적으로 위험으로부터 멀어지려는 경향이 있다.
- 지광본능 : 인간은 어두운 곳에서 개구부, 조명부 등의 밝은 불빛을 따라 행동하는 경향이 있다.
- 추종본능 : 한 사람의 지도자에 의해 최초로 행동을 함으로써 전체가 이끌려지는 습성이다.

11 공기와 할론 1301의 혼합기체에서 할론 1301에 비해 공기의 확산속도는 약 몇 배인가? (단, 공기의 평균분자량은 29, 할론 1301의 분자량은 149이다.)

① 2.27배
② 3.85배
③ 5.17배
④ 6.46배

해설

$$\frac{V_{\text{Air}}}{V_{\text{Halon 1301}}} = \sqrt{\frac{M_{\text{Halon 1301}}}{M_{\text{Air}}}} = \sqrt{\frac{149\text{g/mol}}{29\text{g/mol}}} \fallingdotseq 2.27\text{배}$$

12 다음 원소 중 할로젠족 원소인 것은 어느 것인가?

① Ne ② Ar
③ Cl ④ Xe

해설 Ne, Ar, Xe은 비활성 기체이다.

정답 》 07.① 08.① 09.④ 10.③ 11.① 12.③

13 건물 내 피난동선의 조건으로 옳지 않은 것은?

① 2개 이상의 방향으로 피난할 수 있어야 한다.
② 가급적 단순한 형태로 한다.
③ 통로의 말단은 안전한 장소이어야 한다.
④ 수직동선은 금하고 수평동선만 고려한다.

해설 피난동선의 조건
- 어느 곳에서도 2개 이상의 방향으로 피난할 수 있으며, 그 말단은 화재로부터 안전한 장소이어야 한다.
- 피난의 수단은 원시적 방법에 의하는 것을 원칙으로 한다.
- 피난동선은 간단 명료하게 한다.
- 피난동선은 가급적 상호 반대방향으로 다수의 출구와 연결되는 것이 좋다.
- 피난통로를 완전불연화 한다.
- 피난설비는 고정식 설비를 위주로 설치한다.

14 실내화재에서 화재의 최성기에 돌입하기 전에 다량의 가연성 가스가 동시에 연소되면서 급격한 온도상승을 유발하는 현상은?

① 패닉(Panic) 현상
② 스택(Stack) 현상
③ 파이어 볼(Fire Ball) 현상
④ 플래시 오버(Flash Over) 현상

해설 ① 패닉(Panic) 현상 : 인간이 극도로 긴장되어 돌출행동을 할 수 있는 상태로서 연기에 의한 시계 제한, 유독가스에 의한 호흡장애가 생길 수 있다. 외부와 단절되어 고립될 때 발생한다.
② 스택(stack) 현상(=굴뚝효과) : 건물 내의 화재 시 연기는 주위 공기의 온도보다 높기 때문에 밀도차에 의해 부력이 발생하여 위로 상승하게 된다. 특히 고층건축물의 엘리베이터실, 계단실과 같은 수직공간의 경우 내부 온도와 외부 온도가 서로 차이가 나게 되면 부력에 의한 압력차가 발생하여 연기가 수직공간을 따라 상승 또는 하강하게 되는 현상이며, 이를 연돌(연통) 효과라고도 한다.
③ 파이어 볼(Fire ball) 현상 : 증기가 공기와 혼합하여 연소범위가 형성되어서 공모양의 대형화염이 상승하는 현상이다.
④ 플래시 오버(Flash over) 현상 : 화재로 인하여 실내의 온도가 급격히 상승하여 가연물이 일시에 폭발적으로 착화현상을 일으켜 화재가 순간적으로 실내 전체에 확산되는 현상(=순발연소, 순간연소)이다.

15 과산화수소와 과염소산의 공통성질이 아닌 것은?

① 산화성 액체이다.
② 유기화합물이다.
③ 불연성 물질이다.
④ 비중이 1보다 크다.

해설 과산화수소와 과염소산은 무기화합물이다.

16 화재를 소화하는 방법 중 물리적 방법에 의한 소화가 아닌 것은?

① 억제소화 ② 제거소화
③ 질식소화 ④ 냉각소화

해설 **억제소화** : 연소가 지속되기 위해서는 활성기(free radical)에 의한 연쇄반응이 필수적이다. 이 연쇄반응을 차단하여 소화하는 방법을 억제소화, 일명 부촉매소화, 화학소화라고 한다.

17 물과 반응하여 가연성 기체를 발생하지 않는 것은?

① 칼륨 ② 인화아연
③ 산화칼슘 ④ 탄화알루미늄

해설 ① 칼륨(K) : 제3류 위험물(자연발화성 및 금수성 물질)
$2K+2H_2O \rightarrow 2KOH+H_2$
수소가스 : 연소범위 4~75%
② 인화아연(Zn_3P_2) : 제3류 위험물(자연발화성 및 금수성 물질)
$Zn_3P_2+H_2O \rightarrow Zn(OH)_2+2PH_3$
포스핀 : 연소범위 1.6~98%
④ 탄화알루미늄(Al_4C_3)
$Al_4C_3+12H_2O \rightarrow 4Al(OH)_3+3CH_4$
메탄 : 연소범위 5~15%
※ 산화칼슘(CaO)은 물과 반응하지 않는다.

18 다음 물질을 저장하고 있는 장소에서 화재가 발생하였을 때 주수소화가 적합하지 않은 것은?

① 적린 ② 마그네슘 분말
③ 과염소산칼륨 ④ 황

해설 마그네슘 분말을 주수소화하는 경우 물과 반응하여 수소(H_2)를 발생한다.
$Mg+2H_2O \rightarrow Mg(OH)_2+H_2$

정답 》 13.④ 14.④ 15.② 16.① 17.③ 18.②

19 목재건축물의 화재 진행과정을 순서대로 나열한 것은?

① 무염착화－발염착화－발화－최성기
② 무염착화－최성기－발염착화－발화
③ 발염착화－발화－최성기－무염착화
④ 발염착화－최성기－무염착화－발화

해설 목조건축물의 화재 진행과정

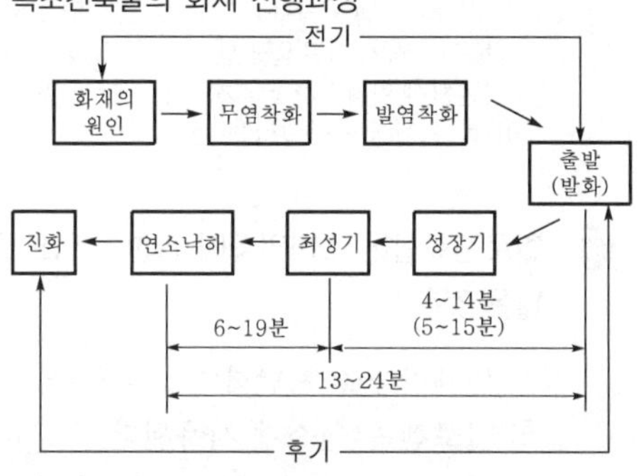

20 다음 중 가연성 가스가 아닌 것은?

① 일산화탄소
② 프로판
③ 아르곤
④ 메탄

해설 아르곤가스는 비활성 기체로 불연성에 해당한다.

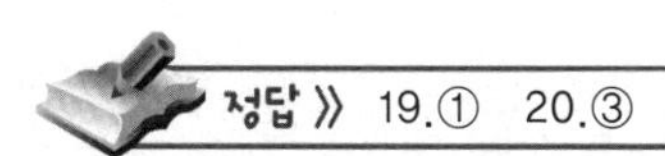

정답 》 19.① 20.③

제10회 소방설비기사

01 건축법령상 내력벽, 기둥, 바닥, 보, 지붕틀 및 주계단을 무엇이라 하는가?

① 내진 구조부 ② 건축 설비부
③ 보조 구조부 ④ 주요 구조부

해설 **주요 구조부** : 건물의 구조내력상 주요한 부분

02 이산화탄소의 물성으로 옳은 것은?

① 임계온도 : 31.35℃, 증기비중 : 0.529
② 임계온도 : 31.35℃, 증기비중 : 1.529
③ 임계온도 : 0.35℃, 증기비중 : 1.529
④ 임계온도 : 0.35℃, 증기비중 : 0.529

해설 이산화탄소(CO_2)
- 임계온도 : 31℃
- 증기비중 : $\frac{CO_2\,(44g/mol)}{Air\,(28.84g/mol)} \fallingdotseq 1.529$

※ **임계온도** : 기체의 액화가 일어날 수 있는 가장 높은 온도

03 소화약제로 사용하는 물의 증발잠열로 기대할 수 있는 소화효과는?

① 냉각소화 ② 질식소화
③ 제거소화 ④ 촉매소화

해설 **냉각소화** : 물의 증발잠열에 의해서 가연물의 온도를 저하시키는 소화방법

04 블레비(BLEVE) 현상과 관계가 없는 것은?

① 핵분열
② 가연성 액체
③ 화구(fire ball)의 형성
④ 복사열의 대량 방출

해설 **블레비** : 가연성 액체 저장탱크 주위에서 화재 등이 발생하여 기상부의 탱크 강판이 국부적으로 가열되면 그 부분의 강도가 약해져 그로 인해 탱크가 파열된다. 이때 내부에서 가열된 액화가스가 급격히 유출 팽창되어 화구(fire ball)를 형성하여 폭발하는 형태

05 할로젠화합물 소화약제에 관한 설명으로 옳지 않은 것은?

① 연쇄반응을 차단하여 소화한다.
② 할로젠족 원소가 사용된다.
③ 전기에 도체이므로 전기화재에 효과가 있다.
④ 소화약제의 변질분해 위험성이 낮다.

해설 할로젠화합물 소화약제의 장점
- 화학적 부촉매에 의한 연소의 억제작용이 크며, 소화능력이 양호하다.
- 전기적 부도체로서 C급 화재에 매우 효과적이다.
- 저농도로 소화가 가능하며, 질식의 우려가 없다.
- 소화 후 잔존물이 없다.
- 금속에 대한 부식성이 적고, 독성이 비교적 적다.

06 다음 중 분자식이 CF_2BrCl인 할로젠화합물 소화약제는?

① Halon 1301
② Halon 1211
③ Halon 2402
④ Halon 2021

해설 할론 소화약제의 명명법
할론 XABC

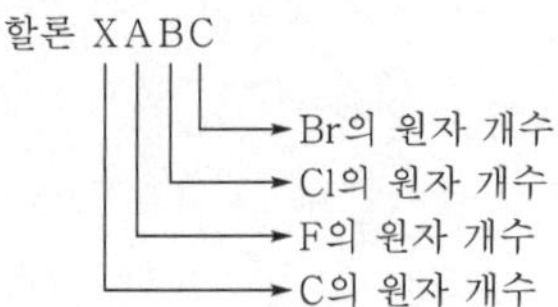

정답 》 01.④ 02.② 03.① 04.① 05.③ 06.②

07 슈테판-볼츠만의 법칙에 의해 복사열과 절대온도와의 관계를 옳게 설명한 것은?

① 복사열은 절대온도의 제곱에 비례한다.
② 복사열은 절대온도의 4제곱에 비례한다.
③ 복사열은 절대온도의 제곱에 반비례한다.
④ 복사열은 절대온도의 4제곱에 반비례한다.

해설 $q=\varepsilon\sigma T^4=\sigma AF(T_1^4-T_2^4)$

여기서, q : 복사체의 단위표면적으로부터 단위시간당 방사되는 복사에너지[W/cm²]
ε : 보정계수(적외선 파장범위에서 비금속물질의 경우에는 거의 1에 가까운 값이므로 무시할 수 있음)
σ : 슈테판-볼츠만 상수 ($\fallingdotseq 5.67\times10^{-12}\text{W/cm}^2\cdot\text{K}^4$)
T : 절대온도[K]
A : 단면적
F : 기하학적 factor

08 대두유가 침적된 기름걸레를 쓰레기통에 장시간 방치한 결과 자연발화에 의하여 화재가 발생한 경우 그 이유로 옳은 것은?

① 융해열 축적　② 산화열 축적
③ 증발열 축적　④ 발효열 축적

해설 자연발화의 형태(분류)
- 분해열에 의한 자연발화 : 셀룰로이드, 나이트로셀룰로오스
- 산화열에 의한 자연발화 : 건성유, 고무분말, 원면, 석탄 등
- 흡착열에 의한 자연발화 : 활성탄, 목탄분말 등
- 미생물의 발열에 의한 자연발화 : 퇴비(퇴적물), 먼지 등

09 조연성 가스에 해당하는 것은?

① 일산화탄소
② 산소
③ 수소
④ 부탄

해설 조연성 가스에는 산소, 불소, 염소 가스 등이 존재한다.

10 물에 저장하는 것이 안전한 물질은?

① 나트륨
② 수소화칼슘
③ 이황화탄소
④ 탄화칼슘

해설 이황화탄소는 물보다 무겁고 물에 녹기 어렵기 때문에 가연성 증기의 발생을 억제하기 위하여 물(수조) 속에 저장한다.

11 다음 각 물질과 물이 반응하였을 때 발생하는 가스의 연결이 틀린 것은?

① 탄화칼슘 - 아세틸렌
② 탄화알루미늄 - 이산화황
③ 인화칼슘 - 포스핀
④ 수소화리튬 - 수소

해설
① $CaC_2+2H_2O \rightarrow Ca(OH)_2+C_2H_2$
② $Al_4C_3+12H_2O \rightarrow 4Al(OH)_3+3CH_4$
③ $Ca_3P_2+6H_2O \rightarrow 3Ca(OH)_2+2PH_3$
④ $LiH+H_2O \rightarrow LiOH+H_2$

12 위험물별 저장방법에 대한 설명 중 틀린 것은?

① 황은 정전기가 축적되지 않도록 하여 저장한다.
② 적린은 화기로부터 격리하여 저장한다.
③ 마그네슘은 건조하면 부유하여 분진폭발의 위험이 있으므로 물에 적시어 보관한다.
④ 황화인은 산화제와 격리하여 저장한다.

해설 마그네슘은 물과 접촉 시 발열 및 수소가스가 발생한다.
$Mg+2H_2O \rightarrow Mg(OH)_2+H_2$

13 전기화재의 원인으로 거리가 먼 것은?

① 단락　② 과전류
③ 누전　④ 절연과다

해설 절연(insulation)이란 전기(電氣) 또는 열(熱)이 통하지 않게 하는 것이다.

정답 》 07.② 08.② 09.② 10.③ 11.② 12.③ 13.④

14 건축물의 화재 시 피난자들의 집중으로 패닉(panic) 현상이 일어날 수 있는 피난방향은?

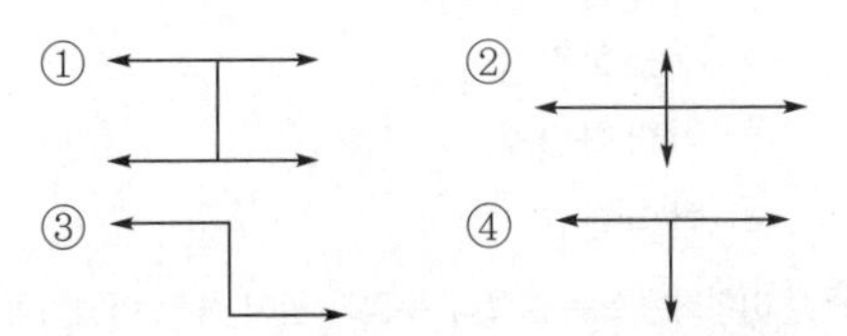

해설

구 분	피난방향의 종류	피난로의 방향
X형		가장 확실한 피난로가 보장된다.
Y형		
T형		방향을 확실하게 분간하기 쉽다.
I형		
Z형		중앙복도형으로 코어식 중 양호하다.
ZZ형		
H형		중앙코어식으로 피난자들의 집중으로 Panic현상이 일어날 우려가 있다.
CO형		

15 인화점이 낮은 것부터 높은 순서로 옳게 나열된 것은?

① 에틸알코올 < 이황화탄소 < 아세톤
② 이황화탄소 < 에틸알코올 < 아세톤
③ 에틸알코올 < 아세톤 < 이황화탄소
④ 이황화탄소 < 아세톤 < 에틸알코올

해설
- 이황화탄소(특수인화물) : −30℃
- 아세톤(제1석유류) : −18℃
- 에틸알코올(알코올류) : 13℃

16 다음 중 가연성 가스이면서도 독성 가스인 것은 어느 것인가?

① 질소
② 수소
③ 염소
④ 황화수소

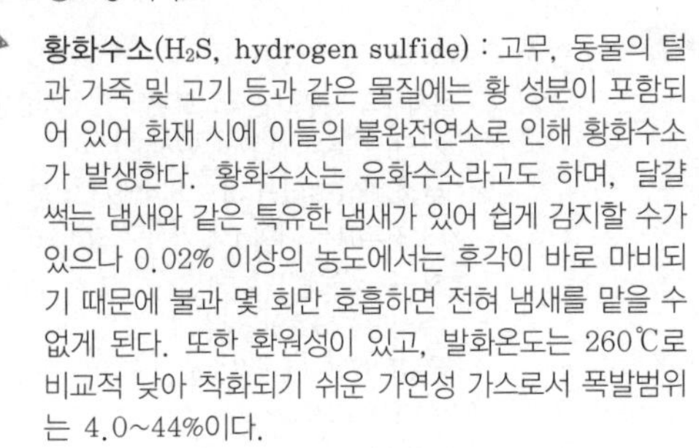

해설 황화수소(H_2S, hydrogen sulfide) : 고무, 동물의 털과 가죽 및 고기 등과 같은 물질에는 황 성분이 포함되어 있어 화재 시에 이들의 불완전연소로 인해 황화수소가 발생한다. 황화수소는 유화수소라고도 하며, 달걀 썩는 냄새와 같은 특유한 냄새가 있어 쉽게 감지할 수가 있으나 0.02% 이상의 농도에서는 후각이 바로 마비되기 때문에 불과 몇 회만 호흡하면 전혀 냄새를 맡을 수 없게 된다. 또한 환원성이 있고, 발화온도는 260℃로 비교적 낮아 착화되기 쉬운 가연성 가스로서 폭발범위는 4.0~44%이다.

17 1기압 상태에서, 100℃ 물 1g이 모두 기체로 변할 때 필요한 열량은 몇 cal인가?

① 429 ② 499
③ 539 ④ 639

해설 물의 증발잠열은 539cal/g(1기압, 100℃)이다.

18 다음 물질 중 연소범위를 통해 산출한 위험도 값이 가장 높은 것은?

① 수소 ② 에틸렌
③ 메탄 ④ 이황화탄소

해설 위험도(H)는 가연성 혼합가스의 연소범위의 제한치를 나타낸다.

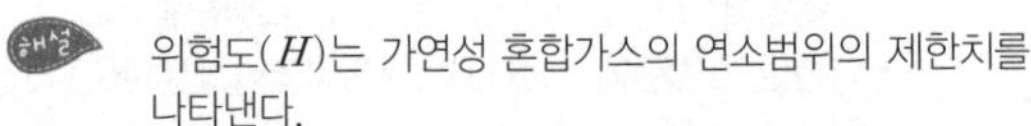

$$H = \frac{U-L}{L}$$

여기서, U : 연소상한치
L : 연소하한치

	물질명	하한계	상한계	위험도
①	수소	4	75	17.75
②	에틸렌	3.1	32.0	9.32
③	메탄	5	15	2.0
④	이황화탄소	1.0	50	49.0

정답 » 14.① 15.④ 16.④ 17.③ 18.④

19 가연물질의 구비조건으로 옳지 않은 것은?

① 화학적 활성이 클 것
② 열의 축적이 용이할 것
③ 활성화에너지가 작을 것
④ 산소와 결합할 때 발열량이 작을 것

가연물질의 구비조건
- 산화되기 쉽고, 반응열이 클 것
- 열전도도가 작을 것
- 활성화에너지가 작을 것
- 연쇄반응이 일어나는 물질일 것
- 표면적이 클 것

20 일반적으로 공기 중 산소 농도를 몇 vol% 이하로 감소시키면 연소속도의 감소 및 질식 소화가 가능한가?

① 15 ② 21
③ 25 ④ 31

정답 》 19.④ 20.①

제11회 소방설비기사

01 제3종 분말소화약제의 주성분은?

① 인산암모늄
② 탄산수소칼륨
③ 탄산수소나트륨
④ 탄산수소칼륨과 요소

해설

분말 종류	주성분	분자식	성분비	착 색	적응 화재
제1종	탄산수소나트륨 (중탄산나트륨)	$NaHCO_3$	$NaHCO_3$ 90wt% 이상	–	B, C급
제2종	탄산수소칼륨 (중탄산칼륨)	$KHCO_3$	$KHCO_3$ 92wt% 이상	담회색	B, C급
제3종	제1인산암모늄	$NH_4H_2PO_4$	$NH_4H_2PO_4$ 75wt% 이상	담홍색 또는 황색	A, B, C급
제4종	탄산수소칼륨과 요소	$KHCO_3$ + $CO(NH_2)_2$	–	–	B, C급

02 화재발생 시 피난기구로 직접 활용할 수 없는 것은?

① 완강기
② 무선통신보조설비
③ 피난사다리
④ 구조대

해설 피난기구

- 완강기
- 구조대
- 미끄럼대
- 피난밧줄(피난로프)
- 수직구조대
- 피난사다리
- 피난교
- 공기안전매트

03 소화약제 중 HFC-125의 화학식으로 옳은 것은?

① CHF_2CF_3　② CHF_3
③ CF_3CHFCF_3　④ CF_3I

해설

①	HFC－125	CHF_2CF_3
②	HFC－227ea	CF_3CHFCF_3
③	HFC－23	CHF_3
④	FIC－1311	CF_3I

04 위험물안전관리법령상 제6류 위험물을 수납하는 운반용기의 외부에 주의사항을 표시하여야 할 경우, 어떤 내용을 표시하여야 하는가?

① 물기엄금
② 화기엄금
③ 화기주의 · 충격주의
④ 가연물접촉주의

해설 제6류 위험물은 산화성 액체로서 가연물에 대해 발화원이 된다.

05 분말소화약제 중 A급, B급, C급 화재에 모두 사용할 수 있는 것은?

① 제1종 분말　② 제2종 분말
③ 제3종 분말　④ 제4종 분말

해설 1번 해설 참조

06 열전도도(thermal conductivity)를 표시하는 단위에 해당하는 것은?

① $J/m^2 \cdot h$　② $kcal/h \cdot ℃ \cdot m^2$
③ $W/m \cdot K$　④ $J \cdot K/m^3$

정답 》 01.① 02.② 03.① 04.④ 05.③ 06.③

07 알킬알루미늄 화재에 적합한 소화약제는?

① 물 ② 이산화탄소
③ 팽창질석 ④ 할로젠화합물

해설 알킬알루미늄은 제3류 위험물로서 금수성 물질이므로 팽창질석으로 소화한다.

08 가연물질의 종류에 따라 화재를 분류하였을 때 섬유류 화재가 속하는 것은?

① A급 화재 ② B급 화재
③ C급 화재 ④ D급 화재

해설

구 분 \ 항 목	명 칭	가연물의 종류
A급 화재	일반화재	일반적인 가연물
B급 화재	유류화재	특수인화물 및 제4류 위험물
C급 화재	전기화재	전류가 흐르는 전기설비
D급 화재	금속화재	가연성 금속 (K, Na, Mg 등)
K(F)급 화재	식용유화재	식용유

09 다음 연소생성물 중 인체에 독성이 가장 높은 것은?

① 이산화탄소 ② 일산화탄소
③ 수증기 ④ 포스겐

10 내화건축물과 비교한 목조건축물 화재의 일반적인 특징을 옳게 나타낸 것은?

① 고온, 단시간형 ② 저온, 단시간형
③ 고온, 장시간형 ④ 저온, 장시간형

해설 목조건축물 : 고온단기형, 내화건축물 : 저온장기형

11 물리적 소화방법이 아닌 것은?

① 산소공급원 차단 ② 연쇄반응 차단
③ 온도 냉각 ④ 가연물 제거

해설 연쇄반응 차단에 의한 소화는 화학적 소화방법에 해당한다.

12 정전기에 의한 발화과정으로 옳은 것은?

① 방전 → 전하의 축적 → 전하의 발생 → 발화
② 전하의 발생 → 전하의 축적 → 방전 → 발화
③ 전하의 발생 → 방전 → 전하의 축적 → 발화
④ 전하의 축적 → 방전 → 전하의 발생 → 발화

해설 정전기란 전하가 정지 상태에 있어 흐르지 않고 머물러 있으며, 전하의 분포가 시간적으로 변화하지 않는 전기를 말한다.

13 이산화탄소 소화기의 일반적인 성질에서 단점이 아닌 것은?

① 밀폐된 공간에서 사용 시 질식의 위험성이 있다.
② 인체에 직접 방출 시 동상의 위험성이 있다.
③ 소화약제의 방사 시 소음이 크다.
④ 전기가 잘 통하기 때문에 전기설비에 사용할 수 없다.

해설 이산화탄소는 전기에 대해 부도체이므로 전기설비에 사용할 수 있다.

14 다음 중 증기비중이 가장 큰 것은?

① Halon 1301
② Halon 2402
③ Halon 1211
④ Halon 104

해설

$$증기비중 = \frac{분자량[g/mol]}{공기의\ 평균분자량[g/mol]}$$

구 분	할론 1301	할론 1211	할론 2402	할론 104
분자식	CF_3Br (BT)	CF_2ClBr (BCF)	$CF_2Br \cdot CF_2Br$	CCl_4 (CTC)
증기비중	5.1	5.7	9.0	5.3

정답 》 07.③ 08.① 09.④ 10.① 11.② 12.② 13.④ 14.②

15 위험물안전관리법령상 위험물에 대한 설명으로 옳은 것은?

① 과염소산은 위험물이 아니다.
② 황린은 제2류 위험물이다.
③ 황화인의 지정수량은 100kg이다.
④ 산화성 고체는 제6류 위험물의 성질이다.

해설 ① 과염소산은 제6류 위험물에 해당한다.
② 황린은 제3류 위험물이다.
④ 산화성 고체는 제1류 위험물의 성질이다.

16 탄화칼슘이 물과 반응할 때 발생되는 기체는?

① 일산화탄소 ② 아세틸렌
③ 황화수소 ④ 수소

해설 물과 심하게 반응하여 수산화칼슘과 아세틸렌을 만들며, 공기 중 수분과 반응하여도 아세틸렌을 발생한다.
$CaC_2 + 2H_2O \rightarrow Ca(OH)_2 + C_2H_2$

17 분자 내부에 나이트로기를 갖고 있는 TNT, 니트로셀룰로스 등과 같은 제5류 위험물의 연소 형태는?

① 분해연소 ② 자기연소
③ 증발연소 ④ 표면연소

해설 제5류 위험물의 위험물안전관리법상 성질은 자기반응성 물질로 자기연소가 가능하다.

18 IG-541이 15℃에서 내용적 50리터 압력용기에 155kgf/cm²로 충전되어 있다. 온도가 30℃로 되었다면 IG-541 압력은 약 몇 kgf/cm²가 되겠는가? (단, 용기의 팽창은 없다고 가정한다.)

① 78 ② 155
③ 163 ④ 310

해설
$$\frac{P_1 V_1}{T_1} = \frac{P_2 V_2}{T_2}$$
$$\frac{155}{15+273.15} = \frac{P_2}{30+273.15}$$
$$\therefore P_2 = 163$$

19 프로판 50vol%, 부탄 40vol%, 프로필렌 10vol%로 된 혼합가스의 폭발하한계는 약 몇 vol%인가? (단, 각 가스의 폭발하한계는 프로판은 2.2vol%, 부탄은 1.9vol%, 프로필렌은 2.4vol%이다.)

① 0.83 ② 2.09
③ 5.05 ④ 9.44

해설 혼합가스의 폭발범위(르 샤틀리에의 공식)
$$\frac{100}{L} = \frac{V_1}{L_1} + \frac{V_2}{L_2} + \frac{V_3}{L_3} + \cdots$$
(단, $V_1 + V_2 + V_3 + \cdots + V_n = 100$)
여기서, L : 혼합가스의 폭발하한계[%]
$L_1, L_2, L_3, \cdots$: 각 성분의 폭발하한계[%]
$V_1, V_2, V_3, \cdots$: 각 성분의 체적[%]
$$\frac{100}{L} = \frac{50}{2.2} + \frac{40}{1.9} + \frac{10}{2.4} \fallingdotseq 47.95$$
$$\therefore L = \frac{100}{47.95} \fallingdotseq 2.09$$

20 조연성 가스에 해당하는 것은?

① 수소 ② 일산화탄소
③ 산소 ④ 에탄

해설 조연성 가스에는 산소, 불소, 염소가스 등이 존재한다.

정답 》 15.③ 16.② 17.② 18.③ 19.② 20.③

제12회 소방설비기사

01 연기감지기가 작동할 정도이고 가시거리가 20~30m에 해당하는 감광계수는 얼마인가?

① $0.1m^{-1}$
② $1.0m^{-1}$
③ $2.0m^{-1}$
④ $10m^{-1}$

연기의 농도와 가시거리

감광계수 $[m^{-1}]$	가시거리 [m]	상 황
0.1	20~30	연기감지기가 작동할 때의 농도
0.3	5	건물 내부에 익숙한 사람이 피난할 정도의 농도
0.5	3	어두운 것을 느낄 정도의 농도
1	1~2	앞이 거의 보이지 않을 정도의 농도
10	0.2~0.5	화재 최성기 때의 농도
30	–	출화실에서 연기가 분출할 때의 농도

02 소화에 필요한 CO_2의 이론소화농도가 공기 중에서 37vol%일 때 한계산소농도는 약 몇 vol%인가?

① 13.2　　② 14.5
③ 15.5　　④ 16.5

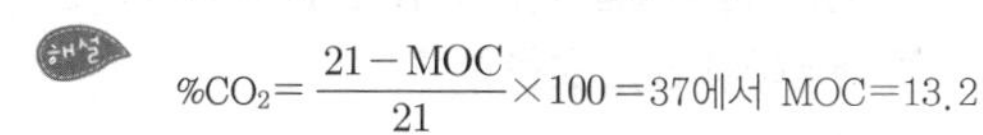

$\%CO_2 = \frac{21 - MOC}{21} \times 100 = 37$에서 $MOC = 13.2$

03 다음 중 피난자의 집중으로 패닉현상이 일어날 우려가 가장 큰 형태는?

① T형　　② X형
③ Z형　　④ H형

구 분	피난방향의 종류	피난로의 방향
X형		가장 확실한 피난로가 보장된다.
Y형		
T형		방향을 확실하게 분간하기 쉽다.
I형		
Z형		중앙복도형으로 코어식 중 양호하다.
ZZ형		
H형		중앙코어식으로 피난자들의 집중으로 Panic현상이 일어날 우려가 있다.
CO형		

04 건물화재 시 패닉(panic)의 발생원인과 직접적인 관계가 없는 것은?

① 연기에 의한 시계 제한
② 유독가스에 의한 호흡장애
③ 외부와 단절되어 고립
④ 불연내장재의 사용

패닉(panic)의 발생원인
- 연기에 의한 시계 제한
- 유독가스에 의한 호흡장애
- 외부와 단절되어 고립

정답 》 01.① 02.① 03.④ 04.④

05 소화기구 및 자동소화장치의 화재안전기준에 따르면 소화기구(자동확산소화기는 제외)는 거주자 등이 손쉽게 사용할 수 있는 장소에 바닥으로부터 높이 몇 m 이하의 곳에 비치하여야 하는가?

① 0.5　② 1.0
③ 1.5　④ 2.0

해설 소화기구(자동확산소화기 제외)는 거주자 등이 손쉽게 사용할 수 있는 장소의 바닥으로부터 높이 1.5m 이하의 곳에 비치하고, 소화기에 있어서는 "소화기", 투척용 소화용구에 있어서는 "투척용 소화용구", 마른모래에 있어서는 "소화용 모래", 팽창질석 및 팽창진주암에 있어서는 "소화질석"이라고 표시한 표지를 보기 쉬운 곳에 부착하여야 한다.

06 물리적 폭발에 해당하는 것은?

① 분해폭발
② 분진폭발
③ 중합폭발
④ 수증기폭발

해설 물리적 폭발이란 상변화(물(액체)이 기체상태의 물(수증기)로 변화하면서 생기는 폭발)에 의한 폭발이다.
예 수증기폭발, 과열액체증기폭발, 고상의 전이에 따른 폭발, 전선폭발 등

07 소화약제로 사용되는 이산화탄소에 대한 설명으로 옳은 것은?

① 산소와 반응 시 흡열반응을 일으킨다.
② 산소와 반응하여 불연성 물질을 발생시킨다.
③ 산화하지 않으나 산소와는 반응한다.
④ 산소와 반응하지 않는다.

해설 이산화탄소는 산화반응이 완결되었으므로 더 이상 산소와 반응하지 않는다.

08 Halon 1211의 화학식에 해당하는 것은?

① CH_2BrCl　② CF_2ClBr
③ CH_2BrF　④ CF_2HBr

해설 할론 소화약제의 명명법
할론 XABC
- C: Br의 원자 개수
- B: Cl의 원자 개수
- A: F의 원자 개수
- X: C의 원자 개수

09 건축물 화재에서 플래시 오버(flash over) 현상이 일어나는 시기는?

① 초기에서 성장기로 넘어가는 시기
② 성장기에서 최성기로 넘어가는 시기
③ 최성기에서 감쇠기로 넘어가는 시기
④ 감쇠기에서 종기로 넘어가는 시기

해설 Flash-over : 구획 내 가연성 재료의 전 표면이 불로 덮이는 전이현상으로 성장기와 최성기 사이에서 발생

10 인화칼슘과 물이 반응할 때 생성되는 가스는?

① 아세틸렌　② 황화수소
③ 황산　④ 포스핀

해설 인화칼슘은 물과 반응하여 가연성이며 독성이 강한 인화수소(PH_3, 포스핀)가스를 발생한다.
$Ca_3P_2+6H_2O \rightarrow 3Ca(OH)_2+2PH_3\uparrow$

11 마그네슘의 화재에 주수하였을 때 물과 마그네슘의 반응으로 인하여 생성되는 가스는?

① 산소　② 수소
③ 일산화탄소　④ 이산화탄소

해설 $Mg+2H_2O \rightarrow Mg(OH)_2+H_2\uparrow$

12 위험물안전관리법령상 자기반응성 물질의 품명에 해당하지 않는 것은?

① 나이트로화합물
② 할로젠간화합물
③ 질산에스터류
④ 하이드록실아민염류

해설 할로젠간화합물은 제6류 위험물(산화성 액체)에 해당한다.

정답 》 05.③ 06.④ 07.④ 08.② 09.② 10.④ 11.② 12.②

13 다음 중 제2종 분말소화약제의 주성분으로 옳은 것은?

① NaH_2PO_4 ② KH_2PO_4
③ $NaHCO_3$ ④ $KHCO_3$

해설

분말 종류	주성분	분자식	성분비	색 상	적응 화재
제1종	탄산수소 나트륨 (중탄산 나트륨)	$NaHCO_3$	$NaHCO_3$ 90wt% 이상	–	B, C급
제2종	탄산수소 칼륨 (중탄산 칼륨)	$KHCO_3$	$KHCO_3$ 92wt% 이상	담회색	B, C급
제3종	제1인산 암모늄	$NH_4H_2PO_4$	$NH_4H_2PO_4$ 75wt% 이상	담홍색	A, B, C급
제4종	탄산수소 칼륨과 요소	$KHCO_3$ + $CO(NH_2)_2$	–	–	B, C급

14 물과 반응하였을 때 가연성 가스를 발생하여 화재의 위험성이 증가하는 것은?

① 과산화칼슘
② 메탄올
③ 칼륨
④ 과산화수소

해설 칼륨은 물과 격렬히 반응하여 발열하고 수산화칼륨과 수소를 발생한다. 이때 발생된 열은 점화원의 역할을 한다.
$2K + 2H_2O \rightarrow 2KOH + H_2$

15 화재의 분류방법 중 유류화재를 나타낸 것은 어느 것인가?

① A급 화재 ② B급 화재
③ C급 화재 ④ D급 화재

해설 화재의 종류
① A급 화재(일반화재)
② B급 화재(유류화재)
③ C급 화재(전기화재)
④ D급 화재(금속화재)

16 물리적 소화방법이 아닌 것은?

① 연쇄반응의 억제에 의한 방법
② 냉각에 의한 방법
③ 공기와의 접촉 차단에 의한 방법
④ 가연물 제거에 의한 방법

해설 연쇄반응의 억제에 의한 방법은 화학적 소화방법에 해당한다.

17 다음 중 착화온도가 가장 낮은 것은?

① 아세톤 ② 휘발유
③ 이황화탄소 ④ 벤젠

해설
① 560℃
② 약 300℃
③ 100℃
④ 562℃

18 소화약제로 사용되는 물에 관한 소화성능 및 물성에 대한 설명으로 틀린 것은?

① 비열과 증발잠열이 커서 냉각소화 효과가 우수하다.
② 물(15℃)의 비열은 약 1cal/g·℃이다.
③ 물(100℃)의 증발잠열은 439.6cal/g이다.
④ 물의 기화에 의한 팽창된 수증기는 질식소화 작용을 할 수 있다.

해설 물의 잠열
- 융해잠열 : 80cal/g
- 기화(증발)잠열 : 539cal/g
- 0℃의 물 1g이 100℃의 수증기로 되는 데 필요한 열량 : 639cal
- 0℃의 얼음 1g이 100℃의 수증기로 되는 데 필요한 열량 : 719cal

19 조연성 가스로만 나열되어 있는 것은?

① 질소, 불소, 수증기
② 산소, 불소, 염소
③ 산소, 이산화탄소, 오존
④ 질소, 이산화탄소, 염소

해설 조연성 가스에는 산소, 불소, 염소 가스 등이 존재한다.

정답 » 13.④ 14.③ 15.② 16.① 17.③ 18.③ 19.②

20 다음 중 공기에서의 연소범위를 기준으로 했을 때 위험도(H) 값이 가장 큰 것은?

① 다이에틸에터　　② 수소
③ 에틸렌　　④ 부탄

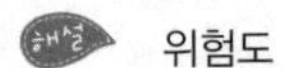
위험도

$$H=\frac{V-L}{L}$$

여기서, H : 위험도
V : 연소상한치
L : 연소하한치

① 다이에틸에터(폭발범위=1.9~48%, 위험도=24.26)
② 수소(폭발범위=4~75%, 위험도=17.75)
③ 에틸렌(폭발범위=3.1~32%, 위험도=9.32)
④ 부탄(폭발범위=1.8~8.4%, 위험도=3.67)

정답 》 20.①

제13회 소방설비기사

01 소화원리에 대한 설명으로 틀린 것은?

① 억제소화 : 불활성 기체를 방출하여 연소범위 이하로 낮추어 소화하는 방법
② 냉각소화 : 물의 증발잠열을 이용하여 가연물의 온도를 낮추는 소화방법
③ 제거소화 : 가연성 가스의 분출화재 시 연료공급을 차단시키는 소화방법
④ 질식소화 : 포소화약제 또는 불연성 기체를 이용해서 공기 중의 산소공급을 차단하여 소화하는 방법

해설 **억제소화** : 연소가 지속되기 위해서는 활성기(free radical)에 의한 연쇄반응이 필수적이다. 이 연쇄반응을 차단하여 소화하는 방법을 억제소화, 일명 부촉매소화, 화학소화라고 한다.

02 위험물의 유별에 따른 분류가 잘못된 것은?

① 제1류 위험물 : 산화성 고체
② 제3류 위험물 : 자연발화성 물질 및 금수성 물질
③ 제4류 위험물 : 인화성 액체
④ 제6류 위험물 : 가연성 액체

해설 **제6류 위험물** : 산화성 액체

03 고층 건축물 내 연기거동 중 굴뚝효과에 영향을 미치는 요소가 아닌 것은?

① 건물 내·외의 온도차
② 화재실의 온도
③ 건물의 높이
④ 층의 면적

해설 **스택(stack) 현상**(=굴뚝효과) : 건물 내의 화재 시 연기는 주위 공기의 온도보다 높기 때문에 밀도차에 의해 부력이 발생하여 위로 상승하게 된다. 특히 고층건축물의 엘리베이터실, 계단실과 같은 수직공간의 경우 내부 온도와 외부의 온도가 서로 차이가 나게 되면 부력에 의한 압력차가 발생하여 연기가 수직공간을 따라 상승 또는 하강하게 되는 현상이며 이를 연돌(연통)효과라고도 한다.

04 다음 중 화재에 관련된 국제적인 규정을 제정하는 단체는?

① IMO(International Matritime Organization)
② SFPE(Society of Fire Protection Engineers)
③ NFPA(Nation Fire Protection Association)
④ ISO(International Organization for Standardization) TC 92

해설 ISO TC 92 : 국제표준화기구 화재안전

05 제연설비의 화재안전기준상 예상제연구역에 공기가 유입되는 순간의 풍속은 몇 m/s 이하가 되도록 하여야 하는가?

① 2
② 3
③ 4
④ 5

해설 제연설비의 화재안전기준 제8조

⑤ 예상제연구역에 공기가 유입되는 순간의 풍속은 5m/s 이하가 되도록 하고, 제2항부터 제4항까지의 유입구의 구조는 유입공기를 상향으로 분출하지 않도록 설치하여야 한다. 다만, 유입구가 바닥에 설치되는 경우에는 상향으로 분출이 가능하며 이때의 풍속은 1m/s 이하가 되도록 해야 한다.

정답 》 01.① 02.④ 03.④ 04.④ 05.④

06 화재의 정의로 옳은 것은?

① 가연성 물질과 산소와의 격렬한 산화반응이다.
② 사람의 과실로 인한 실화나 고의에 의한 방화로 발생하는 연소현상으로서, 소화할 필요성이 있는 연소현상이다.
③ 가연물과 공기와의 혼합물이 어떤 점화원에 의하여 활성화되어 열과 빛을 발하면서 일으키는 격렬한 발열반응이다.
④ 인류의 문화와 문명의 발달을 가져오게 한 근본 존재로서 인간의 제어수단에 의하여 컨트롤 할 수 있는 연소현상이다.

07 물에 황산을 넣어 묽은 황산을 만들 때 발생되는 열은?

① 연소열 ② 분해열
③ 용해열 ④ 자연발열

해설 **용해열** : 어떤 물질이 액체에 용해될 때 발생되는 열

08 이산화탄소 소화약제의 임계온도는 약 몇 ℃인가?

① 24.4 ② 31.4
③ 56.4 ④ 78.4

해설 **임계온도** : 기체의 액화가 일어날 수 있는 가장 높은 온도

09 상온 · 상압의 공기 중에서 탄화수소류의 가연물을 소화하기 위한 이산화탄소 소화약제의 농도는 약 몇 %인가? (단, 탄화수소류는 산소농도가 10%일 때 소화된다고 가정한다.)

① 28.57 ② 35.48
③ 49.56 ④ 52.38

해설 $CO_2 = \frac{21 - 한계산소농도}{21} \times 100$

$= \frac{21-10}{21} \times 100 = 52.38\%$

10 과산화수소 위험물의 특성이 아닌 것은?

① 비수용성이다.
② 무기화합물이다.
③ 불연성 물질이다.
④ 비중은 물보다 무겁다.

해설 과산화수소는 수용성에 해당한다.

11 건축물의 피난 · 방화구조 등의 기준에 관한 규칙상 방화구획의 설치기준 중 스프링클러를 설치한 10층 이하의 층은 바닥면적 몇 m^2 이내마다 방화구획을 구획하여야 하는가?

① 1,000 ② 1,500
③ 2,000 ④ 3,000

해설 10층 이하의 경우 바닥면적 $1,000m^2$ 이내마다 방화구획을 구획하여야 하나, S.P 등 자동식 소화설비를 한 것은 그 면적의 3배로 적용하므로 $3,000m^2$이다.

12 다음 중 분진폭발의 위험성이 가장 낮은 것은?

① 시멘트가루 ② 알루미늄분
③ 석탄분말 ④ 밀가루

해설 시멘트가루는 불연성 물질이다.

13 백열전구가 발열하는 원인이 되는 열은?

① 아크열 ② 유도열
③ 저항열 ④ 정전기열

해설 **저항열** : 물체에 전류를 흘려 보내면 각 물질이 갖는 전기저항때문에 전기에너지의 일부가 열로 변하게 된다.

14 동식물유류에서 "아이오딘값이 크다"라는 의미를 옳게 설명한 것은?

① 불포화도가 높다.
② 불건성유이다.
③ 자연발화성이 낮다.
④ 산소와의 결합이 어렵다.

정답 》 06.② 07.③ 08.② 09.④ 10.① 11.④ 12.① 13.③ 14.①

해설 아이오딘값은 유지 100g에 부가되는 아이오딘의 g수로 불포화도가 증가할수록 아이오딘값이 증가하며 자연발화의 위험이 있다.

15 단백포 소화약제의 특징이 아닌 것은?

① 내열성이 우수하다.
② 유류에 대한 유동성이 나쁘다.
③ 유류를 오염시킬 수 있다.
④ 변질의 우려가 없어 저장 유효기간의 제한이 없다.

해설 단백질 성분인 케라틴은 동물의 뿔, 발톱 등에서 얻어진 천연물질이기 때문에 구성성분 내에 방부제를 함유하고 있더라도 장기간 저장하게 되면 변질, 부패의 우려가 있어 유효기간은 1~3년 이내로 하고 있으며 3년이 경과된 것은 폐기를 권장한다.

16 이산화탄소 소화약제의 주된 소화효과는?

① 제거소화 ② 억제소화
③ 질식소화 ④ 냉각소화

해설 이산화탄소는 불연성 물질로 공기보다 1.5배 무거워 질식소화효과가 있다.

17 자연발화의 방지방법이 아닌 것은?

① 통풍이 잘 되도록 한다.
② 퇴적 및 수납 시 열이 쌓이지 않게 한다.
③ 높은 습도를 유지한다.
④ 저장실의 온도를 낮게 한다.

해설 습도가 높은 경우 열축적이 용이해서 자연발화의 위험성이 높아진다.

18 전기불꽃, 아크 등이 발생하는 부분을 기름 속에 넣어 폭발을 방지하는 방폭구조는?

① 내압방폭구조
② 유입방폭구조
③ 안전증방폭구조
④ 특수방폭구조

해설 방폭구조
- 압력방폭구조(p) : 용기 내부에 질소 등의 보호용 가스를 충전하여 외부에서 폭발성 가스가 침입하지 못하도록 한 구조
- 유입방폭구조(o) : 전기불꽃, 아크 또는 고온이 발생하는 부분을 기름 속에 넣어 폭발성 가스에 의해 인화가 되지 않도록 한 구조
- 안전증방폭구조(e) : 기기의 정상운전 중에 폭발성 가스에 의해 점화원이 될 수 있는 전기불꽃 또는 고온이 되어서는 안 될 부분에 기계적, 전기적으로 특히 안전도를 증가시킨 구조
- 본질안전방폭구조(i) : 폭발성 가스가 단선, 단락, 지락 등에 의해 발생하는 전기불꽃, 아크 또는 고온에 의하여 점화되지 않는 것이 확인된 구조
- 내압방폭구조 : 대상폭발가스에 대해서 점화능력을 가진 전기불꽃 또는 고온부위에 있어서도 기기 내부에 폭발성 가스의 폭발이 발생하여도 기기가 그 폭발압력에 견디고 또한 기기 주위의 폭발성 가스에 인화 파급하지 않도록 되어 있는 구조

19 소화약제의 형식승인 및 제품검사의 기술기준상 강화액 소화약제의 응고점은 몇 ℃ 이하여야 하는가?

① 0 ② −20
③ −25 ④ −30

해설 강화액 소화약제(wet chemical agent) : 물의 소화력을 높이기 위하여 화재억제효과가 있는 염류를 첨가(염류로 알칼리금속염의 중탄산나트륨, 탄산칼륨, 초산칼륨, 인산암모늄, 기타 조성물)하여 만든 소화약제로서, 국내 소화약제의 형식승인 및 검정기준에서는 알칼리성 반응을 나타내는 알칼리금속 염류 수용액으로 소화약제의 응고점이 −20℃ 이하인 소화약제로 정의하고 있다.

20 상온에서 무색의 기체로서 암모니아와 유사한 냄새를 가지는 물질은?

① 에틸벤젠 ② 에틸아민
③ 산화프로필렌 ④ 사이클로프로판

해설 에틸아민은 끓는점이 16~20℃로 해당온도 이상에서 기체상태를 유지하며, 강한 암모니아와 같은 냄새를 가진 무색의 화합물이다.

정답 》 15.④ 16.③ 17.③ 18.② 19.② 20.②

제14회 소방설비기사

01 정전기로 인한 화재를 줄이고 방지하기 위한 대책 중 틀린 것은?

① 공기 중 습도를 일정값 이상으로 유지한다.
② 기기의 전기절연성을 높이기 위하여 부도체로 차단공사를 한다.
③ 공기 이온화 장치를 설치하여 가동시킨다.
④ 정전기 축적을 막기 위해 접지선을 이용하여 대지로 연결작업을 한다.

해설 정전기 발생 방지방법
- 적당한 접지시설을 한다.
- 공기를 이온화한다.
- 상대습도를 70% 이상으로 한다.
- 전기도체의 물질을 사용한다.
- 제진기를 설치한다.

02 위험물안전관리법령상 위험물로 분류되는 것은?

① 과산화수소
② 압축산소
③ 프로판가스
④ 포스겐

해설 과산화수소는 위험물안전관리법상 제6류 위험물(산화성 액체)에 해당한다.

03 이산화탄소 20g은 약 몇 mol인가?

① 0.23
② 0.45
③ 2.2
④ 4.4

해설

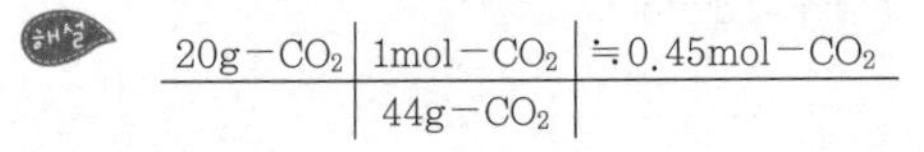

$20g-CO_2$	$1mol-CO_2$	$≒0.45mol-CO_2$
	$44g-CO_2$	

04 물질의 연소 시 산소 공급원이 될 수 없는 것은?

① 탄화칼슘 ② 과산화나트륨
③ 질산나트륨 ④ 압축공기

해설 탄화칼슘은 제3류 위험물(자연발화성 물질 및 금수성 물질)로 가연성 물질에 해당한다.

05 Fourier 법칙(전도)에 대한 설명으로 틀린 것은?

① 이동열량은 전열체의 단면적에 비례한다.
② 이동열량은 전열체의 두께에 비례한다.
③ 이동열량은 전열체의 열전도도에 비례한다.
④ 이동열량은 전열체 내·외부의 온도차에 비례한다.

해설 '푸리에(Fourier)의 방정식'은 다음과 같으며, 이동열량은 전열체의 두께에 반비례한다.

$$\frac{dQ}{dt}=-kA\frac{dT}{dx}$$

여기서, Q : 전도열[cal]
t : 전도시간[sec]
k : 열전도율[cal/sec/cm/℃]
A : 열전달경로의 단면적[cm^2]
T : 경로 양단간의 온도차[℃]
x : 경로의 길이[cm]
dT/dx : 열전달경로의 온도구배[℃/cm]

06 제4류 위험물의 성질로 옳은 것은?

① 가연성 고체
② 산화성 고체
③ 인화성 액체
④ 자기반응성 물질

해설 제1류 산화성 고체, 제2류 가연성 고체, 제3류 자연발화성 및 금수성 물질, 제4류 인화성 액체, 제5류 자기반응성 물질, 제6류 산화성 액체

정답 》 01.② 02.① 03.② 04.① 05.② 06.③

07 할론 소화설비에서 Halon 1211 약제의 분자식은?

① CBr_2ClF　　② CF_2BrCl
③ CCl_2BrF　　④ BrC_2ClF

해설 할론소화약제의 명명법

할론 XABC

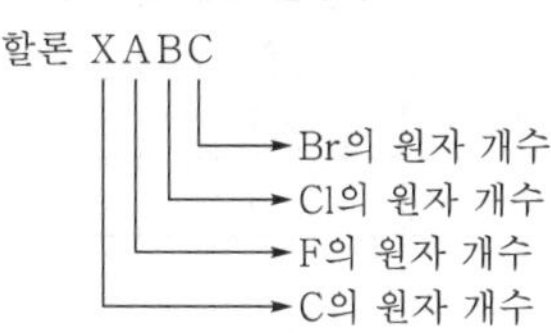

08 목재화재 시 다량의 물을 뿌려 소화할 경우 기대되는 주된 소화효과는?

① 제거효과
② 냉각효과
③ 부촉매효과
④ 희석효과

09 물이 소화약제로 사용되는 장점이 아닌 것은?

① 가격이 저렴하다.
② 많은 양을 구할 수 있다.
③ 증발잠열이 크다.
④ 가연물과 화학반응이 일어나지 않는다.

해설 위험물안전관리법성 제3류에 해당하는 가연성 물질의 경우 물과 반응하여 발열 및 폭발하기도 한다.

10 다음 중 가연물의 제거를 통한 소화방법과 무관한 것은?

① 산불의 확산방지를 위하여 산림의 일부를 벌채한다.
② 화학반응기의 화재 시 원료 공급관의 밸브를 잠근다.
③ 전기실화재 시 IG-541 약제를 방출한다.
④ 유류탱크화재 시 주변에 있는 유류탱크의 유류를 다른 곳으로 이동시킨다.

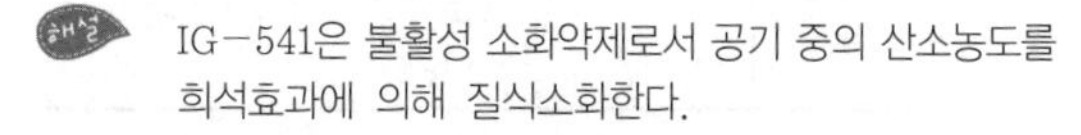

해설 IG-541은 불활성 소화약제로서 공기 중의 산소농도를 희석효과에 의해 질식소화한다.

11 분말소화약제 중 탄산수소칼륨($KHCO_3$)과 요소($CO(NH_2)_2$)와의 반응물을 주성분으로 하는 소화약제는?

① 제1종 분말
② 제2종 분말
③ 제3종 분말
④ 제4종 분말

해설

분말 종류	주성분	분자식	성분비	착 색	적응 화재
제1종	탄산수소 나트륨 (중탄산 나트륨)	$NaHCO_3$	$NaHCO_3$ 90wt% 이상	–	B, C급
제2종	탄산수소 칼륨 (중탄산 칼륨)	$KHCO_3$	$KHCO_3$ 92wt% 이상	담회색	B, C급
제3종	제1인산 암모늄	$NH_4H_2PO_4$	$NH_4H_2PO_4$ 75wt% 이상	담홍색 또는 황색	A, B, C급
제4종	탄산수소 칼륨과 요소	$KHCO_3$ + $CO(NH_2)_2$	–	–	B, C급

12 건물화재의 표준시간-온도곡선에서 화재발생 후 1시간이 경과할 경우 내부 온도는 약 몇 ℃ 정도 되는가?

① 125　　② 325
③ 640　　④ 925

해설 건물화재의 표준시간-온도곡선

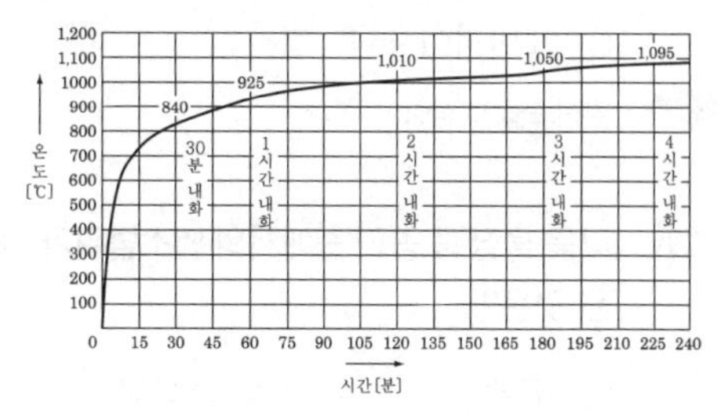

정답 » 07.② 08.② 09.④ 10.③ 11.④ 12.④

13 물질의 취급 또는 위험성에 대한 설명 중 틀린 것은?

① 융해열은 점화원이다.
② 질산은 물과 반응 시 발열반응하므로 주의를 해야 한다.
③ 네온, 이산화탄소, 질소는 불연성 물질로 취급한다.
④ 암모니아를 충전하는 공업용 용기의 색상은 백색이다.

해설 **화학적 에너지원** : 연소열, 자연발화, 분해열, 용해열이며, 융해열은 점화원에 해당하지 않는다.

14 다음 중 폭굉(detonation)에 관한 설명으로 틀린 것은?

① 연소속도가 음속보다 느릴 때 나타난다.
② 온도의 상승은 충격파의 압력에 기인한다.
③ 압력상승은 폭연의 경우보다 크다.
④ 폭굉의 유도거리는 배관의 지름과 관계가 있다.

해설
- **폭굉** : 폭발 중에서도 격렬한 폭발로서 화염의 전파속도가 음속보다 빠른 경우로, 파면선단에 충격파가 진행되는 현상이며 연소속도는 1,000~3,500m/sec이고 연소속도가 음속 이상 충격파를 갖고 있다.
- **폭연** : 연소속도가 음속 이하로 충격파가 없다.

15 자연발화가 일어나기 쉬운 조건이 아닌 것은?

① 열전도율이 클 것
② 적당량의 수분이 존재할 것
③ 주위의 온도가 높을 것
④ 표면적이 넓을 것

해설 열전도율이 작아야 한다.

16 다음 물질 중 공기 중에서의 연소범위가 가장 넓은 것은?

① 부탄 ② 프로판
③ 메탄 ④ 수소

해설 공기 중의 폭발한계

가 스	하한계〔vol%〕	상한계〔vol%〕
수소(H_2)	4	75
메탄(CH_4)	5	15
에탄(C_2H_6)	3	12.4
프로판(C_3H_8)	2.1	9.5
부탄(C_4H_{10})	1.8	8.4

17 목조건축물의 화재특성으로 틀린 것은?

① 습도가 낮을수록 연소확대가 빠르다.
② 화재진행속도는 내화건축물보다 빠르다.
③ 화재최성기의 온도는 내화건축물보다 낮다.
④ 화재성장속도는 횡방향보다 종방향이 빠르다.

해설
- **목조건축물** : 고온단기형, 최고온도 1,300℃
- **내화건축물** : 저온장기형, 최고온도 약 900~1,000℃

18 연기에 의한 감광계수가 $0.1m^{-1}$, 가시거리가 20~30m일 때의 상황으로 옳은 것은?

① 건물 내부에 익숙한 사람이 피난에 지장을 느낄 정도
② 연기감지기가 작동할 정도
③ 어두운 것을 느낄 정도
④ 앞이 거의 보이지 않을 정도

해설 연기의 농도와 가시거리

감광계수〔m^{-1}〕	가시거리〔m〕	상 황
0.1	20~30	연기감지기가 작동할 때의 농도
0.3	5	건물 내부에 익숙한 사람이 피난할 정도의 농도
0.5	3	어두운 것을 느낄 정도의 농도
1	1~2	앞이 거의 보이지 않을 정도의 농도
10	0.2~0.5	화재 최성기 때의 농도
30	–	출화실에서 연기가 분출할 때의 농도

정답 》 13.① 14.① 15.① 16.④ 17.③ 18.②

19 플래시 오버(flash over)에 대한 설명으로 옳은 것은?

① 도시가스의 폭발적 연소를 말한다.
② 휘발유 등 가연성 액체가 넓게 흘러서 발화한 상태를 말한다.
③ 옥내화재가 서서히 진행하여 열 및 가연성 기체가 축적되었다가 일시에 연소하여 화염이 크게 발생하는 상태를 말한다.
④ 화재층의 불이 상부층으로 올라가는 현상을 말한다.

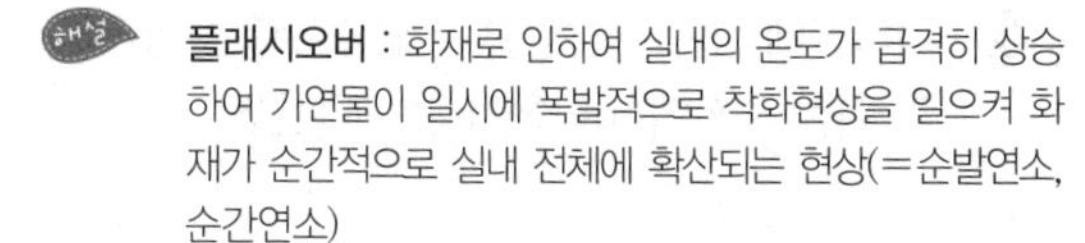

플래시오버 : 화재로 인하여 실내의 온도가 급격히 상승하여 가연물이 일시에 폭발적으로 착화현상을 일으켜 화재가 순간적으로 실내 전체에 확산되는 현상(=순발연소, 순간연소)

20 프로판가스의 최소점화에너지는 일반적으로 약 몇 mJ 정도 되는가?

① 0.25　　② 2.5
③ 25　　④ 250

일반적으로 1기압에서 다수의 탄화수소의 최소점화에너지는 약 0.25mJ, 가스혼합물의 경우는 0.001~1mJ 정도로 낮은 편이다.

정답 》 19.③　20.①

제1회 소방설비산업기사

01 동일 장소에서 취급이 가능한 위험물들 끼리 옳게 짝지어진 것은?

① 과염소산칼륨과 톨루엔
② 과염소산과 황린
③ 마그네슘과 유기과산화물
④ 가솔린과 과산화수소

해설 유별을 달리하는 위험물의 혼재기준

위험물의 구분	제1류	제2류	제3류	제4류	제5류	제6류
제1류	＼	×	×	×	×	○
제2류	×	＼	×	○	○	×
제3류	×	×	＼	○	×	×
제4류	×	○	○	＼	○	×
제5류	×	○	×	○	＼	×
제6류	○	×	×	×	×	＼

※ 마그네슘은 제2류 위험물이며, 유기과산화물은 제5류 위험물에 해당하므로 동일 장소에서의 취급이 가능하다.

02 질소(N_2)의 증기비중은 약 얼마인가?

① 0.8 ② 0.97
③ 1.5 ④ 1.8

해설

$$증기비중 = \frac{28g/mol}{28.84g/mol} = 0.97$$

03 포 소화약제 중 유류화재의 소화 시 성능이 가장 우수한 것은?

① 단백포
② 수성막포
③ 합성계면활성제포
④ 내알코올포

해설 수성막포의 경우 인화성 액체기름의 표면에 거품과 수성막(aqueous film)을 형성하기 때문에 질식과 냉각 효과가 뛰어나다(미국 3M 사에서 Light Water라는 상품명으로 판매).

04 건축물에 화재가 발생할 때 연소확대를 방지하기 위한 계획에 해당하지 않는 것은?

① 수직계획
② 입면계획
③ 수평계획
④ 용도계획

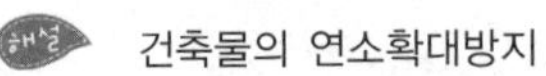

해설 건축물의 연소확대방지

- 수평구획(면적단위) : 일정한 면적마다 방화구획을 함으로써 화재 규모를 가능한 한 최소한의 규모로 줄여 피해를 최소한으로 하여야 한다.
- 수직구획(층단위) : 건물을 종으로 관통하는 부분은 연기 및 화염의 전파속도가 매우 크므로 다른 부분과 구획을 하여 화재 시 화재가 다른 층으로 번지는 것을 방지하여야 한다.
- 용도구획(용도단위) : 복합건축물에서 화재 위험이 큰 공간을 그 밖의 공간과 구획하여 화재 시 피해를 줄이기 위한 것으로 용도상 일정한 면적구획이 불가피한 경우에는 반드시 불연재료를 사용하여 피난계획을 세워야 한다.

05 폭발에 대한 설명으로 틀린 것은?

① 보일러폭발은 화학적 폭발이라 할 수 없다.
② 분무폭발은 기상폭발에 속하지 않는다.
③ 수증기폭발은 기상폭발에 속하지 않는다.
④ 화약류폭발은 화학적 폭발이라 할 수 있다.

해설 분무폭발 : 고압의 유압설비의 일부가 파손되어 내부의 가연성 액체가 공기 중에 분출되어 이것의 미세한 액적이 무상(霧狀)으로 되고 공기 중에 현탁하여 존재할 때에 착화에너지가 주어지면 발생한다.

정답 》 01.③ 02.② 03.② 04.② 05.②

06 수소 4kg이 완전연소할 때 생성되는 수증기는 몇 〔kmol〕인가?

① 1　　② 2
③ 4　　④ 8

해설 $2H_2 + O_2 \rightarrow 2H_2O$

$4\times10^3 g-H_2$	$1mol-H_2$	$2mol-H_2O$	$= 2kmol-H_2O$
	$2g-H_2$	$2mol-H_2$	

07 기체연료의 연소형태로서 연료와 공기를 인접한 2개의 분출구에서 각각 분출시켜 계면에서 연소를 일으키게 하는 것은?

① 증발연소
② 자기연소
③ 확산연소
④ 분해연소

해설 기체연료의 연소(예혼합연소와 확산연소) : 가스화 과정이 필요 없이 바로 연소가 되고 완전연소 시는 CO_2와 H_2O(수증기) 등이 생성된다. 가연성 기체의 연소 시에는 역화 및 폭발과 일산화탄소의 중독에 유의하여야 한다.

- 확산연소 : 가연성 가스를 대기 중에 분출 및 확산시켜 연소하는 방식으로 불꽃은 있으나 불티가 없는 연소이다.
- 예 혼합연소 : 가연성 가스와 공기가 적당히 잘 혼합되어 있는 방식으로 반응이 빠르고 온도도 높아 폭발적인 연소가 일어나기도 한다.

08 다음 중 물질의 연소범위에 대한 설명으로 옳은 것은?

① 연소범위의 상한이 높을수록 발화위험이 낮다.
② 연소범위의 상한과 하한 사이의 폭은 발화위험과 무관하다.
③ 연소범위의 하한이 낮은 물질은 취급 시 주의를 요한다.
④ 연소범위의 하한이 낮은 물질은 발열량이 크다.

해설 연소범위에 영향을 주는 인자

- 온도의 영향 : 온도가 올라가면 기체분자의 운동이 증가하여 반응성이 활발해져 연소하한은 낮아지고 연소상한은 높아지는 경향에 의해 연소범위는 넓어진다.
- 압력의 영향 : 일반적으로 압력이 증가할수록 연소하한은 변하지 않으나 연소상한이 증가하여 연소범위는 넓어진다.
- 농도의 영향 : 산소농도가 증가할수록 연소상한이 증가하므로 연소범위는 넓어진다.
- 불활성 기체를 첨가하면 연소범위는 좁아진다.
- 일산화탄소나 수소는 압력이 상승하게 되면 연소범위는 좁아진다.

09 다음 중 할론 1301의 화학식으로 옳은 것은 어느 것인가?

① CBr_3Cl
② $CBrCl_3$
③ CF_3Br
④ $CFBr_3$

해설

구 분	분자식	C F Cl Br	명명법
할론 1011	CH_2ClBr	1 0 1 1	브로모클로로메탄
할론 2402	$C_2F_4Br_2$	2 4 0 2	다이브로모테트라플루오로에탄
할론 1301	CF_3Br	1 3 0 1	브로모트리플루오로메탄
할론 1211	CF_2ClBr	1 2 1 1	브로모클로로다이플루오로메탄
할론 104	CCl_4	1 0 4	카본테트라클로라이드

10 다음 중 분말소화약제의 주성분 중에서 A, B, C급 화재 모두에 적응성이 있는 것은 어느 것인가?

① $KHCO_3$
② $NaHCO_3$
③ $Al_2(SO_4)_3$
④ $NH_4H_2PO_4$

정답 》 06.② 07.③ 08.③ 09.③ 10.④

분말 종류	주성분	분자식	성분비	색 상	적응 화재
제1종	탄산수소 나트륨 (중탄산 나트륨)	$NaHCO_3$	$NaHCO_3$ 90wt% 이상	-	B, C급
제2종	탄산수소 칼륨 (중탄산 칼륨)	$KHCO_3$	$KHCO_3$ 92wt% 이상	담회색	B, C급
제3종	제1인산 암모늄	$NH_4H_2PO_4$	$NH_4H_2PO_4$ 75wt% 이상	담홍색 또는 황색	A, B, C급
제4종	탄산수소 칼륨과 요소	$KHCO_3$ $+CO(NH_2)_2$	-	-	B, C급

11 다음 중 전기화재의 원인으로 볼 수 없는 것은 어느 것인가?

① 승압에 의한 발화
② 과전류에 의한 발화
③ 누전에 의한 발화
④ 단락에 의한 발화

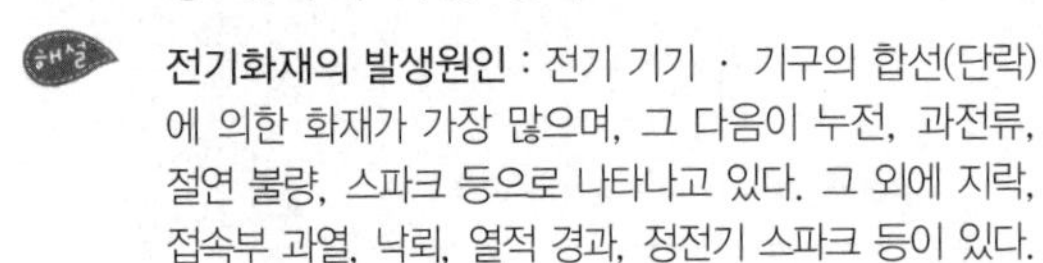
해설 **전기화재의 발생원인** : 전기 기기 · 기구의 합선(단락)에 의한 화재가 가장 많으며, 그 다음이 누전, 과전류, 절연 불량, 스파크 등으로 나타나고 있다. 그 외에 지락, 접속부 과열, 낙뢰, 열적 경과, 정전기 스파크 등이 있다.

12 산화열에 의해 자연발화 될 수 있는 물질이 아닌 것은?

① 석탄
② 건성유
③ 고무분말
④ 퇴비

해설 **자연발화의 형태(분류)**
- 분해열에 의한 자연발화 : 셀룰로이드, 나이트로셀룰로오스 등
- 산화열에 의한 자연발화 : 건성유, 고무분말, 원면, 석탄 등
- 흡착열에 의한 자연발화 : 활성탄, 목탄분말 등
- 미생물의 발열에 의한 자연발화 : 퇴비(퇴적물), 먼지 등

13 건축물 화재의 가혹도에 영향을 주는 주요소로 적합하지 않은 것은?

① 공기의 공급량
② 가연물질의 연소열
③ 가연물질의 비표면적
④ 화재 시의 기상

14 다음 중 화재 시 연소의 연쇄반응을 차단하는 소화방식은?

① 냉각소화
② 화학소화
③ 질식소화
④ 가스 제거

해설 연쇄반응 차단은 부촉매소화로서 화학소화에 해당한다.

15 가연물의 종류 및 성상에 따른 화재의 분류 중 A급 화재에 해당하는 것은?

① 통전 중인 전기설비 및 전기기기의 화재
② 마그네슘, 칼륨 등의 화재
③ 목재, 섬유 화재
④ 도시가스 화재

해설 **화재의 분류**

화재 분류	명 칭	비 고	소 화
A급 화재	일반 화재	연소 후 재를 남기는 화재	냉각소화
B급 화재	유류 화재	연소 후 재를 남기지 않는 화재	질식소화
C급 화재	전기 화재	전기에 의한 발열체가 발화원이 되는 화재	질식소화
D급 화재	금속 화재	금속 및 금속의 분, 박, 리본 등에 의해서 발생되는 화재	피복소화
F급 화재 (또는 K급 화재)	주방 화재	가연성 튀김기름을 포함한 조리로 인한 화재	냉각 · 질식소화

정답 ≫ 11.① 12.④ 13.④ 14.② 15.③

16 열에너지원 중 화학열의 종류별 설명으로 옳지 않은 것은?

① 자연발열이라 함은 어떤 물질이 외부로부터 열의 공급을 받지 아니하고 온도가 상승하는 현상이다.
② 분해열이라 함은 화합물이 분해할 때 발생하는 열을 말한다.
③ 용해열이라 함은 어떤 물질이 분해될 때 발생하는 열을 말한다.
④ 연소열이라 함은 어떤 물질이 완전히 산화되는 과정에서 발생하는 열을 말한다.

해설 **용해열** : 어떤 물질이 액체에 용해될 때 발생되는 열 (예 진한 황산이 물로 희석되는 과정에서 발생되는 열)

17 대형 소화기에 충전하는 소화약제 양의 기준으로 틀린 것은?

① 할로젠화물소화기 : 20kg 이상
② 강화액소화기 : 60L 이상
③ 분말소화기 : 20kg 이상
④ 이산화탄소소화기 : 50kg 이상

해설 대형 소화기에 충전하는 소화약제의 양

소화기 형태	충전하는 소화약제의 양
물소화기	80L 이상
강화액소화기	60L 이상
할로젠화물소화기	30kg 이상
이산화탄소소화기	50kg 이상
분말소화기	20kg 이상
포소화기	20L 이상

18 소화약제로 널리 사용되는 물의 물리적 성질로 틀린 것은?

① 대기압 하에서 용융열은 약 80cal/g이다.
② 대기압 하에서 증발잠열은 약 539cal/g이다.
③ 대기압 하에서 액체상의 비열은 1cal/g·℃이다.
④ 대기압 하에서 액체에서 수증기로 상변화가 일어나면 체적은 500배 증가한다.

해설 물이 (액상에서) 기상으로 변화할 때 대기압에서의 체적은 1,670배로 증가한다.

19 피난시설의 안전구획 중 1차 안전구획에 속하는 것은?

① 계단
② 복도
③ 계단 부속실
④ 피난층에서 외부와 직면한 현관

해설 방화설비란 건축물의 개구부를 통하여 화재가 연소확대되는 것을 방지하며 인명 피난 및 구조 활동을 위한 피난활동, 계단의 안전구획을 위해 출입구에 설치하는 방화문 및 방화셔터를 포함하며 환기 또는 냉·난방 풍도가 방화구획을 관통하는 부분에 설치하는 방화댐퍼 등의 설비를 말한다.

20 공기 중에 분산된 밀가루, 알루미늄가루 등이 에너지를 받아 폭발하는 현상은?

① 분진폭발　② 분무폭발
③ 충격폭발　④ 단열압축폭발

해설 **분진폭발** : 가연성 고체의 미분이 공기 중에 부유하고 있을 때에 어떤 착화원에 의해 폭발하는 현상 (예 밀가루, 석탄가루, 먼지, 전분, 금속분 등)
※ 분진폭발의 조건
- 가연성 분진
- 지연성 가스(공기)
- 점화원의 존재
- 밀폐된 공간

정답 》 16.③ 17.① 18.④ 19.② 20.①

제2회 소방설비산업기사

01 화재발생 위험에 대한 설명으로 틀린 것은?

① 인화점은 낮을수록 위험하다.
② 발화점은 높을수록 위험하다.
③ 산소농도는 높을수록 위험하다.
④ 연소하한계는 낮을수록 위험하다.

해설 발화점은 낮을수록 위험하다.

02 화재의 종류에서 A급 화재에 해당하는 색상은?

① 황색 ② 청색
③ 백색 ④ 적색

해설

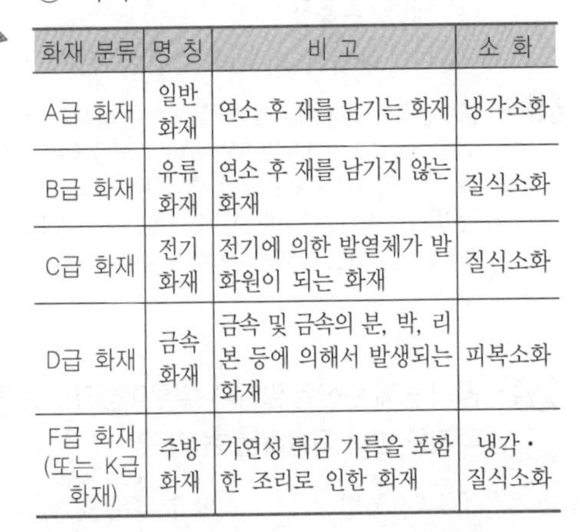

화재 분류	명 칭	비 고	소 화
A급 화재	일반 화재	연소 후 재를 남기는 화재	냉각소화
B급 화재	유류 화재	연소 후 재를 남기지 않는 화재	질식소화
C급 화재	전기 화재	전기에 의한 발열체가 발화원이 되는 화재	질식소화
D급 화재	금속 화재	금속 및 금속의 분, 박, 리본 등에 의해서 발생되는 화재	피복소화
F급 화재 (또는 K급 화재)	주방 화재	가연성 튀김 기름을 포함한 조리로 인한 화재	냉각·질식소화

03 열에너지원의 종류 중 화학열에 해당하는 것은?

① 압축열 ② 분해열
③ 유전열 ④ 스파크열

해설 마찰열, 마찰 스파크, 압축열은 기계적 에너지원에 해당하며, 화학에너지에는 연소열, 자연발화, 분해열, 용해열 등이 있다.

04 어떤 유기화합물을 분석한 결과 실험식이 CH_2O이었으며, 분자량을 측정하였더니 60이었다. 이 물질의 시성식은? (단, C, H, O의 원자량은 각각 12, 1, 16)

① CH_3OH
② CH_3COOCH_3
③ CH_3COCH_3
④ CH_3COOH

해설 실험식$\times n=$분자식이므로 $n=\frac{\text{분자식}}{\text{실험식}}=\frac{60}{30}=2$이다.

$(CH_2O)\times 2=C_2H_4O_2$이며, 시성식으로 나타내는 경우 CH_3COOH로 표현한다.

05 위험물의 위험성을 나타내는 성질에 대한 설명으로 틀린 것은?

① 비등점이 낮아지면 인화의 위험성이 높다.
② 비중의 값이 클수록 위험성이 높다.
③ 융점이 낮아질수록 위험성이 높다.
④ 점성이 낮아질수록 위험성이 높다.

06 화재강도에 영향을 미치는 인자가 아닌 것은 어느 것인가?

① 가연물의 비표면적
② 화재실의 구조
③ 가연물의 배열상태
④ 점화원 또는 발화원의 온도

해설 점화원 또는 발화원의 온도는 연소를 일으키는 요소이며, 화재강도에 영향을 미치는 요소는 아니다.

정답 》 01.② 02.③ 03.② 04.④ 05.② 06.④

07 다음 중 물분무소화설비의 주된 소화효과가 아닌 것은?

① 냉각효과
② 연쇄반응 단절효과
③ 질식효과
④ 희석효과

해설 연쇄반응 단절효과는 부촉매소화효과에 해당하므로 할론소화설비가 대표적이다.

08 응축상태의 연소를 무엇이라 하는가?

① 작열연소　　② 불꽃연소
③ 폭발연소　　④ 분해연소

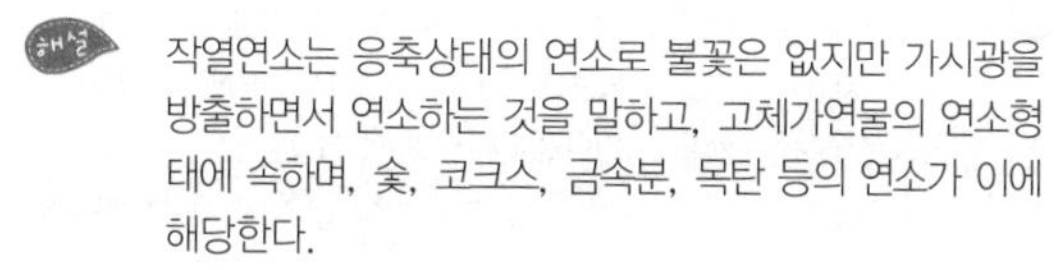

해설 작열연소는 응축상태의 연소로 불꽃은 없지만 가시광을 방출하면서 연소하는 것을 말하고, 고체가연물의 연소형태에 속하며, 숯, 코크스, 금속분, 목탄 등의 연소가 이에 해당한다.

09 분말소화약제의 열분해에 의한 반응식 중 맞는 것은?

① $2NaHCO_3$ + 열 → $NaCO_3 + 2CO_2 + H_2O$
② $2KHCO_3$ + 열 → $KCO_3 + 2CO_2 + H_2O$
③ $NH_4H_2PO_4$ + 열 → $HPO_3 + NH_3 + H_2O$
④ $2KHCO_3 + (NH_2)_2CO$ + 열
→ $K_2CO_3 + NH_2 + CO_2$

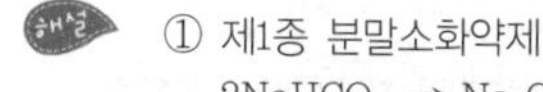

해설 ① 제1종 분말소화약제
$2NaHCO_3 \rightarrow Na_2CO_3 + H_2O + CO_2$
② 제2종 분말소화약제
$2KHCO_3 \rightarrow K_2CO_3 + H_2O + CO_2$
③ 제3종 분말소화약제에 대한 열분해 반응식
④ 제4종 분말소화약제
$2KHCO_3 + CO(NH_2)_2 \rightarrow K_2CO_3 + NH_3 + O_2$

10 할로젠화합물 소화약제 중 HFC 계열인 펜타플루오로에탄(HFC-125, CHF_2CF_3)의 최대허용 설계농도는?

① 0.2%　　② 1.0%
③ 7.5%　　④ 9.0%

해설 할로젠화합물 및 불활성 가스 소화약제 최대허용설계농도

소화약제	최대허용설계농도[%]
FC-2-1-8	30
FC-3-1-10	40
HCFC BLEND A	10
HCFC-124	1.0
HFC-125	7.5
HFC-227ea	9.0
HFC-23	50
HFC-238a	10
FIC-1311	0.2
IG-01	43
IG-100	43
IG-541	43
IG-55	43

11 실험군 쥐를 15분 동안 노출시켰을 때 실험군의 절반이 사망하는 치사농도는?

① ODP
② GWP
③ NOAEL
④ ALC

해설 ① ODP(Ozone Depletion Potential) : 오존층파괴지수
② GWP(Global Warming Potential) : 지구온난화지수
③ NOAEL(No Observed Adverse Effect Level) : 농도를 증가시킬 때 아무런 악영향도 감지할 수 없는 최대허용농도

12 다음 중 물의 물리적 성질에 대한 설명으로 틀린 것은?

① 물의 비열은 1cal/g·℃이다.
② 물의 용융열은 79.7cal/g이다.
③ 물의 증발잠열은 439kcal/g이다.
④ 대기압 하에서 100℃의 물이 액체에서 수증기로 바뀌면 체적은 약 1,600배 증가한다.

해설 물의 증발잠열은 539kcal/g이다.

정답 》 07.② 08.① 09.③ 10.③ 11.④ 12.③

13 연소상태에 대한 설명 중 적합하지 못한 것은?

① 불완전연소는 산소의 공급량 부족으로 나타나는 현상이다.
② 가연성 액체의 연소는 액체 자체가 연소하고 있는 것이다.
③ 분해연소는 가연물질이 가열분해되고, 그때 생기는 가연성 기체가 연소하는 현상을 말한다.
④ 표면연소는 가연물 그 자체가 직접 불에 타는 현상을 의미한다.

해설 가연성 액체의 연소는 유증기가 연소하는 것이다.

14 오존층 파괴효과가 없는(ODP=0) 소화약제는?

① Halon 1301
② HFC−227ea
③ HCFC BLEND A
④ Halon 1211

해설 HFC−227ea는 헵타플루오로프로판(CF_3CHFCF_3)으로서 ODP=0이다.

15 유류화재에 대한 설명으로 틀린 것은?

① 액체상태에서 불이 붙을 수 있다.
② 유류는 반드시 휘발하여 기체상태에서만 불이 붙을 수 있다.
③ 경질류 화재는 쉽게 발생할 수 있으나 열축적이 없어 쉽게 진화할 수 있다.
④ 중질류 화재는 경질류 화재의 진압보다 어렵다.

해설 인화성 액체의 경우 유증기에 불이 붙는 것이다.

16 온도 및 습도가 높은 장소에서 취급할 때 자연발화의 위험성이 가장 큰 것은?

① 질산나트륨　② 황화인
③ 아닐린　④ 셀룰로이드

해설 자연발화의 형태(분류)
- 분해열에 의한 자연발화 : 셀룰로이드, 나이트로셀룰로오스
- 산화열에 의한 자연발화 : 건성유, 고무분말, 원면, 석탄 등
- 흡착열에 의한 자연발화 : 활성탄, 목탄분말 등
- 미생물의 발열에 의한 자연발화 : 퇴비(퇴적물), 먼지 등

17 다음 열분해 반응식과 관계가 있는 분말소화약제는?

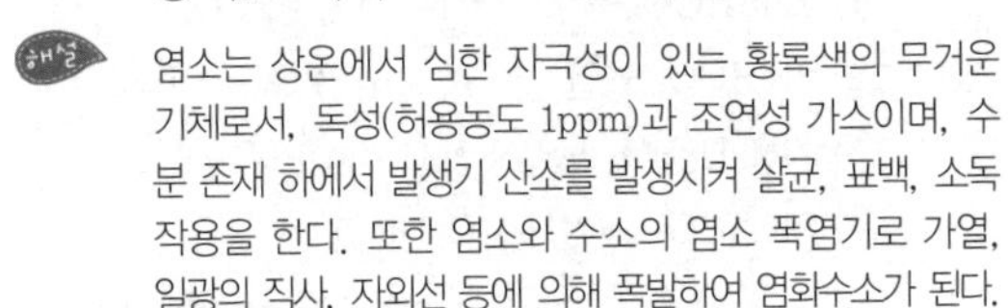
$2NaHCO_3 \rightarrow Na2CO_3 + CO_2 + H_2O$

① 제1종 분말　② 제2종 분말
③ 제3종 분말　④ 제4종 분말

해설
② 제2종 분말 : $2KHCO_3 \rightarrow K_2CO_3 + H_2O + CO_2$
③ 제3종 분말 : $NH_4H_2PO_4 \rightarrow HPO_3 + NH_3 + H_2O$
④ 제4종 분말 : $2KHCO_3 + CO(NH_2)_2 \rightarrow K_2CO_3 + NH_3 + CO_2$

18 다음 중 가연성 가스가 아닌 것은?

① 수소　② 염소
③ 암모니아　④ 메탄

해설 염소는 상온에서 심한 자극성이 있는 황록색의 무거운 기체로서, 독성(허용농도 1ppm)과 조연성 가스이며, 수분 존재 하에서 발생기 산소를 발생시켜 살균, 표백, 소독 작용을 한다. 또한 염소와 수소의 염소 폭염기로 가열, 일광의 직사, 자외선 등에 의해 폭발하여 염화수소가 된다.

19 건축물의 주요 구조부에서 제외되는 것은?

① 차양　② 바닥
③ 내력벽　④ 지붕틀

해설 건축물의 주요 구조부(= 건물의 구조 내력상 주요한 부분)
- 내력벽
- 기둥
- 바닥
- 보
- 지붕틀 및 주계단

※ 사잇기둥, 지하층 바닥, 작은 보, 차양, 옥외계단, 그 밖에 이와 유사한 것으로 건축물의 구조상 중요하지 아니한 부분은 제외한다.

정답 》 13.② 14.② 15.① 16.④ 17.① 18.② 19.①

20 건물 내부에서 화재가 발생하여 실내온도가 27℃에서 1,227℃로 상승한다면 이 온도 상승으로 인하여 실내 공기는 처음의 몇 배로 팽창하는가? (단, 화재에 의한 압력변화 등 기타 주어지지 않은 조건은 무시한다.)

① 3배 ② 5배
③ 7배 ④ 9배

해설 등압의 조건은 샤를의 법칙에 해당한다.

$\frac{V_1}{T_1} = \frac{V_2}{T_2}$ 에서

$\therefore V_2 = \frac{V_1 T_2}{T_1} = \frac{V_1(1227+273)}{(27+273)} = 5V_1$

정답 》 20.②

제3회 소방설비산업기사

01 이산화탄소 소화약제가 공기 중에 34vol% 공급되면 산소의 농도는 약 몇 〔vol%〕가 되는가?

① 12　② 14
③ 16　④ 18

$$\%CO_2 = \frac{21 - \text{한계산소농도}}{21} \times 100$$

$$34 = \frac{21 - \text{한계산소농도}}{21} \times 100$$

따라서, 714/100=21－한계산소농도
∴ 한계산소농도=21－7.14=13.86≒14

02 제4류 위험물 중 제1석유류, 제2석유류, 제3석유류, 제4석유류를 각 품명별로 구분하는 분류의 기준은?

① 발화점
② 인화점
③ 비중
④ 연소범위

해설
- "제1석유류"라 함은 아세톤, 휘발유, 그 밖에 1기압에서 인화점이 21℃ 미만인 것을 말한다.
- "제2석유류"라 함은 등유, 경유, 그 밖에 1기압에서 인화점이 21℃ 이상 70℃ 미만인 것을 말한다.
- "제3석유류"라 함은 중유, 크레오소트유, 그 밖에 1기압에서 인화점이 70℃ 이상 200℃ 미만인 것을 말한다.
- "제4석유류"라 함은 기어유, 실린더유, 그 밖에 1기압에서 인화점이 200℃ 이상 250℃ 미만인 것을 말한다.

03 나이트로셀룰로오스의 용도, 성상 및 위험성과 저장 · 취급에 대한 설명 중 틀린 것은?

① 질화도가 낮을수록 위험성이 크다.
② 운반 시 물, 알코올을 첨가하여 습윤시킨다.
③ 무연화약의 원료로 사용된다.
④ 햇빛에서 황갈색으로 변하고 물에 녹지 않지만 아세톤, 초산에스터, 나이트로벤젠에 녹는다.

해설 질화도가 큰 것일수록 분해도, 폭발성, 위험도가 증가한다.

04 화씨온도 122℉는 섭씨온도로 몇 〔℃〕인가?

① 40　② 50
③ 60　④ 70

해설 ℃=5/9(°F－32)=5/9(122－32)=50℃

05 화재를 발생시키는 열원 중 기계적 원인은?

① 저항열
② 압축열
③ 분해열
④ 자연발열

해설
- 화학적 에너지 : 연소열, 자연발화, 분해열, 용해열
- 전기적 에너지 : 저항열, 유도열, 유전열, 아크열, 정전기열
- 기계적 에너지 : 마찰열, 마찰 스파크, 압축열

06 건축물 내부 화재 시 연기의 평균 수평이동속도는 약 몇 m/s인가?

① 0.5~1　② 2~3
③ 3~5　④ 10

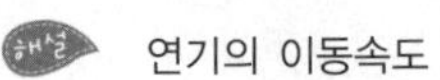

해설 연기의 이동속도
- 수평방향 : 0.5~1.0m/sec
- 수직방향 : 2~3m/sec
- 계단 등에서의 수직방향 : 3~5m/sec

정답 》 01.② 02.② 03.① 04.② 05.② 06.①

07 질식소화 방법과 가장 거리가 먼 것은?

① 건조모래로 가연물을 덮는 방법
② 불활성 기체를 가연물에 방출하는 방법
③ 가연성 기체의 농도를 높게 하는 방법
④ 불연성 포소화약제로 가연물을 덮는 방법

08 건축법상 건축물의 주요 구조부에 해당되지 않는 것은?

① 지붕틀
② 내력벽
③ 주계단
④ 최하층 바닥

해설 건축물의 주요 구조부
(=건물의 구조 내력상 주요한 부분)
• 내력벽
• 기둥
• 바닥
• 보
• 지붕틀 및 주계단
※ 사잇기둥, 지하층 바닥, 작은 보, 차양, 옥외계단, 그 밖에 이와 유사한 것으로 건축물의 구조상 중요하지 아니한 부분은 제외한다.

09 할로젠화합물 및 불활성 가스 소화약제의 물성을 평가하는 항목 중 심장의 역반응(심장 장애현상)이 나타나는 최저농도를 무엇이라고 하는가?

① LOAEL ② NOAEL
③ ODP ④ GWP

해설 ① LOAEL(Lowest Observed Adverse Effect Level) : 농도를 감소시킬 때 어떠한 악영향도 감지할 수 있는 최소허용농도
② NOAEL(No Observed Adverse Effect Level) : 농도를 증가시킬 때 아무런 악영향도 감지할 수 없는 최대허용농도 → 최대허용설계농도
③ ODP(Ozone Depletion Potential) : 오존층 파괴지수

$$\frac{\text{물질 1kg에 의해 파괴되는 오존량}}{\text{CFC}-11(\text{CFCl}_3)\ \text{1kg에 의해 파괴되는 오존량}}$$

• 할론 1301 : 14.1, NAFS－Ⅲ : 0.044

④ GWP(Global Warming Potential) : 지구온난화지수

$$\frac{\text{물질 1kg이 영향을 주는 지구온난화 정도}}{\text{CO}_2\ \text{1kg이 영향을 주는 지구온난화 정도}}$$

10 대기 중에 대량의 가연성 가스가 유출하거나 대량의 가연성 액체가 유출하여 그것으로부터 발생하는 증기가 공기와 혼합해서 가연성 혼합기체를 형성하고 발화원에 의하여 발생하는 폭발현상은?

① BLEVE ② SLOP OVER
③ UVCE ④ FIRE BALL

해설 ① BLEVE : 가연성 액체 저장탱크 주위에서 화재 등이 발생하여 기상부의 탱크 강판이 국부적으로 가열되면 그 부분의 강도가 약해져 그로 인해 탱크가 파열된다. 이때 내부에서 가열된 액화가스가 급격히 유출 팽창되어 화구(fire ball)를 형성하여 폭발하는 형태
② SLOP OVER : 물이 연소유의 뜨거운 표면에 들어갈 때, 기름 표면에서 화재가 발생하는 현상
④ FIRE BALL : 증기가 공기와 혼합하여 연소범위가 형성되어서 공모양의 대형 화염이 상승하는 현상

11 산소와 질소의 혼합물인 공기의 평균 분자량은? (단, 공기는 산소 21vol%, 질소 79vol%로 구성되어 있다고 가정한다.)

① 30.84 ② 29.84
③ 28.84 ④ 27.84

해설
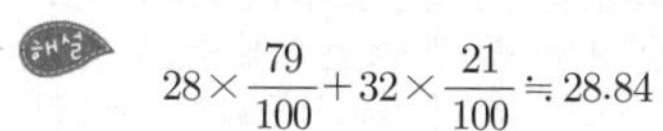
$$28\times\frac{79}{100}+32\times\frac{21}{100}\fallingdotseq 28.84$$

12 100℃의 액체 물 1g을 100℃의 수증기로 만드는 데 필요한 열량은 약 몇 〔cal/g〕인가?

① 439
② 539
③ 639
④ 739

해설 물의 증발잠열은 539cal/g이다.

정답 》 07.③ 08.④ 09.① 10.③ 11.③ 12.②

13 상온, 상압에서 액체상태인 할론 소화약제는?

① 할론 2402 ② 할론 1301
③ 할론 1211 ④ 할론 104

해설

구 분	할론 1301	할론 1211	할론 2402	할론 104
분자식	CF_3Br(BT)	CF_2ClBr-(BCF)	$CF_2Br \cdot CF_2Br$	CCl_4(CTC)
분자량	148.9kg	166.4kg	259.9kg	153.89kg
비점	-57.75℃	-3.4℃	47.5℃	76.8℃
증기압	14kg/cm^2 (21℃)	2.5kg/cm^2 (21℃)	0.48kg/cm^2 (21℃)	0.48kg/cm^2 (21℃)
증발 잠열	28kcal/kg (117kJ/kg)	32kcal/kg (133kJ/kg)	25kcal/kg (105kJ/kg)	
상태	기체 (21℃)	기체 (21℃)	액체 (21℃)	액체 (21℃)

14 인화점에 대한 설명 중 틀린 것은?

① 인화점은 공기 중에서 액체를 가열하는 경우 액체 표면에서 증기가 발생하여 점화원에서 착화하는 최저온도를 말한다.
② 인화점 이하의 온도에서는 성냥불을 접근해도 착화하지 않는다.
③ 인화점 이상 가열하면 증기를 발생하여 성냥불이 접근하면 착화한다.
④ 인화점은 보통 연소점 이상, 발화점 이하의 온도이다.

해설 연소점이란 액체의 온도가 인화점을 넘어 상승하면 온도는 액체가 점화될 때 연소를 계속하는 데에 충분한 양의 증기를 발생하는 온도를 말한다. 따라서 인화점은 연소점 이하의 온도를 의미한다.

15 분진폭발의 발생 위험성이 가장 낮은 물질은?

① 석탄가루
② 밀가루
③ 시멘트
④ 금속분류

해설 시멘트가루나 석회가루는 더 이상 산화결합을 하지 않으므로 폭발을 일으키지 않는다.

16 멜라민수지, 모, 실크, 요소수지 등과 같이 질소성분을 함유하고 있는 가연물의 연소 시 발생하는 기체로 눈, 코, 인후 등에 매우 자극적이고 역한 냄새가 나는 유독성 연소가스는?

① 아크롤레인 ② 사이안화수소
③ 일산화질소 ④ 암모니아

해설

연소생성가스	연소물질
일산화탄소 및 탄산가스	탄화수소류 등
질소산화물	셀룰로이드, 폴리우레탄 등
사이안화수소	질소성분을 갖고 있는 모사, 비단, 피혁 등
아크롤레인	합성수지, 레이온 등
아황산가스	나무, 종이 등
수소의 할로젠화물 (HF, HCl, HBr, 포스겐 등)	나무, 치오콜 등
	PVC, 방염수지, 불소수지류 등의 할로젠화물
암모니아	멜라민, 나일론, 요소수지 등
알데하이드류 (RCHO)	페놀수지, 나무, 나일론, 폴리에스테르수지 등
벤젠	폴리스티렌(스티로폼) 등

17 화재의 분류 중 B급 화재의 종류로 옳은 것은 어느 것인가?

① 금속화재
② 일반화재
③ 전기화재
④ 유류화재

해설

구 분	명 칭	가연물의 종류
A급 화재	일반화재	일반적인 가연물
B급 화재	유류화재	특수인화물 및 제4류 위험물
C급 화재	전기화재	전류가 흐르는 전기설비
D급 화재	금속화재	가연성 금속 (K, Na, Mg 등)
E급 화재	가스화재	가연성 가스
K(F)급 화재	주방화재	식용유

정답 》 13.① 14.④ 15.③ 16.④ 17.④

18 할로젠화합물 소화약제의 명명법은 Freon- X Y Z B A로 표현한다. 이 중 Y가 의미하는 것은?

① 불소원자의 수
② 수소원자의 수−1
③ 탄소원자의 수−1
④ 수소원자의 수+1

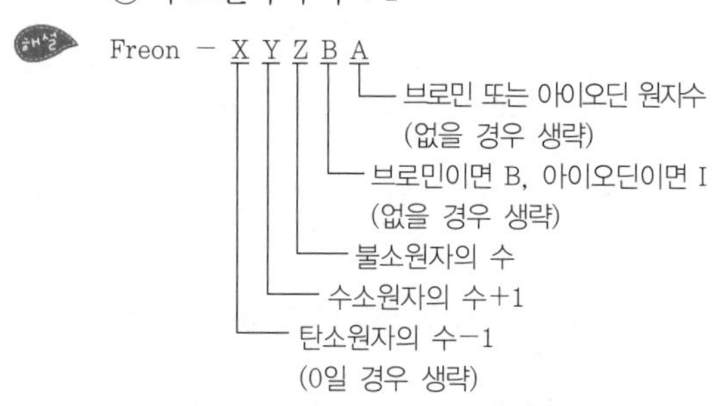

19 할론 1301 소화약제를 사용하여 소화할 때 연소열에 의하여 생긴 열분해 생성가스가 아닌 것은?

① HF　　② HBr
③ Br_2　　④ CO_2

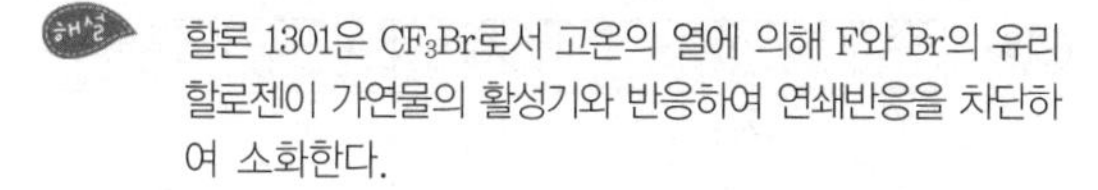
해설 할론 1301은 CF_3Br로서 고온의 열에 의해 F와 Br의 유리 할로젠이 가연물의 활성기와 반응하여 연쇄반응을 차단하여 소화한다.

20 제연방식의 종류가 아닌 것은?

① 자연제연방식
② 기계제연방식
③ 흡입제연방식
④ 스모크타워 제연방식

해설 **제연방식의 종류** : 자연제연방식, 기계제연방식, 밀폐제연방식, 스모크타워 제연방식

정답 》 18.④ 19.④ 20.③

제4회 소방설비산업기사

01 열의 전달형태가 아닌 것은?

① 대류
② 산화
③ 전도
④ 복사

해설 열의 전달 : 전도, 대류, 복사

02 분말소화약제의 열분해 반응식 중 다음 ( ) 안에 알맞은 것은?

$2NaHCO_3 \rightarrow Na_2CO_3 + H_2O + (\quad)$

① Na   ② Na_2
③ CO   ④ CO_2

해설 제1종 분말소화약제에 대한 열분해 반응식이다.

03 피난대책의 일반적인 원칙으로 틀린 것은?

① 피난경로는 간단명료하게 한다.
② 피난설비는 고정식 설비보다 이동식 설비를 위주로 설치한다.
③ 피난수단은 원시적 방법에 의한 것을 원칙으로 한다.
④ 2방향 피난통로를 확보한다.

해설 피난대책(시설계획)의 일반적인 원칙
- 피난경로는 간단명료하게 한다.
- 피난설비는 고정적인 시설에 의한 것을 원칙으로 해야 하며, 가구식의 기구나 장치 등은 피난이 늦어진 소수의 사람들에 대한 극히 예외적인 보조수단으로 생각해야 한다.
- 피난의 수단은 원시적 방법에 의하는 것을 원칙으로 한다.
- 2방향의 피난통로를 확보한다.
- 피난통로는 완전불연화를 해야 하며 항시 사용할 수 있도록 하고 관리상의 이유로 자물쇠 등으로 잠가두는 것은 피해야 한다.
- 피난경로에 따라서 일정한 구획을 한정하여 피난 Zone을 설정하고 최종적으로 안전성을 높이는 것이 합리적이다.
- 피난로에는 정전시에도 피난방향을 명백히 할 수 있는 표시를 한다.
- 피난대책은 Fool－Proof와 Fail－Safe의 원칙을 중시해야 한다.

04 수소의 공기 중 폭발한계는 약 몇 [vol%]인가?

① 12.5~74   ② 4~75
③ 3~12.4   ④ 2.5~81

	물질명	하한계	상한계	위험도
①	일산화탄소	12.5	74	4.92
②	수소	4	75	17.75
③	에탄	3	12.4	3.13
④	아세틸렌	2.5	81	31.4

05 다음 중 발화점[℃]이 가장 낮은 물질은 어느 것인가?

① 아세틸렌
② 메탄
③ 프로판
④ 이황화탄소

이황화탄소는 제4류 위험물로서 발화점이 90~100℃에 해당한다. 일반적으로 액체보다 기체의 발화점이 높다.
① 아세틸렌 : 406~440℃
② 메탄 : 650~750℃
③ 프로판 : 466℃

정답 》 01.② 02.④ 03.② 04.② 05.④

06 동식물유류에서 "아이오딘값이 크다"라는 의미로 옳은 것은?

① 불포화도가 높다.
② 불건성유이다.
③ 자연발화성이 낮다.
④ 산소와의 결합이 어렵다.

해설 아이오딘값 : 유지 100g에 부가되는 아이오딘의 g수, 불포화도가 증가할수록 아이오딘값이 증가하며, 자연발화의 위험이 있다.

07 다음 물질 중 자연발화의 위험성이 가장 낮은 것은?

① 석탄
② 팽창질석
③ 셀룰로이드
④ 퇴비

해설 팽창질석은 소화질석에 해당한다.

08 황린과 적린이 서로 동소체라는 것을 증명하는 가장 효과적인 실험은?

① 비중을 비교한다.
② 착화점을 비교한다.
③ 유기용제에 대한 용해도를 비교한다.
④ 연소생성물을 확인한다.

해설 동소체란 같은 원소로 되어 있으나 성질이 다른 단체로서 연소생성물이 같은지를 확인하여 동소체임을 구별할 수 있다.

09 다음 중 제3종 분말소화약제의 주성분으로 옳은 것은?

① 탄산수소나트륨
② 제1인산암모늄
③ 탄산수소칼륨
④ 탄산수소칼륨과 요소

분말 종류	주성분	분자식	성분비	색 상	적응 화재
제1종	탄산수소나트륨 (중탄산나트륨)	$NaHCO_3$	$NaHCO_3$ 90wt% 이상	–	B, C급
제2종	탄산수소칼륨 (중탄산칼륨)	$KHCO_3$	$KHCO_3$ 92wt% 이상	담회색	B, C급
제3종	제1인산암모늄	$NH_4H_2PO_4$	$NH_4H_2PO_4$ 75wt% 이상	담홍색 또는 황색	A, B, C급
제4종	탄산수소칼륨과 요소	$KHCO_3 + CO(NH_2)_2$	–	–	B, C급

10 위험물의 유별에 따른 대표적인 성질의 연결이 틀린 것은?

① 제1류 – 산화성 고체
② 제2류 – 가연성 고체
③ 제4류 – 인화성 액체
④ 제5류 – 산화성 액체

해설 ④ 제5류 – 자기반응성 물질
※ 제6류 – 산화성 액체

11 실내온도 15℃에서 화재가 발생하여 900℃가 되었다면 기체의 부피는 약 몇 배로 팽창되는가?

① 2.23
② 4.07
③ 6.45
④ 8.05

$\frac{V_1}{T_1} = \frac{V_2}{T_2}$ 에서

$$\therefore V_2 = \frac{V_1 T_2}{T_1} = \frac{V_1(900+273)}{(15+273)} = 4.07 V_1$$

정답 》 06.① 07.② 08.④ 09.② 10.④ 11.②

12 일반적인 화재에서 연소불꽃 온도가 1,500℃이었을 때의 연소불꽃의 색상은?

① 휘백색
② 적색
③ 휘적색
④ 암적색

해설

불꽃의 온도	불꽃의 색깔
500℃	적열상태
700℃	암적색
850℃	적색
950℃	휘적색
1,100℃	황적색
1,300℃	백적색
1,500℃	휘백색

13 다음 중 숯, 코크스가 연소하는 형태에 해당하는 것은?

① 분무연소
② 예혼합연소
③ 표면연소
④ 분해연소

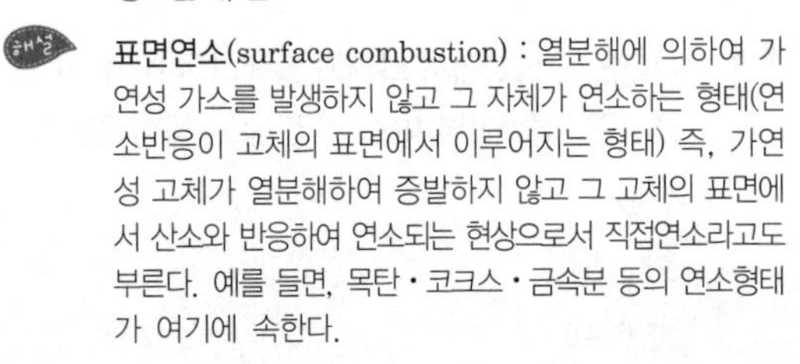
해설 **표면연소**(surface combustion) : 열분해에 의하여 가연성 가스를 발생하지 않고 그 자체가 연소하는 형태(연소반응이 고체의 표면에서 이루어지는 형태) 즉, 가연성 고체가 열분해하여 증발하지 않고 그 고체의 표면에서 산소와 반응하여 연소되는 현상으로서 직접연소라고도 부른다. 예를 들면, 목탄·코크스·금속분 등의 연소형태가 여기에 속한다.

14 내화건축물과 비교한 목조건축물 화재의 일반적인 특징은?

① 고온단기형
② 저온단기형
③ 고온장기형
④ 저온장기형

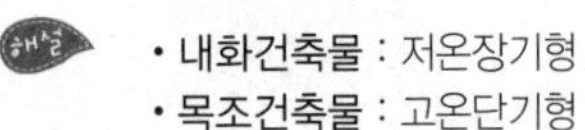
해설
- 내화건축물 : 저온장기형
- 목조건축물 : 고온단기형

15 수소 1kg이 완전연소할 때 필요한 산소량은 몇 〔kg〕인가?

① 4 ② 8
③ 16 ④ 32a

해설 $2H_2 + O_2 \rightarrow 2H_2O$

$$\frac{1kg-H_2}{} \left| \frac{1kmol-H_2}{2kg-H_2} \right| \frac{1kmol-O_2}{2kmol-H_2} \left| \frac{32kg-O_2}{1kmol-O_2} \right| = 8kg-O_2$$

16 인화점이 가장 낮은 것은?

① 경유 ② 메틸알코올
③ 이황화탄소 ④ 등유

해설

물질명	경유	메틸알코올	이황화탄소	등유
인화점	50~70℃	11℃	-30℃	30~60℃

17 건축물 화재 시 계단실 내 연기의 수직이동속도는 약 몇 〔m/s〕인가?

① 0.5~1 ② 1~2
③ 3~5 ④ 10~15

해설 연기의 이동속도
- 수평방향으로의 연기의 진행속도 : 평균 약 0.5~1m/sec
- 수직방향으로의 연기의 진행속도 : 평균 약 2~3m/sec
- 계단방향으로의 연기의 진행속도 : 평균 약 3~5m/sec

18 건축물의 주요 구조부에 해당하는 것은?

① 내력벽 ② 작은보
③ 옥외계단 ④ 사잇기둥

해설 건축물의 주요 구조부
(=건물의 구조 내력상 주요한 부분)
- 내력벽
- 기둥
- 바닥
- 보
- 지붕틀 및 주계단

※ 사잇기둥, 지하층 바닥, 작은 보, 차양, 옥외계단, 그 밖에 이와 유사한 것으로 건축물의 구조상 중요하지 아니한 부분은 제외한다.

정답 》 12.① 13.③ 14.① 15.② 16.③ 17.③ 18.①

19 상온 · 상압 상태에서 기체로 존재하는 할로젠 화합물로만 연결된 것은?

① Halon 2402, Halon 1211
② Halon 1211, Halon 1011
③ Halon 1301, Halon 1011
④ Halon 1301, Halon 1211

구 분	할론 1301	할론 1211	할론 2402	할론 104
분자식	CF_3Br(BT)	CF_2ClBr (BCF)	$CF_2Br \cdot CF_2Br$	CCl_4(CTC)
분자량	148.9kg	166.4kg	259.9kg	153.89kg
증발잠열	28kcal/kg (117kJ/kg)	32kcal/kg (133kJ/kg)	25kcal/kg (105kJ/kg)	-
상태	기체(21℃)	기체(21℃)	액체(21℃)	액체(21℃)
기체비중 (공기=1)	5.1	5.7	9.0	5.3

20 액체위험물 화재 시 물을 방사하게 되면 연소유를 교란시켜 탱크 밖으로 밀어 올리거나 비산시키는 현상은?

① 열파(thermal wave) 현상
② 슬롭오버(slop over) 현상
③ 파이어볼(fire ball) 현상
④ 보일오버(boil over) 현상

① **열파 현상** : 고온현상이 수 일 또는 수 주간 이어지는 현상
② **슬롭오버 현상** : 물이 연소유의 뜨거운 표면에 들어갈 때, 기름 표면에서 화재가 발생하는 현상
③ **파이어볼 현상** : 증기가 공기와 혼합하여 연소범위가 형성되어서 공모양의 대형 화염이 상승하는 현상
④ **보일오버 현상** : 중질유의 탱크에서 장시간 조용히 연소하다가 탱크 내의 잔존 기름이 갑자기 분출하는 현상

정답 ≫ 19.④ 20.②

제5회 소방설비산업기사

01 다음 물질 중 연소범위가 가장 넓은 것은 어느 것인가?

① 아세틸렌 ② 메탄
③ 프로판 ④ 에탄

가 스	하한계	상한계	위험도
메탄	5.0	15.0	2.00
에탄	3.0	12.4	3.13
프로판	2.1	9.5	3.31
아세틸렌	2.5	81.0	31.4

02 피난시설의 안전구획 중 2차 안전구획으로 옳은 것은?

① 거실 ② 복도
③ 계단전실 ④ 계단

 일반적인 피난경로(거실에서 화재 발생 시)

03 감광계수에 따른 가시거리 및 상황에 대한 설명으로 틀린 것은?

① 감광계수 $0.1m^{-1}$는 연기감지기가 작동할 정도의 연기농도이고, 가시거리는 20~30m이다.
② 감광계수 $0.5m^{-1}$는 거의 앞이 보이지 않을 정도의 농도이고, 가시거리는 10~20m이다.
③ 감광계수 $10m^{-1}$는 화재 최성기 때의 연기농도를 나타낸다.
④ 감광계수 $30m^{-1}$는 출화실에서 연기가 분출할 때의 농도이다.

감광계수 $[m^{-1}]$	가시거리 [m]	상 황
0.1	20~30	연기감지기가 작동할 때의 농도
0.3	5	건물 내부에 익숙한 사람이 피난할 정도의 농도
0.5	3	어두운 것을 느낄 정도의 농도
1	1~2	앞이 거의 보이지 않을 정도의 농도
10	0.2~0.5	화재 최성기 때의 농도
30	-	출화실에서 연기가 분출할 때의 농도

04 메탄의 공기 중 연소범위[vol%]로 옳은 것은?

① 2.1~9.5
② 5~15
③ 2.5~81
④ 4~75

1번 해설 참조

05 분말소화설비의 소화약제 중 차고 또는 주차장에 사용할 수 있는 것은?

① 탄산수소나트륨을 주성분으로 한 분말
② 탄산수소칼륨을 주성분으로 한 분말
③ 탄산수소칼륨과 요소가 화합된 분말
④ 인산염을 주성분으로 한 분말

 제3종 분말소화약제인 경우 A, B, C급 화재에 적응성이 있다.

 정답 》 01.① 02.③ 03.② 04.② 05.④

분말 종류	주성분	분자식	성분비	색 상	적응 화재
제1종	탄산수소 나트륨 (중탄산 나트륨)	$NaHCO_3$	$NaHCO_3$ 90wt% 이상	–	B, C급
제2종	탄산수소 칼륨 (중탄산 칼륨)	$KHCO_3$	$KHCO_3$ 92wt% 이상	담회색	B, C급
제3종	제1인산 암모늄	$NH_4H_2PO_4$	$NH_4H_2PO_4$ 75wt% 이상	담홍색 또는 황색	A, B, C급
제4종	탄산수소 칼륨과 요소	$KHCO_3$ $+CO(NH_2)_2$	–	–	B, C급

06 다음 중 연료설비의 착화방지 대책으로 틀린 것은 어느 것인가?

① 누설연료의 확산방지 및 제한 – 방유제
② 가연성 혼합기체의 형성 방지 – 환기
③ 착화원 배제 – 연료 가열 시 간접가열
④ 정전기 발생 억제 – 비금속 배관 사용

해설 정전기 예방대책으로 금속판을 설치하여 접지를 실시한다.

07 제3류 위험물의 물리 · 화학적 성질에 대한 설명으로 옳은 것은?

① 화재 시 황린을 제외하고 물로 소화하면 위험성이 증가한다.
② 황린을 제외한 모든 물질들은 물과 반응하여 가연성의 수소기체를 발생한다.
③ 모두 분자 내부에 산소를 갖고 있다.
④ 모두 액체상태의 화합물이다.

해설 황린은 자연발화성이 있으므로 물속에 보관한다.

08 물이 다른 액상의 소화약제에 비해 비점이 높은 이유로 옳은 것은?

① 물은 배위결합을 하고 있다.
② 물은 이온결합을 하고 있다.
③ 물은 극성 공유결합을 하고 있다.
④ 물은 비극성 공유결합을 하고 있다.

해설 물(H_2O)의 경우 산소를 중심으로 수소가 104.5도의 각도를 이루고 있는 극성 공유결합에 해당한다.

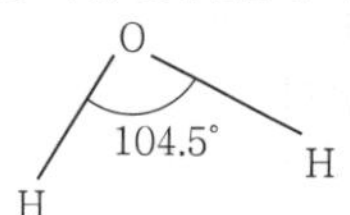

09 내화구조의 기준 중 바닥의 경우 철근 콘크리트조로서 두께가 몇 cm 이상인 것이 내화구조에 해당하는가?

① 3
② 5
③ 10
④ 15

해설 내화구조의 기준

구조부분		내화구조의 기준
벽	모든 벽	철근 콘크리트조 또는 철골 콘크리트조로 두께가 10cm 이상인 것
	외벽 중 비내력벽	철근 콘크리트조 또는 철골·철근 콘크리트조로서 두께가 7cm 이상인 것
기둥 (작은 지름이 25cm 이상이어야 함)		철골을 두께 5cm 이상의 콘크리트로 덮은 것
바닥		철근 콘크리트조 또는 철골·철근 콘크리트조로서 두께가 10cm 이상인 것
보		철근 콘크리트조 또는 철골·철근 콘크리트조

10 단백포 소화약제의 안정제로 철염을 첨가하였을 때 나타나는 현상이 아닌 것은?

① 포의 유면 봉쇄성 저하
② 포의 유동성 저하
③ 포의 내화성 향상
④ 포의 내유성 향상

정답 》 06.④ 07.① 08.③ 09.③ 10.①

11 상태의 변화 없이 물질의 온도를 변화시키기 위해서 가해진 열을 무엇이라 하는가?

① 현열
② 잠열
③ 기화열
④ 융해열

① **현열** : 물질의 상태는 그대로이고 온도의 변화가 생기는 데 출입되는 열
② **잠열** : 물질이 온도 · 압력의 변화를 보이지 않고 평형을 유지하면서 한 상에서 다른 상으로 전이할 때 흡수 또는 발생하는 열
예 융해열, 기화열, 승화열 등

12 20℃의 물 1g을 100℃의 수증기로 변화시키는 데 필요한 열량은 몇 〔cal〕인가?

① 699
② 619
③ 539
④ 80

$0℃(물) \xrightarrow[Q_1]{} 100℃(물) \xrightarrow[Q_2]{} 100℃(수증기)$

(현열) $Q_1 = G \cdot C \cdot \Delta T$

(잠열) $Q_2 = G \cdot r$

$Q = [1g \cdot 1cal/g \cdot ℃ \cdot (100-20)℃]$
$+ (1g \cdot 539cal/g)$
$\fallingdotseq 619cal$

13 다음 중 증기비중이 가장 큰 물질은?

① CH_4 ② CO
③ C_6H_6 ④ SO_2

증기비중 $= \dfrac{기체의\ 분자량}{공기의\ 평균분자량}$

① $\dfrac{16g/mol}{28.84g/mol} \fallingdotseq 0.55$

② $\dfrac{28g/mol}{28.84g/mol} \fallingdotseq 0.97$

③ $\dfrac{78g/mol}{28.84g/mol} \fallingdotseq 2.70$

④ $\dfrac{64g/mol}{28.84g/mol} \fallingdotseq 2.22$

14 자신은 불연성 물질이지만 산소공급원 역할을 하는 물질은?

① 과산화나트륨 ② 나트륨
③ 트리나이트로톨루엔 ④ 적린

해설 과산화나트륨은 제1류 산화성 고체로서 불연성 물질이며 조연성에 해당한다.

15 화재의 분류방법 중 전기화재에 해당하는 것은?

① A급 ② B급
③ C급 ④ D급

해설 화재의 분류

화재 분류	명 칭	비 고	소 화
A급 화재	일반 화재	연소 후 재를 남기는 화재	냉각소화
B급 화재	유류 화재	연소 후 재를 남기지 않는 화재	질식소화
C급 화재	전기 화재	전기에 의한 발열체가 발화원이 되는 화재	질식소화
D급 화재	금속 화재	금속 및 금속의 분, 박, 리본 등에 의해서 발생되는 화재	피복소화
F급 화재 (또는 K급 화재)	주방 화재	가연성 튀김 기름을 포함한 조리로 인한 화재	냉각 · 질식소화

16 물의 주수형태에 대한 설명으로 틀린 것은?

① 일반적으로 적상은 고압으로, 무상은 저압으로 방수할 때 나타난다.
② 물을 무상으로 분무하면 비점이 높은 중질유 화재에도 사용할 수 있다.
③ 스프링클러소화설비 헤드의 주수형태를 적상이라 하며 일반적으로 실내 고체가연물의 화재에 사용한다.
④ 막대모양 굵은 물줄기의 소방용 방수노즐을 이용한 주수형태를 봉상이라고 하며 일반 고체가연물의 화재에 주로 사용한다.

정답 》 11.① 12.② 13.③ 14.① 15.③ 16.①

17 할론 1301 소화약제와 이산화탄소 소화약제의 각 주된 소화효과가 순서대로 올바르게 나열된 것은?

① 억제소화 – 질식소화
② 억제소화 – 부촉매소화
③ 냉각소화 – 억제소화
④ 질식소화 – 부촉매소화

해설 할론 1301은 연쇄반응 차단효과로 억제소화이며, 이산화탄소의 경우 증기비중이 약 1.5에 해당하는 소화약제로서 산소공급을 차단하는 질식소화에 해당한다.

18 햇볕에 장시간 노출된 기름걸레가 자연발화한 경우 그 원인으로 옳은 것은?

① 산소의 결핍
② 산화열 축적
③ 단열압축
④ 정전기 발생

해설 **산화열에 의한 자연발화** : 건성유, 고무분말, 원면, 석탄 등

19 할로젠화합물 소화약제 중 HCFC BLEND A를 구성하는 성분이 아닌 것은?

① HCFC–22　② HCFC–124
③ HCFC–123　④ Ar

해설

소화약제	화학식
퍼플루오로부탄 (이하 "FC-3-1-10"이라 한다.)	C_4F_{10}
하이드로클로로 플루오로카본혼화제 (이하 "HCFC BLEND A"라 한다.)	• HCFC-123($CHCl_2CF_3$) : 4.75% • HCFC-22($CHClF_2$) : 82% • HCFC-124($CHClFCF_3$) : 9.5% $C_{10}H_{16}$: 3.75%

20 화재를 발생시키는 열원 중 물리적인 열원이 아닌 것은?

① 마찰　② 단열
③ 압축　④ 분해

해설 분해는 화학적 에너지에 해당한다.

정답 ≫ 17.① 18.② 19.④ 20.④

제6회 소방설비산업기사

01 가압식 분말소화기 가압용 가스의 역할로 옳은 것은?

① 분말소화약제의 유동 방지
② 분말소화기에 부착된 압력계 작동
③ 분말소화약제의 혼화 및 방출
④ 분말소화약제의 응고 방지

해설 분말소화약제의 경우 유동성이 없으므로 질소 또는 이산화탄소를 추진가스로 사용한다.

02 피난계획의 일반원칙 중 Fool Proof 원칙에 대한 설명으로 옳은 것은?

① 한 가지가 고장이 나도 다른 수단을 이용할 수 있도록 하는 원칙
② 두 방향의 피난동선을 항상 확보하는 원칙
③ 피난수단을 이동식 시설로 하는 원칙
④ 피난수단을 조작이 간편한 원시적 방법으로 하는 원칙

해설
- Fool-Proof : 바보라도 틀리지 않고 할 수 있도록 한다는 말. 비상사태 대비책을 의미하는 것으로서 화재발생 시 사람의 심리상태는 긴장상태가 되므로 인간의 행동 특성에 따라 피난설비는 원시적이고 간단명료하게 설치하며 피난대책은 누구나 알기 쉬운 방법을 선택하는 것을 의미한다. 피난 및 유도 표지는 문자보다는 색과 형태를 사용하고 피난방향으로 문을 열 수 있도록 하는 것이 이에 해당된다.
- Fail-Safe : 이중안전장치를 의미하는 것으로서 피난 시 하나의 수단이 고장 등으로 사용이 불가능하더라도 다른 수단 및 방법을 통해서 피난할 수 있도록 하는 것을 뜻한다. 2방향 이상의 피난통로를 확보하는 피난대책이 이에 해당된다.

03 수분과 접촉하면 위험하며 경유, 유동파라핀 등과 같은 보호액에 보관하여야 하는 위험물은?

① 과산화수소
② 이황화탄소
③ 황
④ 칼륨

해설 칼륨의 경우 물과 접촉 시 수산화칼륨과 수소가스를 발생한다.
$2K+2H_2O \rightarrow 2KOH$(수산화칼륨)$+H_2$

04 다음 불꽃의 색상 중 온도가 가장 높은 것은?

① 암적색 ② 적색
③ 휘백색 ④ 휘적색

해설
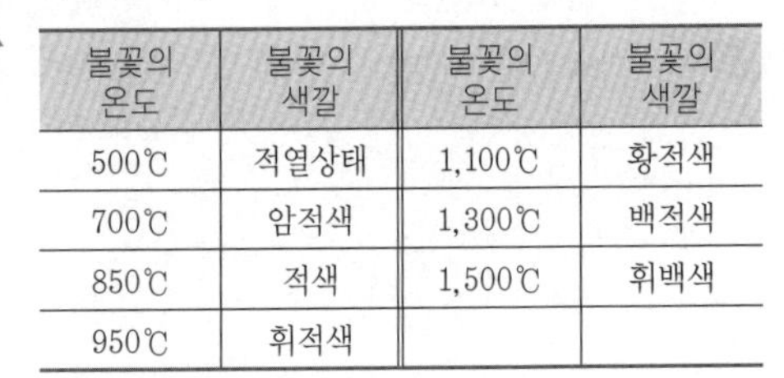

불꽃의 온도	불꽃의 색깔	불꽃의 온도	불꽃의 색깔
500℃	적열상태	1,100℃	황적색
700℃	암적색	1,300℃	백적색
850℃	적색	1,500℃	휘백색
950℃	휘적색		

05 장기간 방치하면 습기, 고온 등에 의해 분해가 촉진되고, 분해열이 축적되면 자연발화 위험성이 있는 것은?

① 셀룰로이드
② 질산나트륨
③ 과망가니즈산칼륨
④ 과염소산

해설 질산나트륨과 과망가니즈산칼륨은 제1류 위험물(산화성 고체), 과염소산은 제6류 위험물(산화성 액체)로서 불연성 물질에 해당한다. 셀룰로이드의 경우 제5류 위험물로서 자기반응성 물질에 해당하며, 습도와 온도가 높을 경우 자연발화의 위험이 있다.

정답 》 01.③ 02.④ 03.④ 04.③ 05.①

06 다음 중 오존파괴지수(ODP)가 가장 큰 할로젠 화합물 소화약제는?

① Halon 1211　　② Halon 1301
③ Halon 2402　　④ Halon 104

해설

구분	특성	종류	특징	비고
할론	• 부촉매작용 • 냉각효과 • 질식작용 • 희석효과 • 소화력 F<Cl<Br<I • 화학안정성 F>Cl>Br>I	104 (CCl_4)	• 최초 개발 약제 • 포스겐 발생으로 사용금지 • 불꽃연소에 강한 소화력	
		1011 ($CClBrH_2$)	• 2차 대전 후 출현 • 불연성, 증발성 및 부식성 액체	
		1211 (ODP=2.4) (CF_2ClBr)	• 소화농도 : 3.8% • 밀폐공간 사용 곤란	
		1301(ODP=14) (CF_3Br)	• 5%의 농도에서 소화 (증기비중=5.11) • 인체에 가장 무해한 할론약제	고온 열분해 시 독성가스 발생
		2402 (ODP=6.6) ($C_2F_4Br_2$)	• 할론약제 중 유일한 에탄의 유도체 • 상온에서 액체	

07 유류화재 시 분말소화약제와 병용이 가능하여 빠른 소화효과와 재착화 방지효과를 기대할 수 있는 소화약제로 옳은 것은?

① 단백포 소화약제
② 수성막포 소화약제
③ 알코올형포 소화약제
④ 합성계면활성제포 소화약제

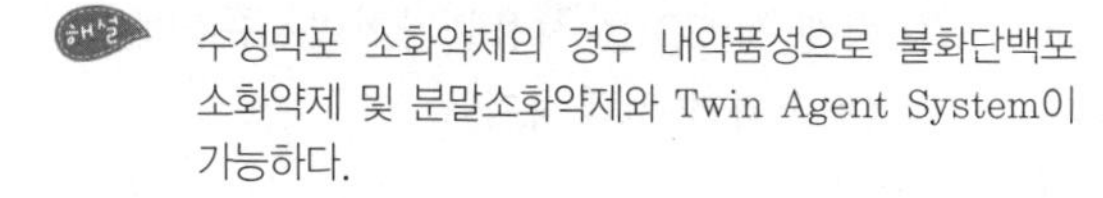

해설 수성막포 소화약제의 경우 내약품성으로 불화단백포 소화약제 및 분말소화약제와 Twin Agent System이 가능하다.

08 다음 중 연소할 수 있는 가연물로 볼 수 있는 것은?

① C
② N_2
③ Ar
④ CO_2

09 고체연료의 연소형태를 구분할 때 해당하지 않는 것은?

① 증발연소　　② 분해연소
③ 표면연소　　④ 예혼합연소

해설 고체의 연소는 표면연소, 분해연소, 증발연소 및 자기연소로 나눌 수 있으며, 기체의 연소는 확산연소, 예혼합연소로 분류된다.

10 화재 시 연소물에 대한 공기 공급을 차단하여 소화하는 방법은?

① 냉각소화　　② 부촉매소화
③ 제거소화　　④ 질식소화

11 다음 중 인화점이 가장 낮은 물질은?

① 산화프로필렌
② 이황화탄소
③ 아세틸렌
④ 다이에틸에터

해설
① 산화프로필렌 : −37℃
② 이황화탄소 : −30℃
④ 다이에틸에터 : −45℃

12 화재 시 이산화탄소를 사용하여 질식소화 하는 경우, 산소의 농도를 14vol%까지 낮추려면 공기 중의 이산화탄소 농도는 약 몇 〔vol%〕가 되어야 하는가?

① 22.3vol%　　② 33.3vol%
③ 44.3vol%　　④ 55.3vol%

해설 $CO_2[\%] = \frac{21-14}{21} \times 100 \fallingdotseq 33.33\%$

13 독성이 매우 강한 가스로서 석유제품이나 유지 등이 연소할 때 발생되는 것은?

① 포스겐　　② 사이안화수소
③ 아크롤레인　　④ 아황산가스

정답 》 06.② 07.② 08.① 09.④ 10.④ 11.④ 12.② 13.③

14 물과 반응하여 가연성인 아세틸렌가스를 발생시키는 것은?

① 칼슘
② 아세톤
③ 마그네슘
④ 탄화칼슘

① $Ca + 2H_2O \rightarrow Ca(OH)_2 + H_2$
② 아세톤은 제4류 위험물로 수용성 액체에 해당한다.
③ $Mg + 2H_2O \rightarrow Mg(OH)_2 + H_2$
④ $CaC_2 + 2H_2O \rightarrow Ca(OH)_2 + C_2H_2$

15 100℃를 기준으로 액체상태의 물이 기화할 경우 체적이 약 1,700배 정도 늘어난다. 이러한 체적 팽창으로 인하여 기대할 수 있는 가장 큰 소화효과는?

① 촉매효과 ② 질식효과
③ 제거효과 ④ 억제효과

16 프로판가스 44g을 공기 중에 완전연소시킬 때 표준상태를 기준으로 약 몇 L의 공기가 필요한가? (단, 가연가스를 이상기체로 보며, 공기는 질소 80%와 산소 20%로 구성되어 있다.)

① 112 ② 224
③ 448 ④ 560

$C_3H_8(g) + 5O_2(g) \rightarrow 3CO_2(g) + 4H_2O(L)$

$44g-C_3H_8$	$1mol-C_3H_8$	$5mol-O_2$	$100mol-Air$	$22.4L-Air$
	$44g-C_3H_6$	$1mol-C_3H_6$	$20mol-O_2$	$1mol-Air$

$= 560L-Air$

17 할로젠화합물 소화약제인 HCFC-124의 화학식은?

① CHF_3 ② CF_3CHFCF_3
③ $CHClFCF_3$ ④ C_4H_{10}

해설 할로젠화합물 소화약제의 종류

소화약제	화학식
퍼플루오로부탄 (이하 "FC-3-1-10"이라 한다.)	C_4F_{10}
하이드로클로로플루오로카본혼화제 (이하 "HCFC BLEND A"라 한다.)	• HCFC-123($CHCl_2CF_3$) : 4.75% • HCFC-22($CHClF_2$) : 82% • HCFC-124($CHClFCF_3$) : 9.5% $C_{10}H_{16}$: 3.75%
클로로테트라플루오로에탄 (이하 "HCFC-124"라 한다.)	$CHClFCF_3$
펜타플루오로에탄 (이하 "HFC-125"라 한다.)	CHF_2CF_3
헵타플루오로프로판 (이하 "HFC-227ea"라 한다.)	CF_3CHFCF_3
트리플루오로메탄 (이하 "HFC-23"이라 한다.)	CHF_3
헥사플루오로프로판 (이하 "HFC-236fa"라 한다.)	$CF_3CH_2CF_3$
트리플루오로이오다이드 (이하 "FIC-1311"이라 한다.)	CF_3I
도데카플루오로-2-메틸펜탄-3-원 (이하 "FK-5-1-12"라 한다.)	$CF_3CF_2C(O)CF(CF_3)_2$

18 다음 중 벤젠에 대한 설명으로 옳은 것은 어느 것인가 ?

① 방향족 화합물로 적색 액체이다.
② 고체상태에서도 가연성 증기를 발생할 수 있다.
③ 인화점은 약 14℃이다.
④ 화재 시 CO_2는 사용불가이며, 주수에 의한 소화가 효과적이다.

벤젠(C_6H_6)
• 물에는 녹지 않으나 알코올, 에터 등 유기용제에는 잘 녹으며 유지, 수지, 고무 등을 용해시킨다.
• 분자량 78, 비중 0.9, 비점 80℃, 인화점 −11℃, 발화점 498℃, 연소범위 1.4~7.1%로 겨울철에는 응고된 상태에서도 연소가 가능하다.
• 연소 시 이산화탄소와 물이 생성된다.
$2C_6H_6 + 15O_2 \rightarrow 12CO_2 + 6H_2O$

정답 》 14.④ 15.② 16.④ 17.③ 18.②

19 분말소화약제에 사용되는 제1인산암모늄의 열분해 시 생성되지 않는 것은?

① CO_2
② H_2O
③ NH_3
④ HPO_3

해설 $NH_4H_2PO_4 \rightarrow HPO_3 + NH_3 + H_2O$

20 PVC가 공기 중에서 연소할 때 발생되는 자극성의 유독성 가스는?

① 염화수소 ② 아황산가스
③ 질소가스 ④ 암모니아

해설

연소생성가스	연소물질
일산화탄소 및 탄산가스	탄화수소류 등
질소산화물	셀룰로이드, 폴리우레탄 등
사이안화수소	질소성분을 갖고 있는 모사, 비단, 피혁 등
아크롤레인	합성수지, 레이온 등
아황산가스	나무, 종이 등
수소의 할로젠화물 (HF, HCl, HBr, 포스겐 등)	나무, 치오콜 등
	PVC, 방염수지, 불소수지류 등의 할로젠화물
암모니아	멜라민, 나일론, 요소수지 등
알데하이드류 (RCHO)	페놀수지, 나무, 나일론, 폴리에스터수지 등
벤젠	폴리스티렌(스티로폼) 등

정답 》 19.① 20.①

제7회 소방설비산업기사

01 제3종 분말소화약제의 주성분으로 옳은 것은?

① 탄산수소칼륨
② 탄산수소나트륨
③ 탄산수소칼륨과 요소
④ 제1인산암모늄

분말 종류	주성분	분자식	성분비	색 상	적응 화재
제1종	탄산수소 나트륨 (중탄산 나트륨)	$NaHCO_3$	$NaHCO_3$ 90wt% 이상	–	B, C급
제2종	탄산수소 칼륨 (중탄산 칼륨)	$KHCO_3$	$KHCO_3$ 92wt% 이상	담회색	B, C급
제3종	제1인산 암모늄	$NH_4H_2PO_4$	$NH_4H_2PO_4$ 75wt% 이상	담홍색 또는 황색	A, B, C급
제4종	탄산수소 칼륨과 요소	$KHCO_3$ $+CO(NH_2)_2$	–	–	B, C급

02 다음 열에너지원 중 화학적 열에너지가 아닌 것은?

① 분해열
② 용해열
③ 유도열
④ 생성열

해설 열에너지원의 종류
- 기계열 : 압축열, 마찰열, 마찰 스파크
- 전기열 : 유도열, 유전열, 저항열, 아크열, 정전기열, 낙뢰에 의한 열
- 화학열 : 연소열, 용해열, 분해열, 자연발화열

03 메탄가스 1mol을 완전연소시키기 위해서 필요한 이론적 최소산소요구량은 몇 〔mol〕인가?

① 1
② 2
③ 3
④ 4

해설 $CH_4 + 2O_2 \rightarrow CO_2 + 2H_2O$

04 20℃의 물 400g을 사용하여 화재를 소화하였다. 물 400g이 모두 100℃로 기화하였다면 물이 흡수한 열량은 몇 〔kcal〕인가? (단, 물의 비열은 1cal/g·℃이고, 증발잠열은 539cal/g이다.)

① 215.6
② 223.6
③ 247.6
④ 255.6

해설 $Q = cm\Delta T + m \times$ 물의 증발잠열
$= 1\text{cal/g}\cdot\text{℃} \times 400\text{g} \times (100-20) + 400\text{g} \times 539\text{cal/g}$
$= 247,600\text{cal}$
$= 247.6\text{kcal}$

05 내화구조의 지붕에 해당하지 않는 구조는?

① 철근 콘크리트조
② 철골·철근 콘크리트조
③ 철재로 보강된 유리블록
④ 무근 콘크리트조

해설 지붕의 내화구조 기준
- 철근 콘크리트조 또는 철골·철근 콘크리트조
- 철재로 보강된 콘크리트블록조·벽돌조 또는 석조
- 철재로 보강된 유리블록 또는 망입유리로 된 것

정답 》 01.④ 02.③ 03.② 04.③ 05.④

06 25℃에서 증기압이 100mmHg이고 증기밀도(비중)가 2인 인화성 액체의 증기-공기 밀도는 약 얼마인가? (단, 전압은 750mmHg로 한다.)

① 1.13
② 2.13
③ 3.13
④ 4.13

해설 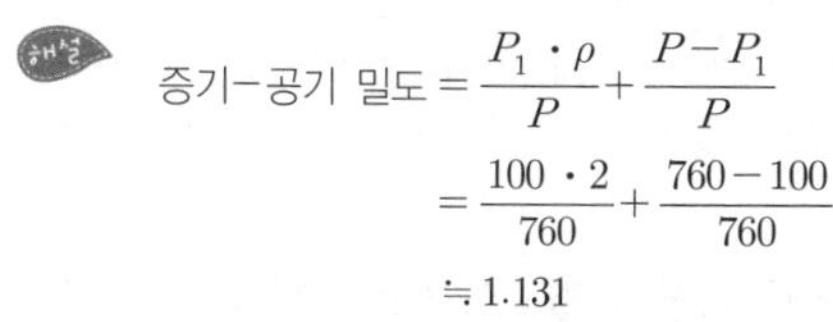

$$\text{증기-공기 밀도} = \frac{P_1 \cdot \rho}{P} + \frac{P - P_1}{P} = \frac{100 \cdot 2}{760} + \frac{760 - 100}{760} \fallingdotseq 1.131$$

여기서, P_1 : 주변온도에서의 증기압
P : 대기압
ρ : 증기밀도

07 다음 중 소화방법 중 질식소화에 해당하지 않는 것은?

① 이산화탄소소화기로 소화
② 포소화기로 소화
③ 마른모래로 소화
④ Halon-1301 소화기로 소화

해설 할론 1301의 경우 부촉매소화에 해당한다.

08 가연물이 되기 위한 조건이 아닌 것은?

① 산화되기 쉬울 것
② 산소와의 친화력이 클 것
③ 활성화에너지가 클 것
④ 열전도도가 작을 것

해설 활성화에너지가 작아야 한다.

09 전기부도체이며 소화 후 장비의 오손우려가 낮기 때문에 전기실이나 통신실 등의 소화설비로 적합한 것은?

① 스프링클러소화설비
② 옥내소화전설비
③ 포소화설비
④ 이산화탄소소화설비

해설 물을 주로 이용하는 소화설비의 경우 전기실이나 통신실 등의 소화설비로 적합하지 않다.

10 분말소화약제 중 A, B, C급의 화재에 모두 사용할 수 있는 것은?

① 제1종 분말소화약제
② 제2종 분말소화약제
③ 제3종 분말소화약제
④ 제4종 분말소화약제

해설

분말 종류	주성분	분자식	성분비	색 상	적응 화재
제1종	탄산수소 나트륨 (중탄산 나트륨)	$NaHCO_3$	$NaHCO_3$ 90wt% 이상	-	B, C급
제2종	탄산수소 칼륨 (중탄산 칼륨)	$KHCO_3$	$KHCO_3$ 92wt% 이상	담회색	B, C급
제3종	제1인산 암모늄	$NH_4H_2PO_4$	$NH_4H_2PO_4$ 75wt% 이상	담홍색 또는 황색	A, B, C급
제4종	탄산수소 칼륨과 요소	$KHCO_3 + CO(NH_2)_2$	-	-	B, C급

11 조리를 하던 중 주방화재가 발생하면 신선한 야채를 넣어 소화할 수 있다. 이때의 소화방법에 해당하는 것은?

① 희석소화
② 냉각소화
③ 부촉매소화
④ 질식소화

 해설 주방화재는 유면상의 화염을 제거하여도 유온이 발화점 이상이기 때문에 곧 다시 발화한다. 따라서 끓는 기름 속으로 불이 들어간 경우 유온이 발화점 이하로 20~50℃ 이상 기름의 온도를 낮추어야만 소화할 수 있다.

정답 》 06.① 07.④ 08.③ 09.④ 10.③ 11.②

12 기름탱크에서 화재가 발생하였을 때 탱크 하부에 있는 물 또는 물-기름 에멀션이 뜨거운 열유층에 의해서 가열되어 유류가 탱크 밖으로 갑자기 분출하는 현상은?

① 리프트(lift)
② 백파이어(back-fire)
③ 플래시오버(flash over)
④ 보일오버(boil over)

① 리프트 : 백파이어(역화)의 반대 현상으로 버너에서 연소기의 분출속도가 연소속도보다 커서 불꽃이 노즐에서 떨어져 노즐에 정착되지 못하고 불꽃이 버너 상부에 떠서 어떤 거리를 유지하면서 공간에서 연소하는 현상
③ 플래시오버 : 화재로 인하여 실내의 온도가 급격히 상승하여 가연물이 일시에 폭발적으로 착화 현상을 일으켜 화재가 순간적으로 실내 전체에 확산되는 현상(= 순발연소, 순간연소)

13 미분무소화설비의 소화효과 중 틀린 것은?

① 질식
② 부촉매
③ 냉각
④ 유화

부촉매 소화효과 : 연소가 지속되기 위해서는 활성기(free radical)에 의한 연쇄반응이 필수적이며, 이 연쇄반응을 차단하여 소화하는 방법

14 자연발화성 물질이 아닌 것은?

① 황린
② 나트륨
③ 칼륨
④ 황

황은 제2류 위험물로서 가연성 고체에 해당한다.

15 건축물에서 방화구획의 구획 기준이 아닌 것은?

① 피난구획　② 수평구획
③ 층간구획　④ 용도구획

② 수평구획(면적단위) : 일정한 면적마다 방화구획을 함으로써 화재 규모를 가능한 한 최소한의 규모로 줄여 피해를 최소한으로 하는 것이다.
③ 수직구획(층단위) : 건물을 종으로 관통하는 부분은 연기 및 화염의 전파속도가 매우 크므로 다른 부분과 구획을 하여 화재 시 화재가 다른 층으로 번지는 것을 방지하여야 한다.
④ 용도구획(용도단위) : 복합건축물에서 화재위험이 큰 공간을 그 밖의 공간과 구획하여 화재 시 피해를 줄이기 위한 것으로 용도상 일정한 면적구획이 불가피한 경우에는 반드시 불연재료를 사용하며 피난계획을 세워야 한다.

16 할로젠화합물 및 불활성 가스 소화약제 중 최대허용설계농도가 가장 낮은 것은?

① FC-3-1-10
② FIC-1311
③ FK-5-1-12
④ IG-541

할로젠화합물 및 불활성 가스 소화약제의 최대허용설계농도

소화약제	최대허용설계농도〔%〕
FC-3-1-10	40
HCFC BLEND A	10
HCFC-124	1.0
HFC-125	11.5
HFC-227ea	10.5
HFC-23	30
HFC-236fa	12.5
FIC-1311	0.3
FK-5-1-12	10
IG-01	43
IG-100	43
IG-541	43
IG-55	43

17 다음 중 물의 비열과 증발잠열을 이용한 소화효과는?

① 희석효과
② 억제효과
③ 냉각효과
④ 질식효과

정답 》 12.④ 13.② 14.④ 15.① 16.② 17.③

18 목조건축물의 온도와 시간에 따른 화재특성으로 옳은 것은?

① 저온단기형
② 저온장기형
③ 고온단기형
④ 고온장기형

해설 목조건축물 : 고온단기형, 내화건축물 : 저온장기형

19 적린의 착화온도는 약 몇 〔℃〕인가?

① 34
② 157
③ 180
④ 260

해설 적린의 착화온도는 260℃이다.

20 플래시오버(flash over)의 지연대책으로 틀린 것은?

① 두께가 얇은 가연성 내장재료를 사용한다.
② 열전도율이 큰 내장재료를 사용한다.
③ 주요구조부를 내화구조로 하고, 개구부를 작게 설치한다.
④ 실내에 저장하는 가연물의 양을 줄인다.

해설 Flash Over까지의 시간에 영향을 주는 요인(피난허용시간을 정하는 척도가 됨)

(1) 내장재료의 성상
- 내장재는 잘 타지 않는 재료일 것
- 두께는 두꺼울 것
- 열전도율이 큰 재료일 것

※ 화재실 상부의 온도가 높기 때문에 "천장 → 벽 → 바닥" 순으로 우선할 것

(2) 개구율 : 벽면적에 대한 개구부의 면적을 작게 할 것
(3) 발화원 : 발화원의 크기가 클수록 Flash Over까지의 시간이 짧아지므로 가연성 가구 등은 되도록 소형으로 할 것

정답 ≫ 18.③ 19.④ 20.①

제8회 소방설비산업기사

01 다음 중 소화약제로서의 물의 단점을 개선하기 위하여 사용하는 첨가제가 아닌 것은?

① 부동액　② 침투제
③ 증점제　④ 방식제

해설 방식제는 금속 등의 부식을 방지하기 위해 바르는 도료이다.

02 방폭구조 중 전기불꽃이 발생하는 부분을 기름 속에 잠기게 함으로써 기름면 위 또는 용기 외부에 존재하는 가연성 증기에 착화할 우려가 없도록 한 구조는?

① 내압방폭구조
② 안전증방폭구조
③ 유입방폭구조
④ 본질안전방폭구조

해설 ① 내압방폭구조 : 대상 폭발가스에 대해서 점화능력을 가진 전기불꽃 또는 고온부위에 있어서도 기기 내부에 폭발성 가스의 폭발이 발생하여도 기기가 그 폭발압력에 견디고 또한 기기 주위의 폭발성 가스에 인화 파급하지 않도록 되어 있는 구조이다.
② 안전증방폭구조 : 기기의 정상운전 중에 폭발성 가스에 의해 점화원이 될 수 있는 전기불꽃 또는 고온이 되어서는 안 될 부분에 기계적, 전기적으로 특히 안전도를 증가시킨 구조이다.
④ 본질안전방폭구조 : 폭발성 가스가 단선, 단락, 지락 등에 의해 발생하는 전기불꽃, 아크 또는 고온에 의하여 점화되지 않는 것이 확인된 구조이다.

03 포소화약제에 대한 설명으로 옳은 것은?

① 수성막포는 단백포 소화약제보다 유출유 화재에 소화성능이 떨어진다.
② 수용성 유류화재에는 알코올형포 소화약제가 적합하다.
③ 알코올형포 소화약제의 주성분은 제2철염이다.
④ 불화단백포는 단백포에 비하여 유동성이 떨어진다.

해설 수용성 용매(극성 용매)의 화재에 보통의 포소화약제를 사용하면 수용성 용매가 포 속의 물을 탈취하여 포가 파괴되기 때문에 효과를 잃게 되므로 알코올형 포소화약제를 사용해야 한다.

04 자연발화에 대한 설명으로 틀린 것은?

① 외부로부터 열의 공급을 받지 않고 온도가 상승하는 현상이다.
② 물질의 온도가 발화점 이상이면 자연발화 한다.
③ 다공질이고 열전도가 작은 물질일수록 자연발화가 일어나기 어렵다.
④ 건성유가 묻어있는 기름걸레가 적층되어 있으면 자연발화가 일어나기 쉽다.

해설 자연발화의 경우 다공질이고 열전도가 작은 물질일수록 더욱 잘 일어나기 쉽다.

05 가연물의 종류에 따른 화재의 분류로 틀린 것은 어느 것인가 ?

① 일반화재 : A급
② 유류화재 : B급
③ 전기화재 : C급
④ 주방화재 : D급

해설 주방화재는 F급(미국방화협회에서는 K급)으로 분류한다.

정답 》 01.④ 02.③ 03.② 04.③ 05.④

06 정전기 발생 방지대책 중 틀린 것은?

① 상대습도를 높인다.
② 공기를 이온화시킨다.
③ 접지시설을 한다.
④ 가능한 한 부도체를 사용한다.

해설 정전기 방지대책
- 제전기를 설치한다.
- 공기를 이온화한다.
- 공기 중의 상대습도를 70% 이상으로 한다.
- 접지를 한다.

07 할로젠화합물 소화약제가 아닌 것은?

① CF_3Br ② $C_2F_4Br_2$
③ CF_2ClBr ④ $KHCO_3$

해설 $KHCO_3$는 탄산수소칼륨으로 제2종 분말소화약제의 주성분에 해당한다.

08 B급 화재에 해당하지 않는 것은?

① 목탄
② 등유
③ 아세톤
④ 이황화탄소

해설 B급 화재는 유류화재에 해당한다.

09 일산화탄소에 관한 설명으로 틀린 것은?

① 일산화탄소의 증기비중은 약 0.97로 공기보다 약간 가볍다.
② 인체의 혈액 속에서 헤모글로빈(Hb)과 산소의 결합을 방해한다.
③ 질식작용은 없다.
④ 불완전연소 시 주로 발생한다.

해설 일산화탄소는 무색, 무취의 기체로 독성이 강하며(허용농도 50ppm), 환원성이 강하고 금속산화물을 환원시킨다. 또한 철이나 니켈과 금속카보닐을 생성하며, 물에 잘 녹지 않고, 산, 염기와 반응하지 않으며, 상온에서 염소와 반응하여 포스겐을 생성한다.

10 자연발화의 발화원이 아닌 것은?

① 분해열 ② 흡착열
③ 발효열 ④ 기화열

해설 자연발화의 형태(분류)
- 분해열에 의한 자연발화 : 셀룰로이드, 나이트로셀룰로오스
- 산화열에 의한 자연발화 : 건성유, 고무분말, 원면, 석탄 등
- 흡착열에 의한 자연발화 : 활성탄, 목탄분말 등
- 미생물의 발열에 의한 자연발화 : 퇴비(퇴적물), 먼지 등
- 기타 물질의 발열에 의한 자연발화 : 테레빈유의 발화점은 240℃로 자연발화하기 쉽다(아마인유의 발화점은 343℃).

11 실내 화재발생 시 순간적으로 실 전체로 화염이 확산되면서 온도가 급격히 상승하는 현상은?

① 제트파이어(jet fire)
② 파이어볼(fire ball)
③ 플래시오버(flash over)
④ 리프트(lift)

해설
① 제트파이어(jet fire) : 탄화수소계 위험물의 이송배관이나 용기로부터 위험물이 고속으로 누출될 때 점화되어 발생하는 난류확산형 화재. 복사열에 의한 막대한 피해를 발생하는 화재의 유형
② 파이어볼(fire ball) : 증기가 공기와 혼합하여 연소범위가 형성되어서 공모양의 대형 화염이 상승하는 현상
④ 리프트(lift) : 백파이어(역화)의 반대방향으로 버너에서 연소기의 분출속도가 연소속도보다 커서 불꽃이 노즐에서 떨어져 노즐에 정착되지 못하고 불꽃이 버너 상부에 떠서 어떤 거리를 유지하면서 공간에서 연소하는 현상

12 안전을 위해서 물속에 저장하는 물질은?

① 나트륨
② 칼륨
③ 이황화탄소
④ 과산화나트륨

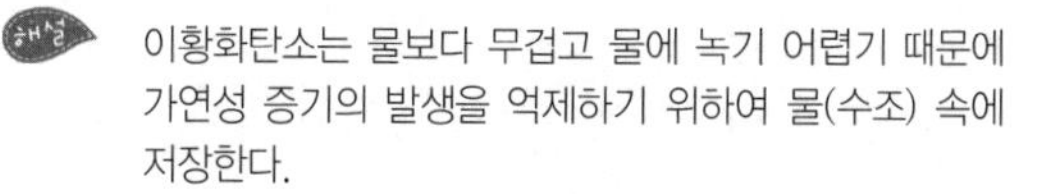

해설 이황화탄소는 물보다 무겁고 물에 녹기 어렵기 때문에 가연성 증기의 발생을 억제하기 위하여 물(수조) 속에 저장한다.

정답 》 06.④ 07.④ 08.① 09.③ 10.④ 11.③ 12.③

13 물이 소화약제로서 널리 사용되고 있는 이유에 대한 설명으로 틀린 것은?

① 다른 약제에 비해 쉽게 구할 수 있다.
② 비열이 크다.
③ 증발잠열이 크다.
④ 점도가 크다.

물소화약제의 장점
- 구하기 쉬워 가격이 저렴하고, 변질의 우려가 적으며, 장기보관이 가능하다.
- 비열과 증발잠열이 커서 냉각효과, 질식효과가 매우 높은 물질이다.
- 펌프, 파이프, 호스 등을 사용하여 쉽게 운반할 수 있다.
- 인체에 무해하며, 각종 약제와 혼합하여 수용액으로 사용 가능하다.
- 증발잠열(539cal/g)이 높아 냉각소화에 유용하다.

14 화학적 점화원의 종류가 아닌 것은?

① 연소열 ② 중합열
③ 분해열 ④ 아크열

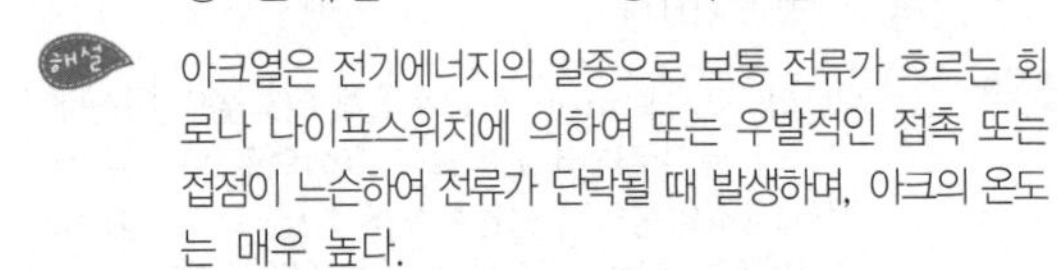
아크열은 전기에너지의 일종으로 보통 전류가 흐르는 회로나 나이프스위치에 의하여 또는 우발적인 접촉 또는 접점이 느슨하여 전류가 단락될 때 발생하며, 아크의 온도는 매우 높다.

15 물의 증발잠열은 약 몇 〔kcal/kg〕인가?

① 439
② 539
③ 639
④ 739

16 공기 1kg 중에는 산소가 약 몇 〔mol〕이 들어 있는가? (단, 산소, 질소 1mol의 분자량은 각각 32g, 28g이고, 공기 중 산소의 농도는 23wt%이다.)

① 5.65
② 6.53
③ 7.19
④ 7.91

$$\text{퍼센트농도}[\%] = \frac{\text{용질의 질량}[g]}{\text{용액의 질량}[g]} \times 100 = \frac{\text{용질의 질량}[g]}{(\text{용매}+\text{용질})\text{의 질량}[g]} \times 100$$

$$23wt\% = \frac{\text{산소의 질량}[g]}{1{,}000[g]} \times 100$$

그러므로 산소의 질량은 230g이다.

$230g-\cancel{O_2}$	$1mol-O_2$	$=7.1875mol-O_2$
	$32g-\cancel{O_2}$	

17 기름의 표면에 거품과 얇은 막을 형성하여 유류화재 진압에 뛰어난 소화효과를 갖는 포소화약제는?

① 수성막포
② 합성계면활성제포
③ 단백포
④ 알코올형포

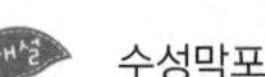
수성막포 소화약제 : 유류화재에 가장 탁월하며, 일명 라이트 워터라고도 한다.

18 분해폭발을 일으키지 않는 물질은?

① 아세틸렌
② 프로판
③ 산화질소
④ 산화에틸렌

프로판은 가스폭발의 형태에 해당한다.
※ 분해폭발 : 분해할 때 발열하는 가스에서 상당히 큰 발열이 동반되어 분해에 의해 생성된 가스가 열팽창되고 이때 생기는 압력상승과 방출에 의해 폭발이 일어난다.

19 오존파괴지수(ODP)가 가장 큰 것은?

① Halon 104
② CFC 11
③ Halon 1301
④ CFC 113

할론 1301의 ODP는 14로서 가장 크다.

정답 》 13.④ 14.④ 15.② 16.③ 17.① 18.② 19.③

20 칼륨이 물과 반응하면 위험한 이유는?

① 수소가 발생하기 때문에
② 산소가 발생하기 때문에
③ 이산화탄소가 발생하기 때문에
④ 아세틸렌이 발생하기 때문에

칼륨은 물과 격렬히 반응하여 발열하고 수산화칼륨과 수소를 발생한다. 이때 발생된 열은 점화원의 역할을 한다.
$2K+2H_2O \rightarrow 2KOH+H_2$

정답 》 20.①

제9회 소방설비산업기사

01 사염화탄소를 소화약제로 사용하지 않는 이유에 대한 설명 중 옳은 것은?

① 폭발의 위험성이 있기 때문에
② 유독가스의 발생위험이 있기 때문에
③ 전기전도성이 있기 때문에
④ 공기보다 비중이 작기 때문에

해설 사염화탄소는 공기 중에서 다음과 같은 화학반응을 통해 유독한 포스겐가스를 발생한다.
- 습한 공기와 반응 : $CCl_4+H_2O \rightarrow COCl_2+2HCl$
- 건조 공기와 반응 : $2CCl_4+O_2 \rightarrow 2COCl_2+2Cl_2$

02 다음 중 연소범위에 대한 설명으로 틀린 것은 어느 것인가?

① 연소범위에는 상한과 하한이 있다.
② 연소범위의 값은 공기와 혼합된 가연성 기체의 체적농도로 표시된다.
③ 연소범위의 값은 압력과 무관하다.
④ 연소범위는 가연성 기체의 종류에 따라 다른 값을 갖는다.

해설 연소범위의 경우 일반적으로 압력이 증가할수록 연소하한은 변하지 않으나 연소상한이 증가하여 연소범위는 넓어진다.

03 실험군 쥐를 15분 동안 노출시켰을 때 실험군의 절반이 사망하는 치사농도는?

① ODP
② GWP
③ NOAEL
④ ALC

해설 ① ODP(Ozone Depletion Potential) : 오존층 파괴지수

$$\frac{\text{물질 1kg에 의해 파괴되는 오존량}}{\text{CFC}-11(CFCl_3)\text{ 1kg에 의해 파괴되는 오존량}}$$

② GWP(Global Warming Potential) : 지구온난화지수

$$\frac{\text{물질 1kg이 영향을 주는 지구온난화 정도}}{CO_2\text{ 1kg이 영향을 주는 지구온난화 정도}}$$

③ NOAEL(No Observed Adverse Effect Level) : 농도를 증가시킬 때 아무런 악영향도 감지할 수 없는 최대허용농도 → 최대허용설계농도
④ ALC(Approximate Lethal Concentration) : 사망에 이르게 할 수 있는 최소농도

04 다음 중에서 전기음성도가 가장 큰 원소는 어느 것인가?

① B ② Na
③ O ④ Cl

해설 전기음성도는 F 4.0을 기준으로 가장 크며, O 3.5, N 3.0 순이다.

05 프로판가스의 공기 중 폭발범위는 약 몇 〔vol%〕인가?

① 2.1~9.5 ② 15~25.5
③ 20.5~32.1 ④ 33.1~63.5

해설 C_3H_8의 연소범위는 2.1~9.5이다.

06 실 상부에 배연기를 설치하여 연기를 옥외로 배출하고 급기는 자연적으로 하는 제연방식은?

① 제2종 기계제연방식
② 제3종 기계제연방식
③ 스모크타워 제연방식
④ 제1종 기계제연방식

정답 》 01.② 02.③ 03.④ 04.③ 05.① 06.②

해설 ① 제2종 기계제연방식 : 복도, 계단 전실, 계단실 등 피난 통로로서 주요한 부분은 송풍기에 의해 신선한 공기를 급기하고 그 부분의 압력을 화재실보다도 상대적으로 높여서 연기의 침입을 방지하는 제연방식
③ 스모크타워 제연방식 : 제연 전용의 샤프트를 설치하고 난방 등에 의한 건물 내·외의 온도차나 화재에 의한 온도 상승에 의해 생긴 부력 및 그 상층부에 설치한 루프 모니터 등의 외풍에 의한 흡입력을 통기력으로 하여 제연하는 방식
④ 제1종 기계제연방식 : 화재실에 대하여 기계제연을 행하는 동시에 복도나 계단실을 통하여 기계력에 의한 급기를 행하는 방식

07 화재하중에 주된 영향을 주는 것은?

① 가연물의 온도
② 가연물의 색상
③ 가연물의 양
④ 가연물의 융점

해설 화재하중이란 일정구역 내에 있는 예상 최대가연물질의 양을 뜻하며, 등가가연물의 양을 화재구획에서 단위면적당으로 나타낸다.

08 전기화재의 발생 원인이 아닌 것은?

① 누전
② 합선
③ 과전류
④ 마찰

해설 전기화재의 발생 원인은 전기 기기·기구의 합선(단락)에 의한 것이 가장 많으며, 그 다음이 누전·과전류·절연불량·스파크 등으로 나타나고 있다. 그 외에 지락·접속부 과열·낙뢰·열적 경과·정전기 스파크 등이 있다.

09 출화의 시기를 나타낸 것 중 옥외 출화에 해당되는 것은?

① 목재사용 가옥에서는 벽, 추녀 밑의 판자나 목재에 발염착화한 때
② 불연벽체나 칸막이 및 불연 천장인 경우 실내에서는 그 뒷판에 발염착화한 때
③ 보통 가옥구조 시에는 천장판의 발염착화한 때
④ 천장 속, 벽 속 등에서 발염착화한 때

해설 출화
(1) 옥내 출화
- 가옥구조에서 천장면에 발염착화한 경우
- 천장 속, 벽 속 등에서 발염착화한 경우
- 불연천장이나 불연벽체인 경우 실내의 그 뒷면에 발염착화한 경우

(2) 옥외 출화
- 창, 출입구 등에 발염착화한 경우
- 외부의 벽, 지붕 밑에서 발염착화한 경우

10 위험물의 종류에 따른 저장방법 설명 중 틀린 것은?

① 칼륨 – 경유 속에 저장
② 아세트알데하이드 – 구리용기에 저장
③ 이황화탄소 – 물속에 저장
④ 황린 – 물속에 저장

해설 구리, 수은, 마그네슘, 은 및 그 합금으로 된 취급설비는 아세트알데하이드와 반응에 의해 이들 간에 중합반응을 일으켜 구조 불명의 폭발성 물질을 생성한다.

11 제4류 위험물을 취급하는 위험물제조소에 설치하는 게시판의 주의사항으로 옳은 것은?

① 화기엄금 ② 물기주의
③ 화기주의 ④ 충격주의

해설 제4류 위험물의 표지판 주의사항은 “화기엄금”이다.

12 가연성 물질 종류에 따른 연소생성가스의 연결이 틀린 것은?

① 탄화수소류 – 이산화탄소
② 셀룰로이드 – 질소산화물
③ PVC – 암모니아
④ 레이온 – 아크릴로레인

해설
- 암모니아 – 멜라민, 나일론, 요소수지 등
- 수소의 할로젠화물 – PVC, 방염수지, 불소수지류 등의 할로젠화물

정답 》 07.③ 08.④ 09.① 10.② 11.① 12.③

13 다음 중 소화에 대한 설명으로 틀린 것은 어느 것인가?

① 질식소화에 필요한 산소농도는 가연물과 소화약제의 종류에 따라 다르다.
② 억제소화는 자유활성기(free radical)에 의한 연쇄반응을 차단하는 물리적인 소화방법이다.
③ 액체 이산화탄소나 할론의 냉각소화 효과는 물보다 아주 작다.
④ 화염을 금속망이나 소결금속 등의 미세한 구멍으로 통과시켜 소화하는 화염방지기(flame arrester)는 냉각소화를 이용한 안전장치이다.

해설 억제소화는 화학적인 소화방법이다.

14 실내에 화재가 발생하였을 때 그 실내의 환경변화에 대한 설명 중 틀린 것은?

① 압력이 내려간다.
② 산소의 농도가 감소한다.
③ 일산화탄소가 증가한다.
④ 이산화탄소가 증가한다.

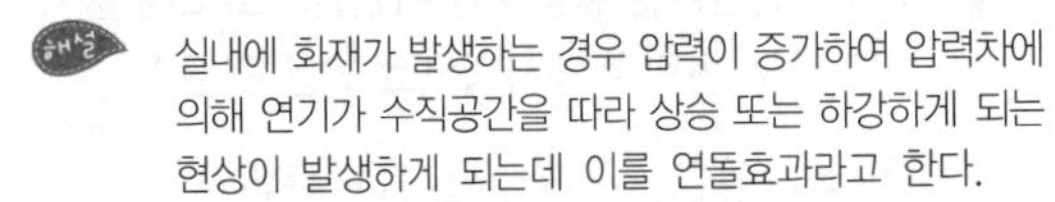
해설 실내에 화재가 발생하는 경우 압력이 증가하여 압력차에 의해 연기가 수직공간을 따라 상승 또는 하강하게 되는 현상이 발생하게 되는데 이를 연돌효과라고 한다.

15 이산화탄소 소화약제를 방출하였을 때 방호구역 내에서 산소농도가 18vol%가 되기 위한 이산화탄소의 농도는 약 몇 〔vol%〕인가?

① 3　② 7
③ 6　④ 14

해설 이산화탄소의 최소소화농도〔vol%〕

$$=\frac{21-\text{한계산소농도}}{21}\times 100$$

$$=\frac{21-18}{21}\times 100$$

=14.28%

16 제1류 위험물 중 과산화나트륨의 화재에 가장 적합한 소화방법은?

① 다량의 물에 의한 소화
② 마른모래에 의한 소화
③ 포소화기에 의한 소화
④ 분무상의 주수소화

해설 과산화나트륨의 경우 물과 접촉하여 발열 내지 산소가스를 방출하므로 건조사에 의한 피복소화가 적합하다.

17 고비점 유류의 화재에 적응성이 있는 소화설비는?

① 옥내소화전설비　② 옥외소화전설비
③ 미분무설비　④ 연결송수관설비

18 분말소화약제 원시료의 중량 50g을 12시간 건조한 후 중량을 측정하였더니 49.95g이고, 24시간 건조한 후 중량을 측정하였더니 49.90g이었다. 수분 함유율은 몇 〔%〕인가?

① 0.1　② 0.15
③ 0.2　④ 0.25

해설

$$M〔\%〕=\frac{W_1-W_2}{W_1}\times 100$$

여기서, M : 수분 함유율〔%〕
W_1 : 원시료의 무게〔%〕
W_2 : 24시간 건조 후의 시료의 무게〔%〕

$$\therefore M=\frac{50-49.90}{50}\times 100=0.2$$

19 실내 화재 시 연기의 이동과 관련이 없는 것은?

① 건물 내·외부의 온도차
② 공기의 팽창
③ 공기의 밀도차
④ 공기의 모세관현상

해설 공기의 모세관현상은 화재 시 연기의 이동과 관련이 없다.

정답 》 13.② 14.① 15.④ 16.② 17.③ 18.③ 19.④

20 제3류 위험물로 금수성 물질에 해당하는 것은?

① 탄화칼슘
② 황
③ 황린
④ 이황화탄소

해설
① 탄화칼슘 – 제3류 위험물 중 금수성 물질
② 황 – 제2류 위험물
③ 황린 – 제3류 위험물 중 자연발화성 물질
④ 이황화탄소 – 제4류 위험물 중 특수인화물

정답 》 20.①

제10회 소방설비산업기사

01 위험물안전관리법령에서 정한 제5류 위험물의 대표적인 성질에 해당하는 것은?

① 산화성
② 자연발화성
③ 자기반응성
④ 가연성

해설
- 제1류 위험물 : 산화성 고체
- 제2류 위험물 : 가연성 고체
- 제3류 위험물 : 자연발화성 물질 및 금수성 물질
- 제4류 위험물 : 인화성 액체
- 제5류 위험물 : 자기반응성 물질
- 제6류 위험물 : 산화성 액체

02 등유 또는 경유 화재에 해당하는 것은?

① A급 화재
② B급 화재
③ C급 화재
④ D급 화재

해설 등유 또는 경유의 경우 유류화재에 해당한다.

03 소화기의 소화약제에 관한 공통적 성질에 대한 설명으로 틀린 것은?

① 산알칼리 소화약제는 양질의 유기산을 사용한다.
② 소화약제는 현저한 독성 또는 부식성이 없어야 한다.
③ 분말상의 소화약제는 고체화 및 변질 등 이상이 없어야 한다.
④ 액상의 소화약제는 결정의 석출, 용액의 분리, 부유물 또는 침전물 등 기타 이상이 없어야 한다.

04 15℃의 물 1g을 1℃ 상승시키는 데 필요한 열량은 몇 〔cal〕인가?

① 1 ② 15
③ 1,000 ④ 15,000

해설 물의 비열은 1cal/g·℃에 해당하므로 1cal이다.

05 질산에 대한 설명으로 틀린 것은?

① 산화제이다.
② 부식성이 있다.
③ 불연성 물질이다.
④ 산화되기 쉬운 물질이다.

해설 질산은 산화성 액체로서 산화하지 않는 불연성 물질이다.

06 제2종 분말소화약제의 주성분은?

① 탄산수소칼륨
② 탄산수소나트륨
③ 제1인산암모늄
④ 탄산수소칼륨+요소

해설

분말 종류	주성분	분자식	성분비	색 상	적응 화재
제1종	탄산수소 나트륨 (중탄산 나트륨)	$NaHCO_3$	$NaHCO_3$ 90wt% 이상	–	B, C급
제2종	탄산수소 칼륨 (중탄산 칼륨)	$KHCO_3$	$KHCO_3$ 92wt% 이상	담회색	B, C급
제3종	제1인산 암모늄	$NH_4H_2PO_4$	$NH_4H_2PO_4$ 75wt% 이상	담홍색 또는 황색	A, B, C급
제4종	탄산수소 칼륨과 요소	$KHCO_3 + CO(NH_2)_2$	–	–	B, C급

정답 》 01.③ 02.② 03.① 04.① 05.④ 06.①

07 슈테판-볼츠만(Stefan-Boltzmann)의 법칙에서 복사체의 단위표면적에서 단위시간당 방출되는 복사에너지는 절대온도의 얼마에 비례하는가?

① 제곱근　② 제곱
③ 3제곱　④ 4제곱

해설 슈테판-볼츠만(Stefan-Boltzman)의 법칙

$q = \varepsilon \sigma T^4$

여기서, q : 복사체의 단위표면적으로부터 단위시간당 방사되는 복사에너지[W/m^2]
ε : 보정계수
σ : 슈테판-볼츠만 상수 ($\fallingdotseq 5.67 \times 10^{12} W/cm^2 \cdot K^4$)
T : 절대온도[K]

※ 열복사량은 복사체의 절대온도 4제곱에 비례하고, 단면적에 비례한다.

08 부촉매 소화효과로서 가장 적절한 것은?

① CO_2　② $C_2F_4Br_2$
③ 질소　④ 아르곤

해설 할론 소화약제는 부촉매소화

09 연소 시 분해연소의 전형적인 특성을 보여줄 수 있는 것은?

① 나프탈렌　② 목재
③ 목탄　④ 휘발유

해설 연소의 형태

- 표면연소 : 숯, 코크스, 목탄, 금속분
- 분해연소 : 석탄, 종이, 플라스틱, 목재, 고무, 중유, 아스팔트
- 증발연소 : 황, 왁스, 파라핀, 나프탈렌, 가솔린, 등유, 경유, 알코올, 아세톤
- 자기연소 : 나이트로글리세린, 나이트로셀룰로오스(질화면), TNT, 피크린산
- 액적연소 : 벙커C유
- 확산연소 : 메탄(CH_4), 암모니아(NH_3), 아세틸렌(C_2H_2), 일산화탄소(CO), 수소(H_2)

10 플래시오버(Flash-over) 현상과 관련이 없는 것은?

① 화재의 확산
② 다량의 연기 방출
③ 파이어볼의 발생
④ 실내온도의 급격한 상승

해설 **플래시오버** : 화재로 인하여 실내의 온도가 급격히 상승하여 가연물이 일시에 폭발적으로 착화현상을 일으켜 화재가 순간적으로 실내 전체에 확산되는 현상(=순발연소, 순간연소)

※ 1. 실내온도 : 약 400~500℃
2. 롤 오버 : 연소의 과정에서 천장 부근에서 산발적으로 연소가 확대되는 것을 말하며, 불덩이가 천장을 굴러다니는 것처럼 뿜어져 나오는 현상

11 포소화약제가 유류화재를 소화시킬 수 있는 능력과 관계가 없는 것은?

① 수분의 증발잠열을 이용한다.
② 유류표면으로부터 기름의 증발을 억제 또는 차단한다.
③ 포의 연쇄반응 차단효과를 이용한다.
④ 포가 유류 표면을 덮어 기름과 공기와의 접촉을 차단한다.

해설 연쇄반응 차단효과에 의한 소화는 부촉매소화로서 대표적으로 할론 소화약제가 이에 해당한다.

12 나이트로셀룰로오스의 용도, 성상 및 위험성과 저장 · 취급에 대한 설명 중 틀린 것은?

① 질화도가 낮을수록 위험성이 크다.
② 운반 시 물, 알코올을 첨가하여 습윤시킨다.
③ 무연화약의 원료로 사용된다.
④ 햇빛에서 황갈색으로 변하고 물에 녹지 않지만 아세톤, 초산에스터, 나이트로벤젠에 녹는다.

해설 다이너마이트, 무연화약의 원료로 질화도가 큰 것일수록 분해도, 폭발성, 위험도가 증가한다. 질화도에 따라 차이가 있지만 점화 등에 격렬히 연소하고 양이 많을 때는 압축상태에서도 폭발한다.

정답 》 07.④ 08.② 09.② 10.③ 11.③ 12.①

13 화재 시 고층건물 내의 연기 유동인 굴뚝효과와 관계가 없는 것은?

① 건물 내외의 온도차
② 건물의 높이
③ 층의 면적
④ 화재실의 온도

해설 **굴뚝효과(연돌효과)** : 빌딩 내부의 온도가 외기보다 더 따뜻하고 밀도가 낮을 때 빌딩 내의 공기는 부력을 받아 계단, 벽, 승강기 등 건물의 수직통로를 통해서 상향으로 이동하는데 이를 굴뚝효과라 한다. 굴뚝효과는 밀도나 온도 차이에 의한 압력차에 기인한다.

14 270℃에서 다음의 열분해 반응식과 관계가 있는 분말소화약제는?

$$2NaHCO_3 \rightarrow Na_2CO_3 + CO_2 + H_2O$$

① 제1종 분말 ② 제2종 분말
③ 제3종 분말 ④ 제4종 분말

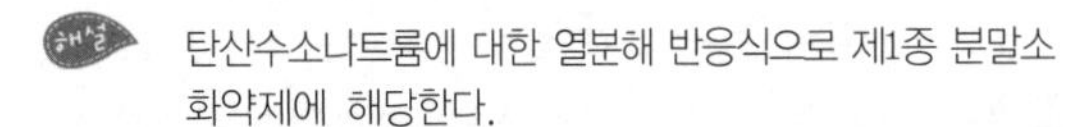

해설 탄산수소나트륨에 대한 열분해 반응식으로 제1종 분말소화약제에 해당한다.

15 다음 중 건축물의 방재센터에 대한 설명으로 틀린 것은?

① 피난층에 두는 것이 가장 바람직하다.
② 화재 및 안전관리의 중추적 기능을 수행한다.
③ 방재센터는 직통 계단위치와 관계없이 안전한 곳에 설치한다.
④ 소방차의 접근이 용이한 곳에 두는 것이 바람직하다.

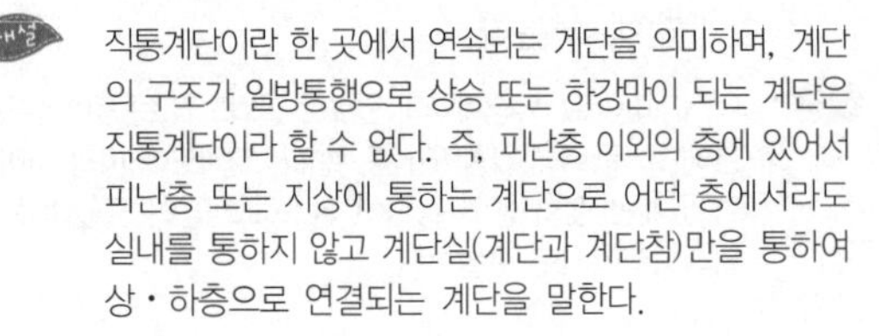

해설 직통계단이란 한 곳에서 연속되는 계단을 의미하며, 계단의 구조가 일방통행으로 상승 또는 하강만이 되는 계단은 직통계단이라 할 수 없다. 즉, 피난층 이외의 층에 있어서 피난층 또는 지상에 통하는 계단으로 어떤 층에서라도 실내를 통하지 않고 계단실(계단과 계단참)만을 통하여 상·하층으로 연결되는 계단을 말한다.

16 다음 인화점에 대한 설명 중 틀린 것은?

① 인화점은 공기 중에서 액체를 가열하는 경우 액체표면에서 증기가 발생하여 점화원에서 착화하는 최저온도를 말한다.
② 인화점 이하의 온도에서는 성냥불을 접근시켜도 착화하지 않는다.
③ 인화점 이상 가열하면 증기가 발생되어 성냥불이 접근하면 착화한다.
④ 인화점은 보통 연소점 이상, 발화점 이하의 온도이다.

해설
- **인화점** : 가연성 증기를 발생하는 액체 또는 고체와 공기의 계에 있어서, 기체상 부분에 다른 불꽃이 닿았을 때 연소가 일어나는 데 필요한 액체 또는 고체의 최저온도를 말한다.
- **연소점** : 액체의 온도가 인화점을 넘어 상승하면, 온도는 액체가 점화될 때 연소를 계속하는 데에 충분한 양의 증기를 발생하는 온도로서 연소점이라 부르며 통상적으로 인화점보다 10℃ 내지 20℃ 가량 높다.

17 목재가 열분해할 때 발생하는 가스가 아닌 것은?

① 수증기 ② 염화수소
③ 일산화탄소 ④ 이산화탄소

해설

연소생성 가스	연소 물질
일산화탄소 및 탄산가스	탄화수소류 등
질소산화물	셀룰로이드, 폴리우레탄 등
사이안화수소	질소 성분을 갖고 있는 모사, 비단, 피혁 등
아크롤레인	합성수지, 레이온 등
아황산가스	나무, 종이 등
수소의 할로젠화물 (HF, HCl, HBr, 포스겐 등)	나무, 치오콜 등
	PVC, 방염수지, 불소수지류 등의 할로젠화물
암모니아	멜라민, 나일론, 요소수지 등
알데하이드류(RCHO)	페놀수지, 나무, 나일론, 폴리에스터수지 등
벤젠	폴리스티렌(스티로폼) 등

정답 》 13.③ 14.① 15.③ 16.④ 17.②

18 물의 소화작용과 가장 거리가 먼 것은?

① 증발잠열의 이용
② 질식효과
③ 에멀션효과
④ 부촉매효과

해설 물의 소화효과 : 냉각, 질식, 희석

19 소화제의 적응대상에 따라 분류한 화재 종류 중 C급 화재에 해당되는 것은?

① 금속분화재　　② 유류화재
③ 일반화재　　④ 전기화재

해설 화재의 종류
- A급 화재(일반화재) : 백색
- B급 화재(유류화재) : 황색
- C급 화재(전기화재) : 청색
- D급 화재(금속화재) : 무색

20 가연물이 연소할 때 연쇄반응을 차단하기 위해서는 공기 중의 산소량을 일반적으로 약 몇 〔%〕 이하로 억제해야 하는가?

① 15　　② 17
③ 19　　④ 21

해설 공기 중의 산소공급을 15% 이상 차단 시 질식소화에 해당한다.

정답 》 18.④　19.④　20.①

제11회 소방설비산업기사

01 건물 내 피난동선의 조건에 대한 설명으로 옳은 것은?

① 피난동선은 그 말단이 길수록 좋다.
② 모든 피난동선은 건물 중심부 한 곳으로 향해야 한다.
③ 피난동선의 한쪽은 막다른 통로와 연결되어 화재 시 연소가 되지 않도록 하여야 한다.
④ 2개 이상의 방향으로 피난할 수 있으며, 그 말단은 화재로부터 안전한 장소이어야 한다.

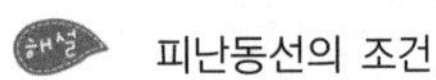
피난동선의 조건

- 어느 곳에서도 2개 이상의 방향으로 피난할 수 있으며, 그 말단은 화재로부터 안전한 장소이어야 한다.
- 피난의 수단은 원시적 방법에 의하는 것을 원칙으로 한다.
- 피난동선은 간단명료하게 한다.
- 피난동선은 가급적 상호 반대방향으로 다수의 출구와 연결되는 것이 좋다.
- 피난통로를 완전불연화 한다.
- 피난설비는 고정식 설비를 위주로 설치한다.

02 부피비가 메탄 80%, 에탄 15%, 프로판 4%, 부탄 1%인 혼합기체가 있다. 이 기체의 공기 중 폭발하한계는 약 몇 〔vol%〕인가? (단, 공기 중 단일 가스의 폭발하한계는 메탄 5vol%, 에탄 2vol%, 프로판 2vol%, 부탄 1.8vol%이다.)

① 2.2 ② 3.8
③ 4.9 ④ 6.2

혼합가스의 폭발범위(르 샤틀리에의 공식)

$$\frac{100}{L}=\frac{V_1}{L_1}+\frac{V_2}{L_2}+\frac{V_3}{L_3}+\cdots$$

(단, $V_1+V_2+V_3+\cdots+V_n=100$)

여기서, L : 혼합가스의 폭발하한계〔%〕
$L_1,\ L_2,\ L_3,\ \cdots$: 각 성분의 폭발하한계〔%〕
$V_1,\ V_2,\ V_3,\ \cdots$: 각 성분의 체적〔%〕

$$\frac{100}{L}=\frac{80}{5}+\frac{15}{2}+\frac{4}{2}+\frac{1}{1.8}\fallingdotseq 26.06$$

$$\therefore\ L=\frac{100}{26.06}\fallingdotseq 3.8$$

03 촛불(양초)의 연소형태로 옳은 것은?

① 증발연소 ② 액적연소
③ 표면연소 ④ 자기연소

증발연소(evaporation combustion) : 황이나 나프탈렌, 장뇌 같은 고체위험물을 가열하면 열분해를 일으키지 않고 증발하여 그 증기가 연소하거나 열에 의한 상태변화를 일으켜 액체가 된 후 어떤 일정한 온도에서 발생된 가연성 증기가 연소하는 형태이다.

04 화재발생 시 물을 사용하여 소화하면 더 위험해지는 것은?

① 적린 ② 질산암모늄
③ 나트륨 ④ 황린

나트륨의 경우 물과 접촉하는 경우 발열반응 및 수소가스를 발생한다.
$2Na+2H_2O \rightarrow 2NaOH+H_2$

05 다음 중 연소 시 발생하는 가스로 독성이 가장 강한 것은?

① 수소 ② 질소
③ 이산화탄소 ④ 일산화탄소

수소는 가연성 가스이며, 질소는 불활성 기체로서 공기 중에 약 78%가 존재한다.

- 이산화탄소의 TLV=5,000ppm
- 일산화탄소의 TLV=100ppm

정답 》 01.④ 02.② 03.① 04.③ 05.④

06 제3종 분말소화약제의 주성분은?

① 요소
② 탄산수소나트륨
③ 제1인산암모늄
④ 탄산수소칼륨

해설

분말 종류	주성분	분자식	성분비	색 상	적응 화재
제1종	탄산수소나트륨 (중탄산나트륨)	$NaHCO_3$	$NaHCO_3$ 90wt% 이상	–	B, C급
제2종	탄산수소칼륨 (중탄산칼륨)	$KHCO_3$	$KHCO_3$ 92wt% 이상	담회색	B, C급
제3종	제1인산암모늄	$NH_4H_2PO_4$	$NH_4H_2PO_4$ 75wt% 이상	담홍색 또는 황색	A, B, C급
제4종	탄산수소칼륨과 요소	$KHCO_3$ $+CO(NH_2)_2$	–	–	B, C급

07 주방화재 시 가연물과 결합하여 비누화반응을 일으키는 소화약제는?

① 물
② 할론 1301
③ 제1종 분말소화약제
④ 이산화탄소 소화약제

해설 **비누화(saponification) 현상** : 일반적인 요리용 기름이나 지방질 기름의 화재 시에 중탄산나트륨(제1종 분말소화약제)과 반응하면 금속비누가 만들어져 거품을 생성하여 요리용 기름의 표면을 덮어서 질식소화효과와 재발화억제효과를 낸다.

08 0℃의 얼음 1g이 100℃의 수증기가 되려면 약 몇 〔cal〕의 열량이 필요한가? (단, 0℃ 얼음의 융해열은 80cal/g이고, 100℃ 물의 증발잠열은 539cal/g이다.)

① 539 ② 719
③ 939 ④ 1,119

해설 0℃ 얼음 1g이 100℃ 수증기로의 변화
0℃ 얼음 1g이 0℃ 물 1g으로 변화한 후 100℃ 물로 변화
∴ 융해잠열＋현열＝(1g×80cal/g)
＋(1g×1cal/g · ℃×100℃)
＋539cal/g
＝180＋539
＝719

09 다른 곳에서 화원, 전기스파크 등의 착화원을 부여하지 않고 가연성 물질을 공기 또는 산소 중에서 가열함으로써 발화 또는 폭발을 일으키는 최저온도를 나타내는 용어는?

① 인화점 ② 발열점
③ 연소점 ④ 발화점

해설 ① 인화점 : 가연성 증기발생 시 연소범위의 하한계에 이르는 최저온도
③ 연소점 : 가연성 액체가 개방된 용기에서 증기를 계속 발생하며, 지속적인 연소를 일으킬 수 있는 최저온도

10 건물화재에서 플래시오버(flash over)에 관한 설명으로 옳은 것은?

① 가연물이 착화되는 초기단계에서 발생한다.
② 화재 시 발생한 가연성 가스가 축적되다가 일순간에 화염이 실 전체로 확대되는 현상을 말한다.
③ 소화활동이 끝난 단계에서 발생한다.
④ 화재 시 모두 연소하여 자연진화된 상태를 말한다.

해설 **플래시오버** : 화재로 인하여 실내의 온도가 급격히 상승하여 가연물이 일시에 폭발적으로 착화현상을 일으켜 화재가 순간적으로 실내 전체에 확산되는 현상(＝순발연소, 순간연소)

11 벤젠화재 시 이산화탄소 소화약제를 사용하여 소화하는 경우 한계산소량은 약 몇 〔vol%〕인가?

① 14 ② 19
③ 24 ④ 28

정답 ≫ 06.③ 07.③ 08.② 09.④ 10.② 11.①

해설 일반적인 가연물질의 한계산소농도

가연물질의 종류		한계산소농도
고체 가연물질	종이	10vol% 이하
	섬유류	
액체 가연물질	가솔린	15vol% 이하
	등유	
기체 가연물질	수소	8vol% 이하

12 분무연소에 대한 설명으로 틀린 것은?

① 휘발성이 낮은 액체연료의 연소가 여기에 해당된다.
② 점도가 높은 중질유의 연소에 많이 이용된다.
③ 액체연료를 수 μm~수백 μm 크기의 액적으로 미립화시켜 연소시킨다.
④ 미세한 액적으로 분무시키는 이유는 표면적을 작게 하여 공기와의 혼합을 좋게 하기 위함이다.

해설 미세한 액적으로 분무시키는 이유는 표면적을 크게 해서 공기와의 혼합을 좋게 하기 위함이다.

13 이산화탄소 소화약제가 공기 중에 34vol% 공급되면 산소의 농도는 약 몇 〔vol%〕가 되는가?

① 12　　② 14
③ 16　　④ 18

해설
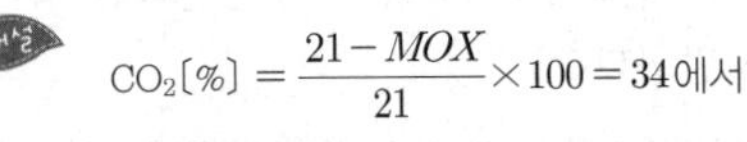
$$CO_2[\%] = \frac{21 - MOX}{21} \times 100 = 34\text{에서}$$
$\therefore MOX ≒ 13.86$

14 탄화칼슘이 물과 반응할 때 생성되는 가연성 가스는?

① 메탄
② 에탄
③ 아세틸렌
④ 프로필렌

해설 $CaC_2 + 2H_2O \rightarrow Ca(OH)_2 + C_2H_2$

15 다음 중 증기밀도가 가장 큰 것은?

① 공기　　② 메탄
③ 부탄　　④ 에틸렌

해설
① 28.84/22.4=1.287g/L
② 16/22.4=0.71g/L
③ 58/22.4=2.59g/L
④ 28/22.4=1.25g/L

16 황린의 완전연소 시에 주로 발생되는 물질은?

① P_2O　　② PO_2
③ P_2O_3　　④ P_2O_5

해설 $P_4 + 5O_2 \rightarrow 2P_2O_5$

17 다음 중 인화점이 가장 낮은 물질은?

① 등유　　② 아세톤
③ 경유　　④ 아세트산

해설
① 등유 : 30~60℃
② 아세톤 : −11℃
③ 경유 : 50~70℃
④ 아세트산 : 39℃

18 소화약제에 대한 설명 중 옳은 것은?

① 물이 냉각효과가 가장 큰 이유는 비열과 증발잠열이 크기 때문이다.
② 이산화탄소의 순도가 95.0% 이상인 것을 소화약제로 사용해야 한다.
③ 할론 2402는 상온에서 기체로 존재하므로 저장 시에는 액화시켜 저장한다.
④ 이산화탄소는 전기적으로 비전도성이며 공기보다 3배 정도 무거운 기체이다.

해설 물의 물리적 성질
• 상온에서 물은 무겁고 비교적 안정된 액체이다.
• 물의 융해잠열은 80kcal/kg이다.
• 물의 비열은 1kcal/kg·℃이다.
• 물의 증발잠열은 539kcal/kg(1기압, 100℃)이다.
• 물이 증발하면 그 체적은 약 1,650배로 증가한다.
• 표면장력이 크다.
※ 물의 비중은 4℃에서 최대값을 갖는다.

정답 》 12.④　13.②　14.③　15.③　16.④　17.②　18.①

19 화재를 소화시키는 소화작용이 아닌 것은?

① 냉각작용
② 질식작용
③ 부촉매작용
④ 활성화작용

20 소방안전관리대상물에서 소방안전관리자가 작성하는 것으로 소방계획서 내에 포함되지 않는 것은?

① 화재예방을 위한 자체검사 계획
② 화재 시 화재실 진입에 따른 전술 계획
③ 소방시설, 피난시설 및 방화시설의 점검 · 정비 계획
④ 소방훈련 및 교육 계획

소방안전관리자가 소방계획 시 고려해야 할 사항

- 소방안전관리대상물의 위치 · 구조 · 연면적 · 용도 및 수용인원 등 일반현황
- 소방안전관리대상물에 설치한 소방시설 · 방화시설(防火施設), 전기시설 · 가스시설 및 위험물 시설의 현황
- 화재예방을 위한 자체점검 계획 및 진압 대책
- 소방시설 · 피난시설 및 방화시설의 점검 · 정비 계획
- 피난층 및 피난시설의 위치와 피난경로의 설정, 장애인 및 노약자의 피난계획 등을 포함한 피난 계획
- 방화구획, 제연구획, 건축물의 내부 마감재료(불연재료 · 준불연재료 또는 난연재료로 사용된 것을 말한다) 및 방염물품의 사용현황과 그 밖의 방화구조 및 설비의 유지 · 관리 계획
- 소방 훈련 및 교육에 관한 계획
- 특정소방대상물의 근무자 및 거주자의 자위소방대 조직과 대원의 임무(장애인 및 노약자의 피난보조 임무를 포함한다)에 관한 사항
- 증축 · 개축 · 재축 · 이전 · 대수선 중인 특정소방대상물의 공사장 소방안전관리에 관한 사항
- 공동 및 분임 소방안전관리에 관한 사항
- 소화와 연소방지에 관한 사항
- 위험물의 저장 · 취급에 관한 사항(「위험물안전관리법」 제17조에 따라 예방규정을 정하는 제조소 등은 제외한다)
- 그 밖에 소방안전관리를 위하여 소방본부장 또는 소방서장이 소방안전관리대상물의 위치 · 구조 · 설비 또는 관리상황 등을 고려하여 소방안전관리에 필요하여 요청하는 사항

정답 》 19.④ 20.②

제12회 소방설비산업기사

01 가스계 소화약제가 아닌 것은?

① 포 소화약제
② 청정 소화약제
③ 이산화탄소 소화약제
④ 할로젠화합물 소화약제

해설 포 소화약제는 수계 소화약제에 해당된다.

02 할로젠화합물 소화약제로부터 기대할 수 있는 소화작용으로 틀린 것은?

① 부촉매작용 ② 냉각작용
③ 유화작용 ④ 질식작용

해설 유화작용이란 기름과 물이 서로 잘 섞이도록 하는 것을 말한다. 즉 친수성, 친유성을 다 가진 어떤 물질을 같이 섞게 되면 물과 기름이 잘 섞이게 되는 것을 말한다. 할로겐화합물 소화약제는 가스계 소화약제로서 해당 사항이 없다.

03 다음 중 자연발화의 조건으로 틀린 것은?

① 열전도율이 낮을 것
② 발열량이 클 것
③ 주위의 온도가 높을 것
④ 표면적이 작을 것

해설 **자연발화에 영향을 주는 요소** : 주위의 온도, 열의 축적, 열의 전도율, 퇴적 방법, 공기의 유동, 발열량, 수분(습도), 촉매 물질 등

04 알루미늄 분말화재 시 적응성이 있는 소화약제는 어느 것인가?

① 물 ② 마른모래
③ 포말 ④ 강화액

해설 알루미늄 분말은 금수성 물질로서 물과 접촉 시 수소가스를 발생하므로 마른모래로 소화해야 한다.

05 산소와 질소의 혼합물인 공기의 평균 분자량은? (단, 공기는 산소 21vol%, 질소 79vol%로 구성되어 있다고 가정한다.)

① 30.84 ② 29.84
③ 28.84 ④ 27.84

해설 Air O_2 : 21%
N_2 : 79%

$$\therefore O_2 : 32\text{g/mol} \cdot \frac{21}{100} = 6.72\text{g/mol}$$

$$+)\ N_2 : 28\text{g/mol} \cdot \frac{79}{100} = 22.12\text{g/mol}$$

$$\therefore 28.84\text{g/mol}$$

06 폭발에 대한 설명으로 틀린 것은?

① 보일러폭발은 화학적 폭발이라 할 수 없다.
② 분무폭발은 기상폭발에 속하지 않는다.
③ 수증기폭발은 기상폭발에 속하지 않는다.
④ 화약류폭발은 화학적 폭발이라 할 수 있다.

해설 **분무폭발** : 고압의 유압설비의 일부가 파손되어 내부의 가연성 액체가 공기 중에 분출되어 이것의 미세한 액적이 무상(霧狀)으로 되고 공기 중에 현탁하여 존재할 때에 착화에너지가 주어지면 발생한다.

07 제4류 위험물 중 제1석유류, 제2석유류, 제3석유류, 제4석유류를 각 품명별로 구분하는 분류의 기준은?

① 발화점 ② 인화점
③ 비중 ④ 연소범위

정답 》 01.① 02.③ 03.④ 04.② 05.③ 06.② 07.②

- "제1석유류"라 함은 아세톤, 휘발유, 그 밖에 1기압에서 인화점이 21℃ 미만인 것을 말한다.
- "제2석유류"라 함은 등유, 경유, 그 밖에 1기압에서 인화점이 21℃ 이상 70℃ 미만인 것을 말한다.
- "제3석유류"라 함은 중유, 크레오소트유, 그 밖에 1기압에서 인화점이 70℃ 이상 200℃ 미만인 것을 말한다.
- "제4석유류"라 함은 기어유, 실린더유, 그 밖에 1기압에서 인화점이 200℃ 이상 250℃ 미만인 것을 말한다.

08 증기비중을 구하는 식은 다음과 같다. ( ) 안에 들어갈 알맞은 값은?

$$증기비중 = \frac{분자량}{(\quad)}$$

① 15　② 21
③ 22.4　④ 29

해설

$$증기비중 = \frac{분자량}{공기의\ 평균분자량}$$

09 화씨온도 122℉는 섭씨온도로 몇 〔℃〕인가?

① 40　② 50
③ 60　④ 70

해설

℃=5/9(℉−32)
=5/9(122−32)
=50℃

10 고가의 압력탱크가 필요하지 않아서 대용량의 포 소화설비에 채용되는 것으로 펌프의 토출관에 압입기를 설치하여 포 소화약제 압입용 펌프로 포 소화약제를 압입시켜 혼합하는 방식은 어느 것인가?

① 프레셔프로포셔너방식
(pressure proportioner type)
② 프레셔사이드프로포셔너방식
(pressure side proportioner type)
③ 펌프프로포셔너방식
(pump proportioner type)
④ 라인프로포셔너방식
(line proportioner type)

해설

① **프레셔프로포셔너방식**(차압혼합방식) : 벤투리관의 벤투리작용과 펌프 가압수의 포 소화약제저장탱크에 대한 압력에 의하여 포 소화약제를 흡입하여 혼합하는 방식
② **프레셔사이드프로포셔너방식**(압입혼합방식) : 펌프의 토출관에 압입기를 설치하여 포 소화약제 압입용 펌프로 포 소화약제를 압입시켜 혼합하는 방식
③ **펌프프로포셔너방식**(펌프혼합방식) : 농도조절밸브에서 조정된 포 소화약제의 필요량을 포소화약제탱크에서 펌프흡입측으로 보내어 이를 혼합하는 방식
④ **라인프로포셔너방식**(관로혼합방식) : 펌프와 발포기 중간에 설치된 벤투리관의 벤투리작용에 의해 포 소화약제를 흡입하여 혼합하는 방식

11 다음 중 전기화재가 발생되는 발화 요인으로 틀린 것은?

① 역률
② 합선
③ 누전
④ 과전류

해설

전기화재의 발생원인 : 전기 기기·기구의 합선(단락)에 의한 화재가 가장 많으며, 그 다음이 누전, 과전류, 절연 불량, 스파크 등으로 나타나고 있다. 그 외에 지락, 접속부 과열, 낙뢰, 열적 경과, 정전기 스파크 등이 있다.

12 물의 물리 · 화학적 성질에 대한 설명으로 틀린 것은?

① 수소결합성 물질로서 비점이 높고 비열이 크다.
② 100℃의 액체 물이 100℃의 수증기로 변하면 체적이 약 1,600배 증가한다.
③ 유류화재에 물을 무상으로 주수하면 질식효과 이외에 유탁액이 생성되어 유화효과가 나타난다.
④ 비극성 공유결합성 물질로 비점이 높다.

해설

물은 극성 공유결합물질이다.

정답 》 08.④ 09.② 10.② 11.① 12.④

13 건축물에 화재가 발생할 때 연소확대를 방지하기 위한 계획에 해당되지 않는 것은?

① 수직계획 ② 입면계획
③ 수평계획 ④ 용도계획

해설 건축물의 연소확대 방지
- 수평구획(면적단위) : 일정한 면적마다 방화구획을 함으로써 화재 규모를 가능한 한 최소한의 규모로 줄여 피해를 최소한으로 하여야 한다.
- 수직구획(층단위) : 건물을 종으로 관통하는 부분은 연기 및 화염의 전파속도가 매우 크므로 다른 부분과 구획을 하여 화재 시 화재가 다른 층으로 번지는 것을 방지하여야 한다.
- 용도구획(용도단위) : 복합건축물에서 화재 위험이 큰 공간을 그 밖의 공간과 구획하여 화재 시 피해를 줄이기 위한 것으로 용도상 일정한 면적구획이 불가피한 경우에는 반드시 불연재료를 사용하여 피난계획을 세워야 한다.

14 부피비로 질소가 65%, 수소가 15%, 이산화탄소가 20%로 혼합된 전압이 76mmHg인 기체가 있다. 이때 질소의 분압은 약 몇 〔mmHg〕인가? (단, 모두 이상기체로 간주한다.)

① 152 ② 252
③ 394 ④ 494

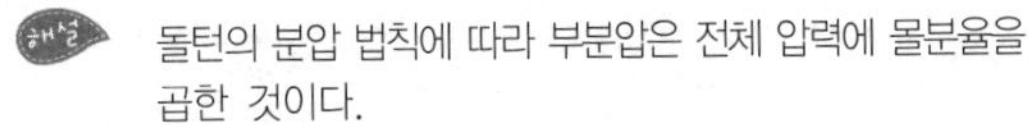

해설 돌턴의 분압 법칙에 따라 부분압은 전체 압력에 몰분율을 곱한 것이다.
∴ 760mmHg×0.65=494mmHg

15 질식소화방법에 대한 예를 설명한 것으로 옳은 것은?

① 열을 흡수할 수 있는 매체를 화염 속에 투입한다.
② 열용량이 큰 고체물질을 이용하여 소화한다.
③ 중질유 화재 시 물을 무상으로 분무한다.
④ 가연성 기체의 분출화재 시 주 밸브를 닫아서 연료공급을 차단한다.

해설 유류 표면에 물을 무상으로 분무하면 에멀션이 발생하여 질식소화 효과가 상승한다.

※ 1. 무상 : 안개처럼 물을 분무형태로 방사하는 방법
2. 에멀션(emulsion) : 두 액체를 혼합할 때 한쪽 액체가 미세한 입자로 되어 다른 액체 속에 분산해 있는 계

16 건축물 화재 시 플래시오버(flash over)에 영향을 주는 요소가 아닌 것은?

① 내장재료
② 개구율
③ 화원의 크기
④ 건물의 층수

해설 Flash Over까지의 시간에 영향을 주는 요인(피난허용시간을 정하는 척도가 됨)
(1) 내장재료의 성상
- 내장재는 잘 타지 않는 재료일 것
- 두께는 두꺼울 것
- 열전도율이 큰 재료일 것

※ 화재실 상부의 온도가 높기 때문에 "천장→벽→바닥" 순으로 우선할 것

(2) 개구율 : 벽면적에 대한 개구부의 면적을 작게 할 것
(3) 발화원 : 발화원의 크기가 클수록 Flash Over까지의 시간이 짧아지므로 가연성 가구 등은 되도록 소형으로 할 것

17 화재발생 시 물을 소화약제로 사용할 수 있는 것은?

① 칼슘카바이드
② 무기과산화물류
③ 마그네슘 분말
④ 염소산염류

해설 염소산염류는 제1류 위험물(산화성 고체)로서 이로 인해 화재 시 주수에 의한 냉각소화가 유효하다.

18 제1석유류는 어떤 위험물에 속하는가?

① 산화성 액체
② 인화성 액체
③ 자기반응성 물질
④ 금수성 물질

해설 제1석유류는 제4류 위험물(인화성 액체)에 해당한다.

정답 》 13.② 14.④ 15.③ 16.④ 17.④ 18.②

19 다음 중 제1류 위험물로서 그 성질이 산화성 고체인 것은?

① 셀룰로이드류 ② 금속분류
③ 아염소산염류 ④ 과염소산

해설 제1류 위험물의 품명 및 지정수량

성 질	위험 등급	품 명	지정수량
산화성 고체	Ⅰ	1. 아염소산염류 2. 염소산염류 3. 과염소산염류 4. 무기과산화물류	50kg
	Ⅱ	5. 브로민산염류 6. 질산염류 7. 아이오딘산염류	300kg
	Ⅲ	8. 과망가니즈산염류 9. 다이크로뮴산염류	1,000kg
	Ⅰ~Ⅲ	10. 그 밖에 행정안전부령이 정하는 것	50~300kg

20 연기의 물리 · 화학적인 설명으로 틀린 것은?

① 화재 시 발생하는 연소생성물을 의미한다.
② 연기의 색상은 연소물질에 따라 다양하다.
③ 연기는 기체로만 이루어진다.
④ 연기의 감광계수가 크면 피난 장애를 일으킨다.

해설 연기란 연소 시 연소물질로부터 발생되는 고체 또는 액체 미립자를 포함하는 연소기체 혼합물로 정의하고 있다.

정답 》 19.③ 20.③

제13회 소방설비산업기사

01 다음 중 화재안전기준상 이산화탄소소화약제 저압식 저장용기의 설치기준에 대한 설명으로 틀린 것은?

① 충전비는 1.1 이상 1.4 이하로 한다.
② 3.5MPa 이상의 내압시험압력에 합격한 것이어야 한다.
③ 용기 내부의 온도가 −18℃ 이하에서 2.1MPa의 압력을 유지할 수 있는 자동냉동장치를 설치해야 한다.
④ 내압시험압력의 0.64~0.8배의 압력에서 작동하는 봉판을 설치해야 한다.

02 화재로 인하여 산소가 부족한 건물 내에 산소가 새로 유입된 때에는 고열가스의 폭발 또는 급속한 연소가 발생하는데 이 현상을 무엇이라고 하는가?

① 파이어 볼　　② 보일 오버
③ 백 드래프트　　④ 백 파이어

① 파이어 볼 : 증기가 공기와 혼합하여 연소범위가 형성되어서 공모양의 대형화염이 상승하는 현상
② 보일 오버 : 중질유의 탱크에서 장시간 조용히 연소하다가 탱크 내의 잔존기름이 갑자기 분출하는 현상
④ 백 파이어 : 소규모의 가스 폭발에 의해 연소실 입구부터 순간적으로 화염이 역유출하는 현상

03 0℃의 얼음 1g을 100℃의 수증기로 만드는 데 필요한 열량은 약 몇 〔cal〕인가? (단, 물의 용융열은 80cal/g, 증발잠열은 539cal/g이다.)

① 518　　② 539
③ 619　　④ 719

해설 0℃ 얼음 1g이 100℃ 수증기로의 변화
0℃ 얼음 1g이 0℃ 물 1g으로 변화한 후 100℃ 물로 변화
∴ 융해잠열+현열 = (1g×80cal/g)
+(1g×1cal/g・℃×100℃)
+539cal/g
=180+539
=719

04 공기 중의 산소는 약 몇 〔vol%〕인가?

① 15　　② 21
③ 28　　④ 32

05 다음 중 연소 또는 소화약제에 관한 설명으로 틀린 것은?

① 기체의 정압비열은 정적비열보다 크다.
② 프로판가스가 완전연소하면 일산화탄소와 물이 발생한다.
③ 이산화탄소 소화약제는 액화할 수 있다.
④ 물의 증발잠열은 아세톤, 벤젠보다 크다.

해설 $C_3H_8(g)+5O_2(g) \rightarrow 3CO_2(g)+4H_2O(l)$

06 다음 중 전기화재에 해당하는 것은 어느 것인가?

① A급 화재
② B급 화재
③ C급 화재
④ K급 화재

해설 ① A급 화재－일반화재
② B급 화재－유류화재
④ K급 화재－주방화재

정답 》 01.④　02.③　03.④　04.②　05.②　06.③

07 물을 이용한 대표적인 소화효과로만 나열된 것은?

① 냉각효과, 부촉매효과
② 냉각효과, 질식효과
③ 질식효과, 부촉매효과
④ 제거효과, 냉각효과, 부촉매효과

해설 물의 경우 증발잠열이 커서 냉각소화효과가 좋으며, 분무주수 시 질식소화효과가 있다.

08 포소화약제의 포가 갖추어야 할 조건으로 적합하지 않은 것은?

① 화재면과의 부착성이 좋을 것
② 응집성과 안정성이 우수할 것
③ 환원시간(drainage time)이 짧을 것
④ 약제는 독성이 없고 변질되지 말 것

해설 **포소화약제** : 물과 포소화약제를 일정한 비율로 혼합한 수용액을 공기로 발포시켜 연소면을 공기와 차단시킴으로써 질식소화하며, 또한 포에 함유한 수분에 의한 냉각소화
포소화약제의 구비조건
- 포의 안정성이 좋아야 한다.
- 포의 유동성이 좋아야 한다.
- 독성이 적어야 한다.
- 유류와의 접착성이 좋아야 한다.
- 유류의 표면에 잘 분산되어야 한다.
- 포가 소포성이 적어야 한다.

09 다음 중 인화점이 가장 낮은 것은?

① 경유
② 메틸알코올
③ 이황화탄소
④ 등유

해설 ① 경유 : 41℃ 이상
② 메틸알코올 : 11℃
③ 이황화탄소 : −30℃
④ 등유 : 39℃ 이상

10 자연발화를 일으키는 원인이 아닌 것은?

① 산화열 ② 분해열
③ 흡착열 ④ 기화열

해설 자연발화의 형태(분류)
- 분해열에 의한 자연발화 : 셀룰로이드, 나이트로셀룰로오스
- 산화열에 의한 자연발화 : 건성유, 고무분말, 원면, 석탄 등
- 흡착열에 의한 자연발화 : 활성탄, 목탄분말 등
- 미생물의 발열에 의한 자연발화 : 퇴비(퇴적물), 먼지 등
- 기타 물질의 발열에 의한 자연발화 : 테레빈유의 발화점은 240℃로 자연발화하기 쉽다(아마인유의 발화점은 343℃).

11 열전달에 대한 설명으로 틀린 것은?

① 전도에 의한 열전달은 물질 표면을 보온하여 완전히 막을 수 있다.
② 대류는 밀도 차이에 의해서 열이 전달된다.
③ 진공 속에서도 복사에 의한 열전달이 가능하다.
④ 화재 시의 열전달은 전도, 대류, 복사가 모두 관여된다.

12 불연성 물질로만 이루어진 것은?

① 황린, 나트륨
② 적린, 황
③ 이황화탄소, 나이트로글리세린
④ 과산화나트륨, 질산

해설 과산화나트륨은 제1류 위험물(산화성 고체), 질산은 제6류 위험물(산화성 액체)로서 불연성이면서 조연성 물질에 해당한다.

13 피난대책의 일반적 원칙이 아닌 것은?

① 피난수단은 원시적인 방법으로 하는 것이 바람직하다.
② 피난대책은 비상시 본능 상태에서도 혼돈이 없도록 한다.
③ 피난경로는 가능한 한 길어야 한다.
④ 피난시설은 가급적 고정식 시설이 바람직하다.

정답 》 07.② 08.③ 09.③ 10.④ 11.① 12.④ 13.③

피난대책의 일반원칙
- 피난경로는 간단명료하게 한다.
- 피난설비는 고정적인 시설에 의한 것을 원칙으로 해야 하며, 가구식의 기구나 장치 등은 피난이 늦어진 소수의 사람들에 대한 극히 예외적인 보조수단으로 생각해야 한다.
- 피난의 수단은 원시적 방법에 의하는 것을 원칙으로 한다.
- 2방향의 피난통로를 확보한다.
- 피난통로는 완전불연화를 해야 하며, 항시 사용할 수 있도록 하고 관리상의 이유로 자물쇠 등으로 잠가두는 것은 피해야 한다.
- 피난경로에 따라서 일정한 구획을 한정하여 피난 Zone을 설정하고 최종적으로 안전성을 높이는 것이 합리적이다.
- 피난로에는 정전 시에도 피난방향을 명백히 할 수 있는 표시를 한다.
- 피난대책은 Fool－Proof와 Fail－Safe의 원칙을 중시해야 한다.

14 기체상태의 Halon 1301은 공기보다 약 몇 배 무거운가? (단, 공기의 평균분자량은 28.84이다.)

① 4.05배
② 5.17배
③ 6.12배
④ 7.01배

$$\text{증기비중} = \frac{\text{분자량}}{\text{공기의 평균분자량}}$$

C 원자량 : 12, H 원자량 : 1, O 원자량 : 16, S 원자량 : 32

$$\text{Halon 1301} : CF_3Br = \frac{149\text{g/mol}}{28.84\text{g/mol}} \fallingdotseq 5.17$$

15 건물화재에서의 사망원인 중 가장 큰 비중을 차지하는 것은?

① 연소가스에 의한 질식
② 화상
③ 열충격
④ 기계적 상해

해설 화재 시 연기에 의한 질식으로 사망하는 사람이 가장 많다.

16 공기 중 산소의 농도를 낮추어 화재를 진압하는 소화방법에 해당하는 것은?

① 부촉매소화
② 냉각소화
③ 제거소화
④ 질식소화

17 다음 중 독성이 가장 강한 가스는?

① C_3H_9
② O_2
③ CO_2
④ $COCl_2$

해설 포스겐($COCl_2$)가스는 TLV=1로서 2차 세계대전 당시 독일군이 유태인의 대량학살에 이 가스를 사용한 것으로 알려짐으로써, 전시에 사용하는 인명살상용 독가스라면 이를 연상할 정도로 알려져 있다.

18 물과 반응하여 가연성 가스를 발생시키는 물질이 아닌 것은?

① 탄화알루미늄
② 칼륨
③ 과산화수소
④ 트리에틸알루미늄

해설
① 탄화알루미늄 : $Al_4C_3 + 12H_2O \rightarrow 4Al(OH)_3 + 3CH_4$
② 칼륨 : $2K + 2H_2O \rightarrow 2KOH + H_2$
④ 트리에틸알루미늄 : $(C_2H_5)_3Al + 3H_2O \rightarrow Al(OH)_3 + 3C_2H_6$

19 전기화재의 원인으로 볼 수 없는 것은?

① 중합반응에 의한 발화
② 과전류에 의한 발화
③ 누전에 의한 발화
④ 단락에 의한 발화

해설 산화, 중합, 화합, 분해 등은 화학적 에너지에 해당된다.

정답 》 14.② 15.① 16.④ 17.④ 18.③ 19.①

20 위험물별 성질의 연결로 틀린 것은?

① 제2류 위험물－가연성 고체
② 제3류 위험물－자연발화성 물질 및 금수성 물질
③ 제4류 위험물－산화성 고체
④ 제5류 위험물－자기반응성 물질

유 별	성 질
제1류 위험물	산화성 고체
제2류 위험물	가연성 고체
제3류 위험물	자연발화성 및 금수성 물질
제4류 위험물	인화성 액체
제5류 위험물	자기반응성 물질
제6류 위험물	산화성 액체

정답 》 20.③

제14회 소방설비산업기사

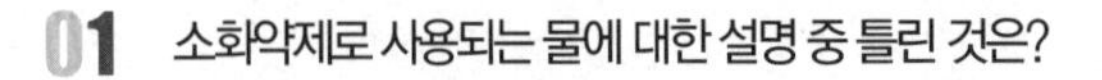

01 소화약제로 사용되는 물에 대한 설명 중 틀린 것은?

① 극성 분자이다.
② 수소결합을 하고 있다.
③ 아세톤, 벤젠보다 증발잠열이 크다.
④ 아세톤, 구리보다 비열이 작다.

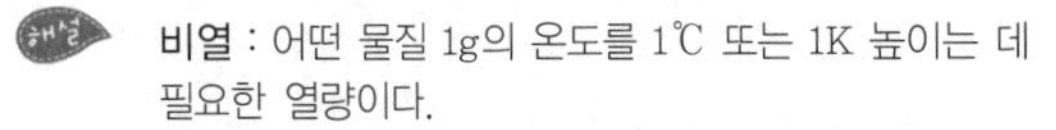

해설 **비열** : 어떤 물질 1g의 온도를 1℃ 또는 1K 높이는 데 필요한 열량이다.

물 질	비열[cal/g · ℃]
물	1
구리	0.0924
아세톤	0.528

※ 물은 비열과 증발잠열이 커서 냉각효과와 질식효과가 우수하다.

02 위험물안전관리법령상 제3류 위험물에 해당되지 않는 것은?

① Ca　　② K
③ Na　　④ Al

해설 Al은 분말의 경우 제2류 위험물인 금속분류에 해당한다.

03 어떤 기체의 확산속도가 이산화탄소의 2배였다면 그 기체의 분자량[g/mol]은 얼마로 예상할 수 있는가?

① 11　　② 22
③ 44　　④ 88

해설

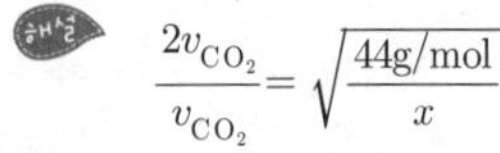

$$\frac{2v_{CO_2}}{v_{CO_2}} = \sqrt{\frac{44\text{g/mol}}{x}}$$

$$2^2 = \frac{44\text{g/mol}}{x},\quad x = \frac{44\text{g/mol}}{2^2} = 11\text{g/mol}$$

참고 이산화탄소의 분자량 44g/mol

04 Halon 1301의 화학식에 포함되지 않는 원소는?

① C　　② Cl
③ F　　④ Br

Halon No.	분자식	이름	비고
할론 104	CCl_4	Carbon Tetrachloride (사염화탄소)	법적 사용 금지 (∵ 유독가스 $COCl_2$ 방출)
할론 1011	$CClBrH_2$	Bromo Chloro Methane (일취화일염화메탄)	
할론 1211	CF_2ClBr	Bromo Chloro Difluoro Methane (일취화일염화이불화메탄)	• 상온에서 기체 • 증기비중 5.7 • 액비중 : 1.83 • 소화기용 • 방사거리 : 4~5m
할론 2402	$C_2F_4Br_2$	Dibromo Tetrafluoro Ethane (이취화사불화에탄)	• 상온에서 액체 (단, 독성으로 인해 국내외 생산되는 곳이 없으므로 사용 불가)
할론 1301	CF_3Br	Bromo Trifluoro Methane (일취화삼불화메탄)	• 상온에서 기체 • 증기비중 5.1 • 액비중 : 1.57 • 소화설비용 • 인체에 가장 무해함 • 방사거리 : 3~4m

05 물과 반응하여 가연성인 아세틸렌가스를 발생하는 것은?

① 나트륨　　② 아세톤
③ 마그네슘　　④ 탄화칼슘

해설 **탄화칼슘**

$CaC_2 + 2H_2O \rightarrow Ca(OH)_2 + C_2H_2$
(수산화칼슘) (아세틸렌)

정답 》 01.④　02.④　03.①　04.②　05.④

06 다음 중 가연성 물질이 아닌 것은?

① 프로판 ② 산소
③ 에탄 ④ 암모니아

해설 산소는 조연성 물질에 해당한다.

07 물과 접촉하면 발열하면서 수소기체를 발생하는 것은?

① 과산화수소 ② 나트륨
③ 황린 ④ 아세톤

해설 나트륨의 경우 물과 접촉하는 경우 발열반응 및 수소가스를 발생한다.
$2Na + 2H_2O \rightarrow 2NaOH + H_2$

08 가연물이 되기 위한 조건이 아닌 것은?

① 산화되기 쉬울 것
② 산소와의 친화력이 클 것
③ 활성화에너지가 클 것
④ 열전도도가 작을 것

해설 가연물질의 구비조건
- 산화되기 쉽고, 반응열이 클 것
- 열전도도가 적을 것
- 활성화에너지가 작을 것
- 연쇄반응이 일어나는 물질일 것
- 표면적이 클 것

09 위험물안전관리법령상 제1석유류, 제2석유류, 제3석유류를 구분하는 기준은?

① 인화점 ② 발화점
③ 비점 ④ 녹는점

해설
- 특수인화물류 : 인화점 −20℃ 이하
- 제1석유류 : 인화점 21℃ 미만
- 제2석유류 : 인화점 21℃ 이상 70℃ 미만
- 제3석유류 : 인화점 70℃ 이상 200℃ 미만
- 제4석유류 : 인화점 200℃ 이상 250℃ 미만

10 표준상태에서 44.8m³의 용적을 가진 이산화탄소가스를 모두 액화하면 몇 〔kg〕인가? (단, 이산화탄소의 분자량은 44이다.)

① 88 ② 44
③ 22 ④ 11

해설
$PV = nRT,\ PV = \dfrac{wRT}{M}$

$w = \dfrac{PVM}{RT}$

$= \dfrac{1\text{atm} \times 44{,}800\text{L} \times 44\text{g/mol}}{0.082\text{atm} \cdot \text{L/K} \cdot \text{mol} \times (0+273)\text{K}}$

$= 88{,}055\text{g} = 88\text{kg}$

11 다음 중 기계적 열에너지에 의한 점화원에 해당되는 것은?

① 충격, 기화, 산화
② 촉매, 열방사선, 중합
③ 충격, 마찰, 압축
④ 응축, 증발, 촉매

해설
- **화학적 에너지** : 연소열, 자연발화, 분해열, 용해열
- **전기적 에너지** : 저항열, 유도열, 유전열, 아크열, 정전기열
- **기계적 에너지** : 마찰열, 마찰스파크, 압축열

12 다음 중 연소의 3요소에 해당하지 않는 것은 어느 것인가?

① 점화원 ② 연쇄반응
③ 가연물질 ④ 산소공급원

해설 연소의 3요소
- 가연물(연료)
- 산소공급원(산소, 산화제, 공기, 바람)
- 점화원(온도)

연소의 4요소
- 가연물
- 산소공급원(산소, 산화제, 공기, 바람)
- 점화원
- 순조로운 연쇄반응

13 건축물 내부 화재 시 연기의 평균 수평이동속도는 약 몇 〔m/s〕인가?

① 0.01~0.05 ② 0.5~1
③ 10~15 ④ 20~30

정답 》 06.② 07.② 08.③ 09.① 10.① 11.③ 12.② 13.②

연기의 이동속도
- 수평방향 : 0.5~1.0m/sec
- 수직방향 : 2~3m/sec
- 계단 등에서의 수직방향 : 3~5m/sec

14 가연성 기체의 일반적인 연소범위에 관한 설명으로서 옳지 못한 것은?

① 연소범위에는 상한과 하한이 있다.
② 연소범위의 값은 공기와 혼합된 가연성 기체의 체적농도로 표시된다.
③ 연소범위의 값은 압력과 무관하다.
④ 연소범위는 가연성 기체의 종류에 따라 다른 값을 갖는다.

해설 연소범위의 경우 일반적으로 압력이 증가할수록 연소하한은 변하지 않으나 연소상한이 증가하여 연소범위는 넓어진다.

15 칼륨화재 시 주수소화가 적응성이 없는 이유는?

① 수소가 발생되기 때문
② 아세틸렌이 발생되기 때문
③ 산소가 발생되기 때문
④ 메탄가스가 발생하기 때문

해설 금속칼륨 : 제3류 위험물(자연발화성 물질 및 금수성 물질)
$2K+2H_2O \rightarrow 2KOH+H_2$

16 건축법령상 건축물의 주요 구조부에 해당되지 않는 것은?

① 지붕틀
② 내력벽
③ 주계단
④ 최하층 바닥

해설 주요 구조부
- 내력벽
- 보
- 지붕틀
- 바닥
- 주계단
- 기둥

※ 주요 구조부 : 건물의 구조내력상 주요한 부분

17 A급 화재에 해당하는 가연물이 아닌 것은?

① 섬유 ② 목재
③ 종이 ④ 유류

해설 유류는 B급 화재에 해당한다.

18 이산화탄소소화기가 갖는 주된 소화효과는?

① 유화소화 ② 질식소화
③ 제거소화 ④ 부촉매소화

해설 이산화탄소는 공기보다 약 1.5배가 무거우며, 이로인해 질식소화가 가능하다.

19 다음의 위험물 중 위험물안전관리법령상 지정수량이 나머지 셋과 다른 것은?

① 알킬알루미늄 ② 황린
③ 유기과산화물 ④ 질산에스터류

해설 황린은 제3류 위험물로서 지정수량은 20kg이며, 알킬알루미늄은 10kg, 유기과산화물과 질산에스터류의 경우 제5류 위험물로서 지정수량은 10kg이다.

20 질소(N_2)의 증기비중은 약 얼마인가? (단, 공기 분자량은 29이다.)

① 0.8 ② 0.97
③ 1.5 ④ 1.8

해설
$$증기비중 = \frac{분자량(g/mol)}{공기의\ 평균분자량(g/mol)} = \frac{28g/mol}{29g/mol} = 0.97$$

질소 분자량 : 28g/mol
공기 분자량 : 29g/mol

※ 소방설비산업기사 필기는 2020년 제4회부터, 소방설비기사 필기는 2022년 제4회부터 CBT(Computer Based Test)로 시행되고 있습니다. CBT는 문제은행에서 무작위로 추출되어 치러지므로 개인별 문제가 상이하여 기출문제 복원이 불가하며, 대부분의 문제는 이전의 기출문제에서 그대로 또는 조금 변형되어 출제됩니다.

정답 》 14.③ 15.① 16.④ 17.④ 18.② 19.② 20.②

M · E · M · O

핵심 소방원론

2024. 1. 10. 초판 1쇄 발행
2025. 1. 08. 개정 1판 1쇄 발행

지은이 | 현성호
펴낸이 | 이종춘
펴낸곳 | BM (주)도서출판 성안당
주소 | 04032 서울시 마포구 양화로 127 첨단빌딩 3층(출판기획 R&D 센터)
10881 경기도 파주시 문발로 112 파주 출판 문화도시(제작 및 물류)
전화 | 02) 3142-0036
031) 950-6300
팩스 | 031) 955-0510
등록 | 1973. 2. 1. 제406-2005-000046호
출판사 홈페이지 | **www.cyber.co.kr**
ISBN | 978-89-315-8440-0 (13550)
정가 | **28,000원**

이 책을 만든 사람들
기획 | 최옥현
진행 | 이용화
전산편집 | 이다혜, 이다은
표지 디자인 | 박현정
홍보 | 김계향, 임진성, 김주승, 최정민
국제부 | 이선민, 조혜란
마케팅 | 구본철, 차정욱, 오영일, 나진호, 강호묵
마케팅 지원 | 장상범
제작 | 김유석